한국산업인력공단 시행!! 농림축산식품부 주관!!

농산물품질관리사
1차 필기시험문제

국가자격시험문제 전문출판

이 책을 발행하면서

농산물품질관리사 제도는 농산물 원산지 표시 위반 행위가 매년 급증함에 따라 소비자와 생산자의 피해를 최소화하며 원산지 표시의 신뢰성을 확보함으로써 농산물의 생산자 및 소비자를 보호하고 농산물의 유통질서를 확립하기 위하여 2004년에 도입된 제도이다.

그러나 아직까지도 원산지 표시 위반행위가 근절되지 않는 등 국내 생산자와 소비자에게 피해를 주는 사례가 빈번하게 발생하고 있으며, 품질 좋고 안전한 농산물에 대한 우리 국민들의 기대를 충족시키기에는 많은 부족감을 느끼게 하고 있는 것이 현실이다.

따라서 농산물의 수확 후 품질관리, 농산물의 등급판정 등과 같은 전문적 지식과 경험을 갖춘 농산물품질관리사가 국민의 안전한 먹거리를 책임진다는 사명을 가지고 보다 더 적극적으로 그 책임과 역할을 다해 나가야 할 것이다.

이 책은 농산물품질관리사 자격시험에 대비하여 동일한 시간과 노력을 투하하더라도 더 큰 결과를 얻을 수 있도록 해 보겠다는 욕심으로 집필되었다.

이 책을 집필하면서 우리 집필진들이 특히 염두에 둔 것은 다음과 같다.

첫째, 효율적인 시험 준비가 될 수 있도록 하기 위해 불필요한 내용은 과감히 생략하고 출제가능성이 높은 부분은 충분한 학습이 될 수 있도록 하였다.
둘째, 기출문제를 면밀히 분석함으로써 출제 가능성이 높은 내용은 최대한 놓치지 않으려고 노력하였다.
셋째, 생소한 용어에 대해서는 용어해설을 곁들임으로써 내용에 대한 이해를 돕고자 노력하였다.
넷째, 관계법령의 개정된 내용을 꼼꼼히 살피고 법 원리에 충실하며 체계적으로 설명하고자 노력하였다.

여러분이 이 책을 반복 학습한다면 분명 소기의 목적을 달성할 수 있으리라 믿는다. 이 책이 여러분의 합격에 큰 주춧돌이 되기를 바라며, 끝으로 크라운출판사 이상원 회장님과 기획편집부 직원 여러분에게 감사인사를 드린다.

저자 일동

농산물품질관리사 시험 정보

1. 개요
농산물 원산지 표시 위반 행위가 매년 급증함에 따라 소비자와 생산자의 피해를 최소화하며 원산지 표시의 신뢰성을 확보함으로써 농산물의 생산자 및 소비자를 보호하고 농산물의 유통질서를 확립하기 위하여 도입됨
* 근거 법령 : 농수산물품질관리법 시행령 제38조

2. 수행직무
- 농산물의 등급판정
- 농산물의 출하시기 조절, 품질관리기술 등에 대한 자문
- 그 밖에 농산물의 품질향상 및 유통효율화에 관하여 필요한 업무로서 농림축산식품부령이 정하는 업무

3. 취득방법
- 1차 시험 : 객관식(4지 선택형), 총 100문항(과목당 25문항)
- 2차 시험 : 주관식 필답형 시험으로 단일화

4. 응시자격
제한 없음

단, ① 농산물품질관리사의 자격이 취소된 자로 그 취소사유가 소멸된 날로부터 2년이 경과되지 아니한 자 ② 부정행위자로 처분된 자 중 부정행위자로 처분된 당해 시험일로부터 2년이 경과되지 아니한 자는 시험에 응시할 수 없음

5. 시험과목 및 배점

구분	시험시간	시험과목	문항수	배점	시험유형
제1차 시험	09:30~11:30 (120분)	1. 농수산물품질관리법, 농수산물유통 및 가격안정에 관한 법령 2. 원예작물학 3. 수확 후의 품질관리론 4. 농산물유통론	• 과목당 25문항 (총 100문항)	100점 (과목당)	• 객관식 (4지 선택형)
제2차 시험	09:30~11:10 (100분)	1. 농산물품질관리 실무 2. 농산물등급판정 실무	• 단답형 20문항 • 서술형 10문항 (총 30문항)	100점	• 주관식

※ 「농산물품질관리 실무」과목에서는 단답형과 서술형, 「농산물등급판정 실무」과목에서는 서술형 문제 출제

6. 실시기관 홈페이지

한국산업인력공단 : http://www.q-net.or.kr/site/nongsanmul

7. 소관부처명

농림축산식품부 : http://www.mifaff.go.kr/

차 례

제1과목 농수산물품질관리 관계법령

제1장 농수산물품질관리법령 ········· 010
　　　　기출핵심문제 ················· 134
제2장 농수산물의 원산지 표시에 관한 법률 ········· 150
　　　　기출핵심문제 ················· 177
제3장 농수산물유통 및 가격안정에 관한 법률 ········· 183
　　　　기출핵심문제 ················· 280

제2과목 원예작물학

제1장 원예작물 개요 ··········· 296
　　　　기출핵심문제 ················· 300
제2장 원예작물의 생육 ··········· 301
　　　　기출핵심문제 ················· 305
제3장 식물호르몬과 생장조절제 ········· 306
　　　　기출핵심문제 ················· 310
제4장 원예작물과 토양 ··········· 311
　　　　기출핵심문제 ················· 321
제5장 원예작물과 기후 ··········· 322
　　　　기출핵심문제 ················· 334
제6장 원예작물의 번식과 품종개량 ········· 336
　　　　기출핵심문제 ················· 349
제7장 원예작물 재배기술 ··········· 351
　　　　기출핵심문제 ················· 370
제8장 시설재배와 양액재배 ··········· 373
　　　　기출핵심문제 ················· 380

제3과목 수확 후 품질관리론

제1장	원예작물의 성숙 및 수확	382
	기출핵심문제	389
제2장	원예작물의 수확 후 생리작용	391
	기출핵심문제	401
제3장	원예산물의 품질구성과 평가	405
	기출핵심문제	411
제4장	원예산물의 수확 후 제반과정	414
	기출핵심문제	430
제5장	원예산물의 포장 및 물류	432
	기출핵심문제	438
제6장	원예산물의 수확 후 안정성	440
	기출핵심문제	442

제4과목 농산물유통론

제1장	농산물유통론의 기초	444
	기출핵심문제	452
제2장	유통환경	453
	기출핵심문제	460
제3장	유통경로 및 마진	461
	기출핵심문제	473
제4장	농산물유통기구의 의의와 변화	474
	기출핵심문제	480
제5장	산지시장 거래	482
	기출핵심문제	486

차 례

제6장	도매시장 거래	488
	기출핵심문제	494
제7장	소매시장 거래	496
	기출핵심문제	502
제8장	협동조합을 통한 거래와 공동계산제	504
	기출핵심문제	508
제9장	소유권 이전기능	510
	기출핵심문제	514
제10장	물적 유통기능	515
	기출핵심문제	522
제11장	유통조성기능	524
	기출핵심문제	532
제12장	마케팅 조사	534
	기출핵심문제	543
제13장	소비자 행동론과 마케팅 전략	545
	기출핵심문제	554
제14장	제품관리	556
	기출핵심문제	567
제15장	가격관리	569
	기출핵심문제	575
제16장	촉진관리	576
	기출핵심문제	586

제 1 과목

농수산물품질관리 관계법령

제1장 농수산물품질관리법령
제2장 농수산물의 원산지 표시에 관한 법률
제3장 농수산물유통 및 가격안정에 관한 법률

제1장 농수산물품질관리법령

1 총칙

1. 「농수산물품질관리법」의 목적

이 법은 농수산물의 적절한 품질관리를 통하여 농수산물의 안전성을 확보하고 상품성을 향상하며 공정하고 투명한 거래를 유도함으로써 농업인의 소득 증대와 소비자 보호에 이바지함을 목적으로 한다(법 제1조).

2. 용어의 뜻

이 법에서 사용하는 용어의 뜻은 다음과 같다(법 제2조 제1항). 이 법에서 따로 정의되지 아니한 용어는 「농어업·농어촌 및 식품산업 기본법」에서 정하는 바에 따른다(법 제2조 제2항).

(1) 농수산물

"농수산물"이란 다음의 농산물과 수산물을 말한다(법 제2조 제1항 제1호).

1) 농산물 : 「농어업·농어촌 및 식품산업 기본법」 제3조제6호가목의 농산물

"농산물"이란 다음의 농업(농작물재배업, 축산업, 임업 및 이들과 관련된 산업으로서 대통령령으로 정하는 것)활동으로 생산되는 산물을 말한다.

> 1. **농작물재배업** : 식량작물 재배업, 채소작물 재배업, 과실작물 재배업, 화훼작물 재배업, 특용작물 재배업, 약용작물 재배업, 버섯 재배업, 양잠업 및 종자·묘목 재배업(임업용 종자·묘목 재배업은 제외한다)
> 2. **축산업** : 동물(수생동물은 제외한다)의 사육업·증식업·부화업 및 종축업(種畜業)
> 3. **임업** : 육림업(자연휴양림·자연수목원의 조성·관리·운영업을 포함한다), 임산물 생산·채취업 및 임업용 종자·묘목 재배업

2) 수산물 : 「농어업·농어촌 및 식품산업 기본법」 제3조제6호나목의 수산물(「소금산업진흥법」 제2조제1호에 따른 소금은 제외한다)

"수산물"이란 어업(수산동식물을 포획(捕獲)·채취(採取)하거나 양식하는 산업, 염전에서 바닷물을 자연 증발시켜 제조하는 염산업 및 이들과 관련된 산업)활동으로 생산되는 산물을 말한다.

(2) 생산자단체

"생산자단체"란「농어업·농어촌 및 식품산업 기본법」의 생산자단체(농어업 생산력의 증진과 농어업인의 권익보호를 위한 농어업인의 자주적인 조직)와 그 밖에 농림축산식품부령 또는 해양수산부령으로 정하는 단체를 말한다(법 제2조 제1항 제2호).

> "농림축산식품부령 또는 해양수산부령으로 정하는 단체"란 다음의 단체를 말한다.
> 1)「농어업경영체 육성 및 지원에 관한 법률」에 따른 영농조합법인 또는 영어조합법인
> 2)「농어업경영체 육성 및 지원에 관한 법률」에 따른 농업회사법인 또는 어업회사법인

(3) 물류표준화

"물류표준화"란 농수산물의 운송·보관·하역·포장 등 물류의 각 단계에서 사용되는 기기·용기·설비·정보 등을 규격화하여 호환성과 연계성을 원활히 하는 것을 말한다(법 제2조 제1항 제3호).

(4) 농수산물우수관리

"농수산물우수관리"란 농수산물(축산물은 제외한다)의 안전성을 확보하고 농업환경을 보전하기 위하여 농수산물의 생산, 수확 후 관리(농수산물의 저장·세척·건조·선별·절단·조제·포장 등을 포함한다) 및 유통의 각 단계에서 작물이 재배되는 농경지 및 농업용수 등의 농업환경과 농수산물에 잔류할 수 있는 농약, 중금속, 잔류성 유기오염물질 또는 유해생물 등의 위해요소를 적절하게 관리하는 것을 말한다(법 제2조 제1항 제4호).

(5) 이력추적관리

"이력추적관리"란 농수산물(축산물은 제외한다)의 안전성 등에 문제가 발생할 경우 해당 농수산물을 추적하여 원인을 규명하고 필요한 조치를 할 수 있도록 농수산물의 생산단계부터 판매단계까지 각 단계별로 정보를 기록·관리하는 것을 말한다(법 제2조 제1항 제7호).

(6) 지리적표시

"지리적표시"란 농수산물 또는 농수산가공품의 명성·품질, 그 밖의 특징이 본질적으로 특정 지역의 지리적 특성에 기인하는 경우 해당 농수산물 또는 농수산가공품이 그 특정 지역에서 생산·제조 및 가공되었음을 나타내는 표시를 말한다(법 제2조 제1항 제8호).

(7) 동음이의어 지리적표시

"동음이의어(同音異義語) 지리적표시"란 동일한 품목에 대한 지리적표시에 있어서 타인

의 지리적표시와 발음은 같지만 해당 지역이 다른 지리적표시를 말한다(법 제2조 제1항 제9호).

(8) 지리적표시권

"지리적표시권"이란 이 법에 따라 등록된 지리적표시(동음이의어 지리적표시를 포함한다)를 배타적으로 사용할 수 있는 지적재산권을 말한다(법 제2조 제1항 제10호).

(9) 유전자변형농수산물

"유전자변형농수산물"이란 인공적으로 유전자를 분리하거나 재조합하여 의도한 특성을 갖도록 한 농수산물을 말한다(법 제2조 제1항 제11호).

(10) 유해물질

"유해물질"이란 농약, 중금속, 항생물질, 잔류성 유기오염물질, 병원성 미생물, 곰팡이 독소, 방사성물질, 유독성 물질 등 식품에 잔류하거나 오염되어 사람의 건강에 해를 끼칠 수 있는 물질로서 총리령으로 정하는 것을 말한다(법 제2조 제1항 제12호).

(11) 농수산가공품

"농수산가공품"이란 다음의 것을 말한다(법 제2조 제1항 제13호).

> 1) **농산가공품** : 농산물을 원료 또는 재료로 하여 가공한 제품
> 2) **수산가공품** : 수산물을 다음에 정하는 원료 또는 재료의 사용비율 또는 성분함량 등의 기준에 따라 가공한 제품
>   ① 수산물을 원료 또는 재료의 50퍼센트를 넘게 사용하여 가공한 제품
>   ② ①에 해당하는 제품을 원료 또는 재료의 50퍼센트를 넘게 사용하여 2차 이상 가공한 제품
>   ③ 수산물과 그 가공품, 농수산물(임산물 및 축산물을 포함한다. 이하 같다)과 그 가공품을 함께 원료·재료로 사용한 가공품인 경우에는 수산물 또는 그 가공품의 함량이 농수산물 또는 그 가공품의 함량보다 많은 가공품

(12) 수산특산물

"수산특산물"이란 수산가공품 중 특정한 지역에서 생산하거나 특징적으로 생산한 수산물을 원료로 하여 제조·가공한 제품을 말한다(법 제2조 제1항 제14호).

3. 농수산물품질관리심의회

(1) 설치

이 법에 따른 농수산물 및 수산가공품의 품질관리 등에 관한 사항을 심의하기 위하여 농림축산식품부장관 또는 해양수산부장관 소속으로 농수산물품질관리심의회(이하 "심의회"라 한다)를 둔다(법 제3조 제1항).

(2) 구성

1) 구성 및 직무

① 구성

농수산물품질관리심의회는 위원장 및 부위원장 각 1명을 포함한 60명 이내의 위원으로 구성한다(법 제3조 제2항).

② 직무

ⓐ 농수산물품질관리심의회(이하 "심의회"라 한다)의 위원장(이하 "위원장"이라 한다)은 심의회를 대표하고, 그 업무를 총괄한다(영 제3조 제1항).

ⓑ 심의회의 부위원장은 위원장을 보좌하며, 위원장이 부득이한 사유로 직무를 수행할 수 없을 때에는 그 직무를 대행한다(영 제3조 제2항).

2) 선임

위원장은 위원 중에서 호선(互選)하고 부위원장은 위원장이 위원 중에서 지명하는 사람으로 한다(법 제3조 제3항).

3) 위원

위원은 다음의 사람으로 한다(법 제3조 제4항).

① 지명한 사람

㉠ 교육부, 산업통상자원부, 보건복지부, 환경부, 식품의약품안전처, 농촌진흥청, 산림청, 특허청, 공정거래위원회 소속 공무원 중 소속 기관의 장이 지명한 사람과 농림축산식품부 소속 공무원 중 농림축산식품부장관이 지명한 사람 또는 해양수산부 소속 공무원 중 해양수산부장관이 지명한 사람

㉡ 단체 및 기관의 장이 소속 임원·직원 중에서 지명한 사람

> ⓐ 「농업협동조합법」에 따른 농업협동조합중앙회
> ⓑ 「산림조합법」에 따른 산림조합중앙회
> ⓒ 「수산업협동조합법」에 따른 수산업협동조합중앙회

ⓓ 「한국농수산식품유통공사법」에 따른 한국농수산식품유통공사
ⓔ 「식품위생법」에 따른 한국식품산업협회
ⓕ 「정부출연연구기관 등의 설립·운영 및 육성에 관한 법률」에 따른 한국농촌경제연구원
ⓖ 「정부출연연구기관 등의 설립·운영 및 육성에 관한 법률」에 따른 한국해양수산개발원
ⓗ 「과학기술분야 정부출연연구기관 등의 설립·운영 및 육성에 관한 법률」에 따른 한국식품연구원
ⓘ 「한국보건산업진흥원법」에 따른 한국보건산업진흥원
ⓙ 「소비자기본법」에 따른 한국소비자원

② 위촉한 사람
㉠ 시민단체(「비영리민간단체 지원법」제2조에 따른 비영리민간단체를 말한다)에서 추천한 사람 중에서 농림축산식품부장관 또는 해양수산부장관이 위촉한 사람
㉡ 농수산물의 생산·가공·유통 또는 소비 분야에 전문적인 지식이나 경험이 풍부한 사람 중에서 농림축산식품부장관 또는 해양수산부장관이 위촉한 사람

4) 임기

위원 중 ②위촉에 따른 위원의 임기는 3년으로 한다(법 제3조 제5항).

(3) 농수산물품질관리심의회의 직무

심의회는 다음의 사항을 심의한다(법 제4조).

1) 표준규격 및 물류표준화에 관한 사항
2) 농산물우수관리·수산물품질인증 및 이력추적관리에 관한 사항
3) 지리적표시에 관한 사항
4) 유전자변형농수산물의 표시에 관한 사항
5) 농수산물(축산물은 제외한다)의 안전성조사 및 그 결과에 대한 조치에 관한 사항
6) 농수산물(축산물은 제외한다) 및 수산가공품의 검사에 관한 사항
7) 농수산물의 안전 및 품질관리에 관한 정보의 제공에 관하여 총리령, 농림축산식품부령 또는 해양수산부령으로 정하는 사항
8) 수출을 목적으로 하는 수산물의 생산·가공시설 및 해역(海域)의 위생관리기준에 관한 사항
9) 수산물 및 수산가공품의 제70조에 따른 위해요소중점관리기준에 관한 사항

10) 지정해역의 지정에 관한 사항

11) 다른 법령에서 심의회의 심의사항으로 정하고 있는 사항

12) 그 밖에 농수산물 및 수산가공품의 품질관리 등에 관하여 위원장이 심의에 부치는 사항

(4) 분과위원회

1) 분과위원회의 설치

① 지리적표시 등록심의 분과위원회

㉠ 설치의무 : 심의회에 농수산물의 지리적표시 등록심의를 위한 지리적표시 등록심의 분과위원회를 둔다(법 제3조 제6항).

㉡ 의제 : 지리적표시 등록심의 분과위원회에서 심의한 사항은 심의회에서 심의된 것으로 본다(법 제3조 제8항).

② 분야별 분과위원회

㉠ 설치 : 심의회의 업무 중 특정한 분야의 사항을 효율적으로 심의하기 위하여 대통령령으로 정하는 분야별 분과위원회를 둘 수 있다(법 제3조 제7항).

㉡ 분야 : 안전성 분과위원회 및 기획·제도 분과위원회를 둘 수 있다(영 제5조).

2) 분과위원회의 구성

① 구성 : 분과위원회[지리적표시 등록심의 분과위원회(이하 "지리적표시 분과위원회"라 한다) 및 제5조에 따른 분과위원회를 말한다. 이하 "분과위원회"라 한다]는 분과위원회의 위원장(이하 "분과위원장"이라 한다) 및 분과위원회의 부위원장(이하 "분과부위원장"이라 한다) 각 1명을 포함한 10명 이상 20명 이하의 위원으로 각각 구성한다(영 제6조 제1항).

② 선임 : 분과위원장, 분과부위원장 및 분과위원은 위원장이 심의회의 위원 중에서 전문적인 지식과 경험을 고려하여 각각 지명하는 사람으로 한다(영 제6조 제2항).

(5) 회의 등

1) 농수산물품질관리심의회의 회의

① 소집 : 위원장은 심의회의 회의를 소집하며, 그 의장이 된다(영 제4조 제1항).

② 의결 : 심의회는 재적위원 과반수의 출석으로 개의(開議)하고, 출석위원 과반수의 찬성으로 의결한다(영 제4조 제2항).

③ 의견청취 등 : 심의회는 심의에 필요하다고 인정되는 경우 이해관계자, 해당 지방자

치단체의 관련자 및 관련 분야 전문가 등을 출석시켜 의견을 들을 수 있으며, 필요한 경우에는 관련 자료 제출 등의 협조를 요청할 수 있다(영 제4조 제3항).

2) 운영 등

① 심의회 등의 운영

㉠ 간사 : 심의회와 분과위원회의 사무를 처리하기 위하여 심의회와 분과위원회에 각각 간사 2명과 서기 2명을 둔다(영 제7조 제1항).

㉡ 임명 : 간사와 서기는 농림축산식품부장관이 그 소속 공무원 중에서 각각 1명을, 해양수산부장관이 그 소속 공무원 중에서 각각 1명을 임명한다(영 제7조 제2항).

② 위원의 수당 등 : 심의회나 분과위원회에 출석한 위원에게는 예산의 범위에서 수당과 여비를 지급할 수 있다. 다만, 공무원인 위원이 소관 업무와 관련하여 출석하는 경우에는 그러하지 아니한다(영 제8조).

③ 운영세칙 : 이 영에서 규정한 사항 외에 심의회 및 분과위원회의 운영 등에 관하여 필요한 사항은 심의회의 의결을 거쳐 위원장이 정한다(영 제9조).

2 농수산물의 표준규격 및 품질관리

1. 농수산물의 표준규격

(1) 표준규격 제정권자 : 농림축산식품부장관 또는 해양수산부장관

농림축산식품부장관 또는 해양수산부장관은 농수산물(축산물은 제외한다. 이하 이 조에서 같다)의 상품성을 높이고 유통 능률을 향상시키며 공정한 거래를 실현하기 위하여 농수산물의 포장규격과 등급규격(이하 "표준규격"이라 한다)을 정할 수 있다(법 제5조 제1항).

(2) 표시

표준규격에 맞는 농수산물(이하 "표준규격품"이라 한다)을 출하하는 자는 포장 겉면에 "표준규격품" 표시를 할 수 있다(법 제5조 제2항).

2. 표준규격의 제정절차 등

표준규격의 제정기준, 제정절차 및 표시방법 등에 필요한 사항은 농림축산식품부령 또는 해양수산부령으로 정한다(법 제5조 제3항).

(1) 표준규격의 제정

1) 구분

농수산물의 표준규격은 포장규격 및 등급규격으로 구분한다(칙 제5조 제1항).

① 포장규격 : 포장규격은 「산업표준화법」에 따른 한국산업표준에 따른다. 다만, 한국산업표준이 제정되어 있지 아니하거나 한국산업표준과 다르게 정할 필요가 있다고 인정되는 경우에는 보관·수송 등 유통과정의 편리성, 폐기물 처리문제를 고려하여 다음의 항목에 대하여 그 규격을 따로 정할 수 있다(칙 제5조 제2항).

> ㉠ 거래단위
> ㉡ 포장치수
> ㉢ 포장재료 및 포장재료의 시험방법
> ㉣ 포장방법
> ㉤ 포장설계
> ㉥ 표시사항
> ㉦ 그 밖에 품목의 특성에 따라 필요한 사항

② 등급규격 : 등급규격은 품목 또는 품종별로 그 특성에 따라 고르기, 크기, 형태, 색깔, 신선도, 건조도, 결점, 숙도(熟度) 및 선별 상태 등에 따라 정한다(칙 제5조 제3항).

(2) 표준규격의 시험의뢰 등

1) 표준규격의 시험의뢰

국립농산물품질관리원장, 국립수산물품질관리원장 또는 산림청장은 표준규격의 제정 또는 개정을 위하여 필요하면 전문연구기관 또는 대학 등에 시험을 의뢰할 수 있다(칙 제5조 제4항).

2) 표준규격의 고시

국립농산물품질관리원장, 국립수산물품질관리원장 또는 산림청장은 표준규격을 제정, 개정 또는 폐지하는 경우에는 그 사실을 고시하여야 한다(칙 제6조).

3. 표준규격품의 출하 및 표시방법

(1) 출하권장

농림축산식품부장관, 해양수산부장관, 특별시장·광역시장·도지사·특별자치도지사(이하 "시·도지사"라 한다)는 농수산물을 생산, 출하, 유통 또는 판매하는 자에게 표준규격에 따라 생산, 출하, 유통 또는 판매하도록 권장할 수 있다(칙 제7조 제1항).

(2) 표시

1) 표시방법

표준규격에 맞는 농수산물(이하 "표준규격품"이라 한다)을 출하하는 자는 포장 겉면에 표준규격품의 표시를 할 수 있다(법 제5조 제2항).

2) 표시사항

표준규격품을 출하하는 자가 표준규격품임을 표시하려면 해당 물품의 포장 겉면에 "표준규격품"이라는 문구와 함께 다음의 사항을 표시하여야 한다(칙 제7조 제2항).

> ① 품목
> ② 산지
> ③ 품종. 다만, 품종을 표시하기 어려운 품목은 국립농산물품질관리원장, 국립수산물품질관리원장 또는 산림청장이 정하여 고시하는 바에 따라 품종의 표시를 생략할 수 있다.
> ④ 생산연도(곡류만 해당한다)
> ⑤ 등급
> ⑥ 무게(실중량). 다만, 품목 특성상 무게를 표시하기 어려운 품목은 국립농산물품질관리원장, 국립수산물품질관리원장 또는 산림청장이 정하여 고시하는 바에 따라 개수(마릿수) 등의 표시를 단일하게 할 수 있다.
> ⑦ 생산자 또는 생산자단체의 명칭 및 전화번호

3 농산물우수관리

1. 농산물우수관리의 인증

(1) 우수관리기준의 인증

1) 고시

농림축산식품부장관은 농산물우수관리의 기준(이하 "우수관리기준"이라 한다)을 정하여 고시하여야 한다(법 제6조 제1항).

2) 농산물우수관리의 인증

우수관리기준에 따라 농산물(축산물은 제외한다. 이하 이 절에서 같다)을 생산·관리하는 자 또는 우수관리기준에 따라 생산·관리된 농산물을 포장하여 유통하는 자는 지정된 농산물우수관리인증기관(이하 "우수관리인증기관"이라 한다)으로부터 농산물우수관리의 인증(이하 "우수관리인증"이라 한다)을 받을 수 있다(법 제6조 제2항).

(2) 우수관리인증의 대상품목

우수관리인증의 대상품목은 「농어업·농어촌 및 식품산업 기본법」 제3조제6호가목의 농산물(농업활동으로부터 생산되는 산물을 말하며, 축산물은 제외한다) 중 식용(食用)을 목적으로 생산·관리한 농산물로 한다(칙 제9조).

(3) 우수관리인증의 절차

우수관리인증의 기준·대상품목·절차 및 표시방법 등 우수관리인증에 필요한 세부사항은 농림축산식품부령으로 정한다(법 제6조 제7항).

1) 농수산물우수관리인증의 기준

① 기준 : 농산물우수관리인증의 기준은 다음과 같다(칙 제8조 제1항).

> ㉠ 농산물우수관리의 기준에 적합하게 생산·관리된 것일 것
> ㉡ 농산물우수관리시설에서 수확 후 관리를 한 것일 것. 다만, 품목의 특성상 우수관리시설에서 관리할 필요가 없는 것으로 판단하여 농림축산식품부장관이 고시하는 품목은 제외한다.
> ㉢ 농산물의 이력추적관리 등록을 한 것일 것

② 세부기준 고시 : 우수관리인증의 세부기준은 국립농산물품질관리원장이 정하여 고시한다(칙 제8조 제2항).

2) 인증신청

① 원칙 : 우수관리인증을 받으려는 자는 인증기관에 우수관리인증의 신청을 하여야 한다(법 제6조 제3항 본문). 우수관리인증을 받으려는 자는 농산물우수관리인증 신청서에 다음의 서류를 첨부하여 농산물우수관리인증기관으로 지정받은 기관의 장에게 제출하여야 한다(칙 제10조 제1항).

> ㉠ 우수관리인증농수산물의 생산계획서
> ㉡ 생산자단체 또는 그 밖의 생산자 조직(이하 "생산자집단"이라 한다)의 사업운영계획서(생산자집단이 신청하는 경우만 해당한다)

② **결격사유** : 다음의 어느 하나에 해당하는 자는 우수관리인증을 신청할 수 없다(법 제6조 제3항 단서).

> ㉠ 우수관리인증이 취소된 후 1년이 지나지 아니한 자
> ㉡ 우수관리인증과 관련(법 제119조 또는 제120조)하여 벌금 이상의 형이 확정된 후 1년이 지나지 아니한 자

3) 우수관리인증의 심사 등

① **현지심사**

㉠ 우수관리인증기관의 장은 우수관리인증 신청을 받은 경우에는 우수관리인증의 기준에 적합한지를 심사하여야 하며, 필요한 경우에는 현지심사를 할 수 있다(칙 제11조 제1항).

㉡ 우수관리인증기관의 장은 현지심사를 하는 경우에는 심사일정을 정하여 그 신청인에게 알려야 한다(칙 제11조 제2항).

㉢ 우수관리인증기관의 장은 현지심사를 하는 경우에는 그 소속 심사담당자와 국립농산물품질관리원장, 시·도지사 또는 시장·군수·구청장(자치구의 구청장을 말한다. 이하 같다)이 추천하는 공무원 또는 민간전문가로 심사반을 구성하여 우수관리인증의 심사를 할 수 있다(칙 제11조 제3항).

② **심사방법** : 우수관리인증기관의 장은 생산자집단이 우수관리인증을 신청한 경우에는 전체 구성원에 대하여 각각 심사를 하여야 한다. 다만, 국립농산물품질관리원장이 정하여 고시하는 바에 따라 표본심사를 할 수 있다(칙 제11조 제2항).

③ **결과 통지** : 인증기관은 우수관리인증 신청을 받은 경우 법에 따른 우수관리인증의 기준에 맞는지를 심사하여 그 결과를 알려야 한다(법 제6조 제4항).

4) 인증서 발급

우수관리인증기관의 장은 심사 결과 우수관리인증의 기준에 적합한 경우에는 그 신청인에게 농산물우수관리 인증서(이하 이 조에서 "인증서"라 한다)를 발급하여야 하며, 우수관리인증을 하기에 적합하지 아니한 경우에는 그 사유를 신청인에게 알려야 한다(칙 제11조 제5항).

5) 재발급 등

① **재발급** : 인증서를 발급받은 자는 인증서를 분실하거나 인증서가 손상된 경우에는 인증서를 발급한 인증기관에 농산물우수관리 인증서 재발급신청서 및 손상된 인증서(인증서가 손상되어 재발급받으려는 경우만 해당한다)를 제출하여 재발급받을 수 있다(칙 제11조 제6항).

② 우수관리기준 준수 여부의 조사·점검 : 우수관리인증기관은 우수관리인증을 받은 자를 대상으로 우수관리기준을 지키는지 연 1회 이상 정기적으로 조사하여야 하며, 국립농산물품질관리원장이나 소비자단체·유통업체 등의 요청이 있는 경우에는 수시로 점검할 수 있다(칙 제12조 제1항).

③ 세부사항
   ㉠ 우수관리인증의 심사 등에 필요한 세부사항은 국립농산물품질관리원장이 정하여 고시한다(칙 제11조 제7항).
   ㉡ 우수관리기준 준수 여부의 조사·점검 등에 필요한 세부사항은 국립농산물품질관리원장이 정하여 고시한다(칙 제12조 제2항).

(4) 인증 표시

1) 우수관리인증의 표시

우수관리인증을 받은 자는 우수관리기준에 따라 생산·관리한 농산물(이하 "우수관리인증농산물"이라 한다)의 포장·용기·송장(送狀)·거래명세표·간판·차량 등에 우수관리인증의 표시를 할 수 있다(법 제6조 제6항).

2) 표시방법 등

① 우수관리인증농산물의 표시(제13조제1항 관련)[별표 1]

별표 1

1. 우수관리인증농산물의 표지도형

2. 제도법

가. 도형표시
   1) 표지도형의 가로의 길이(사각형의 왼쪽 끝과 오른쪽 끝의 폭: W)를 기준으로 세로의 길이는 $0.95 \times W$의 비율로 한다.
   2) 표지도형의 흰색모양과 바깥 테두리(좌·우 및 상단부만 해당한다)의 간격은 $0.1 \times W$로 한다.
   3) 표지도형의 흰색모양 하단부 좌측 태극의 시작점은 상단부에서 $0.55 \times W$ 아래가 되는 지점으로 하고, 우측 태극의 끝점은 상단부에서 $0.75 \times W$ 아래가 되는 지점으로 한다.

나. 표지도형의 한글 및 영문 글자는 고딕체로 하고, 글자 크기는 표지도형의 크기에 따라 조정한다.
다. 표지도형의 색상은 녹색을 기본색상으로 하고, 포장재의 색깔 등을 고려하여 파란색 또는 빨간색으로 할 수 있다.
라. 표지도형 내부의 "GAP" 및 "(우수관리인증)"의 글자 색상은 표지도형 색상과 동일하게 하고, 하단의 "농림축산식품부"와 "MAFRA KOREA"의 글자는 흰색으로 한다.
마. 배색 비율은 녹색 C80+Y100, 파란색 C100+M70, 빨간색 M100+Y100+K10으로 한다.
바. 표지도형의 크기는 포장재의 크기에 따라 조정한다.
사. 표지도형 밑에 인증기관명과 인증번호를 표시한다.

3. 표시사항

가. 표지

인증기관명(또는 우수관리시설명):
인증번호(또는 우수관리시설지정번호):

Name of Certifying Body:
Certificate Number:

나. 표시항목 : 산지(시·도, 시·군·구), 품목(품종), 중량·개수, 등급, 생산연도, 생산자(생산자집단명) 또는 우수관리시설명, 이력추적관리번호

4. 표시방법

가. 크기 : 포장재의 크기에 따라 표지의 크기를 키우거나 줄일 수 있다.
나. 위치 : 포장재 주 표시면의 옆면에 표시하되, 포장재 구조상 옆면에 표시하기 어려울 경우에는 표시위치를 변경할 수 있다.
다. 표지 및 표시사항은 소비자가 쉽게 알아볼 수 있도록 인쇄하거나 스티커로 포장재에서 떨어지지 않도록 부착하여야 한다.
라. 포장하지 않고 낱개로 판매하는 경우나 소포장 등으로 우수관리인증농산물의 표지와 표시사항을 인쇄하거나 부착하기에 부적합한 경우에는 농산물우수관리의 표지만 표시할 수 있다.
마. 수출용의 경우에는 해당 국가의 요구에 따라 표시할 수 있다.
바. 제3호나목의 표시항목 중 표준규격, 지리적표시 등 다른 규정에 따라 표시하고

있는 사항은 그 표시를 생략할 수 있다.

5. 표시내용
   가. 표지 : 표지크기는 포장재에 맞출 수 있으나, 표지형태 및 글자표기는 변형할 수 없다.
   나. 산지 : 농산물을 생산한 지역으로 시·도명이나 시·군·구명 등 원산지에 관한 법령에 따라 적는다.
   다. 품목(품종) : 「종자산업법」 제2조제4호나 이 규칙 제7조제2항제3호에 따라 표시한다.
   라. 중량·개수 : 포장단위의 실중량이나 개수
   마. 등급 : 표준규격 대상품목인 경우에는 표준규격을 사용하고 표준규격이 없을 경우 다른 법령에서 정한 규격을 사용하되, 다른 법령에서도 규정하지 않은 경우에는 거래 관행상의 규격에 따른다.
   바. 생산연도(쌀만 해당한다)
   사. 우수관리시설명(우수관리시설을 거치는 경우만 해당한다) : 대표자 성명, 주소, 전화번호, 작업장 소재지
   아. 생산자(생산자집단명) : 생산자나 조직명, 주소, 전화번호
   자. 이력추적관리번호 : 이력추적이 가능하도록 붙여진 이력추적관리번호

② **표시방법** : 우수관리인증을 받은 자가 우수관리인증의 표시를 하려면 다음의 방법에 따른다(칙 제13조 제2항).

㉠ 포장·용기의 겉면 등에 우수관리인증의 표시를 하는 경우 : 별표 1 제3호가목에 따른 표지 및 같은 호 나목에 따른 표시항목을 인쇄하거나 스티커로 제작하여 부착할 것. 이 경우 ㉡ 또는 ㉢에 따른 표시방법을 함께 사용할 수 있다.

㉡ 농산물에 우수관리인증의 표시를 하는 경우 : 표시대상 농산물에 별표 1 제3호가목에 따른 표지가 인쇄된 스티커를 부착하고, ㉢에 따른 표시방법을 함께 사용할 것

㉢ 우수관리인증농산물을 포장하지 않은 상태로 출하하거나 포장재에 우수관리인증의 표시를 하지 않고 출하하는 경우 : 송장(送狀)이나 거래명세표에 별표 1 제3호나목에 따른 표시항목을 적을 것

㉣ 간판이나 차량에 표시하려면 우수관리인증농수산물의 표지를 표시할 것

(5) 유효기간 등

1) 유효기간

① 원칙 : 우수관리인증의 유효기간은 우수관리인증을 받은 날부터 2년으로 한다(법 제7조 제1항 본문).

② 예외 : 품목의 특성에 따라 달리 적용할 필요가 있는 경우에는 10년의 범위에서 농림축산식품부령으로 유효기간을 달리 정할 수 있다(법 제7조 제1항 단서). 유효기간을 달리 적용할 유효기간은 다음의 범위에서 국립농산물품질관리원장이 정하여 고시한다(칙 제14조).

> ㉠ 인삼류 : 5년 이내
> ㉡ 약용작물류 : 6년 이내

2) 우수관리인증의 유효기간 갱신

① 인증기관의 심사 : 우수관리인증을 받은 자가 유효기간이 끝난 후에도 계속하여 우수관리인증을 유지하려는 경우에는 그 유효기간이 끝나기 전에 해당 우수관리인증기관의 심사를 받아 우수관리인증을 갱신하여야 한다(법 제7조 제2항).

② 인증 갱신 : 우수관리인증의 갱신절차 및 유효기간 연장의 절차 등에 필요한 세부적인 사항은 농림축산식품부령으로 정한다(법 제7조 제5항).

㉠ 연장신청 : 우수관리인증을 받은 자가 우수관리인증을 갱신하려는 경우에는 농산물우수관리인증(신규ㆍ갱신)신청서에 다음의 서류 중 변경사항이 있는 서류를 첨부하여 그 유효기간이 끝나기 1개월 전까지 우수관리인증기관의 장에게 제출하여야 한다(칙 제15조 제1항).

> ⓐ 우수관리인증농수산물의 생산계획서
> ⓑ 생산자단체 또는 그 밖의 생산자 조직(이하 "생산자집단"이라 한다)의 사업운영계획서(생산자집단이 신청하는 경우만 해당한다)

㉡ 종료통지 : 우수관리인증기관의 장은 유효기간이 끝나기 2개월 전까지 신청인에게 갱신절차와 갱신신청 기간을 미리 알려야 한다. 이 경우 통지는 휴대전화 문자메세지, 전자우편, 팩스, 전화 또는 문서 등으로 할 수 있다(칙 제15조 제3항).

③ 유효기간연장 : 우수관리인증을 받은 자는 유효기간 내에 해당 품목의 출하가 종료되지 아니할 경우에는 해당 우수관리인증기관의 심사를 받아 우수관리인증의 유효기간을 연장할 수 있다(법 제7조 제3항).

㉠ 제출 : 우수관리인증을 받은 자가 우수관리인증의 유효기간을 연장하려는 경

우에는 농산물우수관리인증 유효기간 연장신청서[별지 제4호서식]를 그 유효기간이 끝나기 1개월 전까지 우수관리인증기관의 장에게 제출하여야 한다(칙 제16조 제1항).

ⓒ 우수관리인증기관의 장은 농산물우수관리인증 유효기간 연장신청서를 검토하여 유효기간 연장이 필요하다고 판단되는 경우에는 해당 우수관리인증농산물의 출하에 필요한 기간을 정하여 유효기간을 연장하고 농산물우수관리 인증서를 재발급하여야 한다. 이 경우 유효기간 연장기간은 우수관리인증의 유효기간(2년)을 초과할 수 없다(칙 제16조 제2항).

4) 만료전 생산계획 등 변경

① 우수관리인증 변경신청 : 우수관리인증을 변경하려는 자는 농산물우수관리인증 변경신청서에 변경사항이 있는 서류를 첨부하여 우수관리인증기관의 장에게 제출하여야 한다(칙 제17조 제1항).

② 인증기관의 승인 : 우수관리인증의 유효기간이 끝나기 전에 생산계획 등 다음의 농림축산식품부령으로 정하는 중요 사항을 변경하려는 자는 미리 우수관리인증의 변경을 신청하여 해당 우수관리인증기관의 승인을 받아야 한다(법 제7조 제4항, 칙 제17조 제2항).

> ㉠ 우수관리인증농산물의 생산계획(품목, 재배면적, 생산계획량)
> ㉡ 우수관리인증을 받은 생산자집단의 대표자(생산자집단의 경우만 해당한다)
> ㉢ 우수관리인증을 받은 자의 주소(생산자집단의 경우 대표자의 주소를 말한다)
> ㉣ 우수관리인증농산물의 재배필지(생산자집단의 경우 각 구성원이 소유한 재배필지를 포함한다)

2. 농산물우수관리인증의 취소 등

(1) 취소사유

인증기관은 우수관리인증을 한 후 법에 따른 조사·점검 등의 과정에서 다음의 사항이 확인되면 우수관리인증을 취소하거나 3개월 이내의 기간을 정하여 그 우수관리인증을 정지할 수 있다. 다만, ①의 경우 우수관리인증을 취소하여야 한다(법 제8조 제1항).

> ① 거짓이나 그 밖의 부정한 방법으로 우수관리인증을 받은 경우
> ② 우수관리기준을 지키지 아니한 경우
> ③ 전업(轉業)·폐업 등으로 우수관리인증농수산물을 생산하기 어렵다고 판단되는 경우

④ 우수관리인증을 받은 자가 정당한 사유 없이 제6조제5항에 따른 조사 · 점검 또는 자료제출 요청에 응하지 아니한 경우
⑤ 제7조제4항에 따른 우수관리인증의 변경승인을 받지 아니하고 중요 사항을 변경한 경우
⑥ 우수관리인증의 표시정지기간 중에 우수관리인증의 표시를 한 경우

(2) 처분기준 등

우수관리인증 취소 등의 기준 · 절차 및 방법 등에 필요한 세부사항은 농림축산식품부령으로 정한다(법 제8조 제3항). 우수관리인증의 취소 및 표시정지에 관한 처분기준은 아래[별표2]와 같다(영 제18조).

별표2

1) 일반기준

가. 위반행위가 둘 이상인 경우로서 그에 해당하는 각각의 처분기준이 다른 경우에는 그 중 무거운 처분기준에 따르며, 둘 이상의 처분기준이 동일한 표시정지인 경우에는 무거운 처분기준의 2분의 1까지 가중할 수 있되, 각 처분기준을 합산한 기간을 초과할 수 없다.

나. 위반행위의 횟수에 따른 행정처분의 기준은 최근 1년간 같은 위반행위로 행정처분을 받은 경우에 적용한다. 이 경우 행정처분 기준의 적용은 같은 위반행위에 대하여 최초로 행정처분을 한 날과 다시 같은 위반행위를 적발한 날을 기준으로 한다.

다. 위반행위의 내용으로 보아 고의성이 없거나 그 밖에 특별한 사유가 있다고 인정되는 경우에는 그 처분을 표시정지의 경우에는 2분의 1 범위에서 경감할 수 있고, 인증취소인 경우에는 3개월의 표시정지 처분으로 경감할 수 있다.

라. 생산자집단의 구성원의 위반행위에 대해서는 1차적으로 위반행위를 한 구성원에 대하여 처분을 하고, 구성원이 소속된 생산자집단에 대해서도 구성원에 대한 처분기준보다 한 단계 낮은 처분기준을 적용하여 처분하되, 위반행위를 한 구성원이 복수인 경우에는 처분을 받는 구성원의 처분기준 중 가장 무거운 처분기준(각각의 처분기준이 같은 경우에는 그 처분기준)보다 한 단계 낮은 처분기준을 적용하여 처분한다.

2) 개별기준

위반행위	근거 법조문	위반횟수별 처분기준		
		1차 위반	2차 위반	3차 위반
가. 거짓이나 그 밖의 부정한 방법으로 우수관리인증을 받은 경우	법 제8조 제1항제1호	인증취소	-	-
나. 우수관리기준을 지키지 않은 경우	법 제8조 제1항제2호	표시정지 1개월	표시정지 3개월	인증취소
다. 전업(轉業)·폐업 등으로 우수관리인증농산물을 생산하기 어렵다고 판단되는 경우	법 제8조 제1항제3호	인증취소	-	-
라. 우수관리인증을 받은 자가 정당한 사유 없이 조사·점검 또는 자료제출 요청에 응하지 않은 경우	법 제8조 제1항제4호	표시정지 1개월	표시정지 3개월	인증취소
마. 법 제7조제4항에 따른 우수관리인증의 변경승인을 받지 않고 중요 사항을 변경한 경우	법 제8조 제1항제5호	표시정지 1개월	표시정지 3개월	인증취소
바. 우수관리인증의 표시정지기간 중에 우수관리인증의 표시를 한 경우	법 제8조 제1항제6호	인증취소	-	-

(3) 정지 또는 취소 사실 통지

우수관리인증기관은 우수관리인증을 취소하거나 그 표시를 정지한 경우 지체 없이 우수관리인증을 받은 자와 농림축산식품부장관에게 그 사실을 알려야 한다(법 제8조 제2항).

3. 농산물우수관리인증기관의 지정 등

(1) 우수관리인증기관의 지정

농림축산식품부장관은 우수관리인증에 필요한 인력과 시설 등을 갖춘 자를 우수관리인증기관으로 지정하여 우수관리인증을 하도록 할 수 있다. 다만, 외국에서 수입되는 농산물에 대한 우수관리인증의 경우에는 농림축산식품부장관이 정한 기준을 갖춘 외국의 기관도 우수관리인증기관으로 지정할 수 있다(법 제9조 제1항).

(2) 우수관리인증기관의 지정신청

우수관리인증기관으로 지정을 받으려는 자는 농림축산식품부장관에게 인증기관 지정 신청을 하여야 한다(법 제9조 제2항 전문).

(3) 우수관리인증기관의 지정기준, 지정절차 및 방법 등

우수관리인증기관의 지정기준, 지정절차 및 지정방법 등에 필요한 세부사항은 농림축산식품부령으로 정한다(법 제9조 제5항).

1) 우수관리인증기관의 지정기준

우수관리인증기관의 지정 기준은 다음[별표 3]과 같다(칙 제19조 제1항).

별표 3 우수관리인증기관의 지정기준(제19조제1항 관련)

1. 조직 및 인력

　가. 조직

　　1) 법인으로서 인증업무를 수행하는 전담조직을 갖추고 인증기관의 운영에 필요한 재원확보 등 재무구조가 건실할 것
　　2) 인증업무 외의 업무를 수행하고 있는 경우 그 업무를 수행함으로써 인증업무가 불공정하게 수행될 우려가 없을 것

　나. 인력

　　1) 인증심사원은 5명 이상(상근 2명 이상)이어야 한다.
　　2) 인증심사원은 다음의 어느 하나에 해당하는 사람으로서 국립농산물품질관리원장이 정한 바에 따라 인증심사원의 역할과 자세, 인증 관련 법령, 인증심사기준, 인증심사 실무 등의 교육을 받은 사람으로서 심사업무를 원활히 수행할 수 있어야 한다.

　　가)「고등교육법」제2조제1호에 따른 대학에서 학사학위를 취득한 사람 및 이와 같은 수준 이상의 학력이 있는 사람
　　나)「고등교육법」제2조제1호에 따른 대학 또는 제4호에 따른 대학 또는 전문대학에서 전문학사학위를 취득한 사람 또는 이와 같은 수준 이상의 학력이 있는 사람으로서 농업 관련 기업체 · 연구소 · 기관 및 단체 등에서 농산물의 품질관리업무를 2년 이상 담당한 경력이 있는 사람
　　다)「국가기술자격법」에 따른 농림분야의 기술사 · 기사 · 산업기사 또는 법 제105조에 따른 농산물품질관리사 자격증을 소지한 사람. 다만, 산업기사 자격증을 소지한 사람은 농업 관련 기업체 · 연구소 · 기관 및 단체 등에서 농산물의 품질관리업무를 2년 이상 담당한 경력이 있는 사람이어야 한다.
　　라) 농업 관련 기업체 · 연구소 · 기관 및 단체 등에서 농산물의 품질관리업무를

　　　　　　3년 이상 담당한 경력이 있는 사람
　　　　마) 우수관리인증기관에서 2년 이상 인증업무와 관련된 업무를 담당한 경력이 있는 사람

2. 시설
　　가. 토양, 수질, 잔류농약, 중금속, 미생물 등을 분석할 수 있어야 하며, 분석시설은 해당 부·처·청, 공인기관 및 국립농산물품질관리원장이 지정한 분석시설이어야 한다.
　　나. 대학 및 연구소 등 공인분석기관과 업무협약체결을 통해 분석 등의 업무를 수행할 경우에는 가목에 따른 분석실을 갖추지 않을 수 있다.

3. 인증업무규정
　　인증업무에 관한 규정에는 다음 각 목의 사항이 포함되어야 한다.
　　가. 인증농가 이력관리 방법
　　나. 인증의 절차 및 방법
　　다. 인증의 사후관리
　　라. 인증수수료 및 그 징수방법
　　마. 인증심사원 준수사항 및 인증심사원의 자체관리·감독 요령
　　바. 인증심사원 교육
　　사. 다음의 업무수행을 위한 인증위원회의 구성, 운영에 관한 사항
　　　　1) 인증업무 방침의 수립
　　　　2) 인증 장기 계획 및 발전방향 수립
　　　　3) 인증운영에 관한 주요 사항의 심의
　　아. 그 밖에 국립농산물품질관리원장이 인증업무의 수행에 필요하다고 인정한 사항

2) 우수관리인증기관의 지정절차

① **신청서 제출** : 우수관리인증기관으로 지정받으려는 자는 별지 제6호서식의 농산물우수관리인증기관 (지정·갱신)신청서에 다음의 서류를 첨부하여 국립농산물품질관리원장에게 제출하여야 한다(칙 제19조 제3항). 외국에서 국내로 수입되는 농산물을 대상으로 우수관리인증을 하기 위하여 외국의 기관이 우수관리인증기관 지정을 신청하는 경우에는 국립농산물품질관리원장이 정하여 고시하는 외국 우수관리인증기관 지정기준 및 지정절차를 적용한다(칙 제19조 제2항).

㉠ 정관
　　　㉡ 농수산물우수관리 인증계획 및 인증업무규정 등을 적은 우수관리인증 사업계획서
　　　㉢ 우수관리인증기관의 지정 기준을 갖추었음을 증명할 수 있는 서류

② **확인** : 신청서를 받은 국립농산물품질관리원장은 「전자정부법」 제36조제1항에 따른 행정정보의 공동이용을 통하여 법인 등기사항증명서를 확인하여야 한다(칙 제19조 제4항).

③ **심사** : 국립농산물품질관리원장은 제3항에 따른 지정신청을 받은 경우에는 그 날부터 3개월 이내에 우수관리인증기관의 지정기준에 적합한지를 심사하여야 한다(칙 제19조 제5항).

④ **통지** : 국립농산물품질관리원장은 심사 결과 우수관리인증기관의 지정기준에 적합한 경우에는 그 신청인에게 농산물우수관리인증기관 지정서를 발급하여야 하며, 우수관리인증기관의 지정기준에 적합하지 아니한 경우에는 그 사유를 신청인에게 알려야 한다(칙 제19조 제6항).

⑤ **고시**
　㉠ 고시사항 : 국립농산물품질관리원장은 농산물우수관리인증기관 지정서를 발급한 경우에는 다음의 사항을 관보에 고시하거나 국립농산물품질관리원의 인터넷 홈페이지에 게시하여야 한다(칙 제19조 제7항).

　　　ⓐ 우수관리인증기관의 명칭 및 대표자
　　　ⓑ 주사무소 및 지사의 소재지 · 전화번호
　　　ⓒ 우수관리인증기관 지정번호 및 지정일
　　　ⓓ 인증지역
　　　ⓔ 유효기간

　㉡ 수입농수산물 등 고시권자 : 우수관리인증기관 지정에 필요한 세부 사항은 국립농산물품질관리원장이 정하여 고시한다(칙 제19조 제8항).

(4) 우수관리인증기관의 지정내용 변경신고

우수관리인증기관으로 지정받은 후 농림축산식품부령으로 정하는 중요사항이 변경되었을 때에는 변경신고를 하여야 한다. 다만, 제10조에 따라 우수관리인증기관 지정이 취소된 후 2년이 지나지 아니한 경우에는 신청을 할 수 없다(법 제9조 제2항).

1) 중요사항 변경(칙 제20조 제2항)

> ① 우수관리인증기관의 명칭·대표자·주소 및 전화번호
> ② 우수관리인증기관의 업무 등 정관
> ③ 우수관리인증기관의 조직, 인력, 시설
> ④ 농산물우수관리 인증계획, 인증업무 처리규정 등을 적은 사업계획서

2) 제출

우수관리인증기관으로 지정을 받은 자는 우수관리인증기관으로 지정받은 후 위 1)의 내용이 변경되었을 때에는 그 사유가 발생한 날부터 1개월 이내에 농산물우수관리인증기관 지정내용 변경신고서에 변경 내용을 증명하는 서류를 첨부하여 국립농산물품질관리원장에게 제출하여야 한다(칙 제20조 제2항).

3) 지정서 재발급

우수관리인증기관 지정내용 변경신고를 받은 국립농산물품질관리원장은 신고 사항을 검토하여 우수관리인증기관의 지정기준에 적합한 경우에는 농산물우수관리인증기관 지정서를 재발급하여야 한다(칙 제20조 제3항).

(5) 유효기간 등

1) 유효기간

우수관리인증기관 지정의 유효기간은 지정을 받은 날부터 5년으로 하고, 계속 우수관리인증 업무를 수행하려면 유효기간이 끝나기 전에 그 지정을 갱신하여야 한다(법 제9조 제3항).

2) 우수관리인증기관의 갱신

① 갱신서 제출 : 우수관리인증기관 지정을 갱신하려는 자는 농산물우수관리인증기관 (지정·갱신)신청서에 다음의 서류를 첨부하여 그 유효기간이 끝나기 3개월 전까지 국립농산물품질관리원장에게 제출하여야 한다(칙 제21조 제1항).

> ㉠ 지정서 원본
> ㉡ 다음의 서류. 다만, 변경사항이 있는 경우에만 제출한다.
> > ⓐ 정관
> > ⓑ 농산물우수관리 인증계획 및 인증업무규정 등을 적은 우수관리인증 사업계획서
> > ⓒ 우수관리인증기관의 지정기준을 갖추었음을 증명할 수 있는 서류

② 사전통지 : 국립농산물품질관리원장은 유효기간이 끝나기 4개월 전까지 신청인에게 갱신절차와 갱신신청 기간을 미리 알려야 한다. 이 경우 통지는 휴대전화 문자메세지, 전자우편, 팩스, 전화 또는 문서 등으로 할 수 있다(칙 제21조 제3항).

(6) 농산물우수관리인증기관의 지정 취소 등

1) 취소사유

농림축산식품부장관은 우수관리인증기관이 다음 각 호의 어느 하나에 해당하면 우수관리인증기관의 지정을 취소하거나 6개월 이내의 기간을 정하여 우수관리인증 업무의 정지를 명할 수 있다. 다만, ①부터 ③까지의 규정 중 어느 하나에 해당하면 우수관리인증기관의 지정을 취소하여야 한다(법 제10조 제1항).

2) 인증기관의 지정취소 등의 처분기준

지정 취소 등의 세부 기준은 농림축산식품부령으로 정한다(법 제10조 제2항). 우수관리인증기관의 지정 취소 및 우수관리인증 업무의 정지에 관한 처분기준은 아래[별표 4]와 같다(칙 제22조 제1항).

별표 4

① 일반기준

가. 위반행위가 둘 이상인 경우에는 그 중 무거운 처분기준을 적용하며, 둘 이상의 처분기준이 같은 업무정지인 경우에는 무거운 처분기준의 2분의 1까지 가중할 수 있다. 이 경우 각 처분기준을 합산한 기간을 초과할 수 없다.

나. 위반행위의 횟수에 따른 행정처분의 기준은 최근 1년간 같은 위반행위로 행정처분을 받은 경우에 적용한다. 이 경우 행정처분 기준의 적용은 같은 위반행위에 대하여 최초로 행정처분을 한 날과 다시 같은 위반행위를 적발한 날을 기준으로 한다.

다. 인증기관이 지역사무소 또는 지사를 두고 있는 경우에는 기준을 위반한 지역사무소나 지사를 대상으로 처분을 하고, 해당 인증기관에 대해서도 지역사무소나 지사에 대한 처분기준보다 한 단계 낮은 처분기준을 적용하여 처분하되, 기준을 위반한 사무소 또는 지사가 복수인 경우에는 처분을 받는 사무소 또는 지사의 처분기준 중 가장 무거운 처분기준보다 한 단계 낮은 처분기준을 적용하여 처분한다.

> 라. 위반행위의 내용으로 보아 고의성이 없거나 그 밖에 특별한 사유가 있다고 인정되는 경우에는 그 처분을 업무정지의 경우에는 2분의 1 범위에서 경감할 수 있고, 지정 취소인 경우에는 6개월의 업무정지 처분으로 경감할 수 있다.
> 마. 업무정지처분의 경우 위반사항의 내용으로 보아 인증기관업무의 전부 또는 일부에 대하여 정지할 수 있다.

② 개별기준

위반행위	근거 법조문	위반횟수별 처분기준		
		1회	2회	3회 이상
가. 거짓이나 그 밖의 부정한 방법으로 지정을 받은 경우	법 제10조 제1항제1호	지정 취소	-	-
나. 업무정지 기간 중에 우수관리인증 업무를 한 경우	법 제10조 제1항제2호	지정 취소	-	-
다. 우수관리인증기관의 해산·부도로 인하여 우수관리인증 업무를 할 수 없는 경우	법 제10조 제1항제3호	지정 취소	-	-
라. 법 제9조제2항 본문에 따른 변경신고를 하지 않고 우수관리인증 업무를 계속한 경우	법 제10조 제1항제4호	-	-	-
1) 조직·인력 및 시설 중 어느 하나가 변경되었으나 1개월 이내에 신고하지 않은 경우	-	경고	업무정지 1개월	업무정지 3개월
2) 조직·인력 및 시설 중 둘 이상이 변경되었으나 1개월 이내에 신고하지 않은 경우	-	업무정지 1개월	업무정지 3개월	업무정지 6개월
마. 우수관리인증업무와 관련하여 인증기관의 장 등 임원·직원에 대하여 벌금 이상의 형이 확정된 경우	법 제10조 제1항제5호	지정 취소	-	-
바. 법 제9조제5항에 따른 지정기준을 갖추지 않은 경우	법 제10조 제1항제6호	-	-	-
1) 조직·인력 및 시설 중 어느 하나가 지정기준에 미달할 경우	-	업무정지 1개월	업무정지 3개월	업무정지 6개월
2) 조직·인력 및 시설 중 어느 둘 이상이 지정기준에 미달할 경우	-	업무정지 3개월	업무정지 6개월	지정 취소
사. 우수관리인증의 기준을 잘못 적용하는 등 우수관리인증 업무를 잘못한 경우	법 제10조 제1항제7호	-	-	-

1) 우수관리인증의 기준을 잘못 적용하여 인증을 한 경우	–	경고	업무정지 1개월	업무정지 3개월
2) 별표 3 제3호다목 및 마목부터 자목까지의 규정 중 둘 이상을 이행하지 않은 경우	–	경고	업무정지 1개월	업무정지 3개월
3) 인증 외의 업무를 수행하여 인증업무가 불공정하게 수행된 경우	–	업무정지 6개월	지정 취소	–
4) 농산물우수관리기준을 지키는지 조사·점검을 하지 않은 경우	–	경고	업무정지 1개월	업무정지 3개월
5) 우수관리인증 취소 등의 기준을 잘못 적용하여 처분한 경우	–	업무정지 1개월	업무정지 3개월	지정 취소
아. 정당한 사유 없이 1년 이상 우수관리인증 실적이 없는 경우	법 제10조 제1항제8호	업무정지 3개월	지정 취소	–
자. 법 제31조제3항을 위반하여 농림축산식품부장관의 요구를 정당한 이유 없이 따르지 않은 경우	법 제10조 제1항제9호	업무정지 3개월	업무정지 6개월	지정 취소
차. 그 밖의 사유로 우수관리인증 업무를 수행할 수 없는 경우	법 제10조 제1항제10호	지정 취소		

3) 고시 및 통지

국립농산물품질관리원장은 우수관리인증기관의 지정을 취소하였을 때에는 그 사실을 고시하여야 한다(칙 제22조 제2항). 농림축산식품부장관은 제10조에 따라 지정이 취소된 우수관리인증기관으로부터 우수관리인증을 받은 자에게 다른 우수관리인증기관으로부터 제7조에 따른 갱신, 유효기간 연장 또는 변경을 할 수 있도록 취소된 사항을 알려야 한다(법 제9조 제3항).

4. 농산물우수관리시설의 지정 등

(1) 인증기관의 지정

농림축산식품부장관은 농산물의 수확 후 위생·안전 관리를 위하여 다음의 시설 중 인력 및 설비 등이 농림축산식품부령으로 정하는 기준에 맞는 시설을 농산물우수관리시설(이하 "우수관리시설"이라 한다)로 지정할 수 있다(법 제11조 제1항).

1. 「양곡관리법」 제22조에 따른 미곡종합처리장
2. 「농수산물 유통 및 가격안정에 관한 법률」 제51조에 따른 농수산물산지유통센터
3. 그 밖에 농산물의 수확 후 관리를 하는 시설로서 농림축산식품부장관이 정하여 고시하는 시설

(2) 우수관리시설 지정신청 등

우수관리시설로 지정받으려는 자는 관리하려는 농산물의 품목 등을 정하여 농림축산식품부장관에게 신청하여야 한다(법 제11조 제2항 전문).

1) 지정기준

> **별표 5** 우수관리시설의 지정기준(제23조제1항 관련)
>
> 1. 조직 및 인력
>   가. 조직
>   1) 농산물우수관리업무를 수행할 능력을 갖추어야 한다.
>   2) 농산물우수관리업무 외의 업무를 수행하고 있는 경우 그 업무를 수행함으로써 농산물우수관리업무가 불공정하게 수행될 우려가 없어야 한다.
>   나. 인력
>   1) 농산물우수관리업무를 담당하는 사람을 1명 이상 갖출 것
>   2) 농산물우수관리업무를 담당하는 사람은 다음의 어느 하나에 해당하는 사람으로서 국립농산물품질관리원장이 정하는 바에 따라 농산물우수관리업무를 수행하는 사람의 역할과 자세, 농산물우수관리 관련 법령, 농산물우수관리시설 기준, 농산물우수관리시설 관리실무 등의 교육을 받은 사람이어야 한다.
>   가) 「고등교육법」 제2조제1호에 따른 대학에서 학사학위를 취득한 사람 및 이와 같은 수준 이상의 학력이 있는 사람
>   나) 「고등교육법」 제2조제4호에 전문대학에서 전문학사학위를 취득한 사람 및 이와 같은 수준 이상의 학력이 있는 사람으로서 농업 관련 기업체·연구소·기관 및 단체 등에서 농산물의 품질관리업무를 2년 이상 담당한 경력이 있는 사람
>   다) 「국가기술자격법」에 따른 농림분야의 기술사·기사·산업기사 또는 법 제105조에 따른 농산물품질관리사 자격증을 소지한 사람. 다만, 산업기사 자격증을 소지한 사람은 농업 관련 기업체·연구소·기관 및 단체 등에서 농산물의 품질관리업무를 2년 이상 담당한 경력이 있는 사람이어야

한다.
　라) 농업 관련 기업체·연구소·기관 및 단체 등에서 농산물의 품질관리업무를 3년 이상 담당한 경력이 있는 사람
　마) 그 밖에 농산물의 품질관리업무에 4년 이상 종사한 것으로 인정된 사람. 다만, 농가나 생산자조직에서 자체 생산한 농산물의 수확 후 관리를 위해 보유한 산지유통시설의 경우는 농산물의 품질관리업무에 2년 이상 종사(영농에 종사한 기간을 포함한다)한 것으로 인정된 사람이어야 한다.

2. 시설
　가. 농산물우수관리시설은 법 제6조제1항에 따른 농산물우수관리기준에 따라 관리되어야 한다.
　나. 농산물우수관리시설은 아래와 같은 시설기준을 충족할 수 있어야 한다.
　　1) 법 제11조제1항제1호에 따른 미곡종합처리장

시설기준		비고
시설물	곡물의 수확 후 처리시설 및 완제품 보관시설이 설치된 건축물의 위치는 축산폐수·화학물질 그 밖의 오염물질 발생시설로부터 제품에 나쁜 영향을 주지 않도록 격리되어 있어야 한다.	
건조저장시설	가) 건조 및 저장시설은 잔곡(殘穀)이 발생하지 않거나, 잔곡 청소가 가능한 구조로 설치되어야 한다.	
	나) 저장시설에는 통풍, 냉각 등 곡온(穀溫)을 낮출 수 있는 장치 및 곡온을 측정할 수 있는 온도장치가 설치되어야 하며, 곡온을 점검할 수 있어야 한다.	
	다) 저장시설은 쥐 등이 침입할 수 없는 구조여야 하며, 저장시설 내에는 농약 등 곡물에 나쁜 영향을 미칠 수 있는 물질이 곡물과 같이 보관되지 않아야 한다.	
가공실	가) 원료 곡물을 가공하여 포장하는 가공실은 반입, 건조 및 저장 시설은 물론 부산물실과 격리되거나 칸막이 등으로 구획되어야 한다.	
	나) 쌀 가공실은 현미부, 백미부, 포장부, 완제품 보관부, 포장재 보관부가 각각 격리되거나 칸막이 등으로 구획되어야 한다.	
	다) 가공실의 바닥은 하중과 충격에 잘 견디는 견고한 재질이어야 하며, 파여 있거나 심하게 갈라진 틈이나 구멍이 없어야 한다.	
	라) 가공실의 내벽과 천장은 곡물에 나쁜 영향을 주지 않는 자재가 사용되어야 하며, 먼지 등이 쌓이거나 미생물 등이 번식하지 않게 청소가 가능한 구조로 설치되어야 한다.	

가공실	마) 가공실의 출입문은 견고하고 밀폐가 가능해야 하며, 지게차 출입이 잦은 출입문은 이중문으로서 외문은 견고하고 밀폐가 가능해야 하고, 내문은 신속하게 여닫을 수 있고 분진 유입 등을 방지할 수 있는 구조로 설치되어야 한다.	
	바) 가공실 창문은 밀폐가 가능해야 하며, 방충망이 설치되어야 한다.	
	사) 가공실에는 집진(集塵)을 위한 외부 공기 도입구가 설치되어야 하며, 외부 공기 도입구에는 먼지, 이물질 등이 유입되지 않도록 필터가 설치되어야 한다.	
	아) 가공실의 조명은 작업환경에 적절한 상태를 유지할 수 있어야 하며, 손상을 방지하기 위한 덮개 등 보호장치가 설치되어 있어야 한다.	
	자) 가공실에서 발생하는 부산물은 먼지가 발생하지 않는 구조로 수집되어야 하며, 구획된 목적과 다르게 가공실 내에 부산물, 완제품 및 포장재 등이 방치·적재되어 있지 않도록 관리되어야 한다.	
	차) 가공실을 깨끗하고 위생적으로 관리하기 위한 흡인식 청소시스템이 구비되어야 한다.	
가공시설	가) 이송시설, 이송관, 저장용기 등 가공시설에서 도정된 곡물과 직접 접촉하는 부분은 스테인리스 강(鋼) 등과 같이 매끄럽고 내부식성(耐腐蝕性)이어야 하며, 구멍이나 균열이 없어야 한다.	
	나) 가공시설은 쥐 등이 내부로 침입하지 못하도록 침입방지시설이 설치되어야 한다.	
	다) 각 단위기계, 이송시설 및 저장용기는 잔곡이 있는지를 쉽게 파악하고 청소할 수 있는 구조여야 한다.	
	라) 곡물에 섞여 있는 이물질 및 다른 곡물의 낟알을 충분하게 제거하기 위한 선별장치가 설치되어야 한다.	
집진시설 및 부산물실	가) 분진 발생으로 인한 교차오염을 방지하기 위해 집진시설 등은 가공실과 구획되어 설치되어야 한다.	
	나) 가공시설에서 발생하는 분진 및 분말 등의 제거를 위한 집진시설이 충분하게 갖춰져 있어야 하며, 집진시설은 사용에 지장이 없는 상태로 관리되어야 한다.	
	다) 왕겨실·미강실 및 그 밖의 부산물실은 내부에서 발생하는 분진이 외부에 유출되지 않는 구조여야 한다.	

		품목군	

수처리 시설	가) 곡물의 세척 또는 가공에 사용되는 물은 「환경정책기본법」 및 「지하수법」의 음용수 이상(재활용수를 사용할 경우는 정화수)이어야 한다. 지하수 등을 사용하는 경우 취수원은 화장실, 폐기물처리시설, 동물사육장, 그 밖에 지하수가 오염될 우려가 있는 장소로부터 20미터 이상 떨어진 곳에 있어야 한다.	
	나) 곡물에 사용되는 물은 1년에 1회 이상 분석하여 음용수기준에 적합 여부를 확인하여야 한다.	
	다) 용수저장용기는 밀폐가 되는 덮개 및 잠금장치를 설치하여 오염물질의 유입을 사전에 방지할 수 있는 구조여야 한다.	
위생관리	가) 화장실은 가공실과 분리하여 수세식으로 설치하여 청결하게 관리되어야 하며, 손 세척시설과 손 건조시설을 갖추어야 한다.	
	나) 가공실 종사자를 위한 위생복장을 갖추어야 하고, 탈의실을 설치하여야 한다.	
	다) 청소 설비 및 기구를 보관할 수 있는 전용공간을 마련하여야 한다.	
그 밖의 시설	가) 먼지 등 폐기물처리시설은 가공실과 떨어진 곳에 설치되어야 한다.	
	나) 폐수처리시설 설치가 필요할 경우 작업장과 떨어진 곳에 설치되어야 한다.	
관리유지	농산물우수관리시설의 효율적 관리를 위하여 시설 및 기계설비 작업 흐름도, 관리기록대장 등을 갖추어야 한다.	

2) 법 제11조제1항제2호 및 제3호에 따른 농수산물산지유통센터 및 농산물의 수확 후 관리 시설

	시설기준	품목군		비고
		비세척	세척	
건축물	농산물의 수확 후 관리시설과 원료 및 완제품의 보관시설 등이 설비된 건축물의 위치는 축산폐수·화학물질 그 밖의 오염물질 발생시설로부터 농산물에 나쁜 영향을 주지 않도록 격리되어 있어야 한다.			
작업장	작업장은 농산물의 수확 후 관리를 위한 작업실을 말하며, 선별·저장시설 등은 분리되거나 구획(칸막이·커튼 등에 의하여 구별되는 경우를 말한다. 이하 같다)되어야 한다. 다만, 작업공정의 자동화 또는 농산물의 특수성으로 인하여 분리·구획할 필요가 없다고 인정되는 경우에는 분리·구획을 하지 않을 수 있다.			
	가) 작업장의 바닥·내벽 및 천장은 다음과 같은 구조로 설비되어야 한다. (1) 바닥은 충격에 잘 견디는 견고한 재질이어야 하며 배수가 잘 되도록 하여야 한다.			

작업장	(2) 배수로는 배수 및 청소가 쉽고 교차오염이 발생하지 않도록 설치하고 폐수가 역류하거나 퇴적물이 쌓이지 않도록 설비하여야 한다.	✕		
	(3) 내벽은 내수성(耐水性)으로 설비하고, 먼지 등이 쌓이거나 미생물 등의 번식이 우려되는 돌출부위(H빔 등)가 보이지 않도록 시공하여야 한다.	✕		
	(4) 천장은 농산물에 나쁜 영향을 주지 않는 자재를 사용하여야 하며, 먼지 등이 쌓이거나 미생물 등의 번식이 우려되는 돌출부위(H빔·배관 등)가 보이지 않도록 시공하여야 한다. 다만, 노출된 H빔·배관 등에 미생물이 번식하지 않고 먼지 등이 쌓여 있지 않으며, 부식방지 처리가 되어 있는 경우는 그러하지 아니하다.			
	(5) 문은 견고한 내수성 재질로서 청소하기 쉬워야 한다.			
	(6) 채광 또는 조명은 작업환경에 적절한 상태를 유지할 수 있도록 하여야 한다.			
	나) 작업장 안에서 악취·유해가스, 매연·증기 등이 발생할 경우 이를 제거하는 환기시설을 갖추고 있어야 한다.			
	다) 작업장의 출입구 및 창문은 밀폐되어 있어야 하며, 창문은 해충 등의 침입을 방지하기 위하여 방충망을 설치하여야 한다.			
	라) 작업공정에 분진, 분말 등이 발생할 경우 이를 제거하는 집진시설을 갖추고 있어야 한다.			
	마) 작업장 내 배관은 청결하게 관리되어야 한다.	✕		
수확 후 관리설비	가) 농산물을 수확 후 관리하는 데 필요한 기계·기구류 등 시설은 농산물의 특성에 따라 갖추어 관리되어야 한다.			
	나) 농산물 취급설비 중 농산물과 직접 접촉하는 부분은 매끄럽고 내부식성이어야 하고, 구멍이나 균열이 없으며 세척 및 소독 작업이 가능하여야 한다.	✕		
	다) 냉각 및 가열처리 시설에는 온도계나 온도를 측정할 수 있는 기구를 설치하여야 하며, 적정온도가 유지되도록 관리하여야 한다.	✕		
	라) 취급설비는 깨끗하게 위생적으로 유지·관리되어야 한다.			

수처리 시설	가) 수확 후 농산물의 세척에 사용되는 용수는 「먹는물관리법」에 따른 먹는물 수질기준(재활용수를 사용할 경우는 정화수)에 적합해야 한다. 지하수 등을 사용하는 경우 취수원은 화장실·폐기물처리시설·동물사육장, 그 밖에 지하수가 오염될 우려가 있는 장소로부터 20미터 이상 떨어진 곳에 있어야 한다.	✕		
	나) 수확 후 세척에 사용되는 물은 1년에 1회 이상 분석하여 음용수 기준에 적합한지를 확인한다.	✕		
	다) 용수저장탱크는 밀폐가 되는 덮개(가능하면 잠금장치) 등을 설치하여 오염물질의 유입을 미리 방지하여야 한다.	✕		
저장(예냉) 시설	저장(예냉)시설은 농산물 수확 후 원물(原物) 및 농산품의 품질관리를 위한 저온시설을 말한다. 다만, 대상 농산물이 저온저장(예냉)을 할 필요가 없다고 인정되는 경우에는 설치하지 않을 수 있다.			
	가) 벽체 및 천장의 내벽은 내수성 단열 패널로 마감처리하는 것을 원칙으로 한다.			
	나) 창문이나 출입문은 조류, 설치류와 가축의 접근을 막기 위하여 방충망을 설치하여야 한다.			
	다) 냉장(냉동, 냉각)이 필요한 농산물은 냉기가 잘 흐르도록 적재가 가능한 팰릿 등을 갖추어 적절한 온도관리가 되어야 한다.			
	라) 냉장(냉동, 냉각)실에 설치되어 있는 온도장치의 감온봉(感溫棒)은 가장 온도가 높은 곳이나 온도관리가 적절한 곳에 설치하며 외부에서 온도를 관찰할 수 있어야 한다.			
수송·운반 설비	가) 운송차량은 운송 중인 농산물이 외부로부터 오염되지 않도록 관리하여야 하며, 냉장유통이 필요한 농산물은 냉장탑차를 이용하여야 한다.			
	나) 수송 및 운반에 사용되는 용기는 세척하기 쉽고 필요시 소독과 건조가 가능하여야 한다.	✕		
	다) 수송, 운반, 보관 등 물류기기는 깨끗하고 위생적으로 관리하여야 한다.	✕		
위생관리	가) 화장실은 작업실과 분리하여 수세식으로 설치하여야 하며, 손 세척시설과 손 건조시설(일회용 티슈를 사용하는 곳은 제외한다)을 갖추어야 한다.			
	나) 화장실은 청결하게 관리되어야 한다.			

	시설기준		
	다) 적절한 청소 설비 및 기구를 전용 보관장소에 갖추어 두어야 한다.		
그 밖의 시설	가) 폐기물처리시설이 필요할 경우 폐기물처리시설은 작업장과 떨어진 곳에 설치·운영되어야 한다.		
	나) 폐수처리시설은 작업장과 떨어진 곳에 설치·운영되어야 한다. 다만, 단순세척을 할 경우에는 폐수처리시설을 갖추지 않을 수 있다.	X	
관리유지	농산물우수관리시설의 효율적 관리를 위하여 다음과 같은 자료를 갖추고 있어야 한다. – 작업공정도 및 기계설비 배치도 – 작업장, 기계설비, 저장시설, 화장실의 점검기준 및 관리일지 등		

3) 농가나 생산자조직에서 자체 생산한 농산물의 수확 후 관리를 위한 자가보유시설

	시설기준	품목군		비고
		비세척	세척	
건축물	농산물의 수확 후 관리시설과 원료 및 완제품의 보관시설 등이 설비된 건축물의 위치는 축산폐수·화학물질 그 밖의 오염물질 발생시설로부터 농산물에 나쁜 영향을 주지 않도록 격리되어 있어야 한다.			
작업장	작업장은 농산물의 선별, 수확 후 관리, 저장 등을 위한 작업실을 말한다.			
작업장	가) 작업장의 바닥 및 천장은 다음과 같은 구조로 설비되어야 한다.			
	(1) 바닥은 충격에 잘 견디는 견고한 재질이어야 하며 배수가 잘 되도록 하여야 한다.			
	(2) 배수로는 배수 및 청소가 쉽고 교차오염이 발생하지 않도록 설치하고 폐수가 역류하거나 퇴적물이 쌓이지 않도록 설비하여야 한다.	X		
	(3) 천장은 농산물에 나쁜 영향을 주지 않는 자재를 사용하여야 하며, 먼지 등이 쌓이거나 미생물 등의 번식하지 않도록 청결하여야 한다.			
	(4) 문은 견고한 재질로서 청소하기 쉬워야 한다.			
	(5) 채광 또는 조명은 작업환경에 적절한 상태를 유지할 수 있도록 하여야 한다.			

		나) 작업장은 청결하게 관리되어야 한다.		
	수확 후 관리설비	가) 농산물을 수확 후 관리하는 데 필요한 기계·기구류 등 시설을 갖추어 관리되어야 한다.		
		나) 취급설비는 깨끗하게 위생적으로 유지·관리되어야 한다.		
	수처리 시설	가) 수확 후 농산물의 세척에 사용되는 물은 「환경정책기본법」 및 「지하수법」의 음용수 이상(재활용수를 사용할 경우는 정화수)이어야 한다. 지하수 등을 사용하는 경우 취수원은 화장실·폐기물처리시설·동물사육장, 그 밖에 지하수가 오염될 우려가 있는 장소로부터 20미터 이상 떨어진 곳에 있어야 한다.	✕	
		나) 수확 후 세척에 사용되는 물은 1년에 1회 이상 분석하여 음용수 기준에 적합한지를 확인한다.	✕	
		다) 용수저장탱크는 밀폐가 되는 덮개(가능하면 잠금장치) 등을 설치하여 오염물질의 유입을 미리 방지하여야 한다.	✕	
	저장시설	저장시설은 농산물 수확 후 원물 보관을 위한 시설을 말한다.		
		가) 창문이나 출입문은 조류, 설치류와 가축의 접근을 막기 위하여 방충망을 설치하여야 한다.		
		나) 작업장은 청결하게 관리되어야 한다.		
	수송·운반 설비	가) 수송 및 운반에 사용되는 용기는 세척하기 쉽고 필요시 소독과 건조가 가능하여야 한다.	✕	
		나) 수송, 운반, 보관 등 물류기기는 깨끗하고 위생적으로 관리하여야 한다.	✕	
	위생관리	가) 화장실 구비 시 손 세척시설과 손 건조시설(일회용 티슈를 사용하는 곳은 제외한다)을 갖추어야 한다.		
		나) 화장실은 청결하게 관리되어야 한다.		
		다) 적절한 청소 설비 및 기구를 갖추어 두어야 한다.		
	그 밖의 시설	가) 폐기물처리시설이 필요할 경우 폐기물처리시설은 작업장과 떨어진 곳에 설치·운영되어야 한다.		
		나) 폐수처리시설은 작업장과 떨어진 곳에 설치·운영되어야 한다. 다만, 단순세척을 할 경우에는 폐수처리시설을 갖추지 않을 수 있다.	✕	
	관리유지	농산물우수관리시설의 효율적 관리를 위하여 다음과 같은 자료를 갖고 있어야 한다. - 관리기록대장 등		

3. 농산물우수관리시설 업무규정

농산물우수관리시설 업무규정에는 다음 각 목에 관한 사항이 포함되어야 한다.
가. 수확 후 관리 품목
나. 우수관리인증농산물의 취급 방법
다. 수확 후 관리 시설의 관리 방법
라. 우수관리인증농산물의 품목별 수확 후 관리 절차
마. 농산물우수관리시설 근무자의 준수사항 마련 및 자체관리·감독에 관한 사항
바. 농산물우수관리시설 근무자 교육에 관한 사항
사. 그 밖에 국립농산물품질관리원장이 농산물우수관리시설의 업무수행에 필요하다고 인정하여 고시하는 사항

2) 지정절차

① **신청서 제출** : 우수관리시설로 지정받으려는 자는 농산물우수관리시설 지정신청서에 다음의 서류를 첨부하여 국립농산물품질관리원장에게 제출하여야 한다(칙 제23조 제2항). 외국의 수확 후 관리시설이 우수관리시설 지정을 신청하는 경우에는 국립농산물품질관리원장이 정하여 고시하는 외국 우수관리시설 지정기준 및 지정절차를 적용한다(칙 제23조 제7항).

> ㉠ 정관(법인인 경우만 해당한다)
> ㉡ 우수관리시설 및 인력 현황을 적은 서류
> ㉢ 우수관리시설의 운영계획 및 우수관리인증농산물 처리규정 등을 적은 우수관리시설 사업계획서
> ㉣ 우수관리시설의 지정기준을 갖추었음을 증명할 수 있는 서류

② **확인** : 지정신청을 받은 국립농산물품질관리원장은 「전자정부법」 제36조제1항에 따른 행정정보의 공동이용을 통하여 법인 등기사항증명서(법인인 경우만 해당한다)를 확인하여야 한다(칙 제23조 제3항).

③ **심사** : 국립농산물품질관리원장은 지정신청을 받으면 그 날부터 42일 이내에 우수관리시설의 지정기준에 적합한지를 심사하여야 한다(칙 제23조 제4항).

④ **통지** : 국립농산물품질관리원장은 심사를 한 결과 우수관리시설 지정기준에 적합한 경우에는 그 신청인에게 농산물우수관리시설 지정서를 발급하여야 하며, 우수관리시설 지정기준에 적합하지 아니한 경우에는 그 사유를 신청인에게 알려야 한다(칙 제23조 제5항).

⑤ 고시 : 국립농산물품질관리원장은 농산물우수관리시설 지정서를 발급한 경우에는 다음의 사항을 관보에 고시하거나 국립농산물품질관리원의 인터넷 홈페이지에 게시하여야 한다(칙 제23조 제6항).

> ㉠ 우수관리시설의 명칭 및 대표자
> ㉡ 주사무소 및 지사의 소재지·전화번호
> ㉢ 수확 후 관리 품목
> ㉣ 우수관리시설 지정번호 및 지정일
> ㉤ 유효기간

3) 관리

우수관리시설을 운영하는 자는 우수관리인증 대상 농산물 또는 우수관리인증농산물을 우수관리기준에 따라 관리하여야 한다(법 제11조 제3항).

4) 세부적 사항

우수관리시설의 지정 기준 및 절차 등에 필요한 세부사항은 농림축산식품부령으로 정한다(법 제11조 제1항). 우수관리시설 지정에 필요한 세부 사항은 국립농산물품질관리원장이 정하여 고시한다(칙 제23조 제8항).

(3) 우수관리시설의 지정내용 변경신고

우수관리시설로 지정받은 후 농림축산식품부령으로 정하는 중요 사항이 변경되었을 때에는 변경신고를 하여야 한다. 다만, 제12조에 따라 우수관리시설 지정이 취소된 후 1년이 지나지 아니하면 지정 신청을 할 수 없다(법 제11조 제2항).

1) 중요사항 변경(칙 제24조 제1항)

> ① 우수관리시설의 명칭, 대표자 및 정관
> ② 수확 후 관리 대상 품목
> ③ 수확 후 관리 설비
> ④ 우수관리시설의 운영계획 및 우수농산물 처리규정 등 사업계획서

2) 제출

우수관리시설로 지정을 받은 자는 우수관리시설로 지정받은 후 위 1)의 내용이 변경된 경우에는 변경 사유가 발생한 날부터 1개월 이내에 농산물우수관리시설 지정내용 변경신고서에 변경된 내용을 증명하는 서류를 첨부하여 국립농산물품질관리원장에

게 제출하여야 한다(칙 제24조 제2항).

(5) 유효기간 등

1) 유효기간

우수관리시설의 지정 유효기간은 5년으로 하되, 우수관리시설 지정의 효력을 유지하기 위하여는 유효기간이 끝나기 전에 그 지정을 갱신하여야 한다(법 제11조 제4항).

2) 우수관리시설 지정의 갱신

① 제출 : 우수관리시설로 지정을 갱신하려는 자는 농산물우수관리시설 (지정·갱신) 신청서에 서류 중 변경사항이 있는 서류를 첨부하여 그 유효기간이 끝나기 1개월 전까지 국립농산물품질관리원장에게 제출하여야 한다(칙 제25조 제1항).

② 사전통지 : 국립농산물품질관리원장은 유효기간이 끝나기 2개월 전까지 신청인에게 갱신절차와 갱신신청 기간을 미리 알려야 한다. 이 경우 통지는 휴대전화 문자메시지, 전자우편, 팩스, 전화 또는 문서 등으로 할 수 있다(칙 제25조 제3항).

(6) 우수관리시설의 지정 취소 등

1) 취소사유

농림축산식품부장관은 우수관리시설이 다음의 어느 하나에 해당하면 그 지정을 취소하거나 6개월 이내의 기간을 정하여 우수관리인증 대상 농산물에 대한 농산물우수관리 업무의 정지를 명할 수 있다. 다만, ①부터 ③까지의 규정 중 어느 하나에 해당하면 지정을 취소하여야 한다(법 제12조).

① 거짓이나 그 밖의 부정한 방법으로 지정을 받은 경우
② 업무정지 기간 중에 농산물우수관리 업무를 한 경우
③ 우수관리시설을 운영하는 자가 해산·부도로 인하여 농산물우수관리 업무를 할 수 없는 경우
④ 제11조제1항에 따른 지정기준을 갖추지 못하게 된 경우
⑤ 제11조제2항 본문에 따른 변경신고를 하지 아니하고 우수관리인증 대상 농산물을 취급(세척 등 단순가공·포장·저장·거래·판매를 포함한다)한 경우
⑥ 농산물우수관리 업무와 관련하여 시설의 대표자 등 임원·직원에 대하여 벌금 이상의 형이 확정된 경우
⑦ 제11조제3항을 위반하여 우수관리인증 대상 농산물 또는 우수관리인증농산물을 우수관리기준에 따라 관리하지 아니한 경우
⑧ 그 밖의 사유로 농산물우수관리 업무를 수행할 수 없는 경우

2) 지정 취소 및 업무정지의 기준

지정 취소 및 업무정지의 기준 · 절차 등 세부적인 사항은 농림축산식품부령으로 정한다(법 제12조 제2항). 우수관리시설의 지정 취소 및 업무정지에 관한 처분기준은 아래 [별표 6]과 같다(칙 제26조 제1항).

별표 6

① 일반기준

> 가. 위반행위가 둘 이상인 경우에는 그 중 무거운 처분기준을 적용하며, 둘 이상의 처분기준이 같은 업무정지인 경우에는 무거운 처분기준의 2분의 1까지 가중할 수 있다. 이 경우 각 처분기준을 합산한 기간을 초과할 수 없다.
> 나. 위반행위의 횟수에 따른 행정처분의 기준은 최근 1년간 같은 위반행위로 행정처분을 받은 경우에 적용한다. 이 경우 행정처분 기준의 적용은 같은 위반행위에 대하여 최초로 행정처분을 한 날과 다시 같은 위반행위를 적발한 날을 기준으로 한다.
> 다. 위반사항의 내용으로 보아 그 위반의 정도가 경미하거나 그 밖에 특별한 사유가 있다고 인정되는 경우에는 그 처분을 업무정지의 경우에는 2분의 1 범위에서 경감할 수 있고, 지정 취소인 경우에는 6개월의 업무정지 처분으로 경감할 수 있다.
> 라. 업무정지처분의 경우에는 농산물우수관리 업무 전부를 대상으로 업무정지처분을 하여야 한다. 다만, 위반사항의 내용으로 보아 고의성이 없거나 그 밖에 특별한 사유가 있다고 인정되는 경우 또는 인증농가의 불편이 예상될 경우에는 농산물우수관리 업무의 일부를 대상으로 업무정지처분을 할 수 있다.

② 개별기준

위반행위	근거 법조문	위반횟수별 처분기준		
		1회	2회	3회
가. 거짓이나 그 밖의 부정한 방법으로 지정을 받은 경우	법 제12조 제1항제1호	지정 취소		
나. 업무정지 기간 중에 농산물우수관리 업무를 한 경우	법 제12조 제1항제2호	지정 취소		

위반행위	근거 법조문	1차 위반	2차 위반	3차 위반
다. 우수관리시설을 운영하는 자가 해산·부도로 인하여 농산물우수관리 업무를 할 수 없는 경우	법 제12조 제1항제3호	지정 취소		
라. 법 제11조제1항에 따른 지정기준을 갖추지 못한 경우	법 제12조 제1항제4호	업무정지 1개월	업무정지 3개월	업무정지 6개월
마. 법 제11조제2항 본문에 따른 변경신고를 하지 않고 우수관리인증 대상 농산물을 취급(세척 등 단순가공·포장·저장·거래·판매를 포함한다)한 경우	법 제12조 제1항제5호	경고	업무정지 1개월	업무정지 3개월
바. 농산물우수관리 업무와 관련하여 시설의 대표자 등 임원·직원에 대하여 벌금 이상의 형이 확정된 경우	법 제12조 제1항제6호	지정 취소	–	–
사. 법 제11조제3항을 위반하여 우수관리인증 대상 농산물 또는 우수관리인증농산물을 우수관리기준에 따라 관리하지 않은 경우	법 제12조 제1항제7호			
1) 농산물우수관리시설의 고의 또는 중대한 과실로 인하여 우수관리기준을 위반한 경우	–	업무정지 1개월	업무정지 3개월	지정 취소
2) 농산물우수관리시설의 경미한 과실로 인하여 우수관리기준을 위반한 경우	–	경고	업무정지 1개월	업무정지 3개월
아. 그 밖의 사유로 농산물우수관리 업무를 수행할 수 없는 경우	법 제12조 제1항제8호	지정 취소	–	–

3) 고시

국립농산물품질관리원장은 우수관리시설의 지정을 취소하였을 때에는 그 사실을 국립농산물품질관리원 홈페이지에 게시하여야 한다(칙 제26조 제2항).

5. 농산물우수관리 관련보고 및 점검

(1) 보고 및 점검 등

1) 조사 등

① 관계 장부 및 서류 조사 : 농농림축산식품부장관은 농산물우수관리를 위하여 필요하다고 인정하면 우수관리인증기관, 우수관리시설을 운영하는 자 또는 우수관리

인증을 받은 자로 하여금 그 업무에 관한 사항을 보고(「정보통신망 이용촉진 및 정보보호 등에 관한 법률」에 따른 정보통신망을 이용하여 보고하는 경우를 포함한다. 이하 같다)하게 하거나 자료를 제출(「정보통신망 이용촉진 및 정보보호 등에 관한 법률」에 따른 정보통신망을 이용하여 제출하는 경우를 포함한다. 이하 같다)하게 할 수 있으며, 관계 공무원에게 사무소 등을 출입하여 시설·장비 등을 점검하고 관계 장부나 서류를 조사하게 할 수 있다(법 제13조 제1항).

② **기피 금지 등** : 보고·자료제출·점검 또는 조사를 할 때 우수관리인증기관, 우수관리시설을 운영하는 자 및 우수관리인증을 받은 자는 정당한 사유 없이 이를 거부·방해하거나 기피하여서는 아니 된다(법 제13조 제2항).

③ **사전통지** : 점검이나 조사를 할 때에는 미리 점검이나 조사의 일시, 목적, 대상 등을 점검 또는 조사 대상자에게 알려야 한다. 다만, 긴급한 경우나 미리 알리면 그 목적을 달성할 수 없다고 인정되는 경우에는 알리지 아니할 수 있다(법 제13조 제3항).

④ **증표제시** : 점검이나 조사를 하는 관계 공무원은 그 권한을 표시하는 증표를 지니고 이를 관계인에게 보여주어야 하며, 성명·출입시간·출입목적 등이 표시된 문서를 관계인에게 내주어야 한다(법 제13조 제4항).

2) 보고

① **기간** : 우수관리인증기관, 우수관리시설 등을 운영하는 자는 법 제13조제1항에 따라 인증 및 사후관리 실적 등을 그 사유가 발생한 날이 속하는 달의 다음 달 10일까지 국립농산물품질관리원의 농산물우수관리시스템을 통하여 보고하여야 한다(규칙 제27조 제1항).

② **절차 등 고시** : 보고 내용, 방법, 절차 등의 세부내용은 국립농산물품질관리원장이 정하여 고시한다(규칙 제27조 제2항).

4 이력추적관리

1. 이력추적관리

(1) 이력추적관리 등록

1) 등록의무

① 다음의 어느 하나에 해당하는 자 중 이력추적관리를 하려는 자는 농림축산식품부장관 또는 해양수산부장관에게 등록하여야 한다(법 제24조 제1항).

> ㉠ 농수산물(축산물은 제외한다. 이하 이 절에서 같다)을 생산하는 자
> ㉡ 농수산물을 유통 또는 판매하는 자(표시 · 포장을 변경하지 아니한 유통 · 판매자는 제외한다. 이하 같다)

② 위 ①에도 불구하고 대통령령으로 정하는 농수산물을 생산하거나 유통 또는 판매하는 자는 농림축산식품부장관 또는 해양수산부장관에게 이력추적관리의 등록을 하여야 한다(법 제24조 제2항).

2) 이력추적관리기준 준수 의무

① 의무자 : 농수산물(이하 "이력추적관리농수산물"이라 한다)을 생산하거나 유통 또는 판매하는 자는 이력추적관리에 필요한 입고 · 출고 및 관리 내용을 기록하여 보관하는 등 농림축산식품부장관 또는 해양수산부장관이 정하여 고시하는 기준(이하 "이력추적관리기준"이라 한다)을 지켜야 한다(법 제24조 제5항 본문).

② 준수 의무 면제자 : 이력추적관리농수산물을 유통 또는 판매하는 자 중 행상 · 노점상 등 대통령령으로 정하는 자는 예외로 한다(법 제24조 제3항 단서).

> "행상 · 노점상 등 대통령령으로 정하는 자"란 「부가가치세법 시행령」 제71조제1항제1호에 해당하는 노점이나 행상을 하는 사람과 우편 등을 통하여 유통업체를 이용하지 아니하고 소비자에게 직접 판매하는 생산자를 말한다(영 제13조).

3) 변경신고 및 갱신

① 변경신고 : 이력추적관리의 등록을 한 자는 농 농림축산식품부령 또는 해양수산부령으로 정하는 등록사항이 변경된 경우 변경 사유가 발생한 날부터 1개월 이내에 농림축산식품부장관 또는 해양수산부장관에게 신고하여야 한다(법 제24조 제3항).

② 세부기준 : 이력추적관리의 대상품목, 등록절차, 등록사항, 그 밖에 등록에 필요한 세부적인 사항은 농림축산식품부령 또는 해양수산부령으로 정한다(법 제24조 제6항).

4) 이력추적관리 등록의 유효기간 등

① 유효기간 : 이력추적관리 등록의 유효기간은 등록한 날부터 3년으로 한다. 다만, 품목의 특성상 달리 적용할 필요가 있는 경우에는 10년의 범위에서 농림축산식품부령 또는 해양수산부령으로 유효기간을 달리 정할 수 있다(법 제25조 제1항). 유효기간을 달리 적용할 유효기간은 다음 각 호의 구분에 따른 범위 내에서 등록기관의 장이 정하여 고시한다(칙 제50조).

　　　　㉠ 인삼류 : 5년 이내
　　　　㉡ 약용작물류 : 6년 이내
　　　　㉢ 양식수산물 : 5년 이내

② 등록갱신
　㉠ 다음의 어느 하나에 해당하는 자는 이력추적관리 등록의 유효기간이 끝나기 전에 이력추적관리의 등록을 갱신하여야 한다(법 제25조 제2항).

　　　ⓐ 제24조제1항에 따라 이력추적관리의 등록을 한 자로서 그 유효기간이 끝난 후에도 계속하여 해당 농수산물에 대하여 이력추적관리를 하려는 자
　　　ⓑ 제24조제2항에 따라 이력추적관리의 등록을 한 자로서 그 유효기간이 끝난 후에도 계속하여 해당 농수산물을 생산하거나 유통 또는 판매하려는 자

　㉡ 이력추적관리 등록을 받은 자가 법 제25조제2항에 따라 이력추적관리 등록을 갱신하려는 경우에는 별지 제23호서식의 이력추적관리 등록(신규ㆍ갱신)신청서와 제47조제1항 각 호에 따른 서류 중 변경사항이 있는 서류를 해당 등록의 유효기간이 끝나기 1개월 전까지 등록기관의 장에게 제출하여야 한다(칙 제51조 제1항).
　㉢ 등록기관의 장은 유효기간이 끝나기 2개월 전까지 신청인에게 갱신절차와 갱신신청 기간을 미리 알려야 한다. 이 경우 통지는 휴대전화 문자메세지, 전자우편, 팩스, 전화 또는 문서 등으로 할 수 있다(칙 제51조 제2항).

③ 유효기간 연장
　㉠ 이력추적관리의 등록을 한 자가 유효기간 내에 해당 품목의 출하를 종료하지 못할 경우에는 농림축산식품부장관 또는 해양수산부장관의 심사를 받아 이력추적관리 등록의 유효기간을 연장할 수 있다(법 제25조 제3항).
　㉡ 이력추적관리 등록을 받은 자가 법 제25조제3항에 따라 이력추적관리등록의 유효기간을 연장하려는 경우에는 해당 등록의 유효기간이 끝나기 1개월 전까지 별지 제28호서식의 농수산물이력추적관리 등록 유효기간 연장신청서를 등록기관의 장에게 제출하여야 한다(칙 제52조 제1항).
　㉢ 등록기관의 장은 이력추적관리 등록의 유효기간 연장신청을 받은 경우에는 해당 이력추적관리농수산물의 출하에 필요한 기간을 정하여 유효기간을 연장하고 이력추적관리 등록증을 재발급하여야 한다. 이 경우 연장기간은 해당 품목의 이력추적관리 등록의 유효기간을 초과할 수 없다(칙 제52조 제2항).

5) 이력추적관리의 대상품목 및 등록사항

① **대상품목** : 이력추적관리 등록 대상품목은 법 제2조제1항제1호의 농수산물(축산물은 제외한다. 이하 이 절에서 같다) 중 식용을 목적으로 생산하는 농수산물로 한다(규칙 제46조 제1항).

② **등록사항** : 이력추적관리의 등록사항은 다음과 같다(규칙 제46조 제2항).

㉠ 생산자(단순가공을 하는 자를 포함한다)

> 가. 생산자의 성명, 주소 및 전화번호
> 나. 이력추적관리 대상품목명
> 다. 재배면적(농산물만 해당한다) 또는 양식면적(양식수산물만 해당한다)
> 라. 생산계획량
> 마. 재배지의 주소(농산물만 해당한다), 양식장 위치(양식수산물만 해당한다) 또는 산지 위판장 등의 주소(어획물만 해당한다)

㉡ 유통자

> 가. 유통자의 성명, 주소 및 전화번호
> 나. 이력추적관리 대상품목명(수산물만 해당한다)
> 다. 유통업체명, 수확 후 관리시설명(농산물만 해당한다) 및 그 각각의 주소

㉢ 판매자

> 가. 판매자의 성명, 주소 및 전화번호
> 나. 판매업체명 및 그 주소

② 이력추적관리의 등록절차 등

㉠ **등록신청서 제출** : 이력추적관리 등록을 하려는 자는 별지 제23호서식의 농수산물이력추적관리 등록(신규·갱신)신청서에 다음의 서류를 첨부하여 농산물은 국립농산물품질관리원장에게, 수산물은 국립수산물품질관리원장에게 각각 제출하여야 한다(규칙 제47조 제1항).

> 1. 이력추적관리 농수산물의 관리계획서
> 2. 이상이 있는 농수산물에 대한 회수조치 등 사후관리계획서

㉡ **보완요구** : 국립농산물품질관리원장 또는 국립수산물품질관리원장(이하 "등록기관의 장"이라 한다)은 제1항에 따라 제출된 서류에 보완이 필요하다고 판단

되면 등록을 신청한 자에게 서류의 보완을 요구할 수 있다(규칙 제47조 제2항).
ⓒ 심사
   ⓐ 등록기관의 장은 이력추적관리의 등록신청을 받은 경우에는 법 제24조제5항에 따른 이력추적관리기준에 적합한지를 심사하여야 한다(규칙 제47조 제3항).
   ⓑ 등록기관의 장은 제1항에 따른 신청인이 생산자집단인 경우에는 전체 구성원에 대하여 각각 심사를 하여야 한다. 다만, 등록기관의 장이 정하여 고시하는 바에 따라 표본심사를 할 수 있다(규칙 제47조 제4항).
   ⓒ 국립농산물품질관리원장은 생산자단체 또는 생산자조직이 이력추적관리등록신청을 한 경우에는 전체 구성원에 대하여 각각 심사를 하여야 한다. 다만, 국립농산물품질관리원장이 정하여 고시하는 바에 따라 표본심사를 할 수 있다(규칙 제47조 제5항).
   ⓓ 등록기관의 장은 등록신청을 받으면 심사일정을 정하여 그 신청인에게 알려야 한다(규칙 제47조 제6항).
   ⓔ 등록기관의 장은 그 소속 심사담당자와 시·도지사 또는 시장·군수·구청장이 추천하는 공무원이나 민간전문가로 심사반을 구성하여 이력추적관리의 등록 여부를 심사할 수 있다(규칙 제47조 제7항).
ⓔ 등록증 발급 및 재발급
   ⓐ 등록기관의 장은 제3항에 따른 심사 결과 적합한 경우에는 이력추적관리 등록을 하고, 그 신청인에게 별지 제24호서식의 농산물이력추적관리 등록증 또는 별지 제25호서식의 수산물이력추적관리 등록증(이하 "이력추적관리 등록증"이라 한다)을 발급하여야 한다(규칙 제47조 제8항).
   ⓑ 이력추적관리 등록자는 이력추적관리 등록증을 분실한 경우 등록기관에 별지 제26호서식의 농수산물이력추적관리 등록증 재발급 신청서를 제출하여 재발급받을 수 있다(규칙 제47조 제9항).
ⓜ 통지 및 고시
   ⓐ 등록기관의 장은 제3항에 따른 심사 결과 적합하지 아니한 경우에는 그 사유를 구체적으로 밝혀 지체 없이 신청인에게 알려 주어야 한다(규칙 제47조 제9항).
   ⓑ 이력추적관리의 등록에 필요한 세부적인 절차 및 사후관리 등은 국립농산물품질관리원장(농산물만 해당한다) 또는 국립수산물품질관리원장(수산물만 해당한다)이 정하여 고시한다(규칙 제47조 제10항).

③ 이력추적관리의 등록사항 변경신고

㉠ 이력추적관리 등록의 변경신고를 하려는 자는 별지 제27호서식의 농수산물이력추적관리 등록사항 변경신고서에 이력추적관리등록증 원본과 이력추적관리 농수산물 관리계획서의 변경된 부분을 첨부하여 등록기관의 장에게 제출하여야 한다(규칙 제48조 제1항).

㉡ 이력추적관리 등록사항 변경신고를 받은 등록기관의 장은 변경된 등록사항을 반영하여 이력추적관리 등록증을 재발급하여야 한다(규칙 제48조 제2항).

㉢ 이력추적관리 등록사항 변경신고에 대한 절차 등에 필요한 세부적인 사항은 등록기관의 장이 정하여 고시한다(규칙 제48조 제3항).

(2) 이력추적관리의 표시 등

1) 이력추적관리의 표시

① 임의적 표시 : 이력추적관리의 등록을 한 자는 해당 농수산물에 농림축산식품부령 또는 해양수산부령으로 정하는 바에 따라 이력추적관리의 표시를 할 수 있다(법 제24조 제4항 전문).

② 의무적 표시 : 법 제42조 제2항에 따라 이력추적관리의 등록을 한 자는 해당 농수산물에 이력추적관리의 표시를 하여야 한다(법 제24조 제4항 후문).

2) 표시방법 등

① 표시 : 이력추적관리의 표시는 별표 12(농산물만 해당한다. 이하 같다) 또는 별표 13(수산물만 해당한다. 이하 같다)과 같다(규칙 제49조 제1항).

② 표시방법

별표 12 　이력추적관리 농산물의 표시(제49조제1항 및 제2항 관련)

1. 이력추적관리 농산물의 표지와 제도법

　가. 표지

농산물이력추적관리

　나. 제도법

　　1) 도형표시

2) 글자는 고딕체로 한다.
3) 표지도형의 색상 배색 비율은 다음과 같다.
   가) 화살표는 연두색(Cyan 30 + Yellow 100)으로 한다.
   나) 또 다른 화살표는 녹색(Cyan 70 + Yellow 100)으로 한다.
   다) 원형은 청색(Cyan 100 + Magenta 80)으로 한다.
4) 표지도형의 크기는 포장재의 크기에 따라 조정한다.

2. 표시사항

 가. 표지

 나. 표시항목
  1) 산지 : 농산물을 생산한 지역으로 시·군·구 단위까지 적음
  2) 품목(품종) : 「종자산업법」 제2조제4호나 이 규칙 제6조제2항제3호에 따라 표시
  3) 중량·개수 : 포장단위의 실중량이나 개수
  4) 등급 : 표준규격 대상품목인 경우에는 표준규격을 사용하고 표준규격이 없는 경우 다른 법령에서 정한 규격을 사용하되, 다른 법령에서도 규정하지 않은 경우에는 거래 관행상의 규격에 따른다.
  5) 생산연도 : 쌀만 해당한다.
  6) 생산자 : 생산자 성명이나 생산자단체·조직명, 주소, 전화번호(유통자의 경우 유통자 성명, 업체명, 주소, 전화번호)
  7) 이력추적관리번호 : 이력추적이 가능하도록 붙여진 이력추적관리번호

3. 표시방법
 가. 표지와 표시항목의 크기는 포장재의 크기에 따라 표지의 크기를 키우거나 줄일 수 있으나 표지형태 및 글자표기는 변형할 수 없다.
 나. 표지와 표시항목의 표시는 소비자가 쉽게 알아볼 수 있도록 포장재 옆면에 표지와 표시사항을 함께 표시하되, 옆면에 표시하기 어려울 경우에는 표시위치를 변경할 수 있다.

다. 표지와 표시항목은 인쇄하거나 스티커로 포장재에서 떨어지지 않도록 부착하여야 한다. 다만 포장하지 아니하고 낱개로 판매하는 경우나 소포장의 경우에는 표지만을 표시할 수 있다.
라. 수출용의 경우에는 해당 국가의 요구에 따라 표시할 수 있다.
마. 제3호의 표시항목 중 표준규격, 지리적표시 등 다른 규정에 따라 표시하고 있는 사항은 그 표시를 생략할 수 있다.

2. 이력추적관리 등록의 취소 등

(1) 취소 사유 등

1) 취소사유

농림축산식품부장관 또는 해양수산부장관은 등록한 자가 다음의 어느 하나에 해당하면 그 등록을 취소하거나 6개월 이내의 기간을 정하여 이력추적관리 표시의 금지를 명할 수 있다. 다만, ① 또는 ②에 해당하면 등록을 취소하여야 한다(법 제7조의6 제1항).

① 거짓이나 그 밖의 부정한 방법으로 등록을 받은 경우
② 이력추적관리 표시 금지명령을 위반하여 계속 표시한 경우
③ 이력추적관리 등록변경신고를 하지 아니한 경우
④ 제24조제4항에 따른 표시방법을 위반한 경우
⑤ 이력추적관리기준을 지키지 아니한 경우
⑥ 제26조제2항을 위반하여 정당한 사유 없이 자료제출 요구를 거부한 경우

2) 이력추적관리의 등록취소 및 표시정지에 관한 처분기준

① 일반적 기준

가. 위반행위가 둘 이상인 경우
1) 각각의 처분기준이 시정명령 또는 등록취소인 경우에는 하나의 위반행위로 간주한다. 다만, 각각의 처분기준이 표시정지인 경우에는 각각의 처분기준을 합산하여 처분할 수 있다.
2) 각각의 처분기준이 다른 경우에는 그 중 무거운 처분기준을 적용한다. 다만, 각각의 처분기준이 표시정지인 경우에는 무거운 처분기준의 2분의 1까지 가중할 수 있으며, 이 경우 각 처분기준을 합산한 기간을 초과할 수 없다.

나. 위반행위의 횟수에 따른 행정처분의 기준은 최근 1년간 같은 위반행위로 행정처분을 받은 경우에 적용한다. 이 경우 행정처분 기준의 적용은 같은 위반행위에 대하여 최초로 행정처분을 한 날과 다시 같은 위반행위를 적발한 날을 기준으로 한다.

다. 생산자집단 또는 가공업자단체의 구성원의 위반행위에 대해서는 1차적으로 위반행위를 한 구성원에 대하여 행정처분을 하되, 그 구성원이 소속된 조직 또는 단체에 대해서는 그 구성원의 위반 정도를 고려하여 처분을 경감하거나 그 구성원에 대한 처분기준보다 한 단계 낮은 처분기준을 적용한다.

라. 위반행위의 내용으로 보아 고의성이 없거나 그 밖에 특별한 사유가 있다고 인정되는 경우에는 그 처분을 표시정지의 경우에는 2분의 1 범위에서 경감할 수 있고, 등록취소인 경우에는 6개월 이상의 표시정지 처분으로 경감할 수 있다.

② 개별기준

위 반 행 위	근거 법조문	위반횟수별 처분기준		
		1차 위반	2차 위반	3차 위반 이상
가. 거짓이나 그 밖의 부정한 방법으로 등록을 받은 경우	법 제27조 제1항제1호	등록취소	-	-
나. 이력추적관리 표시 금지명령을 위반하여 계속 표시한 경우	법 제27조 제1항제2호	등록취소	-	-
다. 법 제24조제3항에 따른 이력추적관리 등록변경신고를 하지 않은 경우	법 제27조 제1항제3호	경고	표시정지 1개월	표시정지 3개월
라. 법 제24조제4항에 따른 표시방법을 위반한 경우	법 제27조 제1항제4호	표시정지 1개월	표시정지 3개월	등록취소
마. 이력추적관리기준을 지키지 않은 경우	법 제27조 제1항제5호	표시정지 1개월	표시정지 3개월	표시정지 6개월
바. 법 제26조제2항을 위반하여 정당한 사유 없이 자료제출 요구를 거부한 경우	법 제27조 제1항제6호	표시정지 1개월	표시정지 3개월	표시정지 6개월

(2) 이력추적관리 자료의 제출 등

1) 자료제출 요구

① **제출요구** : 농림축산식품부장관 또는 해양수산부장관은 이력추적관리농수산물을 생산하거나 유통 또는 판매하는 자에게 농수산물의 생산, 입고·출고와 그 밖에 이력추적관리에 필요한 자료제출을 요구할 수 있다(법 제26조 제1항).

② 응할 의무 : 이력추적관리 농수산물을 생산·유통 또는 판매하는 자는 자료제출을 요구받은 경우에는 특별한 사유가 없는 한 이에 따라야 한다(법 제26조 제2항).

2) 자료제출의 범위, 방법 등

자료제출의 범위, 방법, 절차 등에 필요한 사항은 해양수산부령으로 정한다(법 제26조 제3항).

① **자료제출의 범위** : 자료제출의 범위는 법(규칙 제46조 제2항)에 따른 이력추적관리의 등록사항과 관련된 자료와 생산·입고·출고정보 등 농수산물이력추적에 필요한 사항으로 한다(규칙 제53조 제1항).

② **제출방법** : 이력추적관리 농수산물을 생산·유통 또는 판매하는 자는 자료를 서류로 제출하거나 등록기관의 장이 고시하는 이력추적관리 정보시스템을 통하여 제출할 수 있다(규칙 제53조 제2항).

5 사후관리 등

1. 지위의 승계 등

(1) 지위의 승계

다음의 어느 하나에 해당하는 사유로 발생한 권리·의무를 가진 자가 사망하거나 그 권리·의무를 양도하는 경우 또는 법인이 합병한 경우에는 상속인, 양수인 또는 합병 후 존속하는 법인이나 합병으로 설립되는 법인이 그 지위를 승계할 수 있다(법 제28조 제1항).

> 1. 제9조에 따른 우수관리인증기관의 지정
> 2. 제11조에 따른 우수관리시설의 지정
> 3. 제17조에 따른 품질인증기관의 지정

(2) 신고

지위를 승계하려는 자는 승계의 사유가 발생한 날부터 1개월 이내에 농림축산식품부령 또는 해양수산부령으로 정하는 바에 따라 각각 지정을 받은 기관에 신고하여야 한다(법 제28조 제2항).

1) 제출

우수관리인증기관의 지정, 우수관리시설의 지정 또는 품질인증기관의 지정을 받은 자의 지위를 승계하려는 자는 별지 제29호서식의 승계신고서에 다음의 서류를 첨부하여 국립농산물품질관리원장(우수관리인증기관의 지정 및 우수관리시설의 지정만 해당한다. 이하 이 조에서 같다) 또는 국립수산물품질관리원장(품질인증기관의 지정만 해당한다. 이하 이 조에서 같다)에게 제출하여야 한다(규칙 제55조 제1항).

> ① 농산물우수관리인증기관 지정서, 농산물우수관리시설 지정서 또는 품질인증기관 지정서
> ② 우수관리인증기관, 우수관리시설 또는 품질인증기관의 지정을 받은 자의 지위를 승계하였음을 증명하는 자료

2) 신청

국립농산물품질관리원장 또는 국립수산물품질관리원장은 승계신고서를 수리(受理)한 경우에는 제출한 자료를 확인한 후 별지 제7호서식의 농산물우수관리인증기관 지정서, 별지 제10호서식의 농산물우수관리시설 지정서 또는 별지 제16호서식의 품질인증기관 지정서를 발급하여야 한다(규칙 제55조 제2항).

3) 고시

국립농산물품질관리원장 또는 국립수산물품질관리원장은 농산물우수관리인증기관 지정서, 농산물우수관리시설 지정서 또는 품질인증기관 지정서를 발급한 경우에는 제19조제7항 각 호, 제23조제6항 각 호 또는 제37조제4항의 사항을 관보에 고시하거나 해당 기관의 인터넷 홈페이지에 게시하여야 한다(규칙 제55조 제3항).

2. 거짓표시 등의 금지

(1) 거짓표시금지

누구든지 표준규격품, 우수관리인증농산물, 품질인증품, 이력추적관리농수산물이 아닌 농수산물(우수관리인증농산물이 아닌 농산물의 경우에는 제7조제4항에 따른 승인을 받지 아니한 농산물을 포함한다. 이하 제2항제2호, 제119조제1호 및 제2호나목에서 같다) 또는 농수산가공품에 표준규격품, 우수관리인증농산물, 품질인증품, 이력추적관리농수산물의 표시를 하거나 이와 비슷한 표시를 하여서는 아니 된다(법 제29조 제1항).

(2) 금지행위

누구든지 다음의 행위를 하여서는 아니 된다(법 제29조 제2항).

> 1. 제5조제2항에 따라 표준규격품의 표시를 한 농수산물에 표준규격품이 아닌 농수산물 또는 농수산가공품을 혼합하여 판매하거나 혼합하여 판매할 목적으로 보관하거

나 진열하는 행위
2. 제6조제6항에 따라 우수관리인증의 표시를 한 농산물에 우수관리인증농산물이 아닌 농산물 또는 농산가공품을 혼합하여 판매하거나 혼합하여 판매할 목적으로 보관하거나 진열하는 행위
3. 제14조제3항에 따라 품질인증품의 표시를 한 수산물 또는 수산특산물에 품질인증품이 아닌 수산물 또는 수산가공품을 혼합하여 판매하거나 혼합하여 판매할 목적으로 보관 또는 진열하는 행위
4. 삭제 〈2012.6.1〉
5. 제24조제4항에 따라 이력추적관리의 표시를 한 농수산물에 이력추적관리의 등록을 하지 아니한 농수산물 또는 농수산가공품을 혼합하여 판매하거나 혼합하여 판매할 목적으로 보관하거나 진열하는 행위

3. 우수표시품의 사후관리 등

(1) 표준규격품 등의 사후관리

1) 조사

농림축산식품부장관 또는 해양수산부장관은 표준규격품, 우수관리인증농산물, 품질인증품 및 이력추적관리농수산물(이하 "우수표시품"이라 한다)의 품질수준 유지와 소비자 보호를 위하여 필요한 경우에는 관계 공무원에게 다음의 조사 등을 하게 할 수 있다(법 제30조 제1항).

① 우수표시품의 해당 표시에 대한 규격·품질 또는 인증·등록 기준에의 적합성 등의 조사
② 해당 표시를 한 자의 관계 장부 또는 서류의 열람
③ 우수표시품의 시료(試料) 수거

2) 준용

① 조사·열람 또는 시료 수거에 관하여는 제13조제2항 및 제3항을 준용한다(법 제30조 제1항).
② 조사·열람 또는 시료 수거를 하는 관계 공무원에 관하여는 제13조제4항을 준용한다(법 제30조 제1항).

(2) 우수표시품에 대한 시정조치

1) 우수표시품의 조치

농림축산식품부장관 또는 해양수산부장관은 표준규격품, 품질인증품 또는 이력추적관리농수산물이 다음의 어느 하나에 해당하면 대통령령으로 정하는 바에 따라 그 시정을 명하거나 해당 품목의 판매금지 또는 표시정지(이력추적관리농수산물의 경우는 제외한다)의 조치를 할 수 있다(법 제31조 제1항).

> ① 표시된 규격 또는 해당 인증·등록 기준에 미치지 못하는 경우
> ② 전업·폐업 등으로 해당 품목을 생산하기 어렵다고 판단되는 경우
> ③ 해당 표시방법을 위반한 경우

2) 우수관리인증농산물등의 조치

농림축산식품부장관은 제30조에 따른 조사 등의 결과 우수관리인증농산물이 제1항 제1호 또는 제3호에 해당하면 대통령령으로 정하는 바에 따라 그 시정을 명하거나 해당 품목의 판매금지 조치를 할 수 있고, 제8조제1항 각 호의 어느 하나에 해당하면 해당 우수관리인증기관에 제8조에 따라 우수관리인증을 취소하거나 그 표시를 정지하도록 요구할 수 있다(법 제31조 제2항).

① 일반기준

> ㉠ 위반행위가 둘 이상인 경우
>   ⓐ 각각의 처분기준이 시정명령, 인증취소 또는 등록취소인 경우에는 하나의 위반행위로 간주한다. 다만 각각의 처분기준이 표시정지인 경우에는 각각의 처분기준을 합산하여 처분할 수 있다.
>   ⓑ 각각의 처분기준이 다른 경우에는 그 중 무거운 처분기준을 적용한다. 다만, 각각의 처분기준이 표시정지인 경우에는 무거운 처분기준의 2분의 1까지 가중할 수 있으며, 이 경우 각 처분기준을 합산한 기간을 초과할 수 없다.
> ㉡ 위반행위의 횟수에 따른 행정처분의 기준은 최근 1년간 같은 위반행위로 행정처분을 받는 경우에 적용한다. 이 경우 행정처분 기준의 적용은 같은 위반행위에 대하여 최초로 행정처분을 한 날과 다시 같은 위반행위로 적발한 날을 기준으로 한다.
> ㉢ 생산자단체의 구성원의 위반행위에 대해서는 1차적으로 위반행위를 한 구성원에 대하여 행정처분을 하되, 그 구성원이 소속된 조직 또는 단체에 대해서는 그 구성원의 위반의 정도를 고려하여 처분을 경감하거나 그 구성원에 대한 처분기준보다 한 단계 낮은 처분기준을 적용한다.
> ㉣ 위반행위의 내용으로 보아 고의성이 없거나 특별한 사유가 있다고 인정되는 경우에는 그 처분을 표시정지의 경우에는 2분의 1의 범위에서 경감할 수 있고, 인증취소·등록취소인 경우에는 6개월 이상의 표시정지 처분으로 경감할 수 있다.

② 개별기준

ⓘ 표준규격품

위반행위	근거 법조문	행정처분 기준		
		1차 위반	2차 위반	3차 위반
1) 법 제5조제2항에 따른 표준규격품 의무표시사항이 누락된 경우	법 제31조 제1항제3호	시정명령	표시정지 1개월	표시정지 3개월
2) 법 제5조제2항에 따른 표준규격이 아닌 포장재에 표준규격품의 표시를 한 경우	법 제31조 제1항제1호	시정명령	표시정지 1개월	표시정지 3개월
3) 법 제5조제2항에 따른 표준규격품의 생산이 곤란한 사유가 발생한 경우	법 제31조 제1항제2호	표시정지 6개월		
4) 법 제29조제1항을 위반하여 내용물과 다르게 거짓표시나 과장된 표시를 한 경우	법 제31조 제1항제3호	표시정지 1개월	표시정지 3개월	표시정지 6개월

ⓛ 우수관리인증농산물

행정처분대상	근거 법조문	행정처분 기준		
		1차 위반	2차 위반	3차 위반
1) 법 제6조제1항에 따른 우수관리기준에 미치지 못한 경우	법 제31조 제2항	표시정지 1개월	표시정지 3개월	표시정지 6개월
2) 법 제6조제6항에 따른 우수관리인증 표시 방법을 위반한 경우	법 제31조 제2항	시정명령	표시정지 1개월	표시정지 3개월

ⓒ 이력추적관리농수산물

위반행위	근거 법조문	행정처분 기준		
		1차 위반	2차 위반	3차 위반
법 제24조제1항에 따라 등록된 이력추적관리농수산물이 전업·폐업 등으로 생산이 어렵다고 판단되는 경우	법 제31조 제1항제2호	판매금지 3개월	판매금지 6개월	판매금지 12개월

ⓔ 품질인증품

위반행위	근거 법조문	행정처분 기준		
		1차 위반	2차 위반	3차 위반
1) 법 제14조제3항을 위반하여 의무표시사항이 누락된 경우	법 제31조 제1항제3호	시정명령	표시정지 1개월	표시정지 3개월
2) 법 제14조제3항에 따른 품질인증을 받지 아니한 제품을 품질인증품으로 표시한 경우	법 제31조 제1항제3호	인증취소		
3) 법 제14조제4항에 따른 품질인증기준에 위반한 경우	법 제31조 제1항제1호	표시정지 3개월	표시정지 6개월	
4) 법 제16조제4호에 따른 품질인증품의 생산이 곤란하다고 인정되는 사유가 발생한 경우	법 제31조 제1항제2호	인증취소		
5) 법 제29조제1항을 위반하여 내용물과 다르게 거짓표시 또는 과장된 표시를 한 경우	법 제31조 제1항제3호	표시정지 1개월	표시정지 3개월	인증취소

ⓜ 지리적표시품

위반행위	근거 법조문	행정처분 기준		
		1차 위반	2차 위반	3차 위반
1) 법 제32조제3항 및 제7항에 따른 지리적표시품 생산계획의 이행이 곤란하다고 인정되는 경우	법 제40조 제3호	등록 취소		
2) 법 제32조제7항에 따라 등록된 지리적표시품이 아닌 제품에 지리적표시를 한 경우	법 제40조 제1호	등록 취소		
3) 법 제32조제9항의 지리적표시품이 등록기준에 미치지 못하게 된 경우	법 제40조 제1호	표시정지 3개월	등록 취소	
4) 법 제34조제3항을 위반하여 의무표시사항이 누락된 경우	법 제40조 제2호	시정명령	표시정지 1개월	표시정지 3개월
5) 법 제34조제3항을 위반하여 내용물과 다르게 거짓표시나 과장된 표시를 한 경우	법 제40조 제2호	표시정지 1개월	표시정지 3개월	등록 취소

3) 보고

우수관리인증기관은 위 2)에 따른 요구가 있는 경우 이에 따라야 하고, 처분 후 지체 없이 농림축산식품부장관에게 보고하여야 한다(법 제31조 제3항).

4) 별도 조치

위 2)의 경우(제8조제1항 각 호의 어느 하나에 해당하는 경우에 한정한다) 제10조에 따라 우수관리인증기관의 지정이 취소된 후 제9조제4항에 따라 새로운 우수관리인증기관이 지정되지 아니한 때에는 농림축산식품부장관이 우수관리인증을 취소하거나 그 표시를 정지할 수 있다(법 제31조 제4항).

6 지리적표시

1. 등록

(1) 지리표시 등록제

1) 등록제 실시

농림축산식품부장관 또는 해양수산부장관은 지리적 특성을 가진 농수산물 또는 농수산가공품의 품질 향상과 지역특화산업 육성 및 소비자 보호를 위하여 지리적표시의 등록 제도를 실시한다(법 제32조 제1항).

2) 지리적표시 대상지역 범위

지리적표시의 등록을 위한 지리적표시 대상지역은 자연환경적 및 인적 요인을 고려하여 다음의 어느 하나에 따라 구획하여야 한다. 다만, 「인삼산업법」에 따른 인삼류의 경우에는 전국을 단위로 하나의 대상지역으로 한다(영 제12조).

> ① 해당 품목의 특성에 영향을 주는 지리적 특성이 동일한 행정구역, 산, 강 등에 따를 것
> ② 해당 품목의 특성에 영향을 주는 지리적 특성, 서식지 및 어획·채취의 환경이 동일한 연안해역(「연안관리법」 제2조제2호에 따른 연안해역을 말한다. 이하 같다)에 따를 것. 이 경우 연안해역은 위도와 경도로 구분하여야 한다.

3) 신청

① **지리적표시 등록의 신청자격** : 지리적표시의 등록은 특정지역에서 지리적 특성을 가진 농수산물 또는 농수산가공품을 생산하거나 제조·가공하는 자로 구성된 법인

만 신청할 수 있다. 다만, 지리적 특성을 가진 농수산물 또는 농수산가공품의 생산자 또는 가공업자가 1인인 경우에는 법인이 아니라도 등록신청을 할 수 있다(법 제32조 제2항).

② 신청 : 지리적표시의 등록을 받으려는 자는 농림축산식품부령 또는 해양수산부령으로 정하는 등록 신청서류 및 그 부속서류를 농림축산식품부령 또는 해양수산부령으로 정하는 바에 따라 농림축산식품부장관 또는 해양수산부장관에게 제출하여야 한다. 등록한 사항 중 농림축산식품부령 또는 해양수산부령으로 정하는 중요 사항을 변경하려는 때에도 같다(법 제32조 제3항).

㉠ 등록신청 부속서류 : 지리적표시의 등록을 받으려는 자는 별지 제30호서식의 지리적표시 등록(변경) 신청서에 다음 각 호의 서류를 첨부하여 농산물(임산물은 제외한다. 이하 이 장에서 같다)은 국립농산물품질관리원장, 임산물은 산림청장, 수산물은 국립수산물품질관리원장에게 각각 제출하여야 한다(규칙 제56조 제1항).

> ⓐ 정관(법인인 경우만 해당한다)
> ⓑ 생산계획서(단체의 경우 각 구성원별 생산계획을 포함한다)
> ⓒ 대상품목 · 명칭 및 품질의 특성에 관한 설명서
> ⓓ 유명 특산품임을 증명할 수 있는 자료
> ⓔ 품질의 특성과 지리적 요인과의 관계에 관한 설명서
> ⓕ 지리적표시 대상지역의 범위
> ⓖ 자체품질기준
> ⓗ 품질관리계획서

㉡ 등록 변경신청 : 지리적표시로 등록한 사항 중 다음 각 호의 어느 하나의 사항을 변경하려는 자는 별지 제30호서식의 지리적표시 등록(변경)신청서에 변경사유 및 증거자료를 첨부하여 농산물은 국립농산물품질관리원장, 임산물은 산림청장, 수산물은 국립수산물품질관리원장에게 각각 제출하여야 한다(규칙 제56조 제2항).

> ⓐ 등록자
> ⓑ 지리적표시 대상지역의 범위
> ⓒ 자체품질기준 중 제품생산기준, 원료생산기준 또는 가공기준

4) 심의 및 결정 통지

① 심의 요청 : 농림축산식품부장관 또는 해양수산부장관은 지리적표시의 등록 또는

중요 사항의 변경등록 신청을 받으면 그 신청을 받은 날부터 30일 이내에 지리적표시 분과위원회에 심의를 요청하여야 한다(영 제14조 제1조).

② **통지 및 보완** : 농림축산식품부장관 또는 해양수산부장관은 지리적표시 분과위원회에서 지리적표시의 등록 또는 중요 사항의 변경등록을 하기에 부적합한 것으로 의결되면 지체 없이 그 사유를 구체적으로 밝혀 신청인에게 알려야 한다. 다만, 부적합한 사항이 30일 이내에 보완될 수 있다고 인정되면 일정 기간을 정하여 신청인에게 보완하도록 할 수 있다(영 제14조 제2조).

③ **결정공고**

　㉠ 농림축산식품부장관 또는 해양수산부장관은 등록 신청을 받으면 지리적표시 등록심의 분과위원회의 심의를 거쳐 제9항에 따른 등록거절 사유가 없는 경우 지리적표시 등록 신청 공고결정(이하 "공고결정"이라 한다)을 하여야 한다. 이 경우 농림축산식품부장관 또는 해양수산부장관은 신청된 지리적표시가 「상표법」에 따른 타인의 상표(지리적 표시 단체표장을 포함한다. 이하 같다)에 저촉되는지에 대하여 미리 특허청장의 의견을 들어야 한다(법 제32조 제4항).

　㉡ 공고결정에는 다음의 사항을 포함하여야 한다(영 제14조 제3조).

> ⓐ 신청인의 성명 · 주소 및 전화번호
> ⓑ 지리적표시 등록대상품목 및 등록명칭
> ⓒ 지리적표시 대상지역의 범위
> ⓓ 품질, 그 밖의 특징과 지리적 요인의 관계
> ⓔ 신청인의 자체 품질기준 및 품질관리계획서
> ⓕ 지리적표시 등록 신청서류 및 그 부속서류의 열람 장소

④ **열람** : 농림축산식품부장관 또는 해양수산부장관은 공고결정을 할 때에는 그 결정 내용을 관보와 인터넷 홈페이지에 공고하고, 공고일부터 2개월간 지리적표시 등록 신청서류 및 그 부속서류를 일반인이 열람할 수 있도록 하여야 한다(법 제32조 제5항).

5) 등록증 발급 및 공고

① **등록증 발급** : 국립농산물품질관리원장, 국립수산물품질관리원장 또는 산림청장은 지리적표시를 등록한 경우에는 별지 제32호서식의 지리적표시 등록증을 발급하여야 한다(규칙 제58조 제2항).

② **공고** : 국립농산물품질관리원장, 국립수산물품질관리원장 또는 산림청장은 법 제32조제7항에 따라 지리적표시의 등록을 결정한 경우에는 다음 각 호의 사항을 공고하여야 한다(규칙 제58조 제1항).

> ㉠ 등록일 및 등록번호
> ㉡ 지리적표시 등록자의 성명, 주소(법인의 경우에는 그 명칭 및 영업소의 소재지를 말한다) 및 전화번호
> ㉢ 지리적표시 등록대상의 품목 및 등록명칭
> ㉣ 지리적표시 대상지역의 범위
> ㉤ 품질의 특성과 지리적 요인의 관계
> ㉥ 등록자의 자체품질기준 및 품질관리계획서

6) 이의신청

① 신청

㉠ 이의신청을 하려는 자는 지리적표시의 등록신청에 대한 이의신청서에 이의 사유와 증거자료를 첨부하여 농산물은 국립농산물품질관리원장, 임산물은 산림청장, 수산물은 국립수산물품질관리원장에게 각각 제출하여야 한다(규칙 제57조 제1항).

㉡ 누구든지 공고일부터 2개월 이내에 이의 사유를 적은 서류와 증거를 첨부하여 농림축산식품부장관 또는 해양수산부장관에게 이의신청을 할 수 있다(법 제32조 제6항).

② 통지

㉠ 농림축산식품부장관 또는 해양수산부장관은 이의신청에 대하여 지리적표시 분과위원회의 심의를 거쳐 그 결과를 이의신청인에게 알려야 한다(영 제14조 제4항).

㉡ 농림축산식품부장관 또는 해양수산부장관은 다음의 경우에는 지리적표시의 등록을 결정하여 신청자에게 알려야 한다(법 제32조 제7항).

> ⓐ 이의신청이 있는 때에는 지리적표시 등록심의 분과위원회의 심의를 거쳐 등록을 거절할 정당한 사유가 없다고 판단되는 경우
> ⓑ 기간 내에 이의신청이 없는 경우

㉢ 국립농산물품질관리원장, 국립수산물품질관리원장 또는 산림청장은 「농수산물품질관리법 시행령」(이하 "영"이라 한다) 제14조제4항에 따라 이의신청을 심사한 결과 그 이의신청에 정당한 사유가 있어 지리적표시의 등록을 하기에 적합하지 아니한 경우에는 그 사유를 구체적으로 밝혀 지체 없이 지리적표시의 등록신청인에게 알려야 한다(규칙 제57조 제2항).

(2) 등록거절

1) 등록거절 통지

농림축산식품부장관 또는 해양수산부장관은 등록 신청된 지리적표시가 다음 각 호의 어느 하나에 해당하면 등록의 거절을 결정하여 신청자에게 알려야 한다(법 제32조 제9항).

2) 사유

① 등록거절 사유(법 제32조 제9항).

> ㉠ 제3항에 따라 먼저 등록 신청되었거나, 제7항에 따라 등록된 타인의 지리적표시와 같거나 비슷한 경우
> ㉡ 「상표법」에 따라 먼저 출원되었거나 등록된 타인의 상표와 같거나 비슷한 경우
> ㉢ 국내에서 널리 알려진 타인의 상표 또는 지리적표시와 같거나 비슷한 경우
> ㉣ 일반명칭[농수산물 또는 농수산가공품의 명칭이 기원적(起原的)으로 생산지나 판매장소와 관련이 있지만 오래 사용되어 보통명사화된 명칭을 말한다]에 해당되는 경우
> ㉤ 제2조제1항제8호에 따른 지리적표시 또는 같은 항 제9호에 따른 동음이의어 지리적표시의 정의에 맞지 아니하는 경우
> ㉥ 지리적표시의 등록을 신청한 자가 그 지리적표시를 사용할 수 있는 농수산물 또는 농수산가공품을 생산·제조 또는 가공하는 것을 업(業)으로 하는 자에 대하여 단체의 가입을 금지하거나 가입조건을 어렵게 정하여 실질적으로 허용하지 아니한 경우

② 등록거절 사유의 세부기준(영 제15조)

> ㉠ 해당 품목이 지리적표시 대상지역에서만 생산된 농수산물이 아니거나 이를 주원료로 하여 해당 지역에서 가공된 품목이 아닌 경우
> ㉡ 해당 품목의 우수성이 국내나 국외에서 널리 알려지지 않은 경우
> ㉢ 해당 품목이 지리적표시 대상지역에서 생산된 역사가 깊지 않은 경우
> ㉣ 해당 품목의 명성·품질 또는 그 밖의 특성이 본질적으로 특정지역의 생산환경적 요인이나 인적 요인에 기인하지 않는 경우
> ㉤ 그 밖에 농림축산식품부장관 또는 해양수산부장관이 지리적표시 등록에 필요하다고 인정하여 고시하는 기준에 적합하지 않은 경우

(3) 지리적표시 원부

1) 등록 · 보관

농림축산식품부장관 또는 해양수산부장관은 지리적표시 원부(原簿)에 지리적표시권의 설정 · 이전 · 변경 · 소멸 · 회복에 대한 사항을 등록 · 보관한다(법 제33조 제1항).

2) 생산 · 관리

지리적표시 원부는 그 전부 또는 일부를 전자적으로 생산 · 관리할 수 있다(법 제33조 제2항).

3) 작성 등

① 지리적표시 원부의 등록 · 보관 및 생산 · 관리에 필요한 세부사항은 농림축산식품부령 또는 해양수산부령으로 정한다(법 제33조 제3항).

② 지리적표시 원부는 별지 제33호서식에 따라 작성하되, 그 전부 또는 일부를 자기디스크 등으로 작성할 수 있다(규칙 제59조).

2. 지리적표시권

(1) 지리적 표시

1) 지리적표시권자

지리적표시 등록을 받은 자(이하 "지리적표시권자"라 한다)는 등록한 품목에 대하여 지리적표시권을 갖는다(법 제34조 제1항).

2) 효력범위

지리적표시권은 다음의 어느 하나에 해당하면 각각 이해당사자 상호 간에 대하여는 그 효력이 미치지 아니한다(법 제34조 제2항).

> ① 동음이의어 지리적표시. 다만, 해당 지리적표시가 특정지역의 상품을 표시하는 것이라고 수요자들이 뚜렷하게 인식하고 있어 해당 상품의 원산지와 다른 지역을 원산지인 것으로 혼동하게 하는 경우는 제외한다.
> ② 지리적표시 등록신청서 제출 전에 「상표법」에 따라 등록된 상표 또는 출원심사 중인 상표
> ③ 지리적표시 등록신청서 제출 전에 「종자산업법」 및 「식물신품종 보호법」에 따라 등록된 품종 명칭 또는 출원심사 중인 품종 명칭
> ④ 지리적표시 등록을 받은 농수산물 또는 농수산가공품(이하 "지리적표시품"이라 한다)과 동일한 품목에 사용하는 지리적 명칭으로서 등록 대상지역에서 생산되는 농수산물 또는 농수산가공품에 사용하는 지리적 명칭

3) 지리적표시

지리적표시권자는 지리적표시품에 농림축산식품부령 또는 해양수산부령으로 정하는 바에 따라 지리적표시를 할 수 있다. 다만, 지리적표시품 중 「인삼산업법」에 따른 인삼류의 경우에는 농림축산식품부령으로 정하는 표시방법 외에 인삼류와 그 용기·포장 등에 "고려인삼", "고려수삼", "고려홍삼", "고려태극삼" 또는 "고려백삼" 등 "고려"가 들어가는 용어를 사용하여 지리적표시를 할 수 있다(법 제8조의2 제3항).

4) 지리적표시권의 이전 및 승계

① 원칙 : 지리적표시권은 타인에게 이전하거나 승계할 수 없다(법 제35조 본문).

② 예외 : 다음의 어느 하나에 해당하면 농림축산식품부장관 또는 해양수산부장관의 사전 승인을 받아 이전하거나 승계할 수 있다(법 제35조 단서).

> ㉠ 법인 자격으로 등록한 지리적표시권자가 법인명을 개정하거나 합병하는 경우
> ㉡ 개인 자격으로 등록한 지리적표시권자가 사망한 경우

5) 권리침해의 금지청구권 등

① **침해금지 및 예방청구권** : 지리적표시권자는 자신의 권리를 침해한 자 또는 침해할 우려가 있는 자에게 그 침해의 금지 또는 예방을 청구할 수 있다(법 제36조 제1항).

② **침해행위** : 다음의 어느 하나에 해당하는 행위는 지리적표시권을 침해한 것으로 본다(법 제36조 제2항).

> ㉠ 지리적표시권이 없는 자가 등록된 지리적표시와 같거나 비슷한 표시(동음이의어 지리적표시의 경우에는 해당 지리적표시가 특정 지역의 상품을 표시하는 것이라고 수요자들이 뚜렷하게 인식하고 있어 해당 상품의 원산지와 다른 지역을 원산지인 것으로 수요자로 하여금 혼동하게 하는 지리적표시만 해당한다)를 등록품목과 같거나 비슷한 품목의 제품·포장·용기·선전물 또는 관련 서류에 사용하는 행위
> ㉡ 등록된 지리적표시를 위조하거나 모조하는 행위
> ㉢ 등록된 지리적표시를 위조하거나 모조할 목적으로 교부·판매·소지하는 행위
> ㉣ 그밖에 지리적표시의 명성을 침해하면서 등록된 지리적표시품과 같거나 비슷한 품목에 직접 또는 간접적인 방법으로 상업적으로 이용하는 행위

6) 손해배상청구권 등

① **손해배상 청구** : 지리적표시권자는 고의 또는 과실로 자신의 지리적표시에 관한 권리를 침해한 자에 대하여 손해배상을 청구할 수 있다. 이 경우 지리적표시권자의

지리적표시권을 침해한 자에 대하여는 그 침해행위에 대하여 그 지리적표시가 이미 등록된 사실을 알았던 것으로 추정한다(법 제37조 제1항).

② **손해액의 추정** : 손해액의 추정 등에 관하여는 「상표법」 제67조 및 제70조를 준용한다(법 제37조 제2항).

(2) 지리적표시품

1) 지리적표시품의 표시방법

지리적표시의 등록을 받은 자가 그 표시를 하려면 지리적표시품의 포장·용기의 표면 등에 등록명칭을 표시하여야 하며, 별표 15에 따른 지리적표시품의 표시를 하여야 한다. 다만, 포장하지 아니하고 판매하거나 낱개로 판매하는 경우에는 대상품목에 스티커를 부착하거나 표지판 또는 푯말로 표시할 수 있다(규칙 제60조).

별표 15 〈개정 2013.3.24〉 **지리적표시품의 표시(제60조 관련)**

1. 지리적표시품의 표지

2. 제도법

　가. 도형표시

　　1) 표지도형의 가로의 길이(사각형의 왼쪽 끝과 오른쪽 끝의 폭: W)를 기준으로 세로의 길이는 $0.95 \times W$의 비율로 한다.

　　2) 표지도형의 흰색모양과 바깥 테두리(좌·우 및 상단부만 해당한다)의 간격은 $0.1 \times W$로 한다.

　　3) 표지도형의 흰색모양 하단부 좌측 태극의 시작점은 상단부에서 $0.55 \times W$ 아래가 되는 지점으로 하고, 우측 태극의 끝점은 상단부에서 $0.75 \times W$ 아래가 되는 지점으로 한다.

　나. 표지도형의 한글 및 영문 글자는 고딕체로 하고, 글자 크기는 표지도형의 크기에 따라 조정한다.

　다. 표지도형의 색상은 녹색을 기본색상으로 하고, 포장재의 색깔 등을 고려하여 파란색 또는 빨간색으로 할 수 있다.

　라. 표지도형 내부의 "지리적표시", "(PGI)" 및 "PGI"의 글자 색상은 표지도형 색상과 동일하게 하고, 하단의 "농림축산식품부"와 "MAFRA KOREA" 또는 "해양수산부"와 "MOF KOREA"의 글자는 흰색으로 한다.

마. 배색 비율은 녹색 C80+Y100, 파란색 C100+M70, 빨간색 M100+Y100+K10으로 한다.

3. 표시사항

등록 명칭:	(영문등록 명칭)
지리적표시관리기관 명칭, 지리적표시 등록 제 호 생산자: 주소(전화):	

이 상품은 「농수산물 품질관리법」에 따라 지리적표시가 보호되는 제품입니다.

등록 명칭:	(영문등록 명칭)
지리적표시관리기관 명칭, 지리적표시 등록 제 호 생산자: 주소(전화):	

이 상품은 「농수산물 품질관리법」에 따라 지리적표시가 보호되는 제품입니다.

4. 표시방법

가. 크기 : 포장재의 크기에 따라 표지의 크기를 키우거나 줄일 수 있다.

나. 위치 : 포장재 주 표시면의 옆면에 표시하되, 포장재 구조상 옆면에 표시하기 어려울 경우에는 표시위치를 변경할 수 있다.

다. 표시내용은 소비자가 쉽게 알아볼 수 있도록 인쇄하거나 스티커로 포장재에서 떨어지지 않도록 부착하여야 한다.

라. 포장하지 않고 낱개로 판매하는 경우나 소포장 등으로 지리적표시품의 표지를 인쇄하거나 부착하기에 부적합한 경우에는 표지도표와 등록 명칭만 표시할 수 있다.

마. 글자의 크기(포장재 15kg 기준)

1) 등록 명칭(한글, 영문) : 가로 2.0cm(57pt.) × 세로 2.5cm(71pt.)
2) 등록번호, 생산자, 주소(전화) : 가로 1cm(28pt.) × 세로 1.5cm(43pt.)
3) 그 밖의 문자 : 가로 0.8cm(23pt.) × 세로 1cm(28pt.)

2) 거짓표시 등의 금지

① **유사표시 금지** : 누구든지 지리적표시품이 아닌 농수산물 또는 농수산가공품의 포장·용기·선전물 및 관련 서류에 지리적표시나 이와 비슷한 표시를 하여서는 아니 된다(법 제38조 제1항).

② **진열 등 금지** : 누구든지 지리적표시품에 지리적표시품이 아닌 농수산물 또는 농수산가공품을 혼합하여 판매하거나 혼합하여 판매할 목적으로 보관 또는 진열하여서는 아니 된다(법 제38조 제2항).

3) 지리적표시품의 사후관리

① **지시사항** : 농림축산식품부장관 또는 해양수산부장관은 지리적표시품의 품질수준 유지와 소비자 보호를 위하여 관계 공무원에게 다음의 사항 등을 지시할 수 있다(법 제39조 제1항).

> ㉠ 지리적표시품의 적합성에 대한 조사
> ㉡ 지리적표시품의 소유자·점유자 또는 관리인 등의 관계 장부 또는 서류의 열람
> ㉢ 지리적표시품의 시료를 수거하여 조사하거나 전문시험기관 등에 시험 의뢰

② **준용**

㉠ 조사·열람 또는 수거에 관하여는 제7조의4제2항 및 제3항을 준용한다(법 제39조 제2항).

㉡ 조사·열람 또는 수거를 하는 관계 공무원에 관하여는 제7조의4제4항을 준용한다(법 제39조 제3항).

4) 지리적표시품의 표시 시정 등

① **등록취소 등** : 농림축산식품부장관 또는 해양수산부장관은 지리적표시품이 다음의 어느 하나에 해당하면 대통령령으로 정하는 바에 따라 시정을 명하거나 판매의 금지, 표시의 정지 또는 등록의 취소를 할 수 있다(법 제40조).

> ㉠ 제32조에 따른 등록기준에 미치지 못하게 된 경우
> ㉡ 제34조제3항에 따른 표시방법을 위반한 경우
> ㉢ 해당 지리적표시품 생산량의 급감 등 지리적표시품 생산계획의 이행이 곤란하다고 인정되는 경우

② **등록취소 공고** : 국립농산물품질관리원장, 국립수산물품질관리원장 또는 산림청장은 법 제40조에 따라 지리적표시의 등록을 취소하였을 때에는 다음의 사항을 공고하여야 한다(규칙 제58조 제2항).

> ㉠ 취소일 및 등록번호
> ㉡ 지리적표시 등록대상의 품목 및 등록명칭
> ㉢ 지리적표시 등록자의 성명, 주소(법인의 경우에는 그 명칭 및 영업소의 소재지를 말한다) 및 전화번호
> ㉣ 취소사유

3. 지리적표시의 심판

(1) 지리적표시심판위원회

1) 심판위원회 설치

① **심판 사항** : 농림축산식품부장관 또는 해양수산부장관은 다음의 사항을 심판하기 위하여 농림축산식품부장관 또는 해양수산부장관 소속으로 지리적표시심판위원회(이하 "심판위원회"라 한다)를 둔다(법 제42조 제1항).

> ㉠ 지리적표시 보호에 관한 심판 및 재심
> ㉡ 제32조제9항에 따른 지리적표시 등록거절 또는 제40조에 따른 등록 취소에 대한 심판 및 재심
> ㉢ 그 밖의 지리적표시 보호에 관한 사항 중 대통령령으로 정하는 사항

② **구성원**

㉠ 심판위원회는 위원장 1명을 포함한 10명 이내의 심판위원(이하 "심판위원"이라 한다)으로 구성한다(법 제42조 제2항).

㉡ 간사와 서기는 농림축산식품부장관이 그 소속 공무원 중에서 각각 1명을, 해양수산부장관이 그 소속 공무원 중에서 각각 1명을 임명한다(영 제17조 제3항).

③ **임명**

㉠ 위원장 : 심판위원회의 위원장은 심판위원 중에서 농림축산식품부장관 또는 해양수산부장관이 정한다(법 제42조 제3항).

㉡ 위원 : 지리적표시심판위원회(이하 "심판위원회"라 한다)의 위원(이하 "심판위원"이라 한다)은 다음의 어느 하나에 해당하는 사람 중에서 농림축산식품부장관 또는 해양수산부장관이 위촉하는 사람으로 한다(영 제17조 제1항).

> ⓐ 농림축산식품부, 해양수산부 및 산림청 소속 공무원 중 3급·4급의 일반직 국가공무원이나 고위공무원단에 속하는 일반직공무원인 사람
> ⓑ 특허청 소속 공무원 중 3급·4급의 일반직 국가공무원이나 고위공무원단에 속하는 일반직공무원 중 특허청에서 2년 이상 심사관으로 종사한 사람
> ⓒ 변호사나 변리사 자격이 있는 사람
> ⓓ 지식재산권 분야나 지리적표시 분야의 학식과 경험이 풍부한 사람

ⓒ 임기 : 위원의 임기는 3년으로 하며, 한 차례만 연임할 수 있다(법 제42조 제5항).

(2) 심판의 종류

1) 지리적표시의 무효심판청구

① **청구사유** : 지리적표시에 관한 이해관계인 또는 지리적표시 등록심의 분과위원회는 지리적표시가 다음의 어느 하나에 해당하면 무효심판을 청구할 수 있다(법 제43조 제1항).

> ㉠ 제32조제9항에 따른 등록거절 사유에 해당함에도 불구하고 등록된 경우
> ㉡ 제32조에 따라 지리적표시 등록이 된 후에 그 지리적표시가 원산지 국가에서 보호가 중단되거나 사용되지 아니하게 된 경우

② **청구기간** : 심판은 청구의 이익이 있으면 언제든지 청구할 수 있다(법 제43조 제2항).

③ **심판청구취지의 통지** : 심판위원회의 위원장은 심판이 청구되면 그 취지를 해당 지리적표시권자에게 알려야 한다(법 제43조 제4항).

④ **무효심결 확정 효과** : 지리적표시를 무효로 한다는 심결이 확정되면 그 지리적표시권은 처음부터 없었던 것으로 보고, 지리적표시를 무효로 한다는 심결이 확정되면 그 지리적표시권은 그 지리적표시가 제1항제2호에 해당하게 된 때부터 없었던 것으로 본다(법 제43조 제3항).

2) 지리적표시의 취소심판청구

① **심판청구권자** : 취소심판은 누구든지 이를 청구할 수 있다(법 제44조 제4항).

② **청구사유** : 지리적표시가 다음의 어느 하나에 해당하면 그 지리적표시의 취소심판을 청구할 수 있다(법제44조 제1항).

㉠ 지리적표시 등록을 한 후 지리적표시의 등록을 한 자가 그 지리적표시를 사용할 수 있는 농수산물 또는 그 가공품을 생산·제조 또는 가공하는 것을 업으로 영위하는 자에 대하여 단체의 가입을 금지하거나 어려운 가입조건을 규정하는 등 단체의 가입을 실질적으로 허용하지 아니한 경우 또는 그 지리적표시를 사용할 수 없는 자에 대하여 등록 단체의 가입을 허용한 경우
㉡ 지리적표시 등록 단체 또는 그 소속 단체원이 지리적표시를 잘못 사용함으로써 수요자로 하여금 상품의 품질에 대한 오인 또는 지리적 출처에 대한 혼동을 초래하게 한 경우

③ **청구기간** : 취소심판은 취소사유에 해당하는 사실이 없어진 날부터 3년이 경과한 후에는 이를 청구할 수 없다(법 제44조 제2항).
④ **청구효과** : 취소심판을 청구한 경우에는 청구 후 그 심판청구사유에 해당하는 사실이 없어진 경우에도 취소사유에 영향을 미치지 아니한다(법 제44조 제3항).
⑤ **취소심결 확정 효과** : 지리적표시 등록을 취소한다는 심결이 확정된 때에는 그 지리적표시권은 그때부터 소멸된다(법 제44조 제5항).

3) 등록거절 등에 대한 심판

지리적표시 등록의 거절을 통보받은 자 또는 제40조에 따라 등록이 취소된 자는 이의가 있으면 등록거절 또는 등록취소를 통보받은 날부터 30일 이내에 심판을 청구할 수 있다(법 제45조).

(3) 심판청구방식

1) 심판 청구

① **무효심판·취소심판 또는 지리적표시 등록의 취소에 대한 심판청구서 제출** : 지리적표시 보호의 무효심판·취소심판 또는 지리적표시 등록의 취소에 대한 심판을 청구하려는 자는 신청자료와 함께 다음의 사항을 적은 심판청구서를 심판위원회의 위원장에게 제출하여야 한다(법 제46조 제1항).

㉠ 당사자의 성명과 주소(법인인 경우에는 그 명칭, 대표자의 성명 및 영업소 소재지)
㉡ 대리인이 있는 경우에는 그 대리인의 성명 및 주소나 영업소 소재지(대리인이 법인인 경우에는 그 명칭, 대표자의 성명 및 영업소 소재지)
㉢ 지리적표시 명칭
㉣ 지리적표시 보호 등록일 및 등록번호

　　　　ⓜ 등록취소 결정일(등록의 취소에 대한 심판청구만 해당한다)
　　　　ⓗ 청구의 취지 및 그 이유

② **지리적표시 등록거절에 대한 심판청구서 제출** : 지리적표시 등록거절에 대한 심판을 청구하려는 자는 신청자료와 함께 다음의 사항을 적은 심판청구서를 심판위원회의 위원장에게 제출하여야 한다(법 제46조 제2항).

　　　　㉠ 당사자의 성명과 주소(법인인 경우에는 그 명칭, 대표자의 성명 및 영업소 소재지)
　　　　㉡ 대리인이 있는 경우에는 그 대리인의 성명 및 주소나 영업소 소재지(대리인이 법인인 경우에는 그 명칭, 대표자의 성명 및 영업소 소재지)
　　　　㉢ 등록신청 날짜
　　　　㉣ 등록거절 결정일
　　　　㉤ 청구의 취지 및 그 이유

2) 보정요구 및 통지

① 보정요구

　㉠ 요지변경 금지 : 제출된 심판청구서를 보정할 경우에는 그 요지를 변경할 수 없다(법 제46조 제3항 본문).

　㉡ 청구이유 변경 : 다만, ①의 ⓗ와 ②의 ㉤(제1항제6호와 제2항제5호)의 청구의 이유는 변경할 수 있다(법 제46조 제3항 단서).

② 이의신청 취지 통지 : 심판위원회의 위원장은 청구된 심판에 지리적표시 보호 이의신청에 관한 사항이 포함되어 있으면 그 취지를 지리적표시 보호 이의신청 대상자에게도 알려야 한다(법 제846조 제4항).

(4) 심판 등

1) 심판 등

① 심판 : 심판위원회의 위원장은 심판이 청구되면 아래에 따라 심판하게 한다(법 제47조 제1항).

② 심판의 합의체

　㉠ 심판은 3명의 심판위원으로 구성되는 합의체가 한다(법 제49조 제1항).

　㉡ 제1항의 합의체의 합의는 과반수 이상의 찬성으로 결정한다(법 제49조 제2항).

　㉢ 심판의 합의는 공개하지 아니한다(법 제49조 제3항).

③ **직무상 독립성** : 심판위원은 직무상 독립하여 심판한다(법 제47조 제2항).

2) 심판위원의 지정 등

① **심판위원 지정** : 심판위원회의 위원장은 심판의 청구 건별로 합의체를 구성할 심판위원을 지정하여 심판하게 한다(법 제48조 제1항).

② **공정성** : 심판위원회의 위원장은 심판위원 중 심판의 공정성을 해할 우려가 있는 사람이 있으면 다른 심판위원에게 심판하게 할 수 있다(법 제48조 제2항).

③ **심판장** : 심판위원회의 위원장은 지정된 심판위원 중에서 1명을 심판장으로 지정하여야 한다(법 제48조 제3항).

④ **사무총괄** : 지정된 심판장은 심판위원회의 위원장으로부터 지정받은 심판사건에 관한 사무를 총괄한다(법 제48조 제4항).

(5) 재심의 청구

1) 재심

① **당사자 재심청구** : 심판의 당사자는 심판위원회에서 확정된 심결에 대하여 이의가 있으면 재심을 청구할 수 있다(법 제51조 제1항).

② **준용** : 재심청구에 관하여는「민사소송법」제451조 및 제453조제1항을 준용한다(법 제51조 제2항).

2) 사해심결에 대한 불복청구

① **제3자 재심청구** : 심판의 당사자가 공모하여 제3자의 권리 또는 이익을 침해할 목적으로 심결을 하게 한 경우 그 제3자는 그 확정된 심결에 대하여 재심을 청구할 수 있다(법 제52조 제1항).

② **공동피청구인** : 재심청구의 경우에는 심판의 당사자를 공동피청구인으로 한다(법 제52조 제2항).

3) 재심에 의하여 회복된 지리적표시보호권의 효력 제한

다음의 어느 하나에 해당하는 경우 지리적표시보호권의 효력은 해당 심결이 확정된 후 재심청구의 등록 전에 선의로 한 행위에는 미치지 아니한다(법 제53조).

① 지리적표시보호권이 무효로 된 후 재심에 의하여 그 효력이 회복된 경우
② 등록거절에 대한 심판청구가 받아들여지지 아니한다는 심결이 있었던 지리적표시 보호등록에 대하여 재심에 따라 지리적표시보호권의 설정등록이 있는 경우

(6) 심결 등에 대한 소송 등

1) 소송
   ① 관할 : 심결에 대한 소송은 특허법원의 전속관할로 한다(법 제54조 제1항).
   ② 적격 : 소송은 당사자, 참가인 또는 해당 심판이나 재심에 참가신청을 하였으나 그 신청이 거부된 자만 제기할 수 있다(법 제54조 제2항).
   ③ 제기기간
      ㉠ 소송은 심결 또는 결정의 등본을 송달받은 날부터 60일 이내에 제기하여야 한다(법 제54조 제3항).
      ㉡ 제기기간은 불변기간으로 한다(법 제54조 제4항).
   ④ 소송대상 : 심판을 청구할 수 있는 사항에 관한 소송은 심결에 대한 것이 아니면 제기할 수 없다(법 제54조 제5항).
   ⑤ 상고 : 특허법원의 판결에 대하여는 대법원에 상고할 수 있다(법 제54조 제6항).

2) 준용
   ① 「특허법」 등의 준용
      ㉠ 지리적표시 보호에 관한 재심의 절차 및 재심의 청구에 관하여는 「특허법」 제180조·제184조 및 「민사소송법」 제459조제1항을 준용한다(법 제8조의21 제1항).
      ㉡ 지리적표시 보호에 관한 소송에 관하여는 「특허법」 제187조·188조 및 제189조를 준용한다(법 제8조의21 제2항).
   ② 권한자 : 위의 경우 「특허법」 제187조 본문 중 "특허청장"은 "농림축산식품부장관"으로, 같은 법 제188조 중 "특허심판원장"은 "지리적표시보호심판위원회의 위원장"으로, 같은 법 제189조제1항 중 "제186조제1항"은 "제8조의20제1항"으로 본다(법 제8조의21 제3항).

7 유전자변형농수산물의 표시

1. 유전자변형농수산물의 표시

(1) 유전자변형농수산물의 표시

1) 유전자변형농수산물의 표시의무

① 표시대상 품목 : 유전자변형농수산물의 표시대상품목은 「식품위생법」 제18조에 따른 안전성 평가 결과 식품의약품안전처장이 식용으로 적합하다고 인정하여 고시한 품목(해당 품목을 싹틔워 기른 농산물을 포함한다)으로 한다(영 제19조).

② 표시의무자 : 유전자변형농수산물을 생산하여 출하하는 자, 판매하는 자, 또는 판매할 목적으로 보관·진열하는 자는 대통령령으로 정하는 바에 따라 해당 농수산물에 유전자변형농수산물임을 표시하여야 한다(법 제56조 제1항).

(2) 유전자변형농수산물의 표시기준 등

1) 유전자변형농수산물의 표시기준

유전자변형농수산물에는 해당 농수산물이 유전자변형농수산물임을 표시하거나, 유전자변형농수산물이 포함되어 있음을 표시하거나, 유전자변형농수산물이 포함되어 있을 가능성이 있음을 표시하여야 한다(영 제20조 제1항).

2) 유전자변형농수산물의 표시방법

유전자변형농수산물의 표시는 해당 농수산물의 포장·용기의 표면 또는 판매장소 등에 하여야 한다(영 제20조 제2항).

3) 고시

① 세부사항 : 유전자변형농수산물의 표시기준 및 표시방법에 관한 세부사항은 식품의약품안전처장이 정하여 고시한다(영 제20조 제3항).

② 검정기관 지정 고시 : 식품의약품안전처장은 유전자변형농수산물인지를 판정하기 위하여 필요한 경우 시료의 검정기관을 지정하여 고시하여야 한다(영 제20조 제4항).

2. 거짓표시 등의 금지 등

(1) 거짓표시 등의 금지행위

유전자변형농수산물의 표시를 하여야 하는 자(이하 "유전자변형농수산물 표시의무자"라 한다)는 다음의 행위를 하여서는 아니 된다(법 제57조).

> ① 유전자변형농수산물의 표시를 거짓으로 하거나 이를 혼동하게 할 우려가 있는 표시를 하는 행위
> ② 유전자변형농수산물의 표시를 혼동하게 할 목적으로 그 표시를 손상 · 변경하는 행위
> ③ 유전자변형농수산물의 표시를 한 농수산물에 다른 농수산물을 혼합하여 판매하거나 판매할 목적으로 보관 또는 진열하는 행위

(2) 유전자변형농수산물의 표시 등의 조사

1) 농수산물을 수거 또는 조사

① 정기적 수거 또는 조사

㉠ 식품의약품안전처장은 제56조 및 제57조에 따른 유전자변형농수산물의 표시 여부, 표시사항 및 표시방법 등의 적정성과 그 위반 여부를 확인하기 위하여 대통령령으로 정하는 바에 따라 관계 공무원에게 유전자변형표시 대상 농수산물을 수거하거나 조사하게 하여야 한다(법 제58조 제1항 본문).

㉡ 유전자변형표시 대상 농수산물의 수거 · 조사는 업종 · 규모 · 거래품목 및 거래형태 등을 고려하여 식품의약품안전처장이 정하는 기준에 해당하는 영업소에 대하여 매년 1회 실시한다(영 제21조 제1항).

② 수시로 수거 또는 조사 : 농수산물의 유통량이 현저하게 증가하는 시기 등 필요할 때에는 수시로 수거하거나 조사하게 할 수 있다(법 제58조 제1항 단서).

(3) 유전자변형농수산물의 표시 위반에 대한 처분 등

1) 행정처분

① 시정명령 등 : 식품의약품안전처장은 유전자변형농수산물의 표시(법 제56조)및 거짓표시 등의 금지(법 제57조)를 위반한 자에 대하여 다음의 어느 하나에 해당하는 처분을 할 수 있다(법 제59조 제1항).

> ㉠ 유전자변형농수산물 표시의 이행 · 변경 · 삭제 등 시정명령
> ㉡ 유전자변형 표시를 위반한 농수산물의 판매 등 거래행위의 금지

② 공표명령 : 식품의약품안전처장은 거짓표시 등의 금지(법 제57조)를 위반한 자에게 법에 따른 처분을 한 경우에는 처분을 받은 자에게 해당 처분을 받았다는 사실을 공표할 것을 명할 수 있다(법 제59조 제2항).

2) 공표

① **공표** : 식품의약품안전처장은 유전자변형농수산물 표시의무자가 제57조를 위반하여 법에 따른 처분이 확정된 경우 처분내용, 해당 영업소와 농수산물의 명칭 등 처분과 관련된 사항을 대통령령으로 정하는 바에 따라 인터넷 홈페이지에 공표하여야 한다(법 제59조 제3항).

② **공표명령의 기준** : 공표명령의 대상은 처분을 받은 경우로서 다음의 어느 하나에 해당하는 경우로 한다(영 제22조 제1항).

> ㉠ 표시위반물량이 농산물의 경우에는 100톤 이상, 수산물의 경우에는 10톤 이상인 경우
> ㉡ 표시위반물량의 판매가격 환산금액이 농산물의 경우에는 10억원 이상, 수산물인 경우에는 5억원 이상인 경우
> ㉢ 적발일 이전 최근 1년 동안 처분을 받은 횟수가 2회 이상인 경우

③ **공표명령 방법**

㉠ 일반일간신문 게재 : 공표명령을 받은 자는 지체 없이 다음의 사항이 포함된 공표문을 「신문 등의 진흥에 관한 법률」 제9조제1항에 따라 등록한 전국을 보급지역으로 하는 1개 이상의 일반일간신문에 게재하여야 한다(영 제22조 제2항).

> ⓐ "농수산물 품질관리법」 위반사실의 공표"라는 내용의 표제
> ⓑ 영업의 종류
> ⓒ 영업소의 명칭 및 주소
> ⓓ 농수산물의 명칭
> ⓔ 위반내용
> ⓕ 처분권자, 처분일 및 처분내용

㉡ 홈페이지 게시 : 식품의약품안전처장은 법 제59조제3항에 따라 지체 없이 다음 각 호의 사항을 식품의약품안전처의 인터넷 홈페이지에 게시하여야 한다(영 제22조 제3항).

> ⓐ "농수산물품질관리법」 위반사실의 공표"라는 내용의 표제
> ⓑ 영업의 종류
> ⓒ 영업소의 명칭 및 주소
> ⓓ 농수산물 등의 명칭

ⓔ 위반내용
ⓕ 처분권자, 처분일 및 처분내용

④ 진술기회
㉠ 식품의약품안전처장은 법 제59조제2항에 따라 공표를 명하려는 경우에는 위반행위의 내용 및 정도, 위반기간 및 횟수, 위반행위로 인하여 발생한 피해의 범위 및 결과 등을 고려하여야 한다. 이 경우 공표명령을 내리기 전에 해당 대상자에게 소명자료를 제출하거나 의견을 진술할 수 있는 기회를 주어야 한다(영 제22조 제4항).
㉡ 식품의약품안전처장은 법 제59조제3항에 따라 공표를 하기 전에 해당 대상자에게 소명자료를 제출하거나 의견을 진술할 수 있는 기회를 주어야 한다(영 제22조 제5항).

8 농수산물의 안전성 조사 등

1. 농수산물의 안전

(1) 안전관리계획 등

1) 안전관리계획 수립 및 시행
① 안전관리계획 수립 · 시행 : 식품의약품안전처장은 농수산물(축산물은 제외한다. 이하 이 장에서 같다)의 품질 향상과 안전한 농수산물의 생산 · 공급을 위한 안전관리계획을 매년 수립 · 시행하여야 한다(법 제60조 제1항).
② 세부추진계획 수립 · 시행 : 시 · 도지사 및 시장 · 군수 · 구청장은 관할 지역에서 생산 · 유통되는 농수산물의 안전성을 확보하기 위한 세부추진계획을 수립 · 시행하여야 한다(법 제60조 제2항).

2) 포함내용
안전관리계획 및 세부추진계획에는 제61조에 따른 안전성조사, 제68조에 따른 위험평가 및 잔류조사, 농어업인에 대한 교육, 그 밖에 총리령으로 정하는 사항을 포함하여야 한다(법 제60조 제3항).

3) 보고
식품의약안전처장은 시 · 도지사 및 시장 · 군수 · 구청장에게 세부추진계획 및 그 시행결과를 보고하게 할 수 있다(법 제60조 제5항).

(2) 안전성조사

1) 단계별 조사 항목

식품의약품안전처장이나 시·도지사는 농수산물의 안전관리를 위하여 농수산물 또는 농수산물의 생산에 이용·사용하는 농지·용수·자재 등에 잔류하거나 포함되어 있는 유해물질에 대하여 다음의 조사(이하 "안전성조사"라 한다)를 실시하여야 한다(법 제61조 제1항).

① 농산물

> ㉠ 생산단계: 총리령으로 정하는 안전기준에의 적합 여부
> ㉡ 유통·판매 단계: 「식품위생법」 등 관계 법령에 따른 유해물질의 잔류허용기준 등의 초과 여부

② 수산물

> ㉠ 생산단계: 총리령으로 정하는 안전기준에의 적합 여부
> ㉡ 저장단계 및 출하되어 거래되기 이전 단계: 「식품위생법」 등 관계 법령에 따른 잔류허용기준 등의 초과 여부

2) 안전기준 협의

식품의약안전처장은 생산단계 안전기준을 정하는 때에는 관계 중앙행정기관의 장과 협의하여야 한다(법 제61조 제2항).

3) 시료수거 등

식품의약품안전처장이나 시·도지사는 안전성조사, 제68조제1항에 따른 위험평가 또는 같은 조 제3항에 따른 잔류조사를 위하여 필요하면 관계 공무원에게 다음의 시료 수거 및 조사 등을 하게 할 수 있다. 이 경우 무상으로 시료 수거를 하게 할 수 있다(법 제62조 제1항).

> ① 농수산물과 농수산물의 생산에 이용·사용되는 토양·용수·자재 등의 시료 수거 및 조사
> ② 해당 농수산물을 생산, 저장, 운반 또는 판매(농산물만 해당한다)하는 자의 관계 장부나 서류의 열람

(3) 안전성조사 결과에 따른 조치

1) 위반에 대한 조치

식품의약품안전처장이나 시·도지사는 생산과정에 있는 농수산물 또는 농수산물의 생산을 위하여 이용·사용하는 농지·어장·용수·자재 등에 대하여 안전성조사를 한 결과 생산단계 안전기준을 위반한 경우에는 해당 농수산물을 생산한 자 또는 소유한 자에게 다음의 조치를 하게 할 수 있다(법 제63조 제1항).

> ① 해당 농수산물의 폐기, 용도 전환, 출하 연기 등의 처리
> ② 해당 농수산물의 생산에 이용·사용한 농지·어장·용수·자재 등의 개량 또는 이용·사용의 금지
> ③ 그 밖에 총리령으로 정하는 조치

2) 구체적 조치 통지

식품의약품안전처장이나 시·도지사는 유통 또는 판매 중인 농산물 및 저장 중이거나 출하되어 거래되기 전의 수산물에 대하여 안전성조사를 한 결과 「식품위생법」 등에 따른 유해물질의 잔류허용기준 등을 위반한 사실이 확인될 경우 해당 행정기관에 그 사실을 알려 적절한 조치를 할 수 있도록 하여야 한다(법 제63조 제2항).

2. 안전성검사기관

(1) 안전성검사기관의 지정

1) 지정권자

식품의약품안전처장은 안전성조사의 일부와 시험분석 업무를 전문적·효율적으로 수행하기 위하여 안전성검사기관을 지정하고 안전성조사와 시험분석 업무를 대행하게 할 수 있다(법 제64조 제1항).

2) 신청

① **지정신청** : 안전성검사기관으로 지정받으려는 자는 안전성조사와 시험분석에 필요한 시설과 인력을 갖추어 식품의약품안전처장에게 신청하여야 한다(법 제64조 제2항 본문).
② **신청제한** : 다음(법 제65조)에 따라 안전성검사기관 지정이 취소된 후 2년이 지나지 아니하면 안전성검사기관 지정을 신청할 수 없다(법 제64조 제2항).

(2) 안전성검사기관의 지정 취소 등

1) 지정취소 사유

식품의약품안전처장은 안전성검사기관이 다음의 어느 하나에 해당하면 지정을 취소하거나 6개월 이내의 기간을 정하여 업무의 정지를 명할 수 있다. 다만, ① 및 ②에 해당하는 경우에는 지정을 취소하여야 한다(법 제65조 제1항).

> ① 거짓이나 그 밖의 부정한 방법으로 지정을 받은 경우
> ② 업무의 정지 명령을 위반하여 계속 안전성조사 및 시험분석 업무를 한 경우
> ③ 검사성적서를 거짓으로 내준 경우
> ④ 그 밖에 총리령으로 정하는 안전성검사에 관한 규정을 위반한 경우

2) 행정처분의 세부적인 기준

지정 취소 등의 세부 기준은 총리령으로 정한다(법 제65조 제2항).

(3) 농수산물 안전에 관한 교육 등

1) 교육 · 홍보 등

① 교육 · 홍보 : 식품의약품안전처장이나 시 · 도지사는 안전한 농수산물의 생산과 건전한 소비활동에 필요한 사항을 생산자, 유통종사자, 소비자 및 관계 공무원 등에게 교육 · 홍보하여야 한다(법 제66조 제1항).

② 예산지원 : 식품의약품안전처장은 생산자, 유통종사자, 소비자에 대한 교육 · 홍보를 제3조제4항제2호에 따른 단체 · 기관 및 같은 항 제4호에 따른 시민단체에 위탁할 수 있다. 이 경우 교육 · 홍보에 필요한 경비를 예산의 범위에서 지원할 수 있다(법 제66조 제2항).

2) 분석방법 등 연구개발 및 보급

식품의약품안전처장이나 시 · 도지사는 농수산물의 안전관리를 향상시키고 국내외에서 농수산물에 함유된 것으로 알려진 유해물질의 신속한 안전성조사를 위하여 안전성 분석방법 등 기술의 연구개발과 보급에 관한 시책을 마련하여야 한다(법 제67조).

(4) 농산물의 위험평가

1) 유해물질 위험평가 요청

① 식품안전 관련기관 : 식품의약품안전처장은 농산물의 효율적인 안전관리를 위하여 다음의 식품안전 관련 기관에 농산물 또는 농산물의 생산에 이용 · 사용하는 농지 · 용수 · 자재 등에 잔류하는 유해물질에 의한 위험을 평가하여 줄 것을 요청할 수 있다(법 제68조 제1항).

> ㉠ 농촌진흥청
> ㉡ 산림청
> ㉢ 삭제
> ㉣ 「과학기술분야 정부출연연구기관 등의 설립·운영 및 육성에 관한 법률」에 따른 한국식품연구원
> ㉤ 「한국보건산업진흥원법」에 따른 한국보건산업진흥원
> ㉥ 대학의 연구기관
> ㉦ 그 밖에 식품의약품안전처장이 필요하다고 인정하는 연구기관

② 공표
㉠ 위험평가의 요청과 그 결과 : 식품의약품안전처장은 위험평가의 요청 사실과 평가 결과를 공표하여야 한다(법 제68조 제2항).
㉡ 잔류조사 : 식품의약품안전처장은 농산물의 과학적인 안전관리를 위하여 농산물에 잔류하는 유해물질의 실태를 조사(이하 "잔류조사"라 한다) 할 수 있다(법 제68조 제3항).

2) 세부사항

위험평가의 요청과 결과의 공표에 관한 사항은 대통령령으로 정하고, 잔류조사의 방법 및 절차 등 잔류조사에 관한 세부사항은 총리령으로 정한다(법 제68조 제3항).

> 식품의약품안전처장은 법 제68조제2항에 따라 같은 조 제1항에 따른 위험평가의 요청 사실과 평가 결과를 법 제103조제2항에 따른 농수산물안전정보시스템 및 식품의약품안전처의 인터넷 홈페이지에 게시하는 방법으로 공표하여야 한다.

9 농수산물 등의 검사

1. 농산물의 검사 등

(1) 농산물의 검사 대상

1) 농산물 검사 의무

정부가 수매하거나 수출 또는 수입하는 농산물 등 대통령령으로 정하는 농산물(축산물은 제외한다. 이하 이 절에서 같다)은 공정한 유통질서를 확립하고 소비자를 보호

하기 위하여 농림축산식품부장관이 정하는 기준에 맞는지 등에 관하여 농림축산식품부장관의 검사를 받아야 한다. 다만, 누에씨 및 누에고치의 경우에는 시·도지사의 검사를 받아야 한다(법 제79조 제1항).

2) 농산물의 검사대상 등

① **농산물의 검사항목 등** : 농산물(축산물은 제외한다. 이하 이 절에서 같다)의 검사항목은 포장단위당 무게, 포장자재, 포장방법 및 품위 등으로 하며, 검사대상 품목별 검사기준은 농림축산식품부장관이 정하여 고시한다(규칙 제94조).

② **검사대상 농산물** : 검사대상 농산물은 다음과 같다(영 제30조 제1항).

> ㉠ 정부가 수매하거나 생산자단체, 「공공기관의 운영에 관한 법률」 제4조에 따른 공공기관 또는 농업 관련 법인 등(이하 "생산자단체등"이라 한다)이 정부를 대행하여 수매하는 농산물
> ㉡ 정부가 수출 또는 수입하거나 생산자단체등이 정부를 대행하여 수출 또는 수입하는 농산물
> ㉢ 정부가 수매 또는 수입하여 가공한 농산물
> ㉣ 법 제79조제2항에 따라 다시 농림축산식품부장관의 검사를 받는 농산물
> ㉤ 그 밖에 농림축산식품부장관이 농산물의 유통을 원활히 하기 위하여 필요하다고 인정하여 고시하는 농산물

③ **종류별 품목** : 위에서 ㉠부터 ㉢까지의 규정에 따른 검사대상 농산물의 종류별 품목은 아래 별표 3과 같다(영 제28조 제2항).

별표 3 **검사대상 농수산물의 종류별 품목(제28조제2항관련)**

1. 정부가 수매하거나 생산자단체등이 정부를 대행하여 수매하는 농수산물
   가. 곡류 : 벼·겉보리·쌀보리·콩
   나. 특용작물류 : 참깨·땅콩
   다. 과실류 : 사과·배·단감·감귤
   라. 채소류 : 마늘·고추·양파
   마. 잠사류 : 누에씨·누에고치

2. 정부가 수출·수입하거나 생산자단체등이 정부를 대행하여 수출·수입하는 농수산물
   가. 곡류

> (1) 조곡(粗穀) : 콩・팥・녹두
> (2) 정곡(精穀) : 현미・쌀
> 나. 특용작물류 : 참깨・땅콩
> 다. 채소류 : 마늘・고추・양파
>
> 3. 정부가 수매 또는 수입하여 가공한 농수산물
> 곡류 : 현미, 쌀, 보리쌀

3) 검사방법

농산물의 검사방법은 전수 또는 표본추출의 방법으로 하며, 시료의 추출, 계측, 감정, 등급판정 등 검사방법에 관한 세부사항은 국립농산물품질관리원장 또는 시・도지사(시・도지사는 누에씨 및 누에고치에 대한 검사만 해당한다. 이하 제96조, 제101조, 제103조부터 제105조까지 및 제107조에서 같다)가 정하여 고시한다(규칙 제95조).

(2) 검사신청 절차 등

1) 검사신청서 제출

① 원칙 : 농산물의 검사를 받으려는 자는 국립농산물품질관리원장, 시・도지사 또는 법 제80조제1항에 따라 지정받은 농산물검사기관(이하 "농산물 지정검사기관"이라 한다)의 장에게 검사를 받으려는 날의 3일 전까지 별지 제52호서식의 농산물검사신청서(국립농산물품질관리원장 또는 시・도지사가 따로 정한 서식이 있는 경우에는 그 서식을 말한다)를 제출하여야 한다(규칙 제96조 제1항 본문).

② 예외 : 다음의 경우에는 검사신청서를 제출하지 아니할 수 있다(규칙 제96조 제1항 단서).

> ㉠ 정부가 수매하거나 제30조제1항제1호에 따른 생산자단체등이 정부를 대행하여 수매하는 경우
> ㉡ 법 제82조제1항에 따른 농산물검사관(이하 "농산물검사관"이라 한다)이 참여하여 농산물을 가공하는 경우
> ㉢ 국립농산물품질관리원장, 시・도지사 또는 농산물 지정검사기관의 장이 검사신청인의 편의를 도모하기 위하여 필요하다고 인정하는 경우

2) 꼬리표

① 표시 : 검사를 신청하는 자는 검사를 받을 농산물의 포장 및 중량이 제94조에 따라 농림축산식품부장관이 정하여 고시하는 검사기준에 적합하도록 하여 포장 겉

면에 별지 제53호서식의 꼬리표를 붙이거나 꼬리표의 내용을 포장 겉면에 표시하여야 한다(규칙 제96조 제2항).

② 변경 승인

㉠ 승인 신청 : 포장 겉면에 붙이는 꼬리표의 표시사항을 변경하려는 자는 국립농산물품질관리원장, 시·도지사 또는 농산물 지정검사기관의 장에게 신청하여 그 승인을 받아야 한다(규칙 제96조 제3항).

㉡ 승인 : 신청을 받은 국립농산물품질관리원장, 시·도지사 또는 농산물 지정검사기관의 장은 꼬리표의 표시사항 변경이 검사품의 거래질서를 해칠 우려가 없다고 판단되는 경우에는 이를 승인하여야 한다(규칙 제96조 제4항).

3) 검사증명서의 발급 등

농산물검사관이 검사를 하였을 때에는 농림축산식품부령으로 정하는 바에 따라 해당 농산물의 포장·용기 등이나 꼬리표에 검사날짜, 등급 등의 검사 결과를 표시하거나 검사를 받은 자에게 검사증명서를 발급하여야 한다(법 제84조).

(3) 재검사

1) 재검사 요구

농산물의 검사 결과에 대하여 이의가 있는 자는 검사현장에서 검사를 실시한 농산물검사관에게 재검사를 요구할 수 있다. 이 경우 농산물검사관은 즉시 재검사를 하고 그 결과를 알려 주어야 한다(법 제85조 제1항).

2) 이의신청

재검사의 결과에 이의가 있는 자는 재검사일부터 7일 이내에 농산물검사관이 소속된 농산물검사기관의 장에게 이의신청을 할 수 있으며, 이의신청을 받은 기관의 장은 그 신청을 받은 날부터 5일 이내에 다시 검사하여 그 결과를 이의신청자에게 알려야 한다(법 제85조 제2항).

3) 재교부

재검사 결과가 검사 결과와 다른 경우에는 제84조를 준용하여 해당 검사결과의 표시를 교체하거나 검사증명서를 새로 발급하여야 한다(법 제85조 제3항).

(4) 검사판정의 실효 등

1) 검사판정의 실효

① **실효사유** : 검사를 받은 농산물이 다음의 어느 하나에 해당하면 검사판정의 효력이 상실된다(법 제86조).

⊙ 농림축산식품부령으로 정하는 검사 유효기간이 지난 경우
⊙ 제84조에 따른 검사 결과의 표시가 없어지거나 명확하지 아니하게 된 경우

② 유효기간

[별표 23] 농산물검사 유효기간(제86조관련)

종류	품목	검사시행시기	유효기간(일)
곡류	벼·콩	5.1~9.30	90
		10.1~4.30	120
	겉보리·쌀보리·팥·녹두·현미·보리쌀	5.1~9.30	60
		10.1~4.30	90
	쌀	5.1~9.30	40
		10.1~4.30	60
특용작물류	참깨·땅콩	1.1~12.31	90
과실류	사과·배	5.1~9.30	15
		10.1~4.30	30
	단감	1.1~12.31	20
	감귤	1.1~12.31	30
채소류	고추·마늘·양파	1.1~12.31	30
잠사류	누에씨	1.1~12.31	365
	누에고치	1.1~12.31	7
기타	농림축산식품부장관이 검사대상 농수산물로 정하여 고시하는 품목의 검사유효기간은 농림축산식품부장관이 정하여 고시한다.		

2) 검사판정의 취소

농림축산식품부장관은 검사를 받은 농산물이 다음의 어느 하나에 해당하면 검사판정을 취소할 수 있다. 다만, ①에 해당하는 경우에는 검사판정을 취소하여야 한다(법 제87조).

① 거짓이나 그 밖의 부정한 방법으로 검사를 받은 사실이 확인된 경우
② 검사 또는 재검사 결과의 표시 또는 검사증명서를 위조하거나 변조한 사실이 확인된 경우

③ 검사 또는 재검사를 받은 농산물의 포장이나 내용물을 바꾼 사실이 확인된 경우

2. 농산물검사기관

(1) 농산물검사기관의 지정 등

1) 농산물검사기관의 지정 및 대행

농림축산식품부장관은 농산물의 생산자단체나 「공공기관의 운영에 관한 법률」 제4조에 따른 공공기관(이하 "공공기관"이라 한다) 또는 농업 관련 법인 등을 농산물검사기관으로 지정하여 제79조제1항에 따른 검사를 대행하게 할 수 있다(법 제80조 제1항).

2) 농산물검사기관 지정신청

농산물검사기관으로 지정받으려는 자는 검사에 필요한 시설과 인력을 갖추어 농림축산식품부장관에게 신청하여야 한다(법 제80조 제2항).

3) 농산물검사기관의 지정절차 등

① **지정신청서 제출** : 법에 따라 검사기관으로 지정받으려는 자는 별지 제15호서식의 농수산물검사기관 지정신청서에 다음의 서류를 첨부하여 국립농산물품질관리원장에게 제출하여야 한다(규칙 제98조 제1항).

> ㉠ 정관(법인인 경우만 해당한다)
> ㉡ 검사업무의 범위 등을 적은 사업계획서
> ㉢ 농산물검사기관의 지정기준을 갖추었음을 증명할 수 있는 서류

② **확인** : 신청서를 받은 국립농산물품질관리원장은 「전자정부법」 제36조제1항에 따른 행정정보의 공동이용을 통하여 법인등기부 등본(법인인 경우만 해당한다)을 확인하여야 한다(규칙 제98조 제2항).

③ **지정 및 업무범위 고시** : 국립농산물품질관리원장은 검사기관의 지정신청을 받으면 제37조에 따른 검사기관의 지정기준에 맞는지를 심사하고, 심사결과 적합하다고 인정되는 경우에는 검사기관으로 지정하고 지정 사실 및 검사기관이 수행하는 업무의 범위를 고시한다(규칙 제98조 제3항).

(2) 검사기관의 지정기준

검사기관의 지정기준은 다음[별표 19]과 같다(규칙 제97조).

별표 19

1) 조직 및 인력

　가. 검사의 통일성 유지와 원활한 업무수행을 위하여 검사관리부서를 두어야 한다.

　나. 검사대상 종류별 검사인력의 최소 확보기준은 다음과 같으며, 검사계획량을 일정 기간 내에 처리할 수 있도록 검사인력을 확보하여야 한다.

구분	종류			검사인력 최소확보기준
국산농수산물 (수출용 농수산물을 포함한다)	곡류	조곡	포장물	검사장소 5개소당 1인
			산물	검사장소 1개소당 1인
		정곡		검사장소 2개소당 1인
	서류, 특용작물류, 과실류, 채소류			검사장소 5개소당 1인
수입농수산물	공통			항구지 1개소당 3인

2) 시설

검사견본의 계측 및 분석, 감정기술수련, 검사용 기자재관리, 검사표준품 안전관리등을 위하여 검사현장을 관할하는 사무소별로 10㎡ 이상의 검정실이 설치되어야 한다.

3) 장비

검사에 필요한 기본 검사장비와 종류별 검사장비중 검사대행 품목에 해당하는 장비를 갖추어야 한다. 다만, 동일한 규격의 장비는 종류 또는 품목에 관계없이 공용할 수 있다.

　가. 기본 검사장비

종류	장 비 명	최소비치기준(대·개)	
		사무소당	검사관당
공통	○저울 　- 첫달림 0.01g이하, 끝달림 300g이상(산물을 제외한다) 　- 첫달림 0.1g이하, 끝달림 600g이상 　- 첫달림 5g이하, 끝달림 10kg이상(산물을 제외한다) ○시료균분기(과실·채소류를 제외한다) ○용적중 측정기(산물을 제외한다) ○Micro Meter(곡류를 제외한다) ○검사증인(해당품목) ○휴대용 수분측정기	1 1 1 1 1 1 	 1조 1

나. 종류별 검사장비

구분	종류	종목	장비명	최소비치기준(대·개)	
				사무소당	검사관당
국산농수산물 (수출용을 포함한다)	곡류 검사	조곡 (포장물)	○동력제현기 ○기준분동 ○감정접시(원형) ○줄체(1.6mm) ○세로눈판체(2.0mm, 2.2mm, 2.4mm, 2.5mm) ○표준그물체(1.4mm, 1.7mm) ○둥근눈체(4.00mm, 5.45mm, 7.27mm, 7.88mm) ○색대(조곡용 Ø16mm, 정곡용 Ø13mm) ○인습기	1 1 50 각1조 각1조 각1조 각1조	각2개 1
		조곡 (산물)	○자동계량기(중량, 수분 동시측정용) ○시료건조기(건조함수 30칸이상) ○단립식 또는 적외선 수분측정기. 다만, 1회 수분측정 용량이 5g이상이고 12%~35% 범위의 수분함량 측정이 가능한 수분측정기로 대체가능 ○동력제현기 ○감정접시(원형) ○줄체(1.6mm) ○세로눈판체(2.0mm, 2.2mm, 2.4mm, 2.5mm) 단, 보리수매장소에 한함 ○표준그물체(1.4mm, 1.7mm) ○색대(조곡용 Ø16mm, 정곡용 Ø13mm) ○인습기 ○판수동 저울(첫달림 50g이하, 끝달림 100kg 이상)	1 1 1 1 50 각1조 각1조 각1조 1	각1개 1
		정곡	○도정도 감정기구(5긴이상) ○표준그물체(1.4mm, 1.7mm) ○색대(조곡용 Ø16mm, 정곡용 Ø13mm) ○인습기 ○감정접시(원형)	1 각1조 50	각2개 1
	특작 · 서류 검사		○항온건조기(105℃) ○시료분쇄기(믹서기) ○그물체(0.84mm) ○검사봉 ○색대(Ø13mm)	1 1 1	1 2

	과실·채소류 검사	○항온건조기(105℃)	1	
		○PH메타	1	
		○당도계		1
		○지름판		1
수입농수산물	곡류 검사	○정미·정맥기	1	
		○발아시험기	1	
		○미립투시기	1	
		○입체현미경	1	
		○Motomco 수분측정기	1	
		○이중관색대	1	
		○곡류검사용 표준체 일체	1	
		○색대(Ø13mm)		2
	특작·서류 검사	○입체현미경	1	
		○그물체(0.84mm)	1	
		○Motomco 수분측정기	1	
		○유분 및 산가분석기	1	
		○색대		2

4) 검사업무규정

검사업무규정에는 다음의 사항이 포함되어야 한다.

> 가. 검사업무의 절차 및 방법
> 나. 검사업무의 사후관리 방법
> 다. 검사의 수수료 및 그 징수방법
> 라. 검사관의 준수사항 및 자체관리·감독 요령
> 마. 기타 국립농산물품질관리원장이 검사업무의 수행에 필요하다고 인정하여 정하는 사항

(3) 검사기관의 지도·감독 및 지정취소

1) 지도·감독 등

① **지도·감독** : 국립농산물품질관리원장은 법에 따라 지정받은 검사기관이 공정한 검사업무를 수행할 수 있도록 지도·감독할 수 있다(규칙 제99조 제1항).

② **확인** : 국립농산물품질관리원장은 지도·감독을 위하여 필요하다고 인정되는 경우에는 지정검사기관에 대하여 정기적으로 검사업무의 수행상황 등에 관한 자료의 제출을 요구하거나 장부 또는 서류 등을 확인할 수 있다(규칙 제99조 제2항).

2) 농산물검사기관의 지정취소

① **검사기관의 지정취소 사유** : 농림축산식품부장관은 검사기관이 다음의 어느 하나에 해당하면 그 지정을 취소하거나 6개월 이내의 기간을 정하여 그 업무의 전부 또는 일부의 정지를 명할 수 있다. 다만, ⓐ 또는 ⓑ에 해당하면 그 지정을 취소하여야 한다(법 제81조 제1항).

> ⓐ 거짓이나 그 밖의 부정한 방법으로 지정을 받은 경우
> ⓑ 업무정지 기간 중에 검사 업무를 한 경우
> ⓒ 지정기준에 미달하게 되는 경우
> ⓓ 검사를 거짓으로 하거나 성실하게 하지 아니한 경우
> ⓔ 정당한 사유 없이 지정된 검사를 하지 아니하는 경우

② **지정취소 등의 처분기준** : 검사기관의 지정취소 및 사업정지에 관한 처분기준은 아래[별표 20]와 같다(규칙 제100조 제1항).

㉠ 일반기준

> ⓐ 위반행위가 둘 이상인 경우에는 그 중 중한 처분기준을 적용하며, 둘 이상의 처분기준이 동일한 사업정지인 경우에는 중한 처분기준의 2분의 1까지 가중할 수 있다. 이 경우 각 처분기준을 합산한 기간을 초과할 수 없다.
> ⓑ 위반행위의 횟수에 따른 행정처분의 기준은 최근 2년간 같은 위반행위로 행정처분을 받은 경우에 적용한다. 이 경우 행정처분 기준의 적용은 같은 위반행위에 대하여 최초로 행정처분을 한 날을 기준으로 한다.
> ⓒ 위반사항의 내용으로 보아 그 위반의 정도가 경미하거나 기타 특별한 사유가 있다고 인정되는 경우에는 그 처분을 사업정지의 경우에는 2분의 1의 범위에서 경감할 수 있고, 지정취소인 경우에는 6개월의 사업정지 처분으로 경감할 수 있다.

㉡ 개별기준

위반행위	근거 법조문	위반횟수별 처분기준		
		1회	2회	3회
가. 거짓이나 그 밖의 부정한 방법으로 지정을 받은 경우	법 제81조 제1항제1호	지정 취소		

위반행위	근거 법조문	1차 위반	2차 위반	3차 위반
나. 업무정지 기간 중에 검사 업무를 한 경우	법 제81조 제1항제2호	지정 취소		
다. 법 제80조제3항에 따른 지정기준에 맞지 않게 된 경우	법 제81조 제1항제3호			
1) 시설·장비·인력이나 조직 중 어느 하나가 지정기준에 맞지 않는 경우		업무정지 1개월	업무정지 3개월	업무정지 6개월 또는 지정 취소
2) 시설·장비·인력이나 조직 중 둘 이상이 지정기준에 맞지 않는 경우		업무정지 6개월 또는 지정 취소	지정 취소	
라. 검사를 거짓으로 한 경우	법 제81조 제1항제4호	업무정지 3개월	업무정지 6개월 또는 지정 취소	지정 취소
마. 검사를 성실하게 하지 않은 경우	법 제81조 제1항제4호			
1) 검사품의 재조제가 필요한 경우		경고	업무정지 3개월	업무정지 6개월 또는 지정 취소
2) 검사품의 재조제가 필요하지 않은 경우		경고	업무정지 1개월	업무정지 3개월 또는 지정 취소
바. 정당한 사유 없이 지정된 검사를 하지 않은 경우	법 제81조 제1항제5호	경고	업무정지 1개월	업무정지 3개월 또는 지정 취소

③ 고시 : 국립농산물품질관리원장은 검사기관의 지정을 취소하거나 사업정지처분을 하였을 때 지체 없이 그 사실을 고시한다(규칙 제100조 제2항).

(4) 농산물검사관

1) 검사관의 자격

① 검사관 자격 : 제79조에 따른 검사나 제85조에 따른 재검사(이의신청에 따른 재검사를 포함한다. 이하 같다) 업무를 담당하는 사람(이하 "농산물검사관"이라 한다)은 다음의 어느 하나에 해당하는 사람으로서 국립농산물품질관리원장(누에씨 및 누에고치 농산물검사관의 경우에는 시·도지사를 말한다. 이하 이 조, 제83조제1항 및 제114조제2항에서 같다)이 실시하는 전형시험에 합격한 사람으로 한다(법 제82조 제1항).

> ㉠ 농산물 검사 관련 업무에 6개월 이상 종사한 공무원
> ㉡ 농산물 검사 관련 업무에 1년 이상 종사한 사람

② **면제** : 대통령령으로 정하는 농산물 검사 관련 자격 또는 학위를 갖고 있는 사람에 대하여는 대통령령으로 정하는 바에 따라 전형시험의 전부 또는 일부를 면제할 수 있다(법 제82조 제1항 단서).

> 「국가기술자격법」에 따른 종자기사 또는 종자기술사 자격 취득자에 대하여는 농산물검사관 자격 중 종자류에 대한 농산물검사관 전형시험의 전부를 면제한다(영 제31조).

③ **자격구분** : 농산물검사관의 자격은 곡류, 특작(特作)·서류(薯類), 과실·채소류, 종자류, 잠사류(蠶絲類) 등의 구분에 따라 부여한다(법 제82조 제2항).

2) 자격취소·자격정지

① **사유** : 국립농산물품질관리원장은 농산물검사관에게 다음의 어느 하나에 해당하는 사유가 발생하였을 때에는 그 자격을 취소하거나 1년 이내의 기간을 정하여 자격의 정지를 명할 수 있다(법 제83조 제1항).

> ㉠ 거짓이나 그 밖의 부정한 방법으로 검사나 재검사를 한 경우
> ㉡ 이 법 또는 이 법에 따른 명령을 위반하여 현저히 부적격한 검사 또는 재검사를 하여 정부나 농산물검사기관의 공신력을 크게 떨어뜨린 경우

② **농산물검사관의 자격 취소 및 정지에 대한 세부 기준**

㉠ 일반기준

> 가. 위반행위가 둘 이상인 경우에는 그 중 무거운 처분기준을 적용하며, 둘 이상의 처분기준이 동일한 자격정지인 경우에는 무거운 처분기준의 2분의 1까지 가중할 수 있다. 이 경우 각 처분기준을 합산한 기간을 초과할 수 없다.
> 나. 위반행위의 횟수에 따른 행정처분의 기준은 최근 2년간 같은 위반행위로 행정처분을 받은 경우에 적용한다. 이 경우 행정처분 기준의 적용은 같은 위반행위에 대하여 최초로 행정처분을 한 날을 기준으로 한다.
> 다. 위반사항의 내용으로 보아 그 위반의 정도가 경미하거나 그 밖에 특별한 사유가 있다고 인정되는 경우 그 처분이 자격정지일 때에는 2분의 1 범위에서 경감할 수 있고, 자격취소일 때에는 6개월의 자격정지 처분으로 경감할 수 있다.

ⓒ 개별기준

위반행위	근거 법조문	위반횟수별 처분기준		
		1회	2회	3회
가. 거짓이나 그 밖의 부정한 방법으로 검사나 재검사를 한 경우	법 제83조 제1항제1호			
1) 검사나 재검사를 거짓으로 한 경우		자격취소	–	–
2) 거짓 또는 부정한 방법으로 자격을 취득하여 검사나 재검사를 한 경우		자격취소	–	–
3) 다른 사람에게 그 명의를 사용하게 하거나 다른 사람에게 그 자격증을 대여하여 검사나 재검사를 한 경우		자격취소	–	–
4) 자격정지 중에 검사나 재검사를 한 경우		자격취소	–	–
5) 고의적인 위격검사를 한 경우		자격취소	–	–
6) 등급 착오 20% 이상, 2등급 착오 5% 이상에 해당되는 위격검사를 한 경우		6개월 정지	자격취소	
7) 1등급 착오 10% 이상 20% 미만, 2등급 착오 3% 이상 5% 미만에 해당되는 위격검사를 한 경우		3개월 정지	6개월 정지	자격취소
나. 법 또는 법에 따른 명령을 위반하여 현저히 부적격한 검사 또는 재검사를 하여 정부나 농산물검사기관의 공신력을 크게 떨어뜨린 경우	법 제83조 제1항제2호	자격취소	–	–

③ 전형 응시 제한 : 농산물검사관의 자격이 취소된 사람은 자격이 취소된 날부터 1년이 지나지 아니하면 전형시험에 응시하거나 농산물검사관의 자격을 취득할 수 없다(법 제83조 제2항).

3) 농산물검사관 자격전형의 구분 및 방법
  ① 구분 : 농산물검사관의 자격전형은 필기시험과 실기시험으로 구분하여 실시한다(규칙 제101조 제1항).
  ② 출제방법 등 : 필기시험은 농수산물의 검사에 관한 법규, 검사기준, 검사방법 등에 대하여 진위형(眞僞型)과 선택형으로 출제하여 실시하고, 실기시험은 자격구분별

로 해당 품목의 등급 및 품위항목 등에 대하여 실시한다(규칙 제101조 제2항).

③ **면제** : 필기시험에 합격한 사람에 대해서는 다음 회의 시험에서만 필기시험을 면제한다(규칙 제101조 제3항).

④ **세부사항** : 자격전형의 응시절차 등에 관하여 필요한 세부 사항은 국립농산물품질관리원장 또는 시·도지사가 정하여 고시한다(규칙 제101조 제4항).

4) 합격자

① **합격자의 결정기준** : 자격전형의 합격자는 필기시험 및 실기시험 성적을 각각 100점 만점으로 하여 각각 60점 이상 취득한 사람으로 한다(규칙 제102조).

② **농산물검사관의 증표** : 국립농산물품질관리원장 또는 시·도지사는 자격전형에 합격한 사람에게 농산물검사관증을 발급하여야 한다(규칙 제105조).

5) 농산물검사관의 자격관리

① **고유번호 부여** : 국립농산물품질관리원장 또는 시·도지사는 자격전형에 합격한 사람에 대해서는 농산물검사관별로 고유번호를 부여한다(규칙 제103조 제1항).

② **자격관리대장 작성 비치** : 국립농산물품질관리원장 및 지정검사기관의 장은 농수산물검사관 자격관리대장을 작성하고 갖춰 두어야 한다(규칙 제103조 제2항).

③ **통지의무** : 지정검사기관의 장은 소속농산물검사관이 퇴직하거나 전출하는 등 신분에 관한 사항이 변동된 경우에는 즉시 그 사실을 국립농산물품질관리원장 또는 시·도지사는에게 알려야 한다(규칙 제103조 제3항).

6) 농산물검사관의 교육 및 수당

① **교육**
   ㉠ 국립농산물품질관리원장은 농산물검사관의 검사기술 및 자질 향상을 위하여 교육을 실시할 수 있다(법 제82조 제4항).
   ㉡ 국립농산물품질관리원장 또는 시·도지사는 농산물검사관의 검사기술 및 자질 향상을 위하여 연 1회 이상 교육을 실시하여야 한다(규칙 제104조).

② **수당** : 국립농산물품질관리원장은 전형시험의 출제 및 채점 등을 위하여 시험위원을 임명·위촉할 수 있다. 이 경우 시험위원에게는 예산의 범위에서 수당을 지급할 수 있다(법 제82조 제5항).

3. 검정 등

(1) 농수산물의 검정 및 검정대행

1) 농수산물의 검정

농림축산식품부장관 또는 해양수산부장관은 농수산물 및 농산가공품의 거래 및 수출·수입을 원활히 하기 위하여 다음의 검정을 실시할 수 있다(법 제98조 제1항).

> ① 농산물 및 농산가공품의 품위·성분 및 유해물질 등
> ② 수산물의 품질·규격·성분·잔류물질 등
> ③ 농수산물의 생산에 이용·사용하는 농지·어장·용수·자재 등의 품위·성분 및 유해물질 등

2) 결과통보

농림축산식품부장관 또는 해양수산부장관은 검정신청을 받은 때에는 검정 인력이나 검정 장비의 부족 등 검정을 실시하기 곤란한 사유가 없으면 검정을 실시하고 신청인에게 그 결과를 통보하여야 한다(법 제98조 제2항).

3) 검정 대행

농림축산식품부장관 또는 해양수산부장관은 검정에 필요한 인력과 시설을 갖춘 기관(이하 "검정기관"이라 한다)을 지정하여 제98조에 따른 검정을 대행하게 할 수 있다(법 제99조 제1항).

(2) 검정절차

1) 절차 및 업무 범위 등

① **지정절차** : 검정을 신청하려는 자는 국립농산물품질관리원장, 국립수산물품질관리원장 또는 법 제99조제1항에 따라 지정받은 검정기관(이하 "지정검정기관"이라 한다)의 장에게 별지 제73호서식의 검정신청서에 검정용 시료를 첨부하여 검정을 신청하여야 한다(규칙 제125조 제1항).

② **검정기간** : 국립농산물품질관리원장, 국립수산물품질관리원장 또는 지정검정기관의 장은 시료를 접수한 날부터 7일 이내에 검정을 하여야 한다. 다만, 7일 이내에 분석을 할 수 없다고 판단되는 경우에는 신청인과 협의하여 검정기간을 따로 정할 수 있다(규칙 제125조 제2항).

③ **인력제공 요청** : 국립농산물품질관리원장, 국립수산물품질관리원장 또는 검정기관의 장은 원활한 검정업무의 수행을 위하여 필요하다고 판단되는 경우에는 신청인에게 최소한의 범위에서 시설, 장비 및 인력 등의 제공을 요청할 수 있다(규칙 제

125조 제3항).

④ 농수산물 검정증명서의 발급 : 국립농산물품질관리원장, 국립수산물품질관리원장 또는 지정검정기관의 장은 법 제98조제1항에 따라 검정한 경우에는 그 결과를 별지 제74호서식의 검정증명서에 따라 신청인에게 알려야 한다(규칙 제126조).

2) 농수산물의 검정항목

농수산물 또는 그 가공품의 검정항목은 아래[별표 30]와 같다(규칙 제127조).

별표 30 검정항목(제127조 관련)

1. 농산물 및 농산가공품

구 분	검 정 항 목
가. 품위	○ 정립, 피해립, 이종종자, 용적중, 이물, 싸라기, 입도, 이종곡립, 분상질립, 착색립, 사미, 세맥, 다른 종피색, 과균 비율, 색깔 비율, 결점과율, (조)회분, 사분 등
나. 발아율	○ 발아율, 발아세(맥주보리만 해당한다) 등
다. 도정률	○ 미곡의 제현율, 현백률, 도정률 등 ○ 맥류의 정백률 등
라. 일반성분	○ 수분, 산가, 산도, 단백질, 지방, 조섬유, 당도 등
마. 무기성분	○ 칼슘, 인, 식염, 나트륨, 칼륨, 질산염 등
바. 유해 중금속	○ 카드뮴, 납 등
사. 잔류농약	○ 클로로피리포스, 엔도설판, DDT, 프로시미돈, 다이아지논, 카벤다짐 등
아. 곰팡이 독소	○ 아플라톡신 B1, B2, G1, G2 등
자. 항생물질	○ 항생제, 합성항균제, 호르몬제

2. 농지, 용수, 자재

구 분	검 정 항 목
농 지 (토양)	○ 카드뮴 · 구리 · 납 ○ 비소 ○ 수은 ○ 6가크롬 · 아연 · 니켈
용 수 (하천수 · 호소수)	○ 크롬 · 아연 · 구리 · 카드뮴 · 납 · 망간 · 니켈 · 철 ○ 비소 ○ 셀레늄(원자흡광광도법) ○ 6가크롬 ○ 수은

용 수 (먹는물 · 먹는샘물)	○ 구리 · 카드뮴 · 납 · 아연 · 알루미늄 · 망간 · 철 ○ 셀레늄 ○ 비소 ○ 수은 ○ 6가크롬
농자재 (비료)	○ 질소, 인산, 칼륨 등 ○ 카드뮴, 비소, 납, 수은 등

3. 수산물

구 분	검 정 항 목
일반성분 등	수분, 회분, 지방, 조섬유, 단백질, 염분, 산가, 전분, 토사, 휘발성 염기질소, 엑스분, 열탕불용해잔물, 젤리강도(한천), 수소이온농도(pH), 당도, 히스타민, 트리메틸아민, 아미노질소, 전질소, 비타민 A, 이산화황(SO2), 붕산, 일산화탄소
식품첨가물	인공감미료
중금속	수은, 카드뮴, 구리, 납, 아연 등
방사능	방사능
세균	대장균군, 생균수, 분변계대장균, 장염비브리오, 살모넬라, 리스테리아, 황색포도상구균
항생물질	옥시테트라사이클린, 옥소린산
독소	복어독소, 패류독소
바이러스	노로바이러스

3) 검정방법

품위, 성분 및 유해물질 등의 검정방법 등 세부사항은 국립농산물품질관리원장, 국립수산물품질관리원장이 각각 정하여 고시한다(규칙 제128조).

4) 검정결과에 따른 조치

① 폐기, 판매금지 : 농림축산식품부장관 또는 해양수산부장관은 제98조제1항제1호 및 제2호에 따른 검정을 실시한 결과 유해물질이 검출되어 인체에 해를 끼칠 수 있다고 인정되는 농수산물 및 농산가공품에 대하여 생산자 또는 소유자에게 폐기하거나 판매금지 등을 하도록 하여야 한다(법 제98조의2 제1항).

② 공개 : 농림축산식품부장관 또는 해양수산부장관은 생산자 또는 소유자가 명령을 이행하지 아니하거나 농수산물 및 농산가공품의 위생에 위해가 발생한 경우 농림

축산식품부령 또는 해양수산부령으로 정하는 바에 따라 검정결과를 공개하여야 한다(법 제98조의2 제2항).

(3) 검정기관의 지정

1) 지정 신청

① 신청 : 검정기관으로 지정을 받으려는 자는 검정에 필요한 인력과 시설을 갖추어 농림축산식품부장관 또는 해양수산부장관에게 신청하여야 한다. 검정기관으로 지정받은 후 다음의 중요 사항이 변경되었을 때에는 농림축산식품부령 또는 해양수산부령으로 정하는 바에 따라 변경신고를 하여야 한다(법 제99조 제2항, 규칙 130조 제6항).

> ⊙ 기관명(대표자) 및 사업자등록번호
> ⓒ 실험실 소재지
> ⓒ 검정 업무의 범위
> ② 검정 업무에 관한 규정
> ⓥ 검정기관의 지정기준 중 인력·시설·장비

② 신청제한 : 검정기관 지정이 취소된 후 1년이 지나지 아니하면 검정기관 지정을 신청할 수 없다(법 제99조 제3항).

2) 검정기관의 지정·평가기준

검정기관의 지정기준 및 평가기준은 다음[별표 31]과 같다(규칙 제129조).

별표 31

1. 농산물 검정기관의 지정기준

가. 품위·일반성분 검정(품위 발아율, 도정율, 일반성분)
 1) 검정실의 면적
  전처리실, 일반실험실, 조사·분석실 등 분석실 면적의 합계가 70㎡ 이상 이어야 한다.
 2) 검정 인력의 자격 및 인원 수
  가) 검정 인력의 자격: 다음 각 호의 어느 하나를 충족하여야 한다.
   (1) 「고등교육법」에 따른 전문대학에서 농학계열(농학, 원예학 등), 식품과학계열(식품공학, 식품가공학 등) 등의 관련 학과를 졸업한 사람 또는 이와 같은 수준 이상의 자격이 있는 사람
   (2) 농산물품질관리사, 종자기사, 농산물검사관, 생물공학기사 등의 농학,

식품과학과 관련이 있는 자격을 소지한 사람 또는 이와 같은 수준 이상의 자격을 갖춘 사람

(3) (1) 또는 (2) 외의 사람은 농산물검사·검정 분야에서 2년 이상 해당 분야에 종사한 경험이 있는 사람

나) 검정 인력 수: 가)목의 자격기준에 적합한 사람 2명 이상. 이 중 품위검정 1명은 국립농산물품질관리원에서 시행한 농산물검사관 자격(곡류, 특작·서류, 과실·채소류)을 갖추거나 농산물의 품위 검사·검정과 관련된 기관에서 3년 이상 해당 분야 시험·검사·검정업무 경력이 있어야 하며, 일반성분 검정 1명은 4년제 대학 졸업자의 경우 2년 이상, 전문대학 졸업자 또는 가)(2)의 자격을 갖춘 사람의 경우 3년 이상 연구·검사·검정과 관련된 기관에서 해당 분야 시험·검사·검정업무 경력이 있어야 한다.

3) 시설 및 장비기준

가) 검정시설은 전처리실, 일반실험실, 조사·분석실 등의 실험실이 구분되어 오염을 방지할 수 있어야 한다.

나) 장비는 품위·일반성분 검정에 필요한 최소한의 장비를 아래와 같이 갖추어야 한다.

용도	장비명
공통	○ 저울(첫달림 0.01g 이하 끝달림 300g 이상, 첫달림 0.1g 이하 끝달림 600g 이상, 첫달림 5g 이하 끝달림 10㎏ 이상) ○ 시료균분기, 감정접시 등
품위	○ 줄체(1.6㎜), 세로눈판체(2.0㎜, 2.2㎜, 2.4㎜, 2.5㎜), 표준그물체(1.4㎜, 1.7㎜), 둥근눈체(4.00㎜, 5.45㎜, 7.27㎜, 7.88㎜), 그물체(0.84㎜) ○ 항온건조기(105℃) 또는 적외선수분측정기 ○ 감정대, 용적중 측정기, Micro Meter, 지름판 ○ 시료분쇄기, 도정도 감정기구 ○ 동력제현기, 정미기, 쌀 품위분석기 ○ 회화로, 사분측정병 등
발아율	○ 발아시험기
도정수율	○ 동력제현기, 정미기, 정맥기 등
일반성분	○ 유분 및 산가분석기, 단백질분석기(캘달식분석기), ○ 항온건조기(105℃) 또는 적외선수분측정기 ○ 당도계, PH미터, 산도측정기 ○ 회화로, 화학천칭(첫달림 0.0001g 이하 끝달림 210g 이상) 등
기타	○ 냉동고 ○ 그 밖에 품위·일반성분 검정에 필요한 기본 장비

나. 무기성분·유해물질 검정(농산물 및 농산가공품의 무기성분·유해중금속·잔류

농약·곰팡이독소·항생물질과 농지 및 용수, 자재의 품위성분·유해물질)
1) 검정실의 면적

전처리실, 일반실험실, 기기분석실 등 검정실 면적의 합계가 250㎡ 이상이어야 한다.

2) 검정 인력의 자격 및 인원 수

가) 검정 인력의 자격: 다음 각 호의 어느 하나를 충족하여야 한다.

(1) 「고등교육법」에 따른 전문대학에서 분석과 관련이 있는 학과를 이수하여 졸업한 사람 또는 이와 같은 수준 이상의 자격이 있는 사람

(2) 식품기술사, 식품기사, 식품산업기사, 농화학기술사, 농화학기사, 위생사, 위생시험사, 농림토양평가관리기사 또는 분석과 관련된 이와 같은 수준 이상의 자격을 갖춘 사람

(3) (1) 또는 (2) 외의 사람은 해당 안전성검사 분야에서 2년 이상 종사한 경험이 있는 사람

나) 검정 인력의 수: 가)목의 자격기준에 적합한 사람 4명 이상. 이 중 이화학분야 1명과 미생물분야 1명은 대학 졸업자의 경우 2년 이상, 전문대학 졸업자 또는 가)(2)의 자격을 갖춘 사람의 경우 4년 이상 연구·검사·검정과 관련된 기관에서 해당분야 시험·검사업무 경력이 있어야 한다.

3) 시설 및 장비기준

가) 검정시설은 전처리실, 일반실험실, 기기분석실 등이 구분되어 오염을 방지할 수 있어야 한다.

나) 검정업무 대상별로 아래와 같이 최소한의 아래 장비를 갖추어야 한다.

(1) 농산물

(가) 잔류농약

○ 화학천칭(최소측정단위가 0.0001g 이하인 것)
○ 상명천칭(최소측정단위가 0.1g 이하인 것)
○ 냉장고(영하 20℃ 이하의 냉동고 포함)
○ 균질기(Homogenizer) 또는 믹서기
○ 농축기(회전감압농축기 및 질소미세농축기)
○ 가스크로마토그래프(GC)
○ 가스크로마토그래프 질량분석기(GC/MS)
○ 액체크로마토그래프(HPLC)
○ 액체크로마토그래프 질량분석기(HPLC/MS)
○ 그 밖에 잔류농약 분석에 필요한 기본 장비

(나) 중금속

○ 화학천칭(최소측정단위가 0.0001g 이하인 것)

○ 상명천칭(최소측정단위가 0.1g 이하인 것)
○ 냉장고(영하 20℃ 이하의 냉동고 포함)
○ 회화로
○ 극초단파 분해기(Microwave) 또는 가열판(Hot plate)
○ 원자흡광광도계(AAS)나 유도결합플라즈마 분광광도계(ICP) 또는 ICP/MS
○ 그 밖에 중금속 분석에 필요한 기본 장비

(다) 곰팡이독소
○ 액체크로마토그래프(HPLC) 또는 액체크로마토그래프 질량분석기 (HPLC/MS/MS)

(라) 항생물질
○ 액체크로마토그래프(HPLC) 또는 액체크로마토그래프 질량분석기 (HPLC/MS/MS)

(마) 방사능
○ 감마핵종분석기

(바) 그 밖에 유해물질 : 국립농산물품질관리원이 따로 정하여 고시하는 분석 기구의 기준

(2) 농지
○ 화학천칭(최소측정단위가 0.0001g 이하인 것)
○ 상명천칭(최소측정단위가 0.1g 이하인 것)
○ 냉장고(영하 20℃ 이하의 냉동고 포함)
○ 원자흡광광도계(AAS)나 유도결합플라즈마 분광광도계(ICP) 또는 ICP/MS
○ 가스크로마토그래프(GC)
○ 액체크로마토그래프(HPLC)
○ 그 밖에 농지 분석에 필요한 기본 장비

(3) 용수
○ 화학천칭(최소측정단위가 0.0001g 이하인 것)
○ 상명천칭(최소측정단위가 0.1g 이하인 것)
○ 냉장고
○ 가스크로마토그래프(GC)
○ 액체크로마토그래프(HPLC)
○ 무균작업대
○ 고압멸균기

○ 균질기 또는 스토마커
○ 배양기
○ 원자흡광광도계(AAS)나 유도결합플라즈마 분광광도계(ICP) 또는 ICP/MS
○ 광학현미경(배율 1천배 이상)
○ 이온크로마토그래프
○ 그 밖에 수질 분석에 필요한 기본 장비

(4) 자재
○ 화학천칭(최소측정단위가 0.0001g 이하인 것)
○ 상명천칭(최소측정단위가 0.1g 이하인 것)
○ 냉장고(영하 20℃ 이하의 냉동고 포함)
○ 원자흡광광도계(AAS)나 유도결합플라즈마 분광광도계(ICP) 또는 ICP/MS
○ 가스크로마토그래프(GC)
○ 액체크로마토그래프(HPLC)
○ 그 밖에 자재 분석에 필요한 기본 장비

2. 수산물 검정기관의 지정기준

가. 조직 및 인력
  1) 검사의 통일성을 유지하고 업무수행을 원활하게 하기 위하여 검사관리 부서를 두어야 한다.
  2) 검사대상 종류별로 3명 이상의 검사인력을 확보하여야 한다.

나. 시설
  검사관이 근무할 수 있는 적정한 넓이의 사무실과 검사대상품의 분석, 기술훈련, 검사용 장비관리 등을 위하여 검사 현장을 관할하는 사무소별로 10제곱미터 이상의 분석실이 설치되어야 한다.

다. 장비
  검사에 필요한 기본 검사장비와 종류별 검사장비를 갖추어야 하며, 장비확보에 대한 세부 기준은 국립수산물품질관리원장이 정하여 고시한다.

3. 검정기관의 평가기준 및 방법

가. 검정능력 평가 항목별 배점기준

구 분	평가항목	배점
일반사항	검정실 면적, 검정인력 등이 검정기관의 지정기준에 적정한가?	10
일반사항	검정장비를 갖추고 있으며, 검정장비가 정상적으로 가동되고 적절하게 설치되어 있는가?	5
	시약 및 장비관리지침을 갖추고 이에 따른 관리가 이루어지고 있는가?(검정장비의 검정·교정 등)	5
	검정실 안전수칙을 만들어 운용하고 있으며, 유기용매 등 폐액(廢液)은 특성에 맞게 분리 처리되고 있는가?	5
	검정기록 및 검정결과물의 정리 및 보관은 적절하게 하고 있는가?	5
검정과정	품위계측 및 분석방법 등을 공인된 방법으로 하고 있는가?	10
	표준계측·분석지침서(SOP, Standard Operating Procedures)를 갖추고 이에 따라 검정하고 있는가?	10
	시료는 균질하고 대표성 있게 균분·채취하고 있는가?	5
	시료의 전처리(유기용매의 추출 등)가 적절하게 이루어지고 있는가?	5
	오염을 방지하기 위한 작업이 이루어지고 있는가?	5
검정에 대한 이론적 지식 등	품위계측 및 분석과정에 대한 이해도 및 숙련도	10
	시료의 전처리(유기용매의 추출 등)에 대한 이해도 및 숙련도	5
	기기운용 및 분석결과에 대한 이해도 및 숙련도	5
	분야별 용어정의의 개념 및 검정결과에 대한 이해도	5
검정능력	시료에 대한 검정 능력 평가 결과	10
합계		100

〈작성요령〉
 ○ 평가점수는 아래와 같이 5단계로 구분하여 점수를 부여한다.
  - 우수: 100%, 양호: 80%, 보통: 60%, 미흡: 40%, 불량: 20%

나. 평가방법
  1) 검정능력평가는 배점기준 표에 의하여 평가점수를 부여한다.
  2) 검정능력평가 결과 다음과 같이 평가한다.
    (가) 평점평균이 80점 이상: 적합. 다만, 평점평균이 80점 이상인 경우라도 시료에 대한 검정능력 평가가 60% 이하이거나, 검정능력 외의 항목별 배점기준 중 평가항목 1개 이상이 배점기준의 40% 이하 점수로 평가된 경우에는 부적합으로 처리함.
    (나) 평점평균이 80점 미만: 부적합

4. 검정업무에 관한 규정

검정업무에 관한 규정에는 다음 사항이 포함되어야 한다.
가. 검정의 절차 및 방법
나. 검정수수료 및 그 징수 방법
다. 검정 담당자의 준수사항 및 검정 담당자 자체 관리·감독 요령
라. 검정인력 자체 교육방법
마. 그 밖에 국립농산물품질관리원장 또는 국립수산물품질관리원장이 검정업무의 수행에 필요하다고 인정하여 정하는 사항

2) 검정기관의 지정절차 등

① 신청

㉠ 검정기관으로 지정받으려는 자는 농수산물검정기관 지정신청서에 다음의 서류를 첨부하여 국립농산물품질관리원장에게 신청하여야 한다(규칙 제130조 제1항).

ⓐ 정관(법인인 경우만 해당한다)
ⓑ 검정업무의 범위 등을 적은 사업계획서 및 검정업무에 관한 규정
ⓒ 검정기관의 지정기준을 갖추었음을 증명할 수 있는 서류

㉡ 검정기관으로 지정받으려는 자는 품위·일반성분 분야 또는 무기성분·유해물질 분야로 구분하여 신청할 수 있다(규칙 제130조 제2항).

② 확인 : 신청서를 제출받은 국립농산물품질관리원장 또는 국립수산물품질관리원장은 「전자정부법」 제36조제1항에 따른 행정정보의 공동이용을 통하여 법인등기부 등본(법인인 경우만 해당한다)을 확인하여야 한다(규칙 제130조 제3항).

③ 심사 : 국립농산물품질관리원장 또는 국립수산물품질관리원장은 제1항에 따른 검정기관의 지정신청을 받으면 제129조에 따른 검정기관의 지정기준에 적합한지를 심사하고, 심사 결과 적합한 경우에는 검정기관으로 지정한다(규칙 제130조 제4항).

④ 지정서 발급 : 국립농산물품질관리원장 또는 국립수산물품질관리원장은 검정기관을 지정하였을 때에는 별지 제76호서식의 검정기관 지정서 발급대장에 일련번호를 부여하여 등재하고, 별지 제77호서식의 검정기관 지정서를 발급하여야 한다(규칙 제130조 제5항).

⑤ 고시

㉠ 국립농산물품질관리원장 또는 국립수산물품질관리원장은 검정기관을 지정한

경우에는 검정기관의 명칭, 소재지, 지정일, 검정기관이 수행하는 업무의 범위 등을 고시하여야 한다(규칙 제130조 제8항).
ⓒ 검정기관 지정에 관한 세부절차 및 운영 등에 필요한 사항은 국립농산물품질관리원장 또는 국립수산물품질관리원장이 정하여 고시한다(규칙 제130조 제9항).

3) 검정기관의 지정 취소 등

① **취소사유** : 농림축산식품부장관 또는 해양수산부장관은 검정기관이 다음의 어느 하나에 해당하면 지정을 취소하거나 6개월 이내의 기간을 정하여 해당 검정 업무의 정지를 명할 수 있다. 다만, ㉠ 또는 ㉡에 해당하면 지정을 취소하여야 한다(법 제100조 제1항).

> ㉠ 거짓이나 그 밖의 부정한 방법으로 지정을 받은 경우
> ㉡ 업무정지 기간 중에 검정 업무를 한 경우
> ㉢ 검정 결과를 거짓으로 내준 경우
> ㉣ 제99조제2항 후단의 변경신고를 하지 아니하고 검정 업무를 계속한 경우
> ㉤ 제99조제4항에 따른 지정기준에 맞지 아니하게 된 경우
> ㉥ 그 밖에 농림축산식품부령 또는 해양수산부령으로 정하는 검정에 관한 규정을 위반한 경우

② **세부적인 기준** : 지정 취소 및 정지에 관한 세부 기준은 농림축산식품부령 또는 해양수산부령으로 정한다(법 제100조 제2항).
㉠ 검정기관의 지정취소 등의 처분기준 : 검정기관의 지정취소 및 업무정지에 관한 처분기준은 별표 32와 같다(규칙 제131조 제2항).
ⓐ 일반기준

> 가. 위반행위가 둘 이상인 경우에는 그 중 무거운 처분기준을 적용하고, 둘 이상의 처분기준이 동일한 업무정지인 경우에는 무거운 처분기준의 2분의 1까지 가중할 수 있다. 이 경우 각 처분기준을 합산한 기간을 초과할 수 없다.
> 나. 동일한 사항으로 최근 3년간 4회 위반인 경우에는 지정 취소한다.
> 다. 위반행위의 횟수에 따른 행정처분의 기준은 최근 3년간 같은 위반행위로 행정처분을 받은 경우에 적용한다. 이 경우 행정처분 기준의 적용은 같은 위반행위에 대하여 최초로 행정처분을 한 날과 다시 같은 위반위로 적발한 날을 기준으로 한다.

> 라. 위반사항의 내용으로 보아 그 위반의 정도가 경미하거나 검정결과에 중대한 영향을 미치지 아니하거나 또는 단순착오로 판단되는 경우에는 그 처분을 검정업무정지인 경우에는 2분의 1의 이하의 범위에서 경감할 수 있고, 지정취소인 경우에는 6개월의 검정업무정지 처분으로 경감할 수 있다.

ⓑ 개별기준

위반내용	근거 법조문	위반횟수별 처분기준		
		1차 위반	2차 위반	3차 위반
가. 거짓이나 그 밖의 부정한 방법으로 지정을 받은 경우	법 제100조 제1항제1호	지정 취소		
나. 업무정지 기간 중에 검정 업무를 한 경우	법 제100조 제1항제2호	지정 취소		
다. 검정 결과를 거짓으로 내준 경우(고의 또는 중과실이 있는 경우만 해당한다) 1) 검정 관련 기록을 위조·변조하여 검정성적서를 발급하는 행위 2) 검정하지 않고 검정성적서를 발급하는 행위 3) 의뢰받은 검정시료가 아닌 다른 검정시료의 검정 결과를 인용하여 검정성적서를 발급하는 행위 4) 의뢰된 검정시료의 결과 판정을 실제 검정 결과와 다르게 판정하는 행위	법 제100조 제1항제3호	지정 취소		
라. 법 제99조제2항에 후단의 변경신고를 하지 않고 검정업무를 계속한 경우 1) 변경된 기관명 및 사업자등록번호, 실험실 소재지, 검정업무의 범위를 신고하지 않은 경우	법 제100조 제1항제4호	검정업무 정지 1개월	검정업무 정지 3개월	검정업무 정지 6개월
2) 변경된 검정업무에 관한 규정 및 검정기관의 인력, 시설, 장비를 신고하지 않은 경우		시정명령	검정업무 정지 7일	검정업무 정지 15일
마. 검정기관 지정기준 1) 시설·장비·인력 기준 중 어느 하나가 지정기준에 맞지 않는 경우	법 제100조 제1항제6호	검정업무 정지 3개월	검정업무 정지 6개월	지정 취소
2) 검사능력(숙련도) 평가결과 미흡으로 평가된 경우		검정업무 정지 3개월	검정업무 정지 6개월	지정 취소
3) 시설·장비·인력 기준 중 둘 이상이 지정 기준에 맞지 않는 경우		검정업무 정지 6개월	지정 취소	

위반사항	근거 법조문	1차 위반	2차 위반	3차 위반
바. 검정업무의 범위 및 방법 1) 지정받은 검정업무 범위를 벗어나 검정한 경우 2) 관련 규정에서 정한 분석방법 외에 다른 방법으로 검정한 경우 3) 공시험(空試驗) 및 검출된 성분에 확인실험이 필요함에도 불구하고 하지 않은 경우 4) 유효기간이 지난 표준물질 등 적정하지 않은 표준물질을 사용한 경우	법 제100조 제1항제6호	검정업무 정지 1개월	검정업무 정지 3개월	검정업무 정지 6개월
사. 검정 관련 기록관리 1) 검정 결과 확인을 위한 검정 절차·방법, 판정 등의 기록을 하지 않았거나 보관하지 않은 경우	법 제100조 제1항제6호	검정업무 정지 15일	검정업무 정지 1개월	검정업무 정지 3개월
2) 시험·검정일·검사자 등 단순 사항을 적지 않은 경우		시정명령	검정업무 정지 7일	검정업무 정지 15일
3) 시료량, 시험·검정방법 및 표준물질의 사용 내용 등을 적지 않은 경우		검정업무 정지 7일	검정업무 정지 15일	검정업무 정지 1개월
아. 검정기간, 검정수수료 등 1) 검정기관 변경사항 신고 및 검정실적 등 자료제출 요구를 이행하지 않은 경우 2) 검정기간을 준수하지 않은 경우 3) 검정수수료 규정을 준수하지 않은 경우 4) 검정 관련 의무교육을 이수하지 않은 경우	법 제100조 제1항제6호	시정명령	검정업무 정지 7일	검정업무 정지 15일
자. 검정성적서 발급 1) 검정대상에 맞는 적정한 표준물질을 사용하지 않은 경우 2) 시료보관기간을 위반한 경우 3) 검정과정에서 시료를 바꾸어 검정하고 검정성적서를 발급한 경우 4) 의뢰받은 검정항목을 누락하거나 다른 검정항목을 적용하여 검정성적서를 발급한 경우 5) 경미한 실수로 검정시료의 결과 판정을 실제 검정 결과와 다르게 판정한 경우	법 제100조 제1항제6호	검정업무 정지 1개월	검정업무 정지 3개월	검정업무 정지 6개월

ⓒ 고시 : 국립농산물품질관리원장또는 국립수산물품질관리원장은 법 제100조제1항에 따라 검정기관의 지정을 취소하거나 업무정지처분을 하였을 때에는 지체 없이 그 사실을 고시하여야 한다(규칙 제131조 제2항).

(4) 금지행위 및 확인 · 조사 · 점검 등

1) 금지행위

누구든지 제79조, 제85조, 제88조, 제96조 및 제98조에 따른 검사, 재검사 및 검정과 관련하여 다음의 행위를 하여서는 아니 된다(법 제101조).

> ① 거짓이나 그 밖의 부정한 방법으로 검사 · 재검사 또는 검정을 받는 행위
> ② 제79조 또는 제88조에 따라 검사를 받아야 하는 농수산물 및 수산가공품에 대하여 검사를 받지 아니하는 행위
> ③ 검사 및 검정 결과의 표시, 검사증명서 및 검정증명서를 위조하거나 변조하는 행위
> ④ 제79조제2항 또는 제88조제3항을 위반하여 검사를 받지 아니하고 포장 · 용기나 내용물을 바꾸어 해당 농수산물이나 수산가공품을 판매 · 수출하거나 판매 · 수출을 목적으로 보관 또는 진열하는 행위
> ⑤ 검정 결과에 대하여 거짓광고나 과대광고를 하는 행위

2) 확인 · 조사 · 점검 등

농림축산식품부장관 또는 해양수산부장관은 정부가 수매하거나 수입한 농수산물 및 수산가공품 등 대통령령으로 정하는 농수산물 및 수산가공품의 보관창고, 가공시설, 항공기, 선박, 그 밖에 필요한 장소에 관계 공무원을 출입하게 하여 확인 · 조사 · 점검 등에 필요한 최소한의 시료를 무상으로 수거하거나 관련 장부 또는 서류를 열람하게 할 수 있다(법 제102조 제1항).

10 보칙

1. 정보 제공 등

(1) 안전과 품질 관련 정보공개

농림축산식품부장관, 해양수산부장관 또는 식품의약품안전처장은 농수산물의 안전성조사 등 농수산물의 안전과 품질에 관련된 정보 중 국민이 알아야 할 필요가 있다고 인정되는 정보는 「공공기관의 정보공개에 관한 법률」에서 허용하는 범위에서 국민에게 제공하여야 한다(법 제103조 제1항).

(2) 농수산물안전정보시스템 구축 · 운영

농림축산식품부장관, 해양수산부장관 또는 식품의약품안전처장은 국민에게 정보를 제공하려는 경우 농수산물의 안전과 품질에 관련된 정보의 수집 및 관리를 위한 정보시스템(이하 "농수산물안전정보시스템"이라 한다)을 구축·운영하여야 한다(법 제103조 제2항).

1) 정보 제공요청

농농림축산식품부장관 또는 해양수산부장관은 법 제103조제2항에 따른 농수산물안전정보시스템(이하 "농수산물안전정보시스템"이라 한다)을 효율적으로 운영하기 위하여 농수산물의 품질에 관한 정보를 생성하는 기관에 대하여 농림축산식품부장관 또는 해양수산부장관이 정하여 고시하는 농수산물안전정보시스템의 운영기관(이하 "운영기관"이라 한다)에 해당 정보를 제공하게 요청할 수 있다(규칙 제132조 제1항).

2) 고시

정보를 생성하는 기관이 운영기관에 제공하여야 하는 정보의 범위와 절차 등은 농림축산식품부장관 또는 해양수산부장관이 정하여 고시한다(규칙 제132조 제2항).

3) 운영기관의 업무

운영기관은 다음의 업무를 수행한다(규칙 제132 제3항).

> ㉠ 농수산물안전정보시스템의 유지·관리 업무
> ㉡ 농수산물 안전 및 품질 관련 정보의 수집, 분류, 배포 등 정보관리업무
> ㉢ 삭제 〈2013.3.24〉
> ㉣ 삭제 〈2013.3.24〉
> ㉤ 데이터표준, 연계표준 및 정보시스템 개발표준 등 표준관리 업무
> ㉥ 농수산물안전정보시스템의 홍보
> ㉦ 사용자 교육
> ㉧ 그 밖에 농수산물안전정보시스템의 운영에 필요한 업무

2. 농수산물의 명예감시원 및 농산물품질관리사 등

(1) 농수산물의 명예감시원

1) 농수산물 명예감시원 위촉

① 감시·지도·계몽 : 농림축산식품부장관 또는 해양수산부장관이나 시·도지사는 농수산물의 공정한 유통질서를 확립하기 위하여 소비자단체 또는 생산자단체의 회원·직원 등을 농수산물 명예감시원으로 위촉하여 농수산물의 유통질서에 대한 감시·지도·계몽을 하게 할 수 있다(법 제104조 제1항).

② 경비 지급 : 농림축산식품부장관 또는 해양수산부장관이나 시·도지사는 농수산물 명예감시원에게 예산의 범위에서 감시활동에 필요한 경비를 지급할 수 있다(법 제104조 제2항).

2) 농수산물명예감시원의 자격 및 위촉방법 등

① **농수산물명예감시원의 자격** : 국립농산물품질관리원장, 국립수산물품질관리원장, 산림청장 또는 시·도지사는 법 제104조제1항에 따라 다음 각 호의 어느 하나에 해당하는 사람 중에서 농수산물 명예감시원(이하 "명예감시원"이라 한다)을 위촉한다(규칙 제133조 제1항).

> ㉠ 생산자단체, 소비자단체 등의 회원이나 직원 중에서 해당 단체의 장이 추천하는 사람
> ㉡ 농수산물의 유통에 관심이 있고 명예감시원의 임무를 성실히 수행할 수 있는 사람

② **명예감시원의 임무** : 명예감시원의 임무는 다음과 같다(규칙 제133조 제2항).

> ㉠ 농수산물의 표준규격화, 농수산물우수관리, 품질인증, 친환경수산물인증, 농수산물 이력추적관리, 지리적표시, 원산지표시에 관한 지도·홍보 및 위반사항의 감시·신고
> ㉡ 그 밖에 농수산물의 유통질서 확립과 관련하여 국립농산물품질관리원장, 국립수산물품질관리원장, 산림청장 또는 시·도지사가 부여하는 임무

③ **고시** : 명예감시원의 운영에 관한 세부사항은 국립농산물품질관리원장, 국립수산물품질관리원장, 산림청장 또는 시·도지사가 정하여 고시한다(규칙 제133조 제3항).

(2) 농산물품질관리사

1) 농산물품질관리사 제도

① **운영 목적** : 농림축산식품부장관 또는 해양수산부장관은 농산물 및 수산물의 품질 향상과 유통의 효율화를 촉진하기 위하여 농산물품질관리사 및 수산물품질관리사 제도를 운영한다(법 제105조).

② **농산물품질관리사의 직무** : 농산물품질관리사는 다음의 직무를 수행한다(법 제106조, 규칙 제134조).

> ㉠ 농산물의 등급 판정
> ㉡ 농산물의 생산 및 수확 후 품질관리기술 지도
> ㉢ 농산물의 출하 시기 조절, 품질관리기술에 관한 조언
> ㉣ 그 밖에 농수산물의 품질 향상과 유통 효율화에 필요한 업무로서 농림축산식품부령으로 정하는 업무
> ⓐ 농산물의 생산 및 수확 후의 품질관리기술 지도
> ⓑ 농산물의 선별·저장 및 포장시설 등의 운용·관리
> ⓒ 농산물의 선별·포장 및 브랜드개발 등 상품성향상 지도
> ⓓ 포장농산물의 표시사항 준수에 관한 지도
> ⓔ 농산물의 규격출하 지도

2) 농·수산물품질관리사의 시험·자격부여 등

① **자격부여** : 농산물품질관리사 또는 수산물품질관리사가 되려는 사람은 농림축산식품부장관 또는 해양수산부장관이 실시하는 농산물품질관리사 또는 수산물품질관리사 자격시험에 합격하여야 한다(법 제107조 제1항).

② **자격시험의 실시계획 등** : 농수산물품질관리사 또는 수산물품질관리사 자격시험의 실시계획, 응시자격, 시험과목, 시험방법, 합격기준 및 자격증 발급 등에 필요한 사항은 대통령령으로 정한다(법 제107조 제3항).

③ **교육**
  ㉠ 농림축산식품부령 또는 해양수산부령으로 정하는 농산물품질관리사 또는 수산물품질관리사는 업무 능력 및 자질의 향상을 위하여 필요한 교육을 받아야 한다(법 제107조의2 제1항).
  ㉡ 교육의 방법 및 실시기관 등에 필요한 사항은 농림축산식품부령 또는 해양수산부령으로 정한다(법 제107조의2 제2항).

3) 품질관리사의 준수사항

① **신의와 성실의무** : 농수산물품질관리사 또는 수산물품질관리사는 농수산물의 품질 향상과 유통의 효율화를 촉진하여 생산자와 소비자 모두에게 이익이 될 수 있도록 신의와 성실로써 그 직무를 수행하여야 한다(법제108조 제1항).

② **자격증 대여금지** : 농수산물품질관리사 또는 수산물품질관리사는 다른 사람에게 그 명의를 사용하게 하거나 다른 사람에게 그 자격증을 대여하여서는 아니 된다(법제108조 제2항).

4) 농수산물품질관리사의 자격취소

① **자격취소 사유** : 농림축산식품부장관 또는 해양수산부장관은 다음 각 호의 어느 하나에 해당하는 사람에 대하여 농산물품질관리사 또는 수산물품질관리사 자격을 취소하여야 한다(법 제109조).

> ㉠ 농산물품질관리사 또는 수산물품질관리사의 자격을 거짓 또는 부정한 방법으로 취득한 사람
> ㉡ 제108조제2항을 위반하여 다른 사람에게 농산물품질관리사 또는 수산물품질관리사의 명의를 사용하게 하거

② **응시제한** : 농수산물품질관리사의 자격이 취소된 사람은 자격 취소일부터 2년이 지나지 아니하면 자격시험에 다시 응시할 수 없다(법 제107조 제2항).

3. 포상금 및 자금지원 등

(1) 포상금

1) 포상금 지급

식품의약품안전처장은 유전자변형농수산물의 표시(법 제56조) 또는 거짓표시 등의 금지(법 제57조)를 위반한 자를 주무관청 또는 수사기관에 신고하거나 고발한 자 등에게는 대통령령으로 정하는 바에 따라 예산의 범위에서 포상금을 지급할 수 있다(법 제112조).

2) 지급기준

① **포상금** : 포상금은 유전자변형농수산물의 표시(법 제56조) 또는 거짓표시 등의 금지(법 제57조)를 위반한 자를 주무관청이나 수사기관에 신고 또는 고발하거나 검거한 사람 및 검거에 협조한 사람에게 200만원의 범위에서 지급한다(영 제41조 제1항).

② **고시** : 지급하는 포상금의 지급기준·방법 및 절차 등에 관하여는 식품의약품안전처장이 정하여 고시한다(영 제41조 제2항).

(2) 자금지원 및 우선구매

1) 자금지원

① **지원 대상** : 정부는 농수산물의 품질 향상 또는 농수산물의 표준규격화 및 물류표준화의 촉진 등을 위하여 다음 각 호의 어느 하나에 해당하는 자에게 예산의 범위에서 포장자재, 시설 및 자동화장비 등의 매입 및 농산물품질관리사 또는 수산물

품질관리사 운용 등에 필요한 자금을 지원할 수 있다(법 제110조).

> ㉠ 농어업인
> ㉡ 생산자단체
> ㉢ 우수관리인증을 받은 자, 인증기관 또는 농수산물 수확 후 위생·안전 관리를 위한 시설의 사업자
> ㉣ 이력추적관리 또는 지리적표시 등록을 한 자
> ㉤ 농산물품질관리사 또는 수산물품질관리사를 고용하는 등 농수산물의 품질향상을 위하여 노력하는 산지·소비지 유통시설의 사업자
> ㉥ 농수산물 안전성검사기관 또는 위험평가 수행기관
> ㉦ 농수산물 검사 및 검정기관
> ㉧ 그 밖에 농림축산식품부령 또는 해양수산부령으로 정하는 농수산물 유통 관련 사업자 또는 단체

② 유통 관련 사업자 및 단체 : "농림축산식품부령 또는 해양수산부령으로 정하는 유통 관련 사업자 및 단체"란 다음의 어느 하나에 해당하는 자를 말한다(규칙 제138조).

> ㉠ 다음의 어느 하나에 해당하는 시장 등을 개설·운영하는 자
>   ⓐ 「농수산물유통 및 가격안정에 관한 법률」 제2조제2호에 따른 농수산물도매시장
>   ⓑ 「농수산물유통 및 가격안정에 관한 법률」 제2조제5호에 따른 농수산물공판장
>   ⓒ 「농수산물유통 및 가격안정에 관한 법률」 제2조제12호에 따른 농수산물종합유통센터
>   ⓓ 「농수산물유통 및 가격안정에 관한 법률」 제51조에 따른 농수산물산지유통센터
> ㉡ 「농수산물유통 및 가격안정에 관한 법률」 제2조제7호에 따른 도매시장법인, 같은 법 제2조제8호에 따른 시장도매인, 같은 법 제2조제9호에 따른 중도매인, 같은 법 제2조제10호에 따른 매매참가인, 같은 법 제2조제11호에 따른 산지유통인 및 이들로 구성된 단체
> ㉢ 농수산물을 계약재배, 양식이나 수집하여 이를 포장·판매하는 업을 전문으로 하는 사업자 또는 단체
> ㉣ 품질인증 또는 친환경수산물인증을 받은 사업자 또는 단체

2) 우선 상장 및 구매

① **우선 상장(上場)** : 농림축산식품부장관또는 해양수산부장관은 농수산물 및 수산가공품의 유통을 원활히 하고 품질 향상을 촉진하기 위하여 필요하면 우수표시품, 지리적표시품 등을 「농수산물 유통 및 가격안정에 관한 법률」에 따른 농수산물도매시장이나 농수산물공판장에서 우선적으로 상장(上場)하거나 거래하게 할 수 있다(법 제111조 제1항).

② **우선구매** : 국가·지방자치단체나 공공기관은 농수산물 또는 농수산가공품을 구매할 때에는 우수표시품, 지리적표시품 등을 우선적으로 구매할 수 있다(법 제111조 제2항).

(3) 수수료

1) 납부의무자

다음의 어느 하나에 해당하는 자는 총리령, 농림축산식품부령 또는 해양수산부령으로 정하는 바에 따라 수수료를 내야 한다. 다만, 정부가 수매하거나 수출 또는 수입하는 농수산물 등에 대하여는 총리령, 농림축산식품부령 또는 해양수산부령으로 정하는 바에 따라 수수료를 감면할 수 있다(법 제113조).

① 제6조제3항에 따라 우수관리인증을 신청하거나 제7조제2항에 따른 우수관리인증의 갱신심사, 같은 조 제3항에 따른 유효기간연장을 위한 심사 또는 같은 조 제4항에 따른 우수관리인증의 변경을 신청하는 자
② 제9조제2항에 따라 우수관리인증기관의 지정을 신청하거나 같은 조 제3항에 따라 갱신하려는 자
③ 제11조제2항에 따라 우수관리시설의 지정을 신청하거나 같은 조 제4항에 따른 갱신을 신청하는 자
④ 제14조제2항에 따라 품질인증을 신청하거나 제15조제2항에 따라 품질인증의 유효기간 연장신청을 하는 자
⑤ 제17조제3항에 따라 품질인증기관의 지정을 신청하는 자
⑥ 삭제 〈2012.6.1〉
⑦ 제32조제3항에 따라 지리적표시의 등록을 신청하거나 제41조에 따라 준용되는 「특허법」 제15조에 따른 기간연장신청 또는 같은 법 제22조에 따른 수계신청을 하는 자
⑧ 제43조제1항에 따른 지리적표시의 무효심판, 제44조제1항에 따른 지리적표시의 취소심판, 제45조에 따른 지리적표시의 등록 거절·취소에 대한 심판 또는 제51조제1항에 따른 재심을 청구하는 자

⑨ 제46조제3항에 따라 보정을 하거나 제50조에 따라 준용되는 「특허법」 제151조에 따른 제척·기피신청, 같은 법 제156조에 따른 참가신청, 같은 법 제165조에 따른 비용액결정의 청구, 같은 법 제166조에 따른 집행력 있는 정본의 청구를 하는 자. 이 경우 제55조제1항에 따라 준용되는 「특허법」 제184조에 따른 재심에서의 신청·청구 등을 포함한다.
⑩ 제64조제2항에 따라 안전성검사기관의 지정을 신청하는 자
⑪ 제74조제1항에 따라 생산·가공시설등의 등록을 신청하는 자
⑫ 제79조에 따른 농산물의 검사 또는 제85조에 따른 재검사를 신청하는 자
⑬ 제80조제2항에 따라 농산물검사기관의 지정을 신청하는 자
⑭ 제88조제1항부터 제3항까지의 규정에 따른 수산물 또는 수산가공품의 검사나 제96조제1항에 따라 재검사를 신청하는 자
⑮ 제89조제2항에 따라 수산물검사기관의 지정을 신청하는 자
⑯ 제98조제1항에 따른 검정을 신청하는 자
⑰ 제99조제2항에 따라 검정기관의 지정을 신청하는 자

2) 수수료

① 수수료

㉠ 수수료는 다음의 구분과 같다(규칙 제139조 제1항).

㉡ 우수관리인증기관의 장은 법 제113조제1호에서 정하는 우수관리인증의 신청 및 갱신심사·유효기간연장·변경과 관련된 수수료를 농림축산식품부장관이 정한 기준의 범위에서 그 경비와 해당 농산물의 가격 등을 고려하여 따로 정할 수 있다(규칙 제139조 제3항).

㉢ 수수료의 징수방법은 해당 인증기관의 장이나 지정검사·검정기관의 장이 정한 바에 따른다(규칙 제139조 제4항).

② **수수료 면제** : 법 제113조 각호 외의 단서에 따라 수수료를 면제하는 농수산물은 다음과 같다(규칙 제139조 제2항).

㉠ 법 제98조에 따라 국가기관이나 지방자치단체가 검정을 신청하는 농수산물. 다만, 지정검정기관의 장이 검정하는 농수산물을 제외한다.

㉡ 영 제30조에 따른 검사대상 농수산물 중 국립농산물품질관리원장이 검사하는 농수산물

㉢ 그 밖에 농림축산식품부장관 또는 해양수산부장관이 수수료의 면제가 필요하다고 인정하여 고시하는 농수산물 등. 다만, 지정검사기관의 장 또는 지정검정기관의 장이 검사·검정하는 농수산물 등은 제외한다.

3. 청문 등

(1) 청문

1) 청문대상

① 농림축산식품부장관, 해양수산부장관 또는 식품의약품안전처장은 다음의 어느 하나에 해당하는 처분을 하려면 청문을 하여야 한다(법 제114조 제1항).

> ㉠ 제10조에 따른 우수관리인증기관의 지정 취소
> ㉡ 제12조에 따른 우수관리시설의 지정 취소
> ㉢ 제16조에 따른 품질인증의 취소
> ㉣ 제18조에 따른 품질인증기관의 지정 취소 또는 품질인증 업무의 정지
> ㉤ 삭제 〈2012.6.1〉
> ㉥ 제27조에 따른 이력추적관리 등록의 취소
> ㉦ 제31조제1항에 따른 표준규격품・품질인증품 또는 이력추적관리농수산물의 판매금지나 표시정지(이력추적관리농수산물의 경우는 제외한다), 같은 조 제2항에 따른 우수관리인증농산물의 판매금지 또는 같은 조 제4항에 따른 우수관리인증의 취소나 표시정지
> ㉧ 제40조에 따른 지리적표시품에 대한 판매의 금지, 표시의 정지 또는 등록의 취소
> ㉨ 제65조에 따른 안전성검사기관의 지정 취소
> ㉩ 제78조에 따른 생산・가공시설등이나 생산・가공업자등에 대한 생산・가공・출하・운반의 시정・제한・중지 명령, 생산・가공시설등의 개선・보수 명령 또는 등록의 취소
> ㉪ 제81조에 따른 농산물검사기관의 지정 취소
> ㉫ 제87조에 따른 검사판정의 취소
> ㉬ 제90조에 따른 수산물검사기관의 지정 취소 또는 검사업무의 정지
> ㉭ 제97조에 따른 검사판정의 취소
> ㉮ 제100조에 따른 검정기관의 지정 취소
> ㉯ 제109조에 따른 농산물품질관리사 또는 수산물품질관리사 자격의 취소

② 국립농산물품질관리원장은 제83조에 따라 농산물검사관 자격의 취소를 하려면 청문을 하여야 한다(법 제114조 제2항).

③ 국가검역・검사기관의 장은 제92조에 따라 수산물검사관 자격의 취소를 하려면 청문을 하여야 한다(법 제114조 제3항).

2) 의견 제출

① 의견제출

㉠ 우수관리인증기관은 제8조제1항에 따라 우수관리인증을 취소하려면 우수관리인증을 받은 자에게 의견 제출의 기회를 주어야 한다(법 제114조 제4항).

㉡ 품질인증기관은 제16조에 따라 품질인증의 취소를 하려면 품질인증을 받은 자에게 의견 제출의 기회를 주어야 한다(법 제114조 제5항).

② 「행정절차법」 준용 : 의견 제출에 관하여는 「행정절차법」 제22조제4항부터 제6항까지 및 제27조를 준용한다. 이 경우 "행정청" 및 "관할행정청"은 "우수관리인증기관" 또는 "품질인증기관"으로 본다(법 제114조 제6항).

(2) 권한의 위임 · 위탁

1) 권한의 위임

이 법에 따른 농림축산식품부장관, 해양수산부장관 또는 식품의약품안전처장의 권한은 그 일부를 대통령령으로 정하는 바에 따라 소속 기관의 장, 농촌진흥청장, 산림청장, 시 · 도지사 또는 시장 · 군수 · 구청장에게 위임할 수 있다(법 제115조 제1항).

① 국립농산물품질관리원장에 위임 : 농림축산식품부장관은 다음의 권한을 국립농산물품질관리원장에게 위임한다(영 제42조 제1항).

> 1. 법 제3조제6항에 따른 지리적표시 분과위원회의 운영
> 2. 법 제5조제1항에 따른 표준규격의 제정 · 개정 및 폐지
> 3. 법 제14조 및 제16조에 따른 품질인증 및 품질인증의 취소
> 4. 법 제17조 및 제18조에 따른 품질인증기관의 지정, 지정 취소 및 업무 정지 등의 처분
> 5. 삭제 〈2013.5.31〉
> 6. 법 제24조 및 제27조에 따른 수산물 이력추적관리의 등록 및 등록 취소 등의 처분
> 7. 법 제30조, 제31조, 제39조 및 제40조에 따른 표준규격품, 품질인증품, 이력추적관리수산물, 지리적표시품의 사후관리와 표시 시정 등의 처분
> 8. 법 제32조제1항에 따른 지리적표시의 등록
> 9. 법 제33조에 따른 지리적표시 원부의 등록 및 관리
> 10. 삭제 〈2013.3.23〉
> ~
> 16. 삭제 〈2013.3.23〉
> 17. 법 제70조제4항에 따른 서류의 발급

18. 법 제74조제1항에 따른 생산·가공시설등의 등록
19. 법 제75조제1항에 따른 위생관리에 관한 사항의 보고명령 및 이의 접수(법 제70조제2항에 따른 생산단계·저장단계 및 출하되어 거래되기 이전 단계의 위해요소중점관리기준의 이행시설로서 법 제74조제1항에 따라 등록한 시설은 제외한다)
20. 법 제76조제2항에 따른 생산·가공시설등의 위생관리기준 및 위해요소중점관리기준에의 적합여부 조사·점검(위해요소중점관리기준의 적합여부 조사·점검 중 생산단계·저장단계 및 출하되어 거래되기 이전 단계에 대해서는 법 제74조제1항에 따라 등록을 하려는 경우만 해당한다)
21. 법 제78조에 따른 생산·가공시설등이나 생산·가공업자등에 대한 생산·가공·출하·운반의 시정·제한·중지 명령, 생산·가공시설등의 개선·보수 명령(법 제70조제2항에 따른 생산단계·저장단계 및 출하되어 거래되기 이전 단계의 위해요소중점관리기준의 이행시설로서 법 제74조제1항에 따라 등록한 시설은 제외한다) 및 등록 취소 처분
22. 법 제88조에 따른 수산물 등에 대한 검사
23. 법 제89조에 따른 수산물검사기관의 지정
24. 법 제90조에 따른 수산물검사기관의 지정 취소 및 검사업무의 정지 처분
25. 법 제92조에 따른 수산물검사관 자격의 취소 처분 및 법 제93조에 따른 검사 결과의 표시
26. 법 제94조에 따른 검사증명서의 발급
27. 법 제95조에 따른 부적합 판정의 통지 및 수산물·수산가공품의 폐기 또는 판매금지 등의 요청
28. 법 제96조에 따른 재검사
29. 법 제97조에 따른 검사판정의 취소
30. 법 제98조제1항에 따른 수산눌 검정
31. 법 제99조제1항에 따른 수산물검정기관의 지정
32. 법 제100조에 따른 수산물검정기관의 지정 취소 처분
33. 법 제102조에 따른 확인·조사·점검 등
34. 법 제104조에 따른 농수산물 명예감시원 위촉 및 운영
35. 법 제110조에 따른 품질 향상 및 표준규격화 촉진 등을 위한 자금 지원
36. 법 제123조제3항에 따른 과태료의 부과 및 징수

② **지방식품의약품안전청장에 위임** : 식품의약품안전처장은 법 제115조제1항에 따라 다음 각 호의 권한을 지방식품의약품안전청장에게 위임한다(영 제32조 제2항).

> 1. 법 제58조에 따른 유전자변형농수산물의 표시에 관한 조사
> 2. 법 제59조제1항에 따른 처분, 같은 조 제2항에 따른 공표명령 및 같은 조 제3항에 따른 공표
> 3. 법 제123조제1항에 따른 과태료 중 법 제56조제1항 · 제2항, 제58조제1항 및 제62조제1항의 위반행위에 대한 과태료의 부과 및 징수

③ **농촌진흥청장에 위임** : 농림축산식품부장관은 법 제115조제1항에 따라 법 제6조제1항에 따른 농산물우수관리기준의 고시에 관한 권한을 농촌진흥청장에게 위임한다(영 제42조 제3항).

④ **산림청장에 위임** : 농림축산식품부장관은 다음의 사항에 관한 권한 중 임산물 및 그 가공품에 관한 권한을 산림청장에게 위임한다(영 제42조 제4항).

> 1. 법 제5조제1항에 따른 표준규격의 제정 · 개정 또는 폐지
> 2. 법 제30조 및 제31조, 제39조 및 제40조에 따른 표준규격품 및 지리적표시품의 사후관리와 표시 시정 등의 처분
> 3. 법 제32조제1항에 따른 지리적표시의 등록
> 4. 법 제33조에 따른 지리적표시 원부의 등록 및 관리
> 5. 법 제102조에 따른 확인 · 조사 · 점검 등
> 6. 법 제104조에 따른 농수산물 명예감시원의 위촉 및 운영
> 7. 법 제110조에 따른 품질 향상 및 표준규격화 촉진 등을 위한 자금 지원
> 8. 법 제123조제3항에 따른 과태료의 부과 및 징수(법 제30조제2항의 위반행위만 해당한다)

⑤ **국립수산과학원장에 위임** : 해양수산부장관은 법 제115조제1항에 따라 다음 각 호의 권한을 국립수산과학원장에게 위임한다(영 제42조 제5항).

> 1. 삭제 〈2013.3.23〉
> 2. 삭제 〈2013.3.23〉
> 3. 법 제76조제1항에 따른 조사 · 점검
> 4. 법 제123조제1항제1호에 따른 과태료의 부과 및 징수(제3호에 따라 위임된 권한에 따른 과태료만 해당한다)

⑥ 국립수산물품질관리원장에 위임 : 해양수산부장관은 법 제115조제1항에 따라 수산물 및 그 가공품에 대한 다음 각 호의 권한을 국립수산물품질관리원장에게 위임한다 (영 제42조 제6항).

> 1. 법 제3조제6항에 따른 지리적표시 분과위원회의 운영
> 2. 법 제5조제1항에 따른 표준규격의 제정·개정 및 폐지
> 3. 법 제14조 및 제16조에 따른 품질인증 및 품질인증의 취소
> 4. 법 제17조 및 제18조에 따른 품질인증기관의 지정, 지정 취소 및 업무 정지 등의 처분
> 5. 삭제 〈2013.5.31〉
> 6. 법 제24조 및 제27조에 따른 수산물 이력추적관리의 등록 및 등록 취소 등의 처분
> 7. 법 제30조, 제31조, 제39조 및 제40조에 따른 표준규격품, 품질인증품, 이력추적관리수산물, 지리적표시품의 사후관리와 표시 시정 등의 처분
> 8. 법 제32조제1항에 따른 지리적표시의 등록
> 9. 법 제33조에 따른 지리적표시 원부의 등록 및 관리
> 10. 삭제 〈2013.3.23〉
> ~
> 16. 삭제 〈2013.3.23〉
> 17. 법 제70조제4항에 따른 서류의 발급
> 18. 법 제74조제1항에 따른 생산·가공시설등의 등록
> 19. 법 제75조제1항에 따른 위생관리에 관한 사항의 보고명령 및 이의 접수(법 제70조제2항에 따른 생산단계·저장단계 및 출하되어 거래되기 이전 단계의 위해요소중점관리기준의 이행시설로서 법 제74조제1항에 따라 등록한 시설은 제외한다)
> 20. 법 제76조제2항에 따른 생산·가공시설등의 위생관리기준 및 위해요소중점관리기준에의 적합여부 조사·점검(위해요소중점관리기준의 적합여부 조사·점검 중 생산단계·저장단계 및 출하되어 거래되기 이전 단계에 대해서는 법 제74조제1항에 따라 등록을 하려는 경우만 해당한다)
> 21. 법 제78조에 따른 생산·가공시설등이나 생산·가공업자등에 대한 생산·가공·출하·운반의 시정·제한·중지 명령, 생산·가공시설등의 개선·보수 명령(법 제70조제2항에 따른 생산단계·저장단계 및 출하되어 거래되기 이전 단계의 위해요소중점관리기준의 이행시설로서 법 제74조제1항에 따라 등록한 시설은 제외한다) 및 등록 취소 처분

22. 법 제88조에 따른 수산물 등에 대한 검사
23. 법 제89조에 따른 수산물검사기관의 지정
24. 법 제90조에 따른 수산물검사기관의 지정 취소 및 검사업무의 정지 처분
25. 법 제92조에 따른 수산물검사관 자격의 취소 처분 및 법 제93조에 따른 검사 결과의 표시
26. 법 제94조에 따른 검사증명서의 발급
27. 법 제95조에 따른 부적합 판정의 통지 및 수산물·수산가공품의 폐기 또는 판매금지 등의 요청
28. 법 제96조에 따른 재검사
29. 법 제97조에 따른 검사판정의 취소
30. 법 제98조제1항에 따른 수산물 검정
31. 법 제99조제1항에 따른 수산물검정기관의 지정
32. 법 제100조에 따른 수산물검정기관의 지정 취소 처분
33. 법 제102조에 따른 확인·조사·점검 등
34. 법 제104조에 따른 농수산물 명예감시원 위촉 및 운영
35. 법 제110조에 따른 품질 향상 및 표준규격화 촉진 등을 위한 자금 지원
36. 법 제123조제3항에 따른 과태료의 부과 및 징수

⑦ 시·도지사에 위임

㉠ 농림축산식품부장관 또는 해양수산부장관은 법 제115조제1항에 따라 다음 각 호의 권한을 특별시장·광역시장·도지사·특별자치도지사에게 위임한다(영 제32조 제7항).

1. 법 제73조제1항 및 제2항에 따른 지정해역 및 주변해역에서의 오염물질 배출행위, 가축 사육행위 및 동물용 의약품 사용행위의 제한 또는 금지
2. 법 제75조제1항에 따른 위생관리에 관한 사항의 보고명령 및 이의 접수(법 제70조제2항에 따른 위해요소중점관리기준의 이행시설로서 법 제74조제1항에 따라 등록한 시설만 해당한다)
3. 법 제76조제2항에 따른 생산·가공시설등의 위해요소중점관리기준에의 적합 여부 조사·점검(법 제70조제2항에 따른 위해요소중점관리기준의 이행시설로서 법 제74조제1항에 따라 등록한 시설만 해당한다)
4. 법 제77조에 따른 지정해역에서의 수산물의 생산제한
5. 법 제78조에 따른 생산·가공·출하·운반의 시정·제한·중지 명령, 생산·가공시설등의 개선·보수 명령(법 제70조제3항에 따른 위해요소중점관리기

준의 이행시설로 법 제74조제1항에 따라 등록한 시설만 해당한다)
6. 법 제79조에 따른 농산물 중 누에씨·누에고치의 검사에 관한 사항
7. 법 제104조에 따른 농수산물 명예감시원 위촉 및 운영
8. 법 제114조에 따른 청문(제5호에 따라 위임된 권한에 관한 청문만 해당한다)
9. 법 제123조제3항에 따른 과태료의 부과 및 징수(제8호에 따라 위임된 권한에 관한 과태료만 해당한다)

ⓒ 해양수산부장관은 법 제115조제1항에 따라 법 제76조제3항제2호에 따른 오염물질의 배출, 가축의 사육행위 및 동물용 의약품의 사용여부의 확인·조사의 권한을 특별자치도지사, 시장·군수·구청장(자치구의 구청장을 말한다)에게 위임한다(영 제32조 제⑧항).

2) 업무의 위탁

농림축산식품부장관, 해양수산부장관 또는 식품의약품안전처장의 업무는 그 일부를 대통령령으로 정하는 바에 따라 다음의 자에게 위탁할 수 있다(법 제115조 제2항).

1. 생산자단체
2. 「공공기관의 운영에 관한 법률」에 따른 공공기관
3. 「정부출연연구기관 등의 설립·운영 및 육성에 관한 법률」에 따른 정부출연연구기관 또는 「과학기술분야 정부출연연구기관 등의 설립·운영 및 육성에 관한 법률」에 따른 과학기술분야 정부출연연구기관
4. 「농어업경영체 육성 및 지원에 관한 법률」 제16조에 따라 설립된 영농조합법인 및 영어조합법인 등 농림 또는 수산 관련 법인이나 단체

① **비영리법인에 위탁** : 농림축산식품부장관, 해양수산부장관 및 식품의약품안전처장은 법 제115조제2항에 따라 법 제103조제2항에 따른 농수산물안전성보시스템의 운영에 관한 업무를 농림축산식품부장관, 해양수산부장관 및 식품의약품안전처장이 정하여 고시하는 농산물정보 관련 업무를 수행하는 비영리법인에 위탁한다(영 제43조 제1항).

② **한국산업인력공단에 위탁** : 농림축산식품부장관은 법 제34조제2항에 따라 자격시험의 관리에 관한 업무를 「한국산업인력공단법」에 따른 한국산업인력공단에 위탁한다(영 제43조 제2항).

11 벌칙

1. 행정형벌

(1) 벌칙

1) 7년 이하의 징역 또는 1억원 이하의 벌금

허위표시 등의 금지(제17조제1항)를 위반한 자는 7년 이하의 징역 또는 1억원 이하의 벌금에 처한다. 이 경우 징역과 벌금은 병과(倂科)할 수 있다(법 제117조).

2) 5년 이하의 징역 또는 5천만원 이하의 벌금

제73조제1항제1호 또는 제2호를 위반하여 「해양환경관리법」 제2조제5호에 따른 기름을 배출한 자는 5년 이하의 징역 또는 5천만원 이하의 벌금에 처한다.

3) 3년 이하의 징역 또는 3천만원 이하의 벌금

다음의 어느 하나에 해당하는 자는 3년 이하의 징역 또는 3천만원 이하의 벌금에 처한다(법 제119조).

> 1. 제29조제1항을 위반하여 표준규격품, 우수관리인증농산물, 품질인증품, 이력추적관리농수산물이 아닌 농수산물 또는 농수산가공품에 표준규격품, 우수관리인증농산물, 품질인증품, 이력추적관리농수산물의 표시를 하거나 이와 비슷한 표시를 한 자
> 2. 제29조제2항을 위반하여 다음 각 목의 어느 하나에 해당하는 행위를 한 자
>   가. 제5조제2항에 따라 표준규격품의 표시를 한 농수산물에 표준규격품이 아닌 농수산물 또는 농수산가공품을 혼합하여 판매하거나 혼합하여 판매할 목적으로 보관하거나 진열하는 행위
>   나. 제6조제6항에 따라 우수관리인증의 표시를 한 농산물에 우수관리인증농산물이 아닌 농산물 또는 농산가공품을 혼합하여 판매하거나 혼합하여 판매할 목적으로 보관하거나 진열하는 행위
>   다. 제14조제3항에 따라 품질인증품의 표시를 한 수산물 또는 수산특산물에 품질인증품이 아닌 수산물 또는 수산가공품을 혼합하여 판매하거나 혼합하여 판매할 목적으로 보관 또는 진열하는 행위
>   라. 삭제 〈2012.6.1〉
>   마. 제24조제4항에 따라 이력추적관리의 표시를 한 농수산물에 이력추적관리의 등록을 하지 아니한 농수산물 또는 농수산가공품을 혼합하여 판매하거나 혼합하여 판매할 목적으로 보관하거나 진열하는 행위

3. 제38조제1항을 위반하여 지리적표시품이 아닌 농수산물 또는 농수산가공품의 포장·용기·선전물 및 관련 서류에 지리적표시나 이와 비슷한 표시를 한 자
4. 제38조제2항을 위반하여 지리적표시품에 지리적표시품이 아닌 농수산물 또는 농수산가공품을 혼합하여 판매하거나 혼합하여 판매할 목적으로 보관 또는 진열한 자
5. 제73조제1항제1호 또는 제2호를 위반하여 「해양환경관리법」 제2조제4호에 따른 폐기물, 같은 조 제7호에 따른 유해액체물질 또는 같은 조 제8호에 따른 포장유해물질을 배출한 자
6. 제101조제1호를 위반하여 거짓이나 그 밖의 부정한 방법으로 제79조에 따른 농산물의 검사, 제85조에 따른 농산물의 재검사, 제88조에 따른 수산물 및 수산가공품의 검사, 제96조에 따른 수산물 및 수산가공품의 재검사 및 제98조에 따른 검정을 받은 자
7. 제101조제2호를 위반하여 검사를 받아야 하는 수산물 및 수산가공품에 대하여 검사를 받지 아니한 자
8. 제101조제3호를 위반하여 검사 및 검정 결과의 표시, 검사증명서 및 검정증명서를 위조하거나 변조한 자
9. 제101조제5호를 위반하여 검정 결과에 대하여 거짓광고나 과대광고를 한 자

4) 1년 이하의 징역 또는 1천만원 이하의 벌금

다음의 어느 하나에 해당하는 자는 1년 이하의 징역 또는 1천만원 이하의 벌금에 처한다(법 제120조).

1. 제24조제2항을 위반하여 이력추적관리의 등록을 하지 아니한 자
2. 제31조제1항 또는 제40조에 따른 시정명령(제31조제1항제3호 또는 제40조제2호에 따른 표시방법에 대한 시정명령은 제외한다), 판매금지 또는 표시정지 처분에 따르지 아니한 자
3. 제31조제2항에 따른 시정명령(제31조제1항제3호에 따른 표시방법에 대한 시정명령은 제외한다)이나 판매금지 조치에 따르지 아니한 자
4. 제59조제1항에 따른 처분을 이행하지 아니한 자
5. 제59조제2항에 따른 공표명령을 이행하지 아니한 자
6. 제63조제1항에 따른 조치를 이행하지 아니한 자
7. 제73조제2항에 따른 동물용 의약품을 사용하는 행위를 제한하거나 금지하는 조치에 따르지 아니한 자
8. 제77조에 따른 지정해역에서 수산물의 생산제한 조치에 따르지 아니한 자

> 9. 제78조에 따른 생산·가공·출하 및 운반의 시정·제한·중지 명령을 위반하거나 생산·가공시설등의 개선·보수 명령을 이행하지 아니한 자
> 9의2. 제98조의2제1항에 따른 조치를 이행하지 아니한 자
> 10. 제101조제2호를 위반하여 검사를 받아야 하는 농산물에 대하여 검사를 받지 아니한 자
> 11. 제101조제4호를 위반하여 검사를 받지 아니하고 해당 농수산물이나 수산가공품을 판매·수출하거나 판매·수출을 목적으로 보관 또는 진열한 자
> 12. 제108조제2항을 위반하여 다른 사람에게 농산물품질관리사 또는 수산물품질관리사의 명의를 사용하게 하거나 그 자격증을 빌려준 자

5) 3년 이하의 징역 또는 3천만원 이하의 벌금

과실로 제118조의 죄를 범한 자는 3년 이하의 징역 또는 3천만원 이하의 벌금에 처한다(법 제121조).

(2) 양벌규정

법인의 대표자나 법인 또는 개인의 대리인, 사용인, 그 밖의 종업원이 그 법인 또는 개인의 업무에 관하여 제117조부터 제121조까지의 어느 하나에 해당하는 위반행위를 하면 그 행위자를 벌하는 외에 그 법인 또는 개인에게도 해당 조문의 벌금형을 과(科)한다. 다만, 법인 또는 개인이 그 위반행위를 방지하기 위하여 해당 업무에 관하여 상당한 주의와 감독을 게을리하지 아니한 경우에는 그러하지 아니하다(법 제122조).

2. 행정질서벌

(1) 과태료

1) 1천만원 이하의 과태료

다음의 어느 하나에 해당하는 자는 1천만원 이하의 과태료에 처한다(법 제123조 제1항).

> 1. 제13조제1항, 제19조제1항, 제30조제1항, 제39조제1항, 제58조제1항, 제62조제1항, 제76조제3항 및 제102조제1항에 따른 수거·조사·열람 등을 거부·방해 또는 기피한 자
> 2. 제24조제2항에 따라 등록한 자로서 같은 조 제3항을 위반하여 변경신고를 하지 아니한 자
> 3. 제24조제2항에 따라 등록한 자로서 같은 조 제4항을 위반하여 이력추적관리의 표시를 하지 아니한 자

> 4. 제24조제2항에 따라 등록한 자로서 같은 조 제5항을 위반하여 이력추적관리기준을 지키지 아니한 자
> 5. 제31조제1항제3호·제2항(제31조제1항제3호의 경우에 한정한다) 또는 제40조제2호에 따른 표시방법에 대한 시정명령에 따르지 아니한 자
> 6. 제56조제1항을 위반하여 유전자변형농수산물의 표시를 하지 아니한 자
> 7. 제56조제2항에 따른 유전자변형농수산물의 표시방법을 위반한 자

2) 100만원 이하의 과태료

다음 각 호의 어느 하나에 해당하는 자에게는 100만원 이하의 과태료를 부과한다(법 제123조 제2호).

> 1. 제73조제1항제3호를 위반하여 양식시설에서 가축을 사육한 자
> 2. 제75조제1항에 따른 보고를 하지 아니하거나 거짓으로 보고한 생산·가공업자등

3) 부과·징수

① 부과·징수 : 과태료는 대통령령으로 정하는 바에 따라 농림축산식품부장관, 해양수산부장관, 식품의약품안전처장 또는 시·도지사가 부과·징수한다(법 제123조 제3항).

② 부과 기준

별표 4 과태료의 부과기준(제45조 관련)

1. 일반기준

가. 위반행위의 횟수에 따른 과태료의 기준(제2호바목 및 사목의 경우는 제외한다)은 최근 1년간 같은 유형의 위반행위로 행정처분을 받은 경우에 적용한다. 이 경우 과태료 부과처분 기준의 적용은 같은 유형의 위반행위에 대하여 최초로 처분을 한 날과 다시 같은 유형의 위반행위를 한 날을 기준으로 한다.

나. 위반행위가 둘 이상인 경우로서 그에 해당하는 각각의 처분기준이 다른 경우에는 그 중 무거운 처분기준에 따른다.

다. 부과권자는 다음의 어느 하나에 해당하는 경우에 제2호에 따른 과태료 금액을 2분의 1의 범위에서 감경할 수 있다. 다만, 과태료를 체납하고 있는 위반행위자의 경우에는 그러하지 아니하다.

  1) 위반행위자가 「질서위반행위규제법 시행령」 제2조의2제1항 각 호의 어느 하나에 해당하는 경우

2) 위반행위자가 자연재해·화재 등으로 재산에 현저한 손실이 발생했거나 사업 여건의 악화로 중대한 위기에 처하는 등의 사정이 있는 경우
3) 위반행위가 고의나 중대한 과실이 아닌 사소한 부주의나 오류로 인한 것으로 인정되는 경우
4) 그 밖에 위반행위의 정도, 위반행위의 동기와 그 결과 등을 고려하여 감경할 필요가 있다고 인정되는 경우

2. 개별기준

위반행위	근거법조문	과태료 금액		
		1차 위반	2차 위반	3차 이상 위반
가. 법 제13조제1항, 제19조제1항, 제30조제1항, 제39조제1항, 제58조제1항, 제62조제1항, 제76조제3항 및 제102조제1항에 따른 수거·조사·열람 등을 거부·방해 또는 기피한 경우	법 제123조 제1항제1호	100만원	200만원	300만원
나. 법 제24조제2항에 따라 등록한 자로서 같은 조 제3항을 위반하여 변경신고를 하지 않은 경우	법 제123조 제1항제2호	100만원	200만원	300만원
다. 법 제24조제2항에 따라 등록한 자로서 같은 조 제4항을 위반하여 이력추적관리의 표시를 하지 않은 경우	법 제123조 제1항제3호	100만원	200만원	300만원
라. 법 제24조제2항에 따라 등록한 자로서 같은 조 제5항을 위반하여 이력추적관리기준을 지키지 않은 경우	법 제123조 제1항제4호	100만원	200만원	300만원
마. 법 제31조제1항제3호, 같은 조 제2항(법 제31조제1항제3호의 경우에 한정한다) 또는 제40조제2호에 따른 표시방법에 대한 시정명령에 따르지 않은 경우	법 제123조 제1항제5호	100만원	200만원	300만원
바. 법 제56조제1항을 위반하여 유전자변형농수산물의 표시를 하지 않은 경우	법 제123조 제1항제6호	5만원 이상 1,000만원 이하		
사. 법 제56조제2항에 따른 유전자변형농수산물의 표시방법을 위반한 경우	법 제123조 제1항제7호	5만원 이상 1,000만원 이하		
아. 법 제73조제1항제3호를 위반하여 양식시설에서 가축을 사육한 경우	법 제123조 제2항제1호	7만원	15만원	30만원
자. 법 제74조제1항에 따라 생산·가공시설등을 등록한 생산업자·가공업자가 법 제75조제1항에 따라 보고를 하지 않거나 거짓으로 보고한 경우	법 제123조 제2항제2호	7만원	15만원	30만원

3. 제2호바목 및 사목의 과태료의 세부 부과기준

 가. 제2호바목에 해당하는 경우

   1) 과태료 부과금액은 표시를 하지 아니한 물량(판매를 목적으로 보관 또는 진열하고 있는 물량을 포함한다)에 적발 당일 해당 영업소의 판매가격을 곱한 금액으로 한다.
   2) 1)의 해당 영업소의 판매가격을 알 수 없는 경우에는 인근 2개 업소의 동일 품목 판매가격의 평균을 기준으로 한다. 다만, 평균가격을 산정할 수 없는 경우에는 해당 농산물의 매입가격에 30퍼센트를 가산한 금액을 기준으로 한다.
   3) 과태료 부과금액의 최소단위는 5만원으로 하고, 5만원 이상은 천원 미만을 버리고 부과하되, 부과되는 총액은 1천만원을 초과할 수 없다.

 나. 제2호사목에 해당하는 경우

   1) 가목의 기준에 따른 과태료 부과금액의 100분의 50을 부과한다.
   2) 과태료 부과금액의 최소단위는 5만원으로 하고, 5만원 이상은 천원 미만을 버리고 부과한다.

기출핵심문제

01 「농산물품질관리법」의 목적으로 틀린 것은?

① 거래안정 질서 유지
② 환경개선
③ 농업인의 소득 증대와 소비자 보호
④ 농산물의 유통질서 확립

> **해설** 이 법은 농수산물의 적절한 품질관리를 통하여 농수산물의 안전성을 확보하고 상품성을 향상하며 공정하고 투명한 거래를 유도함으로써 농업인의 소득 증대와 소비자 보호에 이바지함을 목적으로 한다(법 제1조).

02 다음은 농산물품질관리법령상 용어의 정의를 나타낸 것이다. 틀린 것은?

① "생산자단체"란 「농어업·농어촌 및 식품산업 기본법」의 생산자단체(농어업 생산력의 증진과 농어업인의 권익보호를 위한 농어업인의 자주적인 조직)와 그 밖에 농림축산식품부령 또는 해양수산부령으로 정하는 단체를 말한다.
② "물류표준화"란 농수산물의 운송·보관·하역·포장 등 물류의 각 단계에서 사용되는 기기·용기·설비·정보 등을 규격화하여 호환성과 연계성을 원활히 하는 것을 말한다.
③ "이력추적관리"란 농수산물(축산물은 포함한다)의 안전성 등에 문제가 발생할 경우 해당 농수산물을 추적하여 원인을 규명하고 필요한 조치를 할 수 있도록 농수산물의 생산단계부터 판매단계까지 각 단계별로 정보를 기록·관리하는 것을 말한다.
④ "지리적표시"란 농수산물 또는 농수산가공품의 명성·품질, 그 밖의 특징이 본질적으로 특정 지역의 지리적 특성에 기인하는 경우 해당 농수산물 또는 농수산가공품이 그 특정 지역에서 생산·제조 및 가공되었음을 나타내는 표시를 말한다.

> **해설** "이력추적관리"란 농수산물(축산물은 제외한다)의 안전성 등에 문제가 발생할 경우 해당 농수산물을 추적하여 원인을 규명하고 필요한 조치를 할 수 있도록 농수산물의 생산단계부터 판매단계까지 각 단계별로 정보를 기록·관리하는 것을 말한다(법 제2조 제1항 제7호).

03 다음 중 농수산물품질관리심의회의 심의사항이 아닌 것은?

① 물류표준화에 관한 사항
② 친환경농산물의 인증에 관한 사항
③ 지리적표시에 관한 사항
④ 농산물의 안전 및 품질관리에 관한 정보의 제공에 관한 사항

> **해설** 심의회는 다음의 사항을 심의한다(법 제4조).
>
> 1) 표준규격 및 물류표준화에 관한 사항
> 2) 농산물우수관리·수산물품질인증 및 이력추적관리에 관한 사항
> 3) 지리적표시에 관한 사항
> 4) 유전자변형농수산물의 표시에 관한 사항

| 정답 | 01 ③ 02 ② 03 ②

5) 농수산물(축산물은 제외한다)의 안전성조사 및 그 결과에 대한 조치에 관한 사항
6) 농수산물(축산물은 제외한다) 및 수산가공품의 검사에 관한 사항
7) 농수산물의 안전 및 품질관리에 관한 정보의 제공에 관하여 총리령, 농림축산식품부령 또는 해양수산부령으로 정하는 사항
8) 수출을 목적으로 하는 수산물의 생산 · 가공시설 및 해역(海域)의 위생관리기준에 관한 사항
9) 수산물 및 수산가공품의 제70조에 따른 위해요소중점관리기준에 관한 사항
10) 지정해역의 지정에 관한 사항
11) 다른 법령에서 심의회의 심의사항으로 정하고 있는 사항
12) 그 밖에 농수산물 및 수산가공품의 품질관리 등에 관하여 위원장이 심의에 부치는 사항

04 다음 중 농산물의 표준규격화에 대한 설명으로 틀린 것은?

① 농림축산식품부장관 또는 해양수산부장관은 농수산물의 상품성의 제고, 유통능률의 향상 및 공정한 거래의 실현을 위하여 농산물의 표준규격을 정할 수 있다.
② 농산물의 표준규격은 포장규격 및 가격규격으로 구분한다.
③ 표준규격에 맞는 농수산물(이하 "표준규격품"이라 한다)을 출하하는 자는 포장의 표면에 "표준규격품"이라는 표시를 할 수 있다.
④ 표준규격의 제정기준, 제정절차 및 표시방법 등에 필요한 사항은 농림축산식품부령 또는 해양수산부령으로 정한다.

해설 농수산물의 표준규격은 포장규격 및 등급규격으로 구분한다(칙 제5조 제1항).

05 다음 중 한국산업표준이 제정되어 있지 아니하거나 한국산업표준과 다르게 정할 필요가 있다고 인정되는 경우, 보관 · 수송 등 유통과정의 편리성, 폐기물 처리문제를 고려하여 그 규격을 다르게 정할 수 있는 것은?

① 거래단위
② 거래가격
③ 거래공급량
④ 보관방법

해설 한국산업표준이 제정되어 있지 아니하거나 한국산업표준과 다르게 정할 필요가 있다고 인정되는 경우에는 보관 · 수송 등 유통과정의 편리성, 폐기물 처리문제를 고려하여 다음의 항목에 대하여 그 규격을 따로 정할 수 있다.

1. 거래단위
2. 포장치수
3. 포장재료 및 포장재료의 시험방법
4. 포장방법
5. 포장설계
6. 표시사항
7. 그 밖에 품목의 특성에 따라 필요한 사항

06 다음은 농산물우수관리인증(이하 "우수관리인증"이라 한다)의 기준을 나타낸 것이다. 옳지 않은 것은?

① 농산물우수관리의 기준에 적합하게 생산·관리된 것일 것
② 농산물우수관리시설에서 수확 후 관리를 한 것일 것. 다만, 품목의 특성상 우수관리시설에서 관리할 필요가 없는 것으로 판단하여 농림축산식품부장관이 고시하는 품목은 제외한다.
③ 당해 농산물의 판매과정에서 자체품질관리체계를 갖추고 있을 것
④ 농수산물의 이력추적관리 등록을 한 것일 것

> **해설** 농산물우수관리인증(이하 "우수관리인증"이라 한다)의 기준은 다음과 같다(칙 제8조 제1항).
>
> 1. 농산물우수관리기준에 맞게 생산·관리된 것일 것
> 2. 농산물우수관리시설(이하 "우수관리시설"이라 한다)에서 처리된 것일 것. 다만, 품목의 특성상 우수관리시설에서 처리될 필요가 없는 것으로 판단하여 농림수산식품부장관이 고시하는 품목은 제외한다.
> 3. 농산물의 이력추적관리 등록을 한 것일 것

07 다음 중 농산물우수관리인증을 받고자 하는 자가 농산물우수관리인증신청서에 첨부하여야 할 서류가 아닌 것은?

① 생산자 집단의 사업운영계획서
② 재배 면적의 지적도
③ 우수관리인증농산물의 생산계획서
④ 생산자단체의 사업운영계획서(생산자집단이 신청하는 경우만 해당한다)

> **해설** 우수관리인증을 받으려는 자는 농산물우수관리인증 신청서에 다음의 서류를 첨부하여 농산물우수관리인증기관으로 지정받은 기관의 장에게 제출하여야 한다(칙 제10조 제1항).
>
> ㉠ 우수관리인증농수산물의 생산계획서
> ㉡ 생산자단체 또는 그 밖의 생산자 조직(이하 "생산자집단"이라 한다)의 사업운영계획서(생산자집단이 신청하는 경우만 해당한다)

| 정답 | 06 ③ 07 ②

08 다음 중 농산물우수관리인증(이하 "우수관리인증"이라 한다)을 취소하여야 하는 것은?

① 거짓이나 그 밖의 부정한 방법으로 우수관리인증을 받은 경우
② 우수관리기준을 지키지 아니한 경우
③ 우수관리인증의 변경승인을 받지 아니하고 중요 사항을 변경한 경우
④ 우수관리인증의 표시정지기간 중에 우수관리인증의 표시를 한 경우

해설 인증기관은 우수관리인증을 한 후 법에 따른 조사·점검 등의 과정에서 다음의 사항이 확인되면 우수관리인증을 취소하거나 3개월 이내의 기간을 정하여 그 우수관리인증을 정지할 수 있다(법 제8조의2 제1항 본문). 다만, ①의 경우 우수관리인증을 취소하여야 한다(법 제5조의2 제1항 단서).

> ① 거짓이나 그 밖의 부정한 방법으로 우수관리인증을 받은 경우
> ② 우수관리기준을 지키지 아니한 경우
> ③ 전업(轉業)·폐업 등으로 우수관리인증농수산물을 생산하기 어렵다고 판단되는 경우
> ④ 우수관리인증을 받은 자가 정당한 사유 없이 제6조제5항에 따른 조사·점검 또는 자료제출 요청에 응하지 아니한 경우
> ⑤ 제7조제4항에 따른 우수관리인증의 변경승인을 받지 아니하고 중요 사항을 변경한 경우
> ⑥ 우수관리인증의 표시정지기간 중에 우수관리인증의 표시를 한 경우

09 다음 중 농산물우수관리인증기관의 지정을 취소하여야 하는 것이 아닌 것은?

① 거짓이나 그 밖의 부정한 방법으로 지정을 받은 경우
② 업무정지 기간 중에 우수관리인증 업무를 한 경우
③ 우수관리인증기관의 해산·부도로 인하여 우수관리인증 업무를 할 수 없는 경우
④ 우수관리인증의 기준을 잘못 적용하는 등 우수관리인증 업무를 잘못한 경우

해설 농림축산식품부장관은 우수관리인증기관이 다음 각 호의 어느 하나에 해당하면 우수관리인증기관의 지정을 취소하거나 6개월 이내의 기간을 정하여 우수관리인증 업무의 정지를 명할 수 있다. 다만, ①부터 ③까지의 규정 중 어느 하나에 해당하면 우수관리인증기관의 지정을 취소하여야 한다(법 제10조 제1항).

> ① 거짓이나 그 밖의 부정한 방법으로 지정을 받은 경우
> ② 업무정지 기간 중에 우수관리인증 업무를 한 경우
> ③ 우수관리인증기관의 해산·부도로 인하여 우수관리인증 업무를 할 수 없는 경우
> ④ 제9조제2항 본문에 따른 변경신고를 하지 아니하고 우수관리인증 업무를 계속한 경우
> ⑤ 우수관리인증 업무와 관련하여 우수관리인증기관의 장 등 임원·직원에 대하여 벌금 이상의 형이 확정된 경우
> ⑥ 제9조제5항에 따른 지정기준을 갖추지 아니한 경우
> ⑦ 우수관리인증의 기준을 잘못 적용하는 등 우수관리인증 업무를 잘못한 경우
> ⑧ 정당한 사유 없이 1년 이상 우수관리인증 실적이 없는 경우
> ⑨ 제31조제3항을 위반하여 농림축산식품부장관의 요구를 정당한 이유 없이 따르지 아니한 경우
> ⑩ 그 밖의 사유로 우수관리인증 업무를 수행할 수 없는 경우

| 정답 | 08 ① 09 ④

10 농수산물 품질관리법령상 "이력추적관리"에 대한 정의이다. ( ) 안에 들어갈 내용을 순서대로 옳게 나열한 것은?

> 축산물을 제외한 농수산물의 안전성 등에 문제가 발생할 경우 해당 농수산물을 ( )하여 ( )을 ( )하고 필요한 조치를 할 수 있도록 농수산물의 생산단계부터 판매단계까지 각 단계별로 정보를 기록 · 관리하는 것을 말한다.

① 추적, 문제점, 분석
② 추적, 원인, 규명
③ 관리, 원인, 추적
④ 관리, 이력, 추적

해설 "이력추적관리"란 농수산물(축산물은 제외한다)의 안전성 등에 문제가 발생할 경우 해당 농수산물을 추적하여 원인을 규명하고 필요한 조치를 할 수 있도록 농수산물의 생산단계부터 판매단계까지 각 단계별로 정보를 기록 · 관리하는 것을 말한다.

11 다음 중 농산물이력추적관리에 대한 설명으로 틀린 것은?

① 농산물이력추적관리 등록을 한 자는 등록사항이 변경된 경우 변경사유가 발생한 날부터 1월 이내에 농림축산식품부장관 또는 해양수산부장관에게 신고하여야 한다.
② 이력추적관리 등록 대상품목은 법 제2조제1항제1호의 농수산물(축산물은 제외한다) 중 식용을 목적으로 생산하는 농수산물로 한다.
③ 등록의 유효기간은 등록한 날부터 1년으로 한다. 다만, 그 품목의 특성상 달리 적용할 필요가 있는 경우에는 농림수산식품부령이 정하는 바에 따라 그 기간을 연장할 수 있다.
④ 이력추적관리의 등록을 한 자는 해당 농수산물에 농림축산식품부령 또는 해양수산부령으로 정하는 바에 따라 이력추적관리의 표시를 할 수 있다.

해설 이력추적관리 등록의 유효기간은 등록한 날부터 3년으로 한다. 다만, 품목의 특성상 달리 적용할 필요가 있는 경우에는 10년의 범위에서 농림축산식품부령 또는 해양수산부령으로 유효기간을 달리 정할 수 있다(법 제25조 제1항).

| 정답 | 10 ② 11 ③

12 다음 중 농산물이력추적관리의 표시에 대한 설명으로 옳은 것은?

① 표지와 표시항목의 크기는 포장재의 크기에 따라 표지의 크기를 키우거나 줄일 수 있으나 표지형태 및 글자표기는 변형할 수 있다.
② 표지와 표시항목의 표시는 소비자가 쉽게 알아볼 수 있도록 포장재 옆면에 표지와 표시사항을 함께 표시하되, 옆면에 표시하기 어려울 경우에는 표시위치를 변경할 수 없다.
③ 표지와 표시항목은 인쇄하거나 스티커로 포장재에서 떨어지지 않도록 부착하여야 한다. 다만 포장하지 아니하고 낱개로 판매하는 경우나 소포장의 경우에는 표지만을 표시할 수 있다.
④ 수출용의 경우에는 반드시 표시하여야 한다.

> **해설** 이력추적관리의 표시방법은 다음과 같다.
>
> 가. 표지와 표시항목의 크기는 포장재의 크기에 따라 표지의 크기를 키우거나 줄일 수 있으나 표지형태 및 글자표기는 변형할 수 없다.
> 나. 표지와 표시항목의 표시는 소비자가 쉽게 알아볼 수 있도록 포장재 옆면에 표지와 표시사항을 함께 표시하되, 옆면에 표시하기 어려울 경우에는 표시위치를 변경할 수 있다.
> 다. 표지와 표시항목은 인쇄하거나 스티커로 포장재에서 떨어지지 않도록 부착하여야 한다. 다만 포장하지 아니하고 낱개로 판매하는 경우나 소포장의 경우에는 표지만을 표시할 수 있다.
> 라. 수출용의 경우에는 해당 국가의 요구에 따라 표시할 수 있다.
> 마. 제3호의 표시항목 중 표준규격, 지리적표시 등 다른 규정에 따라 표시하고 있는 사항은 그 표시를 생략할 수 있다.

13 다음 중 이력추적관리 등록을 취소하여야 하는 것은?

① 이력추적관리 표시 금지명령을 위반하여 계속 표시한 경우
② 이력추적관리 등록변경신고를 하지 아니한 경우
③ 표시방법을 위반한 경우
④ 이력추적관리기준을 지키지 아니한 경우

> **해설** 농림축산식품부장관 또는 해양수산부장관은 등록한 자가 다음의 어느 하나에 해당하면 그 등록을 취소하거나 6개월 이내의 기간을 정하여 이력추적관리 표시의 금지를 명할 수 있다. 다만, ① 또는 ②에 해당하면 등록을 취소하여야 한다(법 제7조의6 제1항).
>
> ① 거짓이나 그 밖의 부정한 방법으로 등록을 받은 경우
> ② 이력추적관리 표시 금지명령을 위반하여 계속 표시한 경우
> ③ 이력추적관리 등록변경신고를 하지 아니한 경우
> ④ 제24조제4항에 따른 표시방법을 위반한 경우
> ⑤ 이력추적관리기준을 지키지 아니한 경우
> ⑥ 제26조제2항을 위반하여 정당한 사유 없이 자료제출 요구를 거부한 경우

| 정답 | 12 ③ 13 ①

14 지리적표시등록이 이루어지는 절차를 순서대로 나열한 것은?

① 지리적표시등록 신청 → 등록신청 공고 → 심의회 심사 → 등록
② 지리적표시등록 신청 → 심의회 심사 → 등록신청 공고 → 등록
③ 지리적표시등록 신청 → 등록신청 공고 → 등록 → 심의회 심사
④ 지리적표시등록 신청 → 심의회 심사 → 등록 → 등록신청 공고

해설 ① 지리적표시의 등록을 받으려는 자는 지리적표시 등록신청서에 다음의 서류를 첨부하여 국립농산물품질관리원장 또는 산림청장에게 제출하여야 한다(규칙 제16조 제1항). → ② 농림수산식품부장관은 지리적표시의 등록신청 및 변경등록신청을 받으면 신청을 받은 날부터 15일 이내에 지리적표시 등록심의 분과위원회에 심의를 요청하여야 한다(영 제16조 제1조). → ③ 농림수산식품부장관은 지리적표시 등록심의 분과위원회에서 등록신청이 적합하다고 의결되면 지리적표시 등록 신청 공고결정을 하고, 일정 사항을 포함하여 공고를 하여야 한다(영 제16조 제3조). → ④ 국립농산물품질관리원장 또는 산림청장은 지리적표시등록증을 발급한 경우와 변경등록한 경우에는 공고하여야 한다(규칙 제19조 제2항).

15 다음 중 국립농산물품질관리원장, 국립수산물품질관리원장 또는 산림청장이 지리적표시의 등록을 결정한 경우에 공고해야할 사항이 아닌 것은?

① 신청인의 자체 품질기준 및 품질관리계획서
② 지리적표시 등록대상품목 및 등록명칭
③ 품질, 그 밖의 특징과 지리적 요인의 관계
④ 신청인의 성명ㆍ주소 및 전화번호, 사업자등록번호

해설 국립농산물품질관리원장, 국립수산물품질관리원장 또는 산림청장은 법 제32조제7항에 따라 지리적표시의 등록을 결정한 경우에는 다음 각 호의 사항을 공고하여야 한다(규칙 제58조 제1항).

> ㉠ 등록일 및 등록번호
> ㉡ 지리적표시 등록자의 성명, 주소(법인의 경우에는 그 명칭 및 영업소의 소재지를 말한다) 및 전화번호
> ㉢ 지리적표시 등록대상의 품목 및 등록명칭
> ㉣ 지리적표시 대상지역의 범위
> ㉤ 품질의 특성과 지리적 요인의 관계
> ㉥ 등록자의 자체품질기준 및 품질관리계획서

16 다음 중 유전자변형농수산물의 표시에 대한 설명으로 틀린 것은?

① 유전자변형농수산물을 생산하여 출하하는 자, 판매하는 자, 또는 판매할 목적으로 보관ㆍ진열하는 자는 대통령령으로 정하는 바에 따라 해당 농수산물에 유전자변형농수산물임을 표시하여야 한다.
② 유전자변형농수산물의 표시대상품목에는 식품의약품안전청장이 식용으로 적합하다고 인정하여 고시한 품목을 싹틔워 기른 콩나물, 새싹채소 등을 포함되지 않는다.
③ 유전자변형농수산물의 표시는 해당 농수산물의 포장ㆍ용기의 표면 또는 판매장소 등

| 정답 | 14 ② 15 ④ 16 ②

에 하여야 한다.
④ 유전자변형농수산물에는 해당 농수산물이 유전자변형농수산물임을 표시하거나, 유전자변형농수산물이 포함되어 있음을 표시하거나, 유전자변형농수산물이 포함되어 있을 가능성이 있음을 표시하여야 한다.

> **해설** 유전자변형농수산물의 표시대상품목은 「식품위생법」제18조에 따른 안전성 평가 결과 식품의약품안전처장이 식용으로 적합하다고 인정하여 고시한 품목(해당 품목을 싹틔워 기른 농산물을 포함한다)으로 한다(영 제19조).

17 유전자변형농수산물의 표시를 하여야 하는 자가 거짓 표시등의 금지행위에 속하지 않는 것은?

① 유전자변형농수산물의 표시를 거짓로 하거나 이를 혼동하게 할 우려가 있는 표시를 하는 행위
② 유전자변형농수산물의 표시를 혼동하게 할 목적으로 그 표시를 손상·변경하는 행위
③ 유전자변형농수산물의 표시를 한 농수산물에 다른 농수산물을 혼합하여 판매하거나 판매할 목적으로 보관 또는 진열하는 행위
④ 유전자변형농수산물의 표시를 한 농수산물에 다른 농수산물을 분리하여 판매하거나 판매할 목적으로 보관 또는 진열하는 행위

> **해설** 유전자변형농수산물의 표시를 하여야 하는 자(이하 "유전자변형농수산물 표시의무자"라 한다)는 다음의 행위를 하여서는 아니 된다(법 제57조).
>
> ① 유전자변형농수산물의 표시를 거짓로 하거나 이를 혼동하게 할 우려가 있는 표시를 하는 행위
> ② 유전자변형농수산물의 표시를 혼동하게 할 목적으로 그 표시를 손상·변경하는 행위
> ③ 유전자변형농수산물의 표시를 한 농수산물에 다른 농수산물을 혼합하여 판매하거나 판매할 목적으로 보관 또는 진열하는 행위

18 다음 중 공표명령의 기준에 대한 연결이 잘못된 것은?

① 표시위반물량이 농산물의 경우에는 100톤 이상, 수산물의 경우에는 10톤 이상인 경우
② 가공품의 표시위반물량의 판매가격 환산금액이 농산물의 경우에는 10억원 이상, 수산물인 경우에는 5억원 이상인 경우
③ 표시위반물량의 판매가격 환산금액이 농산물의 경우에는 10억원 이상, 수산물인 경우에는 5억원 이상인 경우
④ 적발일 이전 최근 1년 동안 처분을 받은 횟수가 2회 이상인 경우

> **해설** 공표명령의 대상은 처분을 받은 경우로서 다음의 어느 하나에 해당하는 경우로 한다(영 제22조 제1항).
>
> ㉠ 표시위반물량이 농산물의 경우에는 100톤 이상, 수산물의 경우에는 10톤 이상인 경우
> ㉡ 표시위반물량의 판매가격 환산금액이 농산물의 경우에는 10억원 이상, 수산물인 경우에는 5억원 이상인 경우
> ㉢ 적발일 이전 최근 1년 동안 처분을 받은 횟수가 2회 이상인 경우

| 정답 | 17 ④ 18 ② |

19 다음 중 농산물 검사 등에 대한 설명으로 틀린 것은?

① 농림수산식품부장관은 공정한 유통질서확립과 소비자보호를 위하여 필요하다고 인정하는 경우에는 정부가 수매하거나 수출 또는 수입하는 농산물 등 농림축산식품부장관이 정하는 기준에 맞는지 등에 대하여 검사를 실시한다.
② 누에씨 및 누에고치의 경우에는 시·도지사의 검사를 받아야 한다.
③ 정부가 수매 또는 수입하여 가공한 농산물은 농산물 검사대상이 아니다.
④ 농산물(축산물은 제외한다. 이하 이 절에서 같다)의 검사항목은 포장단위당 무게, 포장자재, 포장방법 및 품위 등으로 하며, 검사대상 품목별 검사기준은 농림축산식품부장관이 정하여 고시한다.

> **해설** 정부가 수매하거나 수출 또는 수입하는 농산물 등 대통령령으로 정하는 농산물(축산물은 제외한다. 이하 이 절에서 같다)은 공정한 유통질서를 확립하고 소비자를 보호하기 위하여 농림축산식품부장관이 정하는 기준에 맞는지 등에 관하여 농림축산식품부장관의 검사를 받아야 한다. 다만, 누에씨 및 누에고치의 경우에는 시·도지사의 검사를 받아야 한다(법 제79조 제1항).

20 다음 중 보고 및 점검 또는 조사의 대상이 되는 농산물이 아닌 것은?

① 정부가 수매하거나 수입한 농산물
② 생산자단체 등이 정부를 대행하여 수매하거나 수입한 농산물
③ 생산자단체 등이 수매한 농산물
④ 정부가 수입하여 가공한 농산물

> **해설** 검사대상 농산물은 다음과 같다(영 제30조 제1항).
> ㉠ 정부가 수매하거나 생산자단체, 「공공기관의 운영에 관한 법률」 제4조에 따른 공공기관 또는 농업 관련 법인 등(이하 "생산자단체등"이라 한다)이 정부를 대행하여 수매하는 농산물
> ㉡ 정부가 수출 또는 수입하거나 생산자단체등이 정부를 대행하여 수출 또는 수입하는 농산물
> ㉢ 정부가 수매 또는 수입하여 가공한 농산물
> ㉣ 법 제79조제2항에 따라 다시 농림축산식품부장관의 검사를 받는 농산물
> ㉤ 그 밖에 농림축산식품부장관이 농산물의 유통을 원활히 하기 위하여 필요하다고 인정하여 고시하는 농산물

| 정답 | 19 ③ 20 ③

21 다음 중 검사를 받은 농산물의 검사판정 효력이 상실되는 경우는?

① 검사를 받은 농산물의 포장이나 내용물을 바꾼 사실이 확인된 경우
② 검사결과의 표시가 없어지거나 명확하지 아니하게 된 경우
③ 검사결과의 표시 또는 검사증명서를 위조 또는 변조한 사실이 확인된 경우
④ 부정한 방법으로 검사를 받은 사실이 확인된 경우

해설 검사를 받은 농산물이 다음 각 호의 어느 하나에 해당하면 검사판정의 효력이 상실된다(법 제86조).

> 1. 농림축산식품부령으로 정하는 검사 유효기간이 지난 경우
> 2. 제84조에 따른 검사 결과의 표시가 없어지거나 명확하지 아니하게 된 경우

22 다음은 농산물검사 판정의 취소요건에 관한 것이다. 틀린 것은?

① 거짓이나 그 밖의 부정한 방법으로 검사를 받은 사실이 확인된 경우
② 검사 또는 재검사 결과의 표시 또는 검사증명서를 위조하거나 변조한 사실이 확인된 경우
③ 검사 또는 재검사를 받은 농산물의 포장이나 내용물을 바꾼 사실이 확인된 경우
④ 농림축산식품부장관이 정하는 검사유효기간이 경과된 때

해설 농림축산식품부장관은 검사를 받은 농산물이 다음의 어느 하나에 해당하면 검사판정을 취소할 수 있다. 다만, ①에 해당하는 경우에는 검사판정을 취소하여야 한다(법 제87조).

> ① 거짓이나 그 밖의 부정한 방법으로 검사를 받은 사실이 확인된 경우
> ② 검사 또는 재검사 결과의 표시 또는 검사증명서를 위조하거나 변조한 사실이 확인된 경우
> ③ 검사 또는 재검사를 받은 농산물의 포장이나 내용물을 바꾼 사실이 확인된 경우

23 다음 중 검사기관으로 지정받고자 하는 자는 누구에게 신청하여야 하는가?

① 농림축산식품부장관
② 국립농산물품질관리원장
③ 산림청장
④ 대통령

해설 농산물검사기관으로 지정받으려는 자는 검사에 필요한 시설과 인력을 갖추어 농림축산식품부장관에게 신청하여야 한다(법 제80조 제2항).

24 농산물검사관의 자격에 관한 설명으로 틀린 것은?

① 검사관의 자격은 곡류, 특작·서류, 과실·채소류, 종자류, 잠사류 등의 구분에 따라 부여한다.
② 자격전형의 합격자는 필기시험 및 실기시험 성적을 각각 100점 만점으로 하여 각각 60점 이상인 자로 한다.
③ 검사관은 생산자단체 등에서 농산물검사 관련 업무에 6개월 이상 종사한 자 중 전형시험에 합격한 자로 한다.
④ 국립농산물품질관리원장은 검사와 관련하여 부정한 행위를 한 때에는 검사관의 자격을 취소하거나 1년 이내의 기간을 정하여 자격의 정지를 명할 수 있다.

> **해설** 제79조에 따른 검사나 제85조에 따른 재검사(이의신청에 따른 재검사를 포함한다. 이하 같다) 업무를 담당하는 사람(이하 "농산물검사관"이라 한다)은 다음의 어느 하나에 해당하는 사람으로서 국립농산물품질관리원장(누에씨 및 누에고치 농산물검사관의 경우에는 시·도지사를 말한다. 이하 이 조, 제83조제1항 및 제114조제2항에서 같다)이 실시하는 전형시험에 합격한 사람으로 한다(법 제82조 제1항).
>
> ㉠ 농산물 검사 관련 업무에 6개월 이상 종사한 공무원　　㉡ 농산물 검사 관련 업무에 1년 이상 종사한 사람

25 다음 중 농수산물 검정절차에 대한 설명으로 틀린 것은?

① 검정을 신청하려는 자는 국립농산물품질관리원장, 국립수산물품질관리원장 또는 지정검정기관의 장에게 신청서에 의하여 검정을 신청하여야 한다.
② 품위, 성분 및 유해물질 등의 검정방법 등 세부사항은 국립농산물품질관리원장, 국립수산물품질관리원장이 각각 정하여 고시한다.
③ 국립농산물품질관리원장, 국립수산물품질관리원장 또는 지정검정기관의 장은 시료를 접수한 날부터 14일 이내에 검정을 실시하여야 한다.
④ 농림축산식품부장관 또는 해양수산부장관은 생산자 또는 소유자가 명령을 이행하지 아니하거나 농수산물 및 농산가공품의 위생에 위해가 발생한 경우 농림축산식품부령 또는 해양수산부령으로 정하는 바에 따라 검정결과를 공개하여야 한다.

> **해설** 국립농산물품질관리원장, 국립수산물품질관리원장 또는 지정검정기관의 장은 시료를 접수한 날부터 7일 이내에 검정을 하여야 한다. 다만, 7일 이내에 분석을 할 수 없다고 판단되는 경우에는 신청인과 협의하여 검정기간을 따로 정할 수 있다(규칙 제125조 제2항).

26 다음 중 검사 또는 검정과 관련하여 행위 할 수 있는 경우는?

① 거짓이나 그 밖의 부정한 방법으로 검사 또는 검정을 받는 행위
② 검사를 받아야 하는 농수산물에 대하여 검사를 받지 아니하는 행위
③ 검사를 받은 농수산물을 포장하는 행위
④ 검정결과에 대하여 거짓 또는 과대광고를 하는 행위

| 정답 | 24 ③　25 ③　26 ③

해설 누구든지 제79조, 제85조, 제88조, 제96조 및 제98조에 따른 검사, 재검사 및 검정과 관련하여 다음의 행위를 하여서는 아니 된다(법 제101조).

> ① 거짓이나 그 밖의 부정한 방법으로 검사ㆍ재검사 또는 검정을 받는 행위
> ② 제79조 또는 제88조에 따라 검사를 받아야 하는 농수산물 및 수산가공품에 대하여 검사를 받지 아니하는 행위
> ③ 검사 및 검정 결과의 표시, 검사증명서 및 검정증명서를 위조하거나 변조하는 행위
> ④ 제79조제2항 또는 제88조제3항을 위반하여 검사를 받지 아니하고 포장ㆍ용기나 내용물을 바꾸어 해당 농수산물이나 수산가공품을 판매ㆍ수출하거나 판매ㆍ수출을 목적으로 보관 또는 진열하는 행위
> ⑤ 검정 결과에 대하여 거짓광고나 과대광고를 하는 행위

27 농산물품질관리법 시행규칙 제133조 제2항에 규정된 농산물 명예감시원의 임무와 거리가 먼 것은?

① 안정성조사에 관한 지도 및 홍보
② 농산물 원산지표시 위반사항에 대한 시정명령
③ 유전자변형농산물표시 위반사항에 대한 감시
④ 지리적표시제도에 관한 홍보 및 지도

해설 ② 농산물 원산지표시 위반사항에 대한 시정명령시는 행정처분의 대상이다. 명예감시원의 임무는 다음과 같다(규칙 제133조 제2항).

> ㉠ 농수산물의 표준규격화, 농수산물우수관리, 품질인증, 친환경수산물인증, 농수산물 이력추적관리, 지리적표시, 원산지표시에 관한 지도ㆍ홍보 및 위반사항의 감시ㆍ신고
> ㉡ 그 밖에 농수산물의 유통질서 확립과 관련하여 국립농산물품질관리원장, 국립수산물품질관리원장, 산림청장 또는 시ㆍ도지사가 부여하는 임무

28 농수산물품질관리법령상 농산물품질관리사 자격시험에 관한 설명으로 옳은 것은?

① 농산물품질관리사 자격이 취소된 날부터 1년이 된 자는 농산물품질관리사 자격시험에 응시할 수 있다.
② 국립농산물품질관리원장은 수급상 필요하다고 인정하는 경우에는 3년마다 농산물품질관리 자격시험을 실시할 수 있다.
③ 농산물품질관리사 자격시험의 실시계획, 응시자격, 시험과목, 시험방법, 합격기준 및 자격증 발급 등에 필요한 사항은 대통령령으로 정한다.
④ 한국산업인력공단이사장은 농산물품질관리사 자격시험의 시행일 1년 전까지 농산물품질관리사 자격시험의 실시계획을 세워야 한다.

해설 ① 농산물품질관리사의 자격이 취소된 날부터 2년이 지나지 아니한 사람은 농산물품질관리사 자격시험에 응시하지 못한다.
② 농산물품질관리사 자격시험은 매년 1회 실시한다. 다만, 농림축산식품부장관이 농산물품질관리사의 수급상 필요하다고 인정하는 경우에는 2년마다 실시할 수 있다.
④ 농림축산식품부장관은 농산물품질관리사 자격시험의 시행일 6개월 전까지 농산물품질관리사 자격시험의 실시계획을 세워야 한다.

| 정답 | 27 ② 28 ③

29 다음 중 농산물품질관리사 및 수산물품질관리사에 관한 설명 중 틀린 것은?

① 농림축산식품부장관 또는 해양수산부장관은 농산물 및 수산물의 품질 향상과 유통의 효율화를 촉진하기 위하여 농산물품질관리사 및 수산물품질관리사 제도를 운영한다.
② 농수산물품질관리사 또는 수산물품질관리사 자격시험의 실시계획, 응시자격, 시험과목, 시험방법, 합격기준 및 자격증 발급 등에 필요한 사항은 농림축산식품부령 또는 해양수산부령으로 정한다.
③ 농수산물품질관리사 또는 수산물품질관리사는 농수산물의 품질 향상과 유통의 효율화를 촉진하여 생산자와 소비자 모두에게 이익이 될 수 있도록 신의와 성실로써 그 직무를 수행하여야 한다.
④ 농수산물품질관리사 또는 수산물품질관리사는 다른 사람에게 그 명의를 사용하게 하거나 다른 사람에게 그 자격증을 대여하여서는 아니 된다.

해설 농수산물품질관리사 또는 수산물품질관리사 자격시험의 실시계획, 응시자격, 시험과목, 시험방법, 합격기준 및 자격증 발급 등에 필요한 사항은 대통령령으로 정한다(법 제107조 제3항).

30 다음 중 농산물품질관리사에 대한 설명으로 틀린 것은?

① 농산물품질관리사의 자격을 거짓 또는 부정한 방법으로 취득한 자의 농산물품질관리사 자격을 취소하여야 한다.
② 금고 이상의 실형 선고를 받은 자의 농산물품질관리사 자격을 취소 할 수 있다.
③ 농산물품질관리사는 업무 능력 및 자질의 향상을 위하여 필요한 교육을 받아야 한다.
④ 농산물품질관리사는 다른 사람으로 하여금 그 명의를 사용하게 하거나 다른 사람에게 그 자격증을 대여하여서는 아니 된다.

해설 농림축산식품부장관 또는 해양수산부장관은 다음 각 호의 어느 하나에 해당하는 사람에 대하여 농산물품질관리사 또는 수산물품질관리사 자격을 취소하여야 한다(법 제109조).

> ㉠ 농산물품질관리사 또는 수산물품질관리사의 자격을 거짓 또는 부정한 방법으로 취득한 사람
> ㉡ 제108조제2항을 위반하여 다른 사람에게 농산물품질관리사 또는 수산물품질관리사의 명의를 사용하게 하거나 자격증을 빌려준 사람

31 농산물품질관리사의 직무에 관한 설명으로 적합하지 않은 것은?

① 농산물의 출하시기 조절, 품질관리기술 등에 대한 자문
② 농산물의 선별, 저장 및 포장시설 등의 운용, 관리
③ 정부가 수매하는 농산물의 검사
④ 농산물의 규격출하 지도

| 정답 | 29 ② 30 ② 31 ③

> 해설 농산물품질관리사는 다음의 직무를 수행한다(법 제106조, 규칙 제134조).

> ⊙ 농산물의 등급 판정
> ⓒ 농산물의 생산 및 수확 후 품질관리기술 지도
> ⓒ 농산물의 출하 시기 조절, 품질관리기술에 관한 조언
> ⓔ 그 밖에 농수산물의 품질 향상과 유통 효율화에 필요한 업무로서 농림축산식품부령으로 정하는 업무
>   ⓐ 농산물의 생산 및 수확 후의 품질관리기술 지도
>   ⓑ 농산물의 선별·저장 및 포장시설 등의 운용·관리
>   ⓒ 농산물의 선별·포장 및 브랜드개발 등 상품성향상 지도
>   ⓓ 포장농산물의 표시사항 준수에 관한 지도
>   ⓔ 농산물의 규격출하 지도

32
농수산물품질관리법령상 농산물검정기관·농산물검사기관·농산물우수관리인증기관 및 농산물 우수관리시설을 지정받기 위한 인력보유기준에 농산물품질관리사 자격증 소지자가 포함되지 않은 곳은?

① 농산물검정기관(품위·일반성분 검정업무 수행)
② 농산물검사기관(농산물 검사업무 수행)
③ 농산물우수관리인증기관(인증심사업무 수행)
④ 농산물우수관리시설(농산물우수관리업무 수행)

> 해설 ① 농산물검정기관(품위·일반성분 검정업무 수행) : 검정인력의 자격 및 인원 수 규정에서 농산물품질관리사, 종자기사, 농산물검사관, 생물공학기사 등의 농학, 식품과학과 관련이 있는 자격을 소지한 사람 또는 이와 같은 수준 이상의 자격을 갖춘 사람
> ② 농산물검사기관(농산물 검사업무 수행) : 검사대상 종류별 검사이력의 최소 확보기준을 둔다.
> ③ 농산물우수관리인증기관(인증심사업무 수행) : 인증심사원 5명(상근 2명 이상)이어야 한다. 그 중에 「국가기술자격법」에 따른 농림분야의 기술사·기사·산업기사 또는 법 제105조에 따른 농산물품질관리사 자격증을 소지한 사람. 다만, 산업기사 자격증을 소지한 사람은 농업 관련 기업체·연구소·기관 및 단체 등에서 농산물의 품질관리업무를 2년 이상 담당한 경력이 있는 사람이어야 한다.
> ④ 농산물우수관리시설(농산물우수관리업무 수행) : 농산물우수관리업무를 담당하는 사람을 1명 이상 갖출 것. 그 중에 「국가기술자격법」에 따른 농림분야의 기술사·기사·산업기사 또는 법 제105조에 따른 농산물품질관리사 자격증을 소지한 사람. 다만, 산업기사 자격증을 소지한 사람은 농업 관련 기업체·연구소·기관 및 단체 등에서 농산물의 품질관리업무를 2년 이상 담당한 경력이 있는 사람이어야 한다.

33
농수산물품질관리법 시행령 제41조의 규정에 의하여 유전자변형농산물 표시 위반사항을 신고 또는 고발하거나 검거한 자 및 검거에 협조한 자에게 포상금을 지급할 수 있는데, 포상금은 얼마의 범위 안에서 지급할 수 있는가?

① 500만원 ② 300만원
③ 200만원 ④ 100만원

> 해설 포상금은 유전자변형농수산물의 표시(법 제56조) 또는 거짓표시 등의 금지(법 제57조)를 위반한 자를 주무관청이나 수사기관에 신고 또는 고발하거나 검거한 사람 및 검거에 협조한 사람에게 200만원의 범위에서 지급한다(영 제41조 제1항).

| 정답 | 32 ② 33 ③

34 농수산물품질관리법 시행령 제42조의 규정에서 농림축산식품부장관의 권한을 국립농산물품질관리원장에게 위임한 사항이 아닌 것은?

① 표준규격의 제정·개정 및 폐지
② 품질인증기관의 지정, 지정 취소 및 업무 정지 등의 처분
③ 지리적표시의 등록
④ 농산물품질관리사 자격증의 교부

해설 농림수산식품부장관은 다음의 권한을 국립농산물품질관리원장에게 위임한다(영 제42조 제1항).

1. 법 제3조제6항에 따른 지리적표시 분과위원회의 운영
2. 법 제5조제1항에 따른 표준규격의 제정·개정 및 폐지
3. 법 제14조 및 제16조에 따른 품질인증 및 품질인증의 취소
4. 법 제17조 및 제18조에 따른 품질인증기관의 지정, 지정 취소 및 업무 정지 등의 처분
5. 삭제 〈2013.5.31〉
6. 법 제24조 및 제27조에 따른 수산물 이력추적관리의 등록 및 등록 취소 등의 처분
7. 법 제30조, 제31조, 제39조 및 제40조에 따른 표준규격품, 품질인증품, 이력추적관리수산물, 지리적표시품의 사후관리와 표시 시정 등의 처분
8. 법 제32조제1항에 따른 지리적표시의 등록
9. 법 제33조에 따른 지리적표시 원부의 등록 및 관리
10. 삭제 〈2013.3.23〉
~
16. 삭제 〈2013.3.23〉
17. 법 제70조제4항에 따른 서류의 발급
18. 법 제74조제1항에 따른 생산·가공시설등의 등록
19. 법 제75조제1항에 따른 위생관리에 관한 사항의 보고명령 및 이의 접수(법 제70조제2항에 따른 생산단계·저장단계 및 출하되어 거래되기 이전 단계의 위해요소중점관리기준의 이행시설로서 법 제74조제1항에 따라 등록한 시설은 제외한다)
20. 법 제76조제2항에 따른 생산·가공시설등의 위생관리기준 및 위해요소중점관리기준에의 적합여부 조사·점검(위해요소중점관리기준의 적합여부 조사·점검 중 생산단계·저장단계 및 출하되어 거래되기 이전 단계에 대해서는 법 제74조제1항에 따라 등록을 하려는 경우만 해당한다)
21. 법 제78조에 따른 생산·가공시설등이나 생산·가공업자등에 대한 생산·가공·출하·운반의 시정·제한·중지 명령, 생산·가공시설등의 개선·보수 명령(법 제70조제2항에 따른 생산단계·저장단계 및 출하되어 거래되기 이전 단계의 위해요소중점관리기준의 이행시설로서 법 제74조제1항에 따라 등록한 시설은 제외한다) 및 등록 취소 처분
22. 법 제88조에 따른 수산물 등에 대한 검사
23. 법 제89조에 따른 수산물검사기관의 지정
24. 법 제90조에 따른 수산물검사기관의 지정 취소 및 검사업무의 정지 처분
25. 법 제92조에 따른 수산물검사관 자격의 취소 처분 및 법 제93조에 따른 검사 결과의 표시
26. 법 제94조에 따른 검사증명서의 발급
27. 법 제95조에 따른 부적합 판정의 통지 및 수산물·수산가공품의 폐기 또는 판매금지 등의 요청
28. 법 제96조에 따른 재검사
29. 법 제97조에 따른 검사판정의 취소
30. 법 제98조제1항에 따른 수산물 검정
31. 법 제99조제1항에 따른 수산물검정기관의 지정

| 정답 | 34 ④

32. 법 제100조에 따른 수산물검정기관의 지정 취소 처분
33. 법 제102조에 따른 확인 · 조사 · 점검 등
34. 법 제104조에 따른 농수산물 명예감시원 위촉 및 운영
35. 법 제110조에 따른 품질 향상 및 표준규격화 촉진 등을 위한 자금 지원
36. 법 제123조제3항에 따른 과태료의 부과 및 징수

35 다음 중 1년 이하의 징역 또는 1천만원 이하의 벌금을 처하는 경우가 아닌 경우는?

① 이력추적관리의 등록을 하지 아니한 자
② 검사를 받아야 하는 농산물에 대하여 검사를 받지 아니한 자
③ 농수산가공품에 표준규격품, 우수관리인증농산물, 품질인증품, 이력추적관리농수산물의 표시를 하거나 이와 비슷한 표시를 한 자
④ 농산물품질관리사 또는 수산물품질관리사의 명의를 사용하게 하거나 그 자격증을 빌려준 자

해설 표준규격품, 우수관리인증농산물, 품질인증품, 이력추적관리농수산물이 아닌 농수산물 또는 농수산가공품에 표준규격품, 우수관리인증농산물, 품질인증품, 이력추적관리농수산물의 표시를 하거나 이와 비슷한 표시를 한 자는 3년 이하의 징역 또는 3천만원 이하의 벌금에 처한다(법 제119조).
다음의 어느 하나에 해당하는 자는 1년 이하의 징역 또는 1천만원 이하의 벌금에 처한다(법 제120조).

1. 제24조제2항을 위반하여 이력추적관리의 등록을 하지 아니한 자
2. 제31조제1항 또는 제40조에 따른 시정명령(제31조제1항제3호 또는 제40조제2호에 따른 표시방법에 대한 시정명령은 제외한다), 판매금지 또는 표시정지 처분에 따르지 아니한 자
3. 제31조제2항에 따른 시정명령(제31조제1항제3호에 따른 표시방법에 대한 시정명령은 제외한다)이나 판매금지 조치에 따르지 아니한 자
4. 제59조제1항에 따른 처분을 이행하지 아니한 자
5. 제59조제2항에 따른 공표명령을 이행하지 아니한 자
6. 제63조제1항에 따른 조치를 이행하지 아니한 자
7. 제73조제2항에 따른 동물용 의약품을 사용하는 행위를 제한하거나 금지하는 조치에 따르지 아니한 자
8. 제77조에 따른 지정해역에서 수산물의 생산제한 조치에 따르지 아니한 자
9. 제78조에 따른 생산 · 가공 · 출하 및 운반의 시정 · 제한 · 중지 명령을 위반하거나 생산 · 가공시설등의 개선 · 보수 명령을 이행하지 아니한 자
9의2. 제98조의2제1항에 따른 조치를 이행하지 아니한 자
10. 제101조제2호를 위반하여 검사를 받아야 하는 농산물에 대하여 검사를 받지 아니한 자
11. 제101조제4호를 위반하여 검사를 받지 아니하고 해당 농수산물이나 수산가공품을 판매 · 수출하거나 판매 · 수출을 목적으로 보관 또는 진열한 자
12. 제108조제2항을 위반하여 다른 사람에게 농산물품질관리사 또는 수산물품질관리사의 명의를 사용하게 하거나 그 자격증을 빌려준 자

제2장 농수산물의 원산지 표시에 관한 법률

1 총칙

1. 목적
이 법은 농산물·수산물이나 그 가공품 등에 대하여 적정하고 합리적인 원산지 표시를 하도록 하여 소비자의 알권리를 보장하고, 공정한 거래를 유도함으로써 생산자와 소비자를 보호하는 것을 목적으로 한다(법 제1조).

2. 용어정의 및 다른 법과의 관계

(1) 정의
이 법에서 사용하는 용어의 뜻은 다음과 같다(법 제2조).

1. "농산물"이란 「농어업·농어촌 및 식품산업 기본법」 제3조 제6호 가목에 따른 농산물을 말한다.

   > 농업활동으로 생산되는 산물로서 대통령령으로 정하는 것
   >   1. 농작물재배업: 식량작물 재배업, 채소작물 재배업, 과실작물 재배업, 화훼작물 재배업, 특용작물 재배업, 약용작물 재배업, 버섯 재배업, 양잠업 및 종자·묘목 재배업(임업용 종자·묘목 재배업은 제외한다)
   >   2. 축산업: 동물(수생동물은 제외한다)의 사육업·증식업·부화업 및 종축업(種畜業)
   >   3. 임업: 육림업(자연휴양림·자연수목원의 조성·관리·운영업을 포함한다), 임산물 생산·채취업 및 임업용 종자·묘목 재배업

2. "수산물"이란 「농어업·농어촌 및 식품산업 기본법」 제3조 제6호 나목에 따른 농산물을 말한다.
3. "농수산물"이란 농산물과 수산물을 말한다.
4. "원산지"란 농산물이나 수산물이 생산·채취·포획된 국가·지역이나 해역을 말한다.
5. "식품접객업"이란 「식품위생법」 제36조 제1항 제3호에 따른 식품접객업을 말한다.
6. "집단급식소"란 「식품위생법」 제2조 제12호에 따른 집단급식소를 말한다.
7. "통신판매"란 「전자상거래 등에서의 소비자보호에 관한 법률」 제2조 제2호에 따른

통신판매(같은 법 제2조 제1호의 전자상거래로 판매되는 경우를 포함한다. 이하 같다) 중 대통령령으로 정하는 판매를 말한다.

> 우편, 전기통신, 그 밖에 농림축산식품부와 해양수산부의 공동부령으로 정하는 것을 이용한 판매를 말한다.(영 제2조).

8. 이 법에서 사용하는 용어의 뜻은 이 법에 특별한 규정이 있는 것을 제외하고는「농수산물품질관리법」,「식품위생법」,「대외무역법」이나「축산물가공처리법」에서 정하는 바에 따른다.

(2) 다른 법률과의 관계

이 법은 농수산물 또는 그 가공품의 원산지 표시에 대하여 다른 법률에 우선하여 적용한다. 다만, 수출입 농수산물이나 그 가공품은「대외무역법」제33조 및 제33조의2에 따른다(법 제3조).

(3) 농수산물의 원산지 표시의 심의

이 법에 따른 농수산물·수산물 및 그 가공품 또는 조리하여 판매하는 쌀·김치류 및 축산물(「축산물가공처리법」제2조제2호에 따른 축산물을 말한다. 이하 같다)의 원산지 표시 등에 관한 사항은「농수산물품질관리법」제3조의 농수산물품질관리심의회(이하 "심의회"라 한다)에서 심의한다(법 제4조).

2 원산지 표시 등

1. 원산지 표시

(1) 원산지 표시

1) 농수산물 또는 그 가공품의 표시의무

대통령령으로 정하는 농수산물 또는 그 가공품을 생산·가공하여 출하하거나 판매(통신판매를 포함한다. 이하 같다) 또는 판매할 목적으로 보관·진열하는 자는 다음에 대하여 원산지를 표시하여야 한다(법 제5조 제1항).

① 대상 : "대통령령으로 정하는 농수산물 또는 그 가공품"이란 다음의 농수산물 또는 그 가공품을 말한다(영 제3조 제1항).

> ㉠ 유통질서의 확립과 소비자의 올바른 선택을 위하여 필요하다고 인정하여 농림축산식품부장관, 해양수산부장관이 공동으로 고시한 농수산물 또는 그 가공품
> ㉡ 「대외무역법」 제33조에 따라 산업통상자원부장관이 공고한 수입 농수산물 또는 그 가공품

② 원산지 표시

> ㉠ 농수산물　　㉡ 농수산물 가공품의 원료

2) 농수산물 가공품의 원료 원산지의 표시대상

① **표시대상** : 농수산물 가공품의 원료에 대한 원산지 표시대상은 다음과 같다(영 제3조 제2항 본문).

> ㉠ 원료 배합 비율에 따른 표시대상
> ⓐ 사용된 원료의 배합 비율에서 98퍼센트 이상인 원료가 있는 경우에는 그 원료
> ⓑ 사용된 원료의 배합 비율에서 98퍼센트 이상인 원료가 없는 경우에는 배합 비율이 높은 순서의 두 가지 원료
> ⓒ 가목과 나목에도 불구하고 김치류 중 고춧가루를 사용하는 품목은 배합 비율이 가장 높은 원료와 고춧가루
> ㉡ 「식품위생법」 제10조에 따른 식품 등의 표시기준 및 「축산물위생관리법」 제6조에 따른 축산물의 표시기준에서 정한 복합원재료를 사용한 경우에는 농림축산식품부장관과 해양수산부장관이 공동으로 정하여 고시하는 기준에 따른 원료

② **원료 원산지의 표시대상 제외** : 물, 식품첨가물, 주정(酒精) 및 당류는 배합 비율의 순위와 표시대상에서 제외한다(영 제3조 제2항 단서).

③ **병기대상(함께 표시대상)** : 위의 ①을 적용할 때 원료 농수산물의 명칭을 제품명 또는 제품명의 일부로 사용하는 경우로서 그 원료 농수산물이 같은 항에 따른 표시대상이 아닌 경우에는 그 원료 농수산물을 함께 표시대상으로 하여야 한다(영 제3조 제3항).

④ **표시대상 원료 외의 원료** : 농수산물 가공품의 신뢰도를 높이기 위하여 필요한 경우에는 위에 따른 표시대상 원료 외의 원료에 대해서도 그 원산지를 표시할 수 있다(영 제3조 제4항).

3) 원산지 표시 의제

다음의 어느 하나에 해당하는 때에는 원산지를 표시한 것으로 본다(법 제5조 제2항).

> ① 「농수산물 품질관리법」 제5조 또는 「소금산업 진흥법」 제33조에 따른 표준규격품의 표시를 한 경우
> ② 「농수산물 품질관리법」 제6조에 따른 우수관리인증의 표시, 같은 법 제14조에 따른 품질인증품의 표시 또는 「소금산업 진흥법」 제39조에 따른 우수천일염인증의 표시를 한 경우
> ③ 「소금산업 진흥법」 제40조에 따른 천일염생산방식인증의 표시를 한 경우
> ④ 「농수산물 품질관리법」 제21조에 따른 친환경수산물인증품의 표시 또는 「소금산업 진흥법」 제41조에 따른 친환경천일염인증의 표시를 한 경우
> ⑤ 「농수산물 품질관리법」 제24조에 따른 이력추적관리의 표시를 한 경우
> ⑥ 「농수산물 품질관리법」 제34조 또는 「소금산업 진흥법」 제38조에 따른 지리적표시를 한 경우
> ⑦ 다른 법률에서 농수산물의 원산지나 그 가공품의 원료의 원산지를 표시하도록 규정하고 있는 경우

4) 원산지 표시를 하여야 할 자

식품접객업 및 집단급식소 중 대통령령으로 정하는 영업소나 집단급식소를 설치·운영하는 자는 대통령령으로 정하는 농수산물이나 그 가공품을 조리하여 판매·제공하는 경우(조리하여 판매 또는 제공할 목적으로 보관·진열하는 경우를 포함한다. 이하 같다)에 그 농수산물이나 그 가공품의 원료에 대하여 원산지(쇠고기는 식육의 종류를 포함한다. 이하 같다)를 표시하여야 한다(법 제5조 제3항).

① **원산지 표시를 하여야 할 자** : "대통령령으로 정하는 영업소나 집단급식소를 설치·운영하는 자"란 「식품위생법 시행령」 제21조제8호가목의 휴게음식점영업, 같은 호 나목의 일반음식점영업 또는 같은 호 마목의 위탁급식영업을 하는 영업소나 같은 법 시행령 제2조의 집단급식소를 설치·운영하는 자를 말한다(영 제4조).

② **가공품의 원산지 표시 대상품목** : "대통령령으로 정하는 농수산물이나 그 가공품"이란 다음의 것을 말한다(영 제3조 제5항).

> ㉠ 쇠고기의 식육·포장육·식육가공품 : 구이용, 탕용(湯用), 찜용, 튀김용, 육회용(肉膾用) 등 모든 용도로 조리하여 판매·제공(육회용의 경우 조리 과정 없이 날 것으로 판매·제공하는 것을 포함한다)하는 것
> ㉡ 돼지고기의 식육·포장육·식육가공품(「축산물위생관리법」 제2조제8호에 따

- ⓒ 른 양념육류·분쇄가공육제품·갈비가공품·식육추출가공품과「식품위생법」 제14조의 식품등의 공전(公典)에 따른 식육가공품 중 보쌈·족발만 해당한다) : 구이용, 탕용, 찜용 또는 튀김용으로 조리하여 판매·제공하는 것(배달을 통하여 판매·제공하는 것을 포함한다)
- ⓒ 닭고기의 식육·포장육·식육가공품(「축산물위생관리법」 제2조제8호에 따른 양념육류·분쇄가공육제품·갈비가공품 및 식육추출가공품만 해당한다) : 구이용, 탕용, 찜용 또는 튀김용으로 조리하여 판매·제공하는 것(배달을 통하여 판매·제공하는 것을 포함한다)
- ② 오리고기의 식육·포장육·식육가공품(「축산물위생관리법」 제2조제8호에 따른 햄류·양념육류·분쇄가공육제품·갈비가공품 및 식육추출가공품만 해당한다) : 구이용, 탕용, 찜용, 튀김용 또는 훈제용으로 조리하여 판매·제공하는 것(햄류는 훈제용만 해당한다)
- ⑩ 양(염소 등 산양을 포함한다)고기의 식육·포장육·식육가공품(「축산물위생관리법」 제2조제8호에 따른 양념육류·분쇄가공육제품·갈비가공품 및 식육추출가공품만 해당한다) : 구이용, 탕용, 찜용, 육회용 또는 튀김용으로 조리하여 판매·제공하는 것
- ⑭ 쌀(찐쌀을 포함한다) : 원형을 유지하여 조리·판매하는 경우로서 밥(죽, 식혜, 떡 및 면은 제외한다)으로 제공하는 것
- ⓢ 배추김치(원료 중 고춧가루를 포함한다) : 절임, 양념 혼합, 발효 또는 가공 등의 과정을 거쳐 반찬, 찌개용 또는 탕용으로 제공하는 것
- ⓞ 넙치, 조피볼락, 참돔, 미꾸라지, 뱀장어, 낙지, 명태(황태, 북어 등 건조한 것은 제외한다), 고등어, 갈치 : 생식용(조리과정 없이 날 것으로 판매·제공하는 것을 포함한다), 구이용, 탕용, 찌개용, 찜용, 튀김용, 데침용 또는 볶음용으로 조리하여 판매·제공하는 것
- ⓩ 살아있는 수산물 : 조리하여 판매·제공하기 위하여 수족관 등에 보관·진열하는 것

5) 원산지의 표시기준
  ① 규정사항의 원산지 표시기준 : 원산지의 표시기준은 다음[별표 1]과 같다(영 제5조 제1항).

별표 1 〈개정 2013.3.23〉 원산지의 표시기준(제5조제1항 관련)

1. 농수산물

　가. 국산 농수산물

　　1) 국산 농산물 : "국산"이나 "국내산" 또는 그 농산물을 생산·채취·사육한 지역의 시·도명이나 시·군·구명을 표시한다.

　　2) 국산 수산물 : "국산"이나 "국내산" 또는 "연근해산"으로 표시한다. 다만, 양식 수산물이나 연안정착성 수산물 또는 내수면 수산물의 경우에는 해당 수산물을 생산·채취·양식·포획한 지역의 시·도명이나 시·군·구명을 표시할 수 있다.

　나. 원양산 수산물

　　1) 「원양산업발전법」 제6조제1항에 따라 원양어업의 허가를 받은 어선이 해외수역에서 어획하여 국내에 반입한 수산물은 "원양산"으로 표시하거나 "원양산" 표시와 함께 "태평양", "대서양", "인도양", "남빙양", "북빙양"의 해역명을 표시한다.

　　2) 1)에 따른 표시 외에 연안국 법령에 따라 별도로 표시하여야 하는 사항이 있는 경우에는 1)에 따른 표시와 함께 표시할 수 있다.

　다. 원산지가 다른 동일 품목을 혼합한 농수산물

　　1) 국산 농수산물로서 그 생산 등을 한 지역이 각각 다른 동일 품목의 농수산물을 혼합한 경우에는 혼합 비율이 높은 순서로 3개 지역까지의 시·도명 또는 시·군·구명과 그 혼합 비율을 표시하거나 "국산", "국내산" 또는 "연근해산"으로 표시한다.

　　2) 동일 품목의 국산 농수산물과 국산 외의 농수산물을 혼합한 경우에는 혼합비율이 높은 순서로 3개 국가(지역, 해역 등)까지의 원산지와 그 혼합비율을 표시한다.

　라. 2개 이상의 품목을 포장한 수산물 : 서로 다른 2개 이상의 품목을 용기에 담아 포장한 경우에는 혼합 비율이 높은 2개까지의 품목을 대상으로 가목2), 나목 및 제2호의 기준에 따라 표시한다.

2. 수입 농수산물과 그 가공품 및 반입 농수산물과 그 가공품

　가. 수입 농수산물과 그 가공품(이하 "수입농수산물등"이라 한다)은 「대외무역법」에 따른 통관 시의 원산지를 표시한다.

　나. 「남북교류협력에 관한 법률」에 따라 반입한 농수산물과 그 가공품(이하 "반입농

수산물등"이라 한다)은 같은 법에 따른 반입 시의 원산지를 표시한다.

3. 농수산물 가공품(수입농수산물등 또는 반입농수산물등을 국내에서 가공한 것을 포함한다)
   가. 사용된 원료의 원산지를 제1호 및 제2호의 기준에 따라 표시한다.
   나. 원산지가 다른 동일 원료를 혼합하여 사용한 경우에는 혼합 비율이 높은 순서로 2개 국가(지역, 해역 등)까지의 원료 원산지와 그 혼합 비율을 각각 표시한다.
   다. 원산지가 다른 동일 원료의 원산지별 혼합 비율이 변경된 경우로서 그 어느 하나의 변경의 폭이 최대 15퍼센트 이하이면 종전의 원산지별 혼합 비율이 표시된 포장재를 혼합 비율이 변경된 날부터 1년의 범위에서 사용할 수 있다.
   라. 사용된 원료(물, 식품첨가물 및 당류는 제외한다)의 원산지가 모두 국산일 경우에는 원산지를 일괄하여 "국산"이나 "국내산" 또는 "연근해산"으로 표시할 수 있다.
   마. 원료의 수급 사정으로 인하여 원료의 원산지 또는 혼합 비율이 자주 변경되는 경우로서 다음의 어느 하나에 해당하는 경우에는 농림축산식품부장관과 해양수산부장관이 공동으로 정하여 고시하는 바에 따라 원료의 원산지와 혼합 비율을 표시할 수 있다.
      1) 특정 원료의 원산지나 혼합 비율이 최근 3년 이내에 연평균 3개국(회) 이상 변경되거나 최근 1년 동안에 3개국(회) 이상 변경된 경우와 최초 생산일부터 1년 이내에 3개국 이상 원산지 변경이 예상되는 신제품인 경우
      2) 원산지가 다른 동일 원료를 사용하는 경우
      3) 정부가 농수산물 가공품의 원료로 공급하는 수입쌀을 사용하는 경우
      4) 그 밖에 농림축산식품부장관과 해양수산부장관이 공동으로 필요하다고 인정하여 고시하는 경우

② 규정한 사항 외에 원산지의 표시기준 : ①에서 규정한 사항 외에 원산지의 표시기준에 관하여 필요한 사항은 농림축산식품부장관과 해양수산부장관이 공동으로 정하여 고시한다(영 제5조 제2항).

2. 세부적인 표시방법

「농수산물의 원산지 표시에 관한 법률」(이하 "법"이라 한다) 제5조제4항에 따른 원산지의 표시방법은 다음 각 호의 구분과 같다(규칙 제3조).

(1) 농수산물 등의 원산지 표시방법(규칙 제3조제1호 관련)

1) 적용대상

① 영 별표 1 제1호에 따른 농수산물
② 영 별표 1 제2호에 따른 수입 농수산물과 그 가공품 및 반입 농수산물과 그 가공품

2) 표시방법

① 포장재에 원산지를 표시할 수 있는 경우

㉠ 위치 : 소비자가 쉽게 알아볼 수 있는 곳에 표시한다.

㉡ 문자 : 한글로 하되, 필요한 경우에는 한글 옆에 한문 또는 영문 등으로 추가하여 표시할 수 있다.

㉢ 글자 크기

ⓐ 포장 표면적이 3,000㎠ 이상인 경우 : 20포인트 이상

ⓑ 포장 표면적이 50㎠ 이상 3,000㎠ 미만인 경우 : 12포인트 이상

ⓒ 포장 표면적이 50㎠ 미만인 경우 : 8포인트 이상. 다만, 8포인트 이상의 크기로 표시하기 곤란한 경우에는 다른 표시사항의 글자 크기와 같은 크기로 표시할 수 있다.

ⓓ ⓐ, ⓑ 및 ⓒ의 포장 표면적은 포장재의 외형면적을 말한다. 다만, 「식품위생법」 제10조에 따른 식품 등의 표시기준에 따른 통조림·병조림 및 병제품에 라벨이 인쇄된 경우에는 그 라벨의 면적으로 한다.

㉣ 글자색 : 포장재의 바탕색 또는 내용물의 색깔과 다른 색깔로 선명하게 표시한다.

㉤ 그 밖의 사항

ⓐ 포장재에 직접 인쇄하는 것을 원칙으로 하되, 지워지지 아니하는 잉크·각인·소인 등을 사용하여 표시하거나 스티커, 전자저울에 의한 라벨시 등으로도 표시할 수 있다.

ⓑ 그물망 포장을 사용하는 경우 또는 포장을 하지 않고 엮거나 묶은 상태인 경우에는 꼬리표, 내찰 등으로도 표시할 수 있다.

② 포장재에 원산지를 표시하기 어려운 경우(③의 경우는 제외한다)

㉠ 푯말, 안내표시판, 일괄 안내표시판, 상품에 붙이는 스티커 등을 이용하여 다음의 기준에 따라 소비자가 쉽게 알아볼 수 있도록 표시한다.

ⓐ 푯말 : 가로 8cm × 세로 5cm × 높이 5cm 이상

ⓑ 안내표시판

> ⅰ) 진열대 : 가로 7cm × 세로 5cm 이상
> ⅱ) 판매장소 : 가로 14cm × 세로 10cm 이상
> ⅲ) 「축산물위생관리법 시행령」 제21조제7호가목에 따른 식육판매업의 영업자가 진열장에 진열하여 판매하는 식육에 대하여 식육판매표지판을 이용하여 원산지를 표시하는 경우의 세부 표시방법은 농림수산식품부 장관이 정하여 고시하는 바에 따른다.

ⓒ 일괄 안내표시판

> ⅰ) 위치 : 소비자가 쉽게 알아볼 수 있는 곳에 설치하여야 한다.
> ⅱ) 크기 : ⓒ ⅱ)에 따른 기준 이상으로 하되, 글자 크기는 20포인트 이상으로 한다.

ⓓ 상품에 붙이는 스티커 : 가로 3cm × 세로 2cm 이상 또는 직경 2.5cm 이상이어야 한다.
ⓒ 문자 : 한글로 하되, 필요한 경우에는 한글 옆에 한문 또는 영문 등으로 추가하여 표시할 수 있다.

③ 살아 있는 수산물의 경우
   ㉠ 보관시설(수족관, 활어차량 등)에 원산지별로 섞이지 않도록 구획(동일 어종의 경우만 해당한다)하고, 푯말 또는 안내표시판 등으로 소비자가 쉽게 알아볼 수 있도록 표시한다.
   ㉡ 글자 크기는 30포인트 이상으로 하되, 원산지가 같은 경우에는 일괄하여 표시할 수 있다.
   ㉢ 문자는 한글로 하되, 필요한 경우에는 한글 옆에 한문 또는 영문 등으로 추가하여 표시할 수 있다.

(2) 농수산물 가공품의 원산지 표시방법(제3조제1호 관련)

1) 적용대상 : 영 별표 1 제3호에 따른 농수산물 가공품

2) 표시방법
   ① 포장재에 원산지를 표시할 수 있는 경우
      ㉠ 위치 : 「식품위생법」 제10조 및 「축산물위생관리법」 제6조의 표시기준에 따른 원재료명 표시란에 추가하여 표시한다. 다만, 원재료명 표시란에 표시하기 어려운 경우에는 소비자가 쉽게 알아볼 수 있는 위치에 표시할 수 있다.

ⓒ 문자 : 한글로 하되, 필요한 경우에는 한글 옆에 한문 또는 영문 등으로 추가하여 표시할 수 있다.

ⓒ 글자 크기

ⓐ 포장 표면적이 3,000㎠ 이상인 경우 : 20포인트 이상

ⓑ 포장 표면적이 50㎠ 이상 3,000㎠ 미만인 경우 : 12포인트 이상

ⓒ 포장 표면적이 50㎠ 미만인 경우 : 8포인트 이상. 다만, 8포인트 이상의 크기로 표시하기 곤란한 경우에는 다른 표시사항의 글자 크기와 같은 크기로 표시할 수 있다.

ⓓ ⓐ, ⓑ 및 ⓒ의 포장 표면적은 포장재의 외형면적을 말한다. 다만, 「식품위생법」 제10조에 따른 식품 등의 표시기준에 따른 통조림·병조림 및 병제품에 라벨이 인쇄된 경우에는 그 라벨의 면적으로 한다.

ⓔ 글자색 : 포장재의 바탕색과 다른 단색으로 선명하게 표시한다.

ⓕ 그 밖의 사항

ⓐ 포장재에 직접 인쇄하는 것을 원칙으로 하되, 지워지지 아니하는 잉크·각인·소인 등을 사용하여 표시하거나 스티커, 전자저울에 의한 라벨지 등으로도 표시할 수 있다.

ⓑ 그물망 포장을 사용하는 경우에는 꼬리표, 내찰 등으로도 표시할 수 있다.

② 포장재에 원산지를 표시하기 어려운 경우 : 별표 1 제2호나목을 준용하여 표시한다.

(3) 통신판매의 경우 원산지 표시방법(제3조제1호 관련)

1) 일반적인 표시방법

> ① 표시는 한글로 하되, 필요한 경우에는 한글 옆에 한문 또는 영문 등으로 추가하여 표시할 수 있다. 다만, 매체 특성상 문자로 표시할 수 없는 경우에는 말로 표시하여야 한다.
> ② 원산지를 표시할 때에는 소비자가 혼란을 일으키지 않도록 글자로 표시할 경우에는 글자의 위치·크기 및 색깔은 쉽게 알아 볼 수 있어야 하고, 말로 표시할 경우에는 말의 속도 및 소리의 크기는 제품을 설명하는 것과 같아야 한다.
> ③ 원산지가 같은 경우에는 일괄하여 표시할 수 있다.

2) 개별적인 표시방법

① 전자매체 이용

㉠ 글자로 표시할 수 있는 경우(인터넷, PC통신, 케이블TV, IPTV, TV 등)
　　ⓐ 표시 위치 : 제품명 또는 가격표시 주위에 표시하거나 매체의 특성에 따라 자막 또는 별도의 창을 이용할 수 있다.
　　ⓑ 표시 시기 : 원산지를 표시하여야 할 제품이 화면에 표시되는 시점부터 원산지를 알 수 있도록 표시해야 한다.
　　ⓒ 글자 크기 : 제품명 또는 가격표시와 같거나 그보다 커야 한다.
　　ⓓ 글자색 : 제품명 또는 가격표시와 같은 색으로 한다.
㉡ 글자로 표시할 수 없는 경우(라디오 등) : 1회당 원산지를 두 번 이상 말로 표시하여야 한다.

② 인쇄매체 이용(신문, 잡지 등)
㉠ 표시 위치 : 제품명 또는 가격표시 주위에 표시하거나, 제품명 또는 가격표시 주위에 원산지 표시 위치를 명시하고 그 장소에 표시할 수 있다.
㉡ 글자 크기 : 제품명 또는 가격표시 글자 크기의 1/2 이상으로 표시하거나, 광고 면적을 기준으로 별표 1 제2호가목3)의 기준을 준용하여 표시할 수 있다.
㉢ 글자색 : 제품명 또는 가격표시와 같은 색으로 한다.

(4) 영업소 및 집단급식소의 원산지 표시방법(제3조제2호 관련)

1) 공통적인 표시방법

1. 원산지는 음식명 또는 원산지 표시대상 바로 옆이나 밑에 표시한다. 다만, 원산지가 같은 경우에는 다음 예시와 같이 일괄하여 표시할 수 있다.
   [예시]
   － 우리 업소에서는 "국내산 쌀"만 사용합니다.
   － 우리 업소에서는 "국내산 배추와 고춧가루로 만든 배추김치"만 사용합니다.
   － 우리 업소에서는 "국내산 한우 쇠고기"만 사용합니다.
   － 우리 업소에서는 "국내산 넙치"만을 사용합니다.
2. 원산지의 글자 크기는 메뉴판이나 게시판 등에 적힌 음식명 글자 크기와 같거나 그보다 커야 한다.
3. 원산지가 다른 2개 이상의 동일 품목을 섞은 경우에는 섞음 비율이 높은 순서대로 표시한다.
   [예시 1] 국내산의 섞음 비율이 수입산 보다 높은 경우
   － 쇠고기 : 불고기(국내산 한우와 호주산을 섞음), 설렁탕(육수 국내산 한우, 쇠고기 호주산), 국내산 한우 갈비뼈에 호주산 쇠고기를 접착(接着)한 경우: 소갈비(갈

비뼈 국내산 한우와 쇠고기 호주산을 섞음) 또는 소갈비(호주산)
  - 돼지고기, 닭고기 등 : 고추장불고기(국내산과 미국산 돼지고기를 섞음), 닭갈비(국내산과 중국산을 섞음)
  - 쌀, 배추김치 : 쌀(국내산과 미국산을 섞음), 배추김치(배추 국내산과 중국산을 섞음, 고춧가루 국내산과 중국산을 섞음)
  - 넙치, 조피볼락 등 : 조피볼락회(국내산과 일본산을 섞음)
  [예시 2] 국내산의 섞음 비율이 수입산 보다 낮은 경우
  - 불고기(호주산과 국내산 한우를 섞음), 쌀(미국산과 국내산을 섞음), 낙지볶음(일본산과 국내산을 섞음)
4. 쇠고기, 돼지고기, 닭고기 및 오리고기 등을 섞거나 넙치, 조피볼락 및 참돔 등을 섞은 경우 각각의 원산지를 표시한다.
  [예시] 햄버그스테이크(쇠고기 : 국내산 한우, 돼지고기 : 덴마크산), 모둠회(넙치 : 국내산, 조피볼락 : 중국산, 참돔 : 일본산)
5. 원산지가 국내산인 경우에는 "국내산" 또는 "국산"으로 표시하거나 해당 농수산물이 생산된 특별시·광역시·특별자치시·도·특별자치도명이나 시·군·자치구명으로 표시할 수 있다.
6. 농수산물 가공품을 사용한 경우에는 그 가공품에 사용된 원료의 원산지를 표시한다. 다만, 농수산물 가공품 완제품을 구입하여 사용한 경우 그 포장재에 적힌 원산지를 표시할 수 있다.
  [예시] 햄버거(쇠고기 : 국내산), 양념불고기(쇠고기 : 호주산)
7. 농수산물과 그 가공품을 조리하여 판매 또는 제공할 목적으로 냉장고 등에 보관·진열하는 경우에는 제품 포장재에 표시하거나 냉장고 앞면 등에 일괄하여 표시한다.

2) 영업형태별 표시방법

① 휴게음식점영업 및 일반음식점영업을 하는 영업소

원산지는 소비자가 쉽게 알아볼 수 있도록 모든 메뉴판 및 게시판(메뉴판과 게시판 중 어느 한 종류만 사용하는 경우에는 그 메뉴판 또는 게시판을 말한다)에 표시하여야 한다. 다만, 아래의 기준에 따라 제작한 원산지 표시판을 소비자가 잘 보이는 곳에 부착하는 경우에는 메뉴판 및 게시판에는 원산지 표시를 생략할 수 있다.
  가. 표제로 "원산지 표시판"을 사용할 것
  나. 표시판 크기는 가로×세로(또는 세로×가로) 21cm × 29cm 이상일 것
  다. 글자 크기는 30포인트 이상일 것
  라. '3) 원산지 표시대상별 표시방법'에 따라 원산지를 표시할 것

② 위탁급식영업을 하는 영업소 및 집단급식소

> 가. 식당이나 취식(取食) 장소에 월간 메뉴표, 메뉴판, 게시판 또는 푯말 등을 사용하여 소비자(이용자를 포함한다)가 원산지를 쉽게 확인할 수 있도록 표시하여야 한다.
> 나. 교육·보육시설 등 미성년자를 대상으로 하는 영업소 및 집단급식소의 경우에는 가목에 따른 표시 외에 원산지가 적힌 주간 또는 월간 메뉴표를 작성하여 가정통신문으로 알려주거나 교육·보육시설 등의 인터넷 홈페이지에 추가로 공개하여야 한다.

③ 표시장소 : 장례식장, 예식장, 병원 등에 설치·운영되는 영업소나 집단급식소의 경우에는 제1호 및 제2호에도 불구하고 소비자(취식자를 포함한다)가 쉽게 볼 수 있는 장소에 푯말 또는 게시판 등을 사용하여 표시할 수 있다.

3) 원산지 표시대상별 표시방법

① 축산물의 원산지 표시방법

> 축산물의 원산지는 국내산과 수입산으로 구분하고, 다음 각 목의 구분에 따라 표시한다.
> 가. 쇠고기
>   1) 국내산의 경우 "국내산"으로 표시하고, 식육의 종류를 한우, 젖소, 육우로 구분하여 표시한다. 다만, 수입한 소를 국내에서 6개월 이상 사육한 후 국내산으로 유통하는 경우에는 "국내산"으로 표시하되, 괄호 안에 식육의 종류 및 출생국가명을 함께 표시한다.
>   [예시] 소갈비(국내산 한우), 등심(국내산 육우), 소갈비 (국내산 육우, 출생국 호주)
>   2) 수입산의 경우에는 수입국가명을 표시한다.
>   [예시] 소갈비(미국산)
> 나. 돼지고기, 닭고기, 오리고기 및 양고기(염소 등 산양 포함)
>   1) 국내산의 경우 "국내산"으로 표시한다. 다만, 수입한 돼지 또는 양을 국내에서 2개월 이상 사육한 후 국내산으로 유통하거나, 수입한 닭 또는 오리를 국내에서 1개월 이상 사육한 후 국내산으로 유통하는 경우에는 "국내산"으로 표시하되, 괄호 안에 출생국가명을 함께 표시한다.
>   [예시] 삼겹살(국내산), 양고기(국내산), 삼계탕(국내산), 훈제오리(국내산), 삼겹살 (국내산, 출생국 덴마크), 삼계탕(국내산, 출생국 프랑스),

훈제오리(국내산, 출생국 중국)
  2) 수입산의 경우 수입국가명을 표시한다.
    [예시] 삼겹살(덴마크산), 염소탕(호주산), 삼계탕(중국산),
       훈제오리(중국산)
다. 배달을 통하여 판매·제공되는 닭고기 및 돼지고기
  1) 닭고기 또는 돼지고기를 조리 후 배달을 통하여 판매·제공하는 경우 그 조리한 음식에 사용된 닭고기 또는 돼지고기의 원산지를 포장재에 표시한다. 다만, 포장재에 표시하기 어려운 경우에는 전단지, 스티커 또는 영수증 등에 표시할 수 있다.
  2) 1)에 따른 세부 원산지 표시는 나목의 기준에 따른다.
    [예시] 찜닭(국내산), 양념치킨(브라질산)

② 쌀(찐쌀을 포함한다. 이하 같다)의 원산지 표시방법

쌀의 원산지는 국내산과 수입산으로 구분하고, 다음 각 목의 구분에 따라 표시한다.
가. 국내산의 경우 "쌀(국내산)"로 표시한다.
나. 수입산의 경우 쌀의 수입국가명을 표시한다.
  [예시] 쌀(미국산)

③ 배추김치의 원산지 표시방법

가. 국내에서 배추김치를 조리하여 판매·제공하는 경우에는 "배추김치"로 표시하고, 그 옆에 괄호로 배추김치의 원료인 배추(절인 배추를 포함한다)의 원산지를 표시한다. 이 경우 고춧가루를 사용한 배추김치의 경우에는 고춧가루의 원산지를 함께 표시한다.
  [예시]
    배추김치(배추 국내산, 고춧가루 중국산),
    배추김치(배추 중국산, 고춧가루 국내산)
    ※ 고춧가루를 사용하지 않은 배추김치 : 배추김치(배추 국내산)
나. 외국에서 제조·가공한 배추김치를 수입하여 조리하여 판매·제공하는 경우에는 배추김치의 수입국가명을 표시한다. 이 경우 배추김치에 포함된 고춧가루의 원산지를 알 수 없는 경우에는 가공품의 수입국가명의 표시로 고춧가루 원산지 표시를 갈음한다.
  [예시] 배추김치(중국산)

④ 넙치, 조피볼락, 참돔, 미꾸라지, 뱀장어, 낙지, 명태, 고등어 및 갈치의 원산지 표시방법

> 원산지는 국내산, 원양산 및 수입산으로 구분하고, 다음 각 목의 구분에 따라 표시한다.
> 가. 국내산의 경우 "국내산" 또는 "연근해산"으로 표시한다.
>   [예시] 넙치회(국내산), 참돔회(연근해산)
> 나. 원양산의 경우 "원양산" 또는 "원양산, 해역명"으로 한다.
>   [예시] 참돔구이(원양산), 넙치매운탕(원양산, 태평양산)
> 다. 수입산의 경우 수입국가명을 표시한다.
>   [예시] 참돔회(일본산), 뱀장어구이(영국산)

3. 거짓 표시 등의 금지

(1) 금지행위

1) 누구든 금지행위

누구든지 다음의 행위를 하여서는 아니 된다(법 제6조 제1항).

> ① 원산지 표시를 거짓으로 하거나 이를 혼동하게 할 우려가 있는 표시를 하는 행위
> ② 원산지 표시를 혼동하게 할 목적으로 그 표시를 손상·변경하는 행위
> ③ 원산지를 위장하여 판매하거나, 원산지 표시를 한 농수산물이나 그 가공품에 다른 농수산물이나 가공품을 혼합하여 판매하거나 판매할 목적으로 보관이나 진열하는 행위

2) 판매·제공하는 자의 금지행위

농수산물이나 그 가공품을 조리하여 판매·제공하는 자는 다음의 행위를 하여서는 아니 된다(법 제6조 제2항).

> ① 원산지 표시를 거짓으로 하거나 이를 혼동하게 할 우려가 있는 표시를 하는 행위
> ② 원산지를 위장하여 조리·판매·제공하거나, 조리하여 판매·제공할 목적으로 농수산물이나 그 가공품의 원산지 표시를 손상·변경하여 보관·진열하는 행위
> ③ 원산지 표시를 한 농수산물이나 그 가공품에 원산지가 다른 동일 농수산물이나 그 가공품을 혼합하여 조리·판매·제공하는 행위

(2) 원산지를 혼동하게 할 우려가 있는 표시 및 위장판매의 범위(제4조 관련)

1) 원산지를 혼동하게 할 우려가 있는 표시

① 원산지 표시란에는 원산지를 바르게 표시하였으나 포장재·푯말·홍보물 등 다른 곳에 이와 유사한 표시를 하여 원산지를 오인하게 하는 표시 등을 말한다.
② ①에 따른 일반적인 예는 다음과 같으며 이와 유사한 사례 또는 그 밖의 방법으로 기망(欺罔)하여 판매하는 행위를 포함한다.
 ㉠ 원산지 표시란에는 수입 국가명산으로 표시하고 인근에 설치된 현수막 등에는 "우리 농수산물만 취급", "국산만 취급", "국내산 한우만 취급" 등의 표시·광고를 한 경우
 ㉡ 원산지 표시란에는 수입국가명산 또는 "국내산"으로 표시하고 포장재 앞면 등 소비자가 잘 보이는 위치에는 큰 글씨로 "국내생산", "경기특미" 등과 같이 국내 유명 특산물 생산지역명을 표시한 경우
 ㉢ 게시판 등에는 "국산 김치만 사용합니다"로 일괄 표시하고 원산지 표시란에는 수입국가명산으로 표시하거나, 표시대상이 아닌 음식에 수입산을 사용하는 경우
 ㉣ 원산지 표시란에는 여러 수입국가명산을 나열하고 실제로는 판매가격이 낮거나 소비자가 기피하는 수입국가명산을 판매하는 경우

2) 원산지 위장판매의 범위

① 원산지 표시를 잘 보이지 않도록 하거나, 표시를 하지 않고 판매하면서 사실과 다르게 원산지를 알리는 행위 등을 말한다.
② ①에 따른 일반적인 예는 다음과 같으며 이와 유사한 사례 또는 그 밖의 방법으로 기망하여 판매하는 행위를 포함한다.
 ㉠ 수입국가명산과 국내산을 진열·판매하면서 수입국가명산 표시를 잘 보이지 않게 가리거나 대상 농수산물과 떨어진 위치에 표시하는 경우
 ㉡ 수입국가명산의 원산지를 표시하지 않고 판매하면서 원산지가 어디냐고 물을 때 국내산 또는 원양산이라고 대답하는 경우
 ㉢ 진열장에는 국내산만 원산지를 표시하여 진열하고, 판매 시에는 냉장고에서 원산지 표시가 안 된 수입산을 꺼내 주는 경우

(3) 원산지 표시 등의 조사

1) 수거 · 조사

농림축산식품부장관, 해양수산부장관이나 특별시장 · 광역시장 · 도지사 또는 특별자치도지사(이하 "시 · 도지사"라 한다)는 제5조에 따른 원산지의 표시 여부 · 표시사항과 표시방법 등의 적정성을 확인하기 위하여 대통령령으로 정하는 바에 따라 관계 공무원으로 하여금 원산지 표시대상 농수산물이나 그 가공품을 수거하거나 조사하게 하여야 한다(법 제7조 제1항).

2) 자체 계획 수립 · 실시

농림축산식품부장관, 해양수산부장관이나 특별시장 · 광역시장 · 도지사 · 특별자치도지사(이하 "시 · 도지사"라 한다)는 법 제7조제1항에 따른 원산지 표시대상 농수산물이나 그 가공품에 대한 수거 · 조사를 업종, 규모, 거래 품목 및 거래 형태 등을 고려하여 매년 자체 계획을 수립하고 그에 따라 실시한다(영 제6조 제1항).

3) 절차

① **검정기관 지정 · 고시** : 농림축산식품부장관과 해양수산부장관은 제1항에 따라 수거한 시료의 원산지를 판정하기 위하여 필요한 경우에는 검정기관을 지정 · 고시할 수 있다(영 제6조 제2항).

② **열람** : 조사 시 필요한 경우 해당 영업장, 보관창고, 사무실 등에 출입하여 농수산물이나 그 가공품 등에 대하여 확인 · 조사 등을 할 수 있으며 영업과 관련된 장부나 서류의 열람을 할 수 있다(법 제7조 제2항).

③ **수인의무** : 수거 · 조사 · 열람을 하는 때에는 원산지의 표시대상 농수산물이나 그 가공품을 판매하거나 가공하는 자 또는 조리하여 판매 · 제공하는 자는 정당한 사유 없이 이를 거부 · 방해하거나 기피하여서는 아니 된다(법 제7조 제3항).

④ **증표제시** : 수거 또는 조사를 하는 관계 공무원은 그 권한을 표시하는 증표를 지니고 이를 관계인에게 내보여야 하며, 출입 시 성명 · 출입시간 · 출입목적 등이 표시된 문서를 관계인에게 교부하여야 한다(법 제7조 제4항).

(4) 영수증 등의 비치

원산지를 표시하여야 하는 자는 「축산물가공처리법」 제31조나 「소 및 쇠고기 이력추적에 관한 법률」 제11조 등 다른 법률에 따라 발급받은 원산지 등이 기재된 영수증이나 거래명세서 등을 매입일부터 6개월간 비치 · 보관하여야 한다(법 제8조).

3. 원산지 표시 등의 위반에 대한 처분 등

(1) 행정처분

1) 시정명령 등

① **선택적 처분** : 농림축산식품부장관, 해양수산부장관 또는 시·도지사는 원산지 표시(제5조)나 거짓 표시 등의 금지(제6조)를 위반한 자에 대하여 다음의 어느 하나의 처분을 할 수 있다(법 제9조 제1항 본문).

> ㉠ 표시의 이행·변경·삭제 등 시정명령
> ㉡ 위반 농수산물이나 그 가공품의 판매 등 거래행위 금지

② **기속처분(羈束處分) - 시정명령** : 다만, 아래 내용(제5조제3항)을 위반한 자에 대한 처분은 표시의 이행·변경·삭제 등 시정명령(제1호)에 한한다(법 제9조 제1항).

> 식품접객업 및 집단급식소 중 대통령령으로 정하는 영업소나 집단급식소를 설치·운영하는 자는 대통령령으로 정하는 농수산물이나 그 가공품을 조리하여 판매·제공하는 경우(조리하여 판매 또는 제공할 목적으로 보관·진열하는 경우를 포함한다. 이하 같다)에 그 농수산물이나 그 가공품의 원료에 대하여 원산지(쇠고기는 식육의 종류를 포함한다. 이하 같다)를 표시하여야 한다.

2) 원산지 표시 등의 위반에 대한 구체적 처분

다음의 구분에 따라 한다(영 제7조 제1항).

> ① 법 제5조제1항(판매할 목적으로 보관·진열하는 자의 원산지 표시)을 위반한 경우 : 표시의 이행명령 또는 거래행위 금지
> ② 법 제5조제3항(식품접객업 및 집단급식소 중 대통령령으로 정하는 영업소나 집단급식소를 설치·운영하는 자는 원산지 표시)을 위반한 경우 : 표시의 이행명령
> ③ 법 제6조(거짓 표시 등의 금지)를 위반한 경우 : 표시의 이행·변경·삭제 등 시정명령 또는 거래행위 금지

(2) 공표

1) 공표 대상자

농림축산식품부장관, 해양수산부장관 또는 시·도지사는 다음 각 호의 자가 제5조 또는 제6조를 위반하여 농수산물이나 그 가공품 등의 원산지 등을 2회 이상 표시하지 아니하거나 거짓으로 표시함에 따라 제1항에 따른 처분이 확정된 경우 처분 내용, 해

당 영업소와 농수산물 등의 명칭 등 처분과 관련된 사항을 대통령령으로 정하는 바에 따라 농림축산식품부, 해양수산부, 국립농산물품질관리원, 대통령령으로 정하는 국가검역·검사기관, 시·도, 시·군·구, 한국소비자원 및 대통령령으로 정하는 주요 인터넷 정보제공 사업자의 홈페이지에 공표하여야 한다(법 제9조 제2항).

> ① 제5조제1항(판매할 목적으로 보관·진열하는 자의 원산지 표시)에 따라 원산지의 표시를 하도록 한 농수산물이나 그 가공품을 생산·가공하여 출하하거나 판매 또는 판매할 목적으로 가공하는 자
> ② 제5조제3항(식품접객업 및 집단급식소 중 대통령령으로 정하는 영업소나 집단급식소를 설치·운영하는 자는 원산지 표시)에 따라 음식물을 조리하여 판매·제공하는 자

2) 공표 사항

① **공표** : 농림축산식품부장관, 해양수산부장관이나 시·도지사는 법 제9조제2항에 따라 법 제9조제1항에 따른 처분이 확정된 경우 지체 없이 다음 각 호의 사항을 농림축산식품부, 해양수산부, 국립농산물품질관리원, 국립수산물품질관리원, 특별시·광역시·도·특별자치도(이하 "시·도"라 한다), 시·군·구(자치구를 말한다. 이하 같다), 한국소비자원 및 주요 인터넷 정보제공 사업자의 홈페이지에 공표하여야 한다(영 제7조 제2항).

> ㉠ "농수산물의 원산지 표시에 관한 법률」 위반 사실의 공표"라는 내용의 표제
> ㉡ 영업의 종류
> ㉢ 영업소의 명칭 및 주소(「유통산업발전법」 제2조제3호에 따른 대규모점포에 입점·판매한 경우 그 대규모점포의 명칭 및 주소를 포함한다)
> ㉣ 위반 농수산물 등의 명칭
> ㉤ 위반 내용
> ㉥ 분권자, 처분일 및 처분 내용

② **공표의 기준·방법** : 홈페이지 공표의 기준·방법은 다음 각 호와 같다(영 제7조 제4항)

> 1. 공표기간
>   가. 농림축산식품부, 해양수산부, 국립농산물품질관리원, 국립수산물품질관리원, 시·도, 시·군·구, 한국소비자원의 홈페이지에 공표하는 경우: 법 제9조제1항에 따른 처분이 확정된 날부터 12개월

나. 주요 인터넷 정보제공 사업자의 홈페이지에 공표하는 경우: 법 제9조제1항에 따른 처분이 확정된 날부터 6개월

2. 공표방법

　가. 농림축산식품부, 해양수산부, 국립농산물품질관리원, 국립수산물품질관리원, 시·도, 시·군·구 및 한국소비자원의 홈페이지에 공표하는 경우: 이용자가 해당 기관의 인터넷 홈페이지 첫 화면에서 볼 수 있도록 공표

　나. 주요 인터넷 정보제공 사업자의 홈페이지에 공표하는 경우: 이용자가 해당 사업자의 인터넷 홈페이지 화면 검색창에 "원산지"가 포함된 검색어를 입력하면 볼 수 있도록 공표

(3) 농수산물의 원산지 표시에 관한 정보제공

1) 정보제공

농림축산식품부장관 또는 해양수산부장관은 농수산물의 원산지 표시와 관련된 정보 중 국민이 알아야 할 필요가 있다고 인정되는 정보에 대하여는 「공공기관의 정보공개에 관한 법률」에서 허용하는 범위에서 이를 국민에게 제공하도록 노력하여야 한다(법 제10조 제1항).

2) 심의

농수산물의 원산지 표시에 관한 정보를 제공하는 경우 심의회의 심의를 거칠 수 있다(법 제10조 제1항).

3) 정보시스템 이용

농림축산식품부장관 또는 해양수산부장관은 국민에게 정보를 제공하고자 하는 경우 「농수산물품질관리법」 제28조의2에 따른 농수산물안전정보시스템이나 「수산물품질관리법」 제44조의2에 따른 수산정보시스템을 이용할 수 있다(법 제10조 제1항).

3 보칙 및 벌칙

1. 보칙

(1) 명예감시원

1) 권한

농림축산식품부장관, 해양수산부장관 또는 시·도지사는 「농수산물 품질관리법」 제

104조의 농수산물 명예감시원에게 농수산물이나 그 가공품의 원산지 표시를 지도·홍보·계몽과 위반사항의 신고를 하게 할 수 있다(법 제11조 제1항).

2) 경비

농림축산식품부장관, 해양수산부장관 또는 시·도지사는 명예감시원에게 농수산물이나 그 가공품의 원산지 표시를 지도·홍보·계몽과 위반사항의 신고에 따른 활동에 필요한 경비를 지급할 수 있다(법 제11조 제2항).

(2) 포상금

1) 대상자

농림축산식품부장관, 해양수산부장관 또는 시·도지사는 원산지 표시(제5조) 및 거짓 표시 등의 금지(제6조)를 위반한 자를 주무관청이나 수사기관에 신고하거나 고발한 자에 대하여 대통령령으로 정하는 바에 따라 예산의 범위에서 포상금을 지급할 수 있다(법 제12조).

2) 포상금

① **포상금** : 법 제12조에 따른 포상금은 200만원의 범위에서 지급할 수 있다(영 제8조 제1항).

② **지급제한** : 신고 또는 고발이 있은 후에 같은 위반행위에 대하여 같은 내용의 신고 또는 고발을 한 사람에게는 포상금을 지급하지 아니한다(영 제8조 제2항).

③ **고시** : ① 및 ②에서 규정한 사항 외에 포상금의 지급 기준, 방법 및 절차 등에 관하여 필요한 사항은 농림축산식품부장관과 해양수산부장관이 공동으로 정하여 고시한다(영 제8조 제3항).

(3) 권한의 위임

이 법에 따른 농림축산식품부장관이, 해양수산부장관 또는 시·도지사의 권한은 그 일부를 대통령령으로 정하는 바에 따라 소속 기관의 장, 시장·군수·구청장(자치구의 구청장을 말한다. 이하 같다)에게 위임할 수 있다(법 제13조).

1) 국립수산물품질검사관장에게 위임

농림축산식품부장관은 농산물 및 그 가공품에 관한 다음의 권한을 국립농산물품질관리원장에게 위임하고, 해양수산부장관은 수산물 및 그 가공품에 관한 다음의 권한을 국립수산물품질관리원장에게 위임한다(영 제9조 제1항).

> ① 법 제7조에 따른 원산지 표시대상 농수산물이나 그 가공품의 수거·조사
> ② 법 제9조에 따른 처분 및 공표

③ 법 제11조에 따른 명예감시원의 감독·운영 및 경비의 지급
④ 법 제12조에 따른 포상금의 지급
⑤ 법 제18조에 따른 과태료의 부과·징수

2) 재위임

국립농산물품질관리원장 및 국립수산물품질검사관장은 농림축산식품부장관 또는 해양수산부장관의 승인을 받아 위임받은 권한의 일부를 소속 기관의 장에게 재위임할 수 있다(영 제9조 제2항).

3) 시장·군수·구청장(자치구의 구청장을 말한다)에게 위임

시·도지사는 다음의 권한을 시장·군수·구청장(자치구의 구청장을 말한다)에게 위임한다(영 제9조 제3항).

① 법 제7조에 따른 원산지 표시대상 농수산물이나 그 가공품의 수거·조사
② 법 제9조에 따른 처분 및 공표
③ 법 제11조에 따른 명예감시원의 감독·운영 및 경비의 지급
④ 법 제12조에 따른 포상금의 지급
⑤ 법 제18조에 따른 과태료의 부과·징수

2. 벌칙

(1) 형벌

1) 행정형벌

① 7년 이하의 징역이나 1억원 이하의 벌금

㉠ 누구든지 거짓표시 등의 금지(제6조제1항)를 위반한 자는 7년 이하의 징역이나 1억원 이하의 벌금에 처하거나 이를 병과(倂科)할 수 있다(법 제14조).

㉡ 농수산물이나 그 가공품을 조리하여 판매·제공하는 자(제6조제2항)을 위반한 자는 7년 이하의 징역이나 1억원 이하의 벌금에 처하거나 이를 병과(倂科)할 수 있다(법 제15조).

② **1년 이하의 징역이나 1천만원 이하의 벌금** : 원산지 표시 등의 위반에 대한 처분 등(제9조제1항)에 따른 처분을 이행하지 아니한 자는 1년 이하의 징역이나 1천만원 이하의 벌금에 처한다(법 제16조).

③ **상습범** : 상습으로 제14조 또는 제15조의 죄를 범한 자는 10년 이하의 징역 또는 1억 5천만원 이하의 벌금에 처하거나 이를 병과할 수 있다(법 제16조의 2).

2) 양벌규정

법인의 대표자나 법인 또는 개인의 대리인, 사용인, 그 밖의 종업원이 그 법인 또는 개인의 업무에 관하여 제14조부터 제16조까지의 어느 하나에 해당하는 위반행위를 하면 그 행위자를 벌하는 외에 그 법인이나 개인에게도 해당 조문의 벌금형을 과(科)한다. 다만, 법인 또는 개인이 그 위반행위를 방지하기 위하여 해당 업무에 관하여 상당한 주의와 감독을 게을리하지 아니한 경우에는 그러하지 아니하다(법 제17조).

(2) 과태료

1) 1천만원 이하의 과태료

다음의 어느 하나에 해당하는 자에게는 1천만원 이하의 과태료를 부과한다(법 제18조 제1항).

> ① 제5조제1항·제3항을 위반하여 원산지 표시를 하지 아니한 자
> ② 제5조제4항에 따른 원산지의 표시방법을 위반한 자
> ③ 제6조제4항을 위반하여 임대점포의 임차인 등 운영자가 같은 조 제1항 각 호 또는 제2항 각 호의 어느 하나에 해당하는 행위를 하는 것을 알았거나 알 수 있었음에도 방치한 자
> ④ 제7조제3항을 위반하여 수거·조사·열람을 거부·방해하거나 기피한 자
> ⑤ 제8조를 위반하여 영수증이나 거래명세서 등을 비치·보관하지 아니한 자

2) 과태료의 부과기준

① 부과·징수 : 과태료는 대통령령으로 정하는 바에 따라 농림축산식품부장관, 해양수산부장관 또는 시·도지사가 부과·징수한다(법 제18조 제1항).

② 부과기준 : 과태료의 부과기준은 별표 2와 같다(영 제10조).

> **별표 2** 〈개정 2012.12.27〉 **과태료의 부과기준(제10조 관련)**
>
> 1. 일반기준
>
> 가. 위반행위의 횟수에 따른 과태료의 기준은 최근 1년간 같은 유형(제2호 각목을 기준으로 구분한다)의 위반행위로 과태료 부과처분을 받은 경우에 적용한다. 이 경우 위반행위에 대하여 과태료 부과처분을 한 날과 다시 같은 유형의 위반행위를 적발한 날을 각각 기준으로 하여 위반 횟수를 계산한다.
>
> 나. 부과권자는 다음의 어느 하나에 해당하는 경우에 제2호에 따른 과태료 금액을 100분의 50의 범위에서 감경할 수 있다. 다만 과태료를 체납하고 있는 위반행

위자의 경우에는 그러하지 아니하다.
1) 위반행위자가 「질서위반행위규제법 시행령」 제2조의2제1항 각 호의 어느 하나에 해당하는 경우
2) 위반행위자가 자연재해·화재 등으로 재산에 현저한 손실이 발생했거나 사업 여건의 악화로 중대한 위기에 처하는 등의 사정이 있는 경우
3) 그 밖에 위반행위의 정도, 위반행위의 동기와 그 결과 등을 고려하여 과태료를 감경할 필요가 있다고 인정되는 경우

2. 개별기준

위반행위	근거 법조문	과태료 금액		
		1차 위반	2차 위반	3차 위반
가. 법 제5조제1항을 위반하여 원산지 표시를 하지 않은 경우	법 제18조 제1항제1호	5만원 이상 1,000만원 이하		
나. 법 제5조제3항을 위반하여 원산지 표시를 하지 않은 경우	법 제18조 제1항제1호			
1) 쇠고기의 원산지 및 식육의 종류 모두를 표시하지 않은 경우		150만원	300만원	500만원
2) 쇠고기의 원산지만 표시하지 않은 경우		100만원	200만원	300만원
3) 쇠고기 식육의 종류만 표시하지 않은 경우		30만원	60만원	100만원
4) 돼지고기의 원산지를 표시하지 않은 경우		30만원	60만원	100만원
5) 닭고기의 원산지를 표시하지 않은 경우		30만원	60만원	100만원
6) 오리고기의 원산지를 표시하지 않은 경우		30만원	60만원	100만원
7) 양(염소 등 산양을 포함한다)고기의 원산지를 표시하지 않은 경우		30만원	60만원	100만원
8) 쌀(찐쌀을 포함한다)의 원산지를 표시하지 않은 경우		30만원	60만원	100만원
9) 배추김치(배추김치에 들어있는 원료 중 고춧가루를 포함한다)의 원산지를 표시하지 않은 경우		30만원	60만원	100만원

10) 넙치, 조피볼락, 참돔, 미꾸라지, 뱀장어, 낙지, 명태(황태, 북어 등 건조한 것은 제외한다), 고등어, 갈치의 원산지를 표시하지 않은 경우		품목별 각 30만원	품목별 각 60만원	품목별 각 100만원
11) 살아있는 수산물의 원산지를 표시하지 않은 경우		5만원 이상 1,000만원 이하		
다. 법 제5조제4항에 따른 원산지의 표시방법을 위반한 경우	법 제18조 제1항제2호	5만원 이상 1,000만원 이하		
라. 법 제6조제4항을 위반하여 임대점포의 임차인 등 운영자가 같은 조 제1항 각 호 또는 제2항 각 호의 어느 하나에 해당하는 행위를 하는 것을 알았거나 알 수 있었음에도 방치한 경우	법 제18조 제1항제3호	100만원	200만원	400만원
마. 법 제7조제3항을 위반하여 수거·조사·열람을 거부·방해하거나 기피한 경우	법 제18조 제1항제4호	100만원	300만원	500만원
바. 법 제8조를 위반하여 영수증이나 거래명세서 등을 비치·보관하지 않은 경우	법 제18조 제1항제5호	20만원	40만원	80만원

3. 제2호가목 및 나목11)의 원산지 표시를 하지 않은 경우의 세부 부과기준

   가. 농수산물(수입농수산물등 및 반입농수산물등을 포함하며, 통신판매의 경우는 제외한다)

      1) 과태료 부과금액은 원산지 표시를 하지 않은 물량(판매를 목적으로 보관 또는 진열하고 있는 물량을 포함한다)에 적발 당일 해당 업소의 판매가격을 곱한 금액으로 한다.

      2) 1)의 해당 업소의 판매가격을 알 수 없는 경우에는 인근 2개 업소의 동일 품목 판매가격의 평균을 기준으로 한다. 다만, 평균가격을 산정할 수 없는 경우에는 해당 농수산물의 매입가격에 30퍼센트를 가산한 금액을 기준으로 한다.

      3) 과태료 부과금액의 최소단위는 5만원으로 하고, 5만원 이상은 천원 미만을 버리고 부과하되, 부과되는 총액은 1천만원을 초과할 수 없다.

   나. 농수산물 가공품(수입농수산물등 또는 반입농수산물등을 국내에서 가공한 것을 포함하며, 통신판매의 경우는 제외한다)

      1) 가공업자

기준액(연간 매출액)	과태료 부과금액(만원)		
	1차 위반	2차 위반	3차 위반
1억원 미만	20	30	60
1억원 이상 2억원 미만	30	50	100
2억원 이상 4억원 미만	50	100	200
4억원 이상 6억원 미만	100	200	400
6억원 이상 8억원 미만	150	300	600
8억원 이상 10억원 미만	200	400	800
10억원 이상 12억원 미만	250	500	1,000
12억원 이상 14억원 미만	400	600	1,000
14억원 이상 16억원 미만	500	700	1,000
16억원 이상 18억원 미만	600	800	1,000
18억원 이상 20억원 미만	700	900	1,000
20억원 이상	800	1,000	1,000

　　　가) 연간 매출액은 처분 전년도의 해당 품목의 1년간 매출액을 기준으로 한다.
　　　나) 신규영업·휴업 등 부득이한 사유로 처분 전년도의 1년간 매출액을 산출할 수 없거나 1년간 매출액을 기준으로 하는 것이 불합리한 것으로 인정되는 경우에는 전분기, 전월 또는 최근 1일 평균 매출액 중 가장 합리적인 기준에 따라 연간 매출액을 추계하여 산정한다.
　　　다) 1개 업소에서 2개 품목 이상이 동시에 적발된 경우에는 각 품목의 연간 매출액을 합산한 금액을 기준으로 부과한다.
　　2) 판매업자 : 가목의 기준을 준용하여 부과한다.
　나. 통신판매 : 나목1)의 기준을 준용하여 부과한다.

4. 제2호다목의 원산지의 표시방법을 위반한 경우의 세부 부과기준
　가. 농수산물(수입농수산물등 및 반입농수산물등을 포함하며, 통신판매의 경우와 식품접객업을 하는 영업소 및 집단급식소에서 조리하여 판매·제공하는 경우는 제외한다)
　　1) 제3호가목의 기준에 따른 과태료 부과금액의 100분의 50을 부과한다.
　　2) 과태료 부과금액의 최소단위는 5만원으로 하고, 5만원 이상은 천원 미만을 버리고 부과한다.
　나. 농수산물 가공품(수입농수산물등 또는 반입농수산물등을 국내에서 가공한 것을 포함하며, 통신판매의 경우는 제외한다)

1) 제3호나목의 기준에 따른 과태료 부과금액의 100분의 50을 부과한다.
2) 과태료 부과금액의 최소단위는 5만원으로 하고, 5만원 이상은 천원 미만을 버리고 부과한다.

다. 통신판매
1) 제3호다목의 기준에 따른 과태료 부과금액의 100분의 50을 부과한다.
2) 과태료 부과금액의 최소단위는 5만원으로 하고, 5만원 이상은 천원 미만은 버리고 부과한다.

라. 식품접객업을 하는 영업소 및 집단급식소

위반행위	과태료 금액		
	1차 위반	2차 위반	3차 위반
1) 쇠고기의 원산지 및 식육의 종류 모두의 표시 방법을 위반한 경우	50만원	150만원	250만원
2) 쇠고기의 원산지 표시방법만 위반한 경우	25만원	100만원	150만원
3) 쇠고기 식육의 종류의 표시방법만 위반한 경우	15만원	30만원	50만원
4) 돼지고기의 원산지 표시방법을 위반한 경우	15만원	30만원	50만원
5) 닭고기의 원산지 표시방법을 위반한 경우	15만원	30만원	50만원
6) 오리고기의 원산지 표시방법을 위반한 경우	15만원	30만원	50만원
7) 양고기(염소 등 산양을 포함한다)의 원산지 표시방법을 위반한 경우	15만원	30만원	50만원
8) 쌀(찐쌀을 포함한다)의 원산지 표시방법을 위반한 경우	15만원	30만원	50만원
9) 배추김치(배추김치에 들어있는 원료 중 고춧가루를 포함한다)의 원산지 표시방법을 위반한 경우	15만원	30만원	50만원
10) 넙치, 조피볼락, 참돔, 미꾸라지, 뱀장어, 낙지, 명태(황태, 북어 등 건조한 것은 제외한다), 고등어, 갈치의 원산지 표시방법을 위반한 경우	품목별 각 15만원	품목별 각 30만원	품목별 각 50만원
11) 살아있는 수산물의 원산지 표시방법을 위반한 경우	제2호나목11) 및 제3호가목의 기준에 따른 부과금액의 100분의 50		

기출핵심문제

01 농수산물의 원산지 표시에 관한 법률의 목적으로 틀린 것은?

① 소비자의 알권리를 보장
② 공정한 거래를 유도
③ 생산자와 소비자를 보호
④ 상품성을 향상하며 공정하고 투명한 거래를 유도

해설 이 법은 농산물·수산물이나 그 가공품 등에 대하여 적정하고 합리적인 원산지 표시를 하도록 하여 소비자의 알권리를 보장하고, 공정한 거래를 유도함으로써 생산자와 소비자를 보호하는 것을 목적으로 한다.

02 국산농산물의 원산지 표시방법에 대한 설명으로 맞지 않는 것은?

① 포장하여 판매하는 농산물은 포장에 인쇄하거나 스티커로 표시한다.
② 포장하지 아니하고 판매하는 농산물은 당해 농산물에 스티커를 부착하거나 표시판·푯말 또는 판매용기 등에 표시한다.
③ 표시는 한글로 할 것. 다만, 필요한 경우 한문 또는 영문을 병기할 수 있다.
④ 표시의 위치와 글자의 크기 등은 국립농산물품질관리원장이 정하는 방법에 따른다.

해설 표시의 위치와 글자의 크기 등은 농림수산식품부령이 정하는 방법에 따른다.

03 원산지표시 방법에 관한 설명으로 틀린 것은?

① 국산농산물은 "국산"이나 "국내산" 또는 그 농산물을 생산한 특별시·광역시·도 명이나 시·군·자치구 명을 표시
② 국내가공품의 원산지표시는 물·식품첨가물·당류 등을 포함하여 원료의 원산지를 표시
③ 수입농산물은 「대외무역법」에서 정하는 방법에 따라 원산지를 표시
④ 원산지가 다른 동일 품목을 혼합한 농산물은 원산지별 혼합비율을 표시

해설 물, 식품첨가물 및 당류는 배합 비율의 순위와 표시대상에서 제외한다(영 제3조 제2항 단서).

04 국내가공품에 다음 원료를 사용하였을 경우 원산지 표시대상이 모두 아닌 것은?

① 식용유, 식품첨가물, 당류
② 식용유, 당류, 식염
③ 물, 식품첨가물, 당류
④ 식용유, 물, 식품첨가물, 식염

해설 다만, 물, 식품첨가물 및 당류는 배합 비율의 순위와 표시대상에서 제외한다(영 제3조 제2항 단서).

정답 | 01 ④ 02 ④ 03 ② 04 ③

05 국내가공품의 원산지표시 방법에 대한 설명이다. 다음 중 틀린 것은?

① 사용된 당해 원료 중 배합비율이 98퍼센트 이상인 원료가 있는 경우에는 그 원료의 원산지를 표시하여야 한다.
② 사용된 당해 원료 중 배합비율이 98퍼센트 이상인 원료가 없는 경우에는 배합비율이 높은 순으로 2가지 원료의 원산지를 표시하여야 한다.
③ 동일원료를 원산지가 다른 원료를 혼합하여 사용한 경우에는 원산지별 혼합비율이 높은 순으로 원산지만 표시한다.
④ 여러 가지 원료에 대한 총칭을 제품명으로 사용하는 때에는 배합비율이 높은 순으로 2가지 원료에 대하여만 원산지를 표시한다.

> **해설** 원산지가 다른 동일 원료를 혼합하여 사용한 경우에는 혼합 비율이 높은 순서로 2개 국가(지역, 해역 등)까지의 원료 원산지와 그 혼합 비율을 각각 표시한다.

06 다음 보기에 대한 원산지표시가 올바른 것은?

> 이천산 쌀 40%, 공주산 쌀 30%, 철원산 쌀 20%, 고흥산 쌀 10%를 혼합하여 양곡판매점에서 원산지를 표시하여 판매할 경우

① 쌀(이천산 40%, 공주산 30%, 철원산 20%)
② 쌀(이천산, 공주산, 철원산, 고흥산 혼합)
③ 쌀(이천산 40%, 공주산 30%)
④ 쌀(이천산, 공주산, 철원산, 고흥산)

> **해설** 국산 농수산물로서 그 생산 등을 한 지역이 각각 다른 동일 품목의 농수산물을 혼합한 경우에는 혼합 비율이 높은 순서로 3개 지역까지의 시·도명 또는 시·군·구명과 그 혼합 비율을 표시하거나 "국산", "국내산" 또는 "연근해산"으로 표시한다.

07 장성군에서 생산된 벼를 고창군에 있는 도정공장에서 쌀로 가공하여 포장하였다. 이러한 경우에 원산지표시 방법으로 맞는 것은?

① 원산지 : 장성군
② 원산지 : 고창군
③ 원산지 : 전라북도
④ 원산지 : 장성군·고창군

> **해설** 국산 농산물 : "국산"이나 "국내산" 또는 그 농산물을 생산·채취·사육한 지역의 시·도명이나 시·군·자치구(이하 "시·군·구"라 한다)명을 표시한다. 사용된 원료의 원산지를 제1호 및 제2호의 기준에 따라 표시한다. 그러므로 장성군에서 생산되었기 때문에 '원산지 : 장성군'으로 쓴다.

| 정답 | 05 ③　06 ①　07 ① |

농수산물품질관리관계법령

08 국내 가공공장에서 국산 고추 55%와 중국산 고추 45%를 혼합하여 고춧가루를 생산하였다. 이때 고춧가루 포장재에 표시하는 원산지 표시방법으로 맞는 것은?

① 고추 : 국산 55%, 중국산 45%
② 고춧가루 : 중국산 45%, 국산 55%
③ 고추 : 국산 55%
④ 고춧가루 : 중국산 45%

해설 농수산물 가공품(수입농수산물등 또는 반입농수산물등을 국내에서 가공한 것을 포함한다) 중 원산지가 다른 동일 원료를 혼합하여 사용한 경우에는 혼합 비율이 높은 순서로 2개 국가(지역, 해역 등)까지의 원료 원산지와 그 혼합 비율을 각각 표시한다.

09 국내 C업체에서 제조하는 '참깨강정'의 원료 배합비율은 밀가루 45%, 쌀 40%, 식염 5%, 식품첨가물 6%, 참깨 4%이다. 제품명이 '참깨강정'인 이 제품이 원산지표시 대상 원료는?

① 밀가루, 쌀, 참깨
② 밀가루, 쌀
③ 밀가루, 쌀, 식품첨가물
④ 밀가루, 쌀, 식염, 식품첨가물, 참깨

해설 우선 사용된 원료 중 배합 비율이 높은 순서의 두 가지 원료가 밀가루와 쌀이기 때문에 밀가루와 쌀이 표시대상이다. 둘째로 물, 식품첨가물 및 당류는 배합 비율의 순위와 표시대상에서 제외한다. 다만, 농수산물 가공품의 원료에 대한 원산지 표시대상은 다음 각 호와 같다. 다만, 물, 식품첨가물 및 당류는 배합 비율의 순위와 표시대상에서 제외한다. 원료 농수산물의 명칭을 제품명 또는 제품명의 일부로 사용하는 경우로서 그 원료 농수산물이 같은 항에 따른 표시대상이 아닌 경우에는 그 원료 농수산물을 함께 표시대상으로 하여야 한다. 그러기 때문에 참깨가 표시되어야 한다.

> 1. 사용된 원료 중 배합 비율이 높은 순서의 두 가지 원료. 다만, 사용된 원료 중 배합 비율이 98퍼센트 이상인 원료가 있을 때에는 그 원료만을 표시대상으로 할 수 있다.
> 2. 「식품위생법」 제10조에 따른 식품 등의 표시기준 및 「축산물위생관리법」 제6조에 따른 축산물의 표시기준에서 정한 복합원재료를 사용한 경우에는 농림수산식품부장관이 정하여 고시하는 기준에 따른 원료

나반. 위의 사항을 적용될 때 원료 농수산물의 명칭을 제품명 또는 제품명의 일부로 사용하는 경우로서 그 원료 농수산물이 같은 항에 따른 표시대상이 아닌 경우에는 그 원료 농수산물을 함께 표시대상으로 하여야 한다. 또한 농수산물 가공품의 신뢰도를 높이기 위하여 필요한 경우에는 위에 따른 표시대상 원료 외의 원료에 대해서도 그 원산지를 표시할 수 있다.

| 정답 | 08 ① 09 ①

10 농수산물의 원산지 표시에 관한 법령상 캐나다에서 수입하여 국내에서 45일간 사육한 양을 국내 음식점에서 양고기로 판매할 경우 원산지 표시 방법으로 옳은 것은?

① 양고기(국내산)
② 양고기(국내산, 출생국 캐나다)
③ 양고기(캐나다산)
④ 양고기(양, 국내산)

해설 결론 : 양은 2개월이어야 하나 45일이기에 수입산이다.
돼지고기, 닭고기, 오리고기 및 양고기(염소 등 산양 포함)
1) 국내산의 경우 "국내산"으로 표시한다. 다만, 수입한 돼지 또는 양을 국내에서 2개월 이상 사육한 후 국내산으로 유통하거나, 수입한 닭 또는 오리를 국내에서 1개월 이상 사육한 후 국내산으로 유통하는 경우에는 "국내산"으로 표시하되, 괄호 안에 출생국가명을 함께 표시한다.
　　[예시] 삼겹살(국내산), 양고기(국내산), 삼계탕(국내산), 훈제오리(국내산), 삼겹살(국내산, 출생국 덴마크), 삼계탕(국내산, 출생국 프랑스), 훈제오리(국내산, 출생국 중국)
2) 수입산의 경우 수입국가명을 표시한다.
　　[예시] 삼겹살(덴마크산), 염소탕(호주산), 삼계탕(중국산), 훈제오리(중국산)

11 영업신고 면적이 100m² 이상인 일반음식점에서 조리에 사용한 쌀의 원산지를 표시해야 하는 음식이 아닌 것은?

① 죽
② 김밥
③ 볶음밥
④ 카레라이스

해설 가공품의 원산지 표시 대상품목 중 쌀(찐쌀을 포함한다. 이하 같다)의 경우 : 원형을 유지하여 조리ㆍ판매하는 경우로서 밥(죽, 식혜, 떡 및 면은 제외한다)으로 제공하는 것

12 농수산물의 원산지표시에 관한 법률상 농수산물의 원산지 '거짓표시 등의 금지'에 해당되지 않는 것은?

① 원산지 표시를 혼동하게 할 우려가 있는 표시를 하는 행위
② 원산지를 위장하여 판매하거나 판매할 목적으로 보관이나 진열하는 행위
③ 원산지 표시방법을 판매자의 고실로 위반하는 행위
④ 원산지 표시를 혼동하게 할 목적으로 그 표시를 손상ㆍ변경하는 행위

해설 누구든지 다음의 행위를 하여서는 아니 된다(법 제6조 제1항).

> ① 원산지 표시를 거짓으로 하거나 이를 혼동하게 할 우려가 있는 표시를 하는 행위
> ② 원산지 표시를 혼동하게 할 목적으로 그 표시를 손상ㆍ변경하는 행위
> ③ 원산지를 위장하여 판매하거나, 원산지 표시를 한 농수산물이나 그 가공품에 다른 농수산물이나 가공품을 혼합하여 판매하거나 판매할 목적으로 보관이나 진열하는 행위

| 정답 | 10 ③　11 ①　12 ③

13 농수산물의 원산지표시에 관한 법률 제12조의 포상금 지급에 관한 설명으로 맞는 것은?

① 원산지표시의 위반사항을 주무관청 또는 수사기관에 신고 또는 고발하거나 검거한 자 및 검거에 협조한 자에게 50만원의 범위안에서 지급한다.
② 원산지표시의 위반사항을 주무관청 또는 수사기관에 신고 또는 고발하거나 검거한 자 및 검거에 협조한 자에게 200만원의 범위안에서 지급한다.
③ 유전자변형농산물표시의 위반사항을 주무관청 또는 수사기관에 신고 또는 고발하거나 검거한 자 및 검거에 협조한 자에게 50만원의 범위안에서 지급한다.
④ 원산지표시 및 유전자변형농산물표시의 위반사항을 주무관청 또는 수사기관에 신고 또는 고발하거나 검거한 자 및 검거에 협조한 자에게 100만원의 범위안에서 지급한다.

해설 원산지표시의 위반사항을 주무관청 또는 수사기관에 신고 또는 고발하거나 검거한 자 및 검거에 협조한 자에게 200만원의 범위안에서 지급한다.

14 농수산물의 원산지표시에 관한 법률상 과태료의 부과 대상이 아닌 것은?

① 원산지 표시를 하지 아니한 자
② 원산지의 표시방법을 위반한 자
③ 영수증이나 거래명세서 등을 비치·보관하지 아니한 자
④ 표시의 이행·변경·삭제 등 시정명령을 위반한 자

해설 표시의 이행·변경·삭제 등 시정명령을 위반한 자는 1년 이하의 징역이나 1천만원 이하의 벌금에 처한다. 다음 각 호의 어느 하나에 해당하는 자에게는 1천만원 이하의 과태료를 부과한다.

> 1. 제5조제1항·제3항을 위반하여 원산지 표시를 하지 아니한 자
> 2. 제5조제4항에 따른 원산지의 표시방법을 위반한 자
> 3. 제6조제4항을 위반하여 임대점포의 임차인 등 운영자가 같은 조 제1항 각 호 또는 제2항 각 호의 어느 하나에 해당하는 행위를 하는 것을 알았거나 알 수 있었음에도 방치한 자
> 4. 제7조제3항을 위반하여 수거·조사·열람을 거부·방해하거나 기피한 자
> 5. 제8조를 위반하여 영수증이나 거래명세서 등을 비치·보관하지 아니한 자

15 농수산물의 원산지 표시에 관한 법령상 다음과 같은 위반행위를 하여 적발된 한우전문음식점에 부과할 과태료의 총 합산금액은?(단, 1차 위반의 경우이며, 경감은 고려하지 않음)

- 쇠고기 : 원산지 및 식육의 종류를 표시하지 않음
- 배추김치 : 배추는 원산지를 표시하였으나 고춧가루의 원산지를 표시하지 않음

① 90만원
② 130만원
③ 150만원
④ 180만원

해설 쇠고기의 원산지 및 식육의 종류 모두를 표시하지 않은 경우 150만원 + 배추김치(배추김치에 들어있는 원료 중 고춧가루를 포함한다)의 원산지를 표시하지 않은 경우 30만원 = 180만원

위반행위	근거 법조문	과태료 금액		
		1차 위반	2차 위반	3차 위반
나. 법 제5조제3항을 위반하여 원산지 표시를 하지 않은 경우	법 제18조 제1항제1호			
1) 쇠고기의 원산지 및 식육의 종류 모두를 표시하지 않은 경우		150만원	300만원	500만원
2) 쇠고기의 원산지만 표시하지 않은 경우		100만원	200만원	300만원
~ 중략 ~	~ 중략 ~	~ 중략 ~	~ 중략 ~	~ 중략 ~
9) 배추김치(배추김치에 들어있는 원료 중 고춧가루를 포함한다)의 원산지를 표시하지 않은 경우		30만원	60만원	100만원

| 정답 | 15 ④

제3장 농수산물유통 및 가격안정에 관한 법률

1 총칙

(1) 목적

이 법은 농수산물의 원활한 유통과 적정한 가격을 유지하게 함으로써 생산자와 소비자의 이익을 보호하고 국민생활의 안정에 이바지함을 목적으로 한다(법 제1조).

(2) 정의

이 법에서 사용하는 용어의 정의는 다음과 같다(법 제2조).

1) 농수산물

① **농수산물의 뜻** : "농수산물"이란 농산물·축산물·수산물 및 임산물 중 농림축산식품부령 또는 해양수산부령으로 정하는 것을 말한다(법 제2조 제1호).

② **임산물** : 「농수산물유통 및 가격안정에 관한 법률」(이하 "법"이라 한다) 제2조제1호에서 임산물은 다음의 것을 말한다(규칙 제2조).

> ㉠ 목과류 : 밤·잣·대추·호도·은행 및 도토리
> ㉡ 버섯류 : 표고·송이·목이 및 팽이
> ㉢ 한약재용 임산물

2) 농수산물도매시장

① **농수산물도매시장의 뜻** : "농수산물도매시장"이란 특별시·광역시·특별자치시·특별자치도 또는 시가 양곡류·청과류·화훼류·조수육류(鳥獸肉類)·어류·조개류·갑각류·해조류 및 임산물 등 대통령령으로 정하는 품목의 전부 또는 일부를 도매하게 하기 위하여 제17조에 따라 관할구역에 개설하는 시장을 말한다(법 제2조 제2호).

② **농수산물도매시장의 거래품목** : 「농수산물유통 및 가격안정에 관한 법률」(이하 "법"이라 한다) 제2조제2호의 규정에 의하여 농수산물도매시장(이하 "도매시장"이라 한다)에서 거래하는 품목은 다음과 같다(영 제2조).

> ㉠ 양곡부류 : 미곡·맥류·두류·조·좁쌀·수수·수수쌀·옥수수·메밀·참깨 및 땅콩

> ⓒ 청과부류 : 과실류·채소류·산나물류·목과류(木果類)·버섯류·서류(薯類)·인삼류 중 수삼 및 유지작물류와 두류 및 잡곡 중 신선한 것
> ⓒ 축산부류 : 조수육류(鳥獸肉類) 및 난류
> ⓔ 수산부류 : 생선어류·건어류·염(鹽)건어류·염장어류(鹽藏魚類)·조개류·갑각류 해조류 및 젓갈류
> ⓜ 화훼부류 : 절화(折花)·절지(折枝)·절엽(切葉) 및 분화(盆花)
> ⓑ 약용작물부류 : 한약재용 약용작물(야생물 기타 재배에 의하지 아니한 것을 포함한다). 다만, 「약사법」제2조제5항의 규정에 의한 한약은 동법의 규정에 의한 의약품판매업의 허가를 받은 경우에 한한다.
> ⓢ 그 밖에 농어업인이 생산한 농수산물과 이를 단순가공한 물품으로서 개설자가 지정하는 품목

3) 중앙도매시장

① 중앙도매시장의 뜻 : "중앙도매시장"이란 특별시·광역시·특별자치시 또는 특별자치도가 개설한 농수산물도매시장 중 해당 관할구역 및 그 인접지역에서 도매의 중심이 되는 농수산물도매시장으로서 농림축산식품부령 또는 해양수산부령으로 정하는 것을 말한다(법 제2조 제3호).

② 예 : "농수산물도매시장으로서 농림축산식품부령 또는 해양수산부령으로 정하는 것"이란 다음의 농수산물도매시장을 말한다(규칙 제3조).

> ㉠ 서울특별시 가락동 농수산물도매시장
> ㉡ 서울특별시 노량진 수산물도매시장
> ㉢ 부산광역시 엄궁동 농수산물도매시장
> ㉣ 부산광역시 국제 수산물도매시장
> ㉤ 대구광역시 북부 농수산물도매시장
> ㉥ 인천광역시 구월동 농수산물도매시장
> ㉦ 인천광역시 삼산 농수산물도매시장
> ㉧ 광주광역시 각화동 농수산물도매시장
> ㉨ 대전광역시 오정 농수산물도매시장
> ㉩ 대전광역시 노은 농수산물도매시장
> ㉪ 울산광역시 농수산물도매시장

4) 지방도매시장

"지방도매시장"이란 중앙도매시장외의 농수산물도매시장을 말한다(법 제2조 제4호).

5) 농수산물공판장

① 농수산물공판장의 뜻 : "농수산물공판장"이란 지역농업협동조합, 지역축산업협동조합, 품목별·업종별협동조합, 조합공동사업법인, 품목조합연합회, 산림조합 및 수산업협동조합과 그 중앙회(농협경제지주회사를 포함한다. 이하 "농림수협등"이라 한다), 그 밖에 대통령령으로 정하는 생산자 관련 단체와 공익상 필요하다고 인정되는 법인으로서 대통령령으로 정하는 법인(이하 "공익법인"이라 한다)이 농수산물을 도매하기 위하여 제43조에 따라 특별시장·광역시장·특별자치시장·도지사 또는 특별자치도지사(이하 "시·도지사"라 한다)의 승인을 받아 개설·운영하는 사업장을 말한다(법 제2조 제5호).

② 농수산물공판장의 개설자

　㉠ 대통령령이 정하는 생산자관련 단체 : "대통령령이 정하는 생산자관련 단체"란 「농어업경영체 육성 및 지원에 관한 법률」 제16조에 따른 영농조합법인과 영어조합법인 및 같은 법 제19조에 따른 농업회사법인과 어업회사법인을 말한다(영 제3조 제1항).

　㉡ 대통령령이 정하는 법인 : "대통령령이 정하는 법인"이라 함은 「한국한국농수산식품유통공사법」에 따른 한국농수산식품유통공사(이하 "한국농수산식품유통공사"라 한다)를 말한다(영 제3조 제2항).

6) 민영농수산물도매시장

"민영농수산물도매시장"이란 국가, 지방자치단체 및 제5호에 따른 농수산물공판장을 개설할 수 있는 자 외의 자(이하 "민간인등"이라 한다)가 농수산물을 도매하기 위하여 제47조에 따라 시·도지사의 허가를 받아 특별시·광역시·특별자치시·특별자치도 또는 시 지역에 개설하는 시장을 말한다(법 제2조 제6호).

7) 도매시장법인

"도매시장법인"이란 제23조에 따라 농수산물도매시장의 개설자로부터 지정을 받고 농수산물을 위탁받아 상장(上場)하여 도매하거나 이를 매수(買受)하여 도매하는 법인(제24조에 따라 도매시장법인의 지정을 받은 것으로 보는 공공출자법인을 포함한다)을 말한다(법 제2조 제7호).

8) 시장도매인

"시장도매인"이란 제36조 또는 제48조의 규정에 의하여 농수산물도매시장 또는 민영농수산물도매시장의 개설자로부터 지정을 받고 농수산물을 매수 또는 위탁받아 도매하거나 매매를 중개하는 영업을 하는 법인을 말한다(법 제2조 제8호).

9) 중도매인

"중도매인(仲都賣人)"이란 제25조·제44조·제46조 또는 제48조의 규정에 의하여 농수산물도매시장·농수산물공판장 또는 민영농수산물도매시장의 개설자의 허가 또는 지정을 받아 다음의 영업을 하는 자를 말한다(법 제2조 제9호).

> ① 농수산물도매시장·농수산물공판장 또는 민영농수산물도매시장에 상장된 농수산물을 매수하여 도매하거나 매매를 중개하는 영업
> ② 농수산물도매시장·농수산물공판장 또는 민영농수산물도매시장의 개설자로부터 허가를 받은 비상장농수산물을 매수 또는 위탁받아 도매하거나 매매를 중개하는 영업

10) 매매참가인

"매매참가인"이란 제25조의3의 규정에 따라 농수산물도매시장·농수산물공판장 또는 민영농수산물도매시장의 개설자에게 신고를 하고, 농수산물도매시장·농수산물공판장 또는 민영농수산물도매시장에 상장된 농수산물을 직접 매수하는 자로서 중도매인이 아닌 가공업자·소매업자·수출업자 및 소비자단체 등 농수산물의 수요자를 말한다(법 제2조 제10호).

11) 산지유통인

"산지유통인"(産地流通人)이란 제29조·제44조·제46조 또는 제48조의 규정에 의하여 농수산물도매시장·농수산물공판장 또는 민영농수산물도매시장의 개설자에게 등록하고, 농수산물을 수집하여 농수산물도매시장·농수산물공판장 또는 민영농수산물도매시장에 출하하는 영업을 하는 자를 말한다(법 제2조 제11호).

12) 농수산물종합유통센터

"농수산물종합유통센터"란 농수산물의 출하경로를 다원화하고 물류비용을 절감하기 위하여 농수산물의 수집·포장·가공·보관·수송·판매 및 그 정보처리 등 농수산물의 물류활동에 필요한 시설과 이와 관련된 업무시설을 갖춘 사업장을 말한다(법 제2조 제12호).

13) 경매사

"경매사"(競賣士)란 제27조·제44조·제46조 또는 제48조의 규정에 따라 도매시장법인의 임명을 받거나 농수산물공판장·민영농수산물도매시장 개설자의 임명을 받아 상장된 농수산물의 가격 평가 및 경락자 결정 등의 업무를 수행하는 자를 말한다(법 제2조 제13호).

14) 농수산물전자거래

"농수산물전자거래"란 농수산물의 유통단계를 단축하고 유통비용을 절감하기 위하여 「전자문서 및 전자거래 기본법」 제2조제5호에 따른 전자거래의 방식으로 농수산물을 거래하는 것을 말한다(법 제2조 제14호).

2. 다른 법률의 적용배제

이 법에 의한 농수산물도매시장(이하 "도매시장"이라 한다)·농수산물공판장(이하 "공판장"이라 한다)·민영농수산물도매시장(이하 "민영도매시장"이라 한다) 및 농수산물종합유통센터(이하 "종합유통센터"라 한다)에 대하여는 「유통산업발전법」의 규정을 적용하지 아니한다(법 제3조).

2 농수산물의 생산조정 및 출하조절

1. 주산지의 지정 및 해제 등

(1) 주산지의 지정

1) 주산지의 지정 및 지원

① **지정권자** : 시·도지사는 농수산물의 수급(需給)을 조절하기 위하여 생산 및 출하를 촉진 또는 조절할 필요가 있다고 인정할 때에는 주요 농수산물의 생산지역이나 생산수면(이하 "주산지"라 한다)을 지정하고 그 주산지에서 주요 농수산물을 생산하는 자에 대하여 생산자금의 융자 및 기술지도 등 필요한 지원을 할 수 있다(법 제4조 제1항).

② **지정단위** : 주요 농수산물의 생산지역이나 생산수면(이하 "주산지"라 한다)의 지정은 읍·면·동 또는 시·군·구 단위로 한다(영 제4조 제1조).

③ **고시·통지** : 특별시장·광역시장·특별자치시장·도지사 또는 특별자치도지사(이하 "시·도지사"라 한다)는 주산지를 지정하였을 때에는 이를 고시하고 농림축산식품부장관 또는 해양수산부장관에게 통지하여야 한다(영 제4조 제2조).

2) 주산지 지정 품목 및 지정요건

① 주요 농수산물 품목의 지정

㉠ 주요 농수산물은 국내 농수산물의 생산에서 차지하는 비중이 크고 생산·출하의 조절이 필요한 것으로서 농림축산식품부장관 또는 해양수산부장관이 지정하는 품목으로 한다(법 제4조 제2항).

ⓛ 농림축산식품부장관 또는 해양수산부장관은 주요 농수산물 품목을 지정하였을 때에는 이를 고시하여야 한다(영 제5조).
② 주산지 지정요건 : 주산지는 다음의 요건을 갖춘 지역 또는 수면水面) 중에서 구역을 정하여 이를 지정한다(법 제4조 제3항).

> ㉠ 주요 농수산물의 재배면적 또는 양식면적이 농림축산식품부장관 또는 해양수산부장관이 고시하는 면적 이상일 것
> ㉡ 주요 농수산물의 출하량이 농림축산식품부장관 또는 해양수산부장관이 고시하는 수량 이상일 것

3) 주산지의 지정 변경 또는 해제
① 변경 또는 해제 사유 : 시·도지사는 지정된 주산지가 지정요건에 적합하지 아니하게 된 때에는 그 지정을 변경하거나 해제할 수 있다(법 제4조 제4항).
② 절차 : 주산지의 지정 변경 또는 해제에 관하여는 지정절차를 준용한다(영 제4조 제3조).

2. 농업관측 및 수산업관측

(1) 농업관측 및 수산업관측

1) 관측 실시 및 결과 공표
① 원칙 : 농림축산식품부장관 또는 해양수산부장관은 농수산물의 수급안정을 위하여 가격의 등락 폭이 큰 주요 농수산물에 대하여 매년 기상정보, 생산면적, 작황, 재고물량, 소비동향, 해외시장 정보 등을 조사하여 이를 분석하는 농업관측 또는 수산업관측을 실시하고 그 결과를 공표하여야 한다(법 제5조 제1항).
② 예외 : ①의 농업관측에도 불구하고 농림축산식품부장관은 주요 곡물의 수급안정을 위하여 농림축산식품부장관이 정하는 주요 곡물에 대한 상시 관측체계의 구축과 국제 곡물수급모형의 개발을 통하여 매년 주요 곡물 생산 및 수출 국가들의 작황 및 수급 상황 등을 조사·분석하는 국제곡물관측을 별도로 실시하고 그 결과를 공표하여야 한다(법 제5조 제2항).

2) 농업관측 또는 수산업관측의 실시자
① 관측실시 : 농림축산식품부장관 또는 해양수산부장관은 효율적인 농업관측·수산업관측 또는 국제곡물관측을 위하여 필요하다고 인정하는 경우에는 품목을 지정하여 지역농업협동조합, 지역축산업협동조합, 품목별·업종별협동조합, 산림조합,

수산업협동조합, 그 밖에 농림축산식품부령 또는 해양수산부령으로 정하는 자로 하여금 농업관측·수산업관측 또는 국제곡물관측을 실시하게 할 수 있다(법 제5조 제3항).

② **농업관측 또는 수산업관측의 실시자** : ①에서 "농림축산식품부령 또는 해양수산부령으로 정하는 자"란 다음의 자를 말한다(규칙 제4조).

> ㉠ 농업협동조합중앙회 및 산림조합중앙회
> ㉡ 수산업협동조합중앙회
> ㉢ 「한국농수산식품유통공사법」에 따른 한국농수산식품유통공사(이하 "한국농수산식품유통공사"라 한다)
> ㉣ 그 밖의 생산자조직 등으로서 농림축산식품부장관 또는 해양수산부장관이 인정하는 자

(2) 관측전담기관의 지정 및 운영

1) 지정 및 운영의 근거

농업관측전담기관과 수산업관측 전담기관의 지정 및 운영에 필요한 사항은 농림축산식품부령 또는 해양수산부령으로 정한다(법 제5조 제5항).

2) 농수산업관측전담기관의 지정 등

① **농업관측전담기관** : 농업관측전담기관은 한국농촌경제연구원으로, 수산업관측전담기관은 한국해양수산개발원으로 한다(규칙 제7조 제1항).

② **세부사항** : 농수산업관측전담기관의 업무범위 및 필요한 지원 등에 관한 세부사항은 농림축산식품부장관 또는 해양수산부장관이 정한다(규칙 제7조 제2항).

3) 출연금 또는 보조금을 교부

농림축산식품부장관 또는 해양수산부장관은 제1항 또는 제2항에 따른 농업관측업무·수산업관측업무 또는 국제곡물관측업무를 효율적으로 실시하기 위하여 농업 관련 연구기관 또는 단체를 농업관측 전담기관(국제곡물관측업무를 포함한다)으로, 수산업 관련 연구기관 또는 단체를 수산업관측 전담기관으로 지정하고, 그 운영에 필요한 경비를 충당하기 위하여 예산의 범위에서 출연금(出捐金) 또는 보조금을 지급할 수 있다(법 제5조 제4항).

3. 계약생산 및 기금지원

(1) 계약생산

1) 계약생산 또는 계약출하 장려

농림축산식품부장관 또는 해양수산부장관은 주요 농수산물의 원활한 수급과 적정한 가격 유지를 위하여 농림수협등이나 그 밖에 대통령령으로 정하는 생산자 관련 단체(이하 "생산자단체"라 한다) 또는 농수산물 수요자와 생산자 간에 계약생산 또는 계약출하를 하도록 장려할 수 있다(법 제6조 제1항).

2) 계약생산의 생산자관련 단체

위 1)에서 "대통령령이 정하는 생산자 관련 단체"란 다음의 자를 말한다(영 제7조).

> ① 농수산물을 공동으로 생산하거나 농수산물을 생산하여 이를 공동으로 판매·가공·홍보 또는 수출하기 위하여 지역농업협동조합, 지역축산업협동조합, 품목별·업종별협동조합, 조합공동사업법인, 품목조합연합회, 산림조합 및 수산업협동조합과 그 중앙회(이하 "농림수협등"이라 한다) 중 2 이상이 모여 결성한 조직으로서 농림축산식품부장관 또는 해양수산부장관이 정하여 고시하는 요건을 갖춘 단체
> ② 제3조제1항(농수산물공판장의 개설자 중 농업회사법인과 어업회사법인)에 해당하는 자
> ③ 농수산물을 공동으로 생산하거나 농수산물을 생산하여 이를 공동으로 판매·가공·홍보 또는 수출하기 위하여 농업인 또는 어업인 5인 이상이 모여 결성한 법인격이 있는 조직으로서 농림축산식품부장관 또는 해양수산부장관이 정하여 고시하는 요건을 갖춘 단체
> ④ ②또는 ③의 단체 중 둘 이상이 모여 결성한 조직으로서 농림축산식품부장관 또는 해양수산부장관이 정하여 고시하는 요건을 갖춘 단체

(2) 수산발전기금 지원

농림축산식품부장관 또는 해양수산부장관은 생산계약 또는 출하계약을 체결하는 생산자단체 또는 농수산물 수요자에 대하여 제54조에 따른 농산물가격안정기금 또는 「수산업법」 제76조에 따라 설치된 수산발전기금(이하 "수산발전기금"이라 한다)으로 계약금의 대출 등 필요한 지원을 할 수 있다(법 제6조 제2항).

(3) 가격예시

1) 예시가격

① 하한가격 : 농림축산식품부장관 또는 해양수산부장관은 농림축산식품부령 또는 해양수산부령으로 정하는 주요 농수산물의 수급조절과 가격안정을 위하여 필요하다고 인정할 때에는 해당 농산물의 파종기 또는 수산물의 종묘입식(種苗入植) 시기 이전에 생산자를 보호하기 위한 하한가격[이하 "예시가격"(豫示價格)이라 한다]을 예시할 수 있다(법 제8조 제1항).

② 가격예시대상품목 : ①에서 계약생산 또는 계약출하를 하는 농산물로서 농림축산식품부장관이 지정하는 품목으로 한다(규칙 제9조).

2) 가격결정

① 고려대상 : 농림축산식품부장관 또는 해양수산부장관은 예시가격을 결정할 때에는 해당 농산물의 농업관측, 주요 곡물의 국제곡물관측 또는 수산물의 수산업관측 결과, 예상 경영비, 지역별 예상 생산량 및 예상 수급상황 등을 고려하여야 한다(법 제8조 제2항).

② 협의 : 농림축산식품부장관 또는 해양수산부장관은 예시가격을 결정할 때에는 미리 기획재정부장관과 협의하여야 한다(법 제8조 제3항).

3) 시책추진

농림축산식품부장관 또는 해양수산부장관은 가격을 예시한 경우에는 예시가격을 지지(支持)하기 위하여 농업관측 · 국제곡물관측 또는 수산업관측의 지속적 실시, 계약생산 또는 계약출하의 장려, 수매 및 처분, 유통협약 및 유통조절명령, 비축사업 등을 연계하여 적절한 시책을 추진하여야 한다(법 제8조 제4항).

(4) 과잉생산시의 생산자보호

1) 농수산물의 수매

① 재원 : 농림축산식품부장관 또는 해양수산부장관은 채소류 등 저장성이 없는 농수산물의 가격안정을 위하여 필요하다고 인정할 때에는 그 생산자 또는 생산자단체로부터 제54조에 따른 농산물가격안정기금 또는 수산발전기금으로 해당 농수산물을 수매할 수 있다. 다만, 가격안정을 위하여 특히 필요하다고 인정할 때에는 도매시장 또는 공판장에서 해당 농수산물을 수매할 수 있다(법 제9조 제1항).

② 과잉생산된 농수산물의 수매 및 처분요건 : 농림축산식품부장관 또는 해양수산부장관은 법 제9조에 따라 저장성이 없는 농수산물을 수매할 때에 다음의 어느 하나의 경우에는 수확 이전에 생산자 또는 생산자단체로부터 이를 수매할 수 있으며, 수매한 농수산물에 대해서는 해당 농수산물의 생산지에서 폐기하는 등 필요한 처분을 할 수 있다(영 제10조 제1항).

> ㉠ 생산조정 또는 출하조절에도 불구하고 과잉생산이 우려되는 경우
> ㉡ 생산자보호를 위하여 필요하다고 인정되는 경우

③ 우선 수매 : 저장성이 없는 농수산물을 수매하는 경우에는 법 제6조의 규정에 의하여 생산계약 또는 출하계약을 체결한 생산자가 생산한 농수산물과 법 제13조제1항의 규정에 의하여 출하를 약정한 생산자가 생산한 농수산물을 우선적으로 수매하여야 한다(영 제10조 제2항).

2) 처분

수매한 농수산물은 이를 판매 또는 수출하거나 사회복지단체에 기증 기타 필요한 처분을 할 수 있다(법 제9조 제2항).

3) 수매 및 처분위탁

농림축산식품부장관 또는 해양수산부장관은 제1항과 제2항에 따른 수매 및 처분에 관한 업무를 농업협동조합중앙회·산림조합중앙회·수산업협동조합중앙회(이하 "농림수협중앙회"라 한다) 또는 「한국농수산식품유통공사법」에 따른 한국농수산식품유통공사(이하 "한국농수산식품유통공사"라 한다)에 위탁할 수 있다(법 제9조 제3항).

4. 몰수농수산물등의 이관

(1) 몰수농수산물등의 이관

1) 이관 근거

농림축산식품부장관은 국내 농수산물 시장의 수급안정 및 거래질서 확립을 위하여 「관세법」 제326조 및 「검찰청법」 제11조의 규정에 따라 몰수되거나 국고에 귀속된 농수산물(이하 "몰수농수산물등"이라 한다)을 이관 받을 수 있다(법 제9조의2 제1항).

2) 몰수농수산물등의 처분

① **처분근거** : 농림축산식품부장관은 이관 받은 몰수농수산물등을 매각·공매·기부·소각 그 밖의 방법에 의하여 처분할 수 있다(법 제9조의2 제2항).

② **처분사유** : 농림축산식품부장관은 이관받은 몰수농수산물등이 다음의 어느 하나에 해당하는 경우 처분대행기관장에게 이를 소각·매몰의 방법으로 처분하도록 할 수 있다(규칙 제9조의3 제1항).

> ㉠ 국내 시장의 수급조절 또는 가격안정에 필요한 경우
> ㉡ 부패·변질의 우려가 있거나 상품의 가치를 상실한 경우

③ **처분방법** : 농림축산식품부장관은 ②의 경우를 제외하고 이관받은 몰수농수산물등을 처분대행기관장에게 매각·공매·기부의 방법으로 처분하도록 할 수 있다(규칙 제9조의3 제2항).

3) 비용

① 몰수농수산물등의 처분으로 발생하는 비용 또는 매각·공매대금은 제54조의 규정에 따른 농수산물가격안정기금으로 지출 또는 납입하여야 한다(법 제9조의2 제3항).

② 처분대행기관장은 매각·공매의 방법으로 처분한 경우 인수·보관 및 처분에 소요된 비용과 대행수수료를 제외한 매각·공매 대금을 농수산물가격안정기금에 납입하여야 한다(규칙 제9조의3 제3항).

(2) 처분대행

1) 대행 지정

농림축산식품부장관은 몰수농수산물등의 처분업무를 제9조제3항의 농업협동조합중앙회 또는 한국농수산식품유통공사 중에서 지정하여 대행하게 할 수 있다(법 제9조의2 제4항).

2) 몰수농수산물등의 인수 통보 및 보고

① **인수 통보** : 농림축산식품부장관은 몰수농수산물등을 이관받으려는 경우에는 처분대행기관의 장(이하 "처분대행기관장"이라 한다)에게 이를 인수하도록 통보하여야 한다(규칙 제9조의2 제1항).

② **인수결과 보고** : 인수통보를 받은 처분대행기관장은 이관받은 품목의 품명·규격·수량 및 성상 등을 정확히 파악한 후 인수하고 그 결과를 농림축산식품부장관에게 지체 없이 보고하여야 한다(규칙 제9조의2 제2항).

5. 유통협약 및 유통조절명령

(1) 유통협약 및 유통조절명령

1) 유통협약

주요 농수산물의 생산자, 산지유통인, 저장업자, 도·소매업자 및 소비자 등(이하 "생산자등"이라 한다)의 대표는 당해 농수산물의 자율적인 수급조절과 품질향상을 위하여 생산조정 또는 출하조절을 위한 협약(이하 "유통협약"이라 한다)을 체결할 수 있다(법 제10조 제1항).

2) 유통명령

농림축산식품부장관 또는 해양수산부장관은 부패하거나 변질되기 쉬운 농수산물로서 농림축산식품부령 또는 해양수산부령으로 정하는 농수산물에 대하여 현저한 수급 불안정을 해소하기 위하여 특히 필요하다고 인정되고 농림축산식품부령 또는 해양수산부령으로 정하는 생산자등 또는 생산자단체가 요청할 때에는 공정거래위원회와 협의를 거쳐 일정 기간 동안 일정 지역의 해당 농수산물의 생산자등에게 생산조정 또는 출하조절을 하도록 하는 유통조절명령(이하 "유통명령"이라 한다)을 할 수 있다(법 제10조 제2항).

① **유통명령의 대상품목** : 유통조절명령(이하 "유통명령"이라 한다)을 발할 수 있는 농수산물은 다음의 농수산물중 농림축산식품부장관 또는 해양수산부장관이 지정하는 품목으로 한다(규칙 제10조).

> ㉠ 법 제10조제1항의 규정에 의한 유통협약을 체결한 농수산물
> ㉡ 생산이 전문화되고 생산지역의 집중도가 높은 농수산물

② **유통명령의 요청자 등**

㉠ 요건 : ①에서 "농림축산식품부령 또는 해양수산부령으로 정하는 생산자등 또는 생산자단체"란 다음 각호의 생산자등 또는 생산자단체로서 농수산물의 수급조절 및 품질향상능력 등 농림축산식품부장관이 정하는 요건을 갖춘 자를 말한다(규칙 제11조 제1항).

> ⓐ 제10조의 규정에 의한 유통명령 대상품목인 농수산물의 수급조절과 품질향상을 위하여 제12조제1항의 규정에 의한 유통조절추진위원회를 구성·운영하는 생산자등
> ⓑ 제10조의 규정에 의한 유통명령 대상품목인 농수산물을 주로 생산하는 법 제6조의 규정에 의한 생산자단체

㉡ 정족수 : 생산자등 또는 생산자단체가 유통명령을 요청하고자 하는 경우에는 내용이 포함된 요청서를 작성하여 이해관계인·유통전문가의 의견수렴절차를 거치고 당해 농수산물의 생산자등의 대표나 당해 생산자단체의 재적회원 3분의 2이상의 찬성을 얻어야 한다(법 제10조 제4항).

③ **의견조회** : 요청자가 유통명령을 요청하는 경우에는 유통명령요청서를 해당 지역에서 발행되는 일간지에 공고하거나 이해관계자 대표 등에게 발송하여 10일 이상 의견조회를 하여야 한다(규칙 제11조 제2항).

④ 유통명령의 발령기준 등 : 유통명령을 발하기 위한 기준은 다음의 사항을 감안하여 농림축산식품부장관 또는 해양수산부장관이 정하여 고시한다(규칙 제11조의2).

> ㉠ 품목별 특성
> ㉡ 법 제5조에 따른 관측 결과 등을 반영하여 산정한 예상 가격과 예상 공급량

3) 유통조절추진위원회의 조직 등

① 유통조절추진위원회 : 유통명령을 요청하고자 하는 생산자등은 제10조의 규정에 의한 유통명령 대상품목의 생산자, 산지유통인, 저장업자, 도·소매업자 및 소비자 등의 대표가 참여하여 유통명령의 요청 및 유통조절 추진에 관한 사항을 협의하는 위원회(이하 "유통조절추진위원회"라 한다)를 구성하여야 하며, 유통명령의 원활한 시행을 위하여 필요한 경우에는 당해 농수산물의 주요 생산지에 유통조절추진위원회의 지역조직을 둘 수 있다(규칙 제12조 제1항).

② 활동 지원 : 농림축산식품부장관 또는 해양수산부장관은 유통조절추진위원회의 생산·출하조절 등 수급안정을 위한 활동을 지원할 수 있다(규칙 제12조 제3항).

4) 유통조절명령

유통조절명령에는 다음의 사항이 포함되어야 한다(영 제11조).

> ① 이유(수급·가격·소득의 분석 자료를 포함한다)
> ② 대상품목
> ③ 기간
> ④ 지역
> ⑤ 대상자
> ⑥ 생산조정 또는 출하조절의 방안
> ⑦ 명령이행확인의 방법 및 명령위반자에 대한 제재조치
> ⑧ 사후관리 기타 농림축산식품부장관 또는 해양수산부장관이 유통조절에 관하여 필요하다고 인정하는 사항

(2) 유통명령의 집행

1) 위반자에 대한 제재

농림축산식품부장관 또는 해양수산부장관은 유통명령이 이행될 수 있도록 유통명령의 내용에 관한 홍보, 유통명령 위반자에 대한 제재 등 필요한 조치를 하여야 한다(법 제11조 제1항).

2) 위임

농림축산식품부장관 또는 해양수산부장관은 필요하다고 인정하는 경우에는 지방자치단체의 장, 해당 농수산물의 생산자등의 조직 또는 생산자단체로 하여금 제1항에 따른 유통명령 집행업무의 일부를 수행하게 할 수 있다(법 제11조 제2항).

3) 유통명령 이행자에 대한 지원 등

① 손실보전 : 농림축산식품부장관 또는 해양수산부장관은 유통협약 또는 유통명령을 이행한 생산자등이 그 유통협약이나 유통명령을 이행함에 따라 발생하는 손실에 대하여는 제54조에 따른 농산물가격안정기금 또는 수산발전기금으로 그 손실을 보전(補塡)하게 할 수 있다(법 제12조 제1항).

② 지원 등

㉠ 농림축산식품부장관또는 해양수산부장관은 유통명령 집행업무의 일부를 수행하는 생산자등의 조직이나 생산자단체에 필요한 지원을 할 수 있다(법 제12조 제2항).

㉡ 유통명령 이행으로 인한 손실 보전 및 유통명령 집행업무의 지원에 관하여 필요한 사항은 대통령령으로 정한다(법 제12조 제3항).

6. 비축사업 등

(1) 농수산물 비축 및 출하 조절

1) 농수산물 비축

농림축산식품부장관 또는 해양수산부장관은 농수산물(쌀과 보리를 제외한다. 이하 이 조에서 같다)의 수급조절과 가격안정을 위하여 필요하다고 인정하는 때에는 제54조의 규정에 의한 농산물가격안정기금 또는 수산발전기금으로 농수산물을 비축하거나 농수산물의 출하를 약정하는 생산자에게 그 대금의 일부를 미리 지급하여 출하를 조절할 수 있다(법 제13조 제1항).

2) 비축용 농수산물 수매

① 원칙 : 비축용 농수산물은 생산자 및 생산자단체로부터 수매하여야 한다(법 제13조 제2항 본문).

② 예외 : 가격안정을 위하여 특히 필요하다고 인정하는 때에는 도매시장 또는 공판장에서 수매하거나 수입할 수 있다(법 제13조 제2항 단서).

3) 선물거래

농림축산식품부장관 또는 해양수산부장관은 위(법 제13조 제2항)의 단서의 규정에 의하여 비축용 농수산물을 수입함에 있어서 국제가격의 급격한 변동에 대비하여야 할 필요가 있다고 인정하는 때에는 선물거래(先物去來)를 할 수 있다(법 제13조 제3항).

(2) 비축사업 등의 위탁

농림축산식품부장관 또는 해양수산부장관은 농수산물을 비축하거나 농수산물의 출하를 약정에 의한 사업을 농림수협중앙회 또는 한국농수산식품유통공사에 위탁할 수 있다(법 제13조 제4항).

1) 위탁

농림축산식품부장관 또는 해양수산부장관은 다음의 농수산물의 비축 또는 출하조절 사업(이하 "비축사업등"이라 한다)을 농업협동조합중앙회·산림조합중앙회·수산업 협동조합중앙회 또는 한국농수산식품유통공사에 위탁하여 실시한다(영 제12조 제1항).

① 비축농수산물의 수매·수입·포장·수송·보관 및 판매
② 비축농수산물의 확보를 위한 재배·양식·선매계약의 체결
③ 농수산물의 출하약정 및 선급금의 지급
④ ①내지 ③의 규정에 의한 사업의 정산

2) 위탁사항 규정

농림축산식품부장관 또는 해양수산부장관은 농수산물의 비축사업등을 위탁하는 때에는 다음의 사항을 정하여 이를 위탁하여야 한다(영 제12조 제2항).

① 대상농수산물의 품목 및 수량
② 대상농수산물의 품질·규격 및 가격
③ 대상농수산물의 판매방법·수매 또는 수입시기 등 사업실시에 필요한 사항

(3) 비축사업등의 자금의 집행·관리

1) 자금의 집행

농림축산식품부장관 또는 해양수산부장관은 농수산물의 비축사업등을 위탁한 때에는 그 사업에 소요되는 자금의 개산액을 법 제54조의 규정에 의한 농수산물가격안정기금 또는 「수산업법」 제76조의 규정에 의하여 설치된 수산발전기금에서 당해 사업의 위탁을 받은 자(이하 "비축사업실시기관"이라 한다)에게 지급하여야 한다(영 제13조 제1항).

2) 회계와 구분

비축사업실시기관은 비축사업등을 위한 자금(이하 "비축사업등자금"이라 한다)을 지급받은 때에는 당해 기관의 회계와 구분하여 별도의 계정을 설치하고 비축사업등의 실시에 따른 수입과 지출을 구분·계리하여야 한다(영 제13조 제2항).

3) 정산 및 보고

비축사업실시기관의 장은 사업이 종료된 때에는 지체없이 당해 사업에 대한 정산을 하고, 그 결과를 농림축산식품부장관 또는 해양수산부장관에게 보고하여야 한다(영 제13조 제3항).

(4) 비축사업등의 비용처리

1) 관리비

비축사업등자금을 사용함에 있어서 그 경비를 산정하기 어려운 수매·판매 등에 관한 사업관리비와 제12조의 규정에 의하여 비축사업등을 위탁한 경우 비축사업실시기관에 지급하는 비축사업등자금의 관리비는 농림축산식품부장관 또는 해양수산부장관이 정하는 기준에 따라 산정되는 금액으로 한다(영 제14조 제1항).

2) 비용처리 한도

비축사업등의 실시과정에서 발생한 농수산물의 감모(減耗)에 대하여는 농림축산식품부장관 또는 해양수산부장관이 정하는 한도안에서 이를 비용으로 처리한다(영 제14조 제2항).

3) 변상

화재·도난·침수 등의 사고로 인하여 비축한 농수산물이 멸실·훼손·부패 또는 변질된 때의 피해에 대하여는 비축사업실시기관이 이를 변상한다. 다만, 그 사고가 불가항력에 의한 것인 경우에는 기금에서 손비(損費)로 처리한다(영 제14조 제3항).

4) 과잉생산시의 생산자보호 등 사업의 손실처리

농림축산식품부장관 또는 해양수산부장관은 수매와 비축사업의 시행에 따라 생기는 감모, 가격하락, 판매·수출·기증 기타의 처분으로 인한 원가손실 및 수송·포장·방제 등 사업실시에 필요한 관리비를 대통령령이 정하는 바에 따라 당해 사업의 비용으로 처리한다(법 제14조).

7. 농수산물의 수입추천 등

(1) 농수산물의 수입추천

1) 추천 및 대행

① **수입추천** : 「세계무역기구설립을위한마라케쉬협정」에 따른 대한민국양허표(讓許表)상의 시장접근물량에 적용되는 양허세율(讓許稅率)로 수입하는 농산물 중 다른 법률에서 달리 정하지 아니한 농산물을 수입하려는 자는 농림축산식품부장관의 추천을 받아야 한다(법 제15조 제1항).

② **수입추천업무 대행** : 농림축산식품부장관은 농수산물의 수입에 대한 추천업무를 농림축산식품부장관이 지정하는 비영리법인으로 하여금 대행하게 할 수 있다. 이 경우 품목별추천물량·추천기준 기타 필요한 사항은 농림축산식품부장관이 정한다(법 제15조 제2항).

2) 수입추천신청

① **수입추천신청** : 농수산물을 수입하고자 하는 자는 사용용도와 그 밖에 농림축산식품부령으로 정하는 사항을 적어 수입 추천신청을 하여야 한다(법 제15조 제3항).

② **기재사항** : 다음의 사항을 기재한다(규칙 제13조 제1항).

> ㉠ 「관세법 시행령」 제98조에 따른 관세·통계통합품목분류표상의 품목번호
> ㉡ 품명
> ㉢ 수량
> ㉣ 총금액

(2) 추천대상농수산물지정 수입·판매

1) 추천대상농수산물지정 수입·판매

농림축산식품부장관은 필요하다고 인정하는 때에는 추천대상농수산물 중 농림축산식품부령으로 정하는 품목의 농산물을 제13조제2항 단서에 따라 비축용 농산물로 수입하거나 생산자단체를 지정하여 수입하여 판매하게 할 수 있다(법 제15조 제4항).

2) 지정 수입·판매 품목

농림축산식품부장관이 비축용 농수산물로 수입하거나 생산자단체를 지정하여 수입·판매하게 할 수 있는 품목은 다음과 같다(규칙 제13조 제2항).

> ① 비축용 농수산물로 수입·판매하게 할 수 있는 품목 : 고추·마늘·양파·생강·참깨
> ② 생산자단체를 지정하여 수입·판매하게 할 수 있는 품목 : 오렌지·감귤류

(3) 수입이익금의 징수 등

1) 수입이익금 부과

농림축산식품부장관은 추천을 받아 농산물을 수입하는 자 중 농림축산식품부령으로 정하는 품목의 농산물을 수입하는 자에 대하여 농림축산식품부령으로 정하는 바에 따라 국내가격과 수입가격 간의 차액의 범위에서 수입이익금을 부과·징수할 수 있다(법 제16조 제1항).

2) 품목 및 금액산정방법

농림축산식품부장관이 수입이익금을 부과·징수할 수 있는 품목 및 금액산정방법은 다음과 같다(규칙 제14조 제1항).

① 고추·마늘·양파·생강·참깨 : 당해 품목의 판매수입금에서 농림축산식품부장관이 정하여 고시하는 비용산정기준 및 방법에 따라 산정된 물품대금·운임·보험료 기타 수입에 소요되는 비목의 비용과 제세공과금·보관료·운송료·판매수수료 등 국내판매에 소요되는 비목의 비용을 공제한 금액 또는 당해 품목의 수입자로 결정된 자가 수입자결정시 납입의 의사를 표시한 금액

② 참기름·오렌지·감귤류 : 해당 품목의 수입자로 결정된 자가 수입자 결정시 납입의 의사를 표시한 금액

3) 납입기한·징수

① 납입

㉠ 수입이익금은 농림축산식품부령으로 정하는 바에 따라 제54조에 따른 농산물가격안정기금에 납입하여야 한다(법 제16조 제2항).

㉡ 수입이익금을 납부하여야 하는 자는 수입이익금을 농림축산식품부장관이 고지하는 기한까지 법 제54조의 규정에 의한 농수산물가격안정기금(이하 "기금"이라 한다)에 납입하여야 한다(규칙 제14조 제1항).

② 강제징수 : 수입이익금을 소정의 기한내에 납부하지 아니한 때에는 국세체납처분의 예에 따라 이를 징수할 수 있다(법 제16조 제3항).

3 농수산물도매시장

1. 도매시장의 개설 등

(1) 도매시장의 개설 및 폐쇄

1) 도매시장의 개설

① 개설

㉠ 개설유형(부류) : 도매시장은 부류(部類)별로 또는 둘 이상의 부류를 종합하여 중앙도매시장의 경우에는 특별시·광역시·특별자치시 또는 특별자치도가 개설하고, 지방도매시장의 경우에는 특별시·광역시·특별자치시·특별자치도 또는 시가 개설한다(법 제17조 제1항). 도매시장은 양곡부류·청과부류·축산부류·수산부류·화훼부류 및 약용작물부류별로 개설하거나 둘 이상의 부류를 종합하여 개설한다(영 제15조).

㉡ 도매시장 명칭 : 개설된 도매시장의 명칭에는 그 도매시장을 개설한 지방자치단체의 명칭이 포함되어야 한다(영 제16조).

② 개설허가

㉠ 개설허가권자 : 시가 지방도매시장을 개설하고자 하는 때에는 미리 도지사의 허가를 받아야 한다(법 제17조 제1항 단서).

㉡ 도매시장개설허가신청서 : 시가 지방도매시장의 개설허가를 받으려면 농림축산식품부령 또는 해양수산부령으로 정하는 바에 따라 지방도매시장 개설허가 신청서에 업무규정과 운영관리계획서를 첨부하여 도지사에게 제출하여야 한다(법 제17조 제3항).

㉢ 첨부서류 : 특별시·광역시·특별자치시 또는 특별자치도가 도매시장을 개설하려면 미리 업무규정과 운영관리계획서를 작성하여야 하며, 중앙도매시장의 업무규정은 농림축산식품부장관 또는 해양수산부장관의 승인을 받아야 한다(법 제17조 제4항).

③ 허가기준

㉠ 개설허가 요건 : 도지사는 허가신청의 내용이 다음의 요건을 갖춘 때에는 이를 허가한다(법 제19조 제1항). 특별시·광역시·특별자치시 또는 특별자치도가 도매시장을 개설하려면 아래의 요건을 모두 갖추어 개설하여야 한다(법 제19조 제3항).

> ⓐ 도매시장을 개설하고자 하는 장소가 농수산물거래의 중심지로서 적절한 위치에 있을 것
> ⓑ 제67조제2항의 규정에 의한 기준에 적합한 시설을 갖추고 있을 것
> ⓒ 운영관리계획서의 내용이 충실하고 그 실현이 확실하다고 인정되는 것일 것

ⓒ 조건부 허가 : 도지사는 위의 규정에 의하여 요구되는 시설이 갖추어지지 아니한 경우에는 일정한 기간 내에 이를 갖출 것을 조건으로 개설허가를 할 수 있다(법 제19조 제2항).

④ 변경승인 : 중앙도매시장의 개설자가 업무규정을 변경하는 때에는 농림축산식품부장관 또는 해양수산부장관의 승인을 받아야 하며, 지방도매시장의 개설자(시가 개설자인 경우만 해당한다)가 업무규정을 변경하는 때에는 도지사의 승인을 받아야 한다(법 제17조 제5항).

2) 도매시장 폐쇄

시가 지방도매시장을 폐쇄하려면 그 3개월 전에 도지사의 허가를 받아야 한다. 다만, 특별시·광역시·특별자치시 및 특별자치도가 도매시장을 폐쇄하는 경우에는 그 3개월 전에 이를 공고하여야 한다(법 제17조 제6항).

3) 개설구역

① 원칙 : 도매시장의 개설구역은 도매시장이 개설되는 특별시·광역시·특별자치시·특별자치도 또는 시의 관할구역으로 한다(법 제18조 제1항).

② 예외 : 농림축산식품부장관 또는 해양수산부장관은 해당 지역에서의 농수산물의 원활한 유통을 위하여 필요하다고 인정할 때에는 도매시장의 개설구역에 인접한 일정 구역을 그 도매시장의 개설구역으로 편입하게 할 수 있다. 다만, 시가 개설하는 지방도매시장의 개설구역에 인접한 구역으로서 그 지방도매시장이 속한 도의 일정 구역에 대하여는 해당 도지사가 그 지방도매시장의 개설구역으로 편입하게 할 수 있다(법 제18조 제2항).

(2) 개설자의 의무 등

1) 개설자의 의무

① 개설자의 이행의무 : 도매시장의 개설자는 거래관계자의 편익과 소비자의 보호를 위하여 다음의 사항을 이행하여야 한다(법 제20조 제1항).

> ㉠ 도매시장시설의 정비·개선과 합리적인 관리
> ㉡ 경쟁촉진과 공정한 거래질서의 확립 및 환경개선

ⓒ 상품성향상을 위한 규격화, 포장개선 및 선도(鮮度) 유지의 촉진

② 대책 수립·시행 : 도매시장의 개설자는 ①의 사항을 효과적으로 이행하기 위하여 이에 대한 투자계획 및 거래제도개선방안 등을 포함한 대책을 수립·시행하여야 한다(법 제20조 제2항).

2) 도매시장의 관리

① 시장관리자 지정 : 도매시장의 개설자는 소속공무원으로 구성된 도매시장관리사무소(이하 "관리사무소"라 한다)를 두거나 「지방공기업법」에 따른 지방공사(이하 "관리공사"라 한다), 제24조의 공공출자법인 또는 한국농수산식품유통공사 중에서 시장관리자를 지정할 수 있다(법 제21조 제1항).

② 도매시장관리사무소 등의 업무

㉠ 도매시장의 개설자는 관리사무소 또는 시장관리자로 하여금 시설물관리, 거래질서유지, 유통종사자의 지도·감독 등에 관한 업무범위를 정하여 당해 도매시장 또는 그 개설구역안의 도매시장의 관리업무를 수행하게 할 수 있다(법 제21조 제2항).

㉡ 도매시장의 개설자가 법 제21조의 규정에 의하여 도매시장관리사무소 또는 시장관리자로 하여금 하게 할 수 있는 도매시장의 관리업무는 다음과 같다(규칙 제18조).

ⓐ 도매시장 시설물의 관리 및 운영
ⓑ 도매시장의 거래질서 유지
ⓒ 도매시장의 도매시장법인·시장도매인·중도매인 기타 유통업무종사자에 대한지도·감독
ⓓ 도매시장법인 또는 시장도매인이 납부 또는 제공한 보증금 또는 담보물의 관리
ⓔ 도매시장의 정산창구에 대한 관리·감독
ⓕ 법 제42조제1항제1호·제2호 및 제5호의 규정에 의한 도매시장사용료·부수시설사용료의 징수
ⓖ 그밖에 도매시장의 개설자가 도매시장의 관리를 효율적으로 수행하기 위하여 업무규정으로 정하는 사항의 시행

3) 도매시장의 운영

① 원칙 : 도매시장 개설자는 도매시장에 그 시설규모·거래액 등을 고려하여 적정 수의 도매시장법인·시장도매인 또는 중도매인을 두어 이를 운영하게 하여야 한

다(법 제22조 본문).

② 예외 : 중앙도매시장의 개설자는 농림축산식품부령 또는 해양수산부령으로 정하는 부류에 대하여는 도매시장법인을 두어야 한다(법 제22조 단서).

  ⊙ "농림축산식품부령 또는 해양수산부령으로 정하는 부류"란 청과부류와 수산부류를 말한다(규칙 제18조의1 제1항).
  ⊙ 농림축산식품부장관 또는 해양수산부장관은 제1항에 따른 부류가 적절한지를 2017년 8월 23일까지 검토하여 해당 부류의 폐지, 개정 또는 유지 등의 조치를 하여야 한다(규칙 제18조의2 제2항).
  ⊙ 농림축산식품부장관 또는 해양수산부장관은 제2항에 따른 검토를 위하여 도매시장 거래실태와 현실 여건 변화 등을 매년 분석하여야 한다(규칙 제18조의2 제3항).

2. 도매시장법인

(1) 도매시장법인의 지정

1) 도매시장법인 지정

① **지정부류 및 유효기간** : 도매시장법인은 도매시장 개설자가 부류별로 지정하되, 중앙도매시장에 두는 도매시장법인의 경우에는 농림축산식품부장관 또는 해양수산부장관과 협의하여 지정한다. 이 경우 5년 이상 10년 이하의 범위에서 지정 유효기간을 설정할 수 있다(법 제23조 제1항).

② **겸직 금지**

  ⊙ 원칙 : 도매시장법인의 주주 및 임직원은 해당 도매시장법인의 업무와 경합되는 도매업 또는 중도매업(仲都賣業)을 하여서는 아니 된다(법 제23조 제2항 본문).
  ⊙ 예외 : 도매시장법인의 인수·합병(제23조의2)의 규정에 따라 도매시장법인이 다른 도매시장법인의 주식 또는 지분을 과반수 이상 양수(이하 "인수"라 한다)하고 양수법인의 주주 또는 임·직원이 양도법인의 주주 또는 임·직원의 지위를 겸하게 된 경우에는 그러하지 아니하다(법 제23조 제2항 단서).

2) 도매시장법인의 요건

① **법인의 요건** : 도매시장법인이 될 수 있는 자는 다음의 요건을 갖춘 법인이어야 한다(법 제23조 제3항).

> ⊙ 해당 부류의 도매업무를 효과적으로 수행할 수 있는 지식과 도매시장 또는 공판
> 장업무에 2년 이상 종사한 경험이 있는 업무집행담당임원이 2인 이상 있을 것
> ⓒ 임원중 금고이상의 실형의 선고를 받고 그 형의 집행이 종료(집행이 종료된
> 것으로 보는 경우를 포함한다)되거나 집행이 면제된 후 2년이 경과되지 아니
> 한 자가 없을 것
> ⓒ 임원중 파산선고를 받고 복권되지 아니한 자나 피성년후견인 또는 피한정후
> 견인이 없을 것
> ② 임원중 제82조제2항의 규정에 의한 도매시장법인의 지정취소처분의 원인이
> 되는 사항에 관련된 자가 없을 것
> ⑩ 거래규모·순자산액 비율 및 거래보증금 등 도매시장의 개설자가 업무규정으
> 로 정하는 일정 요건을 갖출 것

② **조건부 지정** : 도매시장법인이 지정후 "해당 부류의 도매업무를 효과적으로 수행할 수 있는 지식과 도매시장 또는 공판장업무에 2년이상 종사한 경험이 있는 업무집행담당임원이 2인이상 있을 것"(제3항제1호)의 요건을 갖추지 아니하게 된 때에는 3월 이내에 이를 갖추어야 한다(법 제23조 제4항).

③ **임원의 해임** : 도매시장법인은 그 임원이 다음의(제3항제2호 내지 제4호의) 어느 하나에 해당하는 요건을 갖추지 아니하게 된 때에는 당해 임원을 지체없이 해임하여야 한다(법 제23조 제5항).

> ⊙ 임원중 금고이상의 실형의 선고를 받고 그 형의 집행이 종료(집행이 종료된
> 것으로 보는 경우를 포함한다)되거나 집행이 면제된 후 2년이 경과되지 아니
> 한 자가 없을 것
> ⓒ 임원중 파산신고를 받고 복권되지 아니한 자나 피성년후견인 또는 피한정후
> 견인이 없을 것
> ⓒ 임원중 제82조제2항의 규정에 의한 도매시장법인의 지정취소처분의 원인이
> 되는 사항에 관련된 자가 없을 것

3) 도매시장법인의 지정절차 등

① **신청서 및 서류제출** : 도매시장법인의 지정을 받으려는 자는 도매시장법인의 지정신청서(전자문서로 된 신청서를 포함한다)에 다음의 서류(전자문서를 포함한다)를 첨부하여 도매시장의 개설자에게 제출하여야 한다. 이 경우 도매시장법인의 지정신청서를 제출받은 도매시장의 개설자는 「전자정부법」 제36조제1항에 따른 행정정보의 공동이용을 통하여 신청인의 법인 등기사항증명서를 확인하여야 한다(영

제17조 제1항).

> 1. 정관
> 2. 주주명부
> 3. 임원의 이력서
> 4. 해당 법인의 직전 회계연도의 재무제표와 그 부속서류(신설 법인의 경우에는 설립일을 기준으로 작성한 대차대조표)
> 5. 사업개시 예정일부터 5년간의 사업계획서(산지활동계획, 경매사확보계획, 농수산물판매계획, 자금운용계획, 조직 및 인력운용계획등을 포함한다)
> 6. 거래규모·순자산액 비율 및 거래보증금 등 도매시장의 개설자가 업무규정으로 정한 요건을 충족하고 있음을 입증하는 서류

② 지정 : 도매시장의 개설자는 신청을 받은 때에는 업무규정으로 정한 도매시장법인의 적정수의 범위안에서 이를 지정하여야 한다(영 제17조 제2항).

(2) 도매시장법인의 인수·합병

1) 인수·합병 승인

① 승인권자

㉠ 도매시장법인이 다른 도매시장법인을 인수하거나 합병을 하는 경우에는 해당 도매시장 개설자의 승인을 얻어야 한다(법 제23조의2 제1항).

㉡ 도매시장 개설자는 다음의 어느 하나에 해당하는 경우를 제외하고는 인수 또는 합병을 승인하여야 한다(법 제23조의2 제2항).

> ⓐ 인수 또는 합병의 당사자인 도매시장법인이 제23조제3항 각 호의 요건을 갖추지 못한 경우
> ⓑ 그 밖에 이 법 또는 다른 법령에 따른 제한에 위반되는 경우

② 신청서와 첨부서류 : 도매시장법인이 도매시장 개설자의 인수·합병의 승인을 받으려는 경우에는 별지 제1호서식에 따른 도매시장법인인수·합병승인신청서에 다음의 서류(전자문서를 포함한다)를 첨부하여 인수·합병 등기신청 이전에 해당 도매시장 개설자에게 제출하여야 한다(규칙 제18조의3 제1항).

> ㉠ 「상법」제523조 및 같은 법 제524조에 따른 주주총회의 승인을 받은 인수·합병계약서 사본
> ㉡ 인수·합병 전·후의 주주명부

ⓒ 인수 · 합병 후 도매시장법인 임원의 이력서
ⓓ 합병을 하는 도매시장법인 및 합병이 되는 도매시장법인의 인수 · 합병 직전 년도의 재무제표 및 그 부속서류
ⓔ 인수 · 합병이 되는 도매시장법인의 잔여지정기간 동안의 사업계획서
ⓕ 인수 · 합병 후 거래규모, 순자산액 비율 및 출하대금의 지급보증을 위한 거래보증금 확보 입증 서류

③ 인수 · 합병 승인 조건
  ㉠ 승인조건 : 도매시장의 개설자는 도매시장법인이 법 제23조제3항 각각의 요건을 갖춘 경우에만 인수 · 합병을 승인할 수 있다(규칙 제18조의3 제2항).
  ㉡ 보완요청 : 도매시장의 개설자는 도매시장법인이 제출한 신청서에 흠이 있는 경우 그 신청서의 보완을 요청할 수 있다(규칙 제18조의3 제3항).

④ 처리 : 도매시장의 개설자는 제2항의 요건을 갖추고 있는지의 여부를 확인하고 신청서를 접수한 날로부터 30일 이내에 그 승인 여부를 결정하여 이를 지체 없이 신청인에게 문서로 통보하여야 한다. 이 경우 불승인하는 때에는 그 사유를 명시하여야 한다(규칙 제18조의3 제4항).

2) 도매시장법인의 지위 승계

합병의 승인을 하는 경우 합병을 하는 도매시장법인은 합병이 되는 도매시장법인의 지위를 승계한다(법 제23조의2 제2항).

(3) 공공출자법인

1) 공공출자법인 설립

도매시장의 개설자는 도매시장의 효율적인 관리 · 운영을 위하여 필요하다고 인정하는 경우에는 제22조의 규정에 의한 도매시장법인에 갈음하여 그 업무를 수행하게 할 법인(이하 "공공출자법인"이라 한다)을 설립할 수 있다(법 제24조 제1항).

2) 출자자

공공출자법인에 대한 출자는 다음에 해당하는 자에 한정한다. 이 경우 ① 부터 ③에 해당하는 자에 의한 출자액의 합계가 총출자액의 100분의 50을 초과하여야 한다(법 제24조 제2항).

① 지방자치단체
② 관리공사
③ 농림수협등

> ④ 당해 도매시장 또는 당해 도매시장으로 이전되는 시장에서 농수산물을 거래하는 상인과 그 상인단체
> ⑤ 도매시장법인
> ⑥ 그밖에 도매시장의 개설자가 도매시장의 관리·운영을 위하여 특히 필요하다고 인정하는 자

3) 법 적용

공공출자법인에 관하여 이 법에 규정된 것을 제외하고는 「상법」상 주식회사에 관한 규정을 적용한다(법 제24조 제3항).

4) 지정 의제

공공출자법인은 「상법」 제317조의 규정에 의한 설립등기를 한 날에 제23조의 규정에 의한 도매시장법인의 지정을 받은 것으로 본다(법 제24조 제4항).

(4) 중도매업

1) 중도매업 허가

① 개설 허가 : 중도매인의 업무를 하려는 자는 부류별로 해당 도매시장 개설자의 허가를 받아야 한다(법 제25조 제1항).

② 유효기간 : 도매시장의 개설자는 중도매업의 허가를 하는 경우 5년 이상 10년 이내의 범위에서 허가유효기간을 설정할 수 있다. 다만, 법인이 아닌 중도매인은 3년 이상 10년 이내의 범위에서 허가유효기간을 설정할 수 있다(법 제25조 제6항).

③ 결격사유 및 해임

㉠ 결격사유 : 다음의 어느 하나에 해당하는 자는 중도매업의 허가를 받을 수 없다(법 제25조 제2항).

> ⓐ 파산선고를 받고 복권되지 아니한 사람이나 피성년후견인
> ⓑ 금고이상의 실형의 선고를 받고 그 형의 집행이 종료(집행이 종료된 것으로 보는 경우를 포함한다)되거나 면제되지 아니한 자
> ⓒ 제82조제3항의 규정에 의하여 중도매업의 허가가 취소된 날부터 2년이 경과되지 아니한 자
> ⓓ 도매시장법인의 주주 및 임·직원으로서 당해 도매시장법인의 업무와 경합되는 중도매업을 하고자 하는 자
> ⓔ ⓐ 내지 ⓓ의 어느 하나에 해당하는 임원이 있는 법인
> ⓕ 최저거래금액 및 거래대금의 지급보증을 위한 보증금 등 도매시장의 개설자가 업무규정으로 정한 허가조건을 충족하지 못한 자

ⓛ 임원해임 : 법인인 중도매인은 그 임원이 위 ㉠의 ⓔ에 해당하게 된 때에는 당해 임원을 지체없이 해임하여야 한다(법 제25조 제3항).

2) 중도매업의 허가절차

중도매업의 허가를 받으려는 자는 도매시장의 개설자가 정하는 허가신청서에 다음의 서류를 첨부하여 도매시장의 개설자에게 제출하여야 한다. 이 경우 도매시장의 개설자가 법인의 매매참가인 신고서를 제출받은 경우에는 「전자정부법」 제36조제1항에 따른 행정정보의 공동이용을 통하여 법인등기부등본을 확인하여야 한다(규칙 제19조).

① 개인의 경우

| ㉠ 이력서 | ㉡ 은행의 잔고증명서 |

② 법인의 경우

㉠ 정관
㉡ 법인등기부등본 및 주주명부
㉢ 해당 법인의 직전 회계연도의 재무제표 및 그 부속서류(신설법인의 경우 설립일 기준으로 작성한 대차대조표)

3) 중도매인의 업무범위 등의 특례

허가를 받은 중도매인은 도매시장안에 설치된 공판장(이하 "도매시장공판장"이라 한다)에서도 그 업무를 행할 수 있다(법 제26조).

4) 중도매인의 의무

중도매인은 다음의 행위를 하여서는 아니된다(법 제25조 제5항).

① 다른 중도매인 또는 매매참가인의 거래 참가를 방해하는 행위를 하거나 집단적으로 농수산물의 경매 또는 입찰에 불참하는 행위
② 다른 사람에게 자기의 성명이나 상호를 사용하여 중도매업을 하게 하거나 그 허가증을 빌려주는 행위

5) 법인인 중도매인의 인수 · 합병

법인인 중도매인의 인수 · 합병에 대하여는 제23조의2(도매시장법인의 인수 · 합병)를 준용한다. 이 경우 "도매시장법인"은 "법인인 중도매인"으로 본다(법 제25조의2).

(5) 매매참가인

  1) 매매참가인의 신고

    매매참가인의 업무를 하려는 자는 농림축산식품부령 또는 해양수산부령으로 정하는 바에 따라 도매시장·공판장 또는 민영도매시장의 개설자에게 매매참가인으로 신고하여야 한다(법 제25조의3).

  2) 제출서류

    매매참가인의 업무를 하려는 자는 별지 제2호서식에 따른 매매참가인 신고서에 다음의 서류를 첨부하여 도매시장·공판장 또는 민영도매시장 개설자에게 제출하여야 한다(규칙 제19조의3).

    ① 개인의 경우
      ㉠ 신분증 사본 또는 사업자등록증 1부
      ㉡ 증명사진(2.5cm×3.5cm) 3매
    ② 법인의 경우 : 법인 등기사항증명서 1부

3. 경매사 등

(1) 경매사

  1) 경매사의 임면

    도매시장법인은 도매시장에서의 공정하고 신속한 거래를 위하여 농림축산식품부령 또는 해양수산부령으로 정하는 바에 따라 일정 수 이상의 경매사를 두어야 한다(법 제27조 제1항).

    ① 경매사의 수 : 도매시장법인이 확보하여야 하는 경매사의 수는 2인 이상으로 하되, 품목별·도매시장별 거래물량 등을 고려하여 업무규정으로 이를 정한다(규칙 제20조 제1항).

    ② 임면 신고 : 도매시장법인이 경매사를 임면(任免)하였을 때에는 농림축산식품부령 또는 해양수산부령으로 정하는 바에 따라 그 내용을 도매시장 개설자에게 신고하여야 하며, 도매시장 개설자는 농림축산식품부장관 또는 해양수산부장관이 지정하여 고시한 인터넷 홈페이지에 그 내용을 게시하여야 한다(법 제27조 제4항). 도매시장법인이 경매사를 임면(任免)한 경우에는 별지 제3호서식에 따라 임면한 날부터 15일 이내에 도매시장 개설자에게 신고하여야 한다(규칙 제20조 제2항).

  2) 경매사의 결격사유

    경매사는 경매사자격시험에 합격한 자로서 다음의 어느 하나에 해당하지 아니한 자

중에서 임명하여야 한다(법 제27조 제2항).

> ① 금치산자 또는 한정치산자
> ② 금고이상의 실형의 선고를 받고 그 형의 집행이 종료(집행이 종료된 것으로 보는 경우를 포함한다)되거나 집행이 면제된 후 2년이 경과되지 아니한 사람
> ③ 금고이상의 형의 집행유예 또는 선고유예를 받고 그 유예기간중에 있는 사람
> ④ 당해 도매시장의 시장도매인, 중도매인, 산지유통인 또는 그 임·직원
> ⑤ 제82조제4항의 규정에 따라 면직된 후 2년이 경과되지 아니한 사람
> ⑥ 제82조제4항의 규정에 따른 업무정지기간 중에 있는 사람

3) 경매사 면직사유

도매시장법인은 경매사가 어느 하나에 해당하는 경우에는 해당 경매사를 면직하여야 한다(법 제27조 제3항).

> ① 금치산자 또는 한정치산자
> ② 금고이상의 실형의 선고를 받고 그 형의 집행이 종료(집행이 종료된 것으로 보는 경우를 포함한다)되거나 집행이 면제된 후 2년이 경과되지 아니한 사람
> ③ 금고이상의 형의 집행유예 또는 선고유예를 받고 그 유예기간중에 있는 사람
> ④ 당해 도매시장의 시장도매인, 중도매인, 산지유통인 또는 그 임·직원

4) 경매사 자격시험

① **구분실시** : 경매사 자격시험은 농림축산식품부장관 또는 해양수산부장관이 실시하되, 필기시험과 실기시험으로 구분하여 실시한다(법 제27조의2 제1항).

㉠ 시험은 제1차 선택형 필기시험(이하 "제1차시험"이라 한다)과 제2차 실기시험(이하 "제2차시험"이라 한다)으로 구분하여 부류별로 시행한나. 이 경우 제2차시험은 제1차시험에 합격한 자 또는 제1차시험을 면제받은 자를 대상으로 시행한다(영 제17조의3 제1항).

㉡ 제1차시험은 도매시장 관계 법령, 경매실무, 유통상식, 상품성평가로 하며, 제2차시험은 모의경매진행으로 한다(영 제17조의3 제2항).

㉢ 제1차시험에 합격한 자가 다음 회의 시험에 응시하는 경우 제1차시험을 면제하며, 제2차시험에 합격한 자가 다른 부류의 시험에 응시하는 경우에는 다음 회의 시험에 한하여 제1차시험의 경매실무와 유통상식을 면제한다(영 제17조의3 제3항).

㉣ 시험은 2년마다 실시한다. 다만, 농림축산식품부장관 또는 해양수산부장관은

신속한 인력 충원이 필요하다고 인정하는 경우에는 시험의 실시 연도를 변경할 수 있다(영 제17조의3 제4항).

② **위탁(경매사 자격시험의 관리)** : 농림축산식품부장관 또는 해양수산부장관은 경매사 자격시험의 관리에 관한 업무를 대통령령으로 정하는 바에 따라 시험관리 능력이 있다고 인정되는 관계 전문기관에 위탁할 수 있다(법 제27조의2 제2항).

㉠ 농림축산식품부장관 또는 해양수산부장관은 경매사자격시험(이하 "시험"이라 한다)의 관리(경매사자격증 발급은 제외한다)에 관한 업무를 「한국산업인력공단법」에 따른 한국산업인력공단(이하 "한국산업인력공단"이라 한다)에 위탁한다(영 제17조의2 제1항).

㉡ 한국산업인력공단이 시험을 실시하려는 경우에는 시험의 일시·장소 및 방법 등 시험실시에 관한 계획을 수립하여 농림축산식품부장관 또는 해양수산부장관의 승인을 얻어야 한다(영 제17조의2 제2항).

㉢ 한국산업인력공단은 시험의 실시에 필요한 실비를 농림축산식품부령 또는 해양수산부령으로 정하는 바에 따라 징수할 수 있다(영 제17조의2 제3항).

③ **자격증의 교부**

㉠ 합격자 결정 : 시험의 합격자 결정은 제1차시험에 있어서는 매 과목 100점을 만점으로 하여 매 과목 40점 이상 전 과목 평균 60점 이상 득점한 자로 하며, 제2차시험에 있어서는 100점을 만점으로 하여 70점 이상 득점한 자로 한다(영 제17조의3 제5항).

㉡ 경매사 자격증의 발급 등

ⓐ 농림축산식품부장관 또는 해양수산부장관은 법 제27조의2제2항에 따라 같은 조에 따른 경매사 자격증의 발급에 관한 업무를 한국농수산식품유통공사에 위탁한다(영 제17조의5 제1항).
ⓑ 한국농수산식품유통공사의 장은 시험에 합격한 사람에 대하여 경매사 자격증을 발급하고 경매사 자격 등록부에 이를 적어야 한다(영 제17조의5 제2항).
ⓒ 한국농수산식품유통공사의 장은 경매사 자격증의 발급에 필요한 실비를 농림축산식품부령 또는 해양수산부령으로 정하는 바에 따라 징수할 수 있다(영 제17조의5 제3항).

④ **시험부정행위자에 대한 조치** : 시험과 관련하여 부정한 행위를 한 응시자에 대하여는 그 시험을 무효로 하며, 그 처분이 있은 날부터 3년간 시험응시자격을 정지한다(법 제17조의4).

5) 경매사의 업무 등

① 경매사의 업무 : 경매사는 다음의 업무를 수행한다(법 제28조 제1항).

> ㉠ 도매시장법인이 상장한 농수산물에 대한 경매 우선순위의 결정
> ㉡ 도매시장법인이 상장한 농수산물의 가격평가
> ㉢ 도매시장법인이 상장한 농수산물의 경락자의 결정

② 공무원 의제 : 경매사는 「형법」 제129조부터 제132조까지의 규정을 적용할 때에는 공무원으로 본다(법 제28조 제2항).

(2) 산지유통인

1) 산지유통인의 등록

① 원칙 : 농수산물을 수집하여 도매시장에 출하하려는 자는 농림축산식품부령 또는 해양수산부령으로 정하는 바에 따라 부류별로 도매시장 개설자에게 등록하여야 한다(법 제29조 제1항 본문).

② 예외 : 다음의 어느 하나에 해당하는 경우에는 그러하지 아니하다(법 제29조 제1항 단서).

> ㉠ 생산자단체가 구성원의 생산물을 출하하는 경우
> ㉡ 도매시장법인이 제31조제1항 단서에 따라 매수한 농수산물을 상장하는 경우
> ㉢ 중도매인이 제31조제2항 단서에 따라 비상장 농수산물을 매매하는 경우
> ㉣ 시장도매인이 제37조에 따라 매매하는 경우
> ㉤ 그 밖에 농림축산식품부령 또는 해양수산부령으로 정하는 경우
>   ⓐ 종합유통센터·수출업자 등이 남은 농수산물을 도매시장에 상장하는 경우
>   ⓑ 법 제34조의 규정에 의하여 도매시장법인이 다른 도매시장법인 또는 시장도매인으로부터 매수하여 판매하는 경우
>   ⓒ 법 제34조의 규정에 의하여 시장도매인이 도매시장법인으로부터 매수하여 판매하는 경우

2) 의무

① 개설자의 의무

㉠ 등록 수리 : 도매시장의 개설자는 이 법 또는 다른 법령에 따른 제한에 위반되는 경우를 제외하고는 등록을 하여주어야 한다(법 제29조 제3항).

㉡ 출입금지 조치 : 도매시장의 개설자는 등록을 하여야 하는 자가 등록을 하지

아니하고 산지유통인의 업무를 하는 경우에는 도매시장에의 출입을 금지·제한하거나 그 밖에 필요한 조치를 할 수 있다(법 제29조 제5항).

② **도매시장법인, 중도매인 등의 업무금지 의무** : 도매시장법인, 중도매인 및 이들의 주주 또는 임·직원은 당해 도매시장에서 산지유통인의 업무를 하여서는 아니된다(법 제29조 제2항).

③ **산지유통인의 금지의무** : 산지유통인은 등록된 도매시장에서 농수산물의 출하업무 외의 판매·매수 또는 중개업무를 하여서는 아니된다(법 제29조 제4항).

④ **국가 또는 지방자치단체 의무** : 국가 또는 지방자치단체는 산지유통인의 공정한 거래를 촉진하기 위하여 필요한 지원을 할 수 있다(법 제29조 제6항).

4. 도매시장의 출하 거래 등

(1) 도매시장의 출하

1) 출하 신고

① **출하자 신고** : 도매시장에 농수산물을 출하하려는 생산자 및 생산자단체 등은 농수산물의 거래질서 확립과 수급안정을 위하여 농림축산식품부령 또는 해양수산부령으로 정하는 바에 따라 해당 도매시장의 개설자에게 신고하여야 한다(법 제30조 제1항).

② **신고절차** : 도매시장에 농수산물을 출하하려는 자는 별지 제6호서식에 따른 출하자 신고서에 다음 각 호의 구분에 따른 서류를 첨부하여 도매시장 개설자에게 제출하여야 한다(규칙 제25조의2 제1항).

> ㉠ 개인의 경우 : 신분증 사본 또는 사업자등록증 1부
> ㉡ 법인의 경우 : 법인 등기사항증명서 1부

③ **신고방법** : 도매시장의 개설자는 전자적 방법으로 출하자 신고서를 접수할 수 있다(규칙 제25조의2 제2항).

④ **산지유통인 등록 및 출하자 신고의 관리** : 농림축산식품부장관 또는 해양수산부장관은 산지유통인 등록 및 출하자 신고에 관한 업무를 관리하기 위하여 정보통신망을 운영할 수 있다(규칙 제25조의3).

2) 우대조치

도매시장의 개설자, 도매시장법인 또는 시장도매인은 신고한 출하자가 출하예약을

하고 농수산물을 출하하는 경우에는 위탁수수료의 인하 및 경매의 우선실시 등 우대조치를 할 수 있다(법 제30조 제2항).

(2) 도매시장법인의 판매

1) 수탁판매의 원칙
도매시장에서 도매시장법인이 행하는 도매는 출하자로부터 위탁을 받아 이를 행하여야 한다(법 제31조 제1항 본문).

2) 수탁판매의 예외
① 사유 : 농림축산식품부령 또는 해양수산부령으로 정하는 특별한 사유가 있는 경우에는 매수하여 도매할 수 있다(법 제31조 제1항 단서). 즉, 도매시장법인이 농수산물을 매수하여 도매할 수 있는 경우는 다음과 같다(규칙 제26조 제1항).

> ㉠ 가격안정을 위하여 특히 필요하다고 인정하는 때에는 도매시장 또는 공판장에서 이를 수매(법 제9조제1항 단서). 또는 가격안정을 위하여 특히 필요하다고 인정하는 때에는 도매시장 또는 공판장에서 수매하거나 수입할 수 있다는(법 제13조제2항 단서)의 규정에 의한 농림축산식품부장관의 수매에 응하기 위하여 필요한 경우
> ㉡ 법 제34조(거래의 특례)의 규정에 의하여 다른 도매시장법인 또는 시장도매인으로부터 매수하여 도매하는 경우
> ㉢ 당해 도매시장에서 주로 취급하지 아니하는 농수산물의 품목을 갖추기 위하여 대상품목과 기간을 정하여 도매시장의 개설자의 승인을 얻어 다른 도매시장으로부터 이를 매수하는 경우
> ㉣ 물품의 특성상 외형을 변형하는 등 가공하여 도매하여야 하거나 수탁판매의 방법으로는 적정 거래물량확보 등이 어려운 경우로서 도매시장의 개설자가 업무규정으로 정하는 경우
> ㉤ 도매시장법인이 농수산물의 선별·포장·가공·제빙(製氷)·보관·후숙(後熟)·저장·수출입 등의 사업은 농림수산식품부령이 정하는 바에 따라 겸영할 수 있는(법 제35조제4항 단서)규정에 따른 겸영사업에 필요한 농수산물을 매수하는 경우

② 보고서 제출 : 도매시장법인은 ①의 규정에 의하여 농수산물을 매수하여 도매한 경우에는 업무규정이 정하는 바에 따라 다음의 사항을 기재한 보고서를 지체없이 도매시장의 개설자에게 제출하여야 한다(규칙 제26조 제2항).

> ㉠ 매수하여 도매한 물품의 품목·수량·원산지·매수가격·판매가격 및 출하자
> ㉡ 매수하여 도매한 사유

(3) 중도매인의 거래

1) 거래 금지 비상장 농수산물

중도매인은 도매시장법인이 상장한 농수산물외의 농수산물의 거래를 할 수 없다(법 제31조 제2항 본문).

2) 상장되지 아니한 농수산물의 거래허가

농림축산식품부령 또는 해양수산부령으로 정하는 도매시장법인이 상장하기에 적합하지 아니한 농수산물과 그 밖에 이에 준하는 농수산물로서 그 품목과 기간을 정하여 도매시장 개설자로부터 허가를 받은 농수산물의 경우에는 그러하지 아니하다(법 제31조 제2항 단서). 즉, 중도매인이 도매시장의 개설자의 허가를 받아 도매시장법인이 상장하지 아니한 농수산물을 거래할 수 있는 경우는 다음과 같다(규칙 제27조).

> 1. 영 제2조 각 호의 부류를 기준으로 연간 반입물량 누적비율이 하위 3퍼센트 미만에 해당하는 소량 품목
> 2. 품목의 특성으로 인하여 해당 품목을 취급하는 중도매인이 소수인 품목
> 3. 그 밖에 상장거래에 의하여 중도매인이 해당 농수산물을 매입하는 것이 현저히 곤란하다고 도매시장의 개설자가 인정하는 경우

3) 농수산물전자거래소 거래

중도매인이 위 2) 단서에 해당하는 물품을 농수산물전자거래의 촉진 등(제70조의2제1항제1호)에 따른 농수산물전자거래소에서 거래하는 경우에는 그 물품을 도매시장으로 반입하지 아니할 수 있다(법 제31조 제4항).

4) 준용

법 제35조제1항, 제38조, 제39조, 제40조제2항·제4항, 제41조(제2항 단서의 규정을 제외한다), 제42조제1항제1호·제3호 및 제81조의 규정은 제2항 단서의 규정에 의한 중도매인의 거래에 관하여 이를 준용한다(법 제31조 제3항).

(4) 매매방법

1) 매매방법의 원칙(경매 또는 입찰방법)

도매시장법인은 도매시장에서 농수산물을 경매·입찰·정가매매 또는 수의매매(隨

意賣買)의 방법으로 매매하여야 한다(법 제32조 본문).

① 경매 또는 입찰가격
  ㉠ 최고가격 판매 : 도매시장법인은 도매시장에 상장한 농수산물을 수탁된 순위에 따라 경매 또는 입찰의 방법으로 최고가격 제시자에게 판매하여야 한다(법 제33조 제1항 본문).
  ㉡ 가격미만 판매금지 : 출하자가 서면으로 제출하는 등 다음의 요건을 갖추어 거래성립최저가격을 제시한 경우에는 그 가격 미만으로 판매하여서는 아니된다(법 제33조 제1항 단서, 규칙 제29조).

  ⓐ 출하자 및 거래성립최저가격 등이 기재될 것
  ⓑ 출하자 본인 또는 대리인이 해당 농수산물의 판매과정에 입회한다는 뜻이 기재될 것

② 경매 또는 입찰의 방법
  ㉠ 원칙 : 경매 또는 입찰의 방법은 전자식(電子式)을 원칙으로 한다(법 제33조 제3항 전문).
  ㉡ 예외 : 필요한 경우 다음이 정하는 바에 따라 거수수지식(擧手手指式), ·기록식·서면입찰식 등의 방법으로 행할 수 있다(규칙 제31조). 공개경매의 실현을 위하여 필요한 경우 농림축산식품부장관, 해양수산부장관 또는 도매시장 개설자는 품목별·도매시장별로 경매방식을 제한할 수 있다(법 제33조 제3항 후반).

  ⓐ 농수산물의 수급조절과 가격안정을 위하여 수매·비축 또는 수입한 농수산물을 판매하는 경우
  ⓑ 그 밖에 품목별·지역별 특성을 고려하여 도매시장의 개설자가 필요하다고 인정하는 경우

③ 대량입하품 등의 우대
  도매시장의 개설자는 효율적인 유통을 위하여 필요한 경우에는 대량입하품·표준규격품·예약출하품 등을 우선적으로 판매하게 할 수 있다(법 제33조 제2항). 즉, 도매시장의 개설자는 다음의 품목에 대하여 도매시장법인 또는 시장도매인으로 하여금 우선적으로 판매하게 할 수 있다(규칙 제30조).

  ㉠ 대량입하품
  ㉡ 도매시장의 개설자가 선정하는 우수출하주의 출하품

ⓒ 예약출하품
ⓓ 「농수산물 품질관리법」 제5조에 따른 표준규격품 및 같은 법 제6조에 따른 우수관리인증농산물
ⓔ 그 밖에 도매시장 개설자가 도매시장의 효율적인 운영을 위하여 특히 필요하다고 업무규정으로 정하는 품목

2) 매매방법의 예외(정가 또는 수의매매)

출하자가 매매방법을 지정하여 요청하는 경우 등 농림축산식품부령 또는 해양수산부령으로 매매방법을 정한 경우에는 그에 따라 매매할 수 있다(법 제32조 단서).

① 사유 : "농림축산식품부령 또는 해양수산부령으로 매매방법을 정한 경우"란 다음과 같다(규칙 제28조 제1항).

㉠ 경매 또는 입찰
ⓐ 출하자가 경매 또는 입찰로 매매방법을 지정하여 요청한 경우(제2호나목부터 자목까지의 규정에 해당하는 경우는 제외한다)
ⓑ 법 제78조에 따른 시장관리운영위원회의 심의를 거쳐 매매방법을 경매 또는 입찰로 정한 경우
ⓒ 해당 농수산물의 입하량이 일시적으로 현저하게 증가하여 정상적인 거래가 어려운 경우 등 정가매매 또는 수의매매의 방법에 의하는 것이 극히 곤란한 경우

㉡ 정가매매 또는 수의매매
ⓐ 출하자가 정가매매·수의매매로 매매방법을 지정하여 요청한 경우(제1호 나목 및 다목에 해당하는 경우는 제외한다)
ⓑ 법 제78조에 따른 시장관리운영위원회의 심의를 거쳐 매매방법을 정가매매 또는 수의매매로 정한 경우
ⓒ 법 제35조제2항제1호에 따라 전자거래 방식으로 매매하는 경우
ⓓ 다른 도매시장법인 또는 공판장(법 제27조에 따른 경매사가 경매를 실시하는 농수산물집하장을 포함한다)에서 이미 가격이 결정되어 바로 입하된 물품을 매매하는 경우로서 당해 물품을 반출한 도매시장법인 또는 공판장의 개설자가 가격·반출지·반출물량 및 반출차량 등을 확인한 경우
ⓔ 해양수산부장관이 거래방법·물품의 반출 및 확인절차 등을 정한 산지의 거래시설에서 미리 가격이 결정되어 입하된 수산물을 매매하는 경우
ⓕ 경매 또는 입찰이 종료된 후 입하된 경우
ⓖ 경매 또는 입찰을 실시하였으나 매매되지 아니한 경우

　　　　ⓗ 법 제34조에 따라 도매시장 개설자의 허가를 받아 중도매인 또는 매매참
　　　　　가인외의 자에게 판매하는 경우
　　　　ⓘ 천재·지변 그 밖의 불가피한 사유로 인하여 경매 또는 입찰의 방법에 의
　　　　　하는 것이 극히 곤란한 경우

　② **절차규정** : 정가매매 또는 수의매매 거래의 절차 등에 관하여 필요한 사항은 도매
　　시장 개설자가 업무규정으로 정한다(규칙 제28조 제2항).

3) 거래의 특례

　도매시장 개설자는 입하량이 현저히 많아 정상적인 거래가 어려운 경우 등 농림축산
식품부령 또는 해양수산부령으로 정하는 특별한 사유가 있는 경우에는 그 사유가 발
생한 날에 한정하여 도매시장법인의 경우에는 중도매인·매매참가인 외의 자에게,
시장도매인의 경우에는 도매시장법인·중도매인에게 판매할 수 있도록 할 수 있다
(법 제34조).

　① **특례사유** : 도매시장법인이 중도매인·매매참가인외의 자에게, 시장도매인이 도매
　　시장법인·중도매인에게 농수산물을 판매할 수 있는 경우는 다음과 같다(규칙 제
　　33조 제1조).

　　　㉠ 도매시장법인의 경우
　　　　ⓐ 해당 도매시장의 중도매인 또는 매매참가인에게 판매한 후 남는 농수산물
　　　　　이 있는 경우
　　　　ⓑ 도매시장의 개설자가 도매시장에 입하된 물품의 원활한 분산을 위하여 특
　　　　　히 필요하다고 인정하는 경우
　　　　ⓒ 도매시장법인이 법 제35조제4항 단서에 따른 겸영사업으로 수출을 하는
　　　　　경우
　　　㉡ 시장도매인의 경우 : 도매시장의 개설자가 도매시장에 입하된 물품의 원활한
　　　　분산을 위하여 특히 필요하다고 인정하는 경우

　② **보고서 제출** : 도매시장법인·시장도매인은 위①의 규정에 의하여 농수산물을 판매
　　한 경우에는 다음의 사항을 기재한 보고서를 지체없이 도매시장의 개설자에게 제
　　출하여야한다(규칙 제33조 제2조).

　　　㉠ 판매한 물품의 품목·수량·금액·출하자 및 매수인
　　　㉡ 판매한 사유

(5) 도매시장법인의 영업제한

1) 영업장소제한

① 원칙 : 도매시장법인은 도매시장외의 장소에서 농수산물의 판매업무를 하지 못한다(법 제35조 제1항).

② 예외 : 도매시장법인은 다음의 어느 하나에 해당하는 경우에는 해당 거래물품을 도매시장으로 반입하지 아니할 수 있다(법 제35조 제2항).

> ㉠ 도매시장 개설자의 사전승인을 받아「전자문서 및 전자거래 기본법」에 따른 전자거래 방식으로 하는 경우
> ㉡ 농림축산식품부령 또는 해양수산부령으로 정하는 일정 기준 이상의 시설에 보관·저장 중인 거래 대상 농수산물의 견본을 도매시장에 반입하여 거래하는 것에 대하여 도매시장 개설자가 승인한 경우
>   ⓐ 165제곱미터 이상의 농산물 저온저장시설
>   ⓑ 냉장 능력이 1천톤 이상이고「농수산물품질관리법」제74조제1항에 따라 수산물가공업(냉동·냉장업)을 등록한 시설

2) 전자거래 및 견본거래 방식 등

전자거래 및 견본거래 방식 등에 관하여 필요한 사항은 농림축산식품부령 또는 해양수산부령으로 정한다(법 제35조 제3항).

① 전자거래방식에 의한 거래

㉠ 도매시장법인이「전자문서 및 전자거래 기본법」에 따른 전자거래방식으로 전자거래를 하려면 전자거래시스템을 구축하여 도매시장 개설자의 승인을 받아야 한다(규칙 제33조의3 제1항).

㉡ 전자거래시스템의 구성 및 운영방식 등에 필요한 세부사항은 농림축산식품부장관 또는 해양수산부장관이 정한다(규칙 제33조의3 제2항).

② 견본거래방식에 의한 거래

㉠ 도매시장법인이 견본거래를 하려면 견본거래 대상물품 보관·저장시설의 기준(법 제33조의2)의 시설에 보관·저장 중인 농수산물을 대표할 수 있는 견본품을 경매장에 진열하고 거래하여야 한다(규칙 제33조의4 제1항).

㉡ 견본품의 수량, 견본거래의 승인 절차 및 거래시간 등은 도매시장의 개설자가 업무규정으로 정한다(규칙 제33조의4 제1항).

3) 도매시장법인의 겸영

① 원칙적 겸영금지 : 도매시장법인은 농수산물의 판매업무외의 사업을 겸영(兼營)하지 못한다(법 제35조 제4항 본문).

② 예외적 겸영허용

　㉠ 겸영 요건 : 농수산물의 선별 · 포장 · 가공 · 제빙(製氷) · 보관 · 후숙(後熟) · 저장 · 수출입 등의 사업을 겸영할 수 있다(법 제35조 제4항 단서). 겸영하려는 도매시장법인은 다음의 요건을 충족하여야 한다. 이 경우 ⓐ부터 ⓒ까지의 기준은 직전 회계연도의 대차대조표를 통하여 산정한다(규칙 제34조).

> ⓐ 부채비율(부채/자기자본×100)이 300퍼센트 이하일 것
> ⓑ 유동부채비율(유동부채/부채총액×100)이 95퍼센트 이하일 것
> ⓒ 유동비율(유동자산/유동부채×100)이 100퍼센트 이상일 것
> ⓓ 당기순손실이 2개 회계연도 이상 계속하여 발생하지 아니할 것

　㉡ 기간제한 : 도매시장의 개설자는 산지 출하자와의 업무경합 또는 과도한 겸영사업으로 인하여 도매시장법인의 도매업무 약화가 우려되는 경우 대통령령이 정하는 바에 따라 ㉠의 규정에 따른 겸영사업을 1년 이내의 범위에서 제한할 수 있다(법 제35조 제5항).

> ⓐ 겸영사업을 다음과 같이 제한할 수 있다(영제17조의6 제1항).
> 　1. 제1차 위반 : 보완명령
> 　2. 제2차 위반 : 1개월 금지
> 　3. 제3차 위반 : 6개월 금지
> 　4. 제4차 위반 : 1년 금지
> ⓑ 겸영사업을 제한하는 경우 위반행위의 차수(次數)에 따른 처분기준은 최근 3년간 같은 위반행위로 처분을 받은 경우에 적용한다(영제17조의6 제2항).

(6) 도매시장법인 등의 공시

1) 공시의의

　도매시장법인 또는 시장도매인은 출하자와 소비자의 권익보호를 위하여 거래물량 · 가격정보 및 재무상황 등을 공시(公示)하여야 한다(법 제35조의2 제1항).

2) 공시내용 · 공시방법

　공시내용 · 공시방법 및 공시절차 등에 관하여 필요한 사항은 농림축산식품부령 또는

해양수산부령으로 정한다(법 제35조의2 제2항).

① **공시내용** : 도매시장법인 또는 시장도매인이 공시하여야 할 내용은 다음과 같다(규칙 제34조의2 제1항).

> ㉠ 거래일자별·품목별 반입량 및 가격정보
> ㉡ 주주 및 임원의 현황과 그 변동사항
> ㉢ 겸영사업을 하는 경우 그 사업내용
> ㉣ 직전 회계연도의 재무제표

② **공시방법** : 공시는 해당 도매시장의 게시판이나 정보통신망에 하여야 한다(규칙 제34조의2 제2항).

5. 시장도매인

(1) 시장도매인의 지정

1) 지정기간

시장도매인은 도매시장의 개설자가 부류별로 이를 지정한다. 이 경우 5년 이상 10년 이내의 범위에서 지정유효기간을 설정할 수 있다(법 제36조 제1항).

2) 도매인의 요건

① **도매인의 지정요건** : 시장도매인이 될 수 있는 자는 다음의 요건을 갖춘 법인이어야 한다(법 제36조 제2항).

> ㉠ 임원중 금고이상의 실형의 선고를 받고 그 형의 집행이 종료(집행이 종료된 것으로 보는 경우를 포함한다)되거나 집행이 면제된 후 2년이 경과되지 아니한 자가 없을 것
> ㉡ 임원중 당해 도매시장안에서 시장도매인의 업무와 경합되는 도매업 또는 중도매업을 하는 자가 없을 것
> ㉢ 임원중 파산선고를 받고 복권되지 아니한 자나 금치산자 또는 한정치산자가 없을 것
> ㉣ 임원중 제82조제2항의 규정에 의하여 시장도매인의 지정취소처분의 원인이 되는 사항에 관련된 자가 없을 것
> ㉤ 거래규모·순자산액 비율 및 거래보증금 등 도매시장의 개설자가 업무규정으로 정하는 일정 요건을 충족할 것

② **임원의 해임요건** : 시장도매인은 그 임원이 다음에 해당하는 요건을 갖추지 아니하게 된 때에는 당해 임원을 지체없이 해임하여야 한다(법 제36조 제3항).

> ㉠ 임원중 금고이상의 실형의 선고를 받고 그 형의 집행이 종료(집행이 종료된 것으로 보는 경우를 포함한다)되거나 집행이 면제된 후 2년이 경과되지 아니한 자가 없을 것
> ㉡ 임원중 당해 도매시장안에서 시장도매인의 업무와 경합되는 도매업 또는 중도매업을 하는 자가 없을 것
> ㉢ 임원중 파산선고를 받고 복권되지 아니한 자나 금치산자 또는 한정치산자가 없을 것
> ㉣ 임원중 제82조제2항의 규정에 의하여 시장도매인의 지정취소처분의 원인이 되는 사항에 관련된 자가 없을 것

3) 지정절차 등

① **서류제출** : 시장도매인의 지정을 받고자 하는 자는 시장도매인의 지정신청서(전자문서로 된 신청서를 포함한다)에 다음의 서류(전자문서를 포함한다)를 첨부하여 도매시장의 개설자에게 제출하여야 한다. 이 경우 제17조제1항 각 호 외의 부분 후단의 규정은 시장도매인의 지정절차에 관하여 이를 준용한다(영 제18조 제1항).

> ㉠ 정관
> ㉡ 주주명부
> ㉢ 임원의 이력서
> ㉣ 해당 법인의 직전 회계연도의 재무제표와 그 부속서류(신설 법인의 경우에는 설립일을 기준으로 작성한 대차대조표)
> ㉤ 사업개시 예정일부터 5년간의 사업계획서(산지활동계획, 농수산물판매계획, 자금운용계획, 조직 및 인력운용계획 등을 포함한다)
> ㉥ 거래규모·순자산액 비율 및 거래보증금 등 도매시장의 개설자가 업무규정으로 정한 요건을 충족하고 있음을 입증하는 서류

② **지정범위** : 도매시장의 개설자는 신청을 받은 때에는 업무규정으로 정한 시장도매인의 적정수의 범위안에서 이를 지정하여야 한다(영 제18조 제2항).

(2) 시장도매인의 영업

1) 영업

① **영업행위** : 시장도매인은 도매시장에서 농수산물을 매수 또는 위탁받아 도매하거나 매매를 중개할 수 있다(법 제37조 제1항 본문).

② **거래방법** : 도매시장에서 시장도매인이 매수·위탁 또는 중개를 함에 있어서는 출하자와 협의하여 송품장에 기재한 거래방법에 따라서 하여야 한다(규칙 제35조 제1항).

③ **거래내역 제출** : 도매시장 개설자는 거래질서의 유지를 위하여 필요한 경우에는 업무규정이 정하는 바에 따라 시장도매인이 거래한 내역을 도매시장의 개설자가 설치한 거래신고소에 제출하게 할 수 있다(규칙 제35조 제2항).

2) 영업제한 또는 금지

① 위탁 도매의 제한 또는 금지행위

㉠ 제한 또는 금지행위 : 도매시장 개설자는 거래질서의 유지를 위하여 필요하다고 인정하는 경우 등 다음에 정하는 경우에는 품목과 기간을 정하여 시장도매인이 농수산물을 위탁받아 도매하는 것을 제한 또는 금지할 수 있다(법 제37조 제1항 단서, 규칙 제35조 제3항).

> ㉠ 대금결제능력을 상실하여 출하자에게 피해를 입힐 우려가 있는 경우
> ㉡ 표준정산서에 거래량·거래방법을 허위기재하는 등 불공정행위를 한 경우
> ㉢ 기타 도매시장의 개설자가 도매시장의 거래질서유지를 위하여 필요하다고 인정하는 경우

㉡ 품목과 기간 공고 : 도매시장의 개설자는 시장도매인의 거래를 제한 또는 금지하고자 하는 경우에는 그 대상자, 제한 또는 금지하고자 하는 농수산물의 품목 및 기간을 정하여 이를 공고하여야 한다(규칙 제35조 제4항).

② **시장도매인의 영업대상 제한** : 시장도매인은 당해 도매시장의 도매시장법인·중도매인에게 농수산물을 판매하지 못한다(법 제37조 제2항).

(3) 시장도매인의 인수·합병

시장도매인의 인수·합병에 대하여는 도매시장법인의 인수·합병(제23조의2)을 준용한다. 이 경우 "도매시장법인"은 "시장도매인"으로 본다(법 제36조의2).

6. 수탁의 거부금지 등

(1) 수탁의 거부금지 등

1) 원칙

도매시장법인 또는 시장도매인은 그 업무를 수행함에 있어서 입하된 농수산물의 수탁 또는 위탁받은 농수산물의 판매를 거부·기피하거나 거래관계인에게 부당한 차별대우를 하여서는 아니된다(법 제38조).

2) 수탁 거부사유

다음의 어느 하나에 해당하는 경우는 수탁을 거부할 수 있다(법 제38조 본문 일부, 영 제18조의2).

① 제10조제2항의 규정에 따른 유통명령을 위반하여 출하하는 경우
② 제30조의 규정에 따른 출하자 신고를 하지 아니하고 출하하는 경우
③ 제38조의2의 규정에 따른 안전성 검사 결과 기준에 미달되는 경우
④ 도매시장의 개설자가 업무규정으로 정하는 최소출하량의 기준에 미달되는 경우
⑤ 그 밖에 환경개선 및 규격출하촉진 등을 위하여 대통령령이 정하는 경우
  ⓐ 농림축산식품부장관, 해양수산부장관 또는 도매시장 개설자가 정하여 고시한 품목을 「농수산물 품질관리법」 제5조제1항에 따른 표준규격에 따라 출하하지 아니한 경우

(2) 출하농수산물 안전성 검사

1) 안전성 검사

도매시장 개설자는 해당 도매시장에 반입되는 농수산물에 대하여 「농수산물 품질관리법」 제61조에 따른 유해물질의 잔류허용기준 등의 초과 여부에 관한 안전성 검사를 하여야 한다(법 제38조의2 제1항).

2) 안전성 검사 실시기준 및 방법 등

안전성 검사의 실시기준 및 방법은 별표 1과 같다(규칙 제35조의2 제1항).

① 안전성 검사 실시기준

별표 1

가. 안전성 검사계획 수립

  도매시장의 개설자는 검사체계, 검사시기와 주기, 검사품목, 수거시료 및 기준 미달품의 관리방법 등을 포함한 안전성 검사계획을 수립하여 시행한다.

나. 안정성 검사 실시를 위한 농수산물 종류별 시료 수거량
1) 곡류 · 두류 및 그 밖의 자연산물 : 1kg 이상 2kg 이하
2) 채소류 및 과실류 자연산물 : 2kg 이상 5kg 이하
3) 묶음단위 농수산물의 한 묶음 중량이 수거량 이하인 경우 한 묶음씩 수거하고, 한 묶음이 수거량 이상인 시료는 묶음의 일부를 시료수거 단위로 할 수 있다. 다만, 묶음단위의 일부를 수거함으로써 상품성이 떨어져 거래가 곤란한 경우에는 묶음단위 전체를 수거할 수 있다.
4) 수산물의 종류별 시료 수거량

종 류 별	수 거 량
초대형어류(2kg 이상/마리)	1마리 또는 2kg 내외
대형어류(1kg 이상~2kg 미만/마리)	2마리 또는 2kg 내외
중형어류(500g 이상~1kg 미만/마리)	3마리 또는 2kg 내외
준중형어류(200g 이상~500g 미만/마리)	5마리 또는 2kg 내외
소형어류(200g 미만/마리)	10마리 또는 2kg 내외
패 류	1kg 이상 2kg 이하
그 밖의 수산물	1kg 이상 2kg 이하

※ 시료 수거량은 마리수를 기준으로 함을 원칙으로 한다. 다만, 마리수로 시료수거가 곤란한 경우에는 2kg 범위에서 분할 수거할 수 있다.
※ 패류는 껍질이 붙어있는 상태에서 육량을 감안하여 1kg부터 2kg까지의 범위에서 수거한다.

다. 안정성 검사 실시를 위한 시료수거 시기
　시료수거는 도매시장에서 경매 전에 실시하는 것을 원칙으로 하되, 필요할 경우 소매상으로 거래되기 전 단계에서 실시할 수 있다.

라. 안전성 검사 실시를 위한 시료 수거 방법
1) 출하일자 · 출하자 · 품목이 같은 물량을 하나의 모집단으로 한다.
2) 조사대상 모집단의 대표성이 확보될 수 있도록 포장단위당 무게, 적재상태 등을 감안하여 수거지점(대상)을 무작위로 선정한다.
3) 시료수거 대상 농수산물의 품질이 균일하지 아니할 때에는 외관 및 냄새, 그 밖의 상황을 판단하여 이상이 있는 것 또는 의심스러운 것을 우선 수거할 수 있다.
4) 시료 수거 시에는 반드시 출하자의 인적사항을 정확히 파악하여야 한다.

② 안전성 검사 방법 : 농수산물의 안전성 검사는 「식품위생법」 제12조에 따른 식품등의 공전의 검사방법에 따라 실시한다.

3) 출하제한

① **구체적 기준** : 도매시장 개설자는 안전성 검사 결과 기준 미달품 출하자에 대하여 1년 이내의 범위에서 해당 도매시장에 출하하는 것을 제한할 수 있다(법 제38조의2 제2항). 다음에 따라 해당 도매시장에 출하하는 것을 제한할 수 있다(규칙 제35조의2 제2항).

> ㉠ 최근 1년 이내에 1회 적발 시 : 1개월
> ㉡ 최근 1년 이내에 2회 적발 시 : 3개월
> ㉢ 최근 1년 이내에 3회 적발 시 : 6개월

② **통지** : 출하제한을 하는 경우에 도매시장 개설자는 안전성 검사 결과 기준 미달품 발생사항과 출하제한 기간 등을 해당 출하자에게 서면 또는 전자적 방법 등으로 알려야 한다(규칙 제35조의2 제3항).

(3) 매매농수산물의 인수 등

1) 인수시기

도매시장법인 또는 시장도매인으로부터 농수산물을 매수한 자는 매매가 성립한 즉시 그 농수산물을 인수하여야 한다(법 제39조 제1항).

2) 매매해제 등

① **매매해제** : 도매시장법인 또는 시장도매인은 매수인이 정당한 사유없이 매수한 농수산물의 인수를 거부하거나 게을리 한 때에는 당해 매수인의 부담으로 그 농수산물을 일정기간 보관하거나, 그 이행을 최고(催告)하지 아니하고 그 매매를 해제하여 다시 매매할 수 있다(법 제39조 제2항).

② **차손금 부담** : 위의 ①경우 자손금(差損金)이 생겼을 때에는 당초의 매수인이 부담한다(법 제39조 제3항).

(4) 하역업무

1) 하역체제의 개선 등

① **도매시장 개설자 의무** : 도매시장 개설자는 도매시장안에서의 하역업무의 효율화를 위하여 하역체제의 개선 및 하역기계화의 촉진에 노력하여야 하며, 하역비의 절감으로 출하자의 이익을 보호하기 위하여 필요한 시책을 수립·시행하여야 한다(법 제40조 제1항).

② **농림축산식품부장관의 조치** : 농림축산식품부장관 또는 해양수산부장관은 하역체제

의 개선 및 하역기계화와 규격출하의 촉진을 위하여 도매시장의 개설자에게 필요한 조치를 명할 수 있다(법 제40조 제3항).

2) 하역비 부담

도매시장의 개설자가 업무규정으로 정하는 규격출하품에 대한 표준하역비(도매시장 안에서 규격출하품을 판매하기 위하여 필수적으로 소요되는 하역비를 말한다)는 도매시장법인 또는 시장도매인이 이를 부담한다(법 제40조 제2항).

3) 용역계약 체결

도매시장법인 또는 시장도매인은 도매시장안에서의 하역업무에 대하여 하역전문업체 등과 용역계약을 체결할 수 있다(법 제40조 제4항).

(5) 출하자에 대한 대금결제

1) 대금결제 시기

① **즉시 결제** : 도매시장법인 또는 시장도매인은 위탁받은 농수산물이 매매된 때에는 그 대금의 전부를 출하자에게 즉시 결제하여야 한다(법 제41조 제1항 본문).

② **특약** : 대금의 지급방법에 관하여 도매시장법인 또는 시장도매인과 출하자사이에 특약이 있는 때에는 그 특약에 따른다(법 제41조 제1항 단서).

2) 결제 방법

① **별도 정산창구를 통한 대금결제** : 대금결제는 도매시장법인 또는 시장도매인이 표준송품장(標準送品狀)과 판매원표(販賣元標)를 확인하여 작성한 표준정산서를 출하자에게 발급하여, 출하자가 이를 별도의 정산 창구(窓口)(제41조의2에 따른 대금정산조직을 포함한다)에 제시하고 대금을 수령하도록 하는 방법으로 하여야 한다(법 제41조 제2항 본문).

㉠ 대금결제의 절차 등 : 별도의 정산창구(법 제41조의2에 따른 대금정산조직을 포함한다)를 통하여 대금결제를 하는 경우에는 다음의 절차에 의한다(규칙 제36조 제1항).

> ⓐ 출하자는 송품장을 작성하여 도매시장법인 또는 시장도매인에게 제출
> ⓑ 도매시장법인 또는 시장도매인은 출하자에게 받은 송품장의 사본을 도매시장의 개설자가 설치한 거래신고소에 제출
> ⓒ 도매시장법인 또는 시장도매인은 표준정산서를 출하자와 정산창구에 발급하고, 정산창구에 대금결제를 의뢰
> ⓓ 정산창구에서는 출하자에게 대금을 결제하고, 표준정산서의 사본을 거래신고소에 제출

○ 업무규정 : 대금결제를 위한 정산창구의 운영방법 및 관리에 관한 사항은 도매시장의 개설자가 업무규정으로 정한다(규칙 제36조 제2항).
② **도매시장법인의 직접대금결제** : 도매시장의 개설자가 업무규정으로 정하는 출하대금 결제용 보증금을 납부하고 운전자금을 확보한 도매시장법인은 출하자에게 농수산물의 출하대금을 직접 결제할 수 있다(법 제41조 제2항 단서, 규칙 제37조).

3) 표준송품장 · 표준정산서

① **표준송품장**

㉠ 표준송품장의 사용 : 도매시장에 농수산물을 출하하려는 자는 표준송품장을 작성하여 도매시장법인 · 시장도매인 또는 공판장의 개설자에게 제출하여야 한다(규칙 제37조의2 제1항).

㉡ 표준송품장의 보급 : 도매시장 · 공판장 및 민영도매시장의 개설자나 도매시장법인 및 시장도매인은 출하자가 표준송품장을 이용하기 쉽도록 이를 보급하고, 기재요령을 배포하는 등 편의를 제공하여야 한다(규칙 제37조의2 제2항).

㉢ 보관 · 관리 : 표준송품장을 제출받은 자는 업무규정이 정하는 바에 따라 이를 보관 · 관리하여야 한다(규칙 제37조의2 제3항).

② **판매원표의 관리 등**

㉠ 경매에 사용되는 판매원표에는 출하자명 · 품명 · 등급 · 수량 · 경락가격 · 매수인 · 담당경매사 등을 상세히 기입하도록 하되, 그 양식은 도매시장의 개설자가 정한다(규칙 제37조의3 제1항).

㉡ 시장도매인이 사용하는 판매원표에는 출하자명 · 품명 · 등급 · 수량 · 등을 상세히 기입하도록 하되, 그 양식은 도매시장의 개설자가 정한다(규칙 제37조의3 제2항).

㉢ 도매시장법인과 시장도매인은 일련번호를 붙인 판매원표를 순차적으로 사용하여야 한다(규칙 제37조의3 제3항).

㉣ 입하물품의 부패 · 손상이나 판매원표의 분실 · 훼손 등의 사고로 인하여 판매원표를 정정한 경우에는 지체 없이 도매시장 개설자의 승인을 받아야 한다(규칙 제37조의3 제4항).

㉤ 판매원표의 관리에 필요한 세부사항은 도매시장의 개설자가 업무규정으로 정한다(규칙 제37조의3 제5항).

③ **표준정산서** : 도매시장법인 · 시장도매인 또는 공판장의 개설자가 사용하는 표준정산서에는 다음의 사항이 포함되어야 한다(규칙 제38조).

> ㉠ 표준정산서의 발행일자 및 발행자명
> ㉡ 출하자명
> ㉢ 출하자 주소
> ㉣ 거래형태(매수 · 위탁 · 중개) 및 매매방법(경매 · 입찰, 정가 · 수의매매)
> ㉤ 판매내역(품목 · 품종 · 등급별 수량 · 단가 및 거래단위당 수량 또는 중량), 판매대금총액 및 매수인
> ㉥ 공제내역(위탁수수료 · 운임선급금 · 하역비 · 선별비 · 쓰레기유발부담금 등 비용) 및 공제금액총액
> ㉦ 정산금액
> ㉧ 송금내역(은행명 · 계좌번호 · 예금주)

(6) 수수료

1) 수수료 등의 징수제한

도매시장 개설자, 도매시장법인, 시장도매인 또는 중도매인은 다음의 금액외에는 어떠한 명목으로도 금전을 징수하여서는 아니된다(법 제42조 제1항).

> ① 도매시장 개설자가 도매시장법인 또는 시장도매인으로부터 도매시장의 유지 · 관리에 필요한 최소한의 비용으로서 징수하는 도매시장의 사용료
> ② 도매시장 개설자가 도매시장의 시설 중 농림축산식품부령 또는 해양수산부령으로 정하는 시설에 대하여 사용자로부터 징수하는 시설사용료
> ③ 도매시장법인 또는 시장도매인이 농수산물의 판매를 위탁한 출하자로부터 징수하는 거래액의 일정률 또는 일정액에 해당하는 위탁수수료
> ④ 시장도매인 또는 중도매인이 농수산물의 매매를 중개한 경우에 이를 매매한 자로부터 징수하는 거래액의 일정률에 해당하는 중개수수료
> ⑤ 거래대금을 정산하는 경우에 도매시장법인 · 시장도매인 · 중도매인 · 매매참가인 등이 대금정산조직에 납부하는 정산수수료

2) 사용료 및 수수료 등

① **도매시장사용료** : 도매시장 개설자가 징수하는 도매시장사용료는 다음의 기준에 따라 도매시장의 개설자가 이를 정한다. 다만, 도매시장의 시설중 도매시장의 개설자의 소유가 아닌 시설에 대한 사용료는 이를 징수하지 아니한다(규칙 제39조 제1항).

㉠ 도매시장 개설자가 징수할 사용료 총액이 해당 도매시장 거래금액의 1천분의 5(서울특별시 소재 중앙도매시장의 경우에는 1천분의 5.5)를 초과하지 아니할 것. 다만, 다음 각 목의 방식으로 거래한 경우 그 거래한 물량에 대해서는 해당 거래금액의 1천분의 3을 초과하지 아니하여야 한다.
  ⓐ 법 제31조제4항에 따라 같은 조 제2항 단서에 따른 물품을 법 제70조의2 제1항제1호에 따른 농수산물전자거래소(이하 "농수산물전자거래소"라 한다)에서 거래한 경우
  ⓑ 법 제35조제2항제1호에 따라 정가·수의매매를 전자거래방식으로 한 경우와 같은 항 제2호에 따라 거래대상 농수산물의 견본을 도매시장에 반입하여 거래한 경우
㉡ 도매시장법인·시장도매인이 납부할 사용료는 당해 도매시장법인·시장도매인의 거래금액 또는 매장면적을 기준으로 하여 징수할 것

② **시설사용료** : 도매시장 개설자가 시설사용료를 징수할 수 있는 시설은 별표 2의 부수시설 중 농산물 품질관리실, 축산물위생검사 사무실 및 도체(屠體) 등급판정 사무실을 제외한 시설로 하며, 연간 시설 사용료는 해당 시설의 재산가액의 1천분의 50(중도매인 점포·사무실의 경우에는 재산가액의 1천분의 10)을 초과하지 아니하는 범위에서 도매시장 개설자가 정한다. 다만, 도매시장의 시설 중 도매시장 개설자의 소유가 아닌 시설에 대한 사용료는 징수하지 아니한다(규칙 제39조 제2항).

별표 2 농수산물도매시장·공판장 및 민영도매시장의 시설기준(제44조 제1항관련)

부류별 도시 인구별 시설		양곡	청과			수산			축산			화훼	약용 작물
			30만 미만	30만 이상 ~100만 미만	100만 이상	30만 미만	30만 이상 ~100만 미만	100만 이상	30만 미만	30만 이상 ~100만 미만	100만 이상		
		m²	m²	m²	m²	m²	m²	m²	m²	m²	m²	m²	m²
대 지		1,650	3,300	8,250	16,500	1,650	3,300	6,600	1,320	2,640	5,280	1,650	1,650
건 물		660	1,320	3,300	6,600	660	1,320	2,640	530	1,060	2,110	660	660
필수시설	경매장(유개)	500	990	2,480	4,950	500	990	1,980	170	330	660	500	500
	주 차 장	500	330	830	1,650	170	330	660	170	330	660	330	330
	냉 장 실					17 (20톤)	30 (40톤)	50 (60톤)	70 (80톤)	130 (160톤)	200 (240톤)		
	저 빙 실					17 (20톤)	30 (40톤)	50 (60톤)					

오물처리장	30	30	70	100	30	70	100	70	130	200	30	30
위생시설	30	30	70	100	30	70	100	30	70	100	30	30
사무실	30	30	50	70	30	50	70	30	70	100	30	30
하주대기실·출하상담실	30	30	50	70	30	50	70	30	70	100	30	30

부류별	양곡	청과	수산	축산	화훼	약용작물
부수시설	상온창고, 중도매인점포, 중도매인사무실	저온창고, 상온창고, 가공처리장, 재발효 및 추열실, 중도매인점포, 중도매인사무실, 소각시설, 농수산물품질관리실, 음식물쓰레기 처리시설	상온창고, 가공처리장, 제빙시설, 염장조, 염장실, 중도매인점포, 중도매인사무실, 소각시설, 용융기, 음식물쓰레기처리시설	식육운반차량, 중도매인사무실, 축산물위생검사시설 및 사무실, 도체등급판정시설 및 사무실, 부산물처리시설, 농수산물품질관리실, 부분육가공처리시설	저온창고, 상온창고, 중도매인점포, 중도매인사무실	상온창고, 중도매인점포, 중도매인사무실
기타시설	가. 회의실, 경비실, 기계실등 나. 금융기관의 점포 다. 기타 이용자의 편의를 위하여 필요한 시설					

비고

1. ( )내는 처리능력을 말한다.
2. 필수시설중 "사무실"은 당해 도매시장·공판장 또는 민영도매시장에서 영업하는 도매시장법인·시장도매인·공판장의 사무실을 말한다.
3. 도매시장법인을 두지 아니하는 지방도매시장의 경우 경매장을 설치하지 아니할 수 있으며, 이 경우 부수시설중 "중도매인점포"·"중도매인사무실"을 적용하지 아니하고, 필수시설에 "시장도매인점포"를 추가한다. 도매시장법인과 시장도매인을 함께 두는 도매시장의 경우 필수시설에 "시장도매인점포"를 추가하되, 도매시장법인의 영업장소(중도매인의 영업장소등 관련시설을 포함한다)와 시장도매인의 영업장소는 업무규정이 정하는 바에 따라 분리하도록 하여야 한다.
4. 부수시설 또는 기타시설은 도매시장·공판장 또는 민영도매시장의 여건에 따라 보유하지 아니할 수 있다.
5. 충분한 주차장·차량진입도로 및 상하차대와 상·하수도시설을 갖추어야 한다.
6. 인구는 개설허가 또는 승인신청당시 인구를 기준으로 한다. 다만, 특별시 및 광역시의 공판장·민영도매시장의 경우에는 그 시설이 설치되는 자치구의 인구를 기준으로 한다.
7. 청과부류를 취급하는 공판장·민영도매시장에 대하여는 청과부류시설기준의 50퍼센트를 감하여 적용할 수 있으며, 민영도매시장·공판장이 청과부류와 기타부류를 겸영하는 경우에는 청과부류의 시설기준만을 적용한다.
8. 수산부류중 활어류·패류·해조류·건어류·염건어류·염장어류·건해조류 및 젓갈류만을 취급하는 경우에는 냉장실 및 저빙실을 보유하지 아니할 수 있으며, 이 경우의 시설기준은 기준시설의 50퍼센트를 감하여 적용할 수 있다.
9. 축산부류중에서 조류 및 난류만을 취급하는 도매시장·공판장·민영도매시장에 대하여는 축산부류시설기준의 50퍼센트를 감하여 적용할 수 있다.
10. 산지에 설치되는 공판장의 경우 위의 시설기준에서 50퍼센트를 감하여 적용할 수 있다. 다만, 산지에 설치되는 수산물공판장은 위의 시설기준에서 80퍼센트를 감하여 적용할 수 있고, 주차장·사무실·하주대기실·출하상담실을 필수시설에서 제외할 수 있다.

③ 위탁수수료 : 위탁수수료의 최고한도는 다음과 같다. 이 경우 도매시장의 개설자는 그 한도내에서 업무규정으로 위탁수수료를 정할 수 있다(규칙 제39조 제3항).

```
1. 양곡부류 : 거래금액의 1천분의 20
2. 청과부류 : 거래금액의 1천분의 70
3. 수산부류 : 거래금액의 1천분의 60
4. 축산부류 : 거래금액의 1천분의 20(도매시장 또는 공판장안에 도축장이 설
   치된 경우 「축산물위생관리법」에 의하여 징수할 수 있는 도살·해체수수료는
   이에 포함되지 아니한다)
5. 화훼부류 : 거래금액의 1천분의 70
6. 약용작물부류 : 거래금액의 1천분의 50
```

④ 수수료의 한도

㉠ 위탁수수료 : 도매시장법인 또는 시장도매인이 농수산물의 판매를 위탁한 출하자로부터 징수하는 거래액의 일정률 또는 일정액에 해당하는 위탁수수료(법 제42조 제1항 제3호)는 도매시장법인이 정하되, 그 금액은 ③에 따른 최고한도를 초과할 수 없다(규칙 제39조 제4항).

㉡ 중개수수료

```
ⓐ 중도매인이 징수하는 중개수수료의 최고한도는 거래금액의 1천분의 40으로
  하며, 도매시장 개설자는 그 한도에서 업무규정으로 중개수수료를 정할 수
  있다(규칙 제39조 제5항).
ⓑ 시장도매인이 출하자와 매수인으로부터 각각 징수하는 중개수수료는 제3항
  에 따른 해당 부류 위탁수수료 최고한도의 2분의 1을 초과하지 못한다. 이
  경우 도매시장 개설자는 그 한도에서 업무규정으로 중개수수료를 정할 수 있
  다(규칙 제39조 제6항).
```

⑤ **정산수수료** : 정산수수료의 최고한도는 다음 각 호의 구분에 따르며, 도매시장 개설자는 그 한도에서 업무규정으로 정산수수료를 정할 수 있다(법 제42조 제3항).

```
㉠ 정률(定率)의 경우 : 거래건별 거래금액의 1천분의 4
㉡ 정액의 경우 : 1개월에 70만원
```

(7) 지방도매시장의 운영 등에 관한 특례

지방도매시장의 개설자는 해당 도매시장의 규모 및 거래물량 등에 비추어 필요하다고 인정하는 경우 제31조제1항 단서 및 제2항 단서에 따라 농림축산식품부령 또는 해양수

산부령으로 정하는 사유와 다른 내용의 특례를 업무규정으로 정할 수 있다(법 제42조의 2 제1항).

4 농수산물공판장 및 민영농수산물도매시장 등

1. 농수산물공판장

(1) 공판장의 개설

1) 개설승인

생산자단체와 공익법인이 공판장을 개설하고자 하는 때에는 아래의 규정에 의한 기준에 적합한 시설을 갖추고 시·도지사의 승인을 얻어야 한다(법 제43조 제1항).

별표 2 농수산물도매시장·공판장 및 민영도매시장의 시설기준(제44조 제1항관련)

시설	부류별	양곡	청과			수산			축산			화훼	약용작물
	도시인구별		30만 미만	30만 이상~100만 미만	100만 이상	30만 미만	30만 이상~100만 미만	100만 이상	30만 미만	30만 이상~100만 미만	100만 이상		
		m²	m²	m²	m²	m²	m²	m²	m²	m²	m²	m²	m²
	대지	1,650	3,300	8,250	16,500	1,650	3,300	6,600	1,320	2,640	5,280	1,650	1,650
	건물	660	1,320	3,300	6,600	660	1,320	2,640	530	1,060	2,110	660	660
필수시설	경매장(유개)	500	990	2,480	4,950	500	990	1,980	170	330	660	500	500
	주차장	500	330	830	1,650	170	330	660	170	330	660	330	330
	냉장실					17 (20톤)	30 (40톤)	50 (60톤)	70 (80톤)	130 (160톤)	200 (240톤)		
	저빙실					17 (20톤)	30 (40톤)	50 (60톤)					
	오물처리장	30	30	70	100	30	70	100	70	130	200	30	30
	위생시설	30	30	70	100	30	70	100	30	70	100	30	30
	사무실	30	30	50	70	30	50	70	30	70	100	30	30
	하주대기실·출하상담실	30	30	50	70	30	50	70	30	70	100	30	30

부류별	양곡	청과	수산	축산	화훼	약용작물
부수 시설	상온창고, 중도매인점포, 중도매인사무실	저온창고, 상온창고, 가공처리장, 재발효 및 추열실, 중도매인점포, 중도매인사무실, 소각시설, 농수산물품질관리실, 음식물쓰레기 처리시설	상온창고, 가공처리장, 제빙시설, 염장조, 염장실, 중도매인점포, 중도매인사무실, 소각시설, 용융기, 음식물쓰레기처리시설	식육운반차량, 중도매인사무실, 축산물위생검사시설 및 사무실, 도체등급판정시설 및 사무실, 부산물처리시설, 농수산물품질관리실, 부분육가공처리시설	저온창고, 상온창고, 중도매인점포, 중도매인사무실	상온창고, 중도매인점포, 중도매인사무실
기타 시설	가. 회의실, 경비실, 기계실등 나. 금융기관의 점포 다. 기타 이용자의 편의를 위하여 필요한 시설					

비고

1. ( )내는 처리능력을 말한다.
2. 필수시설중 "사무실"은 당해 도매시장·공판장 또는 민영도매시장에서 영업하는 도매시장법인·시장도매인·공판장의 사무실을 말한다.
3. 도매시장법인을 두지 아니하는 지방도매시장의 경우 경매장을 설치하지 아니할 수 있으며, 이 경우 부수시설중 "중도매인점포"·"중도매인사무실"을 적용하지 아니하고, 필수시설에 "시장도매인점포"를 추가한다. 도매시장법인과 시장도매인을 함께 두는 도매시장의 경우 필수시설에 "시장도매인점포"를 추가하되, 도매시장법인의 영업장소(중도매인의 영업장소등 관련시설을 포함한다)와 시장도매인의 영업장소는 업무규정이 정하는 바에 따라 분리하도록 하여야 한다.
4. 부수시설 또는 기타시설은 도매시장·공판장 또는 민영도매시장의 여건에 따라 보유하지 아니할 수 있다.
5. 충분한 주차장·차량진입도로 및 상하차대와 상·하수도시설을 갖추어야 한다.
6. 인구는 개설허가 또는 승인신청당시 인구를 기준으로 한다. 다만, 특별시 및 광역시의 공판장·민영도매시장의 경우에는 그 시설이 설치되는 자치구의 인구를 기준으로 한다.
7. 청과부류를 취급하는 공판장·민영도매시장에 대하여는 청과부류시설기준의 50퍼센트를 감하여 적용할 수 있으며, 민영도매시장·공판장이 청과부류와 기타부류를 겸영하는 경우에는 청과부류의 시설기준만을 적용한다.
8. 수산부류중 활어류·패류·해조류·건어류·염장어류·염해어류·건해조류 및 젓갈류만을 취급하는 경우에는 냉장실 및 저빙실을 보유하지 아니할 수 있으며, 이 경우의 시설기준은 기준시설의 50퍼센트를 감하여 적용할 수 있다.
9. 축산부류중에서 조류 및 난류만을 취급하는 도매시장·공판장·민영도매시장에 대하여는 축산부류시설기준의 50퍼센트를 감하여 적용할 수 있다.
10. 산지에 설치되는 공판장의 경우 위의 시설기준에서 50퍼센트를 감하여 적용할 수 있다. 다만, 산지에 설치되는 수산물공판장은 위의 시설기준에서 80퍼센트를 감하여 적용할 수 있고, 주차장·사무실·하주대기실·출하상담실을 필수시설에서 제외할 수 있다.

2) 공판장의 개설승인절차

① 승인신청서 : 공판장의 개설승인신청서에는 다음의 서류를 첨부하여야 한다(규칙 제40조 제1항).

> ㉠ 공판장의 업무규정. 다만, 도매시장의 업무규정에서 이를 정하는 도매시장공판장의 경우에는 제외한다.
> ㉡ 운영관리계획서
> ㉢ 시장·군수 또는 자치구의 구청장의 의견서

② **보고** : 공판장의 개설자가 업무규정을 변경한 때에는 이를 특별시장·광역시장·특별자치시장·도지사 또는 특별자치도지사(이하 "시·도지사"라 한다)에게 보고하여야 한다(규칙 제40조 제3항).

(2) 공판장의 거래관계자

1) 구성원

공판장에는 중도매인·매매참가인·산지유통인 및 경매사를 둘 수 있다(법 제44조 제1항).

2) 임면 등

① **중도매인** : 공판장의 중도매인은 공판장의 개설자가 지정한다. 이 경우 중도매인의 지정 등에 관하여는 제25조제3항 및 제4항의 규정을 준용한다(법 제44조 제2항).

② **산지유통인** : 농수산물을 수집하여 공판장에 출하하고자 하는 자는 공판장의 개설자에게 산지유통인으로 등록하여야 한다. 이 경우 산지유통인의 등록 등에 관하여는 제29조제1항 단서·제3항 내지 제6항의 규정을 준용한다(법 제44조 제3항).

③ **경매사** : 공판장의 경매사는 공판장의 개설자가 임면한다. 이 경우 경매사의 자격기준 및 업무 등에 관하여는 제27조제2항 내지 제4항 및 제28조의 규정을 준용한다(법 제44조 제4항).

(3) 공판장의 운영 등

1) 공판장의 운영 및 거래방법 등

공판장의 운영 및 거래방법 등에 관하여는 제31조 부터 제34조, 제38조·제39조·제40조, 제41조제1항 및 제42조의 규정을 준용한다. 다만, 공판장의 규모·거래물량 등에 비추어 이를 준용하는 것이 적합하지 아니한 공판장의 경우에는 개설자가 합리적이라고 인정되는 범위 안에서 업무규정이 정하는 바에 따라 운영 및 거래방법 등을 달리 정할 수 있다(법 제45조).

2) 도매시장공판장의 운영 등에 관한 특례

① 준용

㉠ 도매시장공판장의 운영 및 거래방법 등에 관하여는 제30조제2항, 제31조제1항, 제32조 내지 제34조, 제35조제2항 내지 제5항, 제35조의2, 제38조 및 제39조 내지 제42조의 규정을 준용한다(법 제46조 제1항).

㉡ 도매시장공판장의 중도매인에 관하여는 제25조, 제31조제2항·제3항, 제42조 및 제75조의 규정을 준용한다(법 제46조 제2항).

ⓒ 도매시장공판장의 산지유통인에 관하여는 제29조의 규정을 준용한다(법 제46조 제3항).
　　　ⓔ 도매시장공판장의 경매사에 관하여는 제27조 및 제28조의 규정을 준용한다(법 제46조 제4항).
　　② 운영주체 : 도매시장공판장의 운영주체에 관하여는 제70조에 따른 농림수협등의 유통자회사(流通子會社)로 하여금 운영하게 할 수 있다(법 제46조 제5항).

2. 민영농수산물도매시장

(1) 민영도매시장의 개설

1) 민영도매시장의 개설허가

민간인등이 특별시·광역시·특별자치시·특별자치도 또는 시 지역에 민영도매시장을 개설하려면 시·도지사의 허가를 받아야 한다(법 제47조 제1항).

2) 민영도매시장의 개설허가절차

① 허가신청서 : 민간인등이 민영도매시장의 개설허가를 받으려면 농림축산식품부령 또는 해양수산부령으로 정하는 바에 따라 민영도매시장 개설허가 신청서에 업무규정과 운영관리계획서를 첨부하여 시·도지사에게 제출하여야 한다(법 제47조 제2항).

② 첨부서류 : 민영도매시장을 개설하고자 하는 자는 시·도지사가 정하는 개설허가 신청서에 다음의 서류를 첨부하여 시·도지사에게 제출하여야 한다(규칙 제41조).

> ㉠ 민영도매시장의 업무규정
> ㉡ 운영관리계획서
> ㉢ 해당 민영도매시장의 소재지를 관할하는 시장 또는 자치구의 구청장의 의견서

(2) 민영도매시장의 운영 등

1) 운영자

민영도매시장의 개설자는 중도매인·매매참가인·산지유통인 및 경매사를 두어 직접 운영하거나 시장도매인을 두어 이를 운영하게 할 수 있다(법 제48조 제1항).

2) 임면 등

① 중도매인 : 민영도매시장의 중도매인은 민영도매시장의 개설자가 지정한다. 이 경우 중도매인의 지정 등에 관하여는 제25조제3항 및 제4항의 규정을 준용한다(법

제48조 제2항).

② **산지유통인** : 농수산물을 수집하여 민영도매시장에 출하하고자 하는 자는 민영도매시장의 개설자에게 산지유통인으로 등록하여야 한다. 이 경우 산지유통인의 등록 등에 관하여는 제29조제1항 단서·제3항 내지 제6항의 규정을 준용한다(법 제48조 제3항).

③ **경매사** : 민영도매시장의 경매사는 민영도매시장의 개설자가 임면한다. 이 경우 경매사의 자격기준 및 업무 등에 관하여는 제27조제2항 내지 제4항 및 제28조의 규정을 준용한다(법 제48조 제4항).

④ **시장도매인** : 민영도매시장의 시장도매인은 민영도매시장의 개설자가 지정한다. 이 경우 시장도매인의 지정 및 영업 등에 관하여는 제36조제2항 내지 제4항, 제37조, 제38조 및 제39조 내지 제42조의 규정을 준용한다(법 제48조 제5항).

3. 산지판매제도

(1) 산지판매제도의 확립

농림수협등 또는 공익법인은 생산지에서 출하되는 주요품목의 농수산물에 대하여 산지경매제를 실시하거나 계통출하(系統出荷)를 확대하는 등 생산자 보호를 위한 판매대책 및 선별·포장·저장 시설의 확충 등 산지 유통대책을 수립·시행하여야 한다(법 제49조 제1항).

(2) 창고경매 및 포전경매

1) **경매 또는 입찰방법**

농림수협등 또는 공익법인은 제33조의 경매 또는 입찰의 방법으로 창고경매, 포전경매(圃田競賣) 또는 선상경매(船上競賣) 등을 할 수 있다(법 제49조 제2항).

2) **사전예정가격**

지역농업협동조합, 지역축산업협동조합, 품목별·업종별협동조합, 조합공동사업법인, 품목조합연합회, 산림조합 및 수산업협동조합과 그 중앙회(이하 "농림수협등"이라 한다) 또는 한국농수산식품유통공사가 창고경매나 포전경매(圃田競賣)를 하려는 경우에는 생산농가로부터 위임을 받아 창고 또는 포전상태로 상장하되, 품목의 작황·품질·생산량 및 시중가격 등을 고려하여 미리 예정가격을 정할 수 있다(규칙 제42조).

4. 농수산물집하장

(1) 농수산물집하장의 설치 · 운영

1) 설치 · 운영
생산자단체 또는 공익법인은 농수산물을 대량소비지에 직접 출하할 수 있는 유통체제를 확립하기 위하여 필요한 때에는 농수산물집하장을 설치 · 운영할 수 있다(법 제50조 제1항).

2) 국가 등의 협조
국가와 지방자치단체는 농수산물집하장의 효과적인 운영과 생산자의 출하편의를 도모할 수 있도록 그 입지선정과 도로망의 개설에 협조하여야 한다(법 제50조 제2항).

3) 공판장 운영
생산자단체 또는 공익법인은 운영하고 있는 농수산물집하장중 제67조제2항의 규정에 의한 공판장의 시설기준을 갖춘 집하장을 시 · 도지사의 승인을 얻어 공판장으로 운영할 수 있다(법 제50조 제3항).

(2) 농수산물집하장의 설치 · 운영

1) 출하 및 판매시설
법 제50조의 규정에 의하여 농림수협등, 법 제2조제5호에 따른 생산자관련 단체 또는 공익법인이 농수산물집하장을 설치 · 운영하고자 하는 때에는 농수산물의 출하 및 판매를 위하여 필요한 적정한 시설을 갖추어야 한다(영 제20조 제1항).

2) 기준
농업협동조합중앙회 · 산림조합중앙회 · 수산업협동조합중앙회의 장은 농수산물집하장의 설치와 운영에 관하여 필요한 기준을 정하여야 한다(영 제20조 제2항).

5. 농수산물산지유통센터

(1) 농수산물산지유통센터의 설치 · 운영 등

1) 설치 목적
국가 또는 지방자치단체는 농수산물의 선별 · 포장 · 규격출하 · 가공 · 판매 등을 촉진하기 위하여 농수산물산지유통센터를 설치하여 운영하거나 이를 설치하고자 하는 자에게 부지 확보 또는 시설물 설치 등에 필요한 지원을 할 수 있다(법 제51조 제1항).

2) 위탁

국가 또는 지방자치단체는 농수산물산지유통센터의 운영을 생산자단체 또는 전문유통업체에 위탁할 수 있다(법 제51조 제2항).

3) 이용료 징수

농수산물산지유통센터의 운영을 위탁한 자는 시설물 및 장비의 유지·관리 등에 소요되는 비용에 충당하기 위하여 농수산물산지유통센터의 운영을 위탁받은 자와 협의하여 매출액의 1천분의 5를 초과하지 아니하는 범위에서 시설물 및 장비의 이용료를 징수할 수 있다(규칙 제42조의2).

(2) 농수산물유통시설의 편의제공

국가 또는 지방자치단체는 그가 설치한 농수산물유통시설에 대하여 생산자단체 또는 농림수협중앙회나 공익법인의 이용요청이 있는 때에는 시설이용·면적배정 등에 있어서 우선적으로 편의를 제공하여야 한다(법 제52조).

6. 포전매매

(1) 포전매매의 계약

1) 의의

① 포전(圃田)매매의 뜻 : 생산자가 수확하기 이전의 경작상태에서 면적단위 또는 수량단위로 매매하는 것을 말한다(법 제53조 제1항 본문 중).

② 계약 방식 : 농림축산식품부장관이 정하는 채소류 등 저장성이 없는 농수산물의 포전(圃田)매매의 계약은 서면에 의한 방식으로 하여야 한다(법 제53조 제1항).

2) 계약서 작성기준 권장

농림축산식품부장관은 포전매매의 계약에 필요한 표준계약서를 정하여 보급하고 그 사용을 권장할 수 있으며, 계약당사자는 표준계약서에 준하여 계약하여야 한다(법 제53조 제3항).

3) 포전매매계약의 내용 신고

농림축산식품부장관과 지방자치단체의 장은 생산자 및 소비자의 보호나 농수산물의 가격과 수급의 안정을 위하여 특히 필요하다고 인정하는 때에는 대상품목·지역과 신고기간 등을 정하여 계약당사자에게 포전매매계약의 내용을 신고하도록 할 수 있다(법 제53조 제4항).

(2) 포전계약의 해제

농수산물의 포전매매의 계약은 특약이 없으면 매수인이 그 농산물을 계약서에 적힌 반출 약정일부터 10일 이내에 반출하지 아니한 경우에는 그 기간이 지난 날에 계약이 해제된 것으로 본다. 다만, 매수인이 반출 약정일이 지나기 전에 반출 지연 사유와 반출 예정일을 서면으로 통지한 경우에는 그러하지 아니하다(법 제53조 제2항).

5 농수산물가격안정기금

1. 안정기금의 설치 및 조성

(1) 기금의 설치

1) 설치 목적

정부는 농수산물(축산물 및 임산물을 포함한다.)의 원활한 수급과 가격안정을 도모하고 유통구조의 개선을 촉진하기 위한 재원을 확보하기 위하여 농수산물가격안정기금(이하 "기금"이라 한다)을 설치한다(법 제54조).

2) 기금계정의 설치

농림축산식품부장관은 농수산물가격안정기금(이하 "기금"이라 한다)의 수입과 지출을 명확히 하기 위하여 한국은행에 기금계정을 설치한다(영 제21조).

(2) 기금의 조성

1) 기금의 재원

기금은 다음의 재원으로 조성한다(법 제55조 제1항).

> ① 정부의 출연금
> ② 기금운용수익금
> ③ 몰수농수산물등의 처분으로 발생하는 비용 또는 매각·공매대금은 농수산물가격안정기금으로 지출 또는 납입(제9조의2제3항)·수입이익금은 농수산물가격안정기금에 납입(제16조제2항) 및 다른 법률의 규정에 의하여 납입되는 금액
> ④ 다른 기금으로부터의 출연금

2) 기금의 차입

농림축산식품부장관은 기금의 운영상 필요하다고 인정하는 때에는 기금의 부담으로

한국은행 또는 다른 기금으로부터 자금을 차입(借入)할 수 있다(법 제55조 제2항).

2. 기금의 운용 · 관리사무의 위임 · 위탁

(1) 기금의 운용 · 관리

1) 주체
기금은 기업회계원칙에 따라 농림축산식품부장관이 운용 · 관리한다(법 제56조 제1항).

2) 관리사무의 위임 · 위탁
① 위임 또는 위탁 : 농림축산식품부장관은 대통령령이 정하는 바에 따라 기금의 운용 · 관리에 관한 업무의 일부를 국립종자관리소장과 한국농수산식품유통공사장에게 위임 또는 위탁할 수 있다(법 제56조 제3항).

② 의무적 위탁(한국농수산식품유통공사장) : 농림축산식품부장관은 기금의 운용 · 관리에 관한 업무중 다음의 업무를 한국농수산식품유통공사장에게 위탁한다(영 제22조 제2항).

> ㉠ 종자사업과 관련한 업무를 제외한 기금의 수입 · 지출
> ㉡ 종자사업과 관련한 업무를 제외한 기금재산의 취득 · 운영 · 처분 등
> ㉢ 기금의 여유자금의 운용
> ㉣ 그 밖에 기금의 운용 · 관리에 관한 사항으로서 농림축산식품부장관이 정하는 업무

3) 기타
기금의 운용 · 관리에 관하여 이 법에서 정한 사항외에 필요한 사항은 대통령령으로 정한다(법 제56조 제4항).

(2) 기금의 운용계획

1) 기금의 운용계획 수립
① 수립권자 : 농림축산식품부장관은 회계연도마다 「국가재정법」 제66조의 규정에 의하여 기금운용계획을 수립하여야 한다(법 제60조 제1항).

② 운용계획 내용 : 기금운용계획에는 다음의 사항이 포함되어야 한다(법 제60조 제2항).

> ㉠ 기금의 수입 · 지출에 관한 사항
> ㉡ 융자 또는 대출의 목적, 대상자, 금리 및 기간에 관한 사항
> ㉢ 그 밖에 기금운용상 필요한 사항

③ **융자기간** : 융자기간은 1년이내로 하여야 한다. 다만, 시설자금의 융자등 자금의 사용목적상 1년이내로 하는 것이 부적당하다고 인정되는 경우에는 그러하지 아니하다(법 제60조 제3항).

2) 여유자금의 운용

농림축산식품부장관은 기금의 여유자금을 다음 각 호의 방법으로 운용할 수 있다(법 제60조의2).

① 「은행법」에 따른 은행에의 예치
② 국채 · 공채 그 밖에 「증권거래법」 제2조제1항의 규정에 따른 유가증권의 매입

3. 기금의 용도

(1) 사업

1) 융자 또는 대출

기금은 다음의 사업을 위하여 필요한 경우에 융자 또는 대출할 수 있다(법 제57조 제1항).

① **대상사업**

ⓐ 농산물의 가격조절과 생산 · 출하의 장려 또는 조절
ⓑ 농산물의 수출촉진
ⓒ 농산물의 보관 · 관리 및 가공
ⓓ 도매시장 · 공판장 · 민영도매시장 및 경매식집하장(제50조의 규정에 따른 농수산물집하장 중 제33조의 규정에 따른 경매 또는 입찰의 방법으로 농수산물을 판매하는 집하장을 말한다)의 출하촉진 · 시설 및 운영
ⓔ 농산물의 상품성 제고
ⓕ 그 밖에 농림축산식품부장관이 농산물의 유통구조개선 · 가격안정 및 종자산업 진흥을 위하여 필요하다고 인정하는 사업

② **융자 대상자** : 위 ①의 규정에 의한 기금의 융자를 받을 수 있는 자는 농업협동조합중앙회, 산림조합중앙회 및 한국농수산식품유통공사로 하고, 대출을 받을 수 있는 자는 농림축산식품부장관이 위 ①의 규정에 의한 사업을 효율적으로 시행할 수 있다고 인정하는 자로 한다(법 제57조 제3항).

2) 기금의 지출대상사업

기금은 다음의 사업을 위하여 지출한다(법 제57조 제2항, 영 제23조).

> ㉠ 「농수산자조금의 조성 및 운용에 관한 법률」 제5조 및 제12조에 따른 사업 지원
> ㉡ 과잉생산시의 생산자보호(제9조), 몰수농수산물등의 이관(제9조의2), 비축사업 등(제13조) 및 「종자산업법」 제121조(품종목록 등재품종 등의 종자생산)의 규정에 의한 사업 및 당해 사업의 관리
> ㉢ 기금이 관리하는 유통시설의 설치·취득 및 운영
> ㉣ 도매시장 시설현대화 사업 지원
> ㉤ 그 밖에 대통령령이 정하는 농수산물의 유통구조개선 및 가격안정과 종자산업의 진흥을 위하여 필요한 사업
>   ⓐ 농수산물의 가공·포장 및 저장기술의 개발, 브랜드 육성·저온유통·유통정보화 및 물류표준화의 촉진
>   ⓑ 농수산물의 유통구조개선 및 가격안정사업과 관련된 조사·연구·홍보·지도·교육훈련 및 해외시장개척
>   ⓒ 종자산업의 진흥과 관련된 우수종자의 품종육성·개발, 우수유전자원의 수집 및 조사·연구
>   ⓓ 식량작물과 축산물을 제외한 농수산물의 유통구조개선을 위한 생산자의 공동 이용시설에 대한 지원
>   ⓔ 농수산물 가격안정을 위한 안전성 강화와 관련된 조사·연구·홍보·지도·교육훈련 및 검사·분석시설 지원

3) 사용제한

기금을 융자 또는 대출받은 자는 융자 또는 대출을 할 때에 지정한 목적외의 목적에 그 융자금 또는 대출금을 사용할 수 없다(법 제57조 제4항).

(3) 기금의 회계기관

1) 기금의 임명

농림축산식품부장관은 기금의 수입과 지출에 관한 사무를 행하게 하기 위하여 소속 공무원중에서 기금수입징수관·기금재무관·기금지출관 및 기금출납공무원을 임명한다(법 제58조 제1항).

2) 직무

농림축산식품부장관은 기금의 운용·관리에 관한 업무의 일부를 위임 또는 위탁한 경우, 위임 또는 위탁받은 기관의 소속공무원 또는 임·직원중에서 위임 또는 위탁받

은 업무를 수행하기 위한 기금수입징수관 또는 기금수입담당임원, 기금재무관 또는 기금지출원인행위담당임원, 기금지출관 또는 기금지출원 및 기금출납공무원 또는 기금출납원을 임명하여야 한다. 이 경우 기금수입담당임원은 기금수입징수관의 직무를, 기금지출원인행위담당임원은 기금재무관의 직무를, 기금지출원은 기금지출관의 직무를, 기금출납원은 기금출납공무원의 직무를 행한다(법 제58조 제2항).

3) 통지

농림축산식품부장관은 기금수입징수관·기금재무관·기금지출관 및 기금출납공무원, 기금수입담당임원·기금지출원인행위담당임원·기금지출원 및 기금출납원을 임명한 때에는 감사원·기획재정부장관 및 한국은행총재에게 이를 통지하여야 한다(법 제58조 제3항).

(4) 기금의 손비처리 및 결산보고

1) 기금의 손비처리

농림축산식품부장관은 다음에 해당하는 비용이 생긴 때에는 이를 기금에서 손비로 처리하여야 한다(법 제59조).

> ① 과잉생산시의 생산자보호(제9조), 비축사업 등(제13조) 및 「종자산업법」 제121조(품종목록 등재품종 등의 종자생산)의 규정에 의한 사업을 실시한 결과 생긴 결손금
> ② 차입금의 이자 및 기금운용상 필요한 경비

2) 결산보고

농림축산식품부장관은 회계연도마다 기금의 결산보고서를 작성하여 다음 연도 2월말일까지 기획재정부장관에게 제출하여야 한다(법 제61조).

6 농수산물유통기구의 정비 등

1. 농수산물유통기구의 정비

(1) 정비기본방침

1) 수립권자

농림축산식품부장관 또는 해양수산부장관은 농수산물의 원활한 수급과 유통질서를

확립하기 위하여 필요한 경우에는 농수산물유통기구정비기본방침(이하 "기본방침"이라 한다)을 수립하여 고시할 수 있다(법 제62조).

2) 내용

다음의 사항을 포함한 농수산물유통기구정비기본방침(이하 "기본방침"이라 한다)을 수립하여 고시할 수 있다(법 제62조).

> ① 제67조제2항의 규정에 의한 시설기준에 미달하거나 거래물량에 비하여 시설이 부족하다고 인정되는 도매시장·공판장 및 민영도매시장의 시설정비에 관한 사항
> ② 도매시장·공판장 및 민영도매시장의 시설의 개체 및 이전에 관한 사항
> ③ 중도매인 및 경매사의 가격조작 방지에 관한 사항
> ④ 생산자와 소비자보호를 위한 유통기구의 봉사경쟁체제의 확립과 유통경로의 단축에 관한 사항
> ⑤ 운영실적이 부진하거나 휴업중인 도매시장의 정비 및 도매시장법인이나 시장도매인의 교체에 관한 사항
> ⑥ 소매상의 시설개선에 관한 사항

(2) 지역별 정비계획

1) 수립권자

시·도지사는 기본방침이 고시된 때에는 그 기본방침에 따라 지역별 정비계획을 수립하고 농림축산식품부장관 또는 해양수산부장관의 승인을 얻어 이를 시행하여야 한다(법 제63조 제1조).

2) 보완·승인

농림축산식품부장관 또는 해양수산부장관은 지역별 정비계획의 내용이 기본방침에 부합되지 아니하거나 사정의 변경 등으로 실효성이 없다고 인정하는 때에는 그 일부를 수정 또는 보완하여 승인할 수 있다(법 제63조 제2조).

(3) 유사도매시장의 정비 및 개설명령 등

1) 유사도매시장의 정비

① **정비계획** : 시·도지사는 농수산물의 공정거래질서 확립을 위하여 필요한 경우에는 농수산물도매시장과 유사(類似)한 형태의 시장을 정비하기 위하여 유사 도매시장구역을 지정하고, 농림축산식품부령 또는 해양수산부령으로 정하는 바에 따라

그 구역의 농수산물도매업자의 거래방법 개선, 시설 개선, 이전대책 등에 관한 정비계획을 수립·시행할 수 있다(법 제64조 제1항).

㉠ 대상지역 : 시·도지사는 다음의 지역안에 있는 유사도매시장의 정비계획을 수립하여야 한다(규칙 제43조 제1항).

> ⓐ 특별시·광역시
> ⓑ 국고지원에 의하여 도매시장을 건설하는 지역
> ⓒ 그 밖에 시·도지사가 농수산물의 공공거래질서의 확립을 위하여 특히 필요하다고 인정하는 지역

㉡ 정비계획의 내용 : 유사도매시장의 정비계획에 포함되어야 할 사항은 다음과 같다(규칙 제43조 제2항).

> ⓐ 유사도매시장구역으로 지정하고자 하는 구체적인 지역의 범위
> ⓑ ⓐ의 지역안에 있는 농수산물도매업자의 거래방법의 개선방안
> ⓒ 유사도매시장의 시설개선 및 이전대책
> ⓓ ⓒ의 규정에 의한 대책을 시행하는 때의 대상자의 선발기준

② **도매시장의 개설운영** : 특별시·광역시·특별자치시·특별자치도 또는 시는 정비계획에 따라 유사도매시장구역안에 도매시장을 개설하고, 그 구역안의 농수산물도매업자를 도매시장법인 또는 시장도매인으로 지정하여 운영하게 할 수 있다(법 제64조 제2항).

③ **지원** : 농림축산식품부장관 또는 해양수산부장관은 정비계획의 내용을 수정 또는 보완하게 할 수 있으며, 정비계획의 추진에 필요한 지원을 할 수 있다(법 제64조 제3항).

2) 시장의 개설·정비명령

① **시장의 정비명령** : 농림축산식품부장관 또는 해양수산부장관은 기본방침을 효과적으로 수행하기 위하여 필요하다고 인정하는 때에는 도매시장·공판장 및 민영도매시장의 개설자에 대하여 대통령령이 정하는 바에 따라 도매시장·공판장 및 민영도매시장의 통합·이전 또는 폐쇄를 명할 수 있다(법 제65조 제1항).

㉠ 비교·검토 : 농림축산식품부장관 또는 해양수산부장관이 도매시장·공판장 및 민영도매시장의 통합·이전 또는 폐쇄를 명하고자 하는 때에는 그에 필요한 적정한 기간을 두어야 하며, 다음의 사항을 비교·검토하여 조건이 불리한 시장을 통합·이전 또는 폐쇄하도록 하여야 한다(영 제33조 제1항).

　　　　ⓐ 최근 2년간의 거래실적과 거래추세
　　　　ⓑ 입지조건
　　　　ⓒ 시설현황
　　　　ⓓ 통합·이전 또는 폐쇄로 인하여 당사자가 입게 될 손실의 정도

　　ⓒ 의견진술 : 농림축산식품부장관 또는 해양수산부장관은 도매시장·공판장 및 민영도매시장의 통합·이전 또는 폐쇄를 명하고자 하는 때에는 미리 관계인에게 ㉠의 사항에 대하여 소명을 하거나 의견을 진술할 수 있는 기회를 주어야 한다(영 제33조 제2항).

② **시장의 개설명령** : 농림축산식품부장관 또는 해양수산부장관은 농수산물의 원활한 수급을 기하기 위하여 특정한 지역에 도매시장이나 공판장을 개설할 필요가 있다고 인정하는 때에는 그 지역을 관할하는 특별시·광역시·특별자치도 또는 시나 농림수협등 또는 공익법인에 대하여 도매시장이나 공판장의 개설을 명할 수 있다(법 제65조 제2항).

③ **손실보상**

　㉠ 정당한 보상 : 정부는 위①의 규정에 의한 명령으로 인하여 발생한 도매시장·공판장 및 민영도매시장의 개설자 또는 도매시장법인의 손실에 관하여는 대통령령이 정하는 바에 따라 정당한 보상을 하여야 한다(법 제65조 제3항).

　㉡ 보상협의 : 농림축산식품부장관 또는 해양수산부장관은 ㉠의 규정에 의한 명령으로 인하여 발생한 손실에 대한 보상을 하고자 하는 때에는 미리 관계인과 협의를 하여야 한다(영 제33조 제3항).

(4) 도매시장법인의 대행

1) 판매업무 대행

도매시장 개설자는 도매시장법인이 판매업무를 행할 수 없게 되었다고 인정되는 때에는 기간을 정하여 그 업무를 대행하거나 관리공사 또는 다른 도매시장법인으로 하여금 대행하게 할 수 있다(법 제66조 제1항).

2) 업무처리기준

도매시장법인의 업무를 대행하는 자에 대한 업무처리기준 기타 대행에 관하여 필요한 사항은 도매시장의 개설자가 이를 정한다(법 제66조 제2항).

2. 농수산물 유통

(1) 유통시설의 개선 등

1) 유통시설 개선 · 정비 명령

농림축산식품부장관 또는 해양수산부장관은 농수산물의 원활한 유통을 위하여 도매시장 · 공판장 및 민영도매시장의 개설자나 도매시장법인에 대하여 농수산물의 판매 · 수송 · 보관 · 저장시설의 개선 · 정비를 명할 수 있다(법 제67조 제1항).

2) 시설기준

① **최소 시설기준** : 도매시장 · 공판장 및 민영도매시장이 보유하여야 하는 시설의 기준은 부류별로 그 지역의 인구 및 거래물량 등을 고려하여 농림축산식품부령 또는 해양수산부령으로 정한다(법 제67조 제2항). 부류별 도매시장 · 공판장 · 민영도매시장이 보유하여야 하는 시설의 최소기준은 별표 2와 같다(규칙 제44조 제1항).

② **도축장 또는 도계장 시설** : 시 · 도지사는 축산부류의 도매시장 및 공판장의 개설자에 대하여 ①의 규정에 의한 시설외에 「축산물위생관리법」에 의한 도축장 또는 도계장 시설을 갖추게 할 수 있다(규칙 제44조 제2항).

(2) 농수산물소매유통의 개선

1) 유통개선 시책 수립 · 시행

농림축산식품부장관, 해양수산부장관 또는 지방자치단체의 장은 생산자와 소비자의 보호 및 상거래질서를 확립하기 위한 농수산물소매단계의 합리적 유통개선에 대한 시책을 수립 · 시행할 수 있다(법 제68조 제1항).

2) 농수산물소매유통의 지원사업

① **현대화 · 지원 · 육성** : 농림축산식품부장관 또는 해양수산부장관은 위 1)에 따른 시책을 달성하기 위하여 농수산물의 중도매업 · 소매업, 생산자와 소비자의 직거래사업, 생산자단체 및 대통령령으로 정하는 단체가 운영하는 농수산물직판장, 소매시설의 현대화 등을 농림축산식품부령 또는 해양수산부령으로 정하는 바에 따라 지원 · 육성한다(법 제68조 제2항).

② **농수산물소매유통의 지원** : 농림축산식품부장관 또는 해양수산부장관이 지원할 수 있는 사업은 다음과 같다(규칙 제45조).

  ㉠ 농수산물의 생산자 또는 생산자단체와 소비자 또는 소비자단체간의 직거래사업
  ㉡ 농수산물소매시설의 현대화 및 운영에 관한 사업
  ㉢ 농수산물직판장의 설치 및 운영에 관한 사업

ⓔ 그 밖에 농수산물직거래 및 소매유통의 활성화를 위하여 농림축산식품부장관
　　　　또는 해양수산부장관이 인정하는 사업

　3) 이용편의 지원
　　농림축산식품부장관, 해양수산부장관 또는 지방자치단체의 장은 제2항의 규정에 의
　　한 농수산물소매업자 등이 농수산물의 유통개선과 공동이익의 증진 등을 위하여 협
　　동조합을 설립하는 경우에는 도매시장 또는 공판장의 이용편의 등을 지원할 수 있다
　　(법 제68조 제3항).

(3) 종합유통센터의 설치

　1) 종합유통센터의 설치 등
　　① 운영위탁 : 국가 또는 지방자치단체는 종합유통센터를 설치하여 생산자단체 또는
　　　전문유통업체에 그 운영을 위탁할 수 있다(법 제69조 제1항).
　　② 종합유통센터의 운영
　　　㉠ 운영주체 : 국가 또는 지방자치단체가 종합유통센터를 설치하여 운영을 위탁
　　　　할 수 있는 생산자단체 또는 전문유통업체(이하 에서 "운영주체"라 한다)는 다
　　　　음의 자로 한다(규칙 제47조 제1항).

　　　　　ⓐ 농림수협등(법 제70조의 규정에 의한 유통자회사를 포함한다)
　　　　　ⓑ 종합유통센터의 운영에 필요한 자금과 경영능력을 갖춘 자로서 농림축산
　　　　　　식품부장관, 해양수산부장관 또는 지방자치단체의 장이 농수산물의 효율
　　　　　　적인 유통을 위하여 특히 필요하다고 인정하는 자
　　　　　ⓒ 종합유통센터를 운영하기 위하여 국가 또는 지방자치단체와 ㉠ 및 ㉡의 자
　　　　　　가 출자하여 설립한 법인

　　　㉡ 운영주체 선정 : 국가 또는 지방자치단체(이하 에서 "위탁자"라 한다)가 종합유
　　　　통센터를 설치하여 운영을 위탁하고자 하는 때에는 농수산물의 수집능력·분
　　　　산능력, 투자계획, 경영계획 및 농수산물유통에 대한 경험등을 기준으로 하여
　　　　공개적인 방법으로 운영주체를 선정하여야 한다. 이 경우 위탁자는 5년 이상의
　　　　기간을 두어 위탁기간을 설정할 수 있다(규칙 제47조 제2항).

　2) 지원 등
　　① 부지확보 등 지원 : 국가 또는 지방자치단체는 종합유통센터를 설치하고자 하는 자
　　　에게 부지확보 또는 시설물설치 등에 필요한 지원을 할 수 있다(법 제69조 제2항).
　　② 건설사업계획서 제출 : 국가 또는 지방자치단체의 지원을 받아 종합유통센터를 설치

하고자 하는 자는 농림축산식품부장관, 해양수산부장관 또는 지방자치단체의 장에게 다음의 사항이 포함된 종합유통센터 건설사업계획서를 제출하여야 한다(규칙 제46조 제1항).

> ㉠ 신청지역의 농수산물유통시설현황, 종합유통센터의 건설 필요성 및 기대효과
> ㉡ 운영자의 선정계획, 세부적인 운영방법과 물량처리계획이 포함된 운영계획서 및 운영수지분석
> ㉢ 부지·시설 및 물류장비의 확보와 운영에 필요한 자금조달계획
> ㉣ 그 밖에 농림축산식품부장관, 해양수산부장관 또는 지방자치단체의 장이 종합유통센터건설의 타당성검토를 위하여 필요하다고 판단하여 정하는 사항

③ **자금의 보조 또는 융자** : 농림축산식품부장관, 해양수산부장관 또는 지방자치단체의 장은 사업계획서를 제출받은 때에는 사업계획의 타당성을 고려하여 지원대상자를 선정하고, 부지구입·시설물설치·장비확보 및 운영을 위하여 필요한 자금을 보조 또는 융자하거나 부지 알선 등의 행정적인 지원을 할 수 있다(규칙 제46조 제2항).

④ **시설기준** : 국가 또는 지방자치단체가 설치하는 종합유통센터 및 지원을 받고자 하는 자가 설치하는 종합유통센터가 갖추어야 하는 시설기준은 별표 3과 같다(규칙 제46조 제3항).

3) 권고 및 개선명령

① 권고 : 농림축산식품부장관, 해양수산부장관 또는 지방자치단체의 장은 종합유통센터가 효율적으로 그 기능을 수행할 수 있도록 종합유통센터를 운영하는 자 또는 이를 이용하는 자에게 그 운영방법 및 출하농어가에 대한 서비스의 개선 또는 이용방법의 준수 등 필요한 권고를 할 수 있다(법 제69조 제3항).

② 조치명령 : 농림축산식품부장관, 해양수산부장관 또는 지방자치단체의 장은 종합유통센터를 운영하는 자 지원을 받아 종합유통센터를 운영하는 자가 ①의 규정에 의한 권고를 이행하지 아니하는 때에는 일정한 기간을 정하여 운영방법 및 출하농어가에 대한 서비스의 개선 등 필요한 조치를 할 것을 명할 수 있다(법 제69조 제4항).

4) 이용료 징수

위탁자는 종합유통센터의 시설물 및 장비의 유지·관리 등에 소요되는 비용에 충당하기 위하여 운영주체와 협의하여 운영주체로부터 종합유통센터의 시설물 및 장비의 이용료를 징수할 수 있다. 이 경우 이용료의 총액은 당해 종합유통센터의 매출액의 1천분의 5를 초과할 수 없으며, 위탁자는 이용료 외에는 어떠한 명목으로도 금전을 징수하여서는 아니 된다(규칙 제47조 제3항).

(4) 유통자회사의 설립

1) 유통자회사의 설립·운영

농림수협등은 농수산물유통의 효율화를 도모하기 위하여 필요한 경우에는 종합유통센터, 도매시장공판장의 운영 기타 유통사업을 수행하는 별도의 법인(이하 "유통자회사"라 한다)을 설립·운영할 수 있다(법 제70조 제1항).

2) 유통자회사의 사업범위

유통자회사가 수행하는 "기타 유통사업"의 범위는 다음과 같다(규칙 제48조).

> ① 농림수협등이 설치한 농수산물직판장 등 소비지유통사업
> ② 농수산물의 상품화촉진을 위한 규격화 및 포장개선사업
> ③ 그 밖에 농수산물의 운송·저장사업 등 농수산물 유통의 효율화를 위한 사업

3) 법적 성격

위의 규정에 의한 유통자회사는 「상법」상의 회사이어야 한다(법 제70조 제2항).

4) 지원

국가 또는 지방자치단체는 유통자회사의 원활한 운영을 위하여 필요한 지원을 할 수 있다(법 제70조 제3항).

3. 유통거래촉진

(1) 농수산물전자거래의 촉진 등

1) 촉진업무

① 한국농수산식품유통공사의 업무 : 농림축산식품부장관 또는 해양수산부장관은 농수산물전자거래를 촉진하기 위하여 한국농수산식품유통공사에 다음의 업무를 수행하게 할 수 있다(법 제70조의2 제1항).

> ㉠ 농수산물전자거래소(농수산물 전자거래장치와 그에 수반되는 물류센터 등의 부대시설을 포함한다)의 설치 및 운영·관리
> ㉡ 농수산물전자거래 참여 판매자 및 구매자의 등록·심사 및 관리
> ㉢ 농수산물전자거래분쟁조정위원회의 운영 지원
> ㉣ 대금결제 지원을 위한 정산소(精算所)의 운영·관리
> ㉤ 농수산물전자거래에 관한 유통정보 서비스 제공
> ㉥ 그 밖에 농수산물전자거래에 필요한 업무

② 지원 : 농림축산식품부장관 또는 해양수산부장관은 농수산물전자거래의 활성화를 위하여 예산의 범위에서 필요한 지원을 할 수 있다(법 제70조의2 제2항).

2) 농수산물전자거래의 거래품목 및 거래수수료 등

① **거래품목** : 거래품목은 법 제2조제1호에 따른 농수산물로 한다(규칙 제49조 제1항).

② **거래수수료 등**

㉠ 구분 징수 : 거래수수료는 농수산물전자거래소를 이용하는 판매자 및 구매자로부터 다음의 구분에 따라 징수하는 금전으로 한다(규칙 제49조 제2항).

> ⓐ 판매자의 경우 : 사용료 및 판매수수료
> ⓑ 구매자의 경우 : 사용료

㉡ 거래수수료 : 거래수수료는 거래액의 1천분의 30을 초과할 수 없다(규칙 제49조 제3항).

3) 거래대금

농수산물전자거래소를 통하여 거래계약이 체결된 경우에는 한국농수산식품유통공사가 구매자를 대신하여 그 거래대금을 판매자에게 직접 결제할 수 있다. 이 경우 한국농수산식품유통공사는 구매자로부터 보증금, 담보 등 필요한 채권확보수단을 미리 마련하여야 한다(규칙 제49조 제4항).

4) 승인

위의 규정한 사항 외에 농수산물전자거래에 관하여 필요한 사항은 한국농수산식품유통공사의 장이 농림축산식품부장관 또는 해양수산부장관의 승인을 받아 정한다(규칙 제49조 제5항).

(2) 농수산물전자거래분쟁소정위원회의 설치

1) 설치의무

농수산물전자거래에 관한 분쟁을 조정하기 위하여 한국농수산식품유통공사에 농수산물전자거래분쟁조정위원회(이하 "분쟁조정위원회"라 한다)를 둔다(법 제70조의3 제1항).

2) 분쟁조정위원회의 구성 등

① **구성원** : 분쟁조정위원회는 위원장 1명을 포함하여 9명 이내의 위원으로 구성하고, 위원은 농림축산식품부장관 또는 해양수산부장관이 임명 또는 위촉하며, 위원장은 위원 중에서 호선한다(법 제70조의3 제2항).

② 위원장의 직무
　㉠ 분쟁조정위원회의 위원장은 분쟁조정위원회를 대표하며, 그 업무를 총괄한다(영 제35조의3 제1항).
　㉡ 분쟁조정위원회의 위원장이 부득이한 사유로 직무를 수행할 수 없는 때에는 위원장이 미리 지명한 위원이 그 직무를 대행한다(영 제35조의3 제2항).

③ 위원
　㉠ 위원 자격 : 농수산물전자거래분쟁조정위원회(이하 "분쟁조정위원회"라 한다)의 위원은 다음의 어느 하나에 해당하는 사람으로 한다(영 제35조 제1항).

> ⓐ 판사·검사 또는 변호사의 자격이 있는 사람
> ⓑ 「고등교육법」제2조에 따른 학교에서 법률학을 가르치는 부교수급 이상의 직에 있거나 있었던 사람
> ⓒ 「농어업·농어촌 및 식품산업 기본법」제3조제1호에 따른 농어업 또는 같은 조 제8호에 따른 식품산업 분야의 법인, 단체 또는 기관 등에서 10년 이상의 근무경력이 있는 사람
> ⓓ 「비영리민간단체 지원법」제2조에 따른 비영리민간단체에서 추천한 사람
> ⓔ 그 밖에 농수산물의 유통과 전자거래, 분쟁조정 등에 관하여 학식과 경험이 풍부하다고 인정되는 사람

　㉡ 임기 : 분쟁조정위원회 위원의 임기는 2년으로 한다(영 제35조 제2항).

3) 분쟁조정위원회의 운영 등
　① 회의소집 : 분쟁조정위원회의 위원장은 분쟁조정위원회의 회의를 소집하고, 그 의장이 된다(영 제35조의4 제1항).
　② 정족수 : 분쟁조정위원회의 회의는 재적위원 과반수의 출석으로 개의하고, 출석위원 과반수의 찬성으로 의결한다(영 제35조의4 제2항).
　③ 소위원회 : 분쟁조정위원회의 업무를 효율적으로 수행하기 위하여 필요한 경우에는 소위원회를 둘 수 있다(영 제35조의4 제3항).
　④ 수당과 여비지급 : 분쟁조정위원회 또는 소위원회에 출석한 위원에 대해서는 예산의 범위에서 수당과 여비를 지급할 수 있다. 다만, 공무원인 위원이 소관업무와 직접적으로 관련하여 출석하는 경우에는 그러하지 아니하다(영 제35조의4 제4항).

4) 분쟁의 조정 등
　① 조정 신청 : 농수산물전자거래와 관련한 분쟁의 조정을 받으려는 자는 분쟁조정위원회에 분쟁의 조정을 신청할 수 있다(영 제35조의5 제1항).

② 권고

- ㉠ 합의권고 : 분쟁조정위원회는 권고를 하기 전에 분쟁 당사자 간의 합의를 권고할 수 있다(영 제35조의5 제3항).
- ㉡ 조정권고 : 분쟁조정위원회는 분쟁조정 신청을 받은 날부터 20일 이내에 조정안을 작성하여 분쟁 당사자에게 이를 권고하여야 한다. 다만, 부득이한 사정으로 그 기한을 연장하려는 경우에는 그 사유와 기한을 명시하고 분쟁 당사자에게 통보하여야 한다(영 제35조의5 제2항).

③ 기명·날인 : 분쟁 당사자가 조정안에 동의하면 분쟁조정위원회는 조정서를 작성하여야 하며, 분쟁 당사자로 하여금 이에 기명·날인하도록 한다(영 제35조의5 제4항).

④ 기타 : 이 영에서 규정한 사항 외에 분쟁조정위원회 및 소위원회의 구성·운영, 그 밖에 분쟁조정에 관한 세부절차 등에 관하여 필요한 사항은 분쟁조정위원회의 의결을 거쳐 위원장이 정한다(영 제35조의5 제5항).

(3) 유통정보화의 촉진 등

1) 사업지원

① **정보화와 관련한 사업 지원** : 농림축산식품부장관 또는 해양수산부장관은 유통정보의 원활한 수집·처리 및 전파를 통하여 농수산물의 유통효율향상에 이바지할 수 있도록 농수산물유통정보화와 관련한 사업을 지원하여야 한다(법 제72조 제1항).

② **교육 및 홍보사업** : 농림축산식품부장관 또는 해양수산부장관은 정보화사업을 추진하기 위하여 정보기반의 정비, 정보화를 위한 교육 및 홍보사업을 직접 수행하거나 이에 필요한 지원을 할 수 있다(법제72조 제2항).

2) 재정지원

정부는 농수산물유통구조개선과 유통기구의 육성을 위하여 도매시장·공판장 및 민영도매시장의 개설자에 대하여 예산의 범위 안에서 융자하거나 보조금을 지급할 수 있다(법 제73조).

(4) 거래질서의 유지

1) 금지행위

누구든지 도매시장에서의 정상적인 거래와 도매시장의 개설자가 정하여 고시하는 시설물의 사용기준을 위반하거나 적절한 위생·환경의 유지를 저해하여서는 아니된다. 도매시장의 개설자는 도매시장에서의 거래질서가 유지되도록 필요한 조치를 하여야 한다(법 제74조 제1항).

2) 위법행위 단속
   ① **단속지침** : 농림축산식품부장관, 해양수산부장관, 도지사 또는 도매시장의 개설자는 대통령령이 정하는 바에 따라 소속공무원으로 하여금 이 법을 위반하는 자를 단속하게 할 수 있다(법 제74조 제2항). 또한 농림축산식품부장관, 해양수산부장관은 위법행위에 대한 단속을 효과적으로 실시하기 위하여 필요한 경우 이에 대한 단속지침을 정할 수 있다(영 제36조).
   ② **증표제시** : 단속을 하는 공무원은 그 권한을 표시하는 증표를 관계인에게 보여주어야 한다(법 제74조 제3항).

(5) 교육훈련 등

1) 교육훈련 실시 및 대상자
   ① **교육훈련 실시** : 농림축산식품부장관 또는 해양수산부장관은 농수산물의 유통 개선을 촉진하기 위하여 경매사, 중도매인 등 농림축산식품부령 또는 해양수산부령으로 정하는 유통 종사자에 대하여 교육훈련을 실시할 수 있다(법 제75조 제1항).
   ② **교육훈련의 대상자** : 교육훈련의 대상자는 다음과 같다(규칙 제50조 제1항).

   > ㉠ 도매시장법인, 법 제24조의 규정에 의한 공공출자법인, 공판장(도매시장공판장을 포함한다) 및 시장도매인의 임·직원
   > ㉡ 경매사
   > ㉢ 중도매인(법인을 포함한다)
   > ㉣ 산지유통인
   > ㉤ 종합유통센터를 운영하는 자의 임·직원
   > ㉥ 농수산물의 출하조직을 구성·운영하고 있는 농어업인
   > ㉦ 농수산물의 저장·가공업에 종사하는 자
   > ㉧ 기타 농림축산식품부장관이 필요하다고 인정하는 자

2) 위탁
   ① **위탁기관** : 농림축산식품부장관 또는 해양수산부장관은 교육훈련을 농림축산식품부령 또는 해양수산부령으로 정하는 기관에 위탁하여 실시할 수 있다(법 제75조 제2항). 즉, 농림축산식품부장관 또는 해양수산부장관은 유통종사자에 대한 교육훈련을 한국농수산식품유통공사에 위탁하여 실시한다. 법 제75조제2항에 따라 제1항 각 호의 유통종사자에 대한 교육훈련을 한국농수산식품유통공사에 위탁하여 실시한다. 이 경우 도매시장법인 또는 시장도매인의 임원이나 경매사로 신규 임용 또는 임명되었거나 중도매업의 허가를 받은 자(법인의 경우에는 임원을 말한다)는

그 임용·임명 또는 허가 후 1년(2012년 11월 1일부터 2013년 5월 1일까지 임용·임명 또는 허가를 받은 자는 1년 6개월) 이내에 교육훈련을 받아야 한다(규칙 제50조 제2항).

② **교육훈련계획** : 교육훈련의 위탁을 받은 한국농수산식품유통공사의 장은 매년도의 교육훈련계획을 수립하여 농림축산식품부장관 또는 해양수산부장관에게 보고하여야 한다(규칙 제50조 제3항).

(5) 실태조사 등

1) 실태조사

농림축산식품부장관 또는 해양수산부장관은 도매시장을 효율적으로 운영·관리하기 위하여 필요하다고 인정할 때에는 농림축산식품부령 또는 해양수산부령으로 정하는 법인 등으로 하여금 도매시장에 대한 실태조사를 하게 하거나 운영·관리의 지도를 하게 할 수 있다(법 제76조).

2) 운영·관리 법인

농림축산식품부장관 또는 해양수산부장관이 도매시장에 대한 실태조사를 하게 하거나 운영·관리의 지도를 하게 할 수 있는 법인은 한국농수산식품유통공사 및 한국농촌경제연구원으로 한다(규칙 제51조).

(6) 평가의 실시

1) 평가 실시

① **경영관리 평가** : 도매시장 또는 공판장의 개설자는 해당 도매시장 또는 공판장의 거래제도 및 물류체계 개선 등 운영·관리와 도매시장법인, 시장도매인 등의 거래실적, 재무건전성 등 경영관리에 관한 평가를 실시하여야 한다(법 제77조 제1항).

② **중앙평가** : 농림축산식품부장관 또는 해양수산부장관은 제1항에 따른 평가 결과를 종합하여 중앙평가를 실시하여야 한다(법 제77조 제2항).

2) 도매시장 등의 평가

① **절차 및 방법** : 도매시장 및 공판장의 평가는 다음의 절차 및 방법에 의한다(규칙 제52조 제1항).

> ㉠ 농림축산식품부장관 또는 해양수산부장관은 다음 연도의 평가대상·평가기준 및 평가방법 등을 정하여 매년 12월 31일까지 도매시장 개설자 등에게 통보
> ㉡ 도매시장 개설자는 ㉠에 따른 평가기준 및 평가방법 등에 따라 자체평가를 한 후 그 결과를 다음 연도 3월 31일까지 농림축산식품부장관 또는 해양수산부

　　　　장관에게 보고
　　ⓒ 농림축산식품부장관 또는 해양수산부장관은 ⓒ에 따른 자체평가의 결과를 종합하여 중앙평가를 실시하고, 그 결과를 공표

② **세부사항** : 그 밖에 도매시장 평가 실시 및 그 평가 결과에 따른 조치에 관한 세부사항은 농림축산식품부장관 또는 해양수산부장관이 정한다(규칙 제52조 제2항).

3) 지원 등의 조치

① **개설자의 조치** : 도매시장의 개설자는 경영관리 평가결과와 시설규모, 거래액 등을 고려하여 도매시장법인, 시장도매인, 중도매인에 대하여 시설사용면적의 조정·차등지원 등의 조치를 할 수 있다(법 제77조 제3항).

② **장관의 권고** : 농림축산식품부장관 또는 해양수산부장관은 중앙평가 결과에 따라 도매시장 개설자에게 다음의 명령이나 권고를 할 수 있다(법 제77조 제4항).

　　㉠ 부진한 사항에 대한 시정 명령
　　㉡ 부진한 도매시장의 관리를 관리공사 또는 한국농수산식품유통공사에 위탁 권고
　　㉢ 도매시장법인, 시장도매인 또는 도매시장공판장에 대한 시설 사용면적의 조정, 차등 지원 등의 조치 명령

4. 위원회

(1) 시장관리운영위원회

1) 위원회의 설치

도매시장의 효율적인 운영·관리를 위하여 도매시장의 개설자 소속하에 시장관리운영위원회(이하 "위원회"라 한다)를 둔다(법 제78조 제1항).

2) 심의사항

위원회는 다음의 사항을 심의한다(법 제78조 제3항).

① 도매시장의 거래제도 및 거래방법의 선택에 관한 사항
② 수수료·시장사용료·하역비 등 제반 비용 결정에 관한 사항
③ 도매시장 출하품의 안전성 제고 및 규격화의 촉진에 관한 사항
④ 도매시장의 거래질서의 확립에 관한 사항
⑤ 정가·수의매매 등 거래 농수산물의 매매방법 운용기준에 관한 사항
⑥ 최소출하량 기준의 결정에 관한 사항
⑦ 기타 도매시장의 개설자가 특히 필요하다고 인정하는 사항

3) 위원회의 구성·운영

위원회의 구성·운영 등에 관하여 필요한 사항은 농림축산식품부령 또는 해양수산부령으로 정한다(법 제78조 제4항).

① **위원회의 구성** : 시장관리운영위원회는 위원장 1인을 포함한 20인 이내의 위원으로 구성한다(규칙 제54조 제1항).

② **업무규정** : 시장관리운영위원회의 구성·운영 등에 관하여 필요한 사항은 도매시장의 개설자가 업무규정으로 정한다(규칙 제54조 제2항).

(2) 도매시장거래분쟁조정위원회의 설치 등

1) 조정위원회 설치

도매시장 내 농수산물의 거래당사자 간의 분쟁에 관한 사항을 조정하기 위하여 도매시장의 개설자 소속하에 도매시장거래분쟁조정위원회(이하 "조정위원회"라 한다)를 둔다(법 제78조의2 제1항).

2) 심의·조정

조정위원회는 당사자의 일방 또는 양쪽의 신청에 따라 다음의 분쟁을 심의·조정한다(법 제78조의2 제2항).

> ① 낙찰자결정에 관한 분쟁
> ② 낙찰가격에 관한 분쟁
> ③ 거래대금의 지급에 관한 분쟁
> ④ 그 밖에 도매시장의 개설자가 특히 필요하다고 인정하는 분쟁

3) 조정위원회의 구성

조정위원회의 구성·운영에 관하여 필요한 사항은 대통령령으로 정한다(법 제78조의2 제3항).

① **구성원** : 도매시장거래분쟁조정위원회(이하 "조정위원회"라 한다)는 위원장 1인을 포함하여 9인 이내의 위원으로 구성한다(영 제36조의2 제1항).

② **위원장** : 조정위원회의 위원장은 위원 중에서 도매시장의 개설자가 지정하는 자로 한다(영 제36조의2 제2항).

③ **위원**

ㄱ. 임명 : 조정위원회의 위원은 다음의 어느 하나에 해당하는 자 중에서 도매시장의 개설자가 임명 또는 위촉한다. 이 경우 ⓐ 및 ⓑ에 해당하는 자가 1인 이상 포함되어야 한다(영 제36조의2 제3항).

> ⓐ 출하자를 대표하는 자
> ⓑ 변호사의 자격이 있는 자
> ⓒ 도매시장업무에 관한 학식과 경험이 풍부한 자
> ⓓ 소비자단체에서 3년 이상 근무한 경력이 있는 자

  ⓛ 임기 : 조정위원회의 위원의 임기는 2년으로 한다(영 제36조의2 제4항).

 ④ 여비 등 지급

  조정위원회에 출석한 위원에 대하여는 예산의 범위에서 수당과 여비를 지급할 수 있다. 다만, 공무원인 위원이 소관업무와 직접적으로 관련하여 조정위원회의 회의에 출석하는 경우에는 그러하지 아니하다(영 제36조의2 제5항).

 ⑤ 업무규정

  조정위원회의 구성·운영 등에 관한 세부사항은 도매시장의 개설자가 업무규정으로 정한다(영 제36조의2 제6항).

4) 도매시장거래 분쟁조정

 ① 분쟁조정 신청

  도매시장 거래 당사자 간에 발생한 분쟁에 대하여 당사자는 조정위원회에 분쟁조정을 신청할 수 있다(영 제36조의3 제1항).

 ② 합의 권고

  조정위원회의 효율적인 운영을 위하여 분쟁조정을 신청받은 조정위원회의 위원장은 조정위원회를 개최하기 전에 사전 조정을 실시하여 분쟁 당사자 간 합의를 권고할 수 있다(영 제36조의3 제2항).

 ③ 심의 조정

  분쟁조정을 신청받은 조정위원회는 신청을 받은 날부터 30일 이내에 분쟁 사항을 심의 조정하여야 한다. 이 경우 조정위원회는 필요하다고 인정하는 경우 분쟁 당사자의 의견을 들을 수 있다(영 제36조의3 제3항).

7 보칙

1. 보고 · 검사 · 명령

(1) 보고

1) 농림축산식품부장관, 해양수산부장관 또는 시 · 도지사

농림축산식품부장관, 해양수산부장관 또는 시 · 도지사는 도매시장 · 공판장 및 민영도매시장의 개설자에 대하여 그 재산 및 업무집행상황을 보고하게 할 수 있다(법 제79조 제1항).

2) 도매시장 · 공판장 및 민영도매시장의 개설자

도매시장 · 공판장 및 민영도매시장의 개설자는 도매시장법인 · 시장도매인에 대하여 기장사항(記帳事項), 거래내역 등을 보고하게 할 수 있으며, 농수산물의 가격과 수급안정을 위하여 특히 필요하다고 인정하는 때에는 중도매인 또는 산지유통인에 대하여 업무집행상황을 보고하게 할 수 있다(법 제79조 제2항).

(2) 검사

1) 재산상태 검사

① **검사권자** : 농림축산식품부장관, 해양수산부장관, 도지사 또는 도매시장 개설자는 농림축산식품부령 또는 해양수산부령으로 정하는 바에 따라 소속 공무원으로 하여금 도매시장 · 공판장 · 민영도매시장 및 도매시장법인의 업무와 이에 관련된 장부 및 재산상태를 검사하게 할 수 있다(법 제80조 제1항).

② **검사의 통지** : 농림축산식품부장관, 해양수산부장관, 도지사 또는 도매시장의 개설자가 도매시장 · 공판장 및 민영도매시장의 업무와 이에 관련된 장부 및 재산상태를 검사하고자 하는 때에는 미리 검사의 목적 · 범위 및 기간과 검사공무원의 소속 · 직위 및 성명을 통지하여야 한다(규칙 제55조 제1항).

2) 장부 검사

① **검사권자** : 도매시장의 개설자는 필요하다고 인정하는 경우에는 시장관리자의 소속직원으로 하여금 도매시장법인 및 시장도매인이 비치하고 있는 장부를 검사하게 할 수 있다(법 제80조 제2항).

② **검사의 통지** : 도매시장의 개설자가 도매시장법인 또는 시장도매인의 장부를 검사하고자 하는 때에는 미리 검사의 목적 · 범위 및 기간과 검사직원의 소속 · 직위 및 성명을 통지하여야 한다(규칙 제55조 제2항).

3) 증표제시

검사를 하는 공무원과 검사를 하는 직원에 관하여 이를 준용(공무원은 그 권한을 표시하는 증표를 관계인에게 내보여야 한다)한다(법 제80조 제3항).

(3) 명령

1) 농림축산식품부장관 또는 시·도지사

농림축산식품부장관, 해양수산부장관 또는 시·도지사는 도매시장·공판장 및 민영도매시장의 적정한 운영을 위하여 필요하다고 인정할 때에는 도매시장·공판장 및 민영도매시장의 개설자에 대하여 업무규정의 변경, 업무처리의 개선, 그 밖에 필요한 조치를 명할 수 있다(법 제81조 제1항).

2) 도매시장의 개설자

농림축산식품부장관, 해양수산부장관 또는 도매시장 개설자는 도매시장법인 및 시장도매인에 대하여 업무처리의 개선 및 시장질서 유지를 위하여 필요한 조치를 명할 수 있다(법 제81조 제2항).

3) 농림축산식품부장관

농림축산식품부장관은 기금에서 융자 또는 대출받은 자에 대하여 감독상 필요한 조치를 명할 수 있다(법 제81조 제3항).

2. 행정처분

(1) 개설허가취소 등

1) 개설허가취소 또는 시설의 폐쇄조치

① **권한자** : 시·도지사는 지방도매시장 개설자(시가 개설자인 경우만 해당한다)나 민영도매시장 개설자가 다음의 어느 하나에 해당하는 경우에는 개설허가를 취소하거나 해당 시설을 폐쇄하거나 그 밖에 필요한 조치를 할 수 있다(법 제82조 제1항).

② **사유**

> ㉠ 도매시장의 개설, 업무규정을 변경하고자 하는 때에는 개설허가권자의 승인(제17조제2항 및 제5항), 민영도매시장의 개설, 업무규정 및 운영관리계획서(제47조제1항 및 제3항)에 따른 개설허가권자의 허가 또는 승인 없이 도매시장을 개설하였거나 업무규정을 변경한 경우
> ㉡ 제출된 업무규정 및 운영관리계획서와 달리 도매시장을 운영한 경우
> ㉢ 하역체제의 개선 및 하역기계화와 규격출하의 촉진을(제40조제3항) 또는 업

무규정의 변경, 업무처리의 개선 기타 필요한 조치(제81조제1항)에 따른 명령을 위반한 경우

2) 업무정지 또는 지정 또는 승인 취소

① **권한자** : 농림축산식품부장관, 해양수산부장관, 시·도지사 또는 도매시장의 개설자는 도매시장법인, 시장도매인 또는 도매시장공판장의 개설자(이하 "도매시장법인등"이라 한다)가 다음의 어느 하나에 해당하는 때에는 6월이내의 기간을 정하여 그 업무의 정지를 명하거나 그 지정 또는 승인을 취소할 수 있다(법 제82조 제2항).

② **사유**

1. 지정 또는 승인조건을 위반한 때
2. 「축산법」 제35조제4항의 규정을 위반하여 등급판정을 받지 아니한 축산물을 상장한 때
3. 도매시장법인의 주주 및 임·직원은 당해 도매시장법인의 업무와 경합되는 도매업 또는 중도매업을 하여서는 아니된다(제23조제2항.)는 규정을 위반하여 경합되는 도매업 또는 중도매업을 한 때
4. 도매시장법인이 될 수 있는 자의 요건(제23조제3항제5호 또는 제4항) 규정을 위반하여 지정요건을 갖추지 못하거나 요건을 갖추지 아니하게 된 때에는 당해 임원을 지체없이 해임(제5항)의 규정을 위반하여 해당 임원을 해임하지 아니한 때
5. 일정 수 이상의 경매사를 두지 아니하거나 경매사가 아닌 자로 하여금 경매를 하도록 한 때
6. 결격사유(제27조제3항)의 규정을 위반하여 해당 경매사를 면직하지 아니한 때
7. 도매시장법인, 중도매인 및 이들의 주주 또는 임·직원은 당해 도매시장에서 산지유통인의 업무를 하여서는 아니된다(제29조제2항)는 규성을 위반하여 산지유통인의 업무를 행한 때
8. 도매시장법인이 행하는 도매는 출하자로부터 위탁을 받아 이를 행하여야 한다(제31조제1항)는 규정을 위반하여 매수하여 도매를 한 때
9. 삭제
10. 도매시장법인은 도매시장에 상장한 농수산물을 수탁된 순위에 따라 경매 또는 입찰의 방법으로 최고가격 제시자에게 판매하여야 한다(제33조제1항)는 규정을 위반하여 경매 또는 입찰을 행한 때
11. 거래의 특례(제34조)의 규정을 위반하여 지정된 자 외의 자에게 판매한 때
12. 도매시장법인은 도매시장외의 장소에서 농수산물의 판매업무를 하지 못한

다(제35조)는 규정을 위반하여 도매시장 외의 장소에서 판매를 하거나 농수산물의 판매업무 외의 사업을 겸영한 때
13. 도매시장법인 등의 공시(제35조의2)의 규정을 위반하여 공시하지 아니하거나 허위의 사실을 공시한 때
14. 시장도매인이 거래규모·순자산액 비율 및 거래보증금 등 도매시장의 개설자가 업무규정으로 정하는 일정 요건을 충족할 것(제36조제2항제5호)의 규정을 위반하여 지정요건을 갖추지 못하거나 임원의 요건(같은 조 제3항)의 규정을 위반하여 해당 임원을 해임하지 아니한 때
15. 시장도매인은 도매시장에서 농수산물을 매수 또는 위탁받아 도매하거나 매매를 중개할 수 있다(제37조제1항)는 규정을 위반하여 제한 또는 금지된 행위를 한 때
16. 시장도매인은 당해 도매시장의 도매시장법인·중도매인에게 농수산물을 판매하지 못한다(제37조제2항)는 규정을 위반하여 해당 도매시장의 도매시장법인·중도매인에게 판매를 한 때
17. 도매시장법인 또는 시장도매인의 업무를 수행(제38조) 규정을 위반하여 수탁 또는 판매를 거부·기피하거나 부당한 차별대우를 한 때
18. 규격출하품에 대한 표준하역비(도매시장 안에서 규격출하품을 판매하기 위하여 필수적으로 소요되는 하역비를 말한다)는 도매시장법인 또는 시장도매인이 이를 부담한다(제40조제2항)는 규정에 따른 표준하역비의 부담을 이행하지 아니한 때
19. 출하자에 대한 대금결제(제41조제1항)의 규정을 위반하여 대금의 전부를 즉시 결제하지 아니한 때
20. 도매시장법인 또는 시장도매인이 표준송품장과 판매원표를 확인하여 작성한 표준정산서를 출하자에게 발급하여 출하자가 이를 별도의 정산창구에 제시하고 대금을 수령하도록 하는 방법으로 하여야 한다(제41조제2항)는 규정에 따른 대금결제 방법을 위반한 때
21. 수수료 등의 징수제한(제42조)의 규정을 위반하여 수수료 등을 징수한 때
22. 거래질서의 유지(제74조제1항)의 규정을 위반하여 시설물의 사용기준을 위반하거나 개설자가 조치하는 사항을 이행하지 아니한 때
23. 정당한 사유 없이 제80조의 규정에 따른 검사에 불응하거나 이를 방해한 때
24. 제81조제2항의 규정에 따른 도매시장 개설자의 조치명령을 이행하지 아니한 때
25. 제4항의 규정에 따른 농림축산식품부장관, 해양수산부장관 또는 도매시장 개설자의 명령을 위반한 경우

3) 도매시장공판장의 승인 취소

평가실시(제77조)의 규정에 따른 평가결과 운영실적이 농림축산식품부령 또는 해양수산부령으로 정하는 기준 이하로 부진하여 출하자 보호에 심각한 지장을 초래할 우려가 있는 경우 도매시장 개설자는 도매시장법인 또는 시장도매인의 지정을 취소할 수 있으며, 시·도지사는 도매시장공판장의 승인을 취소할 수 있다(법 제82조 제3항).

4) 경매사의 업무정지 또는 면직

농림축산식품부장관·해양수산부장관 또는 도매시장의 개설자는 경매사가 제28조제1항의 업무를 부당하게 수행하여 도매시장의 거래질서를 문란하게 한 경우에는 도매시장법인 또는 도매시장공판장의 개설자로 하여금 해당 경매사에 대하여 6개월 이내의 업무정지 또는 면직을 명하게 할 수 있다(법 제82조 제4항).

5) 중도매업의 허가 또는 산지유통인의 등록을 취소

① 권한자 : 도매시장의 개설자는 중도매인(제25조 및 제46조의 규정에 의한 중도매인에 한한다. 이하 같다) 또는 산지유통인이 다음의 어느 하나에 해당하는 때에는 6월이내의 기간을 정하여 그 업무의 정지를 명하거나 중도매업의 허가 또는 산지유통인의 등록을 취소할 수 있다(법 제82조 제5항).

② 처분사유

> ㉠ 중도매업의 허가요건(제25조제2항제1호 내지 제4호 또는 제6호)의 규정을 위반하여 허가조건을 갖추지 못하거나 같은 조 제3항의 규정을 위반하여 해당 임원을 해임하지 아니한 때
> ㉡ 중도매인이 제25조제4항의 규정을 위반하여 다른 중도매인 또는 매매참가인의 거래참가를 방해하거나 정당한 사유 없이 집단적으로 경매 또는 입찰에 불참한 때
> ㉢ 도매시장법인, 중도매인 및 이들의 주주 또는 임·직원이 제29조제2항의 규정을 위반하여 해당 도매시장에서 산지유통인의 업무를 한 때
> ㉣ 산지유통인은 등록된 도매시장에서 농수산물의 출하업무외의 판매·매수 또는 중개업무를 하여서는 아니된다(제29조제4항)는 규정을 위반하여 판매·매수 또는 중개업무를 한 때
> ㉤ 중도매인은 도매시장법인이 상장한 농수산물외의 농수산물의 거래를 할 수 없다(제31조제2항)는 규정을 위반하여 허가 없이 상장된 농수산물 외의 농수산물을 거래한 때
> ㉥ 제31조제3항의 규정을 위반하여 중도매인이 도매시장 외의 장소에서 농수산물을 판매하는 등의 행위를 한 때

ⓐ 수수료 등의 징수제한(제42조)의 규정을 위반하여 수수료 등을 징수한 때
ⓞ 거래질서의 유지(제74조제1항)의 규정을 위반하여 시설물의 사용기준을 위반하거나 개설자가 조치하는 사항을 이행하지 아니한 때
ⓩ 검사(제80조)의 규정을 위반하여 정당한 사유 없이 검사를 불응하거나 이를 방해한 때

(2) 처분기준

1) 위반행위별 처분기준

위의 (1) 1) 내지 5)의 규정에 의한 위반행위별 처분기준은 농림축산식품부령 또는 해양수산부령으로 정한다[별표 4](법 제82조 제6항).

① 일반 기준

㉠ 위반행위가 2 이상인 경우에는 그중 중한 처분기준을 적용하며, 2 이상의 처분기준이 모두 업무정지인 경우에는 그중 중한 처분기준의 2분의 1까지 가중할 수 있다. 이 경우 각 처분기준을 합산한 기간을 초과할 수 없다.
㉡ 위반행위의 차수에 따른 처분의 기준은 처분일을 기준으로 최근 1년간 같은 위반행위로 받은 처분과 동일한 처분을 받게 될 경우에 적용하며, 3차 위반 시의 처분기준에 따른 처분 후에도 동일한 위반사항이 발생한 때에는 법 제82조에 따른 범위에서 가중처분을 할 수 있다.
㉢ 행정처분의 순서는 주의, 경고, 업무정지 6개월 이내, 지정(허가, 승인, 등록)취소의 순으로 하며, 업무정지의 기간은 6개월 이내에서 위반정도에 따라 10일, 15일, 1개월, 3개월 또는 6개월로 하여 처분한다.
㉣ 이 기준에 명시되지 아니한 위반행위에 대하여는 이 기준 중 가장 유사한 사례에 준하여 처분한다.
㉤ 처분권자는 위반 행위의 동기·내용·횟수 및 위반의 정도 등 다음의 가중 사유 또는 감경 사유에 해당 하는 경우 그 처분기준의 2분의 1의 범위 내에서 가중하거나 감경할 수 있다.
 ⓐ 가중사유
  ⅰ) 위반행위가 고의나 중대한 과실에 의한 경우
  ⅱ) 위반의 내용·정도가 중대하여 출하자, 소비자 등에게 미치는 피해가 크다고 인정되는 경우
 ⓑ 감경사유
  ⅰ) 사소한 부주의나 오류로 인한 것으로 인정되는 경우
  ⅱ) 위반의 내용·정도가 경미하여 출하자, 소비자 등에게 미치는 피해가 적

다고 인정되는 경우
ⅲ) 법 제77조에 따른 도매시장법인, 시장도매인의 중앙평가결과 우수이상, 중도매인 개설자 평가결과 우수이상인 경우(최근 5년간 2회 이상)
ⅳ) 위반 행위자가 처음 해당 위반행위를 한 경우로서 5년 이상 도매시장법인, 시장도매인, 중도매인 업무를 모범적으로 해온 사실이 인정되는 경우
ⅴ) 위반 행위자가 해당 위반행위로 인하여 검사로부터 기소유예 처분을 받거나 법원으로부터 선고유예의 판결을 받은 경우

② 개별 기준

㉠ 도매시장법인, 시장도매인 또는 도매시장공판장의 개설자에 대한 행정처분

위반사항	해당 법조문	처분기준 1차	처분기준 2차	처분기준 3차
1. 법 제82조제2항제1호를 위반하여 도매시장법인, 시장도매인 또는 도매시장공판장의 개설자가 지정 또는 승인 조건을 위반한 때	법 제82조 제2항제1호	경고	업무정지 3개월	지정(승인)취소
2. 「축산법」 제35조제4항을 위반하여 등급판정을 받지 아니한 축산물을 상장한 때	법 제82조 제2항제2호	업무정지 15일	업무정지 1개월	업무정지 3개월
3. 법 제23조제2항을 위반하여 경합되는 도매업 또는 중도매업을 한 때	법 제82조 제2항제3호	경고	업무정지 10일	업무정지 1개월
4. 법 제23조제3항제5호를 위반하여 지정요건인 순자산액 비율 및 거래보증금을 갖추지 못한 때	법 제82조 제2항제4호	업무정지 15일	업무정지 1개월	업무정지 3개월
5. 법 제23조제4항을 위반하여 도매시장법인이 지정요건을 기한 내 갖추지 못한 때	법 제82조 제2항제4호	지정취소	–	–
6. 법 제23조제5항을 위반하여 해낙 임원을 해임하지 아니한 때	법 제82조 제2항제4호	경고	지정취소	–
7. 법 제27조제1항을 위반하여 일정 수 이상의 경매사를 두지 아니하거나 경매사가 아닌 자로 하여금 경매를 하도록 한 때	법 제82조 제2항제5호	경고	업무정지 10일	업무정지 1개월
8. 법 제27조제3항을 위반하여 해당 경매사를 면직하지 아니한 때	법 제82조 제2항제6호	경고	업무정지 10일	업무정지 1개월
9. 법 제29조제2항을 위반하여 산지유통인의 업무를 행한 때	법 제82조 제2항제7호	경고	업무정지 10일	업무정지 1개월
10. 법 제31조제1항을 위반하여 매수하여 도매를 한 때	법 제82조 제2항제8호	업무정지 15일	업무정지 1개월	업무정지 3개월

위반행위	근거 법령	1차	2차	3차
11. 법 제32조를 위반하여 정가 또는 수의매매를 한 때	법 제82조 제2항제9호	경고	업무정지 10일	업무정지 1개월
12. 법 제33조제1항 본문을 위반하여 상장된 농수산물을 수탁된 순위에 따라 경매 또는 입찰의 방법으로 최고가격 제시자에게 판매하지 아니한 때	법 제82조 제2항제10호	주의	경고	업무정지 1개월
13. 법 제33조제1항 단서를 위반하여 출하자가 거래 성립 최저가격을 제시한 농수산물을 출하자의 승낙 없이 그 가격 미만으로 판매한 때	법 제82조 제2항제10호	주의	경고	업무정지 10일
14. 법 제34조를 위반하여 지정된 자 이외의 자에게 판매한 때	법 제82조 제2항제11호	경고	업무정지 15일	업무정지 1개월
15. 법 제35조를 위반하여 도매시장 외의 장소에서 판매를 하거나 농수산물의 판매업무 외의 사업을 겸영한 때	법 제82조 제2항제12호	경고	업무정지 15일	업무정지 1개월
16. 법 제35조의2를 위반하여 공시하지 아니하거나 허위의 사실을 공시한 때	법 제82조 제2항제13호	경고	업무정지 10일	업무정지 1개월
17. 법 제36조제2항제5호를 위반하여 지정요건인 순자산액 비율 및 거래보증금을 갖추지 못한 때	법 제82조 제2항제14호	업무정지 15일	업무정지 1개월	업무정지 3개월
18. 법 제36조제2항제5호를 위반하여 도매시장의 개설자가 지정조건에서 정한 최저거래금액기준에 미달한 때 가. 1개월 무실적 나. 2개월 무실적 다. 3개월 무실적 라. 3개월 평균거래실적이 월간 최저거래금액 기준에 미달한 경우	법 제82조 제2항제14호	주의 경고 지정취소 주의	경고	업무정지 10일
19. 법 제36조제3항을 위반하여 해당 임원을 해임하지 아니한 때	법 82조 제2항제14호	경고	지정취소	-
20. 법 제37조제1항을 위반하여 제한 또는 금지된 행위를 한 때	법 82조 제2항제15호	업무정지 15일	업무정지 1개월	업무정지 3개월
21. 법 제37조제2항을 위반하여 해당 도매시장의 도매시장법인 · 중도매인에게 판매를 한 때	법 82조 제2항제16호	업무정지 15일	업무정지 1개월	업무정지 3개월
22. 법 제38조를 위반하여 수탁 또는 판매를 거부 · 기피하거나 부당한 차별대우를 한 때	법 82조 제2항제17호	경고	업무정지 10일	업무정지 1개월
23. 법 제40조제2항에 따른 표준하역비의 부담을 이행하지 아니한 때	법 82조 제2항제18호	경고	업무정지 15일	업무정지 1개월
24. 법 제41조제1항을 위반하여 대금의 전부를 즉시 결제하지 아니한 때	법 82조 제2항제19호	업무정지 15일	업무정지 1개월	업무정지 3개월

위반사항	근거 법령	1차	2차	3차
25. 법 제41조제2항을 위반하여 대금결제의 방법을 위반한 때	법 82조 제2항제20호	경고	업무정지 1개월	업무정지 3개월
26. 법 제42조를 위반하여 한도를 초과하여 수수료를 징수한 때	법 82조 제2항제21호	업무정지 15일	업무정지 1개월	업무정지 3개월
27. 법 제74조제1항을 위반하여 시설물의 사용기준을 위반하거나 개설자가 조치하는 사항을 이행하지 아니한 때	법 82조 제2항제22호	경고	업무정지 10일	업무정지 1개월
28. 정당한 사유 없이 법 제80조에 따른 검사에 불응하거나 이를 방해한 때	법 82조 제2항제23호	경고	업무정지 10일	업무정지 1개월
29. 제81조제2항에 따른 도매시장 개설자의 조치명령을 이행하지 아니한 때	법 82조 제2항제24호	경고	업무정지 10일	업무정지 1개월
30. 법 제82조제4항에 따른 농림축산식품부장관 또는 도매시장 개설자의 명령을 위반한 경우	법 82조 제2항제25호	업무정지 15일	업무정지 1개월	업무정지 3개월

* 비고 : 「축산법」 제41조에 따른 처분 등의 요청권자가 일정 기간의 업무정지(업무정지를 갈음하는 과징금의 부과를 포함한다)나 그 밖의 필요한 조치를 요청한 때에는 제2호의 처분기준의 범위 안에서 그 요청에 따른 처분을 할 수 있다.

ⓒ 중도매인에 대한 행정처분

위반사항	근거 법령	처분기준		
		1차	2차	3차
1. 법 제25조제2항제1호부터 제4호까지의 규정을 위반하여 허가조건을 갖추지 못한 때	법 제82조 제5항제1호	경고	업무정지 3개월	허가취소
2. 법 제25조제2항제6호를 위반하여 개설자가 허가조건에서 정한 최저거래금액 기준에 미달하는 때	법 제82조 제5항제1호			
가. 1개월 무실적		주의		
나. 2개월 무실적		경고		
다. 3개월 무실적		허가취소		
라. 3개월 평균거래실적이 월간 최저거래금액 기준에 미달한 경우		주의	경고	업무정지 10일
3. 법 제25조제2항제6호를 위반하여 개설자가 허가조건에서 정한 거래대금의 지급보증을 위한 보증금을 충족하지 못한 때	법 82조 제2항제14호	영업정지 15일	영업정지 1개월	영업정지 3개월
4. 법 제25조제3항을 위반하여 자격요건을 갖추지 아니한 임원을 해임하지 아니한 때	법 제82조 제5항제1호	경고	허가취소	-

위반행위	근거법령	1차	2차	3차
5. 법 제25조제4항을 위반하여 다른 중도매인 또는 매매참가인의 거래참가를 방해하거나 정당한 사유 없이 집단적으로 경매 또는 입찰에 불참할 때 가. 주동자 나. 단순가담자	법 82조 제5항제2호	업무정지 3개월 업무정지 10일	허가취소 업무정지 1개월	 업무정지 3개월
6. 법 제29조제2항을 위반하여 중도매인 및 이들의 주주 또는 임·직원이 산지유통인의 업무를 한 때	법 82조 제5항제3호	경고	업무정지 10일	업무정지 1개월
7. 법 제31조제2항을 위반하여 허가 없이 상장된 농수산물 외의 농수산물을 거래한 때	법 82조 제5항제5호	업무정지 15일	업무정지 1개월	업무정지 3개월
8. 법 제31조제3항을 위반하여 중도매인이 도매시장 외의 장소에서 농수산물을 판매하는 등의 행위를 한 때 가. 법 제35조제1항을 위반하여 도매시장 외의 장소에서 판매를 한 때 나. 법 제38조를 위반하여 수탁 또는 판매를 거부·기피하거나 부당한 차별대우를 한 때 다. 법 제39조를 위반하여 매수한 농수산물을 즉시 인수하지 아니한 때 라. 법 제40조제2항에 따른 표준하역비의 부담을 이행하지 아니한 때 마. 법 제41조제1항을 위반하여 대금의 전부를 즉시 결제하지 아니한 때 바. 법 제41조제3항에 따른 표준정산서의 사용, 대금결제의 방법 및 절차를 위반한 때 사. 제81조제2항에 따른 도매시장 개설자의 조치명령을 이행하지 아니한 때	법 82조 제5항제6호	 경고 경고 경고 경고 업무정지 15일 경고 경고	 업무정지 15일 업무정지 10일 업무정지 10일 업무정지 15일 업무정지 1개월 업무정지 1개월 업무정지 10일	 업무정지 1개월 업무정지 1개월 업무정지 15일 업무정지 1개월 업무정지 3개월 업무정지 3개월 업무정지 1개월
9. 법 제42조를 위반하여 한도를 초과하여 수수료를 징수한 때	법 82조 제5항제7호	업무정지 15일	업무정지 1개월	업무정지 3개월
10. 법 제74조제1항을 위반하여 시설물의 사용기준을 위반하거나 개설자가 조치하는 사항을 이행하지 아니한 때	법 82조 제5항제8호	경고	업무정지 10일	업무정지 1개월
11. 정당한 사유 없이 법 제80조에 따른 검사에 불응하거나 이를 방해한 때	법 82조 제5항제9호	경고	업무정지 10일	업무정지 1개월

ⓒ 산지유통인에 대한 행정처분

위반사항	근거 법령	처분기준		
		1차	2차	3차
법 제29조제4항을 위반하여 등록된 도매시장에서 농수산물의 출하업무 외에 판매 · 매수 또는 중개업무를 한 때	법 제82조 제5항제4호	경고	등록취소	-

ⓓ 경매사에 대한 행정처분

위반사항	근거 법령	처분기준		
		1차	2차	3차
법 제28조제1항에 따른 업무를 부당하게 수행하여 도매시장의 거래질서를 문란하게 한 때 1. 가. 도매시장법인이 상장한 농수산물에 대한 경매우선순위의 결정을 문란하게 한 때 2. 도매시장법인이 상장한 농수산물의 가격평가를 문란하게 한 때 3. 도매시장법인이 상장한 농수산물의 경락자의 결정을 문란하게 한 때	법 제82조 제4항	경고 경고 업무정지 15일	업무정지 15일 업무정지 15일 업무정지 3개월	업무정지 1개월 업무정지 1개월 업무정지 6개월

(1) 과징금 부과

1) 부과 이유

농림축산식품부장관, 해양수산부장관, 시 · 도지사 또는 도매시장의 개설자는 도매시장법인등이 제82조제2항에 해당하거나 중도매인이 제82조제5항에 해당하여 업무정지를 명하고자 하는 경우, 그 업무의 정지가 당해 업무의 이용자 등에게 심한 불편을 주거나 공익을 해할 우려가 있는 때에는 업무의 정지에 갈음하여 도매시장법인등에게는 1억원 이하, 중도매인에게는 1천만원 이하의 과징금을 부과할 수 있다(법 제83조 제1항).

2) 참작사항

과징금을 부과하는 경우에는 다음의 사항을 참작하여야 한다(법 제83조 제2항).

① 위반행위의 내용 및 정도
② 위반행위의 기간 및 횟수
③ 위반행위로 취득한 이익의 규모

(2) 부과기준

1) 부과기준

과징금의 부과기준은 대통령령으로 정한다[별표1](법 제83조 제3항).

① 일반기준

> ㉠ 업무정지 1개월은 30일로 한다.
> ㉡ 위반행위의 종별에 따른 과징금의 금액은 법 제82조제2항 및 제5항에 따른 업무정지 기간에 제2호에 따라 산정한 1일당 과징금 금액을 곱한 금액으로 한다.
> ㉢ 업무정지에 갈음한 과징금부과의 기준이 되는 거래금액은 처분대상자의 전년도 연간 거래액을 기준으로 한다. 다만, 신규사업, 휴업 등으로 1년간의 거래금액을 산출할 수 없을 경우에는 처분일 기준 최근 분기별, 월별 또는 일별 거래금액을 기준으로 산출한다.
> ㉣ 도매시장의 개설자는 1일 과징금 부과기준을 30퍼센트의 범위에서 가감하는 사항을 업무규정으로 정하여 시행할 수 있다.
> ㉤ 부과하는 과징금은 법 제83조에 따른 과징금의 상한을 초과할 수 없다.

② 과징금 부과기준

㉠ 도매시장법인(도매시장공판장의 개설자를 포함한다)

연간 거래액	1일 과징금액
100억원 미만	40,000원
100억원 이상 200억원 미만	80,000원
200억원 이상 300억원 미만	130,000원
300억원 이상 400억원 미만	190,000원
400억원 이상 500억원 미만	240,000원
500억원 이상 600억원 미만	300,000원
600억원 이상 700억원 미만	350,000원
700억원 이상 800억원 미만	410,000원
800억원 이상 900억원 미만	460,000원
900억원 이상 1천억원 미만	520,000원
1천억원 이상 1천500억원 미만	680,000원
1천500억원 이상	900,000원

ⓛ 시장도매인

연간 거래액	1일 과징금액
5억원 미만	4,000원
5억원 이상 10억원 미만	6,000원
10억원 이상 30억원 미만	13,000원
30억원 이상 50억원 미만	41,000원
50억원 이상 70억원 미만	68,000원
70억원 이상 90억원 미만	95,000원
90억원 이상 110억원 미만	123,000원
110억원 이상 130억원 미만	150,000원
130억원 이상 150억원 미만	178,000원
150억원 이상 200억원 미만	205,000원
200억원 이상 250억원 미만	270,000원
250억원 이상	680,000원

ⓒ 중도매인

연간 거래액	1일 과징금액
5억원 미만	4,000원
5억원 이상 10억원 미만	6,000원
10억원 이상 30억원 미만	13,000원
30억원 이상 50억원 미만	41,000원
50억원 이상 70억원 미만	68,000원
70억원 이상 90억원 미만	95,000원
90억원 이상 110억원 미만	123,000원
110억원 이상	150,000원

2) 강제징수

농림축산식품부장관, 해양수산부장관, 시·도지사 또는 도매시장의 개설자는 과징금을 납부하여야 할 자가 납부기한까지 이를 납부하지 아니한 때에는 국세 또는 지방세 체납처분의 예에 따라 이를 징수한다(법 제83조 제4항).

4. 청문 및 권한 위임

(1) 청문

1) 권한자

농림축산식품부장관, 해양수산부장관, 시·도지사 또는 도매시장의 개설자는 다음의 어느 하나에 해당하는 처분을 하고자 하는 경우에는 청문을 실시하여야 한다(법 제84조).

2) 청문대상

> ① 제82조제2항 및 제3항의 규정에 의한 도매시장법인등의 지정 또는 승인취소
> ② 제82조제5항의 규정에 의한 중도매업의 허가 또는 산지유통인의 등록취소

(2) 권한의 위임 등

1) 권한 위임

① 소속기관의 장 또는 시·도지사 : 농림축산식품부장관 또는 해양수산부장관의 권한은 대통령령으로 정하는 바에 따라 그 일부를 소속 기관의 장 또는 시·도지사에게 위임할 수 있다(법 제85조 제1항).

② 도지사 : 농림축산식품부장관 또는 해양수산부장관은 법 제85조제1항에 따라 특별시·광역시·특별자치시·특별자치도 외의 지역에 개설하는 지방도매시장·공판장 및 민영도매시장에 대한 법 제65조제1항 및 제2항에 따른 통합·이전·폐쇄 명령 및 개설·제한 권고의 권한을 도지사에게 위임한다(영 제37조 제1항).

2) 권한 위탁

① 시장관리자 : 도매시장의 개설자는 대통령령이 정하는 바에 따라 다음의 권한을 시장관리자에게 위탁할 수 있다(법 제85조 제2항).

> ㉠ 제29조(제46조제3항의 규정에 의하여 준용되는 경우를 포함한다)의 규정에 의한 산지유통인의 등록과 도매시장에의 출입의 금지·제한 기타 필요한 조치
> ㉡ 제79조제2항의 규정에 의한 도매시장법인·시장도매인·중도매인 또는 산지유통인의 업무집행상황 보고명령

② 기관의 장 : 도매시장의 개설자는 「지방공기업법」에 따른 지방공사, 법 제24조에 따른 공공출자법인 또는 「한국농수산식품유통공사법」에 따른 한국농수산식품유통공사를 시장관리자로 지정한 경우에는 다음의 권한을 그 기관의 장에게 위탁한다(영

제37조 제2항).

> ㉠ 법 제29조(법 제46조제3항의 규정에 의하여 준용되는 경우를 포함한다)의 규정에 의한 산지유통인의 등록과 도매시장에의 출입의 금지·제한 기타 필요한 조치
> ㉡ 법 제79조제2항의 규정에 의한 도매시장법인·시장도매인·중도매인 또는 산지유통인의 업무집행상황 보고명령

8 벌칙

1. 벌칙

(1) 행정형벌

1) 2년 이하의 징역 또는 2천만원 이하의 벌금

다음의 어느 하나에 해당하는 자는 2년이하의 징역 또는 2천만원 이하의 벌금에 처한다(법제86조).

> ① 도매시장의 개설구역이나 공판장 또는 민영도매시장이 개설된 특별시·광역시·특별자치도 또는 시의 관할구역안에서 제17조 또는 제47조의 규정에 의한 허가를 받지 아니하고 농수산물의 도매를 목적으로 도매시장 또는 민영도매시장을 개설한 자
> ② 제23조제1항의 규정에 의한 지정을 받지 아니하거나 지정유효기간이 경과한 후 도매시장법인의 업무를 행한 자
> ③ 제25조제1항(제46조제2항의 규정에 의하여 준용되는 경우를 포함한다)의 규정에 의한 허가를 받지 아니하고 중도매인의 업무를 행한 자
> ④ 제29조제1항(제46조제3항의 규정에 의하여 준용되는 경우를 포함한다)의 규정에 의한 등록을 하지 아니하고 산지유통인의 업무를 행한 자
> ⑤ 제35조제1항의 규정에 위반하여 도매시장외의 장소에서 농수산물의 판매업무를 하거나 같은 조 제4항의 규정에 위반하여 농수산물의 판매업무외의 사업을 겸영한 자
> ⑥ 제36조제1항의 규정에 의한 지정을 받지 아니하거나 지정유효기간이 경과한 후 도매시장안에서 시장도매인의 업무를 행한 자
> ⑦ 제43조제1항의 규정에 의한 승인을 얻지 아니하고 공판장을 개설한 자

⑧ 제82조제2항 또는 제5항의 규정에 의한 업무정지처분을 받고도 그 업을 계속한 자

2) 2년 이하의 징역 또는 1천만원 이하의 벌금

제15조제3항의 규정에 의하여 수입추천신청을 할 때에 정한 용도외의 용도로 수입농수산물을 사용한 자에 대하여는 2년이하의 징역 또는 1천만원 이하의 벌금에 처한다(법 제87조).

3) 1년 이하의 징역 또는 1천만원 이하의 벌금

다음의 어느 하나에 해당하는 자는 1년이하의 징역 또는 1천만원 이하의 벌금에 처한다(법제88조).

① 제23조제2항의 규정에 위반하여 도매시장법인의 업무와 경합되는 도매업 또는 중도매업을 영위한 자
② 제23조의2제1항(제25조의2, 제36조의2의 규정에 따라 준용되는 경우를 포함한다)의 규정을 위반하여 인수·합병을 한 자
③ 제25조제4항(제46조제2항의 규정에 의하여 준용되는 경우를 포함한다)의 규정에 위반하여 다른 중도매인 또는 매매참가인의 거래참가를 방해하거나 정당한 사유 없이 집단적으로 경매 또는 입찰에 불참한 자
④ 제27조제2항 및 제3항의 규정에 위반하여 경매사를 임면한 자
⑤ 제29조제2항(제46조제3항의 규정에 의하여 준용되는 경우를 포함한다)의 규정에 위반하여 산지유통인의 업무를 행한 자
⑥ 제29조제4항(제46조제3항의 규정에 의하여 준용되는 경우를 포함한다)의 규정에 위반하여 출하업무외의 판매·매수 또는 중개업무를 행한 자
⑦ 제31조제1항의 규정을 위반하여 매수하거나 허위로 위탁받은 자 또는 제31조제2항의 규정에 위반하여 상장된 농수산물 외의 농수산물을 거래한 자(제46조제1항 또는 제2항의 규정에 따라 준용되는 경우를 포함한다)
⑧ 제37조제1항 단서의 규정에 위반하여 농수산물을 위탁받아 거래한 자
⑨ 제37조제2항의 규정에 위반하여 당해 도매시장안의 도매시장법인 또는 중도매인에게 농수산물을 판매한 자
⑩ 제42조제1항(제31조제3항, 제45조 전단, 제46조제1항·제2항 또는 제48조제5항·제6항 전단의 규정에 의하여 준용되는 경우를 포함한다)의 규정에 위반하여 수수료 등 비용을 징수한 자
⑪ 제69조제4항의 규정에 의한 조치명령에 위반한 자

(2) 양벌규정

법인의 대표자나 법인 또는 개인의 대리인, 사용인, 그 밖의 종업원이 그 법인 또는 개인의 업무에 관하여 제86조부터 제88조까지의 어느 하나에 해당하는 위반행위를 하면 그 행위자를 벌하는 외에 그 법인 또는 개인에게도 해당 조문의 벌금형을 과(科)한다. 다만, 법인 또는 개인이 그 위반행위를 방지하기 위하여 해당 업무에 관하여 상당한 주의와 감독을 게을리하지 아니한 경우에는 그러하지 아니하다(법 제89조).

2. 행정질서벌

(1) 과태료

1) 1천만원 이하의 과태료

다음의 어느 하나에 해당하는 자는 1천만원 이하의 과태료에 처한다(법 제90조 제1항).

> ① 제10조제2항에 따른 유통명령을 위반한 자
> ② 제53조제3항의 표준계약서와 다른 계약서를 사용하면서 표준계약서로 거짓 표시하거나 농림축산식품부 또는 그 표식을 사용한 매수인

2) 500만원 이하의 과태료

다음의 어느 하나에 해당하는 자는 500만원 이하의 과태료에 처한다(법 제90조 제2항).

> ① 제53조제1항을 위반하여 포전매매의 계약을 서면에 의한 방식으로 하지 아니한 매수인
> ② 제74조제2항에 따른 단속을 기피한 자
> ③ 제79조제1항에 따른 보고를 하지 아니하거나 거짓된 보고를 한 자

3) 100만원 이하의 과태료

다음의 어느 하나에 해당하는 자는 100만원 이하의 과태료에 처한다(법 제90조 제3항).

> ① 제27조제4항의 규정을 위반하여 경매사 임면 신고를 하지 아니한 자
> ② 제29조제5항(제46조제3항의 규정에 의하여 준용되는 경우를 포함한다)의 규정에 위반하여 도매시장 또는 도매시장공판장의 출입제한 등의 조치를 거부하거나 방해한 자

③ 제38조의2제2항에 따른 출하 제한을 위반하여 출하(타인명의로 출하하는 경우를 포함한다)한 자
④ 제53조제1항을 위반하여 포전매매의 계약을 서면에 의한 방식으로 하지 아니한 매도인
⑤ 제74조제1항 전단의 규정에 위반하여 도매시장에서의 정상적인 거래와 시설물의 사용기준을 위반하거나 적절한 위생 · 환경의 유지를 저해한 자
⑥ 제79조제2항의 규정에 의한 보고(공판장 및 민영도매시장의 개설자에 대한 보고를 제외한다)를 하지 아니하거나 허위의 보고를 한 자
⑦ 제81조제3항에 따른 명령을 위반한 자

(2) 부과 · 징수

1) 권한자

과태료는 대통령령으로 정하는 바에 따라 농림축산식품부장관, 해양수산부장관, 시 · 도지사 또는 시장이 부과 · 징수한다[별표2](법 제90조 제4항).

2) 과태료의 부과기준

① 일반기준 : 부과권자는 해당 위반행위의 동기와 내용 및 그 결과 등을 고려하여 과태료 부과금액의 2분의 1의 범위에서 이를 감경하거나 가중할 수 있다. 다만, 가중하는 때에도 과태료의 총액은 법 제90조제1항부터 제3항까지의 규정에 따른 과태료의 상한을 초과할 수 없다.

② 개별기준

위반행위	근거법령	과태료 금액
가. 법 제10조제2항에 따른 유통명령을 위반한 자	법 제90조제1항	800만원
나. 법 제27조제4항을 위반하여 경매사 임면 신고를 하지 아니한 자	법 제90조제3항제1호	50만원
다. 법 제29조제5항(법 제46조제3항에 따라 준용되는 경우를 포함한다)을 위반하여 도매시장 또는 도매시장공판장의 출입제한 등의 조치를 거부하거나 방해한 자	법 제90조제3항제2호	50만원
라. 법 제38조의2제2항에 따른 출하 제한을 위반하여 출하(타인명의로 출하하는 경우를 포함한다)한 자	법 제90조제3항제3호	100만원
마. 법 제74조제1항 전단을 위반하여 도매시장에서의 정상적인 거래와 시설물의 사용기준을 위반하거나 적절한 위생 · 환경의 유지를 저해한 자	법 제90조제3항제3호	100만원

바. 법 제74조제2항 또는 제80조제1항·제2항에 따른 단속 또는 검사를 거부·방해 또는 기피한 자	법 제90조제2항제3호	500만원
사. 법 제79조제1항에 따른 보고를 하지 아니하거나 허위의 보고를 한 자	법 제90조제2항제4호	300만원
아. 법 제79조제2항에 따른 보고(공판장 및 민영도매시장의 개설자에 대한 보고는 제외한다)를 하지 아니하거나 허위의 보고를 한 자	법 제90조제3항제4호	100만원
자. 법 제81조에 따른 명령에 위반한 자	법 제90조제3항제5호	100만원

기출핵심문제

01 다음 중 「농수산물 유통 및 가격안정에 관한 법률」의 목적으로 옳은 것으로만 이루어진 것은?

> ㉠ 농수산물의 원활한 유통
> ㉡ 농수산물의 상품성 제고
> ㉢ 생산자와 소비자의 이익보호
> ㉣ 농수산물의 적정한 가격유지

① ㉠, ㉡, ㉢
② ㉠, ㉢, ㉣
③ ㉡, ㉢, ㉣
④ ㉠, ㉡, ㉣

해설 이 법은 농수산물의 원활한 유통과 적정한 가격을 유지하게 함으로써 생산자와 소비자의 이익을 보호하고 국민생활의 안정에 이바지함을 목적으로 한다(법 제1조).

02 「농수산물유통 및 가격안정에 관한 법률」에서 정하고 있는 정의 중 옳은 것은?

① "시장도매인"은 시·도지사의 지정을 받고 상장된 농수산물을 직접 매수하거나 도매하는 자를 말한다.
② "매매참가인"이란 도매시장·공판장 또는 민영 도매시장에 상장된 농수산물을 중도매인으로부터 매수하는 가공업자, 소매업자 등 농수산물의 수요자를 말한다.
③ "도매시장법인"이란 도매시장 개설자로부터 지정을 받고 농수산물을 위탁받아 상장하여 도매하거나 이를 매수하여 도매하는 법인을 말한다.
④ "지방도매시장"이란 서울 외의 지방에 소재하는 도매시장을 말한다.

해설 "시장도매인"이란 제36조 또는 제48조의 규정에 의하여 농수산물도매시장 또는 민영농수산물도매시장의 개설자로부터 지정을 받고 농수산물을 매수 또는 위탁받아 도매하거나 매매를 중개하는 영업을 하는 법인을 말한다(법 제2조 제8호). ② "매매참가인"이란 제25조의3의 규정에 따라 농수산물도매시장·농수산물공판장 또는 민영농수산물도매시장의 개설자에게 신고를 하고, 농수산물도매시장·농수산물공판장 또는 민영농수산물도매시장에 상장된 농수산물을 직접 매수하는 자로서 중도매인이 아닌 가공업자·소매업자·수출업자 및 소비자단체 등 농수산물의 수요자를 말한다(법 제2조 제10호). ④ "지방도매시장"이란 중앙도매시장외의 농수산물도매시장을 말한다(법 제2조 제4호).

03 농산물유통 및 가격안정에 관한 법령에서 규정하는 도매시장거래 품목의 부류가 아닌 것은?

① 청과부류
② 양곡부류
③ 약용작물부류
④ 식품부류

해설 도매시장은 양곡부류·청과부류·축산부류·수산부류·화훼부류 및 약용작물부류별로 개설하거나 둘 이상의 부류를 종합하여 개설한다(영 제15조).

| 정답 | 01 ③ 02 ③ 03 ④

04 다음의 용어 정의는 누구에 해당하는가?

> 농수산물도매시장·농수산물공판장 또는 민영농수산물도매시장의 개설자에게 신고를 하고, 농수산물도매시장·농수산물공판장 또는 민영농수산물도매시장에 상장된 농수산물을 직접 매수하는 자로서 중도매인이 아닌 가공업자·소매업자·수출업자 및 소비자단체 등 농수산물의 수요자를 말한다.

① 매매참가인
② 산지유통인
③ 경매사
④ 중도매인

해설 "매매참가인"이란 제25조의3의 규정에 따라 농수산물도매시장·농수산물공판장 또는 민영농수산물도매시장의 개설자에게 신고를 하고, 농수산물도매시장·농수산물공판장 또는 민영농수산물도매시장에 상장된 농수산물을 직접 매수하는 자로서 중도매인이 아닌 가공업자·소매업자·수출업자 및 소비자단체 등 농수산물의 수요자를 말한다(법 제2조 제10호).

05 다음 중 농림축산식품부장관 또는 해양수산부장관이 지정하는 주요 농수산물의 생산지역이나 생산수면("주산지")의 지정요건이 아닌 것은?

① 주요 농산물의 재배면적이 농림축산식품부장관이 고시하는 면적 이상일 것
② 주요 농산물의 출하량이 농림축산식품부장관이 고시하는 수량 이상일 것
③ 주요 수산물의 양식면적이 해양수산부장관관이 고시하는 면적 이상일 것
④ 주요 농수산물을 효율적으로 출하할 수 있는 공동출하조직을 갖추고 있을 것

해설 농림축산식품부장관 또는 해양수산부장관은 주요 농수산물 품목을 지정하였을 때에는 이를 고시하여야 한다(영 제5조). 주산지는 다음의 요건을 갖춘 지역 또는 수면(水面) 중에서 구역을 정하여 이를 지정한다(법 제4조 제3항).

> ㉠ 주요 농수산물의 재배면적 또는 양식면적이 농림축산식품부장관 또는 해양수산부장관이 고시하는 면적 이상일 것
> ㉡ 주요 농수산물의 출하량이 농림축산식품부장관 또는 해양수산부장관이 고시하는 수량 이상일 것

06 다음 중 농수산물유통 및 가격안정에 관한 법령상 규정한 농업관측전담기관은?

① 한국농촌경제연구원
② 농수산물유통공사
③ 농·수·축협중앙회
④ 국립농산물품질관리원

해설 농업관측전담기관은 한국농촌경제연구원으로, 수산업관측전담기관은 한국해양수산개발원으로 한다(규칙 제7조 제1항).

| 정답 | 04 ① 05 ④ 06 ① |

07 농수산물 유통 및 가격안정에 관한 법령상 계약생산의 생산자 관련 단체가 될 수 없는 것은?

① 지역농업협동조합
② 품목별 · 업종별협동조합
③ 조합공동사업법인
④ 도매시장법인

해설 "대통령령으로 정하는 생산자 관련 단체"란 다음 각 호의 자를 말한다.

> 1. 농수산물을 공동으로 생산하거나 농수산물을 생산하여 이를 공동으로 판매 · 가공 · 홍보 또는 수출하기 위하여 지역농업협동조합, 지역축산업협동조합, 품목별 · 업종별협동조합, 조합공동사업법인, 품목조합연합회, 산림조합 및 수산업협동조합과 그 중앙회(이하 "농림수협등"이라 한다) 중 둘 이상이 모여 결성한 조직으로서 농림축산식품부장관 또는 해양수산부장관이 정하여 고시하는 요건을 갖춘 단체
> 2. 제3조제1항 각 호에 해당하는 자「농어업경영체 육성 및 지원에 관한 법률」제16조에 따른 영농조합법인 및 영어조합법인과 같은 법 제19조에 따른 농업회사법인 및 어업회사법인, 「농업협동조합법」제134조의2에 따른 농협경제지주회사의 자회사)
> 3. 농수산물을 공동으로 생산하거나 농수산물을 생산하여 이를 공동으로 판매 · 가공 · 홍보 또는 수출하기 위하여 농업인 또는 어업인 5인 이상이 모여 결성한 법인격이 있는 조직으로서 농림축산식품부장관 또는 해양수산부장관이 정하여 고시하는 요건을 갖춘 단체
> 4. 제2호 또는 제3호의 단체 중 둘 이상이 모여 결성한 조직으로서 농림축산식품부장관 또는 해양수산부장관이 정하여 고시하는 요건을 갖춘 단체

08 다음 중 가격예시에 대한 설명으로 틀린 것은?

① 농림축산식품부장관 또는 해양수산부장관은 예시가격을 결정할 때에는 해당 농산물의 농업관측, 주요 곡물의 국제곡물관측 또는 수산물의 수산업관측 결과, 예상 경영비, 지역별 예상 생산량 및 예상 수급상황 등을 고려하여야 한다.
② 농림축산식품부장관 또는 해양수산부장관은 예시가격을 결정할 때에는 미리 기획재정부장관과 협의하여야 한다.
③ 농림축산식품부장관 또는 해양수산부장관은 농림축산식품부령 또는 해양수산부령으로 정하는 주요 농수산물의 수급조절과 가격안정을 위하여 필요하다고 인정할 때에는 해당 농산물의 파종기 또는 수산물의 종묘입식(種苗入植) 시기 이후에 생산자를 보호하기 위한 하한가격[이하 "예시가격"(豫示價格)이라 한다]을 예시할 수 있다.
④ 농림축산식품부장관 또는 해양수산부장관은 가격을 예시한 경우에는 예시가격을 지지하기 위하여 농업관측 또는 수산업관측의 지속적 실시, 계약생산 또는 계약출하의 장려, 수매 및 처분, 유통협약 및 유통조절명령, 비축사업 등을 연계하여 적절한 시책을 추진하여야 한다.

해설 농림축산식품부장관 또는 해양수산부장관은 농림축산식품부령 또는 해양수산부령으로 정하는 주요 농수산물의 수급조절과 가격안정을 위하여 필요하다고 인정할 때에는 해당 농산물의 파종기 또는 수산물의 종묘입식(種苗入植) 시기 이전에 생산자를 보호하기 위한 하한가격[이하 "예시가격"(豫示價格)이라 한다]을 예시할 수 있다(법 제8조 제1항).

| 정답 | 07 ④ 08 ③

09 저장성 없는 채소류 등이 과잉생산 되었을 경우 생산자 보호방법으로 틀린 것은?

① 농림축산식품부장관 또는 해양수산부장관은 채소류 등 저장성이 없는 농수산물의 가격안정을 위하여 필요하다고 인정할 때에는 그 생산자 또는 생산자단체로부터 농산물가격안정기금 또는 수산발전기금으로 해당 농수산물을 수매할 수 있다.
② 가격안정을 위하여 생산자 또는 생산자단체로부터의 매수는 가능하나 공판장에서의 수매는 불가능하다.
③ 저장성이 없는 농수산물을 수매하는 경우에는 생산계약 또는 출하계약을 체결한 생산자가 생산한 농수산물과 출하를 약정한 생산자가 생산한 농수산물을 우선적으로 수매하여야 한다.
④ 수매한 농수산물은 이를 판매 또는 수출하거나 사회복지단체에 기증 기타 필요한 처분을 할 수 있다

해설 특히, 가격안정을 위하여 특히 필요하다고 인정할 때에는 도매시장 또는 공판장에서 해당 농수산물을 수매할 수 있다(법 제9조 제1항).

10 다음 중 몰수이관 농산물에 대한 설명으로 올바른 것은?

① 농림축산식품부장관은 몰수농산물등의 처분업무를 농업협동조합중앙회 또는 한국농수산식품유통공사 중에서 지정하여 대행하게 할 수 없다.
② 농림축산식품부장관은 국내 농수산물 시장의 수급안정 및 거래질서 확립을 위하여 「관세법」 제326조 및 「검찰청법」 제11조의 규정에 따라 몰수되거나 국고에 귀속된 농수산물(이하 "몰수농수산물등"이라 한다)을 이관 받을 수 있다.
③ 농림축산식품부장관은 이관 받은 몰수농산물등을 매각·공매·기부·소각 그 밖의 방법에 의하여 처분할 수 없다.
④ 몰수농산물등의 처분으로 발생하는 비용 또는 매각·공매대금은 농산물몰수 받은자가 지출 또는 납입하여야 한다.

해설 ① 농림축산식품부장관은 몰수농수산물등의 처분업무를 제9조제3항의 농업협동조합중앙회 또는 한국농수산식품유통공사 중에서 지정하여 대행하게 할 수 있다(법 제9조의2 제4항).
③ 농림수산식품부장관은 이관 받은 몰수농산물등을 매각·공매·기부·소각 그 밖의 방법에 의하여 처분할 수 있다.
④ 몰수농수산물등의 처분으로 발생하는 비용 또는 매각·공매대금은 제54조의 규정에 따른 농수산물가격안정기금으로 지출 또는 납입하여야 한다(법 제9조의2 제3항).

11 농림축산식품부장관 또는 해양수산부장관이 행하는 유통조절명령에 관한 다음 설명 중 맞는 것은?

① 농림축산식품부장관 또는 해양수산부장관이 유통조절명령을 발하는 경우 재정경제부장관과 협의하여야 한다.
② 농림축산식품부장관 또는 해양수산부장관은 유통조절명령을 이행한 생산자등이 그 명령이행에 따라 발생한 손실에 대하여 이를 보전하게 할 수 있다.
③ 유통조절명령을 위반한 자에 대하여는 2,000만원 이하의 과태료에 처한다.
④ 생산자 또는 생산자단체는 유통명령을 발하도록 정부에 요청할 수 없다.

> **해설** ①, ④ 농림축산식품부장관 또는 해양수산부장관은 부패하거나 변질되기 쉬운 농수산물로서 농림축산식품부령 또는 해양수산부령으로 정하는 농수산물에 대하여 현저한 수급 불안정을 해소하기 위하여 특히 필요하다고 인정되고 농림축산식품부령 또는 해양수산부령으로 정하는 생산자등 또는 생산자단체가 요청할 때에는 공정거래위원회와 협의를 거쳐 일정 기간 동안 일정 지역의 해당 농수산물의 생산자등에게 생산조정 또는 출하조절을 하도록 하는 유통조절명령(이하 "유통명령"이라 한다)을 할 수 있다(법 제10조 제2항).
> ③ 유통조절명령을 위반한 자에 대하여는 1,000만원 이하의 과태료에 처한다.

12 다음 중 유통명령의 발령기준이 아닌 것은?

① 품목별 특성
② 품목별 가격
③ 관측결과 등을 반영하여 산정한 예상 가격
④ 관측결과 등을 반영하여 산정한 예상 공급량

> **해설** 유통명령을 발하기 위한 기준은 다음의 사항을 감안하여 농림축산식품부장관 또는 해양수산부장관이 정하여 고시한다(규칙 제11조의2).
> ㉠ 품목별 특성
> ㉡ 법 제5조에 따른 관측 결과 등을 반영하여 산정한 예상 가격과 예상 공급량

13 다음 중 농림축산식품부장관 또는 해양수산부장관이 농수산물의 비축사업등을 위탁하고자 할 때에 정할 내용이 아닌 것은?

① 대상농수산물의 출하약정 및 선급금의 지급
② 대상농수산물의 품목 및 수량
③ 대상농수산물의 품질·규격 및 가격
④ 대상농수산물의 판매방법·수매 또는 수입시기 등 사업실시에 필요한 사항

| 정답 | 11 ② 12 ① 13 ①

해설 농림축산식품부장관 또는 해양수산부장관은 농수산물의 비축사업등을 위탁하는 때에는 다음의 사항을 정하여 이를 위탁하여야 한다(영 제12조 제2항).

① 대상농수산물의 품목 및 수량
② 대상농수산물의 품질·규격 및 가격
③ 대상농수산물의 판매방법·수매 또는 수입시기 등 사업실시에 필요한 사항

14 다음 중 농림축산식품부장관이 비축용 농산물로 생산자단체를 지정하여 수입·판매하게 할 수 있는 품목인 것은?

① 고추
② 마늘
③ 오렌지
④ 양파

해설 농림축산식품부장관이 비축용 농수산물로 수입하거나 생산자단체를 지정하여 수입·판매하게 할 수 있는 품목은 다음과 같다(규칙 제13조 제2항).

① 비축용 농수산물로 수입·판매하게 할 수 있는 품목 : 고추·마늘·양파·생강·참깨
② 생산자단체를 지정하여 수입·판매하게 할 수 있는 품목 : 오렌지·감귤류

15 다음 중 농림축산식품부장관이 부과 징수하는 수입 이익 금액산정방법이 다소 다른 품목은?

① 감귤류
② 오렌지
③ 참기름
④ 참깨

해설 농림축산식품부장관이 수입이익금을 부과·징수할 수 있는 품목 및 금액산정방법은 다음과 같다(규칙 제14조 제1항).

① 고추·마늘·양파·생강·참깨
당해 품목의 판매수입금에서 농림축산식품부장관이 정하여 고시하는 비용산정기준 및 방법에 따라 산정된 물품대금·운임·보험료 기타 수입에 소요되는 비목의 비용과 제세공과금 보관료·운송료·판매수수료 등 국내판매에 소요되는 비목의 비용을 공제한 금액 또는 당해 품목의 수입자로 결정된 자가 수입자결정시 납입의 의사를 표시한 금액
② 참기름·오렌지·감귤류
해당 품목의 수입자로 결정된 자가 수입자 결정시 납입의 의사를 표시한 금액

| 정답 | 14 ③ 15 ④

16 다음 중 도매시장의 개설 등에 대한 설명으로 틀린 것은?

① 도매시장은 부류별로 또는 둘 이상의 부류를 종합하여 중앙도매시장의 경우에는 특별시 · 광역시 · 특별자치도 또는 시가 개설한다.
② 도매시장은 양곡부류 · 청과부류 · 축산부류 · 수산부류 · 화훼부류 및 약용작물부류별로 개설하거나 둘 이상의 부류를 종합하여 개설한다
③ 중앙도매시장의 개설자가 업무규정을 변경하는 때에는 농림축산식품부장관 또는 해양수산부장관의 승인을 받아야 하며, 지방도매시장의 개설자(시가 개설자인 경우만 해당한다)가 업무규정을 변경하는 때에는 도지사의 승인을 받아야 한다.
④ 특별시 · 광역시 또는 특별자치도가 지방도매시장을 개설하고자 하는 때에는 미리 업무규정과 운영관리계획서를 작성하여야 한다.

> **해설** 도매시장은 부류(部類)별로 또는 둘 이상의 부류를 종합하여 중앙도매시장의 경우에는 특별시 · 광역시 · 특별자치시 또는 특별자치도가 개설하고, 지방도매시장의 경우에는 특별시 · 광역시 · 특별자치시 · 특별자치도 또는 시가 개설한다(법 제17조 제1항).

17 농수산물 유통 및 가격안정에 관한 법령상 도매시장법인이 농산물을 매수하여 도매할 수 있는 경우가 아닌 것은?

① 농림축산식품부장관의 수매에 응하기 위하여 필요한 경우
② 품목의 특성으로 인하여 해당 품목을 취급하는 중도매인이 소수인 품목의 경우
③ 물품의 특성상 외형을 변형하는 등 가공하여 도매하여야 하는 경우로서 도매시장 개설자가 업무 규정으로 정하는 경우
④ 도매시장법인이 겸영사업에 필요한 농산물을 매수하는 경우

> **해설** 도매시장법인이 농수산물을 매수하여 도매할 수 있는 경우는 다음 각 호와 같다.
> 1. 농림축산식품부장관 또는 해양수산부장관의 수매에 응하기 위하여 필요한 경우
> 2. 다른 도매시장법인 또는 시장도매인으로부터 매수하여 도매하는 경우
> 3. 해당 도매시장에서 주로 취급하지 아니하는 농수산물의 품목을 갖추기 위하여 대상 품목과 기간을 정하여 도매시장 개설자의 승인을 받아 다른 도매시장으로부터 이를 매수하는 경우
> 4. 물품의 특성상 외형을 변형하는 등 가공하여 도매하여야 하는 경우로서 도매시장 개설자가 업무규정으로 정하는 경우
> 5. 도매시장법인이 겸영사업에 필요한 농수산물을 매수하는 경우
> 6. 수탁판매의 방법으로는 적정한 거래물량의 확보가 어려운 경우로서 농림축산식품부장관이 고시하는 범위에서 중도매인의 요청으로 그 중도매인에게 정가 · 수의매매로 도매하기 위하여 필요한 물량을 매수하는 경우

| 정답 | 16 ① 17 ②

18 농수산물 유통 및 가격안정에 관한 법령상 도매시장 개설자가 거래 관계자의 편익과 소비자 보호를 위하여 이행하여야 하는 사항으로 옳은 것은?

① 상품성 향상을 위한 규격화, 포장 개선 및 선도 유지의 촉진
② 농산물의 수매 · 수입 · 수송 · 보관 및 판매
③ 농산물을 확보하기 위한 재배 · 선매 계약의 체결
④ 농산물의 출하약정 및 선급금의 지급

> **해설** 도매시장 개설자는 거래 관계자의 편익과 소비자 보호를 위하여 다음 각 호의 사항을 이행하여야 한다.
>
> 1. 도매시장 시설의 정비 · 개선과 합리적인 관리
> 2. 경쟁 촉진과 공정한 거래질서의 확립 및 환경 개선
> 3. 상품성 향상을 위한 규격화, 포장 개선 및 선도 유지의 촉진

19 농수산물 유통 및 가격안정에 관한 법령상 농산물도매시장의 다음 거래품목의 양곡부류를 모두 고른 것은?

| ㉠ 옥수수 | ㉡ 참깨 | ㉢ 감자 | ㉣ 땅콩 | ㉤ 잣 |

① ㉠, ㉡, ㉣
② ㉠, ㉢, ㉤
③ ㉡, ㉣, ㉤
④ ㉢, ㉣, ㉤

> **해설** 「농수산물 유통 및 가격안정에 관한 법률」(이하 "법"이라 한다) 제2조제2호에 따라 농수산물도매시장(이하 "도매시장"이라 한다)에서 거래하는 품목은 다음 각 호와 같다.
>
> 1. 양곡부류 : 미곡 · 맥류 · 두류 · 조 · 좁쌀 · 수수 · 수수쌀 · 옥수수 · 메밀 · 참깨 및 땅콩
> 2. 청과부류 : 과실류 · 채소류 · 산나물류 · 목과류 · 버섯류 · 서류 · 인삼류 중 수삼 및 유지작물류와 두류 및 잡곡 중 신선한 것
> 3. 축산부류 : 조수육류(鳥獸肉類) 및 난류
> 4. 수산부류 : 생선어류 · 건어류 · 염(鹽)건어류 · 염장어류 · 조개류 · 갑각류 · 해조류 및 젓갈류
> 5. 화훼부류 : 절화(折花) · 절지(折枝) · 절엽(切葉) 및 분화(盆花)
> 6. 약용작물부류 : 한약재용 약용작물(야생물이나 그 밖에 재배에 의하지 아니한 것을 포함한다). 다만, 「약사법」제2조제5호에 따른 한약은 같은 법에 따라 의약품판매업의 허가를 받은 것으로 한정한다.
> 7. 그 밖에 농어업인이 생산한 농수산물과 이를 단순가공한 물품으로서 개설자가 지정하는 품목

| 정답 | 18 ① 19 ①

20 다음 중 도매시장관리사무소 등의 업무가 아닌 것은?

① 도매시장 시설물의 관리 및 운영
② 도매시장의 정산창구에 대한 관리 · 감독
③ 당해 지역의 수급실적과 수급전망에 관한 사항
④ 도매시장사용료 · 부수시설사용료 및 쓰레기유발부담금의 징수

해설 도매시장의 개설자가 법 제21조의 규정에 의하여 도매시장관리사무소 또는 시장관리자로 하여금 하게 할 수 있는 도매시장의 관리업무는 다음과 같다(규칙 제18조).

> ⓐ 도매시장 시설물의 관리 및 운영
> ⓑ 도매시장의 거래질서 유지
> ⓒ 도매시장의 도매시장법인 · 시장도매인 · 중도매인 기타 유통업무종사자에 대한지도 · 감독
> ⓓ 도매시장법인 또는 시장도매인이 납부 또는 제공한 보증금 또는 담보물의 관리
> ⓔ 도매시장의 정산창구에 대한 관리 · 감독
> ⓕ 법 제42조제1항제1호 · 제2호 및 제5호의 규정에 의한 도매시장사용료 · 부수시설사용료 의 징수
> ⓖ 그밖에 도매시장의 개설자가 도매시장의 관리를 효율적으로 수행하기 위하여 업무규정으로 정하는 사항의 시행

21 다음 중 도매시장 법인 지정의 유효기간은?

① 3년 이상 7년 이내의 범위　　② 5년 이상 7년 이내의 범위
③ 5년 이상 10년 이내의 범위　　④ 7년 이상 10년 이내의 범위

해설 도매시장법인은 도매시장 개설자가 부류별로 지정하되, 중앙도매시장에 두는 도매시장법인의 경우에는 농림축산식품부장관 또는 해양수산부장관과 협의하여 지정한다. 이 경우 5년 이상 10년 이하의 범위에서 지정 유효기간을 설정할 수 있다(법 제23조 제1항).

22 다음은 도매시장 운영주체의 영업제한에 관한 설명이다. (　)안에 들어갈 운영주체는?

> (　)은 농수산물의 판매업무외의 사업을 겸영하지 못한다. 다만, 농수산물의 포장 · 가공 · 저장 · 수출입 등의 사업을 겸영할 수 있다.

① 산지유통인
② 매매참가인
③ 중도매인
④ 도매시장법인

해설 도매시장법인은 농수산물의 판매업무외의 사업을 겸영하지 못한다. 다만, 농수산물의 선별 · 포장 · 가공 · 제빙(製氷) · 보관 · 후숙(後熟) · 저장 · 수출입 등의 사업을 겸영할 수 있다(법 제35조 제4항).

| 정답 | 20 ③　21 ③　22 ④

23 다음 중 경매사의 업무가 아닌 것은?

① 도매시장법인이 상장한 농수산물에 대한 경매 우선순위의 결정
② 도매시장법인이 상장한 농수산물의 직접 매수
③ 도매시장법인이 상장한 농수산물의 가격평가
④ 도매시장법인이 상장한 농수산물의 경락자의 결정

> **해설** 경매사는 다음의 업무를 수행한다(법 제28조 제1항).
>
> ㉠ 도매시장법인이 상장한 농수산물에 대한 경매우선순위의 결정
> ㉡ 도매시장법인이 상장한 농수산물의 가격평가
> ㉢ 도매시장법인이 상장한 농수산물의 경락자의 결정

24 산지유통인으로 등록하고자 하는 자는 누구에게 등록하여야 하는가?

① 도매시장의 개설자
② 경매사
③ 도지사
④ 농림축산식품부장관

> **해설** 농수산물을 수집하여 도매시장에 출하하려는 자는 농림축산식품부령 또는 해양수산부령으로 정하는 바에 따라 부류별로 도매시장 개설자에게 등록하여야 한다(법 제29조 제1항 본문).

25 다음중 도매시장의 개설자가 유통의 효율화를 위하여 도매시장법인 또는 시장도매인으로 하여금 우선적으로 판매하게 할 수 있는 품목이 아닌 것은?

① 출하자가 우선판매를 요구한 출하품
② 대량입하품
③ 농수산물품질관리법의 관련규정에 의한 표준규격품
④ 도매시장 개설자가 선정하는 우수출하주의 출하품

> **해설** 도매시장의 개설자는 효율적인 유통을 위하여 필요한 경우에는 「대량입하품·표준규격품·예약출하품 등을 우선적으로 판매하게 할 수 있다(법 제33조 제2항). 즉, 도매시장의 개설자는 다음의 품목에 대하여 도매시장법인 또는 시장도매인으로 하여금 우선적으로 판매하게 할 수 있다(규칙 제30조).
>
> ㉠ 대량입하품
> ㉡ 도매시장의 개설자가 선정하는 우수출하주의 출하품
> ㉢ 예약출하품
> ㉣ 「농수산물 품질관리법」 제5조에 따른 표준규격품 및 같은 법 제6조에 따른 우수관리인증농산물
> ㉤ 그 밖에 도매시장 개설자가 도매시장의 효율적인 운영을 위하여 특히 필요하다고 업무규정으로 정하는 품목

| 정답 | 23 ② 24 ① 25 ①

26 다음 중 겸영사업을 제한하는 경우 위반행위의 차수에 따른 처분기준은 최근 몇 년간 같은 위반행위의 처분을 받은 경우에 적용되는가?

① 최근 1년간   ② 최근 3년간
③ 최근 5년간   ④ 최근 7년간

> 해설 겸영사업을 제한하는 경우 위반행위의 차수(次數)에 따른 처분기준은 최근 3년간 같은 위반행위로 처분을 받은 경우에 적용한다(영제17조의6 제2항).

27 다음 중 그 업무를 수행함에 있어서 정당한 사유 없이 입하된 농수산물의 수탁 또는 위탁받은 농수산물의 판매를 거부·기피하거나 거래관계인에게 부당한 차별 대우를 하여서는 아니 되는 것으로 규정된 도매시장 유통 주체는?

① 도매시장법인 또는 시장도매인
② 도매시장 개설자
③ 매매참가인
④ 도매시장관리공사 또는 관리사무소

> 해설 도매시장법인 또는 시장도매인은 그 업무를 수행함에 있어서 입하된 농수산물의 수탁 또는 위탁받은 농수산물의 판매를 거부·기피하거나 거래관계인에게 부당한 차별대우를 하여서는 아니된다(법 제38조).

28 다음 중 도매시장에서의 하역업무에 대한 설명으로 틀린 것은?

① 도매시장의 개설자가 업무규정으로 정하는 규격출하품에 대한 표준하역비는 도매시장법인 또는 시장도매인이 부담한다.
② 농림축산식품부장관 또는 해양수산부장관은 하역체제의 개선 및 하역기계화와 규격출하의 촉진을 위하여 도매시장의 개설자에게 필요한 조치를 명할 수 있다.
③ 도매시장법인 또는 시장도매인은 도매시장안에서의 하역업무에 대하여 하역전문업체 등과 용역계약을 체결할 수 있다.
④ 하역비의 최고한도는 농림축산식품부령 또는 해양수산부령으로 정한다.

> 해설 법규정에는 표준하역비만의 규정되어 있으며, 예문은 법정 사항이 아니다.

29 도매시장법인 또는 시장도매인이 농수산물의 판매를 위탁한 출하자로부터 징수하는 위탁수수료의 최고 한도 중 틀린 것은?

① 축산부류 : 거래금액의 1천분의 20
② 수산부류 : 거래금액의 1천분의 60
③ 양곡부류 : 거래금액의 1천분의 20
④ 화훼부류 : 거래금액의 1천분의 60

정답 26 ② 27 ① 28 ④ 29 ④

해설 ④는 화훼부류 : 거래금액의 1천분의 70이다. 위탁수수료의 최고한도는 다음과 같다. 이 경우 도매시장의 개설자는 그 한도내에서 업무규정으로 위탁수수료를 정할 수 있다(규칙 제39조 제3항).

> 1. 양곡부류 : 거래금액의 1천분의 20
> 2. 청과부류 : 거래금액의 1천분의 70
> 3. 수산부류 : 거래금액의 1천분의 60
> 4. 축산부류 : 거래금액의 1천분의 20(도매시장 또는 공판장안에 도축장이 설치된 경우 「축산물위생관리법」에 의 하여 징수할 수 있는 도살·해체수수료는 이에 포함되지 아니한다)
> 5. 화훼부류 : 거래금액의 1천분의 70
> 6. 약용작물부류 : 거래금액의 1천분의 50

30 다음 중 민영농수산물도매시장에 대한 설명으로 맞는 것은?

① 민영농수산물도매시장의 개설자는 시장도매인을 두어 운영하게 할 수 없다.
② 민영농수산물도매시장의 중도매인은 민영농수산물도매시장의 개설자가 지정한다.
③ 지방자치단체는 민영농수산물도매시장을 개설할 수 있다.
④ 민간인등이 특별시, 광역시 또는 시 지역에 민영농수산물 도매시장을 개설하고자 할 때에는 농림부장관의 허가를 받아야 한다.

해설 ① 민영도매시장의 개설자는 중도매인·매매참가인·산지유통인 및 경매사를 두어 직접 운영하거나 시장도매인을 두 어 이를 운영하게 할 수 있다(법 제48조 제1항).
③, ④ 민간인 등이 특별시·광역시·특별자치도 또는 시지역에 민영도매시장을 개설하고자 하는 때에는 시·도지사의 허가를 받아야 한다(법 제47조 제1항).

31 「농수산물유통 및 가격안정에 관한 법률」에서 농산물가격안정기금의 융자 또는 대출 대상사업 으로 규정하고 있지 않은 것은?

① 농산물의 수출 및 수입 촉진
② 농산물의 가격조절과 생산·출하의 장려 또는 조절
③ 농산물의 보관·관리 및 가공
④ 농산물의 상품성 제고

해설 ① 농산물의 수출의 촉진은 대상이 되지만 수입 촉진은 대상이 아니다. 즉, 기금은 다음의 사업을 위하여 필요한 경우에 융자 또는 대출할 수 있다(법 제57조 제1항).

> ⓐ 농산물의 가격조절과 생산·출하의 장려 또는 조절
> ⓑ 농산물의 수출촉진
> ⓒ 농산물의 보관·관리 및 가공
> ⓓ 도매시장·공판장·민영도매시장 및 경매식집하장(제50조의 규정에 따른 농수산물집하장 중 제33조의 규정에 따른 경매 또는 입찰의 방법으로 농수산물을 판매하는 집하장을 말한다)의 출하촉진·시설 및 운영
> ⓔ 농산물의 상품성 제고
> ⓕ 기타 농림축산식품부장관이 농산물의 유통구조개선·가격안정 및 종자산업진흥을 위하여 필요하다고 인정하 는 사업

| 정답 | 30 ② 31 ①

32 농수산물 유통 및 가격안정에 관한 법령상 농산물가격안정기금의 재원이 아닌 것은?

① 기금 운용에 따른 수익금
② 과태료 납부금
③ 관세법 및 검찰청법에 따라 몰수되거나 국고에 귀속된 농산물의 매각·공매 대금
④ 정부의 출연금

> **해설** 정부는 농산물(축산물 및 임산물을 포함한다. 이하 이 장에서 같다)의 원활한 수급과 가격안정을 도모하고 유통구조의 개선을 촉진하기 위한 재원을 확보하기 위하여 농산물가격안정기금(이하 "기금"이라 한다)을 설치한다. 기금은 다음 각 호의 재원으로 조성한다.
>
> 1. 정부의 출연금
> 2. 기금 운용에 따른 수익금
> 3. 제9조의2제3항, 제16조제2항 및 다른 법률의 규정에 따라 납입되는 금액
> 4. 다른 기금으로부터의 출연금

33 농산물의 유통 및 가격안정에 관한 법령상 농수산물종합유통센터의 필수시설이 아닌 것은?

① 직판장
② 저온저장고
③ 주차시설
④ 사무실·전산실

> **해설** 직판장은 편의시설이다.

〈농수산물종합유통센터의 시설기준〉(제46조 제3항 관련)

구분	기준
부지	20,000m² 이상
건물	10,000m² 이상
시설	1. 필수시설 가. 농수산물 처리를 위한 집하·배송시설 나. 포장·가공시설 다. 저온저장고 라. 사무실·전산실 마. 농산물품질관리실 바. 거래처주재원실 및 출하주대기실 사. 오수·폐수시설 아. 주차시설 2. 편의시설 가. 직판장 나. 수출지원실 다. 휴게실 라. 식당 마. 금융회사 등의 점포 바. 그 밖에 이용자의 편의를 위하여 필요한 시설

비고
1. 편의시설은 지역 여건에 따라 보유하지 않을 수 있다.
2. 부지 및 건물 면적은 취급 물량과 소비 여건을 고려하여 기준면적에서 50퍼센트까지 낮추어 적용할 수 있다.

| 정답 | 32 ② 33 ①

34 다음 중 농림수산식품부장관이 농수산물소매유통에 대한 지원사업이 아닌 것은?

① 농수산물소매시설의 현대화 및 운영에 관한 사업
② 농수산물의 생산자 또는 생산자단체와 소비자 또는 소비자단체간의 직거래사업
③ 농수산물의 생산자와 농수산물직판장간의 거래사업
④ 농수산물직판장의 설치 및 운영에 관한 사업

> **해설** 농림축산식품부장관 또는 해양수산부장관이 지원할 수 있는 사업은 다음과 같다(규칙 제45조).
>
> ㉠ 농수산물의 생산자 또는 생산자단체와 소비자 또는 소비자단체간의 직거래사업
> ㉡ 농수산물소매시설의 현대화 및 운영에 관한 사업
> ㉢ 농수산물직판장의 설치 및 운영에 관한 사업
> ㉣ 그 밖에 농수산물직거래 및 소매유통의 활성화를 위하여 농림축산식품부장관 또는 해양수산부장관이 인정하는 사업

35 다음 중 도매시장의 효율적인 운영·관리를 위하여 도매시장의 개설자 소속하에 설치된 시장관리운영위원회에서 심의하는 사항이 아닌 것은?

① 수수료·시장사용료·하역비 등 제반비용 결정에 관한 사항
② 도매시장의 거래질서의 확립에 관한 사항
③ 도매시장 출하품의 안전성제고 및 규격화의 촉진에 관한 사항
④ 도매시장의 거래제도의 개선에 관한 사항

> **해설** 도매시장의 거래제도 및 거래방법의 선택에 관한 사항이다. 위원회는 다음의 사항을 심의한다(법 제78조 제3항).
>
> ① 도매시장의 거래제도 및 거래방법의 선택에 관한 사항
> ② 수수료·시장사용료·하역비 등 제반 비용 결정에 관한 사항
> ③ 도매시장 출하품의 안전성 제고 및 규격화의 촉진에 관한 사항
> ④ 도매시장의 거래질서의 확립에 관한 사항
> ⑤ 정가·수의매매 등 거래 농수산물의 매매방법 운용기준에 관한 사항
> ⑥ 최소출하량 기준의 결정에 관한 사항
> ⑦ 기타 도매시장의 개설자가 특히 필요하다고 인정하는 사항

36 농수산물 유통 및 가격안정에 관한 법령상 농수산물 전자거래소를 이용하는 판매자와 구매자로부터 징수하는 거래 수수료의 최고한도로 옳은 것은?

① 거래액의 1천분의 20
② 거래액의 1천분의 30
③ 거래액의 1천분의 60
④ 거래액의 1천분의 70

| 정답 | 34 ③ 35 ④ 36 ②

> **해설** 거래수수료는 농수산물 전자거래소를 이용하는 판매자와 구매자로부터 다음 각 호의 구분에 따라 징수하는 금전으로 한다.
>
> > 1. 판매자의 경우 : 사용료 및 판매수수료
> > 2. 구매자의 경우 : 사용료
>
> 이 경우 거래수수료는 거래액의 1천분의 30을 초과할 수 없다.

37 도매시장거래분쟁조정위원회의 심의·조정대상으로 규정하고 있지 않은 것은?

① 도매시장 거래제도와 관련한 분쟁
② 낙찰자 결정에 관한 분쟁
③ 거래대금의 지급에 관한 분쟁
④ 낙찰가격에 관한 분쟁

> **해설** 조정위원회는 당사자의 일방 또는 양쪽의 신청에 따라 다음의 분쟁을 심의·조정한다(법 제78조의2 제2항).
>
> > ① 낙찰자결정에 관한 분쟁
> > ② 낙찰가격에 관한 분쟁
> > ③ 거래대금의 지급에 관한 분쟁
> > ④ 그 밖에 도매시장의 개설자가 특히 필요하다고 인정하는 분쟁

38 「농수산물유통 및 가격안정에 관한 법률」에서 정하고 있는 1년 이하의 징역 또는 1천만원 이하의 벌금에 해당하는 경우는?

① 도매시장법인이 도매시장 외의 장소에서 농수산물 판매업무를 한 경우
② 농림수협등이 시·도지사의 승인 없이 공판장을 개설한 경우
③ 도매시장에서의 정상적인 거래를 방해한 경우
④ 도매시장법인의 임직원이 당해 도매시장법인의 업무와 경합되는 도매업 또는 중도매업을 한 경우

> **해설** ① 도매시장법인이 도매시장 외의 장소에서 농수산물 판매업무를 한 경우에 해당하는 자는 2년이하의 징역 또는 2천만원 이하의 벌금에 처한다(법 제86조).
> ② 제43조제1항의 규정에 의한 승인을 얻지 아니하고 공판장을 개설한 자는 2년이하의 징역 또는 2천만원 이하의 벌금에 처한다(법 제86조).
> ③ 도매시장에서의 정상적인 거래를 방해한 경우에 해당하는 자는 100만원 이하의 과태료에 처한다(법 제90조 제3항).

| 정답 | 37 ① 38 ④

제 2 과목

원예작물학

제1장 원예작물 개요
제2장 원예작물의 생육
제3장 식물호르몬과 생장조절제
제4장 원예작물과 토양
제5장 원예작물과 기후
제6장 원예작물의 번식과 품종개량
제7장 원예작물 재배기술
제8장 시설재배와 양액재배

제1장 원예작물 개요

1 원예작물의 개념 및 특성

1. 원예작물의 개념
① 원예작물이란 집약적으로 관리되어 높은 수익을 얻을 수 있는 작물을 의미한다.
원예를 의미하는 Horticulture는 라틴어의 Hortus와 Cultura를 합성한 것이며, Hortus는 정원을 의미하고, Cultura는 경작을 의미한다. 따라서 원예란 어원적으로 볼 때 Culture of Gardens, 즉 정원내에서의 식물재배라는 의미를 가지고 있다.
② Culture of Gardens, 즉 정원내에서의 식물재배는 집약적인 관리를 필요로 한다.
그런 의미에서 오늘날 원예작물이란 집약적으로 관리되어 높은 수익을 얻을 수 있는 작물이라고 할 수 있다. 집약적으로 관리한다는 것은 토지 단위면적당 많은 자본과 노력, 기술을 투입하여 관리하는 것을 말한다.
③ 원예(Horticulture)는 과수원예, 채소원예, 화훼원예로 나누어지며, 이중 과수원예와 채소원예가 식용작물을 생산하는 산업이라고 한다면 화훼원예는 인간의 미적만족을 위한 관상식물을 생산하고 이것을 미적으로 활용하는 산업이라고 할 수 있다.

2. 원예의 가치
① 원예작물은 무기염류가 풍부하고 비타민이 풍부하여 영양적 가치가 있다.
② 원예작물의 재배는 높은 부가가치를 창출하기 때문에 경제적 가치를 인정받고 있다.
③ 여가선용의 수단이 된다.
④ 현대인의 정서함양에도 도움이 되는 등 높은 정서적 가치를 인정받고 있다.

3. 원예작물의 특성
① 원예작물은 종류가 많고, 종류별로 품종도 아주 다양하다.
② 노지재배, 시설재배, 양액재배 등 재배방식이 다양하다.
③ 집약적인 관리에 의해 재배된다.
④ 원예작물에 대한 수요는 상시적으로 연중 존재한다.
⑤ 상품으로서의 원예작물은 신선한 상태로 공급되어야 한다.
⑥ 원예작물은 변질되거나 부패되기가 쉽기 때문에 저장시설이 필수적이다.

2 원예작물의 분류

1. 과수의 분류

과수는 과실의 특성에 따라 인과류, 준인과류, 핵과류, 견과류, 장과류로 분류된다.

(1) 인과류

꽃받기가 발육하여 자란 열매로서 식용부위는 위과(僞果)이다. 꽃은 꽃잎, 꽃받기, 수술, 암술로 되어 있고 수술은 수술머리와 수술대로, 암술은 암술머리, 암술대, 씨방(자방)으로 구성되어 있는데 이 중 꽃받기가 발육하여 과실이 된 것을 위과라고 한다. 사과, 배, 모과 등이 해당한다.

(2) 준인과류

감, 감귤류, 오렌지 등이 해당한다.

(3) 핵과류

암술의 씨방이 발육하여 자란 열매로서 식용부위는 진과(眞果)이다. 꽃은 꽃잎, 꽃받기, 수술, 암술로 되어 있고 수술은 수술머리와 수술대로, 암술은 암술머리, 암술대, 씨방(자방)으로 구성되어 있는데 이 중 씨방(자방)이 발육하여 과실이 된 것을 진과라고 한다. 진과는 심부에 1개의 씨를 가지고 있는 것이 특징이다. 복숭아, 앵두, 자두, 살구, 대추, 매실 등이 해당한다.

(4) 견과류(각과류)

호두, 개암, 밤, 아몬드 등이 있다.

(5) 장과류

포도, 무화과, 석류, 나무딸기 등이 있다.

2. 채소의 분류

① 식용부위에 따라 과채류, 엽경채류, 근채류로 분류한다.
② 자라는 기간에 따라 1년생 채소, 다년생 채소로 분류한다.
③ 온도의 요구도에 따라 고온채소, 저온채소로 분류한다.
④ 광선 적응성에 따라 양성채소, 음성채소로 분류하기도 한다.

식용부위에 따른 분류	열매채소 (과채류)	가지과	가지, 토마토, 고추
		콩과	완두, 잠두, 땅콩
		박과	수박, 호박, 참외, 오이, 메론
		기타	딸기, 옥수수
	잎줄기채소 (엽경채류)	엽채류(잎)	배추, 상추, 시금치
		경채류(줄기)	죽순, 아스파라거스, 토당귀
		인경채류 (비늘줄기)	양파, 파, 마늘
		화채류(꽃)	꽃양배추(콜리플라워), 모란채(브로콜리)
	뿌리채소 (근채류)	직근류	무, 당근
		괴근류	고구마, 마
		괴경류	감자, 토란
		근경류	생강, 연근
자라는 기간에 따른 분류	1년생 채소		가지, 오이, 토마토, 호박, 시금치
	다년생 채소		딸기, 연근, 파, 미나리, 아스파라거스
온도의 요구도에 따른 분류	고온채소		가지, 토마토, 고추, 수박, 참외, 호박
	저온채소		무, 배추, 양파, 시금치, 파, 미나리
광선 적응성에 따른 분류	양성채소		가지과, 콩과, 박과, 무, 배추, 당근
	음성채소		부추, 마늘, 토란, 아스파라거스

3. 화훼의 분류

① 화훼는 생육습성에 따라 초화, 숙근초화, 구근초화, 화목류로 분류한다.
② 화성유도(花成誘導)에 필요한 일장(日長)에 따라 장일성, 단일성, 중간성으로 분류한다.
③ 수습(水濕)의 요구도에 따라 건생, 습생, 수생으로 분류한다.

생육습성에 따른 분류	초화	채송화, 봉선화, 접시꽃, 맨드라미, 나팔꽃
	숙근초화	국화, 옥잠화, 작약, 카네이션
	구근초화	글라디올러스, 백합, 튤립, 칸나, 수선화
	화목류	목련, 개나리, 진달래, 무궁화, 장미, 동백나무
화성유도(花成誘導)에 필요한 일장(日長)에 따른 분류	장일성(長日性)	글라디올러스, 시네라리아, 금어초
	단일성(短日性)	코스모스, 국화, 포인세티아
	중간성	카네이션, 튤립, 시클라멘

수습(水濕)의 요구도에 따른 분류	건생	채송화, 선인장
	습생	물망초, 꽃창포
	수생	연

기출핵심문제

01 위과(僞果)에 관한 설명으로 옳은 것은?
① 종자가 없는 과실을 말한다.
② 대표적인 과실은 딸기와 사과이다.
③ 씨방 상위과(上位果)이다.
④ 씨방만이 비대. 발달한 과실이다.

해설 **8회 기출** | 꽃받기가 발육하여 과실이 된 것을 위과라고 하며 사과, 딸기, 배, 모과가 대표적이다.

02 다음 채소작물 중 화채류(꽃채소)에 속하는 것은?
① 배추
② 아스파라거스
③ 파
④ 브로콜리

해설 **4회 기출** | 채소는 식용부위에 따라 열매채소(과채류), 잎줄기채소(엽경채류), 뿌리채소(근채류)로 분류되고 잎줄기채소(엽경채류)는 다시 엽채류(잎), 경채류(줄기), 인경채류(비늘줄기), 화채류(꽃)로 나누어진다. 꽃양배추(콜리플라워), 모란채(브로콜리) 등은 화채류에 해당된다. ①은 엽채류, ②는 경채류, ③은 인경채류에 해당된다.

03 다음 중 장과류를 모두 고른 것은?

㉠ 사과	㉡ 포도	㉢ 복숭아	㉣ 나무딸기

① ㉠, ㉡
② ㉠, ㉢
③ ㉡, ㉣
④ ㉢, ㉣

해설 **8회 기출** | 장과류에는 포도, 무화과, 석류, 나무딸기 등이 있다.

| 정답 | 01 ② 02 ④ 03 ③

제2장 원예작물의 생육

1 생장(Growth)과 발육(Developement)

1. 생장과 발육의 개념

① 작물의 여러 기관이 양적(量的)으로 증대하는 것을 생장(生長)이라고 하고 발아, 화성, 결실, 성숙 등 질적 변화(質的 變化)를 통해 작물이 완성되어지는 과정을 발육(發育)이라고 한다.
   이와 같이 생장과 발육은 개념상 구분이 가능하지만 서로 독립적인 것이 아니며 밀접한 상호관련성을 가지고 있기 때문에 생장과 발육을 합쳐 생육(生育)이라고 한다.
② 생육과정은 영양생장과정과 생식생장과정으로 구분할 수 있는데, 종자가 발아되어 화아(꽃눈)가 형성될 때까지를 영양생장, 화아 형성 이후부터 결실이 이루어질 때까지를 생식생장이라 한다.
③ 생장은 분열조직에서의 세포분열을 통해 이루어진다. 분열조직은 생장점, 형성층, 절간 분열조직이 있는데 생장점은 길이생장에 관여하고 형성층은 부피생장에 관여한다. 절간 분열조직은 성숙한 조직 사이의 절간에 존재하면서 분열기능을 계속 유지하는 조직이다.
④ 작물의 생장속도는 발아 후 처음에는 느리다가 어느 정도 지나면 급격히 빨라지게 되고, 성숙단계에 이르면 아주 느리게 나타난다. 이와 같은 작물의 성장속도는 S자곡선으로 표현된다.

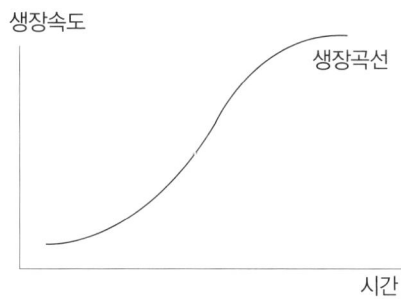

2. 상적발육설(相的發育說)

작물의 발육과정에 관한 이론으로서 상적발육설(相的發育說)이 있다. 이 이론은 Lysenko가 1934년에 발표한 이론이다.
이 이론에 의하면 발육의 각 단계를 상(相, 발육상, Developement Phase)이라고 하는데, 작물은 각 발육상에 따라 다른 환경적 조건을 필요로 한다.

> **참고** 상적발육설의 주요내용
>
> - 생장과 발육은 서로 다른 현상이다. 생장은 양적증가이고, 발육은 질적변화를 의미한다.
> - 종자식물의 전발육단계는 개개의 단계, 즉 상(Phase)으로 구성되어 있다.
> - 전 단계의 발육상을 경과하지 못하면 다음의 발육으로 이행되지 않는다.
> - 하나의 작물이 개개의 발육상을 완료하려면 각 발육상에 따라 서로 다른 환경조건을 필요로 한다

2 화성 유기의 요인

화성 유기의 요인은 작물 내적인 요인과 작물 외적인 요인으로 나누어 볼 수 있다. 작물 내적인 요인으로 C/N 율, 식물호르몬 등이 있으며 작물 외적인 요인으로는 일장효과, 온도, 춘화(Vernalization) 등이 있다.

1. C/N 율

① 식물체 내의 탄수화물과 질소의 비율을 C/N 율이라고 한다. 즉, 탄수화물의 양을 질소의 양으로 나눈 값이기 때문에 탄수화물의 양이 많을수록 C/N 율이 커지고 질소의 양이 많을수록 C/N 율이 작아진다.

② C/N 율이 높을수록 식물의 화성과 결실이 좋다.

  ㉠ 질소가 부족하지 않은 상태에서 C/N 율이 높을 때 식물의 화성과 결실이 좋아진다.

  ㉡ 수분과 질소의 공급이 풍부해도 탄수화물의 생성이 불충분하면 C/N 율이 낮아 화성과 결실이 이루어지지 않으며, 식물의 생장도 미약하다. 이 경우에는 탄수화물의 생성을 촉진하기 위하여 일조상태를 개선하고 병해충 방제를 통한 잎의 보호 등이 필요하다.

  ㉢ 수분과 질소의 공급이 풍부하고 탄수화물의 생성도 풍부하게 이루어지면 식물의 생장은 왕성할 것이나, C/N 율이 높지 않기 때문에 화성과 결실은 불량하다.

  ㉣ 수분과 질소의 공급이 약간 부족하고 탄수화물의 생성이 풍부하게 이루어지면 생육은 ㉢의 경우보다 감퇴할 것이지만, C/N 율이 높기 때문에 화성과 결실은 양호하다.

  ㉤ 탄수화물의 생성은 감소하지 않고 수분과 질소의 공급만 더욱 감소하게 되면 화아는 형성되나 생육이 심히 감퇴되어 결실하지 못한다.

2. 개화호르몬(플로리겐, Florigen)

플로리겐은 잎에서 생성되어 줄기를 통해 생장점으로 이동된다. 개화호르몬으로서 꽃눈을

분화시키는 작용을 한다.

3. 춘화(Vernalization)

① 종자나 어린식물을 저온처리하여 꽃눈분화를 유도하는 것을 춘화(Vernalization)라고 한다. 언제 춘화하는 것이 효과적인가에 따라 종자춘화형 식물과 녹식물춘화형 식물로 나누어진다.

　㉠ 종자춘화형 식물은 최아종자(싹틔운 종자)의 시기에 춘화하는 것이 효과적인 식물로서 맥류, 무, 배추, 시금치 등이 있다.
　　• 추파맥류는 종자춘화형 식물이며, 최아종자를 저온처리하여 봄에 파종하여도 좌지현상(座止現象)이 나타나지 않고 정상적으로 출수할 수 있다.
　　• 좌지현상(座止現象)이란 잎이 무성하게 자라다가 결국 이삭이 생기지 못하는 현상을 말하는데, 추파형 품종을 봄에 파종하면 좌지현상이 나타난다. 그러나 춘화처리를 통해 좌지현상을 방지할 수 있다.
　㉡ 녹식물춘화형 식물은 녹채기(엽록소가 형성되는 시기 또는 본엽 1 ~ 3매의 어린시기)에 춘화하는 것이 효과적인 식물로서 양배추, 당근 등이 있다.

② 춘화에 필요한 온도와 기간은 작물과 품종의 유전성에 따라 차이가 크다. 대체로 배추는 -2 ~ -1℃에서 33일 정도, 시금치는 0 ~ 2℃에서 32일 정도이다.

③ 춘화처리 중간에 급격한 고온에 노출되면 춘화의 효과를 상실하게 되는데, 이를 이춘화(離春花)라고 한다. 저온처리의 기간이 짧을수록 이춘화되기가 쉽고 어느 정도의 기간이 지나면 고온에 의해서도 이춘화되지 않는데, 이를 춘화효과의 정착이라고 한다.

④ 이춘화(離春花)된 경우에도 다시 저온처리하면 춘화가 되는데, 이를 재춘화(再春花)라고 한다.

⑤ 춘화의 효과를 나타내기 위해서는 온도 이외에도 산소의 공급이 절대적으로 필요하며, 종자가 건조하거나 배(胚)나 생장점에 탄수화물이 공급되지 않으면 춘화효과가 발생하기 힘들다.

> **참고**
>
> • **최아** : 벼, 맥류, 땅콩, 가지 등에서 발아·생육을 촉진할 목적으로 종자의 싹을 약간 틔워서 파종하는 것이다.
> • **추파맥류** : 가을에 파종하여 이듬해 늦봄에 수확하는 밀. 가을에 파종하여 겨울의 저온을 지나야 (춘화처리) 꽃이 피고 종자가 맺힌다.
> • **좌지현상** : 보통 가을에 파종하는 맥류는 가을에 뿌리면 이듬해에 정상으로 출수하지만, 이듬해 봄 늦게 파종하면 잎만 자라다가 출수하지 못하고 주저앉고 만다. 이를 좌지현상이라 한다.

4. 일장효과

(1) 정의 및 특징

① 하루 24시간 중 낮의 길이를 일장(日長, Day-length)이라고 한다. 일장이 14시간 이상일 때를 장일(Long-day), 12시간 이하일 때를 단일(Short-day)이라고 한다.

② 일장은 식물의 화아분화, 개화 등에 영향을 미친다. 이러한 현상을 일장효과라고 한다. 일장효과는 품종개량(육종)연한을 단축하기 위해 생육을 조절할 경우와 단경기생산(端境期生産 : 제철이 아닌 시기의 생산)을 위해 개화를 조절할 경우에 활용된다. 육종연한을 단축하는 예로서는 고구마를 나팔꽃에 접목한 후 단일처리 함으로써 품종개량(육종)연한을 단축하는 것을 들 수 있다. 또한 개화를 조절하는 예로서는 단일식물인 국화를 단일처리하여 제철보다 빨리 꽃을 피우는 것을 들 수 있다.

③ 유도일장(誘導日長)은 식물의 화성을 유도할 수 있는 일장이며 비유도일장은 화성을 유도할 수 없는 일장이다. 유도일장과 비유도일장의 경계가 되는 일장을 한계일장이라고 하며 한계일장은 식물에 따른다.

(2) 일장효과에 따른 구분

① 장일식물 : 장일상태에서 화성이 촉진되고 단일상태에서는 화성이 억제되는 식물이다. 장일식물의 최적일장과 유도일장은 장일 쪽에 있고 한계일장은 단일 쪽에 있다. 시금치, 양파, 양귀비, 상추, 감자 등이 해당된다.

② 단일식물 : 단일상태에서 화성이 촉진되고 장일상태에서는 화성이 억제되는 식물이다. 단일식물의 최적일장과 유도일장은 단일 쪽에 있고 한계일장은 장일 쪽에 있다. 국화, 콩, 코스모스, 나팔꽃, 사르비아 등이 해당된다.

③ 중성식물(중일성식물) : 일정한 한계일장이 없고 화성은 일장에 영향을 받지 않는 식물이다. 고추, 강낭콩, 토마토 등이 해당된다.

④ 정일성식물(定日性植物, 중간식물) : 특정한 일장에서만 화성이 유도되는 식물로서 2개의 명백한 한계일장이 존재한다.

⑤ 장단일식물 : 일정한 일장에서는 개화하지 못하고 처음 일정기간은 장일이고, 뒤의 일정기간은 단일이 되어야 화성이 유도되는 식물로서 밤에 피는 재스민은 장단일식물이다.

⑥ 단장일식물 : 처음 일정기간은 단일이고, 뒤의 일정기간은 장일이 되어야 화성이 유도되는 식물이다. 프리뮬러, 딸기 등이 해당된다.

원예작물학

기출핵심문제

01 국화 중 추국(秋菊)의 개화를 촉진하기 위한 방법으로 옳은 것은?

① 암막처리(단일처리)
② 춘화처리
③ 광중단처리
④ 전조(장일)처리

해설 8회 기출 | 일장효과의 활용 중 개화를 조절하는 예로서는 단일식물인 국화를 단일처리하여 제철보다 빨리 꽃을 피우는 것을 들 수 있다.

02 종자를 형성하려면 우선 꽃눈분화를 유도하여 개화시켜야 하는데, 저온에 의해서 꽃눈분화를 유도시키는 것을 무엇이라고 하는가?

① 발아촉진
② 화아유도
③ 춘화처리
④ 이화유도

해설 8회 기출 | 종자나 어린식물을 저온처리하여 꽃눈분화를 유도하는 것을 춘화(vernalization)라고 한다. 춘화의 효과를 나타내기 위해서는 온도이외에도 산소의 공급이 절대적으로 필요하며, 종자가 건조하거나 배(胚)나 생장점에 탄수화물이 공급되지 않으면 춘화효과가 발생하기 힘들다.

03 7 ~ 8월에 가을국화(秋菊)를 개화시키기 위한 처리로 옳은 것은?

① 춘화처리를 한다.
② 야간에 광중단처리를 한다.
③ 전조처리로 낮의 길이를 한계일장보다 길게 한다.
④ 암막(暗幕)을 이용하여 낮의 길이를 한계일장보다 짧게 한다.

해설 6회 기출 | 일장효과는 품종개량(육종)연한을 단축하기 위해 생육을 조절할 경우와 단경기생산(端境期生産)을 위해 개화를 조절 할 경우에 활용된다. 전자의 예로서는 고구마를 나팔꽃에 접목한 후 단일처리 함으로써 품종개량(육종)연한을 단축하는 것을 들 수 있고, 후자의 예로서는 단일식물인 국화를 단일처리 하여 제철보다 빨리 꽃을 피우는 것을 들 수 있다.

| 정답 | 01 ① 02 ③ 03 ④

제3장 식물호르몬과 생장조절제

1 식물호르몬

식물호르몬은 식물체 내에서 생성되는 특수한 화학물질로서 생장호르몬(옥신류), 도장호르몬(지베렐린), 세포분열호르몬(사이토카이닌), 성숙호르몬(에틸렌), 아브시진산 등이 있다.

1. 생장호르몬(옥신류)

(1) 정의

옥신은 세포의 생장점 부위에서 생성되어 식물조직 속을 위쪽에서 아래쪽으로 이동하는 물질로서 인돌초산(IAA)과 유사한 생리작용을 한다.

(2) 생리작용

① 신장생장을 촉진한다 : 식물의 줄기가 굴광성(屈光性)을 나타내는 것은 광선을 받지 않는 쪽에 더 많은 옥신이 분포되어 있기 때문이다. 옥신은 신장생장을 촉진하는 작용을 하기 때문에 광선을 받지 않는 쪽이 광선을 받는 쪽보다 신장생장이 더 촉진되어 굴광현상이 나타난다.

② 목질부 분화를 촉진한다 : 줄기, 뿌리, 잎 등 각 기관을 관통하는 다발조직을 유관속(維管束)이라고 한다. 유관속은 목질부와 사질부로 나뉘어 각각 물과 양분의 통로가 된다. 옥신은 목질부의 분화를 촉진한다.

③ 사이토카이닌과 같이 작용하여 Callus(줄기나 잎의 세포군)를 증식한다.

④ 착과 및 과실의 비대생장을 촉진하여 단위결과(單爲結果)를 일으킨다 : 단위결과란 단성결실이라고도 하며 수분하지 않고 과실이 형성되는 것을 말한다. 즉, 단위결과는 씨없이 열매를 맺는 것이다. 이러한 단위결과는 인위적으로 화분(꽃가루, 웅성의 세포)을 자극하거나 옥신과 같은 생장물질처리를 통해 유발된다.

⑤ 이층(離層)형성을 억제한다 : 과실이 낙과하거나 잎이 낙엽지는 것은 줄기와 과병(열매꼭지) 또는 엽병(식물의 잎을 지탱하는 잎의 밑부분) 사이에 이층이 형성되기 때문이다. 식물은 옥신의 생성량이 많을 때에는 이층이 형성되지 않으나 가을이 깊어감에 따라 옥신의 생성량이 감소하게 되어 낙과 또는 낙엽이 지게 된다.
합성 옥신인 2,4-D, 2,4,5-T, NAA, 2,4,5-TP 등은 착과제와 낙과방지제로서 재배적으로 활용되고 있다.

⑥ 발근촉진 작용을 한다.

⑦ 측아의 신장을 억제하기 때문에 정아(頂芽)우세성을 나타나게 한다.

> **참고**
> - **측아** : 가지나 줄기의 잎이 붙은 자리에 생기는 눈
> - **정아** : 가지의 선단에 생기는 눈이다.

2. 도장호르몬(지베렐린)

(1) 정의

지베렐린산(Gibberellic Acid)이라고도 하며 GA로 표기한다. 지베렐린은 식물체 내에서 합성되어 근, 경, 엽, 종자 등 모든 기관에 분포되어 있으며 특히 미숙종자에 많이 함유되어 있다. 또한 벼의 키다리병(벼가 도장한 다음 고사하는 병)의 병원균에 의해 분비되기도 한다.

(2) 생리작용

① 전식물체내를 자유로이 이동하면서 도장적으로 신장하도록 영향을 준다. 지베렐린의 신장효과(伸長效果)는 특히 어린 조직에서 현저하며, 왜성식물에서 더욱 강하게 나타난다.
② 개화에 저온처리와 장일조건을 필요로 하는 식물은 지베렐린 처리에 의하여 화아형성, 개화촉진이 이루어진다.
③ 종자의 휴면을 타파하고 발아를 촉진한다. 복숭아, 사과 등의 종자가 발아하기 위해서는 저온처리가 필요하지만 지베렐린 처리를 하면 저온처리를 하지 않아도 발아한다. 또한 상추는 발아에 광(빛)을 필요로 하는데 지베렐린 처리를 하면 어두운 곳에서도 발아한다.
④ 토마토, 오이, 복숭아, 사과, 포도 등에서 지베렐린은 단위결과를 촉진한다. 따라서 지베렐린 처리를 통해 "씨없는 포도"의 생산이 가능하다.

3. 세포분열호르몬(사이토카이닌)

(1) 정의

사이토카이닌은 세포분열을 촉진하는 식물호르몬으로서 옥신과 함께 존재해야만 세포분열을 촉진할 수 있다. 사이토카이닌은 뿌리에서 생성되어 물관을 통해 지상부로 이동한다.

(2) 생리작용

① 옥신과 같이 작용하여 세포분열을 촉진한다.
② 측아(곁눈)신장을 촉진한다. 옥신은 측아의 신장을 억제하지만 사이토카이닌은 옥신

과는 반대로 측아(곁눈)의 신장을 촉진한다.
③ 노화를 저지한다.
④ 기공의 개폐를 촉진한다.

4. 에틸렌

(1) 정의

에틸렌은 식물조직에서 생성되는 식물호르몬으로서 과실의 숙성을 촉진하기 때문에 숙성호르몬이라고도 하고 꽃의 노화를 촉진시키므로 노화호르몬이라고도 하며 식물체가 자극이나 병, 해충의 피해를 받을 경우 많이 생성되기 때문에 스트레스호르몬이라고도 한다.

(2) 생리작용

① 과실의 숙성을 촉진한다. 미숙한 과일을 저장할 때 에틸렌처리를 함으로써 저장 중에 빠른 숙성을 이룰 수 있다.
② 세포의 신장을 저해하고 비대생장을 촉진한다.
③ 상편생장(上篇生長)을 촉진한다.
④ 탈리현상(脫離現象)을 촉진한다.
⑤ 화아유도 및 발아촉진 작용을 한다.
⑥ 과실의 착색을 촉진한다.
⑦ 암꽃의 착생수를 증대시킨다.
⑧ 엽록소(클로로필)를 분해하는 작용을 한다.

> **참고**
>
> - **상편생장(上篇生長)** : 잎이 축 늘어지는 것을 말하며 수하현상(垂下現象)이라고도 한다. 이것은 잎 앞면의 세포생장이 뒷면의 세포생장보다 빠를 때 나타난다. 밝은 곳에서 생육하고 있는 식물의 잎에 에틸렌처리를 하면 엽병의 상측 세포의 신장이 하측 세포의 신장보다 빠르게 나타나서 잎이 축 늘어지는 수하현상이 나타나고 그 결과 잎이 떨어지게 된다.
> - **탈리현상(脫離現象)** : 잎, 꽃, 과일 등의 기관이 그 기부에 이층의 형성으로 인하여 떨어지는 현상이다.

5. 아브시진산(Abscisic Acid : ABA)

① 종자의 휴면을 촉진하고 종자의 발아를 억제한다.
  ㉠ 목본식물은 단일조건(短日條件)에서 아브시진산을 합성하여 휴면이 촉진된다.

ⓒ 목화의 열매에 함유되어 있는 낙과촉진물질(落果促進物質)이 아브시진산이다.
② 잎의 탈리를 촉진하여 잎이 떨어지게 하는 작용을 한다.
③ 작물의 노화를 촉진하는 작용을 한다.
④ 목본식물은 아브시진산 함량이 증가하면 내한성(耐寒性)이 강해지고, 토마토는 아브시진산 함량이 증가하면 기공이 닫혀 내건성(耐乾性)이 강해진다.

2 생장조절제

식물호르몬은 식물체내에서 생성되는 특수한 화학물질인 데 비해 생장조절제는 인공적으로 합성하여 만든 식물호르몬이라고 할 수 있다. 즉, 식물호르몬의 성분을 인공적으로 합성하여 식물에 처리하여 줌으로써 식물의 생장발육을 촉진하거나 억제하는 데 이용되고 있는 것이 식물생장조절제이다. 생장조절제는 옥신계통, 지베렐린 계통, 안티옥신 계통, 안티지베렐린 계통 등이 있다.

1. 옥신 계통의 생장조절제

NAA, IBA, IPA, MCPA, PCPA, 2.4.5-TP, 2.4.5-T, 2.4-D

2. 지베렐린 계통의 생장조절제

GA1-84

3. 생장억제제

① 안티옥신 : MH

② 안티지베렐린 : B-9, CCC, AMO-1618

기출핵심문제

01 착과나 생육을 촉진하는 식물생장 조절물질과 적용대상 작물의 연결이 옳지 않은 것은?

① 옥신 – 토마토
② 사이토카이닌 – 수박
③ ABA – 고추
④ 지베렐린 – 딸기

> **해설** 8회 기출 | 딸기의 열매를 생성하는 데 필요한 식물생장조절물질은 옥신계통이다.

02 식물생장조절물질인 옥신(Auxin)의 농업적 사용 목적이 아닌 것은?

① 제초제
② 증산억제제
③ 낙과방지제
④ 발근촉진제

> **해설** 6회 기출 | 옥신의 생리작용 : 생장 촉진, 목부 분화 촉진, 이층(離層)형성 억제, 낙과방지, 발근촉진, 단위결과(單爲結果) 유발, 정아(頂芽) 우세성 유발

03 포도 착색에 관여하는 주요 생장조절물질은?

① 옥신
② 지베렐린
③ 아브시스산
④ 사이토카이닌

> **해설** 9회 기출 | 아브시스산은 포도의 착색을 촉진한다.

04 식물생장조절제인 지베렐린의 산업적 이용으로 옳지 않은 것은?

① 카네이션의 절화수명연장
② 포도의 무핵화
③ 배추의 휴면 타파
④ 국화의 생육촉진

> **해설** 7회 기출 | 지베렐린은 노화지연이나 절화수명연장 작용은 없다. 식물호르몬은 옥신, 지베렐린, 사이토카이닌, 아브시진산, 에틸렌 등이 있는 데 옥신과 지베렐린은 세포신장을 통한 생장촉진, 사이토카이닌은 세포분열 촉진, 에틸렌은 성장 촉진, 아브시진산은 생장억제 호르몬이다.

| 정답 | 01 ④ 02 ② 03 ③ 04 ①

제4장 원예작물과 토양

1 토양의 조건

토양의 물리적, 화학적, 생물적 조건을 지력(地力)이라고 하며, 지력은 작물의 생산력에 지대한 영향을 미친다. 지력의 향상을 위해서는 다음의 조건을 구비할 필요가 있다.

① 토성은 사양토가 바람직하다. 사양토는 수분, 공기, 비료 성분을 적절하게 함유하고 있다. 사양토의 구성은 모래 65%, 미사 25%, 점토 10% 내외이다.
② 토양구조는 단립구조보다 입단구조가 조성될수록 바람직하다. 입단구조는 토지입자가 모여 입단이 되고 이러한 입단들이 배열되어 형성된 토지구조이다.
③ 토양반응은 중성 ~ 약산성이어야 한다(pH 5.5 ~ 6.5 정도).
④ 필요한 무기성분이 풍부하면서도 균형있게 내포되어 있어야 한다.
⑤ 유기물 함량이 많으며, 토양수분, 토양공기가 적절히 함유되어 있어 유용한 미생물이 번식하기 좋은 상태이어야 한다.
⑥ 토양은 유해물질에 오염되어 있지 않아야 한다.

2 토양의 물리적 성질

1. 토성

입경(토양입자의 크기)에 따라 모래, 미사, 점토로 나누어지는데, 토양의 입경조성비율에 따라 분류한 토양의 종류가 토성이다.

토양입자의 입경구분은 입경(mm) 0.002 미만을 점토, 0.002 ~ 0.02를 미사, 0.02 ~ 0.2를 세사(가는 모래), 0.2 ~ 2.0을 조사(굵은 모래)라고 한다.

(1) 토성별 점토함량

토성	점토함량 (%)
사토(모래흙)	12.5% 이하
사양토(모래참흙)	12.5 ~ 25.0%
양토(참흙)	25.0 ~ 37.5%
식양토(질참흙)	37.5 ~ 50.0%
식토(질흙)	50.0% 이상

(2) 토성과 작물의 생육

① 사토는 양분과 수분의 보유력이 약하여 메마르고 한해(旱害)를 받기 쉽다. 토양침식도 심하여 점토를 객토해야 한다.

② 식토는 통기와 투수가 불량하고, 유기물의 분해가 늦으며 딱딱하게 굳어 경작이 힘들다.

③ 사양토, 식양토가 작물 생육에 적합하다.

2. 토양의 삼상

토양은 고상(固相)인 토양입자, 액상(液相)인 토양수분, 기상(氣相)인 토양 공기로 구성된다. 고상(固相), 액상(液相), 기상(氣相)을 토양의 3상이라고 한다.

작물은 고상(固相)에 의지하여 기계적 지지를 받으며, 액상(液相)에서 양분과 수분을 흡수하고, 기상(氣相)에서 이산화탄소를 흡수한다.

토양 3상의 분포는 고상 50%, 액상 25%, 기상 25%로 되는 것이 작물의 생육에 적합하다.

3. 토양의 토층과 구조

(1) 토층과 구조

① 토양은 수직적으로 볼 때 위에서부터 작토(作土), 서상(鋤床), 심토(深土)로 층을 이루고 있다. 이를 토층이라고 한다. 작토가 깊을수록 작물의 생육에 유리하다.

② 토양을 구성하고 있는 토양입자가 배열되어 있는 상태를 토양구조라고 한다. 토양구조에는 단립구조, 입단구조, 이상구조 등이 있는데, 원예작물의 생육에는 단립구조보다 입단구조가 조성될수록 바람직하다.

③ 뭉쳐지지 않은 개개의 토양입자들로만 형성된 토지구조를 단립구조라고 하며 공기와 수분의 투과성은 좋은 편이나 보수력(수분을 보유하는 힘)이 약하다.

④ 이상구조는 미세한 토양입자가 단일형태로 집합된 구조라는 점에서 단립구조와 비슷하나 건조하면 각 입자가 서로 결합하여 부정형의 흙덩이를 형성한다는 것이 단립구조와 다르다.

⑤ 토지입자가 모여 입단이 되고 입단 들이 모여서 형성된 토지구조를 입단구조라고 한다.

(2) 입단구조의 특징

① 공극이 많고 투기, 투수, 양수분의 보유력이 적절하여 작물 생육에 유리하다.

② 토양에 입단구조가 형성되면 입단 내의 소공극과 입단사이의 대공극이 균형있게 발달하여 작물의 생육에 아주 좋은 조건이 된다.

③ 소공극은 모관현상(毛管現象)을 나타내기 때문에 모관공극이라고 하며, 소공극이 발달하면 지하수의 상승이 양호하여 토양의 함수상태(含水狀態)가 좋아진다.

④ 대공극(비모관공극)이 발달하면 통기가 좋아지고, 빗물의 지하침수가 많아지는 반면 지하수 증발이 억제되어 빗물의 이용도가 높아진다.

⑤ 형성된 입단은 영구적인 것이 아니고 계속 파괴되어지기 때문에 이를 방지하기 위한 노력이 필요하다.

⑥ 입단의 파괴가 나타나는 원인으로는 건조와 습윤이 반복되어 입단의 수축과 팽창도 반복된다는 점, 나트륨 이온의 첨가로 인해 점토의 결합력이 약해진다는 점, 기타 경운, 비와 바람에 의한 기계적 타격 등이 있다.

⑦ 입단의 파괴를 막기 위해서는 유기물과 석회를 사용하여야 한다. 유기물은 분해될 때 미생물로부터 점질물질이 분비되기 때문에 토양입자 결합에 도움이 되고, 석회는 유기물의 분해를 촉진하며 토양입자를 결합하는 작용을 하기 때문이다.

4. 토양의 수분

(1) 토양수분장력(土壤水分張力)

① 토양입자의 표면과 토양수분간에 작용하는 인력(引力)을 말하며 이는 토양의 수분흡착력이라고 할 수 있다.

② 수주(水主)의 높이로 표시하기도 하고 수주높이의 대수를 취하여 pF로 표시하기도 하며 또한 기압으로 표시하기도 한다. 수주의 높이 1cm가 0pF이며 0.001bar에 해당된다.

③ 수주의 높이가 높을수록, pF가 클수록, 기압이 클수록 토양의 수분흡착력이 크다.

참고 수주의 높이, pF, 기압의 관계

수주의 높이 (cm)	pF	기압(bar)
1	0	0.001
10	1	0.01
1,000	3	1
10,000,000	7	10,000

(2) 포장용수량(Field Capacity)

관개나 강우로 토양에 많은 물이 가해지면 과잉수의 대부분은 중력의 힘에 의하여 토양공극을 통해 빠져나간다. 이러한 현상은 중력이 토양의 수분흡착력과 일치될 때 멈추게 된다. 이 때 토양에 남아 있는 수분의 총량을 포장용수량(Field Capacity)이라고 하며 pF는 1.7 ~ 2.7이다.

(3) 초기위조점

포장용수량에서 점차 수분이 감소되면 식물은 낮에 시들었다가 밤이 되면 증산이 억제되어 다시 회복되는 상태가 된다. 이때의 토양수분상태를 초기위조점이라고 하며 pF는 약 3.9이다.

(4) 영구위조점

초기위조점에서 수분이 더 감소하면 식물은 완전히 시들어서 토양에 수분을 공급하지 않는 한 회복될 수 없는 상태가 된다. 이때의 토양수분상태를 영구위조점이라고 하며 pF는 4.2이다.

(5) 위조계수

위조점에서의 토양수분을 그 토양의 건조중량(마른 상태의 무게)에 대한 백분율로 표시한 값을 위조계수라고 한다.

(6) 흡수계수

토양에 포화상태로 흡착된 수분량을 건조토양의 중량으로 나누어 이를 백분율로 표시한 것을 흡수계수라고 한다.

(7) 최대용수량

토양의 모든 공극에 수분이 꽉 찬 상태의 수분함량을 최대용수량이라고 하며 pF는 0이다.

(8) 수분당량(水分當量)

토양을 물로 포화시키고, 중력의 1,000배에 해당하는 원심력을 작용시킨 후, 그 상태에서 토양 속에 남아 있는 수분의 양을 수분당량이라고 한다.

(9) 토양수분의 형태

① **중력수** : 토양의 수분 중 포장용수량 이상의 수분을 말하며 잉여수분이다. 중력수는 중력에 의해 쉽게 하층으로 빠져버리므로 작물에 흡수되거나 이용되기 어려운 수분이다.

② **모관수** : 표면장력에 의해 흡수·유지되는 수분으로서 중력에 저항하여 토양에 남아 있는 수분이다. 이는 영구위조점 이상 포장용수량 이하의 수분이다. 모관수는 작물에 이용되는 유효수분이며 pF는 2.7 ~ 4.2이다. 점토함량이 많은 토지일수록 유효수분의 범위가 넓다.

③ **흡착수** : 토양입자에 흡착되어 있는 수분으로서 영구위조점 이하의 수분이다. 흡착수의 pF는 4.5 ~ 7이며, 작물은 흡수하지 못하는 무효수분이다.

④ **결합수** : 점토에 결합되어 있어 분리할 수 없는 수분이다. 작물에는 이용할 수 없다.

5. 토양의 공기

① 토양의 공극 중 공기로 차 있는 공극량을 토양의 용기량(Air Capacity)이라고 한다. 일반적으로 모관공극은 수분으로 차 있고 비모관공극은 공기로 차 있다.

② 토양수분이 최대용수량일 때 용기량은 최소용기량이 된다.

③ 어느 수준까지는 용기량이 증가할 때 작물의 생육도 좋아지지만 정도를 넘으면 오히려 생육이 떨어지기 때문에 최적용기량 상태를 유지하여야 한다. 일반적으로 함공기공극(含空氣孔隙)이 토양면적의 20 ~ 30% 정도인 것이 적합하다.

④ 지온이 높아지면 함공기공극(含空氣孔隙)이 감소한다. 따라서 여름작물은 건조의 피해가 없는 수준에서 배수를 시켜 공기공극을 증가시켜 주어야 한다.

⑤ 토양통기를 요구하는 정도는 작물의 종류에 따라 다르다. 오이, 토마토, 수박, 배추 등은 통기의 요구가 많고 산소부족의 영향을 받기 쉬운 작물이며, 가지, 양파, 고추 등은 통기의 요구도가 적다.

6. 토양의 온도

① 지표의 온도는 기온과 거의 비슷하기 때문에 계절에 따라 차이가 많다. 그러나 지하토지의 온도는 토심이 깊어질수록 계절적 변화폭이 줄어든다. 조사결과에 의하면 12월과 4월의 지표온도차는 10.2℃ 정도로 나타나고 있는데, 토심 30cm 깊이에서는 5.7℃, 토심 150cm 깊이에서는 2.5℃의 차이 밖에 없다. 일반적으로 250cm 깊이에서는 거의 차이가 없는 것으로 조사되고 있다. 이러한 사실은 원예작물을 지하 저장할 때 참고가 될 수 있다.

② 온도의 일교차도 토심이 깊을수록 줄어든다. 일교차에 거의 차이가 없는 토심의 정도는 토성에 따라 다른데, 식토는 약 47cm, 사토는 약 57cm로 조사되고 있다. 이러한 사실은 식물의 동해 방지를 위해 복토를 할 때 활용 될 수 있다.

③ 지온은 식물 뿌리의 생리작용에 영향을 미친다. 적절한 지온에서 뿌리의 호흡이 활발하게 이루어지고 양분흡수력도 좋다. 따라서 한랭기에는 지온을 높여주고, 혹서기에는 지온을 낮춰주는 것이 필요하다.

7. 토양의 미생물

(1) 토양 미생물이 작물생육에 미치는 유리한 작용

① 유기물을 분해하여 암모니아와 여러 가지 양분을 생성한다.

② 유리질소를 고정한다. Azotobacter, Azotomonas 등은 호기상태(통기성이 좋은 토양 상태)에서 유리질소를 고정하며, Clostridium 등은 혐기상태(통기성이 좋지 않은

토양 상태)에서 유리질소를 고정한다.

③ 암모니아를 질산으로 변화시킨다.

④ 인산의 용해도를 높이는 등 무기성분을 변화시킨다.

⑤ 가용성 무기성분을 동화하여 유실을 방지한다.

⑥ 토양의 입단을 형성한다.

⑦ 호르몬성 생장촉진물질을 분비한다.

(2) 토양 미생물이 작물생육에 미치는 유해 작용

① 작물에 병을 발생케 한다.

② 유해한 환원성 물질을 생성한다.

③ 탈질작용(脫窒作用)을 일으킨다.

④ 미생물과 작물간에 양분의 쟁탈이 생긴다.

> **참고** 탈질작용(脫窒作用)
>
> 담수상태인 논에 암모니아태질소(NH_4)를 사용하면 질산태질소(NO_3)가 되어 토양에 잘 흡수되지 못한다. 이러한 질산태질소는 탈진세균에 의해 환원되어($NO_3 \rightarrow NO \rightarrow N_2$) 일산화질소(NO)나 질소가스($N_2$)가 되어 대기 중으로 날아가게 되는데 이같은 현상을 탈질현상이라고 한다.

(3) 토양 미생물의 활동이 활발해지는 조건

① 토양의 통기가 좋을 때

② 토양이 적습상태에 있을 때

③ 토양반응이 중성~미산성일 때

④ 토양온도가 20 ~ 30℃ 일 때

(4) 유해한 토양 미생물을 줄이는 방법

윤작, 담수, 배수, 토양소독 등을 통하여 유해한 토양미생물을 줄일 수 있다.

3 토양의 화학적 성질

1. 토양 반응

(1) 정의

① 토양이 산성인지 알카리성인지 나타내는 것을 토양반응이라고 한다. 토양반응은 토양의 산도(pH)로써 측정한다. 산도를 측정하는 방법에는 지시약법과 전기적 방법이 있으며 지시약법은 용액법과 리트머스 시험지법이 있다.
산도의 측정결과 pH 7을 기준으로 하여 7보다 작으면 산성, 7보다 크면 알칼리성, 7은 중성이다.

② 산성토양은 작물에 이롭지 못하다. 따라서 토양이 산성화되는 원인파악과 대책마련이 필요하다.

(2) 산성토지의 피해

① 수소이온의 농도가 높아지기 때문에 작물의 생육에 해롭다.
② 산성토양 속에는 알루미늄이나 망간의 성분이 많아 작물에 해를 준다.
③ 강한 산성이나 강한 알카리성은 근류균(뿌리혹 박테리아)이나 미생물의 활동을 어렵게 한다. 따라서 질소고정을 어렵게 하여 질소를 부족하게 만든다.
④ 산성토양에서는 인산의 효과가 줄어든다.
⑤ 산성토양에서는 철분이 물에 녹아 작물의 뿌리를 둘러싸게 되어 뿌리의 양분흡수를 방해한다.
⑥ 산성토양에서는 미생물의 활동이 저하되어 유기물의 분해가 나빠지고 토양의 입단형성이 저해된다.
⑦ 산성토양이 되면 인(P), 칼슘(Ca), 마그네슘(Mg), 몰리브덴(Mo), 붕소(B) 등 필수원소가 부족하게 되어 작물의 생육이 나빠진다.

(3) 토양 산성화의 원인

① 산기를 가지고 있는 물질이 흘러 들어올 경우이다. 공장의 폐수가 토양으로 흘러들어 오거나 아황산가스가 공중에서 빗물에 녹아 토양에 떨어지는 경우 등이 해당된다.
② 습기가 많은 곳에서 침엽수의 잎이 썩게 되면 토양이 산성으로 변한다(산성부식토).
③ 토양이 지니고 있는 석회(Ca^{++}), 고토(Mg^{++}), 칼리(K^{++}) 등과 같은 토양염기가 물에 씻겨 내려가 토양에서의 염기가 줄어들 경우 토양이 산성으로 변한다.

(4) 산성토양의 개량방법

① 석회가루, 백운석가루, 탄산석회가루, 조개껍질 가루, 규회석가루 등과 같은 알칼리성 물질을 보충해준다.

② 퇴비나 녹비 등과 같은 유기물을 토양에 주면 미생물이 잘 자라게 되어 산성토양의 피해를 줄일 수 있다.

2. 토양 유기물

(1) 정의

① 동물이나 식물의 잔재가 미생물의 작용에 의해 분해된 것이 토양 유기물이다.

② 유기물의 주요한 공급원은 퇴비, 구비, 녹비, 고간류 등이다.

③ 짚류, 풀, 낙엽과 기타 비료성분이 들어 있는 여러 가지 재료를 모아 퇴적하여 부식시킨 것이 퇴비이며, 자운영, 클로버, 알팔파, 호밀, 귀리 등과 같이 비료성분이 풍부하여 유기질비료로 사용되는 작물이 녹비(풋거름)이다.

④ 외양간에서 나오는 두엄. 즉 짚, 건초 등 가축의 배설물과 함께 섞여 있는 거름이 구비이고, 벼, 보리, 밀, 조와 같은 곡류의 수확 후 남은 잎과 줄기가 고간류(짚)이다.

(2) 기능

① 유기물은 토양의 입단구조를 발달시키고, 토양수분의 보존력을 높이며, 통기를 좋게 한다.

② 유기물은 토지의 완충능력을 높이고 토양미생물을 풍부하게 한다.

③ 유기물은 작물생육에 필요한 영양분을 공급한다.

> **참고** 완충능력
>
> 어떤 용액에 산이나 알칼리를 첨가하면 pH가 변한다. 이때 증류수의 pH변화보다 그 변화범위가 작으면 그 용액은 완충성이 있다고 하며 그 완충성의 크기를 완충능력이라고 한다. 완충능력이 큰 토양은 산성이나 알칼리성으로 쉽게 변하지 않으므로 안전영농을 할 수 있다.

3. 토양 중의 무기성분

(1) 작물 생육에 필수적인 16원소

> 탄소(C), 산소(O), 수소(H), 질소(N), 인(P), 칼륨(K), 칼슘(Ca), 마그네슘(Mg), 황(S), 철(Fe), 망간(Mn), 구리(Cu), 아연(Zn), 붕소(B), 몰리브덴(Mo), 염소(Cl)

① **다량원소** : 작물생육에 다량으로 소요되는 원소를 다량원소라고 한다. 질소(N), 인(P), 칼륨(K), 칼슘(Ca), 마그네슘(Mg), 황(S)의 6원소이다.

② **미량원소** : 철(Fe), 망간(Mn), 구리(Cu), 아연(Zn), 붕소(B), 몰리브덴(Mo), 염소(Cl) 등이다.

③ **비료요소** : 필수원소 중 자연함량이 부족하여 인위적으로 공급할 필요가 있는 것을 비료요소라고 하는데, 비료요소는 질소(N), 인(P), 칼륨(K), 칼슘(Ca), 마그네슘(Mg), 철(Fe), 망간(Mn), 아연(Zn), 붕소(B) 등이다.

> **참고** 비료의 3요소
>
> 비료요소 중에서 인위적 공급의 필요성이 가장 큰 질소(N), 인(P), 칼륨(K)을 비료의 3요소라고 한다.

(2) 필수원소의 주요작용 및 결핍 또는 과잉시의 증상

① 탄소(C), 산소(O), 수소(H)는 엽록소의 구성원소이다.

② 질소(N)는 녹색식물의 엽록소, 단백질 및 각종 분열조직과 종자의 중요한 구성요소이다.

　㉠ 질소가 결핍되면 작물의 잎은 황화되어 잎이 작아지고 작물의 생장 및 발육이 저하된다.

　㉡ 질소결핍증상은 늙은 부분에서 먼저 나타나고 생장점에서 마지막으로 나타난다.

　㉢ 질소가 과다하면 세포벽이 얇아져 작물의 저항력이 떨어지고 작물의 C/N 율이 낮아져 개화가 지연된다.

> **참고**
>
> - **세포벽** : 식물세포의 원형질막 바깥쪽을 싸고 있는 두꺼운 막을 말하며 최근 원형질막을 세포막이라고 불러 세포벽과 구별하고 있다. 세포벽은 Cellulose, Pectin 등의 성분으로 되어 있다.
> - **펙틴(Pectin)** : 세포벽에 있는 다당류 물질로서 세포를 단단하게 유지시켜 준다. 펙틴은 과실이나 채소의 육질(품질)정도를 지배하는 중요한 성분이며 과실의 경도(단단한 정도)나 촉감에 영향을 준다. 염화칼슘은 펙틴의 결합을 견고하게 하여 과육의 연화를 억제하고 노화를 지연시켜 저장력을 향상시킨다.

③ 인(P)은 식물의 세포핵 분열조직 및 식물 생리상 중요한 효소의 구성요소이며 특히 뿌리의 발육을 촉진하는 작용을 한다.

　㉠ 인(P)이 결핍되면 뿌리의 생장이 정지되고 작물의 잎은 암록색으로 변하며 말라서 떨어지게 된다.

　㉡ 과실류는 신맛이 강하고 단맛이 작은 불량과가 된다.

④ 칼륨(K)은 세포 내에 수분을 공급하고 지나친 증산에 의한 수분상실을 제어하는 작용을 하며 여러 가지 효소반응의 활성제로서 작용한다.

㉠ 결핍되면 잎에 갈색 반점이 생기고 줄기가 연약해지며 결실이 저하된다.
　　㉡ 칼륨이 지나치게 과다하면 칼슘과 마그네슘의 흡수가 저해된다.
⑤ 칼슘(Ca)은 세포막의 주성분이며 단백질의 합성, 물질 전류에 관여한다.
　　㉠ 결핍되면 뿌리나 눈의 생장점이 붉게 변한다.
　　㉡ 사과는 고두병, 토마토는 배꼽썩음병, 땅콩은 공협(종실이 맺혀 있지 않은 빈꼬투리)이 발생한다.
⑥ 마그네슘(Mg)은 엽록소의 구성원소이다.
　　㉠ 결핍되면 황백화 현상이 나타나고 종자의 성숙이 저하된다.
⑦ 황(S)은 단백질, 아미노산, 효소 등의 구성성분이며 엽록소의 형성에 관여한다.
　　㉠ 결핍되면 엽록소의 형성이 억제된다.
⑧ 철(Fe)은 호흡효소의 구성성분이며 엽록소의 형성에 관여한다.
　　㉠ 결핍되면 어린 잎부터 황백화하여 엽맥사이가 퇴색한다.

> **참고** 엽맥
>
> 줄기에서 갈라진 관다발 끝이 잎살 사이를 누비듯 가늘게 가지친 것을 엽맥이라고 한다. 엽맥은 잎을 지지하며, 수분의 통로(도관)와 양분 및 동화물질의 통로(체관)가 된다.

⑨ 망간(Mn)은 동화물질의 합성, 분해, 호흡작용, 광합성 등에 관여한다.
　　㉠ 결핍되면 엽맥에서 먼 부분이 황색으로 변한다.
　　㉡ 그러나 망간이 과다하면 줄기, 잎에 갈색의 반점이 생기고 뿌리가 갈색으로 변한다.
　　㉢ 사과의 적진병은 망간과다가 원인이 되기도 한다.
⑩ 구리(Cu)는 광합성, 호흡작용에 관여하며 엽록소의 생성을 촉진한다.
　　㉠ 결핍되면 황백화, 괴사, 조기낙과 등을 초래한다.
⑪ 아연(Zn)은 촉매 또는 반응조절물질로 작용하며 단백질과 탄수화물의 대사와 엽록소 형성에 관여한다.
　　㉠ 결핍되면 황백화, 괴사, 조기낙엽 등을 초래한다.
　　㉡ 감귤류에서는 잎무늬병, 소엽병, 결실불량 등을 초래한다.
⑫ 붕소(B)는 촉매 또는 반응조절물질로 작용하며 석회결핍의 영향을 감소시킨다.
　　㉠ 결핍되면 분열조직이 괴사하는 경우가 있다.
⑬ 몰리브덴(Mo)은 질소환원효소의 구성성분이다.
　　㉠ 결핍되면 모자이크병 증세가 나타난다.
⑭ 염소(Cl)는 광화학반응의 촉매로 작용한다.

기출핵심문제

01 미사질 양토의 밭토양에서 식물 생육에 가장 좋은 토양의 고상 : 액상 : 기상의 비율(%)로 가장 적합한 것은?

① 20 : 40 : 40
② 40 : 30 : 30
③ 50 : 25 : 25
④ 60 : 35 : 5

해설 3회 기출 | 토양3상의 분포는 고상 50%, 액상 25%, 기상 25%로 되는 것이 작물의 생육에 적합하다.

02 토양 유기물의 기능이 아닌 것은?

① 토양의 완충능을 증대시킨다.
② 토양의 보비력을 증대시킨다.
③ 토양의 단립구조 형성에 도움을 준다.
④ 미생물에 의해 분해되어 작물에 양분을 공급한다.

해설 6회 기출 | 유기물은 토양의 입단구조 형성에 도움을 준다.

03 다음 중 점질토양에 비하여 사질토양에서 재배된 무에서 잘 나타나는 현상은?

① 바람들이가 촉진된다.
② 기근(岐根)발생이 많아진다.
③ 뿌리 조직이 치밀하다.
④ 노화가 억제된다.

해설 2회 기출 | 무를 사질토양에서 재배하면 잔뿌리와 기근이 적은 큰 무가 생산되는 장점이 있는 반면 바람들이가 촉진되는 단점이 있다.

04 다음 비료 성분 중 미량원소로 분류되는 원소는?

① Ca
② N
③ K
④ B

해설 4회 기출 | 철(Fe), 망간(Mn), 구리(Cu), 아연(Zn), 붕소(B), 몰리브덴(Mo), 염소(Cl) 등은 미량원소이다.

05 토양의 염류집적을 방지하고 지력을 높이기 위한 방법으로 옳지 않은 것은?

① 유기물을 사용하여 양이온치환용량을 높인다.
② 토양진단에 근거하여 시비를 한다.
③ 경운 및 쇄토를 자주 하여 토양을 단립화 시킨다.
④ 담수처리를 하거나 제염작물을 재배한다.

해설 8회 기출 | 토양의 지력을 높이기 위해서는 입단구조가 바람직하다.

정답 | 01 ③ 02 ③ 03 ① 04 ④ 05 ③

제5장 원예작물과 기후

1 온도와 원예작물

1. 원예작물 재배와 관련된 온도의 개념

(1) 유효온도와 최적온도

① 작물의 생육이 가능한 온도의 범위를 유효온도라고 한다.
② 유효온도는 생육의 최저온도부터 생육의 최고온도까지에 해당된다.
③ 이중 최적온도는 작물이 가장 왕성하게 생육되는 온도이다.
④ 예를 들면, 오이의 생육은 5 ~ 40℃의 범위 안에서 이루어진다. 이때 생육의 유효온도는 5 ~ 40℃이며, 생육의 최저온도는 5℃, 최고온도는 40℃이다. 오이의 생육에 가장 적합한 온도는 20 ~ 25℃인데, 이를 오이 생육의 최적온도라고 한다.
⑤ 일반적으로 여름작물의 유효온도는 10 ~ 50℃, 최적온도는 30 ~ 35℃이며, 겨울작물은 1 ~ 40℃, 최적온도는 15 ~ 25℃이다.

(2) 적산온도

① 작물이 발아할 때부터 성숙이 끝날 때까지의 전체기간동안 0℃ 이상의 일평균기온을 모두 합한 것을 적산온도라고 한다.
② 적산온도는 같은 품종이라도 성숙시기와 재배장소 등에 따라 다르다.

(3) 온도계수

① 온도는 작물의 광합성작용이나 호흡 등과 같은 생리작용에 영향을 준다.
② 일반적으로 최저온도에서 최적온도에 이를 때까지 온도가 상승하면 작물의 각종 생리작용도 상승하게 된다. 온도가 10℃ 상승함에 따른 생리작용 반응속도의 증가 배수를 온도계수라고 한다.
③ 온도계수는 Q_{10} 이라고 표시한다. 예를 들어 25℃의 기온을 보이는 여름날에 어느 작물의 광합성작용의 Q_{10}이 1.5이고, 호흡량의 Q_{10}이 2라면 광합성에 의한 유기물의 생성증가보다 호흡에 의한 유기물의 소모증가가 더 크다는 것을 의미하며, 따라서 동화물질의 체내축적은 이루어지지 못하게 된다. 반대로 광합성작용의 Q_{10}이 2.5이고, 호흡량의 Q_{10}이 2라면 광합성에 의한 유기물의 생성증가가 호흡에 의한 유기물의 소모증가보다 더 크다는 것을 의미하며, 따라서 동화물질의 체내축적이 이루어진다는 것을 알 수 있다.

2. 온도와 원예작물의 생리작용

(1) 온도와 수확량

① 최적온도에 이르기까지 온도가 높아지면 광합성량은 증가한다. 그러나 최적온도 이상으로 온도가 높아지면 광합성은 둔화된다.

② 또한 온도가 오르면 호흡량도 증가한다. 그러나 30℃를 넘어서면 호흡작용이 둔화되기 시작하고 50℃ 정도에서는 호흡이 정지되는 것이 일반적이다.

③ 작물의 생육에 최적온도의 환경을 마련해 주는 것이 수확량 증대를 위해 필요하다. 최적온도에서 최고의 광합성이 이루어지고 호흡작용은 정상적이기 때문에 다량의 탄수화물이 생육에 이용될 수 있고 따라서 최대의 수확량을 낼 수 있다.

> **참고**
>
> - **광합성** : 녹색식물(엽록체)이 광에너지를 이용하여 공기 중에 있는 이산화탄소(CO_2)와 뿌리에서 흡수한 물(H_2O)로부터 포도당을 합성하고 물(H_2O)과 산소(O_2)를 방출하는 생화학적 대사작용을 말한다.
>
>   광합성의 반응식 : $6CO_2 + 12H_2O + 빛(광에너지) \xrightarrow[\text{온도}]{\text{엽록소}} C_6H_{12}O_6 + 6H_2O + 6O_2$
>
> - **호흡작용** : 생물체가 외계로부터 분자상태의 산소를 받아들여 생화학적 과정을 거쳐 유기물을 산화분해하고 생성된 이산화탄소를 배출하는 것을 말한다. 생물체는 호흡작용을 통해 에너지를 획득한다. 호흡작용의 결과 생성된 ATP는 가수분해되어 1분자당 7.3kcal의 에너지를 발생한다.
>   - 호흡작용의 반응식 : $C_6H_{12}O_6 + 6O_2 \longrightarrow 6CO_2 + 6H_2O + ATP$

(2) 호랭성(好冷性)작물과 호온성(好溫性)작물

① 최적온도의 범위에 따라 호랭성(好冷性)작물과 호온성(好溫性)작물로 나누어진다.

② 최적온도가 7.2~15.5℃인 원예작물을 호랭성작물이라고 한다. 사과, 배, 앵두, 자두, 나무딸기, 아스파라거스, 시금치, 상추, 양배추, 당근, 완두, 감자, 카네이션, 오랑캐꽃, 안개풀, 스와인소니아 등이 있다.

③ 최적온도가 18.3~24℃인 원예작물을 호온성작물이라고 한다. 복숭아, 살구, 올리브, 야자, 무화과, 감, 고구마, 토마토, 고추, 오이, 가지, 수박, 호박, 장미, 백합, 난, 히야신스 등이 있다.

(3) 온도와 광합성과의 관계

① 수확량은 탄수화물의 총량에 의해 결정되며 탄수화물의 총량은 광합성량에서 호흡량을 뺀 것이다.

② 그림에서 A점과 D점은 광합성량과 호흡량이 같으므로 작물 생육에 이용되는 탄수화

물은 0이다. 작물이 계속 생육하기 위해서는 광합성량이 호흡량보다 많아야 하기 때문에 A ~ D 점의 온도가 유효온도이다. 그리고 B ~ C 점의 온도가 최적온도이다.

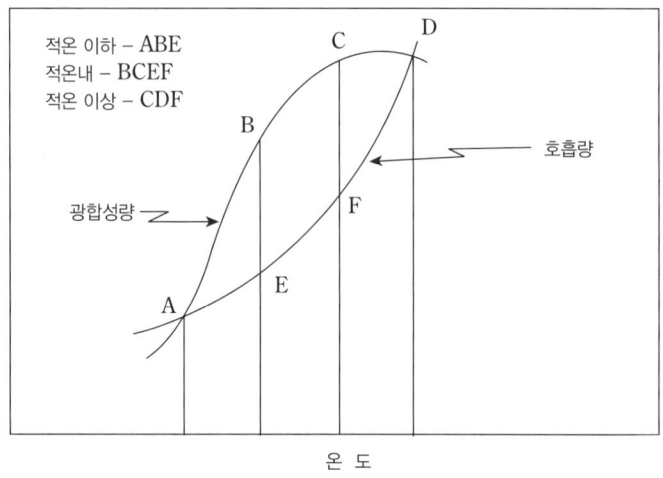

(4) 온도와 증산작용

① 온도가 상승하면 증산작용이 증가한다.

② 증산작용이란, 작물 내의 수분이 잎의 기공을 통하여 수증기 형태로 배출되는 것을 말한다.

③ 식물체의 증산작용은 수분과 양분의 흡수를 조정하고 체온을 조절하는 역할을 한다.

(5) 온도와 동화물질의 전류

① 광합성에 의해 잎에서 만들어진 동화물질이 생장점 등에 저장되거나 소비기관으로 이동하는 현상을 동화물질의 전류라고 한다.

② 최적온도에 이르기까지는 온도가 상승할수록 동화물질의 전류가 활발하게 이루어진다.

3. 부적당한 온도의 영향

온도가 최적온도보다 낮아지면 광합성량과 호흡량이 모두 감소한다. 일반적으로 온도가 낮아질 때 광합성량이 감소하는 속도가 호흡량이 감소하는 속도보다 더 빠르게 진행되기 때문에 결과적으로 수확량이 감소하게 된다.

(1) 냉해

① 여름작물이 생육상 고온이 필요한 여름철에 냉온을 만나게 되어 받게 되는 피해를 냉해라고 한다.

② 온대의 여름작물은 작물의 종류에 따라 10 ~ 1℃에서 냉해를 입는다.

③ 냉해로 인해 생육의 저하, 수확량의 감소가 나타난다.

(2) 열해

① 작물이 생육최고온도 이상의 고온으로 인하여 받는 피해를 열해라고 하며, 전분의 점괴화, 유기물의 과잉소모, 증산과다 등이 나타난다.
② 열해로 증산량이 급격히 증가하면 식물체가 위조현상을 나타내기도 한다.
③ 식물이 시드는 현상을 위조현상이라고 한다.

(3) 저온요구도

① 낙엽과수는 이른 가을쯤부터 휴면에 들어가는데, 휴면을 타파한 후에만 발아가 가능하다.
② 휴면타파를 위해서는 일정한 저온에 노출되어야 하는데 이것을 저온요구도라고 한다.
③ 예를 들면 7.2℃ 이하의 온도에서 사과는 1,400 ~ 1,600시간, 감은 800 ~ 1,000시간을 지나야 휴면이 타파되어 발아한다.
④ 저온요구도가 충족되지 못하는 경우에는 저온부족으로 인한 해(害)를 입게 된다.

2 수분과 원예작물

1. 수분과 작물의 생리작용

① 원형질의 생활 상태를 유지시킨다. 원형질이란, 살아있는 세포의 내용물을 뜻하며 세포질과 핵으로 이루어진다.
② 수분은 식물체를 구성하는 주요성분이나 식물의 체제유지를 가능하게 한다.
③ 수분은 필요한 물질을 흡수가능한 수용액으로 만드는 용매가 된다.
④ 수분은 체내 물질 분포를 고르게 하는 운반체의 역할을 한다.
⑤ 수분은 필요한 물질을 합성 분해하는 매개체가 된다.
⑥ 수분은 외부온도의 변화에 대응하여 체온을 유지시킨다.

2. 수분의 흡수

① 식물 뿌리가 토양수분을 흡수하는 힘은 확산압차(DPD : Diffusion Pressure Deficit)와 SMS(Soil Moisture Stress)의 차이에 의해 결정된다.
② 식물의 뿌리는 근모(根毛)가 있어 아주 넓은 흡수면으로써 수분 흡수가 가능하다. 근모(根

毛)는 흡수면을 넓힐 수 있도록 뿌리의 표피가 변화된 것이다.
③ 심근성(深根性)작물이 천근성(淺根性)작물보다 가뭄에 강하다. 아스파라거스, 토마토, 수박, 호박 등은 심근성작물이며, 샐러리, 상추, 양파 등은 천근성작물이다.

> **참고**
> - **확산압차(DPD : Diffusion Pressure Deficit, 흡수압)** : 식물세포의 삼투압과 막압의 차이를 말한다. 반투성 막을 중심으로 농도가 낮은 쪽의 용액이 농도가 높은 용액 쪽으로 빨려 들어가는 현상을 삼투라고 하며 그 크기가 삼투압이다. 그리고 세포 외로 수분을 배출하는 압력을 막압이라고 한다. 따라서 확산압차는 세포가 물을 흡수하려는 압력과 배출하려는 압력의 차이이다.
> - **SMS(Soil Moisture Stress)** : 토양의 수분 보유력과 토양용액의 삼투압을 합한 것을 말한다. 세포의 삼투압과 막압이 같아져서 DPD가 0이 된 상태를 팽만상태라고 하며 이는 세포가 최대로 수분을 흡수한 상태이다.

3. 수분의 배출

① 작물의 잎을 통한 수분의 배출은 증산작용에 의해 이루어진다.
② 증산작용은 광도, 습도, 온도, 바람 등에 의해 영향을 받는다.
  ㉠ 낮이 밤보다 증산작용이 왕성하다. 광도가 높을수록 엽면온도를 높여주고 기공을 많이 열리게 하기 때문이다.
  ㉡ 공기 중의 상대습도가 낮으면 공기가 수증기를 많이 흡수할 수 있는 조건이 되므로 작물의 증산작용이 왕성해진다.
  ㉢ 기온이 높아지면 증산작용이 왕성해진다.
  ㉣ 미풍은 증산활동은 왕성하게 하고, 강풍은 기공을 닫히게 하여 증산작용을 억제한다.

4. 수분의 공급과 원예작물의 생육

① 수분이 충분히 공급되면 수분흡수율과 증산율이 일치하게 된다. 이때는 기공이 활짝 열리고 탄산가스가 기공을 통해 충분히 들어와서 광합성이 활발하게 이루어진다. 그러나 수분공급이 부족하면 기공이 닫혀 광합성률이 감소한다.
② 수분공급이 증산량보다 많은 경우에는 식물이 도장(徒長)하고 연약하게 되어 병에 걸리기 쉽다. 웃자람을 도장(徒長)이라고 하며 식물이 키만 크고 연약하게 자라는 현상이다. 광선이 부족하거나 습기가 많은 환경에서 많이 나타난다. 따라서 수분과잉시는 배수를 철저히 하여 유효수분량을 줄이고, 솎아주기를 하여 증산작용을 촉진시킬 필요가 있다.

> **참고** 유효수분

> 영구위조점과 포장용수량 사이에 해당되는 토양수분으로서 작물의 생육에 이용될 수 있는 수분이다.
> - **영구위조점** : 초기위조점에서 수분이 더 감소하면 식물은 완전히 시들어서 토양에 수분을 공급하지 않는 한 회복될 수 없는 상태가 되는데, 이때의 토양수분상태를 영구위조점이라 한다.
> - **포장용수량** : 관개나 강우로 토양에 많은 물이 가해지면 과잉수의 대부분은 중력의 힘에 의해 토양공극을 통해 빠져나가며 이러한 현상은 중력이 토양의 수분흡착력과 일치될 때 멈추게 되는데, 이 때 토양에 남아있는 수분의 총량을 포장용수량(Field Capacity)이라 한다.

3. 공기와 원예작물

- 공기는 질소 78.31%, 산소 20.8%, 이산화탄소 0.03%, 기타 소량의 수증기, 먼지, 미생물 등을 함유하고 있다.
- 공기는 원예작물의 호흡에 필요한 산소를 공급하고, 광합성의 주재료인 이산화탄소를 공급하며 질소고정균을 통해 질소를 공급한다.

1. 이산화탄소와 원예작물의 생육

① CO_2는 광합성의 주재료가 된다. 일광이 충분한 조건하에서 CO_2 농도를 높여주면 광합성이 증대되어 수확량이 증가한다.

② 작물이 생장을 계속하기 위해서는 이산화탄소보상점 이상의 CO_2 농도가 필요하다. 이산화탄소보상점이란 광합성에 의한 유기물의 생성속도와 호흡에 의한 유기물의 소모속도가 일치할 때의 CO_2 농도를 말하며, 공기 중 농도의 1/10 ~ 1/3(0.003 ~ 0.01%) 정도이다.

③ CO_2 농도가 어느 정도까지 높아지면 그 이상 높아져도 광합성은 증대하지 않는데, 이때의 CO_2 농도를 이산화탄소포화점이라 한다. 공기 중 농도의 7 ~ 10배 (0.21 ~ 0.3%) 정도이다.

④ 온도, 광도, CO_2 농도의 3가지를 적절히 조절하면 광합성 속도와 광포화점을 더욱 높여줄 수 있다.

> **참고** 광포화점

> 일조가 약할 때에는 광합성량은 햇볕의 강도(광도)에 정비례하여 증가하지만 햇볕의 강도(광도)가 강하게 되면 그 관계는 성립되지 않고 어느 일정 한계의 광도가 되면 그 이상 광도가 증가하여도 광합성량은 증가하지 않는다. 이때의 광도를 광포화점이라고 한다.

⑤ CO_2 농도는 지표면에 가까울수록 높고, 위로 올라갈수록 낮다. 따라서 작물이 지나치게 밀생한 경우에는 솎아주기를 하여 바람이 통하게 함으로써 지표면에 가라앉아 있는 CO_2가 상부로 이동할 수 있도록 해 줄 필요가 있다.

2. 질소와 원예작물의 생육

① 공기 중에 함유되어있는 질소가스는 작물의 근류균(根瘤菌)과 Azotobacter 등에 의해 질소로 고정되어 작물에 이용된다.
  ㉠ 근류균은 뿌리혹박테리아라고 하며 콩과식물의 뿌리에 혹을 형성하고 그 속에 기생하는 세균이다. 근류균과 콩과식물은 공생관계이다.
  ㉡ Azotobacter는 토양미생물의 일종이다.
② 공기 중의 질소는 화학적으로 고정시켜 질소비료를 생산하는 데 이용된다.
  ㉠ 공기 중에는 많은 질소가 함유되어 있으나 이 질소는 동식물이 이용할 수 없는 상태이다(이를 유리질소라고 한다).
  ㉡ 유리질소를 식물이 이용할 수 있는 상태로 변형시키는 것을 질소고정이라고 한다.
  ㉢ 질소고정은 Azotobacter, 근류균과 같은 질소고정균에 의해 이루어진다.

3. 산소와 원예작물의 생육

공기 중에 함유되어 있는 산소는 작물의 호흡작용에 이용된다.

4. 공기습도와 원예작물의 생육

① 공기습도는 공기 중의 수증기 함량을 말하며 상대습도의 크기는 다음과 같이 구한다.

$$R = \frac{e}{E} \times 100\ (\%)$$

[R : 상대습도, E : 포화수증기압, e : 특정 온도에서의 공기의 수증기압]

② 상대습도가 낮을수록 증산활동은 활발해진다.
③ 공기 중의 습도가 높을수록 잎에서 생성된 자당이 과실로 전류가 잘 되지 않는다. 장마철에 과실의 맛이 달지 않는 것은 이 때문이다.

6. 바람과 원예작물의 생육

① 바람의 강도가 4 ~ 6km/h 이하의 약한 바람을 연풍이라고 한다. 연풍(軟風)는 작물의 증산활동을 자극하고 기공을 넓혀 CO_2가 많이 흡입되도록 하여 광합성을 증가시킨다.
② 연풍은 꽃가루 매개를 도와주며, 과다한 습기를 제거하여 줌으로써 병해를 줄이고, 수확물의 건조를 촉진한다.

③ 강풍(强風)은 작물에 상처를 주어 작물의 호흡을 증대시켜 탄수화물의 소모를 많게 한다. 또한 과다한 증산을 유발하여 식물체를 건조시키고, 이에 따라 기공이 닫혀 CO_2의 흡수가 줄어들어 광합성이 감소된다.

4 일조(광)와 원예작물

1. 광의 종류와 작물의 생육

① 광은 적외선, 가시광선, 자외선이 있다.

② 적외선은 작물의 발아와 화아를 유도한다.

㉠ 발아 : 종자에서 어린 눈, 어린 뿌리가 출현하는 것

㉡ 출아 : 발아한 새싹이 지상으로 올라오는 것

㉢ 화아 : 꽃눈

③ 가시광선은 광합성을 유도한다. 가시광선 중 적색부분과 청색부분에서 광합성 작용이 가장 활발하게 이루어진다.

적외선	파장 700 ~ 1,000nm	열을 동반, 발아유도, 화아유도
가시광선	파장 400 ~ 700nm	파장 650 ~ 700nm의 적색부분과 파장 400 ~ 500nm의 청색부분에서 광합성 작용이 가장 활발하게 이루어진다.
자외선	파장 280 ~ 400nm	광합성 억제

2. 광과 작물의 생리작용

식물은 광을 잘 받으면 신장증내와 개화가 촉진된다.

(1) 광합성

① 광합성의 의의 : 광합성이란 녹색식물(엽록체)이 광에너지를 이용하여 공기 중에 있는 이산화탄소(CO_2)와 뿌리에서 흡수한 물(H_2O)로부터 포도당을 합성하고 물(H_2O)과 산소(O_2)를 방출하는 생화학적 대사작용을 말한다.

- 광합성의 방정식 :

$$6CO_2 + 12H_2O + 빛(광에너지) \xrightarrow[\text{온도}]{\text{엽록소}} C_6H_{12}O_6 + 6H_2O + 6O_2$$

② 광합성의 과정

㉠ 명반응 : 엽록소가 광에너지를 흡수하여 환원성 물질인 NADPH를 생성하고 화학

에너지인 ATP를 만드는 과정

ⓒ 암반응 : NADPH와 ATP를 이용하여 CO_2를 고정시켜 포도당을 만드는 과정

③ 광도와 광합성과의 관계

㉠ 광의 강도는 태양광선의 20% 광도까지는 광도가 증가할수록 광합성도 비례적으로 증가한다.

㉡ 그러나 광도가 어느 한계에 도달하면 광도가 증가한다하여도 광합성은 증가하지 않게 되는데, 이 한계점에 해당되는 광도를 광포화점이라고 한다.

㉢ 따라서 광포화점에 도달할 때까지는 광도가 증가함에 따라 광합성량이 증가하며, 광포화점에서 광합성량은 최대가 된다고 할 수 있다.

㉣ 광포화점은 온도와 이산화탄소의 농도에 따라 달라지는데, 온도가 높아질수록 광포화점은 낮아지고, 공기 중의 이산화탄소 농도가 높아질수록 광포화점도 높아진다.

④ 광보상점

㉠ 광도가 약해지면 광합성을 위한 CO_2의 흡수량과 호흡에 의한 CO_2의 방출량이 동일하게 되는데, 이때의 광도를 광보상점이라고 한다.

㉡ 식물은 광보상점 이상의 광을 받아야만 생육을 계속할 수 있다. 광보상점이 낮아서 그늘에도 적응하는 식물을 음지식물(강낭콩, 딸기, 사탕단풍나무, 너도밤나무 등), 광보상점이 높아서 내음성이 약한 식물을 양지식물(소나무, 측백나무 등)이라고 한다.

> **참고**
> - **엽록소** : 녹엽(綠葉)의 엽록체라는 소립체 속에 존재하는 화합물로서 광합성에 필요한 광에너지를 식물체 내로 흡수하는 역할을 한다.
> - **환원성 물질** : 환원반응을 나타내는 물질이다. 환원반응이란 산소를 잃거나 수소를 얻는 화학적 반응을 말한다.

(2) 굴광현상

식물의 줄기는 광을 받는 쪽이 옥신(세포의 신장을 촉진하는 물질)의 농도가 낮아져서 성장속도가 반대쪽보다 늦다. 따라서 줄기는 광을 향해 구부리는 향광성(向光性)을 보인다. 반대로 뿌리는 배광성(背光性)을 나타낸다. 이와 같이 식물이 광의 방향에 반응하여 굴곡하는 것을 굴광현상이라고 한다.

(3) 호흡작용

① 호흡작용은 체내 저장 양분을 소모하는 과정이라고 할 수 있다. 호흡작용은 광합성의 역과정으로 나타난다.

$$C_6H_{12}O_6 + 6O_2 \rightarrow 6CO_2 + 6H_2O + ATP$$

② 광합성에 의해 생성된 탄수화물 중 호흡에 의해 소모되는 것을 제외한 나머지가 체내에 축적된다. 이러한 흡수작용은 광이 없어도 이루어진다.

③ 호흡계수(호흡률)
  ㉠ 호흡으로 발산되는 CO_2량을 호흡에 필요한 O_2량으로 나눈 것을 호흡계수라고 하며 RQ라는 기호를 사용한다.
   • 호흡계수 $RQ = CO_2 / O_2$
  ㉡ RQ의 크기는 호흡기재로 사용되는 것이 무엇인가에 따라 다르다. 포도당이 호흡기질로 쓰일 때 호흡계수는 1이며, 포도당에 비해 산소가 많은 물질이 호흡기질로 쓰이면 호흡계수는 1보다 크다. 그리고 지방이 호흡기질로 쓰이면 호흡계수는 1보다 작다.
   • 포도당이 호흡기재로 쓰일 때의 호흡식
    $C_6H_{12}O_6 + 6O_2 \rightarrow 6CO_2 + 6H_2O + ATP$
    여기서 호흡계수(호흡률)를 계산하면 $6CO_2/6O_2 = 1$ 이 된다.
   • 지방이 호흡기재로 쓰일 때의 호흡식
    $C_{18}H_{36}O_2 + 26O_2 \rightarrow 18CO_2 + 18H_2O + ATP$
    여기서 호흡계수(호흡률)를 계산하면 $18CO_2/26O_2 = 0.7$ 이 된다.

> **참고** 호흡과 광합성의 비교

광합성	호흡
광합성이 이루어지는 장소는 엽록체이다.	호흡이 이루어지는 장소는 미토콘드리아(Mitochondria)이다. 미토콘드리아(Mitochondria)는 세포의 발전소라고도 불리는데 유기물질을 산화적 인산화 과정을 통해 생명유지에 필요한 아데노신3인산(ATP)의 형태로 변환하는 기능을 한다.
빛이 있을 때 광합성이 이루어진다.	호흡은 항상 이루어진다.
이산화탄소를 흡수하고 산소를 방출한다.	산소를 흡수하고 이산화탄소를 방출한다.
무기물을 유기물로 변화시킨다.	유기물을 무기물로 변화시킨다.
에너지를 저장한다.	에너지를 방출한다.

흡열	방열
동화작용	이화작용
일조량이 강할수록, 온도가 높을수록, 이산화탄소 농도가 클수록 증가한다.	적정 산소농도, 적정 온도, 낮은 이산화탄소 농도에서 증가한다.

(4) 증산작용

식물은 광을 받으면 온도가 높아져서 증산작용이 활발해지고, 탄소동화작용에 의해 탄수화물이 축적되면 공변세포의 삼투압이 높아져 흡수작용이 활발해진다. 그리고 기공이 열리게 됨으로써 증산이 더욱 조장된다.

> **참고** 공변세포
>
> 잎의 앞뒤 표면에는 탄산가스, 수분 등의 통로가 되는 기공이 있는데, 이 기공을 구성하는 한 쌍의 세포를 공변세포라고 한다.

3. 부족한 광도의 영향

① 광도가 부족하면 광합성률이 저하되어 생장과 소출에 필요한 탄수화물의 공급량이 줄어들어 결과적으로 수확량이 감소하게 된다.
② 부족한 광도의 해를 막기 위해 작물의 재식거리를 조절하여 그늘 속에 있는 잎이 없도록 한다. 이랑의 방향은 남북으로 하는 것이 동서로 하는 것보다 수광량(受光量)이 많아 유리하다. 또한 흐린 날에 적색전등으로 보광하는 것이 필요한 경우도 있다.

4. 과도한 광도의 영향

① 광도가 과도하면 엽록소의 함량이 줄어들어 잎이 황록색으로 변하고 결과적으로 광합성률이 감소하게 되는데, 이를 과연소작용이라고 한다.
② 광도가 과도하면 엽온(葉溫)이 현저히 올라가 증산율이 높아진다. 수분흡수율이 이를 따라주지 못하면 공변세포가 팽윤을 잃고 CO_2 흡입량이 줄어들어 광합성률은 떨어지게 된다.
③ 과도한 광도의 해를 막기 위해 여름에 온실지붕을 발로 덮어주거나 식물을 발 또는 천으로 그늘지게 해 준다.

5. 일장반응

일장(日長)이란 하루 24시간 중 낮의 길이를 말한다. 식물의 개화, 생장, 휴면, 발아, 구조형성 등은 일장에 의해 지배된다. 일장(日長)이 식물의 개화, 생장, 휴면, 발아, 구조형성 등에 영향을 주는 현상을 일장효과 또는 일장반응이라고 한다.

(1) 일장에 따른 구분

① **장일성 식물** : 긴 일장에서 개화반응을 나타내는 식물로서 시금치, 카네이션 등이 있다.

② **단일성 식물** : 딸기, 국화 등이 있다.

③ **중일성 식물** : 일장에 관계없이 식물체가 어느 크기에 도달하면 개화하는 식물로서 가지, 오이, 호박 등이 있다.

(2) 일장효과의 재배적 활용

① 만생종 벼는 단일성 식물이므로 조파조식(早播早植)하면 수확량을 증대할 수 있다.

② 가을국화는 단일성 식물이므로 단일처리하면 개화가 촉진되고 장일처리하면 개화가 억제된다. 예를 들어 8~9월에 개화하는 가을국화를 앞당겨 개화시키려면 차광하여 단일처리하고, 개화를 지연시키려면 조명하여 장일처리하면 된다.

③ 양파는 장일처리하면 인경 발육이 촉진된다.

④ 오이, 호박은 단일처리하면 암꽃수가 증가하고, 장일처리하면 수꽃수가 증가한다.

⑤ 감자의 괴경과 다알리아의 괴근, 고구마의 괴근 형성을 촉진하려면 단일처리한다.

> **참고**
>
> - **만생종** : 생육기간이 길고 수확기가 늦은 품종을 만생종이라고 한다.
> - **인경** : 비늘줄기를 말한다.
> - **괴경** : 감자처럼 지하부의 줄기가 비대하여 이루어진 식물의 저장기관으로 덩이줄기를 말한다.
> - **괴근** : 덩이뿌리이다.

기출핵심문제

01 낙엽과수의 저온요구도에 관한 설명으로 옳지 않은 것은?

① 휴면타파에 필요하다.
② 저온요구도가 크면 휴면기간이 길다.
③ 감나무보다 사과나무의 저온요구도가 크다.
④ 일반적으로 0℃ 이하에서의 경과시간을 말한다.

> **해설** 8회 기출 | 낙엽과수는 이른 가을쯤부터 휴면에 들어가는데, 휴면을 타파한 후에만 발아가 가능하다. 휴면타파를 위해서는 일정한 저온에 노출되어야 하는데 이것을 저온요구도라고 한다. 예를 들면 사과는 7.2℃ 이하의 온도에서 1,400 ~ 1,600시간, 감은 800 ~ 1,000시간을 지나야 휴면이 타파되어 발아한다.

02 생육기에 풍속 4 ~ 6m/h(연풍) 이하의 바람이 작물에 미치는 영향은?

① 탄산가스 농도 감소
② 광합성 억제
③ 증산작용의 촉진
④ 꽃가루 매개 억제

> **해설** 4회 기출 | 연풍(軟風)은 작물의 증산활동을 자극하고 기공을 넓혀 CO_2가 많이 흡입되도록 하여 광합성을 증가시킨다.

03 작물에 대한 수분의 역할이 아닌 것은?

① 원형질의 생활상태 유지
② 필요물질의 전류억제
③ 식물체온 유지
④ 광합성의 원료

> **해설** 4회 기출 | 수분은 체내 물질 분포를 고르게 하는 운반체의 역할을 한다. 즉 필요물질의 전류를 촉진한다.

| 정답 | 01 ④ 02 ② 03 ②

원예작물학

04 원예작물에서 나타나는 일장반응을 맞게 설명한 것은?

① 만생종 양파는 조생종에 비해 인경비대에 요하는 일장이 짧다.
② 장일조건에서 마늘의 2차생장(벌마늘)의 발생이 많아진다.
③ 장일조건에서 오이의 암꽃 착생비율이 높아진다.
④ 감자의 괴경과 다알리아의 괴근형성은 단일에서 촉진된다.

> **해설** 1회 기출 |
> ① 만생종 양파는 조생종에 비해 인경비대에 요하는 일장이 길다.
> ② 단일조건에서 마늘의 2차생장(벌마늘)의 발생이 많아진다.
> ③ 단일조건에서 오이의 암꽃 착생비율이 높아진다.

05 원예산물의 호흡현상에 대한 설명으로 옳지 않은 것은?

① 호흡의 생성물로 이산화탄소와 에틸렌이 생성된다.
② 호흡기질의 소모로 중량이 감소한다.
③ 유기산이 기질로 사용되는 호흡계수(RQ)는 1보다 크다.
④ 호흡의 결과로 발생하는 열은 저장고 온도를 상승시킨다.

> **해설** 6회 기출 | 에틸렌은 기체형태로 존재하는 식물호르몬이며 호흡으로 생성되는 것은 아니다.

| 정답 | 04 ④ 05 ①

제6장 원예작물의 번식과 품종개량

식물의 번식방법에는 종자번식(유성번식 : Sexual Propagation)과 영양번식(무성번식 : Asexual Propagation)이 있다. 원예작물은 대체로 신품종을 육성하거나 화훼의 초화류와 채소의 대목번식의 경우에는 종자번식에 의하고, 숙근초화, 구근초화, 화목류 등은 접목, 삽목 등의 방법으로 영양번식을 한다.

1 종자번식

1. 종자번식의 의의
① 종자번식은 종자로 번식하는 방법으로서 유성번식(Sexual Propagation)이라고도 한다.
② 종자는 배(胚), 배유(胚乳), 종피(種皮)의 3부분으로 구성되어 있다.
  ㉠ 배 : 장차 식물체로 발전하는 기관으로 유아, 유근, 자엽을 가지고 있다. 배의 발육기에 있어서 맨 처음 마디에 생기는 잎을 자엽이라고하며, 그 후에 분화한 잎을 본엽이라고 한다.
  ㉡ 배유(씨젖) : 배가 발아할 때 쓰일 양분을 저장하는 기관이다. 식물에 따라 배유가 없는 것도 있는데 이를 무배유종자라고 한다. 무배유종자는 배가 발아할 때 쓰일 양분이 배의 일부인 자엽에 함유되기 때문에 자엽이 현저하게 비대 되어 있다. 콩, 호박, 무 등은 무배유종자이다.
  ㉢ 종피 : 배와 배유를 보호하는 기관이다.
③ 종자번식에 있어서 우량종자를 사용하는 것이 중요하다. 우량종자는 우량품종에 속하는 종자로서 유전적으로 순수하여야 하고 발아력이 좋아야 하며 협잡물의 혼입이나 병균의 감염이 없는 종자이어야 한다.
  ㉠ 우량종자는 종자의 용가(Utility Value, 用價)가 높다.
  ㉡ 종자의 용가(Utility Value, 用價)는 발아율과 순도에 의해 결정된다.
  ㉢ 즉, 종자의 용가(Utility Value, 用價) = 발아율(%) × 순도(%) / 100
④ 우량품종이란, 다음의 조건을 구비한 품종이며 우량종자는 우량품종의 종자이어야 한다.
  ㉠ 우수성 : 재배적 특성이 다른 품종보다도 우수할 것
  ㉡ 균일성 : 품종안의 유전질이 균일할 것
  ㉢ 영속성 : 우수성과 균일성이 대대로 지속될 것

ⓔ 광지역성 : 가능한 한 광범위하게 적응, 재배될 수 있을 것

⑤ 우량품종이라 하더라도 재배세대가 경과하는 동안 구조와 기능이 퇴보하는 경우가 있는데, 이를 품종의 퇴화라고 한다. 퇴화에는 유전적 퇴화(자연교잡, 돌연변이 등에 의한 퇴화), 생리적 퇴화(재배조건의 불량으로 생리적으로 열세화 되는 것), 병리적 퇴화(병이나 바이러스 등에 의한 퇴화) 등이 있다.

⑥ 우량품종의 퇴화를 방지하는 방법

㉠ 유전적 퇴화를 방지하기 위해서 잎, 줄기, 뿌리 등의 영양기관의 일부를 가지고 새로운 개체로 증식하는 방법인 영양번식을 활용하거나 자연교잡의 방지를 위해 격리 재배한다.

㉡ 새품종의 종자를 건조시켜 밀폐 냉장하고 이것을 해마다 종자번식의 기본종자로 사용한다.

㉢ 종자를 갱신한다. 종자갱신은 재배에 사용할 종자를 원종포 또는 채종포에서 채종한 종자로 바꾸어 사용함으로써 체계적으로 퇴화를 방지한다.

> **참고**
>
> - **영양기관과 생식기관**
>   - 영양기관은 식물체의 영양을 맡아보는 기관으로서 뿌리, 줄기, 잎 등이 영양기관에 해당된다.
>   - 생식기관은 다음세대의 새로운 개체를 번식하는 기관으로서 꽃, 종자, 과실 등이 생식기관에 해당된다.
> - **원종포와 채종포**
>   - 원종포 : 원종(유전적으로 변화되지 않은 순정종자)을 생산하는 포장(작물을 키우는 땅)
>   - 채종포 : 종자를 채취할 목적으로 작물을 키우는 땅

2. 종자의 휴면

① 식물의 종자는 성숙함에 따라 함수량(含水量)이 감소하고 호흡이 거의 정지되며 종피가 단단하게 되어 오랫동안 생명력을 유지할 수 있는 상태가 된다. 이와 같은 종자에 적당한 온도, 수분, 산소 등이 주어지면 발아하게 된다.

② 종자의 내부적 또는 외부적 요인으로 인해 종자가 발아할 수 없는 상태에 놓이는 것을 종자의 휴면이라고 한다. 종자자체의 모양이나 구조가 원인이 되어 발아할 수 없는 상태를 자발휴면이라고 하고 외부조건이 발아에 부적절하여 발아할 수 없는 상태를 타발휴면이라고 한다.

③ 지베렐린(Gibberellin)액은 종자의 휴면을 타파하는 데 효과가 있다.

3. 종자의 발아

수분, 온도, 산소, 광선은 종자의 발아에 영향을 주는 요소이다.

(1) 수분

① 종자는 배(胚), 배유(胚乳), 종피(種皮)의 3부분으로 구성되어 있다. 배는 장차 식물체로 발전하는 기관이며, 배유(씨젖)는 배가 발아할 때 쓰일 양분을 저장하는 기관이다. 그리고 종피는 배와 배유를 보호하는 기관이다.

② 종피를 통해 산소의 공급과 이산화탄소의 배출이 이루어진다. 종피가 수분을 흡수하여야만 산소의 공급과 이산화탄소의 배출이 용이하게 된다. 또한 배나 배유가 수분을 흡수하게 되면 부풀어지게 되어 자연스럽게 종피가 찢어져 발아하기가 쉽게 된다.

③ 종자는 수분을 흡수하기 시작하면 여러 가지 효소작용이 시작되며, 종자 내 저장물질의 분해와 이동에도 수분은 절대적으로 필요하다.

④ 종자가 발아하기 위한 최소한의 수분함량을 한계수분함량이라고 하며 한계수분함량은 그 토양의 영구위조점보다 약간 높은 것이 일반적이다.

(2) 온도

① 종자가 발아하기 위한 최저온도, 최고온도, 최적온도는 종자에 따라 다르다. 일반적으로 발아의 최적온도는 20 ~ 30℃로 보고 있지만, 저온성종자는 고온성종자보다 발아온도가 낮다.

② 시금치, 상추, 부추 등은 저온성종자이며, 토마토, 고추, 가지 등은 고온성종자이고 파, 양파는 중온성종자이다. 따라서 파, 양파의 발아 최적온도는 시금치, 상추, 부추 등의 발아 최적온도보다 높고 토마토, 고추, 가지의 발아 최적온도보다는 낮다.

③ 변온(變溫)이 발아를 촉진하기도 한다.

(3) 산소

① 휴면 중에는 호흡이 극히 미미하지만 발아하기 시작하면 호흡량이 급격히 증가하기 때문에 대부분의 종자는 산소가 충분히 공급되어야 발아가 잘 된다.

② 일반적으로 산소분압이 높을수록 발아가 촉진되고, 이산화탄소의 농도가 낮을수록 발아가 촉진된다.

(4) 광선

① 대부분의 종자는 빛의 유무와 관계없이 발아하지만 종자의 종류에 따라 빛이 발아에 큰 영향을 주는 것도 있다.

② 당근, 상추, 우엉, 셀러리, 삼엽채 등은 빛이 발아를 촉진하는 호광성종자(好光性種子)

이며 무, 가지, 토마토, 고추, 양파 등은 빛이 발아를 오히려 억제하는 호암성종자(好暗性種子)이다.

4. 종자의 파종

① 종자를 파종하는 방법에는 흩어뿌리기(산파), 줄뿌리기(조파), 점뿌리기(점파), 모듬뿌리기(적파) 등의 방법이 있다.

㉠ 미세종자는 흩어뿌리기(산파)를 많이 사용한다. 흩어뿌리기(산파)에서는 복토를 하지 않는다.

㉡ 중·소립종자는 줄뿌리기(조파)와 점뿌리기(점파)가 많이 사용되는데, 중·소립종자에서의 복토는 일반적으로 종자크기의 2배 정도가 적당하다.

② 한지(寒地)에서는 난지(暖地)보다 파종량을 늘리고, 생육이 왕성하지 못한 품종일수록 파종량을 늘리며 파종시기가 늦을수록 파종량을 늘린다.

③ 파종시기

종자	파종시기
감자	4월 초순
고추, 호박, 강남콩	4월 중순
옥수수, 땅콩, 고구마	4월 하순
생강, 율무, 참깨, 토란	5월 초순
서리태	6월 초순
청태, 흑태	6월 중순
검은팥, 기장, 녹두	6월 하순
들깨	7월 하순
무, 메밀	8월 중순

5. 종자번식의 장단점

(1) 장점

① 대량번식이 가능하다.

② 영양번식에 비해 발육이 왕성하다.

③ 종자 수송이 용이하다.

(2) 단점

① 양성된 개체(묘) 사이에는 상당한 변이(變異)가 나타날 수 있다.

② 목본류의 경우는 개화까지의 기간이 오래 걸린다.
③ 불임성과 단위결과성 식물의 번식이 어렵다.

> **참고**
>
> - **목본류** : 목질부를 형성하여 부피생장을 하는 작물을 목본류라고 한다. 줄기, 뿌리, 잎 등 각 기관을 관통하는 다발조직을 유관속이라고 하며 유관속은 목질부와 사질부로 나누어 각각 물과 양분의 통로가 된다.
> - **불임성** : 작물의 생식과정에서 유전적 원인이나 환경적 원인 등으로 인하여 종자를 만들지 못하는 것을 불임성(不姙性)이라고 한다. 유전적 불임성은 자가불화합성(自家不和合性)과 웅성불임(雄性不姙)이 있다.
>   - 자가불화합성(自家不和合性) : 자가불화합성(自家不和合性)이란 암수의 생식기관에는 형태적·기능적으로 전혀 이상이 없음에도 불구하고 자기 꽃가루의 수분에 의해서는 수정이 되지 않는 것을 말한다.
>   - 웅성불임(雄性不姙) : 웅성불임(雄性不姙)은 웅성세포(雄性細胞)인 꽃가루가 아예 생기기 않거나 있어도 기능이 상실되어 수정이 되지 않는 것을 말한다.
> - **단위결과성(單爲結果性)**
>   - 수정되지 않고 과실이 비대하게 형성되는 현상을 단위결과성(單爲結果性)이라고 한다.
>   - 단위결과 유기를 위해 사용되는 화학물질로는 옥신계통의 생장조절물질인 NAA, 2,4-D와 지베렐린 등이 있다.

2 영양번식

1. 영양번식의 의의

① 영양번식은 무성번식(Asexual Propagation)이라고도 하며 잎, 뿌리, 줄기 등의 영양기관의 일부를 사용하여 번식하는 것을 말한다.

② 영양번식은 자연영양번식과 인공영양번식으로 구분할 수 있다.

　㉠ 자연영양번식 : 모체에서 자연적으로 생성 분리된 영양기관을 번식에 이용하는 것이며 고구마, 감자, 딸기, 글라디올러스, 마늘, 백합, 양파 등이 해당된다.
　　고구마는 뿌리로 번식하며 감자는 땅속줄기, 딸기는 기는 줄기, 백합과 양파는 비늘줄기로 번식한다.

　㉡ 인공영양번식 : 영양체의 재생 및 분생의 기능을 이용하여 인위적으로 영양체를 분할하여 번식시키는 것이며 배, 포도, 사과 등이 해당된다.

2. 영양번식의 방법

(1) 분주(分株, 포기 나누기)

① 분주는 모체에서 발생하는 흡지(吸枝)를 뿌리가 달린 채로 절취하여 번식시키는 것이

다. 흡지는 지하경의 관절에서 발근하여 발육한 싹이 지상에 나타나 모체에서 분리되어 독립의 개체로 된 것이다.

② 적합한 시기는 화아 분화 및 개화시기에 따라 다르다.

㉠ 춘기분주 : 여름 ~ 가을에 개화하는 능수, 라일락, 철쭉, 조팝나무 등은 춘기분주(4월경)한다.

㉡ 하기분주 : 아이리스, 꽃창포, 석류나무 등은 하기분주(6~7월)한다.

㉢ 추기분주 : 봄 ~ 여름에 개화하는 모란, 황매화, 소철, 연산홍, 작약 등은 추기분주(9월경)한다.

(2) 분구(分球, 알뿌리 나누기)

튤립, 글라디올러스 등과 같은 구근류는 자연적으로 생성되는 자구(子球), 목자(木子), 주아(株芽) 등을 분리하여 번식시키는데, 이와 같은 영양번식을 분구(分球)라고 한다.

> **참고**
> - **구근** : 줄기뿌리에 양분이 저장되어 공과 같이 둥글게 비대된 것을 말한다.
> - **자구** : 인경(비늘줄기)식물 등에서 뿌리의 주구에서 나오는 새끼구를 말하며, 백합, 글라디올라스, 튤립, 히야신스, 토란, 마늘 등에서 생긴다.
> - **목자(木子)** : 지하부에 형성된 소구근이다.
> - **주아(株芽)** : 줄기에 상당하는 부분에 양분을 저장하여 형성된 다육질의 작은 덩어리가 모체에서 땅에 떨어져 발아하는 살눈을 말한다.

(3) 취목(取木, 휘묻이)

① 취목은 가지를 모체에서 분리시키지 않고 휘어서 땅에 묻거나 보습상태를 유지시켜 부정근을 발생시킨 후에 그것을 잘라서 증식시키는 것이다.

② 온실용 원예작물은 3 ~ 5월에 취목하고, 일반 노지 관상 원예작물은 봄철 발아전과 6 ~ 7월 장마기에 취목한다.

> **참고** 부정근
>
> 뿌리 이외의 기관에서 2차적으로 형성된 뿌리를 부정근이라고 한다. 꺾꽂이한 삽수로부터 생긴 뿌리는 부정근에 해당된다.

(4) 삽목(揷木, 꺾꽂이)

① 삽목은 모체로부터 뿌리, 줄기, 잎을 분리한 다음 이를 땅에 꽂아서 발근시켜 독립개체로 번식시키는 것이다.

② 삽목은 주로 쌍떡잎식물(쌍자엽식물)에서 많이 이용된다. 쌍떡잎식물(쌍자엽식물)은 삽목으로 발근이 잘 되지만, 외떡잎식물(단자엽식물)은 삽목에 의한 발근이 쉽지 않다.

③ 초본성(풀)은 봄부터 가을까지 삽목이 가능하다. 그러나 여름철은 고온다습하여 삽수가 부패하기 쉽기 때문에 여름에 삽목할 경우에는 배수가 좋은 곳이어야 한다. 그리고 목본성(나무)의 삽목시기는 낙엽수의 경우 3 ~ 4월, 상록수의 경우는 6 ~ 7월이 적합하다.

④ 삽목의 구체적인 방법 및 고려사항
　㉠ 관삽이 일반적이다. 관삽은 줄기나 가지를 10 ~ 20cm의 길이로 끊어서 그대로 꽂는 방법이다.
　㉡ 삽수에 잎이 붙어 있는 것은 1 ~ 2매만 남기고 잘라 버리는 것이 좋다.
　㉢ 초본성은 삽수길이의 1/2 정도, 목본성은 2/3 정도의 깊이로 삽목한다.
　㉣ 삽수를 상토(모판의 흙)면과 45°로 비스듬히 꽂고, 삽수의 끝이 서로 닿지 않을 정도의 밀도를 유지하는 것이 좋다.
　㉤ 삽목한 후에는 관수를 충분하게 하고 3 ~ 4일간은 직사광선을 가려주는 것이 좋다.
　㉥ 삽수의 발근율을 높이기 위해서는 삽목에 알맞은 환경(온도, 습도, 수분, 광선)을 조성해 줄 필요가 있다. 이를 위한 장치로 분무삽(가는 안개 뿌리기)을 활용할 수 있다. 습도는 삽목할 당시 90%, 발근이 시작할 무렵에는 75% 정도로 조절하는 것이 좋다.

(5) 접목(接木, 접붙이기)
① 접수(接穗)를 대목(臺木)에 접착시켜 대목과 접수의 형성층이 서로 밀착되도록 함으로써 새로운 독립개체를 만드는 것을 접목(接木)이라고 한다.

> **참고**
> - **접수** : 눈 또는 눈이 붙어 있는 줄기로서 번식시키려는 작물이다.
> - **대목** : 뿌리가 있는 줄기로서 번식의 매개체가 되는 작물이다.
> - **형성층** : 식물의 줄기와 가지, 뿌리의 유관속 중에 있는 조직으로서 목부와 사부의 경계에 위치하는 분열조직이다.
> - **분열조직** : 세포분열이 계속 일어나고 있는 조직으로서 생장점, 형성층 등이 있다. 생장점은 정단분열조직이라고 하고, 형성층은 측생분열조직(비대생장을 일으키는 분열조직)이라고 한다.
> - **영구조직** : 분열조직에서 생성된 세포들이 성숙하여 분열능력이 없어진 조직을 영구조직이라고 한다.

② 접목한 것이 생리작용의 교류가 원만하게 이루어져 잘 활착한 후 발육과 결실도 좋은 것을 접목친화(接木親和)라고 한다. 생물집단의 분류학상의 단위는 과 〉 속 〉 종 이며,

접목친화성은 동종간이 가장 좋고, 동속이종간, 동과이속간의 순서이다.
③ 접목변이(接木變異) : 재배적으로 유리한 접목변이를 이용하는 것이 접목의 목적이다. 이러한 접목변이에는 다음과 같은 것이 있다.
  ㉠ 접목묘를 이용하는 것이 실생묘(종자가 발아하여 자란 것)를 이용하는 것보다 결과(結果)에 소요되는 기간이 단축된다. 예를 들면 감의 경우 실생묘로부터 열매를 맺는 데는 10년이 걸리지만 접목묘로부터 열매를 맺는 데는 5년이 걸린다.
  ㉡ 접목을 통해 나무의 크기나 형태 등을 조절할 수 있다. 왜성대목에 접목하여 관리상의 편의를 기대할 수 있고, 강화대목(강세대목)에 접목하여 수령을 늘릴 수 있다. 사과를 파라다이스 대목에 접목하면 현저히 왜소화하여 결과연령(結果年齡)이 단축되고 관리도 편해진다. 한편 앵두를 복숭아 대목에 접목하면 지상부의 생육이 왕성하고 수령도 길어진다.

> **참고** **강세대목**
>
> 대목의 종류에 따라 나무의 크기나 수형을 조절할 수 있으며 지방부를 왕성하게 하는 대목을 강세대목이라 하고, 그 반대는 왜성대목(矮性臺木, Dwarfing Rootstock)이라고 한다.

  ㉢ 접목을 통해 풍토에 대한 적응성을 증대시킬 수 있다. 자두를 산복숭아의 대목에 접목하면 알카리성 토양에 대한 적응성이 높아지며, 배를 중국 콩배의 대목에 접목하면 건조한 토양에 대한 적응성이 높아진다.
  ㉣ 접목을 통해 병충해에 대한 저항력을 증대시킬 수 있다.
  ㉤ 접목을 통해 수세(樹勢)회복이 가능하다.
  ㉥ 고접(高接)으로 품종을 갱신할 수 있다.
④ 접목의 적기
  ㉠ 대목의 세포분열이 활발할 때가 좋다.
  ㉡ 대목은 수액이 움직이기 시작하고 접수는 아직 휴면상태인 때가 좋다.
  ㉢ 춘접은 3월 중순 ~ 4월 초순이 적절하다.
  ㉣ 사과, 배 등은 3월 중순, 감, 밤 등은 4월 중순이 적기이다.
  ㉤ 여름접은 8월 초순 ~ 9월 초순이 적절하다.
⑤ 접목의 종류

접목시기에 따라	춘접(휴면접)	눈이 트기 전에 하는 접목이다.
	발육지접(녹지접)	눈이 자라고 있을 때 하는 접목으로서 새로 나온 줄기에 접을 한다.

접목의 위치에 따라	고접(高接)	줄기의 높은 곳에 접하는 것이다.
	복접(腹接)	자르지 않고 그대로 나무 옆면에 접하는 것, 근접(根接)은 뿌리에 접하는 것이다.
	근접	뿌리에 접하는 것이다.
접목하는 방법에 따라	아접(눈접)	눈 하나를 분리시켜 대목에 부착하는 방법인데 T자형 눈접이 일반적이다. T자형 눈접은 T자 모양으로 칼금을 주어 피층을 벌리고 눈을 2~2.5㎝ 길이로 절단하여 대목의 피층에 밀어 넣는 방법이다.
	지접(가지접)	가지를 접수로 하는 것이며, 낙엽수는 몇 개의 눈이 붙은 휴면가지를 접수로 사용하고 상록수는 2개 정도의 잎이 붙은 가지를 접수로 한다.
	교접(다리접)	주간(원줄기)이나 가지가 손상을 입어 상하부의 연결이 안될 경우 상하부를 연결시켜주는 방법이다.
접목작업의 위치에 따라	거접(居接)	대목이 심어져 있는 곳에서 접하는 것이다.
	양접(揚接)	대목을 심은 곳에서 캐내어 접하는 것이다.

(6) 조직배양

① 조직배양이란 식물체의 어떤 부위든 상관없이 세포나 조직의 일부를 취하여 살균한 다음, 무균적으로 배양하여 캘러스(Callus)를 형성시키고 여기에서 새로운 개체를 만들어 내는 방법이다.

② 조직배양을 통해 식물의 대량번식이 가능하고, 바이러스가 없는 식물체(Virus-Free Stock)를 얻을 수 있다. 특히 생장점에는 바이러스가 거의 없기 때문에 무병주(Virus-Free Stock)생산에 생장점배양이 많이 이용되고 있다.

> **참고**
>
> - **캘러스(Callus)** : 식물체에 상처가 났을 때 생기는 조직으로 유상조직이라고도 한다. 조직을 배양한 경우 캘러스 자체는 옥신의 합성능력이 없기 때문에 캘러스의 생장을 위해서는 옥신을 외부로부터 주입할 필요가 있다.
> - **무병주(Virus-Free Stock)** : 일반적으로 조직배양 즉, 생장점 배양을 통해서 얻을 수 있는 영양번식체로서 바이러스를 위시하여 조직 특히 도관 내에 존재하는 병이 제거된 묘를 말한다. 메리클론(Mericlone)이라고 하기도 한다.

3. 영양번식의 장단점

(1) 장점

① 종자번식보다 개화와 결실이 빠르다.

② 수세(樹勢)의 조절이 가능하다.
③ 종자번식이 불가능한 경우에도 영양번식을 통해 번식이 가능해진다.

(2) 단점
① 재생력이 왕성한 식물에만 가능하다.
② 저장과 운반이 어렵다.

3 품종개량(육종)

1. 품종개량의 의의
① 작물의 유전적 소질을 개량하여 보다 우량한 것으로 만들어 내는 것을 품종개량(육종)이라고 한다.
② 품종개량은 수확증대, 품질향상, 친환경 육종, 재배지역의 확대, 농업경제의 합리화 등을 목표로 한다.

2. 품종개량의 방법

(1) 도입육종법

다른 지역으로부터 기성 품종을 도입하여 육종의 재료로 이용하는 방법이다. 적은 비용으로 단시일 내에 신품종을 얻을 수 있는 이점이 있지만 도입 전에 병충해의 감염여부를 철저히 검사하여야 한다. 특히 외국으로부터 도입할 경우에는 식물검역을 철저히 실시하고 일정기간 격리 재배함으로써 무병임이 확인된 후에 사용하여야 한다.

(2) 분리육종법(선발육종법)

재배되고 있는 품종 중에서 우수한 개체를 선발하여 새로운 품종으로 육성하는 방법이다.
① 순계분리법 : 재래품종은 자연교잡, 돌연변이 등으로 인하여 유전자형이 혼합된 상태로 되어 있는 경우가 많은데, 이들 재래품종의 개체군 속에 들어 있는 형질 중 우수하고 유용한 순계(純系)를 가려내어 새로운 품종으로 육성하는 방법이다. 벼, 보리, 콩 등 자가수정작물에서 주로 이용된다.

> **참고**
> - **자가수정** : 동일 개체의 자웅배우자가 융합하여 수정하는 것
> - **타가수정** : 다른 개체사이에서의 자웅배우자에 의한 수정

② **계통분리법** : 타가수정작물에서 많이 이용되는 방법으로 우량계통의 집단을 선발하는 방법이다.

③ **영양계분리법** : 영양번식이 가능한 작물에서 이용되는 방법이다. 식물체의 한 개체로부터 꺾꽂이, 휘묻이, 접붙이기, 포기나누기 등의 영양번식에 따라 증식된 개체군을 영양계라고 하며 이러한 영양계 중에서 우량한 영양계를 선발하여 분리하는 방법이 영양계분리법이다.

(3) 교잡육종법

품종을 서로 교잡시킴으로써 여러 품종에 흩어져 있는 우수한 형질들을 한 품종에 몰아넣어 새로운 형질을 가진 신품종을 육성해 내는 방법이다. 교잡육종법에서 중요한 것은 분리세대에서 우량한 변이를 발견하여 선발하는 것과 얻어진 우량한 형질이 다시 분리되지 않도록 고정시키는 것이다.

① 1회 교잡 후 선발 고정하는 방법

㉠ **계통육종법** : 잡종 제1세대(F_1)의 분리세대인 제2세대(F_2) 이후부터 개체선발과 동시에 선발계통 재배를 반복하면서 계통들을 상호 비교하고 이 중 우등한 계통을 선발, 고정시키는 방법이다.

㉡ **집단육종법** : 제2세대(F_2)부터 일정세대 동안 혼합채종, 집단재배를 반복하여 동형접합체가 증가한 후에 개체선발을 시작하는 방법이다. 집단육종법은 계통육종법에 비해 육종에 소요되는 기간이 길다.

> **참고**
> - **계통** : 공통의 어버이에서 유래하여 유전적으로 같거나 유사한 집단을 계통이라고 한다.
> - **혼합채종(집단채종)** : 우량한 종자를 생산한 목적으로 집단적으로 재배하여 채종하는 방식을 혼합채종(집단채종)이라고 한다.
> - **동형접합체** : 유전자형으로 볼 때, 동일한 대립유전자를 지니고 있는 개체를 동형접합체라고 한다. 예로써 임의의 유전자좌에서 A와 a라는 대립유전자가 존재할 때, AA 및 aa의 유전자형을 가지고 있는 개체이다.
> - **유전자형** : 유전자형이란 인자형이라고도 하는 것으로 생물 개체의 유전적 특성을 결정하는 유전자의 양식을 말한다.
> - **대립유전자** : 동일한 염색체의 같은 유전자자리(遺傳子座)에 있는 한 쌍의 유전자 중 하나를 대립유전자(對立遺傳子, Allelic Gene)라고 한다.
> - **유전자좌(유전자자리)** : 유전자가 염색체 혹은 염색체지도상에 차지하는 위치를 유전자좌(유전자자리)라고 한다.

② 여러 회 교잡 후 선발 고정하는 방법

㉠ **여교잡법(Back Crossing)** : 여교잡법은 잡종 제1세대(F_1)를 그 양친 중 어느 하나와 다시 교배시키는 방법이다. 예를 들면 A품종과 B품종의 교배에 의해 얻어진

잡종 제1세대(F_1)를 그 양친인 A, B 중 어느 하나와 다시 교배시키는 방법이며 다음과 같이 표현할 수 있다.

즉, (A×B)×A 또는 (A×B)×B 의 교잡이라고 할 수 있다.

여교잡법은 비실용적인 품종이 가지고 있는 우수 형질(Character)을 실용적인 품종에 옮기는 데 유용하며, 또한 몇 개의 품종에 분산되어 있는 각종 형질을 전부 가지는 신품종을 만들 때 유용하다. 만일 A품종이 수확 및 품질 측면에서 우수하나 특정 병에 약하다면 그 병에 강한 B품종을 찾아내어 A와 B를 교잡한 후 잡종 제1세대(F_1)를 다시 A 또는 B와 교접하는 것이다.

ⓒ 다계교잡법(Multiple Crossing) : 다계교잡법은 3개 이상의 품종에 따로따로 포함되어 있는 몇 가지 우량 형질을 한 품종에 모으고자 할 때, 즉 [(A×B)×(C×D)]×(E×F×G)와 같이 유전자형이 서로 다른 여러 품종을 교접하는 방법이다.

(4) 잡종강세육종법

잡종 제1세대(F_1)가 양친보다 왕성한 생육을 보이는 현상을 잡종강세라고 한다. 잡종강세가 나타나는 잡종 제1세대(F_1) 그 자체를 품종으로 이용하는 품종개량법을 잡종강세육종법이라고 한다.

① **잡종강세육종법의 조건**

　　㉠ 교배조합을 선택할 때 우량교배조합을 선택할 것

　　㉡ 교배에 사용하는 양친의 순도가 유지될 것

　　㉢ 매년 교배할 것(F_1에서 수확한 종자를 사용하면 변이가 심하게 나타나기 때문)

　　㉣ 한번 교배로 다량의 종자 생산이 가능할 것

② **잡종강세육종법의 종류**

　　㉠ 단교잡법(Single Cross) : (A×B)와 같이 교잡하는 것이다. 두 개의 품종을 교배하는 것이므로 우량교배조합의 선정이 용이하다. 단교잡법은 잡종강세현상이 뚜렷한 반면 종자의 생산량이 소량이라는 단점이 있다.

　　㉡ 복교잡법(Double Cross) : (A×B)×(C×D)와 같이 교잡하는 것이다. 단교잡에 비해 품질이 균질하지 못한 단점이 있으나 채종량이 많다는 장점이 있다.

③ **잡종강세육종법의 적용 식물**

　　㉠ 토마토, 오이, 수박, 호박, 가지 등은 인공교배를 이용한다.

　　㉡ 배추, 양배추, 무 등은 자가불화합성을 이용하여 채종한다.

　　㉢ 양파, 고추, 당근 등은 웅성불임성을 이용하여 채종한다.

　　㉣ 옥수수, 시금치 등은 자웅이주(雌雄異株)를 이용하여 채종한다.

(5) 배수체 육종법

① 콜히친(Colchicine)처리를 하거나 아세나프텐(Acenaphthene)처리를 통해 식물의 염색체 수를 배로 증가시킬 수 있는데, 배수체가 형성될 때에는 성비가 변하는 등 변이가 나타난다. 반대로 배수체가 감수분열을 할 때에도 변이가 나타난다. 이와 같이 배수체의 형성 또는 해체에서 나타나는 변이를 이용하여 신품종을 육성하는 방법을 배수체 육종법이라고 한다.
② 배수체 육종법은 영양번식작물(사과나무, 히야신스, 칸나, 튤립 등)에 많이 이용된다.
③ 씨없는 수박은 3배체(3n)로서 배수체 육종법으로 육종된 경우이다.

> **참고** 배수체
>
> 한 종(種)이 가지고 있는 염색체의 기본수를 게놈(Genome)이라고 하는데, 이 게놈에 해당하는 염색체의 정배수(正倍數)를 가지는 개체를 배수체라고 한다.

(6) 돌연변이 육종법

① 양친 식물에 없던 형질이 유전자나 염색체 수의 변화에 의해 생겨나는 것을 돌연변이라고 한다.
② 돌연변이 육종법은 유전자나 염색체에 X선, γ선, 또는 화학물질 등으로 인위적 돌연변이를 유발시켜 새로운 품종을 육종하는 방법이다.

원 예 작 물 학

01 원예작물에서 인공교배, 자가불화합성, 웅성불임성을 이용하여 교배종의 종자를 생산하고 있다. 다음에서 작물과 주로 이용하는 상업적 채종방식이 잘못 짝지어진 것은?

① 배추 – 자가불화합성
② 고추 – 자가불화합성
③ 양파 – 웅성불임성
④ 당근 – 웅성불임성

해설 2회 기출 |
- 인공교배 이용 : 오이, 가지, 수박, 토마토
- 자가불화합성 이용 : 무, 배추, 양배추
- 웅성불임성 이용 : 고추, 양파, 당근

02 다음 중 춘화(Vernalization)와 추대(Bolting)현상이 모두 나타나는 작물로 묶여 있는 것은?

① 딸기, 감자, 구근류
② 인경류, 무, 구근류
③ 국화, 배추, 수박
④ 팬지, 무, 고추

해설 2회 기출 | 종자나 어린식물을 저온처리하여 꽃눈분화를 유도하는 것을 춘화(Vernalization)라고 한다. 그리고 추대(Bolting)란 화아분화 이후 조건이 적당하여 화경(花梗)이 자라나오는 현상을 말한다. 마늘, 양파 등의 인경류와 무, 구근류 등은 춘화(Vernalization)와 추대(Bolting)현상이 모두 나타나는 작물이다.

03 암술은 건전하지만 수술이 불완전하여 종자가 생기지 않는 현상은?

① 자식열세
② 웅성불임
③ 자가불화합성
④ 타가불화합성

해설 6회 기출 | 웅성불임(雄性不姙)은 웅성세포(雄性細胞)인 꽃가루가 아예 생기지 않거나 있어도 기능이 상실되어 수정이 되지 않는 것을 말한다.

04 원예작물의 바이러스병 예방을 위한 번식방법은?

① 분주(포기나누기)
② 삽목(꺾꽂이)
③ 약배양
④ 생장점배양

| 정답 | 01 ② 02 ② 03 ② 04 ④

해설 **2회 기출** | 조직배양을 통해 식물의 대량번식이 가능하고, 바이러스가 없는 식물체(Virus-Free Stock)를 얻을 수 있다. 특히 생장점에는 바이러스가 거의 없기 때문에 무병주(Virus-Free Stock)생산에 생장점배양이 많이 이용되고 있다.

05 조직배양을 통한 무병주 생산이 산업적으로 이용되고 있는 작물은?

① 상추
② 옥수수
③ 딸기
④ 무

해설 **7회 기출** | 조직배양 즉, 생장점 배양을 통해서 얻을 수 있는 영양번식체로서 바이러스 등 조직 내에 존재하는 병이 제거된 묘를 무병주라고 한다. 딸기는 무병주 생산이 산업적으로 이용되고 있다.

06 배추과 채소와 가지과 채소의 일대교잡종(F₁종자)을 생산하기 위하여 이용되는 유전현상은?

① 형질전환
② 잡종강세
③ 감수분열
④ 돌연변이

해설 **3회 기출** | 잡종 제1세대(F₁)가 양친보다 왕성한 생육을 보이는 현상을 잡종강세라고 한다. 잡종강세가 나타나는 잡종 제1세대(F₁) 그 자체를 품종으로 이용하는 품종개량법을 잡종강세육종법이라고 한다.

07 저투입 지속가능한 친환경 농산물 생산을 위한 작물육종 방향이 아닌 것은?

① 다양한 숙기의 품종 개발
② 환경스트레스 저항성 증진
③ 생산물의 고기능성화
④ 다비(多肥)성 품종 육성

해설 **4회 기출** | 다비(多肥)성 품종 육성은 친환경 농산물 생산과 역행하는 것이다.

08 콜히친 처리에 의해서 염색체들이 감수분열과정에서 양극으로 분리되지 않고 배수체가 만들어지는 이유는?

① 메타크세니아 영향
② 염색체의 변이
③ 방추사의 형성 저해
④ 대립형질의 발현

해설 **3회 기출** | 유사핵분열 때 염색체와 극과의 사이에 나타나는 다수의 가느다란 실모양의 분열장치를 방추사라고 하는데 콜히친에 의해 방추사의 형성이 저해된다.

| 정답 | 05 ③ 06 ② 07 ④ 08 ③

제7장 원예작물 재배기술

1 작부체계

작물의 수확량은 좋은 종자, 좋은 재배환경, 좋은 재배기술의 3가지 조건이 충족될 때 최대가 될 수 있다. 종자, 재배환경, 재배기술을 작물생산의 3요소라고 한다.

지력의 소모를 줄이고 작물의 수확량을 늘리기 위해서는 재배기술적 측면에서 합리적인 작부체계를 갖출 필요가 있다. 작부체계(作付體系)란, 작부형식(作付形式)이라고도 하며 어떤 작물을 시기별로 어떠한 순서에 의해 재배할 것인가에 대한 작물재배의 방식을 말한다. 작부체계가 합리적일 때 지력의 소모를 줄일 수 있고 병충해의 누적을 방지할 수 있다.

1. 휴한(休閑)

지력회복을 위해 토지를 일시적으로 놀리는 것을 휴한(休閑)이라고 한다. 휴한은 토양의 양분회복 및 병충해 감소 효과가 있다.

2. 연작(連作, 이어짓기)과 기지현상

동일 경지에 동일 종류의 작물을 매년 계속해서 재배하는 것을 연작(連作)이라고 한다. 연작은 토양 양분의 결핍 및 병충해의 누적을 가져와 작물 생육에 불리하다. 이와 같은 연작의 피해를 기지(忌地, Soil Sickness)라고 한다.

(1) 기지현상의 원인

① 연작으로 인해 토양 비료성분이 소모된다.
② 연작을 하면 토양 중에 염류가 집적되어 작물의 생육을 저해한다.
③ 작물의 찌꺼기 등에 의해 토양에 유독물질이 축적된다.
④ 연작으로 인해 토양전염병 및 병충해가 번성할 수 있다.
⑤ 화곡류의 연작시 토양이 굳어져 작물의 생육을 저해한다.

(2) 작물에 따른 기지현상

① 사과, 포도, 자두, 벼, 고구마, 무, 당근, 양파, 호박, 아스파라거스, 미나리, 딸기 등은 연작의 피해가 적은 작물이다.
② 시금치, 파, 콩, 생강 등은 1년간 휴작이 필요한 작물이다.
③ 감자, 오이, 땅콩, 마 등은 2년간 휴작이 필요한 작물이다.
④ 토란, 쑥갓, 참외 등은 3년간 휴작이 필요한 작물이다.

⑤ 수박, 가지, 완두, 고추, 토마토 등은 5 ~ 7년간 휴작이 필요한 작물이다.

⑥ 인삼, 아마 등은 10년 이상 휴작이 필요하다.

(3) 기지의 대책

윤작, 객토, 토양소독, 담수(湛水) 등이 권장된다.

3. 윤작(輪作, 돌려짓기)

한 토지에 몇 가지의 작물을 선정하여 돌려가면서 재배하는 것을 윤작이라고 한다.

(1) 윤작의 원칙

① 콩과작물이나 다비(多肥)작물과 같은 지력증진 작물을 포함시켜 윤작함으로써 지력증진을 도모한다.

② 여름작물과 겨울작물을 결합시켜 윤작함으로써 토지의 이용도를 높인다.

③ 중경작물이나 피복작물을 포함시켜 잡초의 발생을 줄이고 토양침식을 방지한다.

　㉠ 중경작물 : 옥수수, 스위트클로버, 알팔파 등과 같은 심근성작물

　㉡ 피복작물 : 잔디와 같이 토양의 침식 및 비료 유출을 막기 위하여 과수 사이 또는 계절적 작물 사이에 재배되는 작물

(2) 답전윤환(沓田輪換)

논을 논과 밭으로 돌려가며 이용하는 것을 답전윤환(沓田輪換)이라고 한다. 답전윤환은 지력을 증대시키며, 잡초를 감소시키고, 기지현상을 방지하는 효과가 있다.

4. 간작(間作, 사이짓기)

한 작물을 생육하면서 그 작물 사이 사이에 다른 작물을 심어 동시에 재배하는 것을 간작(間作)이라고 한다.

5. 교호작(交互作, 엇갈아짓기)

생육기간이 비슷한 작물들을 몇 이랑씩 건너서 짝을 지어 재배하는 것을 교호작(交互作)이라고 한다. 비료성분의 이용, 일조의 이용 등이 서로 다른 작물로 짝을 짓는 것이 좋다.

2 파종

① 용기(Pots)나 온실의 묘상에 파종하는 것은 대체로 손으로 하지만 밭, 과수원에 파종하

는 것은 손이나 조파기를 사용한다.

> **참고** 조파기
>
> 일정한 간격을 두고 한줄로 연속하여 뿌리는 파종기계로서 맥류, 채소 등의 중소립 종자를 파종하는 데 적합하다.

② 파종량은 정식(定植)할 묘수, 발아율 등에 따라 다르며, 보통은 소요묘수의 2 ~ 3배의 종자가 필요하다.

③ 파종하는 깊이는 토양의 수분 및 산소 함량과 발아형식에 따라 다르다.

　㉠ 토양 상층부의 공극에 함유된 수분이 많으면 산소공급이 제한요소로 작용할 가능성이 크므로 얕게 심어야 하고, 상층부의 공극에 함유된 수분이 적으면 수분공급이 제한요소로 작용할 가능성이 크므로 깊게 심어야 한다.

　㉡ 강낭콩과 같이 자엽(子葉)이 지표로 나오는 식물은 그렇지 않는 식물보다 얕게 심는다.

④ 파종방법

　㉠ 시금치, 목초 등은 산파(흩어뿌리기)한다.

　㉡ 파, 밀, 보리, 무, 배추 등은 조파(줄뿌리기 : 뿌림골을 만들어 종자를 줄지어 뿌리는 것)한다. 조파는 수분과 양분의 공급에 유리하고 통풍과 투광이 좋으며 관리작업도 편리한 장점이 있다.

　㉢ 콩, 감자 등은 점파(점뿌리기 : 일정한 간격으로 띄엄 띄엄 파종하는 것)한다. 점파는 종자량이 적게 소요되고 통풍 및 투광이 좋은 장점이 있다.

　㉣ 무, 배추 등은 적파(모듬뿌리기 : 점파할 때 한 곳에 여러 개의 종자를 파종하는 것)하기도 한다.

3 육묘(育苗, 모종가꾸기)

1. 육묘의 의의

① 이식을 전제로 못자리에서 키운 어린 작물을 묘(苗)라고 한다. 묘는 초본묘, 목본묘, 실생묘(종자로부터 양성된 묘), 종자 이외의 작물영양체로부터 양성된 접목묘, 삽목묘, 취목묘 등으로 구분된다.

② 묘를 일정기간 동안 집약적으로 생육하고 관리하는 것을 육묘(育苗)라고 한다.

2. 육묘의 이점

① 토지이용을 고도화 할 수 있다.
② 유묘기 때의 철저한 보호관리가 가능하다.
③ 종자를 절약할 수 있다.
④ 직파가 불리한 고구마, 딸기 등의 재배에 유리하다.
⑤ 조기수확이 가능하다.

> **참고**
> - **유묘기** : 종자가 발아하여 이유기를 지나 본엽이 2~4엽 정도 출현하는 시기이다.
> - **직파** : 묘상에서 육묘하여 본포에 정식하는 것이 아니라 본포에 씨를 직접 뿌리는 것을 말한다.

3. 육묘의 방식

(1) 온상육묘

① 온상에서 육묘하는 방식이다.
② 외부온도가 작물생산에 부적합한 저온기에 지온을 높여 주고 태양열을 보충시켜 육묘나 작물 생육에 알맞은 조건을 만들어 주는 시설이 온상이다.

(2) 접목육묘

① 접목을 통해 육묘하는 것을 접목육묘라고 한다.
② 박과채소 및 가지과채소는 호박, 토마토 등을 대목으로 하는 접목을 통해 육묘한다.
③ 박과채소 및 가지과채소는 호박, 토마토 등을 대목으로 하여 접목을 실시하면 토양전염병(만할병, 위조병, 청고병 등) 및 불량환경에 대한 내성이 높아지기 때문에 박과채소 및 가지과채소는 접목육묘 방식을 많이 이용한다.

(3) 양액육묘

① 작물의 생육에 필요한 배양액으로 육묘하는 것을 양액육묘라고 한다.
② 배양액을 통해 무균의 영양소를 공급하는 것이 가능하다.
③ 양액육묘는 상토육묘에 비해 발근이 빠르며, 병충해의 위험이 적고, 노동력이 절감되는 생력육묘(省力育苗)가 가능하다.

(4) 공정육묘(플러그육묘)

① 공정육묘는 규격화된 자재의 사용과 집약적인 관리를 통해 육묘의 질적 향상 및 육묘

비용 절감을 가능케 하는 최근의 육묘방식이다.
② 육묘의 생력화, 효율화, 안정화 및 연중 계획생산을 목적으로 상토제조 및 충전, 파종, 관수, 시비, 환경관리 등 제반 육묘작업을 체계화하고 장치화한 묘생산시설에서 질이 균일하고 규격화된 묘를 연중 계획적으로 생산하는 것을 말한다.
③ 공정육묘는 재래육묘에 비해 다음과 같은 장점이 있다.
   ㉠ 균일한 묘의 대량생산이 가능하다.
   ㉡ 기계화를 통해 노동력을 줄이고, 묘의 생산비용이 절감된다.
   ㉢ 묘의 운송 및 취급이 용이하다.
   ㉣ 육묘기간이 단축된다.
   ㉤ 자동화 시설을 통해 육묘의 생력화(省力化)가 가능하다.
   ㉥ 대규모생산이 가능하여 육묘의 기업화 또는 상업화가 가능하다.

4. 경화(硬化, 모종 굳히기)

① 본포토양에 정식(定植)하기 전에 본포토양의 환경에 적응될 수 있도록 미리 그 환경에 조금씩 노출시켜 모종을 굳히는 것을 경화라고 한다.
② 경화의 방법은 묘상의 관수량을 서서히 줄이고 온도를 낮추며 광선에 노출되는 시간을 늘려주는 것이다.
③ 경화시킬 때 다음과 같은 현상이 나타날 수 있다.
   ㉠ 엽육이 두꺼워진다.
   ㉡ 건물량(乾物量)이 증가한다.
   ㉢ 지상부 생육이 둔화되는 대신 지하부 생육이 발달한다.
   ㉣ 내한성과 내건성이 증가한다.
   ㉤ 외부환경에 대한 내성이 길러진다.

> **참고**
>
> - **엽육** : 잎의 위, 아래 표피사이에 있는 조직이다.
> - **건물량** : 생물체 등의 원물체에서 함수량(含水量)을 뺀 양이다.

4 이식(移植, 옮겨심기)

1. 이식(移植)의 의의
식물을 현재의 위치에서 다른 위치로 옮겨 심는 것을 이식이라고 한다.
① 분심기 : 묘를 묘상에서 화분으로 옮겨 심는 것
② 뭉쳐옮기기 : 삼베 같은 것으로 받쳐 흙을 뭉쳐 옮겨 심는 것
③ 내심기 : 화분이나 묘상에서 정원이나 밭으로 옮겨 심는 것
④ 정식 : 계속 그대로 둘 위치에 옮겨 심는 것
⑤ 가식 : 정식할 때까지 잠정적으로 이식해 두는 것

2. 초본식물의 이식
① 실생묘가 작을 때 이식하는 것이 좋다.
② 이식 후 뿌리의 재생속도는 이식할 때 조직 내에 축적된 탄수화물이 많을수록 빠르다. 조직 내에 탄수화물을 많이 축적하기 위해서는 광합성률이 높고 호흡작용과 세포분열속도는 낮아야 한다.
③ 증산율이 낮으면 이식 후에 모종이 빨리 회복된다. 증산율은 낮은 온도, 낮은 광도, 무풍, 높은 습도의 경우에 낮아지므로 이식은 이슬비가 오거나 흐린 날씨에 하는 것이 좋다.

3. 상록수의 이식
① 작은 상록수가 이식 후의 회복이 빠르다.
② 조경용으로 사용되는 상록수는 큰 것을 이식하는 경우가 많다. 큰 상록수는 잎이나 증산면이 넓기 때문에 수분소비량이 많은 편이어서 수분을 보충할 수 있도록 뿌리가 붙어 있는 채로 뭉쳐옮기기를 하거나 묘목을 용기에 가꾸어 이식하는 것이 효과적이다.
③ 상록수목은 일반적으로 봄이나 가을에 이식하는 것이 보통인데, 봄이나 가을이 여름이나 겨울에 비해 증산율이 낮기 때문이다.

4. 낙엽수의 이식
낙엽수는 잎이 없을 때(비생장계절) 이식하는 것이 유리하다.

5 중경(中耕)

1. 중경(中耕)의 의의
작물이 생육하고 있는 도중에 경작지의 표면을 호미나 중경기로 긁어 부드럽게 하는 것을 중경이라고 한다.

2. 중경의 장단점

(1) 장점
① 잡초제거의 효과가 있다.
② 토양의 통기와 투수성이 좋아지기 때문에 뿌리의 활력이 증진되고 토양유기물의 분해가 촉진된다.
③ 토양수분의 증발을 억제한다.

(2) 단점
① 중경으로 단근(斷根)의 피해가 있을 수 있다.
② 중경을 하면 바람이나 비로 인한 토양침식이 조장될 수 있다.
③ 발아 중의 식물인 경우 중경으로 인해 저온이나 서리에 의한 동·상해를 입을 수 있다.

6 제초

1. 잡초의 특성
① 원하지 않는 장소에 나타난다.
② 번식력이 왕성하여 근절하기가 쉽지 않다.
③ 작물에 피해를 준다.

2. 잡초가 작물에 주는 피해

(1) 경합
잡초와 작물 사이에 수분, 양분, 빛 등을 서로 빼앗으려고 경쟁하는 것을 경합이라고 한다. 경합은 작물의 수확을 감소시킨다.

(2) 발아, 생육의 억제

　　잡초는 작물의 발아와 생육을 억제한다. 이러한 발아, 생육의 억제효과는 잡초와 작물간 뿐만 아니라 잡초와 잡초간, 작물과 작물간에도 나타난다.

(3) 병충해의 매개

　　잡초는 작물 병충해의 매개가 되며 병충해의 서식지 역할을 한다.

(4) 기생

　　잡초가 작물에 기생하여 작물의 영양을 빼앗아가기도 한다.

3. 잡초의 방제방법

(1) 물리적 방제법

　　인력 또는 기계를 이용하여 잡초를 뽑아서 없애는 방법이다.

(2) 화학적 방제법

　　① 제초제를 사용하여 잡초를 방제하는 방법이다.
　　② 제초제의 사용시기는 경우에 따라 다른데 파종후 처리(출아전 처리), 이식전 처리, 출아후 처리 등이 있다.
　　③ 제초제의 사용에 있어서는 기상 조건과 토양 조건을 고려할 필요가 있다. 일반적으로 기온이 높을 때 제초제의 효과가 크며, 토양수분의 과부족은 제초제에 대한 작물의 저항력을 떨어뜨려 작물이 약해(藥害)를 입을 수도 있다.

(3) 생물적 방제법

　　곤충이나 미생물 등을 이용하여 잡초를 방제하는 방법이다. 오늘날 친환경 유기농법에서 많이 이용되고 있다.

> **참고** 유기농법
>
> 화학비료나 농약을 사용하지 않고 채소나 과일을 기르는 농법이다.

(4) 생태적 방제법

　　① 잡초의 경합력을 약화시키거나 작물의 경합력을 높여주는 방법으로서 경종적 방제법이라고도 한다.
　　② 경합적 특성을 활용한 작부체계, 잡초에게 불리한 환경을 조성하는 시비관리와 특정

설비의 이용 등이 여기에 해당된다.

(5) 종합적 방제법

물리적 방제법, 화학적 방제법, 생물적 방제법, 생태적 방제법 등을 종합적으로 활용하여 잡초를 방제하는 것을 종합적 방제법(IWM)이라고 한다.

7 배토와 멀칭

1. 배토(培土)

(1) 배토의 의의

작물이 생육하고 있는 동안에 이랑 사이의 흙을 그루 밑으로 긁어 모아주는 것을 배토라고 한다.

(2) 배토의 효과

① 도복(작물이 바람에 쓰러지는 것) 방지
② 분구억제 및 비대 촉진(토란)
③ 괴경의 발육 조장(감자)
④ 수부의 착색 방지(당근)

2. 멀칭(Mulching)

(1) 멀칭의 의의

① 토양 표면을 어떤 물질로 피복(덮어주기)하는 것을 멀칭이라고 한다.
② 풀로 덮는 것을 부초라고 하고, 짚으로 덮는 것을 부고라고 하며 폴리에틸렌, 비닐 등의 플라스틱 필름으로 피복하는 것을 폴리멀칭(Poly-mulching) 또는 비닐멀칭이라고 한다.
③ 폴리멀칭(Poly-mulching)에 사용하는 필름의 종류와 특징은 다음과 같다.
　㉠ 투명필름은 지온상승효과가 크지만 잡초 억제효과는 적다.
　㉡ 흑색필름은 잡초 억제효과가 매우 크지만 지온상승효과는 적다.
　㉢ 녹색필름은 잡초 억제효과와 지온상승효과가 모두 크다.
　㉣ 작물이 멀칭한 필름 속에서 비교적 긴 기간 자랄 때에는 흑색필름이나 녹색필름은

작물에 큰 피해를 주기 때문에 투명필름이어야 안전하다.

(2) 멀칭의 효과

① 토양수분 유지와 건조 방지

② 잡초 억제

③ 지온 조절

④ 한해(寒害) 및 동해(凍害)의 경감

⑤ 토양보호와 비료유실의 방지

⑥ 생육 및 숙기 촉진

8 비료와 시비

1. 비료의 분류

(1) 형태에 따른 분류

① 고체비료 : 황산암모늄(유안)

② 액체비료 : 암모니아수

③ 기체비료 : 탄산가스

(2) 원료에 따른 분류

① 유기질 비료 : 동물질 비료(닭똥, 골분), 식물질비료(쌀겨, 풋거름)

② 무기질 비료 : 광물질 비료(황산암모늄, 석회질소)

(3) 함유성분에 따른 분류

① 질소질 비료 : 황산암모늄(유안), 질산암모늄, 요소, 석회질소

② 인산질 비료 : 과인산석회(과석), 중과인산석회(중과석)

③ 칼리질 비료 : 황산칼륨, 염화칼륨, 초목회

④ 3요소 이외의 비료 : 석회질 비료, 망간비료

(4) 함유성분의 복합성 여부에 따른 분류

① 단질비료 : 요소, 황산암모늄(유안), 염화칼륨

② 복합비료(배합비료) : 2가지 이상의 비료성분이 함유되도록 혼합한 비료

(5) 비료의 반응에 따른 분류

① 화학적 산성비료 : 과인산석회(과석), 중과인산석회(중과석)

② 생리적 산성비료 : 황산암모늄(유안), 염화암모늄, 황산칼륨, 염화칼륨

③ 화학적 염기성 비료 : 석회질소, 암모니아수, 용성인비

④ 생리적 염기성 비료 : 석회질소, 초목회, 용성인비

⑤ 화학적 중성비료 : 황산암모늄(유안), 질산암모늄, 염화암모늄, 황산칼륨, 요소, 염화칼륨

⑥ 생리적 중성 비료 : 질산암모늄, 요소, 과인산석회(과석)

(6) 효과의 지속성에 따른 분류

① 속효성 비료 : 인분뇨, 유안, 요소, 과인산석회(과석)

② 지효성 비료 : 퇴비, 두엄, 녹비, 깻묵

2. 시비

(1) 시비량의 결정

작물에 인위적으로 공급해 줘야 할 시비의 량은 작물의 종류, 재배방법, 지력의 정도, 기후 등에 따라 차이가 있으나 이론상으로는 다음과 같이 계산할 수 있다.

$$시비량 = \frac{(식물체내의\ 비료요소\ 흡수량 - 천연공급량)}{비료요소의\ 흡수율}$$

> **참고** 시비량 결정의 예시
>
> 150㎡당 300kg의 과실을 수확하는 과수원에서 연간 나무와 과실이 흡수하는 비료 3요소의 양은 질소 1.2kg, 인 0.3kg, 칼륨 1.5kg이다. 대체적으로 추정되는 천연공급량은 질소는 흡수량의 1/3, 인과 칼륨은 1/2 이며, 비료요소의 흡수율은 질소 50%, 인 30%, 칼륨 40%이다. 그렇다면 질소의 이론적 시비량은 얼마인가?
>
> → 식물체내의 질소 흡수량 1.2kg, 질소의 천연공급량 0.4kg, 질소의 흡수율 0.5 이므로 이를 공식에 대입하면 시비량 = (1.2−0.4)/0.5 = 1.6 이다. 즉, 150㎡당 1.6kg의 질소를 시비하면 된다.

(2) 작물의 종류와 시비

① 종자를 수확하는 작물 : 영양생장기에는 질소질 비료, 생식생장기에는 인산질 비료와 칼륨질 비료를 많이 준다.

② 과실을 수확하는 작물 : 결실기에 인산질 비료와 칼륨질 비료를 많이 준다.

③ 잎을 수확하는 작물 : 질소질 비료를 많이 준다. 엽채류(葉菜類)와 같은 1년생 또는 2년생 작물은 토양 중에 가급태(加給態)질소가 충분히 있어야 하기 때문에 속효성 비료가 알맞고, 뽕나무와 같은 영년생(永年生) 작물에 있어서는 양분이 체내에 저장되도록 질소질 비료를 충분히 시비하여야 한다.
④ 줄기를 수확하는 작물 : 아스파라거스, 토당귀 등과 같이 연화재배(軟化栽培)를 하는 작물은 연화기 전년도에 충분히 시비한다.
⑤ 뿌리나 지하경을 수확하는 작물 : 생육초기에는 질소질 비료를 많이 주고, 양분이 뿌리나 지하경에 저장되기 시작할 시기에는 칼륨질 비료를 많이 준다.

> **참고**
> - **가급태(加給態)** : 작물이 실제로 이용할 수 있는 상태
> - **영년생** : 다년간 생육이 계속되는 작물
> - **연화재배** : 작물의 전체 또는 필요한 부분에 광을 차단시켜 줄기나 잎이 희고 연하게 되도록 재배하는 방법

(3) 시비시기 및 횟수
① 파종 또는 이식 전에 시비하는 것을 밑거름(基肥)이라 하고, 생육 도중에 시비하는 것을 덧거름(追肥)이라고 한다.
② 밑거름(基肥)은 지효성 비료(퇴비, 두엄, 녹비, 깻묵 등)가 알맞고, 덧거름(追肥)은 속효성 비료(인분뇨, 유안, 요소 등)가 적당하다.
③ 식질토는 흡비력(吸肥力)이 강하므로 밑거름(基肥)에 중점을 두어야 하고, 사질토는 비료의 유실이 빠르므로 자주 덧거름(追肥)을 해 줄 필요가 있다.

(4) 비료 배합 시 주의할 점
① 비료 성분이 소실되지 않도록 하여야 한다. 질산태(窒酸態) 질소와 유기질 비료를 혼합하면 질산이 소실되기 때문에 질산태(窒酸態) 질소와 유기질 비료를 배합하는 것은 바람직하지 않다.
② 비료 성분이 불용성(不溶性)이 되지 않도록 하여야한다. 과인산석회(과석)와 알카리성 비료를 혼합하면 과인산석회(과석)의 주성분인 수용성 인산이 불용성(不溶性)으로 변한다. 따라서 과인산석회(과석)와 알카리성 비료를 혼합하는 것은 바람직하지 않다.
③ 비료가 습기를 흡수하지 않도록 하여야 한다. 과인산석회(과석)와 염화칼륨를 배합하면 흡습성(吸濕性)이 높아져서 용해되거나 굳어진다. 따라서 과인산석회(과석)와 염화칼륨을 혼합하는 것은 바람직하지 않다.

(5) 엽면시비

① 비료를 수용액으로 만들어 잎에 살포하는 것을 엽면시비라고 한다.
② 엽면시비는 토양조건이나 뿌리의 조건이 뿌리를 통한 양분흡수에 지장이 있을 때, 또는 미량원소 결핍증에 대한 응급조치로서 효과가 크다.
③ 엽면시비는 잎의 앞면(표면)보다 뒷면(이면)에 시비하는 것이 더 효과적이다. 그 이유는 잎의 앞면(표면)이 뒷면(이면)보다 큐티큘라층이 두꺼워 세포조직이 치밀하고 기공이 적기 때문에 비료의 흡수력은 뒷면(이면)이 더 크기 때문이다.
④ 엽면흡수는 잎의 생리작용이 왕성할 때 흡수율이 높고 가지나 줄기의 정부(頂部)에 가까운 잎에서 흡수율이 높다.

> **참고** 큐티큘라층
>
> 잎의 표피조직에 발달된 큐우틴의 퇴적층을 큐티큘라층이라고 한다. 큐우틴은 지방 또는 납질의 물질로서 잎으로부터 수분증산, 병원균의 침입 등을 막아 식물을 보호하는 기능을 한다.

(6) 비료의 흡수율(이용률)

① 시비한 비료 성분량 중 작물이 흡수·이용한 양이 차지하는 비율을 비료의 흡수율(이용률)이라고 한다.
② 흡수율은 일반적으로 질소 30 ~ 50%, 칼륨 40 ~ 60%, 인산 10 ~ 20%이다.
③ 영향을 주는 요인
　㉠ 비료의 성분　　　　　　　㉡ 비료의 화학적 상태
　㉢ 시비의 시기　　　　　　　㉣ 토양조건
　㉤ 작물의 종류 및 품종

9 정지, 전정

1. 정지, 전정의 의의

나무의 골격이 되는 부분을 계획적으로 구성하고 유지하여 나무의 모양을 만드는 작업을 정지(整枝)라고 하며, 잔가지를 자르거나 솎아주어 과실의 결실을 조절하고 결과지(結果枝, 열매가 열리는 가지)를 손질하는 것을 전정(剪定)이라고 한다.

2. 전정의 효과

① 정부(頂部)의 전정은 수목을 작게(矮小) 만든다.
② 목적하는 수형을 만든다.
③ 수세(樹勢)의 갱신을 도와 결과(結果)를 좋게 하고 결과부위의 웃자람을 막아 관리를 편리하게 한다.
④ 해거리(격년결과)를 방지한다.
⑤ 통풍과 수광을 좋게 한다.
⑥ 병·해충의 피해부분이나 잠복처를 제거한다.

3. 전정의 종류

(1) 자름전정(절단전정, Heading Back)

① 소지, 줄기, 신초(新梢)등의 정부(頂部)를 제거하는 것을 자름전정(절단전정)이라고 하는데, 자름전정에서는 기부를 제거하지 않는다.
② 자름전정을 하면 수개의 새로운 측아가 발육되어 빽빽한 가지를 치게 된다.

(2) 솎음전정(Thinning Out)

소지, 줄기, 신초(新梢)등을 기부에서 제거하여 솎아내는 것을 솎음전정이라 하는데, 솎음전정을 하면 나무가 넓게 트이게 된다.

> **참고**
> - **신초** : 당년에 자라난 가지를 신초 또는 새가지라고 한다. 줄기의 선단을 적심했을 때 측아로부터 자라나온 가지, 숨은 눈이나 가지 윗 쪽 또는 등어리에 위치한 눈에서 자라나온 가지와 같이 세력이 좋은 가지를 가리키는 경우가 많다. 신초를 녹지라 부르기도 한다.
> - **적심(순자르기)** : 생육중인 작물의 줄기 또는 가지의 선단(생장점)을 자르는 것을 적심이라고 한다.
> - **기부(基部)** : 기관 또는 부속기관의 접촉면에 가까운 부분

4. 수목의 정지와 수형

(1) 원추형(Central Leader)

① 주간(株幹, 주된 줄기)을 곧게 세워가며 몇 개의 주지(株枝)를 적절히 배치하는 것이다.
② 줄기와 가지의 접합부에 튼튼한 분지각(分枝角, 가지가 갈라져 나온 각도)을 발육시키는 장점이 있고, 내부가 그늘지게 되어 주간(株幹, 주된 줄기)이 약화될 수 있다는 단점이 있다.

(2) 개심형(開心形, Open Center)

① 주간이 없고 몇 개의 대등한 주지(株枝)만을 키우는 것이다.

② 나무의 키가 낮아 열매따기나 가지솎기 등의 작업이 편리하다는 장점이 있는 반면 가지가 부러지기 쉽다는 단점이 있다.

(3) 변칙주간형

① 원추형과 개심형의 중간 형태라고 할 수 있는 것으로 일정한 높이에 이르러 주간(株幹, 주된 줄기)을 제거하여 개심한다.

② 변칙주간형은 과수의 정지에 가장 적합한 방식이라고 할 수 있다.

5. 원예작물의 전정

(1) 핵과류(복숭아, 앵두, 자두)

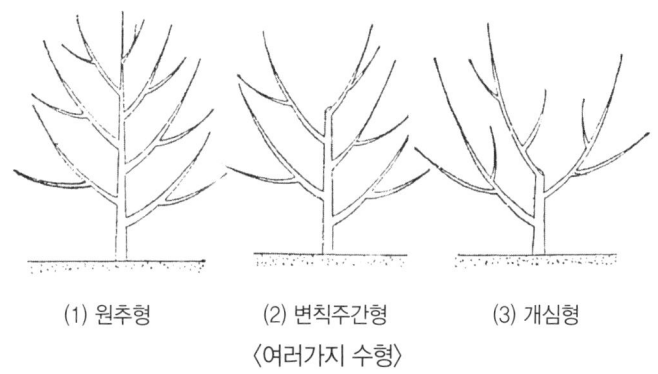

(1) 원추형　　(2) 변칙주간형　　(3) 개심형
〈여러가지 수형〉

① 핵과류의 열매는 2년생지에 맺는데, 첫해에는 신초에 화아가 생기고 다음해에 개화, 결실한다.

② 복숭아는 개심형으로 정지한다. 지상 70 ~ 90㎝에서 절단하고 3개 정도의 주지만을 튼튼하게 키운다.

③ 앵두, 자두는 변칙주간형으로 정지한다.

(2) 인과류(사과, 배)

영양생장기에는 원추형으로 정지하였다가 생식생장기로 전환하는 시기에 변칙주간형으로 정지한다.

(3) 장과류(포도)

포도는 전년에 나온 가지를 결과모지(結果母枝)로 하여 그 눈에서 나오는 새로운 가지위에 결실되므로 전년생 가지를 전정한다.

> **참고** 결과모지
>
> 결과지(열매가 달리는 가지)가 붙는 가지를 말하는데, 일반적으로 결과지보다 1년이 더 묵은 가지이다.

(4) 각과류(호두, 개암)

호두는 변칙주간형으로 정지하고 개암은 원추형으로 정지한다.

(5) 장식용 관목

① 관화용 마르멜로와 같이 생육이 느린 관목의 전정은 휴면기(休眠期)에 실시하며 죽은 줄기만을 제거한다.

② 개나리, 재스민과 같이 생육이 빠르고 1년생 가지에 꽃과 열매를 맺는 관목의 전정은 개화 직후에 실시한다.

③ 덩굴장미, 백일홍과 같이 생육이 빠르고 금년생 가지에 꽃과 열매를 맺는 관목의 전정은 휴면기(休眠期)에 실시하며 2년생 또는 3년생 가지를 제거한다.

> **참고** 관목
>
> 키가 2~3m 내외의 목본(木本)식물로서 주간(主幹)이 분명하지 아니하고 밑둥에서 가지가 많이 나는 나무. 진달래, 사철나무, 앵두나무 등이다.

10 병충해의 방제

1. 해충

(1) 곤충류

① 줄기와 잎을 먹는 곤충 : 나방의 모충, 메뚜기의 유충, 투구풍뎅이

② 뿌리를 먹는 곤충 : 딸기뿌리벌레, 오이흰테벌레, 오이투구풍뎅이 유충

③ 줄기에 구멍을 뚫는 곤충 : 옥수수벌레, 호박덩굴을 뚫는 곤충

④ 표피를 뚫고 엽록체, 수용성 자양분 등을 빨아 먹는 곤충 : 진딧물, 풍뎅이, 멸구, 개각충

(2) 기생 선충류

① 뿌리를 침범하는 선충 : 노트, 라이전, 팁

② 잎 침범하는 선충 : 잎선충

※ 살구, 아보카도, 복숭아, 감귤, 대추야자 등은 기생 선충류에 저항성을 가지고 있다.

2. 병균

(1) 병균별로 일으키는 병

① 진균 : 탄저병, 노균병, 흰가루병, 배추뿌리 잘록병, 역병

② 세균 : 근두암종병, 세균성 검은 썩음병, 무름병, 풋마름병, 궤양병

③ 바이러스 : 모자이크병, 사과나무 고접병, 황화병, 오갈병, 잎마름병

④ 마이코 플라스마 : 오갈병, 감자빗자루병, 대추나무빗자루병, 오동나무빗자루병

(2) 병균별 특징

① 모자이크병은 잎사귀의 일부가 황화되지만, 황화병은 잎사귀 전체가 황화된다.

② 오갈병(위축병)은 식물이 정상적인 것에 비해 작아지는 병으로서 바이러스나 마이코 플라스마에 감염된 경우 발생한다.

3. 병충해의 방제방법

(1) 재배적 방제(경종적 방제)

재배환경을 조절하거나 특정 재배기술을 도입하여 병충해의 발생을 억제하는 방법이다.

① 경작토지의 개선
② 품종개량
③ 재배양식의 변경
④ 중간 기주식물의 제거
⑤ 생육기 조절
⑥ 시비법 개선
⑦ 윤작

> **참고** 기주(숙주)
>
> 어떤 종의 생물이 타생물로부터 양분을 섭취하면서 자라는 것을 기생이라고 하는데 이때 양분을 빼앗기는 쪽을 기주(숙주)라고 하고, 양분을 빼앗는 쪽을 기생자라고 한다.

(2) 생물학적 방제

특정 병해충의 천적인 육식조나 기생충을 이용하는 방법이다. 천적을 이용하는 생물학적 방제의 장점은 화학약품의 사용이나 다른 구제방법이 불필요하다는 점이며, 단점은 완전한 구제가 어렵다는 점이다.

① 감귤류의 개각충(介殼蟲)에 대한 천적 : 베달리아 풍뎅이, 기생승(寄生蠅)

② 토마토벌레에 대한 천적 : 기생말벌

③ 진딧물에 대한 천적 : 무당벌레, 진디흑파리

④ 페로몬을 이용한 방제 : 페로몬은 미교배 암컷이 방출하는 곤충분비물이다. 페로몬은 암컷이 수컷을 유인하는 물질이므로 페로몬을 이용하여 수컷의 대량방제가 가능하다.

⑤ 점박이 응애의 천적 : 칠레이리응애

⑥ 총채벌레류, 진딧물류, 잎응애류, 나방류 알 등 다양한 해충의 천적 : 애꽃노린재

(3) 화학적 방제

① 농약에 의한 방제를 말한다. 농약에는 살균제, 살충제 등이 있다.

② 농약사용에 있어 고려할 점

㉠ 혼합제의 경우 3가지 이상을 혼합하지 않는 것이 바람직하다.

㉡ 수화제는 수화제끼리 혼합하여 사용하는 것이 좋다.

㉢ 4종 복합비료와 혼용하여 살포하여서는 안된다.

㉣ 나무가 허약할 때나 관수하기 직전에는 살포하지 않는다.

㉤ 차고 습기가 많은 날은 살포를 피한다.

㉥ 25℃를 넘는 기온에서는 살포하지 않는다.

㉦ 농약을 살포할 때는 모자, 마스크, 방수복을 착용한다.

㉧ 바람이 강한 날은 살포하지 않는다.

㉨ 바람은 등지고 살포하여야 한다.

> **참고**
>
> - **수화제** : 물에 녹지 않는 원제를 벤토나이트나 고령토(高嶺土) 같은 점토광물의 증량제와 혼합하고 여기에 친수성, 고착성 등을 부여키 위하여 적당한 계면활성제를 가해서 미분말화시킨 제품이다.
> - **점토광물** : 2차 광물이라고도 하며 1차광물이 풍화되어 토양이 발달되는 과정에서 재합성된 것이다.
> - **증량제** : 희석제
> - **계면활성제** : 기체, 액체, 고체의 계면자유(界面自由)에너지를 저하시켜 습윤, 유화, 분산, 가용화(물이나 기타의 용매에 녹을 수 있는 성질), 세정작용을 하는 화합물이다.

② 농약의 독성

㉠ 농약의 독성은 반수치사량(LD50)으로 표시한다. 반수치사량이란 농약실험동물의 50% 이상이 죽는 분량이다.

㉡ 농약은 독성에 따라 Ⅰ급(맹독성), Ⅱ급(고독성), Ⅲ급(보통독성), Ⅳ급(저독성)으로 분류한다.

(4) 물리적 방제

가장 오래된 방제방법으로 낙엽의 소각, 과수에 봉지씌우기, 유화등이나 유인대를 설치하여 해충 유인 후 소각, 밭토양의 담수 등의 방법이 있다.

(5) 법적 방제

식물검역법 등 관계법령에 의해 병해충의 국내 유입을 막고 국내에 유입된 것이 확인되면 그 전파를 막기 위하여 제거·소각 등의 조치를 취하는 방제방법이다.

(6) IPM(Integrated Pest Management)

① IPM은 해충개체군 관리시스템을 말한다. FAO(유엔식량농업기구)는 IPM을 다음과 같이 정의하고 있다.

'IPM은 모든 적절한 기술을 상호 모순되지 않게 사용하여 경제적 피해를 일으키지 않는 수준이하로 해충개체군을 감소시키고 유지하는 해충개체군 관리시스템이다'

② IPM은 완전방제를 목적으로 하는 것은 아니며 피해를 극소화 할 수 있도록 해충의 밀도를 줄이는 방법이다.

기출핵심문제

01 원예작물 재배 시 흑색필름멀칭의 효과와 가장 연관이 적은 것은?

① 잡초 발생 억제
② 건조해 발생 억제
③ 토양 중의 배수 촉진
④ 표토 유실 억제

해설 **7회 기출 |** 멀칭은 배수를 촉진하는 효과는 없다.

02 공정육묘(플러그육묘)가 재래육묘와 비교하여 얻을 수 있는 장점이 아닌 것은?

① 접목묘 생산이 가능하다.
② 균일한 묘의 대량생산이 가능하다.
③ 묘의 취급과 수송이 용이하다.
④ 육묘작업을 체계화, 자동화하여 노동력을 줄일 수 있다.

해설 **5회 기출 |** 공정육묘의 장점
· 균일한 묘의 대량생산이 가능하다.
· 기계화를 통해 노동력을 줄이고, 묘의 생산비용이 절감된다.
· 묘의 운송 및 취급이 용이하다.
· 육묘기간이 단축된다.
· 자동화 시설을 통해 육묘의 생력화(省力化)가 가능하다.
· 대규모생산이 가능하여 육묘의 기업화 또는 상업화가 가능하다.

03 정부우세성을 타파하여 곁눈의 생장을 촉진하는 생육조절방법은?

① 적심(摘心)   ② 최아(催芽)
③ 일장조절   ④ 저온처리

해설 **5회 기출 |** 적심(摘心, 순자르기)은 개화결실을 촉진하고, 측지의 발육을 촉진하며, 고사한 부분과 병해충에 감염된 부분을 제거하여 식물체를 보호하기 위하여 실시한다.

04 다음 중 과수원에서 페로몬트랩으로 유인하여 방제할 수 있는 해충을 모두 고른 것은?

| ㉠ 까루깍지 벌레 | ㉡ 뿌리혹선충 | ㉢ 사과무늬잎말이나방 | ㉣ 복숭아심식나방 |

① ㉠, ㉡   ② ㉢, ㉣
③ ㉠, ㉡, ㉣   ④ ㉠, ㉡, ㉢, ㉣

해설 **4회 기출 |** 페로몬트랩을 이용하여 방제할 수 있는 것으로는 사과무늬잎말이나방, 사과굴나방, 은무늬굴나방, 복숭아심식나방, 복숭아순나방, 배추좀나방, 담배나방 등이 있다.

| 정답 | 01 ③ 02 ① 03 ① 04 ②

05 사과, 배 등 주요 과수에서 나타나는 근두암종병의 원인균은?

① 진균
② 바이러스
③ 세균
④ 마이코플라스마

해설 4회 기출 | 병해와 원인균
- 진균 → 탄저병, 고추역병, 노균병, 배추뿌리 잘록병, 흰가루병.
- 세균 → 세균성 줄무늬병, 세균성 점무늬병, 세균성 썩음병, 근두암종병, 궤양병, 무름병, 풋마름병
- 바이러스 → 잎마름병, 모자이크병, 사과나무 고접병, 황화병, 오갈병(위축병)
- 마이코플라스마 → 대추나무 빗자루병, 감자 빗자루병, 오동나무 빗자루병, 오갈병(위축병)

06 식물 바이러스병으로 옳게 짝지은 것은?

① 위축병 - 모자이크병
② 탄저병 - 위축병
③ 모자이크병 - 근두암종병
④ 근두암종병 - 탄저병

해설 5회 기출 | 탄저병은 진균, 근두암종병은 세균이 원인균이다.

07 복숭아와 밤나무의 오갈병, 대추나무의 빗자루병을 일으키는 것은?

① 바이러스
② 곰팡이
③ 박테리아
④ 마이코플라스마

해설 6회 기출 | 오갈병(위축병), 빗자루병의 원인균은 마이코플라스마이다.

08 휘발성이 높은 화합물로 곤충의 조직에서 분비되어 동종의 다른 개체에 특유한 행동이나 발육 분화를 일으키는 물질을 무엇이라 하는가?

① 생물농약
② 페로몬
③ 트랩
④ 훈연가스제

해설 3회 기출 | 곤충들이 냄새로 의사를 전달하는 신호체계를 페로몬이라고 한다.

정답 | 05 ③ 06 ① 07 ① 08 ④

09 재배 온실이나 과수원에서 페르몬으로 유인하여 방제할 수 있는 대상 생물은?

① 야생 조류
② 곰팡이
③ 해충
④ 박테리아

해설 5회 기출 | 페르몬은 미교배 암컷이 방출하는 곤충분비물이다. 페르몬은 암컷이 수컷을 유인하는 물질이므로 페르몬을 이용하여 수컷의 대량방제가 가능하다.

10 진딧물의 생물학적 방제에 이용하는 천적은?

① 진디흑파리, 칠레이리응애
② 무당벌레, 진디흑파리
③ 무당벌레, 애꽃노린재
④ 칠레이리응애, 애꽃노린재

해설 7회 기출 |
- 감귤류의 개각충(介殼蟲)에 대한 천적 : 베달리아 풍뎅이, 기생승(寄生蠅)
- 토마토벌레에 대한 천적 : 기생말벌
- 진딧물에 대한 천적 : 무당벌레, 진디흑파리
- 점박이응애의 천적 : 칠레이리응애
- 총채벌레류, 진딧물류, 잎응애류, 나방류 알 등 다양한 해충의 천적 : 애꽃노린재

11 병해충 방제를 위한 약제방제 요령으로 맞지 않는 것은?

① 4종복비와의 혼용은 권장사항이다.
② 수화제는 수화제끼리 혼합한다.
③ 차고 습기가 많은 날은 살포를 피한다.
④ 25℃를 넘는 기온에서는 살포하지 않는다.

해설 3회 기출 | 병해충 방제를 위한 약제방제의 요령
- 혼합제의 경우 3가지 이상을 혼합하지 않는 것이 바람직하다.
- 수화제는 수화제끼리 혼합하여 사용하는 것이 좋다.
- 4종 복합비료와 혼용하여 살포하여서는 안된다.
- 나무가 허약할 때나 관수하기 직전에는 살포하지 않는다.
- 차고 습기가 많은 날은 살포를 피한다.
- 25℃를 넘는 기온에서는 살포하지 않는다.
- 농약을 살포할 때는 모자, 마스크, 방수복을 착용한다.
- 바람이 강한 날은 살포하지 않는다.
- 바람은 등지고 살포하여야 한다.

| 정답 | 09 ③ 10 ② 11 ①

제8장 시설재배와 양액재배

1 시설재배

1. 시설재배의 의의

① 시설재배는 플라스틱하우스나 유리온실 등의 시설을 갖추고 시설 내에서 과수, 화훼, 채소 등과 같은 원예작물을 재배하는 것을 말한다.

② 시설재배의 필요성

㉠ 원예작물에 대한 수요는 날로 증가하고 있으며 특정 계절에 국한되지 않고 상시적으로 수요가 있으므로 주년적(周年的)공급체계가 필요하다.

㉡ 주년적(周年的)공급체계는 제철이 아닌 때에도 생산이 이루어져야 하므로 시설재배가 필요하다.

㉢ 또한 시설재배에 의한 원예작물의 공급은 노지재배(露地栽培)와는 달리 제철이 아닌 때의 공급이므로 높은 가격으로 출하되어 수익성이 좋은 편이다.

③ 시설재배는 시설물을 설치하고 원예작물의 생육환경을 인위적으로 조절해야 하기 때문에 자본이 많이 소요되는 측면이 있다. 그러나 작물재배에 아주 중요한 온도, 수분, 일광, 공기 및 양분을 알맞게 조절할 수 있기 때문에 규격품의 생산이 가능하고 출하시기를 조절할 수 있는 재배가 가능하다는 장점이 있다.

2. 시설의 입지

① 일조량은 시설 내의 온도 유지와 작물의 광합성에 중요한 요인이므로 충분한 일조량을 확보할 수 있는 입시가 좋다.

② 작물의 생육에 알맞은 토성이며 수리와 배수가 용이한 위치가 좋다.

③ 생산물의 출하가 원활하게 이루어질 수 있고 수송비가 적게 드는 위치가 좋다.

3. 시설의 자재

(1) 골재자재

목재, 경합금재, 강재 등이 있으며, 경합금재가 가장 많이 사용된다.

(2) 피복자재

① 기초피복재로 유리나 플라스틱 필름이 있고, 추가피복재로 부직포, 거적 등이 있다.

② 피복자재의 조건
　　㉠ 광선투과율은 높고 열선투과율은 낮아야 한다.
　　㉡ 열전도율이 낮아야 한다.
　　㉢ 보온성이 좋아야 한다.
　　㉣ 수축 및 팽창이 작아야 한다.
　　㉤ 충격에 강하여야 한다.
　　㉥ 내구성이 좋아야 한다.

4. 시설의 설치

(1) 지붕의 구배
지붕의 구배가 크면 빗물이나 적설에는 유리하나 바람의 저항을 많이 받는다. 또한 지붕의 구배는 일광의 투사에 지장이 없도록 하여야 한다. 이러한 점을 고려할 때 28° ~ 30° 정도가 적합하다.

(2) 시설의 방향
동서동(東西棟)은 태양의 광열이용에 유리하므로 육묘 및 촉성재배에 적합하고, 남북동(南北棟)은 저온기의 보온, 고온기의 냉방 및 환기에 유리하므로 연중재배에 적합하다.

(3) 시설의 분류
① **외지붕형** : 지붕이 한 쪽만 있는 것으로서 북쪽은 높게, 남쪽은 낮게 만든다.
② **쓰리쿼터형(3/4식지붕형)** : 외지붕형과 양쪽지붕형을 절충한 것이라고 할 수 있는데 지붕의 남쪽면과 북쪽면의 비율을 3:1로 정도로 만든다. 광선의 투과를 좋게 하기 위하여 동서(東西)로 길게 배치된다. 쓰리쿼터형은 환기가 충분하지 못하다는 단점이 있다.
③ **양쪽지붕형** : 지붕의 양면 길이와 구배가 같은 시설로서 태양광선이 균일하게 투사되고 통풍이 잘 되는 장점이 있다.
④ **반원형** : 지붕의 모양이 반원에 가까운 것으로서 태양광선이 균일하게 투사되고, 확산광선 때문에 시설내의 조도가 높으며 시설내의 공간이 넓다.
⑤ **양쪽지붕연동형** : 2동 이상의 시설이 연결된 형이다. 연동형은 시설비용이 절감되는 효과는 있으나 광선의 투사와 통기가 불충분하다는 단점이 있다.

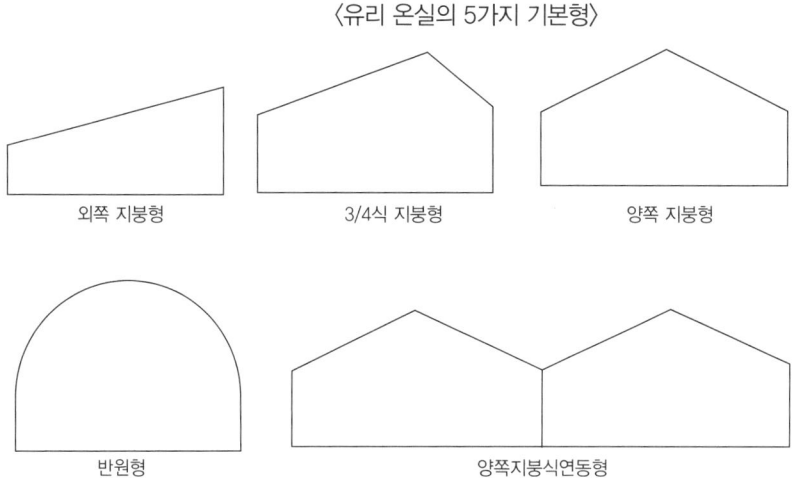

〈유리 온실의 5가지 기본형〉

외쪽 지붕형 / 3/4식 지붕형 / 양쪽 지붕형 / 반원형 / 양쪽지붕식연동형

5. 플라스틱 하우스

농업용 플라스틱 필름으로는 비닐 필름과 폴리에틸렌 필름이 있다.

(1) 플라스틱 필름의 성질

① 비닐이나 폴리에틸렌은 유리에 비해 가격이 저렴하면서도 유리와 동등한 투과성을 가지고 있어 광선이 약한 시기에 육묘하거나 재배하는 데 적당하다.

② 플라스틱 필름은 자외선의 투과율이 양호하여 도장(徒長)방지와 과색(果色)의 선명화 등에 효과적이다.

③ 비닐은 80℃ 이상에서 누그러지며 -20℃ 이하에서 변질한다. 이에 비해 폴리에틸렌은 120℃ 이상에서 누그러지며 -60℃ 이하에서 변질한다. 폴리에틸렌이 비닐에 비해 가격도 저렴하고 온도 변화에 따른 변질도 적기 때문에 폴리에틸렌 필름이 많이 이용 되고 있다.

④ 플라스틱 필름은 어떤 토양반응에도 강하고 전기에는 절연성이다.

(2) 플라스틱하우스의 특징

① 광선의 투과성 및 보온성이 좋다.

② 이동설치 및 제거가 용이하다.

③ 시설비가 저렴하다.

④ 관리가 용이하다.

⑤ 풍압에 의해 파손될 우려가 크다.

6. 시설 내의 환경관리

(1) 온도 관리

① 시설 내 온도의 특징
  ㉠ 피복재에 의한 방열차단효과가 있기 때문에 낮에는 태양열이나 가온(加溫)된 온기가 축적되어 시설 내의 온도는 외부기온보다 높다. 그러나 야간에는 별도의 가온을 하지 않으면 외부기온과 거의 같은 수준으로 낮아지기 때문에 온도의 교차가 매우 크다.
  ㉡ 시설 내의 온도가 적절하지 못할 때 병해가 발생하기 쉽다. 저온으로 발생하기 쉬운 병해로는 노균병, 균핵병, 잿빛곰팡이병 등이 있으며 고온으로 발생하기 쉬운 병해로는 시들음병, 풋마름병, 탄저병, 덩굴쪼김병 등이 있다.

② 난방의 방법
  ㉠ 증기난방 : 시설 내의 온도분포가 균일하며 토양의 증기소독으로도 이용된다는 장점이 있는 반면 안전성이 낮고 시설비가 많이 든다는 단점이 있다.
  ㉡ 온수난방 : 시설내의 온도분포가 균일하며 안전성도 높지만 시설비가 많이 든다.
  ㉢ 온풍난방 : 연소 온기를 송풍기에 의해 시설 내에 순환시키는 방법이다. 이 방법은 열효율이 좋지만 불완전연소에 의한 가스피해가 있을 수 있다.
  ㉣ 난로난방 : 시설비가 적게 드는 장점이 있는 반면 시설 내의 온도분포에 차이가 심하다는 단점이 있다.
  ㉤ 전열난방 : 시설비가 적고 온도의 제어가 용이하나 난방비가 많이 든다.

③ 냉방의 방법
  ㉠ 옥상유수냉각방식
  ㉡ 차광냉각방식
  ㉢ 팬 앤드 패드(Fan and Pad)방식
  ㉣ 팬 앤드 미스트(Fan and Mist)방식
  ㉤ 팬 앤드 샤워(Fan and Shower)방식

(2) 환기

① **자연환기** : 공기의 자동유동에 의한 환기
② **강제환기** : 환기 팬, 송풍장치 등을 이용하는 환기

(3) 습도 관리

① 작물의 생태적 조건에 알맞은 습도는 작물의 종류에 따라 다르다. 호건성 작물은 60% 내외의 습도가 알맞고 대부분의 작물은 대체로 60 ~ 80%의 습도가 적절하다.
② 시설 내가 지나치게 건조하면 진딧물, 응애 등이 발생하기 쉽다.
③ 고온다습은 흰가루병, 보트리티스병, 저온다습은 잎곰팡이병, 회색썩음병 등을 유발시킨다.
④ 가온으로 시설 내 온도를 높이면 상대습도가 낮아진다.

(4) 광 관리

① 구조재의 비율이 커질수록 광선 차단율이 높아진다.
② 피복재는 광을 반사하지만 피복재에 묻어 있는 먼지, 색소가 광을 흡수하기 때문에 피복재의 사용은 광투과량을 감소시킨다.

(5) 이산화탄소(CO_2) 관리

① 밤에는 이산화탄소(CO_2)가 방출되어 시설 내 CO_2 농도가 높고, 낮에는 탄소동화작용으로 시설 내 CO_2 농도가 낮다.
② 이산화탄소가 부족하면 광합성량이 줄어들고 경엽(잎과 줄기)의 신장이 불량하며 낙화, 낙과가 많아진다.
③ 이산화탄소(CO_2) 시비
　㉠ 시설 내에 이산화탄소를 직접 넣어주는 것을 이산화탄소 시비라고 한다.
　㉡ 광이 약하면 탄소동화작용에 대한 CO_2의 포화점이 낮아지기 때문에 CO_2 농도를 높이는 것이 의미가 없다. 따라서 시설 내의 광도가 낮으면 CO_2 시비량을 줄이고, 광도가 높으면 CO_2 시비량을 증가시킨다.
　㉢ CO_2 시비는 기공이 충분히 열려 있을 때 하는 것이 효과적이며, 대체로 일출 후 약 1시간 후부터 시비하는 것이 좋다.
　㉣ 이산화탄소(CO_2) 공급원
　　• 고체탄산(Dry Ice) : 고체탄소는 기화할 때 열을 빼앗아 실내온도를 낮추기 때문에 실외에서 밀폐된 용기에 넣어 기화시키고 그 기화압을 이용하여 가는 관으로 실내에 주입하는 것이 바람직하다.
　　• 액체탄산
　　• 프로판가스의 이용 : 프로판가스 연소 시 이산화탄소가 발생한다. 이 경우 주의할 점은 연소에 의해 실내 산소부족현상이 나타날 수 있고 불완전 연소시에는

일산화탄소가 많이 발생하여 피해를 입을 수 있기 때문에 환기가 필요하다는 점이다.
- 이산화탄소 발생제 : 산성물질과 탄산칼슘을 혼합하여 화학반응에 의해 이산화탄소를 발생시킨다.

ⓜ 이산화탄소(CO_2) 시비의 효과
- 광합성량을 증가시킨다.
- 묘의 생육을 촉진하여 육묘의 일수를 단축시킬 수 있다.
- 화아의 발육이 촉진된다.
- 뿌리의 발달이 촉진된다.

(6) 토양관리

① 시설 내의 토양은 비료성분이 용탈되지 않고 축적되어 염류집적현상이 발생할 수 있다. 염류집적현상은 뿌리의 흡수력을 저하시키며 토마토의 배꼽썩음병의 원인이 된다.
② 시설 내의 토양은 연작으로 인하여 병해충의 생존밀도가 높아져 연작장애가 발생할 수 있다.
③ 집약적 재배관리와 인공관수 등으로 인하여 토양이 굳게 다져져서 통기가 불량할 수 있으므로 토양의 통기성 확보를 위한 노력이 필요하다.
④ 시설 내의 토양은 미량원소의 결핍이 나타나기 쉬우므로 부족된 미량원소를 공급해 주어야 한다.

> **참고** **염류집적**
>
> 염류(염분)가 한 곳에 누적되어 토양이 검으스레한 모습으로 변하는 것을 말한다.

2 양액재배

1. 양액재배의 의의

양액재배란 흙을 사용하지 않고 물에 비료분을 용해한 배양액으로 작물을 재배하는 것을 말한다.

2. 양액재배의 특징

① 반복해서 계속 재배해도 연작장애가 발생하지 않는다.
② 재배의 생력화(省力化)가 가능하다.
③ 청정재배(淸淨栽培)가 가능하다.
④ 액과 자갈을 위생적으로 관리하면 토양전염성 병충해가 적다.
⑤ 흙이 갖는 완충작용이 없으므로 배양액 중의 양분의 농도와 조성비율 및 pH 등이 작물에 대해 민감하게 작용한다.
⑥ 배양액의 주요요소와 미량요소 및 산소의 관리를 잘 하지 못하면 생육장애가 발생하기 쉽다.
⑦ 시설비용이 많이 소요된다.

3. 양액재배의 종류

(1) 역경재배

식물체를 자갈에 고정시키고 배양액을 정기적으로 순환시켜 물, 양분, 산소를 공급하는 것으로서 양액재배 중 가장 먼저 실용화된 방법이다.

(2) 수경재배(水耕栽培)

모래나 자갈 없이 물과 산소만으로 재배하는 방법이다.

(3) 사경재배(砂耕栽培)

재배지로서 모래를 사용하고 배양액을 관수(灌水)를 겸하여 공급하는 방법이다.

(4) 분무수경재배(噴霧水耕栽培)

역경재배와 수경재배의 중간 형태로서 배양액을 분무해 주어서 재배하는 방법이다.

4. 양액재배의 입지조건

① 질 좋은 물을 다량으로 용이하게 얻을 수 있는 곳이어야 한다.
② 배수가 잘 되는 곳이어야 한다.
③ 일조가 좋은 곳이어야 한다.

기출핵심문제

01 보온의 기본원리를 잘 설명한 것은?

① 시설 내 대류전열의 촉진
② 시설 내 방사전열의 촉진
③ 자연에너지의 이용 억제
④ 환기전열의 억제

> **해설** 3회 기출 | 보온의 기본원리
> · 시설 내 대류전열의 억제
> · 시설 내 방사전열의 억제
> · 피복자재의 전도전열의 억제
> · 환기전열의 억제

02 원예작물의 시설재배에서 탄산가스를 시비하는 목적은?

① 병충해 방제
② 광합성 촉진
③ 연작장해 회피
④ 수분·수정 촉진

> **해설** 8회 기출 | 이산화탄소가 부족하면 광합성량이 줄어든다.

03 원예작물을 수경재배할 때 고려해야 할 사항이 아닌 것은?

① 원수의 수질
② 급액의 EC와 pH
③ 배지의 종류
④ 급액탱크의 탄산가스 농도

> **해설** 8회 기출 | 수경재배시 고려할 사항
> · 원수의 수질
> · 급액의 EC와 pH
> · 배지의 종류
> · 온도조절, 용존산소관리

| 정답 | 01 ④ 02 ② 03 ④

제 3 과목

수확 후 품질관리론

제1장 원예작물의 성숙 및 수확
제2장 원예작물의 수확 후 생리작용
제3장 원예산물의 품질구성과 평가
제4장 원예산물의 수확 후 제반과정
제5장 원예산물의 포장 및 물류
제6장 원예산물의 수확 후 안전성

제1장 원예작물의 성숙 및 수확

1 수확 후 품질관리의 의의

1. 수확 후 품질관리의 개념
수확된 원예생산물이 생산자의 손을 떠나 최종 소비자에게 도달되는 전 과정에서 신선도를 유지하고 부패를 방지함으로써 품질을 높이고 손실을 줄이며, 유통기간을 연장시키기 위한 목적으로 수행하는 여러 가지 조치들을 총칭하여 수확 후 품질관리라고 한다.

2. 수확 후 품질관리의 중요성
① 수확된 원예생산물은 수확 이후에도 호흡을 하는 생명체이기 때문에 수확 후 생리활동을 정확히 파악하여야 한다.
② 수확하는 과정에서 압상, 변형, 부패 등으로 인한 상품가치의 손실이 발생할 수 있기 때문에 가치손실을 최소화하면서 품질유지 및 안전성을 확보하여야 한다.
③ 수확 후 세척, 선별, 예냉, 예건, 맹아억제, 포장, 저장, 수송 등의 작업이 이루어지는데 이들 작업의 원활한 수행을 위해서는 원예생산물의 특성에 잘 부합되는 수확 후 관리기술(Post-Harvest Technology)이 필요하다.
④ 신선도를 유지하고 부패를 방지하며 상품으로서의 가치를 높이기 위해서는 수확 후 품질관리의 전 과정이 하나의 유기적인 시스템에 의해 이루어져야 한다.

3. 수확 후 원예생산물의 특징
① 수확된 원예생산물은 수확 이후에도 호흡을 하며 따라서 영양물질을 소모한다.
② 수확된 원예생산물은 수분함량이 많다. 대체로 80 ~ 95%가 수분이다.
③ 수확된 원예생산물은 수확 이후에도 증산작용을 하며 이로 인해 감모율이 발생한다.
④ 원예생산물은 수확대상이 뿌리, 줄기, 잎, 열매 등 다양하다.
⑤ 수확된 원예생산물은 미생물의 침입으로 부패하기 쉽다.

2 성숙 및 성숙도의 판정

1. 성숙의 의의
원예생산물의 종자나 과일에서 품종별 특징인 외관이 갖추어지고 내용물이 충실해지며 발아력도 완전하여 해당 품종을 수확하는 데 최적상태에 도달하는 것을 성숙이라고 한다.

(1) 과일의 성숙과정
  ① **경숙(硬熟)** : 과일이 단단한 초기 상태이다.
  ② **완숙(完熟)** : 과일이 고유의 향기와 색상을 띠며 과일이 연해진 상태이다.
  ③ **과숙(過熟)** : 완숙의 단계를 넘어 식용과 취급에 부적당하게 연화된 상태이다.

(2) 원예산물의 변화
  ① 엽록소가 감소하여 과피의 색깔이 녹색에서 품종 고유의 색상으로 변한다.
  ② 세포벽의 펙틴질이 분해하여 조직이 연화된다.
  ③ 크기가 커지고 고유의 모양과 향기를 갖춘다.
  ④ 저장 탄수화물(전분)이 당으로 변한다.
  ⑤ 유기산이 감소하여 신맛이 줄어든다.
  ⑥ 사과와 같은 호흡급등과는 일시적으로 호흡급등현상이 나타난다.
  ⑦ 에틸렌 생성이 증가한다.

> **참고**
> - **엽록소** : 녹색식물의 잎 속에 있는 화합물로서 빛에너지를 흡수하여 탄소동화작용을 일으킨다. 클로로필이리고도 한다.
> - **펙틴(Pectin)** : 식물의 세포벽에 존재하는 다당류물질로서 세포를 단단하게 유지시키는 기능을 한다. 과일이 성숙되면서 불용성의 프로토 펙틴이 가용성 펙틴(펙틴산)으로 변한다.
> - **에틸렌** : 에틸렌은 과실의 성숙을 촉진하기 때문에 성숙호르몬이라고도 한다. 에틸렌의 생성이 증가하면 상편생장(上篇生長)을 촉진하여 잎이 떨어지게 되고 이층을 형성하여 탈리현상(脫離現象)을 촉진한다.

2. 성숙도의 의의와 성숙도 판정
성숙의 정도를 성숙도라고 한다. 성숙도는 원예작물의 수확적기를 결정하거나 원예생산물의 등급을 판정하는 데 중요한 기준이 된다. 성숙도를 판정하는 지표로는 다음과 같은 것이 있다.

(1) 크기, 모양, 표면의 특성
바나나의 성숙도는 바나나의 직경으로 판단하고, 멜론은 표면광택이나 감촉으로 판단한다.

(2) 이층형성
과일은 성숙됨에 따라 이층이 형성되어 꼭지가 잘 떨어지는 상태가 된다.

(3) 연화와 단맛
과일은 성숙됨에 따라 과육이 연해지고 단맛이 많아지는 반면 신맛은 줄어든다.

(4) 연대기
심은 날부터의 일수 또는 개화 후 생육일수로써 성숙도를 판단할 수 있다.

(5) 색깔
① 과일은 성숙됨에 따라 고유의 색깔을 띠게 된다.
② 색깔의 판정은 사람의 눈에 의한 주관적인 판정과 기기로 측정하는 객관적인 판정이 있다.
③ 일반적으로 사용하고 있는 객관적 색 판정지표로는 먼셀의 지표와 헌터의 지표가 있다.
　㉠ 먼셀(Munshell) : 먼셀은 R(빨강), Y(노랑), G(녹색), B(파랑), P(보라)를 기본 5색으로 하고 그 사이 색으로 YR(주황), GY(연두), BG(청록), PB(군청), RP(자주)를 추가하여 10색으로 구분하였다.
　㉡ 헌터(Hunter) : 헌터는 명도, 색상, 채도를 수치화하여 Lab 색좌표에 표시한다. L은 밝기, 즉 명도를 의미하며, a는 색상을 의미하고 b는 채도를 의미한다.
　　• 색상을 의미하는 a값 : +a 방향은 적색도를, -a방향은 녹색도를 나타낸다.
　　• 채도를 의미하는 b값 : +b 방향은 황색도를, -b방향은 청색도를 나타낸다.

> **참고** 성숙도의 구분
>
> • 성숙도는 판단 기준에 따라 생리적 성숙도, 원예적 성숙도, 상업적 성숙도로 구분된다. 생리적 성숙도는 식물의 생장과정을 기준으로 한 것이며, 원예적 성숙도는 작물의 이용측면을 기준으로 한 것이고 상업적 성숙도는 시장에서의 소비자에 대한 판매측면을 기준으로 한 것이다.
> • 원예식물에 따라 생리적 성숙도, 원예적 성숙도, 상업적 성숙도가 다르다.
> • 사과, 양파, 감자 등은 생리적 성숙도와 원예적 성숙도가 일치할 때 수확한다.

3 수확

1. 수확적기의 판정

수확적기의 판정은 호흡량의 변화, 개화 후 생육일수, 과일의 당도, 과일의 색택, 과일의 조직감과 경도, 과일의 크기와 모양 및 표면의 특성, 과일 고유의 향, 이층형성, 당산비 등에 의하여 판정한다.

(1) 호흡량의 변화

① 과일의 호흡량이 최저에 달한 후 약간 증가되는 초기단계를 클라이 메트릭라이스라고 하는데 이때를 수확적기로 판정한다.

② 사과, 토마토, 감, 바나나, 복숭아, 키위, 망고 등과 같은 호흡급등형 과실은 완숙시기보다 조금 일찍 수확한다.

(2) 개화 후 생육일수

① 과일은 개화 후 일정기일이 지나면 수확이 가능하기 때문에 품종마다 개화일자를 기록하여 수확적기를 판정하기도 한다. 이때에는 기상조건이나 수세(樹勢) 등을 감안하여야 한다.

② 예를 들면, 애호박은 만개 후 7 ~ 10일, 오이는 만개 후 10일, 토마토는 만개 후 40 ~ 50일, 사과는 품종에 따라 만개 후 120 ~ 180일 정도 지나면 수확적기로 판정한다.

(3) 과일의 색택(色澤)

빛나는 윤기의 정도를 색택이라고 한다. 사과, 포도, 토마토 등은 성숙도를 판별하는 컬러차트(Color Chart)를 사용하여 성숙도를 판정하기도 한다.

(4) 과일의 조직감과 경도(硬度)

① 과일이나 채소의 조직감도 성숙도를 판정하는 지표가 된다.

② 과일은 숙성됨에 따라 연화되고, 과숙한 채소는 섬유질이 많거나 거칠다.

(5) 과일의 크기, 모양 및 표면의 특성

채소의 경우 시장에 출하 가능한 크기가 되면 수확하고, 멜론류의 수확적기 판정은 표면 광택이나 감촉에 의한다.

(6) 이층 형성

과일은 성숙의 마지막 단계에서 숙성이 시작되는 동안에 이층세포가 발달한다. 이층은 과일이 식물에서 쉽게 떨어지게 한다. 나무에서 과일을 따는 데 요구되는 힘을 이탈력이라고 하는데 이층은 이탈력을 줄인다.

(7) 전분의 양
① 과일은 성숙되면서 전분이 당으로 변하기 때문에 잘 익은 과일일수록 전분의 함량이 적다.
② 전분함량의 변화는 요오드 반응 검사를 통해 파악된다. 요오드 반응 검사는 과일을 요오드화칼륨용액에 담가서 색깔의 변화를 관찰하는 것이다. 즉, 전분은 요오드와 결합하면 청색으로 변하는데, 과일을 요오드화칼륨용액에 담가서 청색의 면적이 작으면 전분함량이 적은 것으로 판단하여 수확적기로 판정한다.

(8) 당산비
① 과일과 채소는 성숙되면서 전분이 당으로 변하고 유기산이 감소하여 당과 산의 균형이 이루어진다.
② 수산화나트륨(NaOH)을 사용하여 적정산도(유기산)를 측정한다.

$$\text{적정산도(TA)} = \frac{\text{사용된 수산화나트륨의} \times \text{수산화나트륨의 노르말농도 산밀리당량}}{\text{측정할 과즙의 양}} \times 100$$

참고 과실별 수확적기 주요 판정지표

판정지표	해당 과실
개화 후 생육일수	모든 과실에 해당
적산온도	모든 과실에 해당
크기, 모양, 색택	모든 과실에 해당
전분 함량	사과, 배
이층의 형성	사과, 배, 복숭아
경도	사과, 배, 복숭아
당산비(당도에 대한 산도의 비율)	감귤류, 석류, 한라봉
떫은 맛	감
산 함량	밀감, 멜론, 키위
결구상태(모양의 견고함)	배추, 양배추
도복의 정도	양파

2. 수확방법

(1) 인력수확
하나 하나 손으로 따서 수확하는 것을 인력수확이라고 한다. 인력수확은 물리적인 손상을 받기 쉬운 작물과 생식용 과일에 많이 이용된다.

① **장점**
- ㉠ 눈으로 성숙도를 판단하여 정확하게 선별할 수 있다.
- ㉡ 물리적 손상을 최소화 할 수 있다.
- ㉢ 분산수확을 할 수 있어 과일의 품질향상을 기할 수 있다.
- ㉣ 성숙된 과일의 수확에 유리하다.
- ㉤ 기계에 대한 투자자본을 절약할 수 있다.

② **단점**
- ㉠ 시간이 많이 걸린다.
- ㉡ 노동력이 부족하면 적기수확이 어렵다.
- ㉢ 노임이 비싸면 경영에 부담이 될 수 있다.

(2) 기계수확

기계수확은 가공용 과일수확에 많이 이용된다.

① **기계수확의 방법**
- ㉠ 진동채취식(Shake and Catch) : 나무줄기나 가지를 기계적 방법으로 흔들어서 떨어지는 과일을 미리 나무 밑에 펼쳐놓은 천 등에 받아내는 방법으로서 호두, 아몬드 등과 같은 작은 과일의 수확에 많이 사용된다.
- ㉡ 오버로우(Over-row) 수확기방법 : 기계가 작물 위로 지나가면서 잔가지를 흔들어 수확하는 방법으로서 포도, 나무딸기 등과 같이 크기가 고르지 않은 과일을 수확하는 데 많이 사용된다.

② **장점**
- ㉠ 단시간에 많은 과일을 수확할 수 있다.
- ㉡ 인력관리가 용이하다.
- ㉢ 미성숙된 과일의 수확에 유리하다.
- ㉣ 생력화(省力化) 수확이 가능하다.

③ **단점**
- ㉠ 물리적 손상이 많다.
- ㉡ 기계에 대한 투자비용이 많다.
- ㉢ 성숙상태의 과일 수확에는 적절하지 않다.

(3) 일시수확

① 1회에 수확하는 것을 일시수확이라고 한다.
② 일시수확은 수확적기에 수확하는 것이 더욱 중요한데 수확시기가 맞지 않으면 많은 손실을 볼 수 있다.
③ 일찍 수확한 사과는 당도가 낮고 착색이 불량하며 저장 중 고두병에 걸리기 쉬우며, 수확적기보다 늦게 수확한 사과는 밀병현상이 많아지고 저장력이 떨어지며, 저장 중 과육갈변장애가 발생하기 쉽다.

> **참고**
> - **밀병** : 과실의 외관은 온전하지만 과심 및 과육일부가 투명해 보이는 것으로 증상이 가벼운 것은 저장 중에 없어지지만 심한 것은 과육이 무르고 썩을 수도 있다.
> - **과육갈변** : 과육이 망가지는 것을 말한다.

(4) 분산수확

① 분산수확이란 한 나무에서 수관부위에 따라 3 ~ 5회 나누어 수확하는 것을 말한다.
② 배의 '신고' 품종의 경우 수확적기 5일 전, 수확적기, 수확적기 5 ~ 10일 후로 분산수확한다. 이 경우 일시수확하는 것보다 평균 과중이 더 무겁고, 당도도 더 높다.
③ 단감은 완숙되어 당도가 충분한 것부터 3 ~ 4회 나누어 수확한다.

3. 수확 시 일반적인 유의사항

① 비가 온 뒤에는 과일의 당도가 떨어지므로 비온 후 2 ~ 3일 지난 후 수확한다.
② 기온이 낮은 오전 10시 이전에 수확하여 과일의 품온을 낮추는 것이 좋다.
③ 병충해 피해를 입은 과일은 먼저 수확한다.
④ 한 나무에도 각 과일의 성숙도가 다를 수 있으므로 몇 차례 나누어 성숙된 것부터 수확한다.

수 확 후 품 질 관 리 론

기출핵심문제

01 원예작물의 수확시기와 관련된 설명으로 옳지 않은 것은?

① 각 품종에 맞는 고유의 색택이 발현될 때 수확한다.
② 고온 및 고광도 하에서 수확은 피하는 것이 좋다.
③ 과실의 수확시기와 관련된 인자로는 전분지수 및 호흡량 등이 있다.
④ 저장용 과실은 상품성을 향상시키기 위해 늦게 수확한다.

해설 | 3회 기출 | 저장용 과실은 저장성을 높이고 상품성을 향상시키기 위해 다소 일찍 수확한다.

02 다음 중 과실의 기계적 수확에 대한 설명으로 틀린 것은?

① 균일한 성숙 상태의 과실을 수확할 수 있다.
② 단기간에 많은 면적의 수확이 가능하다.
③ 생식용 보다는 가공용 과실의 수확에 많이 이용된다.
④ 생력화(省力化)수확이 가능하다.

해설 | 1회 기출 | 기계적 수확은 균일한 성숙 상태의 과실을 수확하는 데는 불리하다.

03 다음 원예작물의 수확시기 결정을 위한 지표로 옳지 않은 것은?

① 양파 – 지상부 도복정도
② 배추 – 결구정도
③ 감자 – 이층형성정도
④ 고추 – 개화 후 일수

해설 | 9회 기출 | 과실별 수확적기 주요 판정지표

판정지표	해당 과실
개화 후 생육일수	모든 과실에 해당
적산온도	모든 과실에 해당
크기, 모양, 색택	모든 과실에 해당
전분 함량	사과, 배
이층의 형성	사과, 배, 복숭아
경도	사과, 배, 복숭아
당산비(당도에 대한 산도의 비율)	감귤류, 석류, 한라봉
떫은 맛	감
산 함량	밀감, 멜론, 키위
결구상태(모양의 견고함)	배추, 양배추
도복의 정도	양파

정답 | 01 ④ 02 ① 03 ③

제1장 기출핵심문제 **389**

04 토마토에서 색차계를 이용하여 과실적도 부분의 Hunter a값을 측정한 결과는 아래와 같다. 이 결과를 바탕으로 토마토의 품질을 가장 적절하게 설명한 것은?

구분	Hunter a값
A토마토	24
B토마토	-23

① A토마토의 경도가 B토마토보다 낮다.
② B토마토가 A토마토보다 더 적색을 나타낸다.
③ A토마토의 당도가 B토마토보다 낮다.
④ B토마토의 방향성 성분종류가 A토마토보다 많다.

해설 7회 기출 | 색상을 의미하는 a값은 +a 방향은 적색도를, -a 방향은 녹색도를 나타낸다. 따라서 A토마토가 보다 숙성된 토마토이다.

05 원예작물의 수확적기를 판정할 때 고려사항으로 거리가 먼 것은?

① 각 품종에 맞는 고유의 색택이 발현될 때 수확한다.
② 만개 후 일수는 해마다 기상이 다르기 때문에 고려하지 않는 것이 옳다.
③ 과실의 성숙기 때 호흡량의 변화를 관찰한다.
④ 외관만으로 성숙을 판단하기 어려운 품종이 있다.

해설 2회 기출 | 애호박은 만개 후 7~10일, 오이는 만개 후 10일, 토마토는 만개 후 40~50일, 사과는 품종에 따라 만개 후 120~180일 정도 지나면 수확적기로 판정한다.

06 사과의 수확시기를 예측하기 위한 인자로 가장 적합한 것은?

① 중량
② 전분지수
③ 호흡량
④ 에틸렌 발생량

해설 3회 기출 | 사과, 배는 전분함량으로 수확적기를 판정한다.

07 호흡급등형 과실을 장기간 저장하고자 할 때 적당한 수확시기는?

① 완숙되었을 때 수확한다.
② 하루 중 가장 온도가 높을 때 수확한다.
③ 완숙시기보다 조금 일찍 수확한다.
④ 과실의 호흡량이 많을 때 수확한다.

해설 4회 기출 | 사과, 토마토, 감, 바나나, 복숭아, 키위, 망고 등과 같은 호흡급등형 과실은 완숙시기보다 조금 일찍 수확한다.

| 정답 | 04 ① 05 ② 06 ② 07 ③

수 확 후 품 질 관 리 론

제2장 원예작물의 수확 후 생리작용

1 호흡작용

1. 수확 후 과일의 호흡

① 호흡은 과실 내에 축적된 탄수화물 등의 저장양분이 산화되는 과정이다. 따라서 호흡과정에서 산소가 소모되며 이산화탄소와 에너지 및 호흡열이 생성된다.

포도당이 호흡기재로 쓰일 때 호흡식은 아래와 같다.

$$C_6H_{12}O_6 + 6O_2 \rightarrow 6CO_2 + 6H_2O + ATP$$
포도당 산소 이산화탄소 물 에너지

② 수확 후 과실의 호흡은 유전적인 영향과 주위환경의 영향을 받는다.

③ 과일의 호흡량은 온도에 의해 영향을 받는데, 0 ~ 30℃의 범위에서 온도를 10℃ 낮출 때 마다 호흡량은 반으로 줄어든다.

④ 일반적으로 호흡이 왕성한 품종은 수확 후 저장성이 약한 경향이 있다. 예를 들면 복숭아는 사과에 비해 호흡량이 많아서 사과보다 저장성이 약하다.

⑤ 호흡하는 동안 발생하는 호흡열은 과실을 부패시키는 원인이 된다.

⑥ 호흡열의 발생으로 원예산물의 당분, 향미 등이 소모되기 때문에 호흡열은 원예산물의 저장수명을 단축시킨다.

⑦ 호흡열을 줄이기 위한 외부환경요인의 조절기술이 수확 후 품질관리에서 중요하다.

⑧ 호흡열을 줄이기 위해서 호흡량을 줄여야 하고 이를 위해 저온저장방법이 필요하다.

⑨ 호흡을 억제하고 과일이 생성하는 노화관련 가스를 제거하여 과실의 저장성을 한층 높이는 저장방식으로 CA저장방식이 있다.

> **참고** 호흡과 광합성의 비교

광합성	호흡
광합성이 이루어지는 장소는 엽록체이다.	호흡이 이루어지는 장소는 미토콘드리아(Mitochondria)이다. 미토콘드리아(Mitochondria)는 세포의 발전소라고도 불리는데, 유기물질을 산화적 인산화 과정을 통해 생명유지에 필요한 아데노신3인산(ATP)의 형태로 변환하는 기능을 한다.

빛이 있을 때 광합성이 이루어진다.	호흡은 항상 이루어진다.
이산화탄소를 흡수하고 산소를 방출한다.	산소를 흡수하고 이산화탄소를 방출한다.
무기물을 유기물로 변화시킨다.	유기물을 무기물로 변화시킨다.
에너지를 저장한다.	에너지를 방출한다.
흡열	방열
동화작용	이화작용
일조량이 강할수록, 온도가 높을수록, 이산화탄소 농도가 클수록 증가한다.	적정 산소농도, 적정 온도, 낮은 이산화탄소 농도에서 증가한다.

2. 호흡에 영향을 미치는 요인

(1) 온도

① 수확 후 원예산물의 저장수명은 호흡량에 의해 지대한 영향을 받으며 호흡량에 가장 크게 영향을 미치는 요인은 온도이다.

② 온도는 작물의 광합성작용이나 호흡 등과 같은 생리작용에 영향을 준다. 일반적으로 최저온도에서 최적온도에 이를 때까지는 온도가 상승하면 작물의 각종 생리작용도 상승하게 된다. 온도가 10℃ 상승함에 따른 생리작용 반응속도의 증가 배수를 온도계수라고 하며 온도계수는 Q_{10}으로 표시한다.

③ 호흡량의 온도계수는 높은 온도에서의 호흡률을 10℃ 낮은 온도에서의 호흡률로 나누어서 계산한다. 호흡량의 온도계수를 Q_{10}, 높은 온도에서의 호흡률을 R_2, 10℃ 낮은 온도에서의 호흡률을 R_1이라고 하면 온도계수는 다음과 같이 표시된다. 높은 온도일수록 호흡량의 Q_{10}의 값은 작다.

$$Q_{10} = R_2 / R_1$$

(2) 저온스트레스와 고온스트레스

① 수확 후 원예산물은 받는 스트레스에 따라 호흡률이 크게 영향을 받는다.

② 일반적으로 수확 후 원예산물은 0℃ 이상의 온도에서는 저장온도가 낮을수록 호흡률이 떨어지며, 온도가 상승하여 30℃를 넘어서면 호흡상승률이 떨어진다.

③ 열대 및 아열대가 원산지인 작물은 수확 후 10 ~ 12℃ 이하의 온도가 되면 저온장애를 받게 된다.

④ 주요 원예산물의 동결점은 감귤 −1.1℃, 사과 −1.5℃, 배 −1.6℃, 포도 −2℃이다. 그러나 당과 같은 가용성 고형물이 있을 경우에는 빙점이하에서도 동결되지 않는데

이를 빙점강화현상이라고 한다.

> **참고** 가용성 고형물
>
> 과실과 채소에 함유되어 있는 각종 유기산, 당류, 아미노산, 펙틴 등 수용성 성분의 고형물(固形物)을 가용성 고형물이라고 한다.

(3) 대기조성

수확 후 원예산물은 산소호흡(호기성 호흡)을 하지만 산소 농도가 2 ~ 3%로 떨어지면 혐기성 호흡(무기호흡)을 하게 된다. 혐기성호흡이 진행되면 이취(異臭)가 발생하게 된다.

(4) 물리적 손상

수확 후 원예산물은 물리적 손상을 받게 되면 호흡증가, 에틸렌 발생, 페놀물질의 산화 등과 같은 생리적 변화를 유발된다.

3. 호흡상승과와 비호흡상승과

(1) 호흡상승과(Climacteric Fruits)

작물이 숙성함에 따라 호흡이 현저하게 증가하는 과실을 호흡상승과(Climacteric Fruits)라고 하며, 사과, 토마토, 감, 바나나, 복숭아, 키위, 망고 등이 있다.

(2) 비호흡상승과(Non-Climacteric Fruits)

숙성하더라도 호흡의 증가를 나타내지 않는 과실을 비효흡상승과(Non-Climacteric Fruits)라고 하며, 오이, 호박, 가지 등의 대부분의 채소류와 딸기, 수박, 포도, 오렌지, 파인애플, 감귤 등이 있다.

4. 호흡계수(호흡률)

① 호흡으로 발산되는 이산화탄소(CO_2)량을 호흡에 필요한 산소(O_2)량으로 나눈 것을 호흡계수(RQ)라고 한다.

$$호흡계수 = 이산화탄소(CO_2)량 / 산소(O_2)량$$

② 호흡계수(호흡률)는 원예산물이 수확 된 후에는 낮아지는 것이 일반적이다. 비호흡상승과와 저장기관에서는 천천히 낮아지고, 미성숙과일과 영양조직에서는 빠르게 낮아진다.

③ 호흡계수는 호흡기질이 무엇인가에 따라 다르다.
   ㉠ 포도당이 호흡기질로 쓰일 때 호흡계수는 1이며, 포도당에 비해 산소가 많은 물질이

호흡기질로 쓰이면 호흡계수는 1보다 크다. 포도당이 호흡기질로 쓰일 때 호흡식은 아래와 같다.

$$C_6H_{12}O_6 + 6O_2 \rightarrow 6CO_2 + 6H_2O + ATP$$

여기서 호흡계수(호흡률)를 계산하면 $6CO_2/6O_2 = 1$ 이 된다.

ⓒ 지방이 호흡기질로 쓰이면 호흡계수는 0.7 정도이다. 지방이 호흡기질로 쓰일 때 호흡식은 아래와 같다.

$$C_{18}H_{36}O_2 + 26O_2 \rightarrow 18CO_2 + 18H_2O + ATP$$

여기서 호흡계수(호흡률)를 계산하면 $18CO_2/26O_2 = 0.69$ 가 된다.

ⓒ 단백질이 호흡기질로 쓰이면 호흡계수는 0.8정도이다. 단백질이 호흡기질로 쓰일 때 호흡식은 아래와 같다.

$$C_5H_{11}O_2N + 6O_2 \rightarrow 5CO_2 + 4H_2O + NH_3 + ATP$$

여기서 호흡계수(호흡률)를 계산하면 $5CO_2/6O_2 = 0.83$ 이 된다.

5. 과일의 생장과 호흡계수(호흡률)와의 관계

① 과일의 생장곡선은 S자형으로 나타나며 호흡계수(호흡률)는 원예작물이 성숙함에 따라 감소한다.

② 과일의 생장곡선과 호흡곡선과의 관계는 아래의 그래프와 같이 표시할 수 있다.

③ 호흡상승과의 호흡곡선은 숙성단계에서 급격히 상승하지만 비호흡상승과의 호흡곡선은 숙성단계에서도 상승하지 않는다.

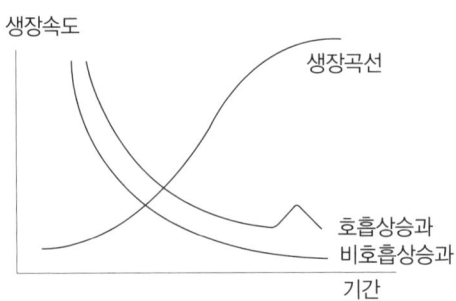

6. 호흡속도

(1) 호흡속도의 의의

작물이 호흡하는 속도를 호흡속도라고 하며 일정시간동안의 호흡량으로 측정한다. 즉,

단위시간당 발생하는 이산화탄소의 양으로 표시한다.

(2) 호흡속도와 저장력

호흡속도가 빠르면 저장양분의 소모가 빠르다는 것이므로 저장력이 약화되고 저장기간이 단축된다. 반면에 호흡속도가 늦으면 저장력이 강화되고 저장기간이 연장된다.

(3) 물리적, 생리적 장애와 호흡속도

원예산물이 물리적 손상을 받거나 생리적 장애를 받으면 호흡속도가 빨라진다. 따라서 원예산물의 호흡속도 변화를 통해 원예산물의 안전성과 생리적 변화를 파악할 수 있다.

(4) 원예산물의 호흡속도

① 생리적으로 미숙한 식물이나 잎이 큰 엽채류는 호흡속도가 빠르고, 성숙한 식물이나 양파, 감자 등 저장기관은 호흡속도가 느리다.
② 과일별 호흡속도를 비교해 보면 복숭아 〉 배 〉 감 〉 사과 〉 포도 〉 키위 순으로 호흡속도가 빠르며, 채소의 경우는 딸기 〉 아스파라거스 〉 완두 〉 시금치 〉 당근 〉 오이 〉 토마토 〉 무 〉 수박 〉 양파 순으로 호흡속도가 빠르다.

2 증산작용

1. 의의

① 증산은 식물체에서 수분이 빠져나가는 현상이다.
② 신선한 과일이나 채소의 경우 중량의 70 ~ 95%가 수분이며 수분은 원예산물의 신선도 유지와 밀접한 관련이 있다. 증산작용이 활발하게 이루어져 수분이 많이 빠져나가게 되면 원예작물의 신선도가 떨어지고 저장성이 약화되며 원예산물의 중량이 감소되어 상품성이 떨어진다.
③ 증산으로 인한 원예산물의 중량 감소는 호흡으로 인한 중량 감소의 약 10배 정도이다. 따라서 증산이 많아질 경우 원예산물의 상품성이 현저히 떨어지게 된다.

2. 증산작용에 영향을 미치는 요인

① 주위의 습도가 낮을수록 증산은 증가한다.
② 상대습도가 낮을수록 증산은 증가한다.
③ 주위의 온도가 높을수록 증산은 증가한다.

④ 원예산물의 표면적이 클수록 증산은 증가한다.
⑤ 큐티클층이 두꺼우면 증산은 감소한다.
⑥ 저장고 내의 온도와 과실 자체의 품온의 차이가 클수록 증산은 증가한다.
⑦ 저장고 내의 풍속이 빠를수록 증산이 증가한다.
⑧ 대기 중의 수증기압과 원예산물의 수증기압의 차이를 클수록 증산이 증가한다.

3. 증산작용의 억제방법

① 고습도를 유지하여 증산을 억제한다.
② 저온을 유지하여 증산을 억제한다.
③ 상대습도를 높인다. 상대습도가 높아지면 대기 중의 수증기압과 원예산물의 수증기압의 차이를 줄여주기 때문에 원예산물의 수분증산을 억제할 수 있다.
④ 공기유통을 최소화한다. 공기 유통은 증산을 촉진하기 때문에 원예산물 저장소의 공기유통을 최소화함으로써 증산을 억제한다.
⑤ 유닛쿨러(Unit Cooler)의 표면적을 넓힌다.
⑥ 플라스틱 필름포장을 한다.
⑦ 저장실 벽면을 단열 및 방습처리한다.

3 에틸렌

1. 에틸렌의 의의

에틸렌은 식물조직에서 생성되는 식물호르몬으로서 과실의 숙성을 촉진하기 때문에 숙성호르몬이라고도 하고 잎과 꽃의 노화를 촉진시키므로 노화호르몬이라고도 하며 식물체가 자극이나 병, 해충의 피해를 받을 경우 많이 생성되기 때문에 스트레스호르몬이라고도 한다. 또한 에틸렌은 엽록소(클로로필)를 분해하는 작용을 한다.

2. 에틸렌의 생성

① 과일의 발육과정에서 에틸렌의 생성량의 변화는 호흡량의 변화양상과 일치한다. 호흡이 급격히 증가하면 에틸렌의 생성량도 급격히 증가한다.
② 대부분의 원예산물은 수확 후 노화가 진행될 때나 과실이 익는 동안 에틸렌이 발생한다.
③ 작물을 수확하거나 잎을 절단하면 절단면에서 에틸렌이 발생한다.

④ 원예산물의 취급과정에서 상처를 입거나 스트레스에 노출되면 에틸렌이 발생하는데 이는 원예산물의 품질을 떨어뜨리는 요인이 된다.
⑤ 에틸렌은 일단 생성되면 스스로의 합성을 촉진시키는 자가촉매적 성질이 있다.
⑥ 공기 중의 산소는 에틸렌의 발생에 필수적인 요소이다. 산소농도가 6% 이하가 되면 에틸렌의 발생이 억제된다. 청과물의 신선도 유지와 장기간 저장을 위해서는 에틸렌의 발생을 억제하는 기술이 필요하다.

3. 에틸렌의 발생과 저장성

① 에틸렌 생성이 많은 작물은 저장성이 낮다. 조생종 품종은 만생종에 비해 에틸렌 생성량이 많으며 따라서 조생종이 만생종보다 저장성이 낮다.
② 에틸렌은 노화를 촉진시켜 저장성을 떨어뜨린다.
③ 오이, 수박 등의 과육이나 과피를 연화시켜 저장성을 떨어뜨린다.
④ 오이나 당근의 쓴맛을 유기한다.
⑤ 절화류의 꽃잎말이현상을 유기한다.
⑥ 상추의 갈변현상(갈색으로 변하는 것)을 유기한다.
⑦ 양배추의 엽록소를 분해하여 황백화현상을 유발한다.
⑧ 원예산물의 신선도를 유지하기 위해 에틸렌의 합성을 억제하여야 하는데 이를 위해 CA저장법이 많이 이용되고 있다.

> **참고** CA저장법
>
> 저장실의 공기조성을 질소 94%, 산소 3%, 탄산가스 3%로 하고 온도 2~7℃, 습도 85~95%로 하여 몇 달 동안 신선하게 저장하는 방법이다.

4. 원예산물의 에틸렌 발생과 저장상의 주의사항

① 에틸렌을 다량으로 발생하는 품종과 그렇지 않은 품종을 같은 장소에 저장하지 않도록 하여야 한다.
  ㉠ 에틸렌을 다량으로 발생하는 품종 : 사과, 복숭아, 토마토, 바나나 등
  ㉡ 에틸렌을 미량으로 발생하는 품종 : 감귤류, 포도, 신고배, 딸기, 엽채류, 근채류 등
② 엽근채류는 에틸렌 발생이 매우 적지만 주위의 에틸렌에 의해서 쉽게 피해를 보게 된다. 에틸렌의 피해로 상추나 배추는 갈변현상이 나타나고 당근은 쓴맛이 나며 오이는 과피의 황화가 촉진된다.

5. 에틸렌의 농업적 이용

(1) 에틸렌의 생장조절제

에틸렌은 가스 상태로 존재하기 때문에 처리가 용이하지 않다. 따라서 에틸렌을 발생시키는 생장조절제로서 에세폰(Ethephon)이라는 액체물질이 이용되고 있다.

(2) 에틸렌의 농업적 이용가능 분야

① 에틸렌을 발생하는 에세폰(Ethephon)을 처리하여 조생종 감귤이나 고추 등의 착색 및 연화를 촉진시킨다.
② 에틸렌은 엽록소의 분해를 촉진하고 안토시아닌(Antocyanins), 카로티노이드(Carotenoids)색소의 합성을 유도하므로 감, 감귤류, 참다래, 바나나, 토마토, 고추 등의 착색을 증진시키고 과육의 연화를 촉진시킨다.
③ 떫은 감의 타닌성분 탈삽과정에 작용하여 감의 후숙을 촉진한다.
④ 에틸렌은 노화 및 열개 촉진작용이 있으므로 조기수확과 호두의 품질 향상에 이용된다.
⑤ 에세폰의 종자처리로 휴면타파 및 발아율 향상에 이용된다.
⑥ 파인애플의 개화를 유도한다.

6. 에틸렌의 작용억제 및 제거

(1) 에틸렌의 작용억제

치오황산은(STS), 1-MCP, AOA, AVG 등은 에틸렌의 합성이나 작용을 억제하는 데 효과가 있으며 6% 이하의 저농도산소는 식물의 에틸렌 합성을 거의 차단한다.

(2) 에틸렌의 제거

① 팔라디움(Pd)과 염화팔라디움($PdCl_2$)은 고습도 환경에서도 높은 에틸렌 제거 능력을 보인다.
② 목탄(숯) 및 활성탄은 에틸렌 흡착제로서 효과가 있으나 높은 습도 조건하에서는 흡착효과가 떨어지므로 제습제를 첨가한 활성탄이 이용된다.
③ 합성 제올라이트(Zeolite)가 에틸렌 제거제로 판매되고 있다.
④ 과망간산칼륨($KMnO_4$), 오존, 자외선 등도 에틸렌 제거에 이용된다.

4 수확 후의 장해

1. 생리적 장해

(1) 온도에 의한 장해

① 동해 : 0℃ 이하의 저온에 의해서 결빙이 생겨 나타나는 장해이다. 엽채류나 사과의 수침현상이 그 예이다.

② 저온장해 : 0℃ 이상의 온도이지만 한계온도 이하의 저온에 노출되어 나타나는 장해이다. 조직이 물러지거나 표피의 색상이 변하는 증상이 그 예이다.

③ 고온장해 : 생육적온보다 높은 고온에 노출됨으로써 나타나는 장해이다. 과일의 표면이 갈라지는 것이 그 예이다.

(2) 가스에 의한 장해

① 이산화탄소 장해 : 고농도의 이산화탄소에 민감한 작물은 표피에 갈색의 함몰 증상이 나타나기도 하는데 이는 이산화탄소 장해에 해당된다.

② 저산소 장해 : 아주 낮은 농도의 산소에 노출되데 이는 저산소 장해에 해당된다.

③ 에틸렌 장해 : 저장고 내에 에틸렌이 축적되면 과일의 연화, 과립의 탈립 등이 나타나는데 이는 에틸렌 장해에 해당된다.

2. 물리적 장해

(1) 물리적 장해의 원인

① 마찰, 충격 : 선별과정이나 수송 시 마찰이나 충격에 의해 표피에 상처를 입거나 멍이 들 수 있다.

② 압축 : 수송 또는 저장과정에서 압축에 의해 표피에 상처를 입거나 멍이 들 수 있다.

③ 진동 : 수송 시 포장 내의 원예산물들이 진동에 의해 표피에 상처를 입거나 멍이 들 수 있다.

(2) 물리적 장해의 대책

① 선별과정에서 마찰, 충격을 최소화 할 수 있도록 한다.

② 유통과정에서 튼튼한 상자에 골판지 격자를 넣거나 과일을 스티로폼 그물망으로 포장하여 물리적 장해를 최소화 할 수 있도록 한다.

3. 병리적 장해

(1) 병균의 감염

① 수확 전 감염 : 작물의 균열된 표피나 기공을 통해 수확 전에 침입한 병균이 잠복해 있다가 병해를 일으키기도 한다.

② 수확 후 감염 : 수확 후 제반과정에서 생긴 절단면, 상처, 멍 등을 통해 병균이나 미생물이 침입하여 병해를 일으키기도 한다.

(2) 병해의 방제

① 감염 방지 : 염소, SOPP 등을 첨가한 세척수를 사용한다. 저장고는 SO_2 가스로 훈증하여 소독한다.

② 병원의 박멸 : 살균제 처리 또는 열처리 방법 등으로 병균을 박멸한다.

기출핵심문제

01 원예산물의 기계적 장애(물리적 손상)에 의해 나타나는 현상이 아닌 것은?

① 펙틴 증가
② 활성산소 증가
③ 부패율 증가
④ 저장성 감소

해설 7회 기출 | 기계적 장해(물리적 장해)는 표피에 상처를 입거나 멍이 들어 나타나는 장해로서 원예산물이 기계적 장해를 받으면 활성산소 증가, 부패율 증가, 저장성 감소를 유발한다.

02 원예산물 수확 후의 활발한 호흡이 품질에 미치는 영향을 틀리게 설명한 것은?

① 저장물질의 소모에 의해서 노화가 빨라진다.
② 식품으로서의 영양가가 저하된다.
③ 단맛, 신맛 등 품질성분이 향상된다.
④ 호흡열에 의한 품질열화가 촉진된다.

해설 3회 기출 | 호흡열의 발생으로 원예산물의 당분, 향미 등이 소모되기 때문에 호흡열은 원예산물의 저장수명을 단축시킨다.

03 원예산물의 기계적 장애(물리적 손상)에 의해 나타나는 현상은?

① 호흡량의 변화가 없다.
② 중량감소가 둔화된다.
③ 에틸렌 발생이 증가한다.
④ 부패발생률에 영향을 미치지 않는다.

해설 6회 기출 | 수확 후 원예산물은 물리적 손상을 받게 되면 호흡증가, 에틸렌 발생, 페놀물질의 산화 등과 같은 생리적 변회를 유발된다

04 원예산물의 호흡현상에 대한 설명으로 옳지 않은 것은?

① 호흡의 생성물로 이산화탄소와 에틸렌이 생성된다.
② 호흡기질의 소모로 중량이 감소한다.
③ 유기산이 기질로 사용되면 호흡계수(RQ)는 1보다 크다.
④ 호흡의 결과로 발생하는 열은 저장고 온도를 상승시킨다.

해설 6회 기출 | 호흡은 과실 내에 축적된 탄수화물 등의 저장양분이 산화되는 과정이다. 따라서 호흡과정에서 산소가 소모되며 이산화탄소와 에너지 및 호흡열이 생성된다.

정답 01 ① 02 ③ 03 ③ 04 ①

05 호흡급등현상에 대해 바르게 설명한 것은?

① 완숙에서 노화의 단계로 갈 때 점점 호흡이 증가하는 현상이다.
② 에틸렌 생성과는 관련이 없고 조절이 불가능하다.
③ 모든 원예산물은 호흡급등현상이 나타난다.
④ 사과, 토마토에서 명확하게 나타난다.

> **해설** 4회 기출 | 작물이 숙성함에 따라 호흡이 현저하게 증가하는 과실을 호흡상승과(climacteric fruits)라고 하며, 사과, 토마토, 감, 바나나, 복숭아, 키위, 망고 등이 있다.

06 원예작물의 수확 후 호흡작용을 가장 올바르게 설명한 것은?

① 호흡속도는 온도와 밀접한 관련이 있다.
② 수확 후 호흡작용으로 신선도가 더 좋아진다.
③ 호흡속도가 빠를수록 저장성이 증대된다.
④ 호흡률이 넒은 작물은 저장성이 높다.

> **해설** 1회 기출 | 수확 후 원예산물의 저장수명은 호흡량에 의해 지대한 영향을 받으며 호흡량에 가장 크게 영향을 미치는 요인은 온도이다.

07 원예산물의 호흡속도에 대한 설명으로 맞는 것은?

① 호흡속도는 주위 온도가 높으면 느려진다.
② 호흡속도는 내부성분의 변화에 영향을 주지 않는다.
③ 호흡속도는 저장가능기간에 영향을 준다.
④ 호흡속도는 물리적인 장애를 받았을 때 감소한다.

> **해설** 4회 기출 | ① 호흡속도는 주위 온도가 높으면 빨라진다.
> ② 호흡속도는 내부성분의 변화에 영향을 준다.
> ④ 호흡속도는 물리적인 장애를 받았을 때 증가한다.

08 그림에서 ⓐ형의 호흡특성과 연관하여 올바르게 설명한 것은?

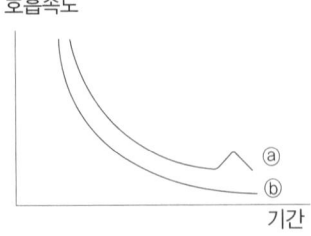

① 포도, 오렌지가 속하며 호흡급등현상이 미미하다.
② 사과, 밀감이 속하며 호흡급등시 과실크기가 증가한다.

| 정답 | 05 ④　06 ①　07 ③　08 ④

③ 딸기, 오이가 속하며 호흡급등시 색변화가 많이 일어난다.
④ 사과, 복숭아가 속하며 수확 후 이용목적에 따른 수확기 판정의 근거가 된다.

09 원예작물의 증산작용에 대한 설명이 아닌 것은?

① 저장고 내의 온도와 과실 자체의 품온의 차이가 클수록 증산이 많아진다.
② 같은 작목에서 표면적이 작을수록 증산이 많아진다.
③ 저장고 내의 풍속이 빠를수록 증산이 많아진다.
④ 저장고 내의 습도가 낮을수록 증산이 많아진다.

해설 3회 기출 | 같은 작목에서 표면적이 클수록 증산이 많아진다.

10 저장 중인 원예산물의 증산에 대한 설명으로 틀린 것은?

① 상대습도가 낮을수록 감소한다.
② 큐티클층이 두꺼울수록 감소한다.
③ 온도가 높을수록 증가한다.
④ 표면적이 클수록 증가한다.

해설 5회 기출 | 상대습도가 낮을수록 증가한다.

11 에틸렌 발생이 촉진되는 원인과 관계가 먼 것은?

① 진동, 충격, 압상
② 병해 또는 장해
③ 수분 스트레스
④ 저농도의 산소

해설 3회 기출 | 공기 중의 산소는 에틸렌의 발생에 필수적인 요소이다. 산소농도가 6% 이하가 되면 에틸렌의 발생이 억제된다.

12 저장고 내 에틸렌 축적으로 인한 원예산물의 품질변화로 옳은 것은?

① 참다래의 과피 건조
② 당근의 쓴맛
③ 무의 바람들이
④ 카네이션의 일소(日梳)

해설 5회 기출 | 엽근채류는 에틸렌 발생이 매우 적지만 주위의 에틸렌에 의해서 쉽게 피해를 보게 된다. 에틸렌의 피해로 상추나 배추는 갈변현상이 나타나고 당근은 쓴 맛이 나며 오이는 과피의 황화가 촉진된다.

| 정답 | 09 ② 10 ① 11 ④ 12 ②

13 성숙된 토마토와 상추를 함께 저장할 때 토마토에서 기인하여 상추의 중심부 갈변피해를 촉진시키는 것은?

① 오옥신　　　　　　　　　② 지베렐린
③ 에틸렌　　　　　　　　　④ 시토키닌

> **해설** **7회 기출** | 에틸렌을 다량으로 발생하는 품종과 그렇지 않은 품종을 같은 장소에 저장하지 않도록 하여야 한다. 토마토는 에틸렌을 다량으로 발생하는 품종이며, 상추는 에틸렌을 미량으로 발생하는 품종이다.

14 사과와 배를 같은 저장고에 저장하였을 때 예상되는 사항을 올바르게 설명한 것은?

① 사과와 배는 호흡속도가 같기 때문에 호흡열도 같다.
② 사과에서 발생되는 에틸렌 가스에 의해 배가 장해를 받을 가능성이 있다.
③ 배와 사과는 에틸렌 발생량이 비슷하기 때문에 같이 저장해도 괜찮다.
④ 사과와 배는 동결온도가 차이가 많이 나기 때문에 저장고에서 적재위치를 다르게 하여야 한다.

> **해설** **2회 기출** | 에틸렌을 다량으로 발생하는 품종과 그렇지 않은 품종을 같은 장소에 저장하지 않도록 하여야 한다. 사과, 복숭아, 토마토, 바나나 등은 에틸렌을 다량으로 발생하는 품종이며, 감귤류, 포도, 신고배, 딸기, 엽채류, 근채류 등은 에틸렌을 미량으로 발생하는 품종이다.

15 다음 중 저장고 내에서 발생된 에틸렌을 제거하는 올바른 방법이 아닌 것은?

① 과망간산칼륨($KMnO_4$) 이용
② 생석회(CaO) 이용
③ 오존(O_3) 이용
④ 자외선(UV light) 이용

> **해설** **1회 기출** | 팔라디움(Pd), 염화팔라디움($PdCl_2$), 목탄(숯) 및 활성탄, 합성 제올라이트(zeolite), 과망간산칼륨($KMnO_4$), 오존, 자외선 등은 에틸렌 제거에 이용된다.

16 에틸렌에 대한 설명으로 틀린 것은?

① 산소 농도가 낮으면 에틸렌 합성이 억제된다.
② $AgNO_3$는 에틸렌 작용을 억제한다.
③ 자신의 생합성을 촉진하는 특징이 있다.
④ 1-MCP는 에틸렌 작용을 촉진한다.

> **해설** **5회 기출** | 치오황산은(STS), 1-MCP, AOA, AVG 등은 에틸렌의 합성이나 작용을 억제하는 데 효과가 있으며 6% 이하의 저농도산소는 식물의 에틸렌 합성을 거의 차단한다.

| 정답 | 13 ③　14 ②　15 ②　16 ④

수 확 후 품 질 관 리 론

제3장 원예산물의 품질구성과 평가

1 원예산물의 품질인자

1. 품질인자의 분류
원예산물의 품질을 구성하는 인자는 외적인 인자와 내적인 인자로 구분된다.

(1) 외적인자
크기, 모양, 색깔, 광택, 흠 등의 외관

(2) 내적인자
① 영양적 가치 : 비타민, 광물질 등
② 독성 : 솔라닌 등
③ 안전성 : 농약잔류 등
④ 조직감
⑤ 풍미(향기, 맛)

2. 품질의 외적 인자

(1) 크기
① 크기 측정을 할 때, 당근은 뿌리의 직경과 길이로, 사과는 직경 또는 무게로 결정한다.
② 포장의 경우, 산물의 크기는 허용기준 이내의 편차범위에 있어야 하며 서로 다른 크기의 산물이 함께 포장되면 품질은 떨어진다.

(2) 모양
정상적인 재배환경에서 자란 동일 품종의 모양 및 형태는 대체로 유사하다. 이러한 유사한 형태에서 벗어난 산물은 기형으로 취급되어 형태적 측면에서 낮은 품질로 평가된다.

(3) 색깔
① 원예산물은 미숙단계에서는 엽록소가 많지만 성숙함에 따라 엽록소는 파괴되고 그 작물의 독특한 색깔이 형성되는데, 이러한 색상의 변화는 조직에서 색소가 만들어지고 있음을 의미한다. 즉, 토마토는 주황색 색소인 리코펜이 발현되고, 딸기는 적색소인 안토시아닌이 발현되며 바나나는 황색색소인 카로티노이드가 발현된다.

② 일반적으로 사용하고 있는 객관적 색 판정지표는 먼셀(Munshell)의 색체계, CIE 색체계, 헌터(Hunter)의 색체계 등 세가지 색체계에 기준을 두고 있다.

　㉠ 먼셀(Munshell)의 색체계
　　• R(빨강), Y(노랑), G(녹색), B(파랑), P(보라)를 기본 5색으로 하고 그 사이 색으로 YR(주황), GY(연두), BG(청록), PB(군청), RP(자주)를 추가하여 10색으로 구분한다.
　　• 원예산물의 색깔을 판정할 때 표준 차트를 이용하여 표준색과 비교하여 판정한다. 예를 들어 원예산물의 색을 3G8/3으로 표시하였다면 색상 3G, 명도 8, 채도 3을 의미한다.

　㉡ CIE L*a*b*색체계
　　• CIE는 L*a*b색체계로써 색깔을 판정한다.
　　• L*는 명도를 나타낸다. 0 ~ 100의 수치로 적용하고, 100에 가까울수록 밝음을 의미한다.
　　• a*는 색상을 나타낸다. −40 ~ +40의 수치로 표시하고, −값이 클수록 녹색, +값이 클수록 적색계통, 0은 회색을 의미한다.
　　• b*는 채도를 나타낸다. −40 ~ +40의 수치로 표시하고, −값이 클수록 청색, +값이 클수록 황색을 의미한다.

　㉢ 헌터(Hunter)의 색체계
　　• 헌터는 명도, 색상, 채도를 수치화하여 Lab 색좌표에 표시한다. L은 밝기, 즉 명도를 의미하며, a는 색상을 의미하고 b는 채도를 의미한다.
　　• 색상을 의미하는 a값 : +a 방향은 적색도를, −a방향은 녹색도를 나타낸다.
　　• 채도를 의미하는 b값 : +b 방향은 황색도를, −b방향은 청색도를 나타낸다.

(4) 흠

원예산물의 흠은 재배과정이나 유통과정에서 발생하게 된다. 흠이 있는 원예산물은 품질이 떨어진다.

3. 품질의 내적 인자

(1) 영양적 가치

① 원예산물은 섬유소, 비타민, 무기원소(Na, K, Fe, P 등), 탄수화물 등 인간에게 필요한 영양물질을 함유하고 있다.
② 영양성분 중 건강에 기여하는 기능성 성분을 많이 함유한 원예산물은 더욱 우수한 품

질이라고 할 수 있다.

(2) 천연독성물질

원예산물에는 다음과 같은 천연독성물질이 함유될 수 있다.

① 오이의 쿠쿠비타신(Cucurbitacin)

② 상추의 락투시린(Lactucirin), 클로로젠산

③ 토란 등의 근채류가 성숙과정에서 영양적인 불균형이 있으면 수산염이 생성될 수 있다.

④ 배추, 양배추는 재배과정에서 글루코시놀레이트(Glucosinolate)가 축적될 수 있다.

⑤ 감자는 괴경(덩이줄기)이 광(光)에 노출되면 솔라닌(Solanine)이 축적된다.

⑥ 고구마는 흑반병이 생기면 이포메아마론(Ipomeamarone)이 생긴다.

⑦ 병든 작물에서는 진독균, 박테리아에서 분비되는 독소가 발생한다.

⑧ 뿌리를 통해 흡수된 과다한 수은, 카드뮴, 납 등의 중금속은 인체에 과다축적되는 경우 치명적인 중독증상을 나타낸다.

(3) 잔류농약

① 원예산물에 잔류하는 농약에 대해 소비자의 관심과 우려가 증대하고 있으며, 소비자의 유기농산물에 대한 수요가 증가하고 있다. 농약의 잔류허용기준이 정해져 있고 신선채소에 잔류된 농약은 안전성 판정에서 중요시되고 있다.

② 우리나라의 농약잔류허용기준은 식품위생법에 의해 식품의약품안전처장이 식품위생심의위원회의 심의를 거쳐 고시한다.

③ 하나의 농약에 관하여 일생동안 매일 섭취하여도 무해(無害)한 1인당 1일섭취허용량을 ADI(mg/kg/day)라고 한다.

④ 농약잔류허용 MRL(ppm) = {(ADI × 체중) / 1일 총 식물성식품 섭취량}

> **참고** ppm
>
> "일백만분의 일"을 뜻하는 ppm은 아주 작은 농도를 나타내는 경우에 사용하는 것으로, 1kg의 산물 중에 1mg(천분의 일 그램)의 농약이 잔류되어 있을 때의 농도를 1ppm이라고 한다.

(4) 조직감

① 촉감에 의해 느껴지는 원예산물의 경도의 정도를 조직감이라고 한다.

② 원예작물의 조직감은 수분, 전분, 효소의 복합체의 함량, 세포벽을 구성하는 펙틴류와 섬유질(셀룰로오스)의 함량 등에 따라 결정되는데, 복합체 등의 함량이 낮을수록 경도가 낮다(연하다).

③ 조직감은 원예산물의 식미의 가치를 결정하는 중요한 요인이며 수송의 편의성에도 영향을 미친다.

(5) 풍미(향기, 맛)

맛의 평가에 있어 기준이 되는 맛은 단맛, 신맛, 쓴맛, 짠맛, 떫은맛 등이다.

① 단맛 : 단맛은 가용성 당의 함량에 의해서 결정되는데 굴절당도계를 이용한 당도로써 표시한다.
② 신맛 : 신맛은 원예산물이 가지고 있는 유기산에 의해 결정되는데 성숙될수록 신맛은 감소한다. 과일별로 신맛을 내는 유기산을 보면 사과의 능금산, 포도의 주석산, 밀감류와 딸기의 구연산 등이다.
③ 쓴맛 : 쓴맛은 원예산물에 장해가 발생되면 나타나는 맛이다. 당근은 에틸렌에 노출될 때 이소쿠마린을 합성하여 쓴맛을 낸다.
④ 짠맛 : 신선한 원예산물의 주요 맛은 아니다. 절임류 식품의 주요 맛 이며 소금의 양에 의해 결정된다. 짠맛은 염도계로 측정한다.
⑤ 떫은맛 : 떫은맛은 성숙되지 않은 원예작물에서 나타난다. 떫은 감은 탈삽과정을 통해 타닌이 불용화되거나 소멸되면 떫은맛은 없어진다.

2 원예산물의 품질평가

1. 품질인자와 평가방법

(1) 외관품질

크기, 모양, 색깔, 흠 등의 외관품질은 주로 시각적, 비파괴적 방법으로 평가한다.

(2) 경도

① 일반적으로 과일의 경도는 과일의 숙성도가 높을수록 감소하다가 완숙단계에 이르면 급격히 감소한다. 또한 과숙하거나 손상된 과일은 경도가 아주 낮다.
② 과일의 경도는 과숙하거나 손상된 과일을 질 좋은 과실로부터 분리하는 기준으로 이용될 수 있다.
③ 과일의 경도는 경도계를 이용하여 측정한다.

(3) 밀도

① 원예산물의 밀도는 성숙도가 높을수록 증가한다.

② 과일의 밀도는 물이나 밀도가 알려진 용액을 이용하여 측정한다. 즉, 물에 과일을 넣으면 밀도가 작은 과일은 밀도가 큰 과일보다 더 빨리 떠오르기 때문에 먼저 부유하는 과일을 제거하는 방법이다.

(4) 당도

① 과일의 당도는 굴절당도계를 이용하여 측정한다.

② 굴절당도계는 빛이 통과할 때 과즙 속에 녹아 있는 고형물에 의해 빛이 굴절된다는 원리를 이용한 것이다.

(5) 향미품질

향기, 맛 등의 향미품질은 주로 관능검사로 평가한다.

(6) 기타

① 원예산물에 함유된 비타민, 식이섬유, 탄수화물, 아미노산, 지방산 등의 영양가에 대한 다양한 분석방법이 있다.

② 곰팡이 독소, 박테리아 독소, 중금속, 잔류농약 등과 같은 안전성 요소에 대해서는 생물학적 검사, 화학적 검사, 독성검사 등의 방법이 있다.

2. 관능검사법

① 물리 화학적 방법으로 측정하지 못하는 향기, 맛 등은 사람의 감각으로 측정하여 평가하는데, 이를 관능검사라고 한다.

② 관능검사의 정확도를 높이기 위해서는 검사원을 잘 구성하고 검사원에 대한 훈련과 관리를 과학적, 체계적으로 잘 하여야 한다.

③ 검사조건을 표준화함으로써 측정의 재현성을 높여야 한다.

④ 검사결과에 대한 통계적 자료를 축적하여 검사의 정밀도를 높이고 오차관리를 잘 하여야 한다.

⑤ 관능검사실은 조용하고 외부의 시끄러운 소리나 냄새가 들어오지 않는 구조이어야 한다.

3. 비파괴적 방법

(1) 근적외선을 이용하는 방법

① 원예산물에 근적외선을 투사하여 근적외선의 반사 및 투과 스펙트럼을 조사하면 원

예산물의 화학적 조성을 예측할 수 있다. 예를 들어, 반사 데이터로부터 밀가루 시료의 조성을 예측할 수 있고, 투과 데이터로부터 해바라기와 콩 종자의 유지와 수분함량을 예측할 수 있다.

② 최근에는 사과, 배 등의 과일류의 당도 선별에 많이 이용되고 있다.

(2) X선 및 감마선을 이용하는 방법

① X선 및 감마선이 원예산물을 투과하는 정도는 원예산물의 질량밀도와 흡수계수에 따라 다르다. 따라서 X선 및 감마선은 원예산물의 질량밀도를 비파괴적으로 평가하는 데 이용된다.

② X-ray를 이용하여 사과의 손상, 감자의 중공, 배의 씨, 오렌지의 과립화를 검출할 수 있다.

③ 최근 X선 센스는 원예산물에 묻어 있는 흙, 돌멩이 등의 이물질을 검출하는 데도 많이 활용되고 있다.

(3) 자기공명영상법(MRI법)

MRI를 이용하여 과실과 채소의 다양한 품질인자를 평가할 수 있다. 즉, MRI는 과실과 채소의 손상, 건조부, 충해, 내부파손, 숙도, 공극 및 씨의 존재 등과 같은 내부 품질인자의 비파괴적 평가에 이용될 수 있다.

(4) 비파괴적 방법의 장점

① 빠르고 신속하게 할 수 있다.

② 동일한 시험용 재료를 반복하여 사용할 수 있다.

③ 숙련된 검사원을 필요로 하지 않는다.

기출핵심문제

수 확 후 품 질 관 리 론

01 사과의 비파괴 당도 선별에 가장 많이 이용되는 것은?

① 로드 셀(Load Cell)
② 음파센스
③ 근적외선
④ CCD(Charged Coupled Device)센스

해설 **7회 기출** | 근적외선은 사과, 배 등의 과일류의 당도 선별에 많이 이용되고 있다.

02 원예작물 품질구성요인과 관련된 설명으로 잘못된 것은?

① 품질구성요인은 내적요인과 외적요인으로 나눌 수 있다.
② 크기와 모양은 선별 및 포장에 있어 중요한 요인이 된다.
③ 품질의 외적요인에는 영양적 가치, 질감, 색깔, 풍미 등이 있다.
④ 색깔을 기준으로 선별하는 시스템은 맛과 항상 일치하지는 않는다.

해설 **2회 기출** | 원예작물 품질구성요인
- 외적인자 : 크기, 모양, 색깔, 광택, 흠 등의 외관
- 내적인자
  - 영양적 가치 : 비타민, 광물질 등
  - 독성 : 솔라닌 등
  - 안전성 : 농약잔류 등
  - 조직감
  - 풍미(향기, 맛)

03 원예산물의 품질은 다양한 요인에 의하여 결정된다. 다음 중 외관 품질결정 지표로 널리 이용되는 항목으로 짝지어진 것은?

① 크기, 함수율
② 색상, 크기
③ 색상, 에틸렌 발생량
④ 경도, 증산속도

해설 **1회 기출** | 외적인자 : 크기, 모양, 색깔, 광택, 흠 등의 외관

정답 | 01 ③ 02 ③ 03 ②

04 농산물에 함유되어 있는 성분 중 인체에 유해한 성분은?

① 플라보노이드 ② 솔비톨
③ 솔라닌 ④ 타닌

해설 1회 기출 | 감자는 괴경(덩이줄기)이 광(光)에 노출되면 천연독성물질인 솔라닌(Solanine)이 축적된다.

05 과실의 품질구성 요소 중 조직감과 가장 관련이 깊은 성분은?

① 단백질 ② 지질
③ 무기성분 ④ 펙틴

해설 2회 기출 | 원예작물의 조직감은 수분, 전분, 효소의 복합체의 함량, 세포벽을 구성하는 펙틴류와 섬유질(셀룰로오스)의 함량 등에 따라 결정되는데, 복합체 등의 함량이 낮을수록 경도가 낮다(연하다).

06 원예산물의 맛을 결정하는 주요 성분이 틀리게 연결되어 있는 것은?

① 단맛 – 전분 ② 신맛 – 가용성 유기산
③ 쓴맛 – 알칼로이드 ④ 떫은맛 – 가용성 탄닌

해설 3회 기출 | 단맛은 가용성 당의 함량에 의해서 결정되는데, 굴절당도계를 이용한 당도로써 표시한다.

07 다음 원예작물과 대표적인 유기산을 옳게 짝지은 것은?

① 포도 – 구연산 ② 사과 – 주석산
③ 딸기 – 구연산 ④ 복숭아 – 주석산

해설 5회 기출 | 원예작물의 대표적인 유기산은 사과의 능금산, 포도의 주석산, 밀감류와 딸기의 구연산 등이다.

08 원예산물의 품질평가요소인 풍미와 가장 관련이 있는 것은?

① 전분함량, 지방산함량 ② 유기산함량, 당함량
③ 수분함량, 단백질함량 ④ 칼슘함량, 비타민함량

해설 7회 기출 | 당은 단맛, 유기산은 신맛을 결정한다.

09 사과의 품질요인 평가에 사용하는 기기와 관계가 먼 것은?

① 굴절당도계 ② 산도측정기
③ 경도계 ④ 염도계

해설 3회 기출 | 염도계는 염분의 양을 측정한다.

| 정답 | 04 ③ 05 ④ 06 ① 07 ③ 08 ② 09 ④

10 원예작물의 과실 품질을 평가하는 방법 중 성격이 다른 하나는?

① 과피색을 구분하기 위하여 영상처리를 이용한다.
② 과실의 내부충실도를 알기 위해서 X-ray를 이용한다.
③ 굴절당도계를 이용하여 과실의 당도를 측정한다.
④ 과실의 생리장해를 판별하기 위해 MRI를 이용한다.

해설 1회 기출 | ①, ②, ④는 비파괴적 방법이다.

11 품질평가 방법과 관련하여 옳지 않은 것은?

① 과실의 내부결함을 판정하기 위하여 비파괴측정기를 이용하여 측정한다.
② 과실의 단단한 정도를 알아내기 위하여 경도계로 측정한다.
③ 과실의 당도를 측정하기 위하여 요오드 반응을 실시한다.
④ 과실의 객관적인 맛을 평가하기 위하여 관능평가를 실시한다.

해설 2회 기출 | 전분함량의 변화는 요오드 반응 검사를 통해 파악된다. 요오드 반응 검사는 과일을 요오드화칼륨용액에 담가서 색깔의 변화를 관찰하는 것이다. 즉, 전분은 요오드와 결합하면 청색으로 변하는 데 과일을 요오드화칼륨용액에 담가서 청색의 면적이 작으면 전분함량이 적은 것으로 판단한다.

12 원예산물의 품질평가에 있어서 화학적 분석법과 비교할 때 비파괴검사법의 장점이 아닌 것은?

① 신속하다.
② 숙련된 기술자를 필요로 하지 않는다.
③ 동일 시료를 반복해서 사용할 수 있다.
④ 화학적 분석법보다 정확도가 높다.

해설 3회 기출 | 화학적 분석법보다 정확도가 낮다.

13 원예산물의 품질평가방법에 관한 설명으로 옳은 것은?

① 굴절당도계로 측정시 당도는 온도에 영향을 받지 않는다.
② MRI나 근적외선은 품질을 평가할 수 없다.
③ 비파괴 품질평가 방법에는 X-ray 방법이 있다.
④ 산도계는 농약의 잔류량을 측정할 수 있다.

해설 8회 기출 |
① 굴절당도계로 측정시 당도는 온도에 영향을 받는다.
② MRI를 이용하여 과실과 채소의 다양한 품질인자를 평가할 수 있고, 원예산물에 근적외선을 투사하여 근적외선의 반사 및 투과 스펙트럼을 조사하면 원예산물의 화학적 조성을 예측할 수 있다.
④ 산도계는 토양의 산도를 측정하는 기구이다.

| 정답 | 10 ③ 11 ③ 12 ④ 13 ③

제4장 원예산물의 수확 후 제반과정

1 세척과 살균

1. 세척

(1) 세척의 의의

세척은 수확된 원예산물에 섞여 있거나 묻어 있는 이물질을 제거하는 것으로 세척의 방법에는 건식방법(乾式方法)과 습식방법(濕式方法)이 있다.

① 건식방법(乾式方法) : 체를 사용하여 이물질을 분리·제거하는 방법, 송풍에 의한 방법, 자석에 의한 방법, X선에 의한 방법, 원심력을 이용하는 방법 등이 있다.

② 습식방법(濕式方法) : 담금에 의한 세척, 분무에 의한 세척, 부유(浮游)에 의한 세척, 초음파를 이용한 세척 등이 있다.

(2) 세척기의 종류

① 연속식 세척기

② 일정량 공급식 세척기

③ 회전브러시 조합형(표피가 얇은 원예산물에 적합)

④ 반구형브러시 조합형(표피가 두꺼운 원예산물에 적합)

(3) 원예산물의 세척수

① 오존수 : 오존수는 살균효과가 뛰어난 세척수이다. 그러나 원예산물 세척시 적정농도를 사용하더라도 오존수가 원예산물에 닿으면 농도가 낮아지는 문제점이 있다.

② 차아염소산수

㉠ 살균력이 좋다. 특히 식중독을 일으키는 노로바이러스는 차아염소산수에서 즉시 살균된다.

㉡ 안전성이 좋다. 생체에 대한 독성이 낮고 피부에 미치는 영향도 아주 적으며 음용하여도 특별한 위험이 없다.

㉢ 환경오염이 적다. 사용하는 염소농도가 일반 염소계 소독제의 1/5 ~ 1/10 정도이며, 분해가 용이하여 잔류성이 없기 때문에 환경부하가 매우 적다.

㉣ 염소계 살균제의 경우에는 산물 살균 시 클로로포름과 같은 독성물질이 생성되지만 차아염소산수는 클로로포름이 거의 생성되지 않는다.

◎ 차아염소산수로 세척할 경우 원예산물의 영양성분에는 거의 영향을 주지 않는다.

③ 오존수와 차아염소산수의 비교

㉠ 오존수는 오존을 물에 녹이는 장치가 필요하지만 차아염소산수는 차아염소산을 녹일 필요가 없다.

㉡ 오존수는 짧은 시간에 함량오존이 감소되므로 만든 즉시 사용하여야 하며 저장사용이 안되지만 차아염소산수는 장기간 보관하여 사용할 수 있다.

㉢ 오존수는 적정농도를 유지하기가 어렵지만 차아염소산수는 살균능력을 일정하게 유지할 수 있다.

㉣ 오존수는 유효성분이 잔류하지 않지만 차아염소산수는 유효성분의 지속성으로 인하여 재오염을 방지할 수 있다.

㉤ 오존수는 오존배출을 위한 환기장치가 필요하지만 차아염소산수는 이취(異臭)가 발생하지 않으므로 환기가 불필요하다.

(4) 세척 시 고려사항

① 세척기를 사용할 경우에는 바닥이 평평하고 전원의 공급과 세척수의 공급이 용이하며 배수가 가능한 장소이어야 한다.

② 산물의 크기에 따라 브러시의 간격을 조절하여야 한다.

③ 세척과정에서 생긴 상처부위에 곰팡이가 증식될 수 있으므로 세척 시 곰팡이 억제제를 사용하는 것이 좋다. 곰팡이 억제제로서는 염소(클로린)가 많이 사용된다.

④ 투입량을 적절히 조절하여 세척기에 부하가 걸리지 않도록 한다.

⑤ 배출불량으로 인한 과잉세척 및 손상을 방지할 수 있도록 배출상태를 수시로 점검한다.

2. 살균

(1) 살균의 의의

미생물을 제거하거나 미생물의 성장을 저지하는 것을 살균이라고 하며 멸균, 소독, 방부처리 등을 포함한다.

(2) 살균처리의 방법

① 가열하는 방법

② 고압증기멸균 방법

③ X선 조사(照射), 자외선 조사, 일광조사, 건조 등의 방법 : 자외선 중에서는 파장이 10 ~ 400nm인 것이 가장 효과가 크다.

> **참고** nm(나노미터)
>
> 10^{-9} 미터를 nm(나노미터)라고 한다.

④ 살균제에 의한 살균
  ㉠ 요오드계 살균제 : 낮은 pH에서 살균작용이 크고 알칼리용액에서는 살균작용이 미미하다.
  ㉡ 염소계 살균제 : 차아염소산염, 이산화염소 등이 있다.

(3) 살균제 사용 시 유의사항
① 두 가지 살균제를 혼합하여 사용하지 않는다.
② 미리 조제한 살균제는 시간이 지나면 살균력이 떨어지므로 사용 시 희석하여 사용하여야 한다.
③ 사용 후 원액은 뚜껑을 닫아 밀폐하고 서늘한 곳에 보관하여야 한다.

2 예냉(Precooling)

1. 예냉의 의의
① 예냉은 원예산물을 수송 또는 저장하기 전에 행하는 전처리 과정의 하나로서 수확 후 바로 원예산물의 품온(체온)을 낮추어 주는 것을 말한다.
② 원예산물을 예냉하면 호흡작용이 억제되고 증산이 억제되는 등 생리작용을 억제하게 되어 원예산물의 신선도를 유지하고 저장수명을 연장시키며, 품질변화를 방지할 수 있다.
③ 예냉의 최종온도는 품목에 따라 차이가 있다. 수확 후 빠른 시간 안에 소비되는 것은 5 ~ 7℃ 정도로 하는 것이 일반적이다.

2. 예냉 대상 품목
① 다음과 같은 품목은 예냉의 대상이다.
  ㉠ 호흡작용이 왕성한 품목
  ㉡ 기온이 높은 여름철에 수확되는 품목
  ㉢ 인공적으로 높은 온도에서 수확되는 시설재배 채소류
  ㉣ 신선도 저하가 빠른 품목

ⓜ 에틸렌 발생이 많은 품목

ⓗ 수분증산이 많은 품목

ⓓ 사과, 복숭아, 포도, 브로콜리, 아스파라거스, 딸기, 오이, 토마토, 당근, 무 등은 예냉효과가 특히 높은 품목이다.

3. 예냉의 방법

(1) 진공예냉식

① 공기의 압력이 낮아지면 물의 비등점이 낮아진다. 그리고 물이 증발할 때 주위의 열을 흡수하게 되어 주위의 온도가 낮아지게 된다.

② 진공예냉식은 공기의 압력이 낮아지면 물의 비등점이 낮아진다는 원리와 액체가 기화할 때 주위의 열을 흡수한다는 원리를 이용하여 온도를 낮추는 방법이다.

③ 진공예냉식은 예냉소요시간이 20 ~ 40분으로 예냉속도가 빠르다는 이점이 있으며 표면적이 넓은 엽채류의 예냉방법으로 적합하다. 그러나 예냉 후 저온유통시스템이 필요하다는 점과 시설비용이 많이 든다는 단점이 있다.

(2) 강제통풍식

① 강제통풍식은 찬 공기를 강제적으로 원예산물 주위에 순환시켜 원예산물을 예냉하는 방법이다.

② 강제통풍식은 예냉효과를 높이기 위해 포장용기에 통기공을 뚫어주고 원예산물 상자 사이의 간격을 넓혀주는 것이 좋다.

③ 냉풍의 온도는 낮은 것이 좋지만 동결온도보다 낮으면 동결장해를 입을 수 있으므로 동결온도보다 약간 높은 것이 안전하다.

④ 강제통풍식의 장점

ㄱ 시설비가 적게 든다.

ㄴ 저온저장고에 비해 냉각능력과 순환송풍량을 증대시킬 수 있다.

⑤ 강제통풍식의 단점

ㄱ 예냉시간이 많이 걸린다. 보통 10 ~ 15시간을 요한다.

ㄴ 냉기의 흐름에 따라 냉각 불균형이 나타나기 쉽다.

ㄷ 원예산물의 수분손실이 발생할 수 있다.

(3) 차압통풍식

① 통기공이 있는 포장용기를 중앙에 간격을 두고 쌓고 윗 부분을 차폐막으로 덮어 차압송풍기를 회전시킨다. 이렇게 하면 포장용기 내부와 외부 사이의 압력차로 인하여 외부의 찬 공기가 포장용기 내부로 들어가게 된다. 이와 같은 방법으로 냉기가 직접 원예산물에 접촉하게 함으로써 원예산물을 예냉하는 방법이 차압통풍식이다.

② 차압통풍식의 예냉소요시간은 2 ~ 6시간 정도이다.

③ **차압통풍식의 장점**

㉠ 강제대류에 의하므로 냉각능력을 높일 수 있다.

㉡ 냉각속도는 강제통풍식보다 빠르며 냉각불균형도 강제통풍식보다는 적다.

④ **차압통풍식의 단점**

㉠ 포장용기 및 적재방법에 따라 냉각편차가 발생할 수 있다.

㉡ 포장용기가 골판지상자인 경우 통기구멍을 냄으로써 강도가 떨어진다.

(4) 냉수냉각식

① 냉수냉각식은 냉수샤워나 냉수침지에 의해 냉각하는 것이다.

② 수박, 시금치, 무, 당근, 브로콜리 등의 예냉에 주로 이용되며 예냉소요시간은 30분 ~ 1시간 정도이다.

③ **냉수냉각식의 장점**

㉠ 예냉과 함께 세척효과도 있다.

㉡ 예냉 중에는 감모현상이 없으며 시듦현상이 극복된다.

㉢ 비용이 적게 든다.

④ **냉수냉각식의 단점**

㉠ 물에 약한 포장재(골판지상자 등)는 사용이 불가능하다.

㉡ 물에 젖은 원예산물의 물기를 제거해야 한다. 그렇지 않으면 부패할 가능성이 있다.

(5) 빙냉식

① 빙냉식은 잘게 부순 얼음을 원예산물 포장상자 안에 담아 예냉시키는 방법이다.

② 예냉소요시간은 5 ~ 10분 정도이다.

4. 예냉의 효과

① 호흡작용 억제

② 증산억제 및 수분손실 억제

③ 병원균의 번식 억제

④ 원예산물의 신선도 유지

5. 예냉효율

예냉효율은 원예산물의 예냉속도를 의미하며 다음과 같은 요인에 의해 결정된다.

① 원예산물과 냉각매체와의 접촉성

② 원예산물의 품온과 냉각매체 온도와의 차이

③ 냉각매체의 이동속도

④ 냉각매체의 물리적 성상

⑤ 원예산물 표면의 가하학적 구조

3 저장전처리

1. 예건

(1) 예건의 의의

① 과실 표면의 작은 상처들을 아물게 하고 과습으로 인하여 발생할 수 있는 부패 등을 방지하기 위해서, 원예산물을 수확한 후에 통풍이 양호하고 그늘 진 곳에서 건조시키는 것을 예건이라고 한다.

② 예건은 곰팡이와 과피흑변의 발생을 방지하는 데도 도움이 된다.

③ 과피흑변이란 과일의 표피가 흑갈색으로 변하는 것을 말한다. 과피흑변은 주로 저온 과습으로 인해 발생하기 때문에 예건을 해주면 방지될 수 있다.

(2) 품목별 예건

① **마늘과 양파** : 마늘과 양파는 수확 직후 수분함량이 85% 정도인데, 예건을 통해 65% 정도까지 감소시킴으로써 부패를 막고 응애와 선충의 밀도를 낮추어 장기 저장이 가능하게 된다.

② **단감** : 수확 후 단감의 수분을 줄여줌으로써 곰팡이의 발생을 억제할 수 있고, 또한 예건으로 인해 과피에 큐티클층이 형성되기 때문에 과실의 상처를 줄일 수 있다.

③ **배** : 수확 직후 배를 예건함으로써 부패를 줄이고 신선도를 유지하며 배의 과피흑변 현상을 방지할 수 있다.

2. 맹아(萌芽, 움돋음) 억제

(1) 맹아의 의의

① 원예산물이 어느 정도 기간이 지나 휴면이 끝나면 싹이 돋아나는데, 이를 맹아라고 한다.
② 고구마, 감자, 마늘, 양파 등은 저장 중에 맹아가 발생하는 경우가 많다.
③ 맹아가 발생하면 저장양분이 소모되므로 상품으로서의 가치가 떨어지게 된다. 따라서 저장 중에 맹아가 발생하는 것을 억제하여야 한다.

(2) 맹아 발생의 억제 방법

① 맹아억제제의 사용
  ㉠ 생장조절제인 클로르프로팜유제(Chlorpropham, CIPC)를 사용하면 맹아의 발생을 억제할 수 있다.
  ㉡ 또한 말레산하이드라지드(Maleic Hydrazide, MH) 처리를 통하여 맹아의 발생을 억제할 수 있다.
    • 말레산하이드라지드(Maleic Hydrazide, MH) 처리 : 양파에 많이 사용한다. 양파를 수확하기 약 2주전에 엽면에 0.2 ~ 0.25%의 말레산하이드라지드(Maleic Hydrazide, MH)를 살포해주면 생장점의 세포분열이 억제되면서 맹아의 발생이 억제된다.
② 방사선처리(감마선 처리) : 적당량의 방사선을 조사(照査)하면 생장점의 세포분열이 저해되어 맹아의 발생을 억제할 수 있다.

3. 반감기(半減期, Half-time)

(1) 반감기의 의의

어떤 물질의 양이 반으로 줄어드는 데 소요되는 시간을 반감기(Half-time)라고 한다. 방사선 물질의 반감기는 방사선 물질의 양이 반으로 줄어드는 데 소요되는 시간이다.

(2) 예냉의 반감기

① 예냉의 반감기는 원예산물의 품온에서 최종목표온도까지 반감(半減)되는 데 소요되는 시간이다.
② 반감기가 짧을수록 예냉속도가 빠르다.
③ 반감기가 1번 경과하면 1/2 예냉수준이 되며, 반감기가 2번 경과하면 3/4 예냉수준

이 되고 반감기가 3번 경과하면 7/8 예냉수준이 된다. 일반적으로 7/8 예냉수준을 경제적인 예냉수준이라고 한다.

4. 휴면(休眠)

(1) 휴면의 의의
① 원예산물이 일시적으로 생장활동을 멈추는 생리작용을 휴면이라고 한다.
② 식물호르몬 ABA(Abscisic Scid)는 휴면개시와 함께 증가한다.
③ 휴면이 완료되는 시기에 접어들면 전분 함량이 줄어든다.

(2) 휴면이 발생되는 경우
① 종자가 너무 두꺼워 수분 흡수를 못할 때
② 종피에 발아억제물질이 존재할 때
③ 종자 내부의 배(胚)가 미성숙했을 때

5. 큐어링(Curing, 치유)

(1) 큐어링의 의의
① 땅속에서 자라는 감자, 고구마는 수확 시 많은 물리적 상처를 입게 되고 마늘, 양파 등 인경채류는 잘라낸 줄기 부위가 제대로 아물어야 장기저장이 가능하다. 이와 같이 원예산물이 받은 상처를 치유하는 것을 큐어링(Curing, 치유)이라고 한다.
② 큐어링은 원예산물의 상처를 아물게 하고 코르크층을 형성시켜 수분의 증발을 막으며 미생물의 침입을 방지한다. 또한 큐어링은 당화를 촉진시켜 단맛을 증대시키며 원예산물의 저장성을 높인다.

(2) 원예산물의 큐어링
① **감자** : 수확 후 온도 15 ~ 20℃, 습도 85 ~ 90%에서 2주일 정도 큐어링하면 코르크층이 형성되어 수분손실과 부패균의 침입을 막을 수 있다.
② **고구마** : 수확 후 1주일 이내에 온도 30 ~ 33℃, 습도 85 ~ 90%에서 4 ~ 5일간 큐어링한 후 열을 방출시키고 저장하면 상처가 치유되고 당분함량이 증가한다.
③ **양파** : 온도 34℃, 습도 70 ~ 80%에서 4 ~ 7일간 큐어링한다. 고온다습에서 검은곰팡이병이 생길 수 있기 때문에 유의해야 한다.
④ **마늘** : 온도 35 ~ 40℃, 습도 70 ~ 80%에서 4 ~ 7일간 큐어링한다.

4 선별

1. 선별의 의의
① 원예산물을 출하하기 전에 크기, 색택, 모양 등 객관적인 품질평가기준에 따라 등급을 분류하는 것을 선별이라고 한다.
② 선별은 분류된 등급에 상응하는 품질로서 보증하는 의미가 있으며 이를 통해 원예산물의 균일성이 확보되고 상품가치가 높아진다.
③ 선별은 원예산물의 유통 상거래 질서를 공정하게 유지시키는 데 기여한다.

2. 선별방법
선별라인은 원예산물에 가해지는 손상을 최소화 할 수 있도록 설계되어야 한다.
① **중량에 의한 선별** : 원예산물의 무게를 기준으로 선별하는 것이다. 스프링식 중량선별기, 전자식 중량선별기 등이 이용된다.
② **크기에 의한 선별** : 원예산물의 크기 기준으로 선별하는 것이다. 다단식 회전원통선별, 롤러선별 등이 이용된다.
③ **모양에 의한 선별** : 무게와 크기가 비슷한 원예산물을 모양의 차이에 따라 선별하는 것으로 원판분리기 등이 이용된다.
④ **색체에 의한 선별** : 원예산물의 숙성도에 따른 색채의 차이를 기준으로 선별하는 것이다. 색채선별기, 광학선별기 등이 이용된다.

3. 선별기의 이용
① **스프링식 중량선별기** : 중량에 오차가 생길 수 있어 크기가 큰 사과, 배, 토마토, 참외 등의 선별에 많이 이용된다.
② **전자식 중량선별기** : 정밀전자센스를 이용하기 때문에 중량의 오차가 작다.
③ **드럼식 형상선별기** : 구멍의 크기가 다른 회전통을 이용하여 수확된 과실의 크기를 선별하는 것이다. 방울토마토, 감귤, 매실 등과 같이 크기가 작은 과실의 선별에 이용된다.
④ **광학적 선별기** : 전자센스, 컴퓨터 제어기 등으로 구성되어 있으며 수확된 과실을 숙성도, 색깔, 크기의 차이에 따라 선별하는 데 이용된다.
⑤ **비파괴 과실당도 측정기** : 수확된 과실을 파괴하지 않고 당도, 산도 등을 측정하는 데 이용된다.

⑥ 절화류 선별기 : CCD 카메라, 컴퓨터 등의 영상처리를 이용해서 절화류를 선별하는 것으로 꽃의 크기, 개화상태 등의 선별조건을 설정할 수 있다.

5 저장

1. 저장의 의의
① 저장이란 원예산물을 수확하여 소비자에게 공급하기까지 유통상 또는 수급(需給)상의 사정으로 보관하는 것을 말한다.
② 원예산물은 수확한 후에도 호흡작용을 계속하여 당분, 산, 영양분 등이 소모되고 품질이 변하게 되는데 이러한 품질의 변화가 나타나지 않도록 저장하여야 한다. 따라서 저장은 원예산물의 화학적 성분, 물리적 성분 및 조직상태 등의 성상(性狀)이 변하지 않도록 하기 위한 수단이라고 할 수 있다.

2. 저장의 기능
① **신선도의 유지** : 저장은 원예산물이 소비될 때까지 신선도를 유지할 수 있도록 해준다.
② **연중 소비의 가능** : 신선한 원예산물의 연중 소비가 가능하게 되는 것은 생산시기의 조절과 저장방식의 발달에 의해 실현될 수 있다. 주년재배가 곤란한 원예산물도 공기조절 등의 장기저장에 의해 주년공급이 가능하고, 수요에 맞추어 유통기간을 조절하면 주년소비(연중소비)가 가능하게 된다.
③ **원예산물의 수급 조절** : 수확시기의 홍수 출하는 원예산물의 가격을 떨어뜨릴 수 있다. 이때 저장을 통해 공급량을 조절하면 가격하락을 방지할 수 있고 수요에 부합되는 공급을 할 수 있다.
④ **원예산물의 손실 감소** : 채소, 과일 등과 같이 수분함량이 많고 물리적 손상을 입기 쉬운 산물은 대량취급 시 관리소홀이나 부주의로 인해 큰 손실이 발생할 수 있다. 또한 대량 출하한 산물이 소비되지 않고 폐기되는 손실도 발생한다. 저장은 대량출하에 따른 손실을 줄여준다.
⑤ **가공산업의 발전** : 저장을 통해 수출이나 가공에 원예산물을 지속적으로 보급하는 것이 가능하게 되어 수출산업이나 가공산업의 발전에 도움이 된다.
⑥ **원예산물의 수요 확대** : 저장을 통해 신선도를 유지하는 원예산물의 장거리 수송이 가능하게 되어 원예산물에 대한 수요의 저변확대가 가능하다.

3. 저장력에 영향을 주는 요인

(1) 저장 중의 온도

저장 중 온도가 높으면 과실의 호흡작용이 왕성해져서 영양성분이 많이 소모되고 또한 부패균의 활동도 왕성해져서 저장력이 떨어진다. 따라서 저장온도는 0℃ 정도가 적당하다고 하겠으나 품목에 따라 차이가 있다. 특히 다음과 같은 원예산물은 저온장해에 민감하다는 점을 고려하여야 한다.

① 복숭아, 오렌지, 레몬 등의 감귤류
② 바나나, 아보카도(악어배), 파인애플, 망고 등 열대과일
③ 오이, 수박, 참외 등 박과채소
④ 고추, 가지, 토마토 등 가지과채소
⑤ 고구마, 생강 등
⑥ 장미, 치자, 백합, 히야신서, 난초 등

(2) 저장 중의 습도

저장 중의 습도가 낮으면 위조현상이 나타나고, 습도가 높으면 부패과가 발생한다. 양파나 호박 등은 73% 내외, 과일은 90% 내외, 채소류는 95% 내외의 습도유지가 적당하다.

(3) 재배기간 중의 온도와 강우

재배기간 중의 온도와 강우도 저장력에 영향을 미친다. 과일은 대체로 건조하고 높은 온도조건에서 재배된 것이 저장력이 강하다. 그러나 여름철에 고온, 건조가 장기간 계속되면 고두병 및 고무병과 같은 생리적 장해가 많이 발생한다.

(4) 기타 요인

① 경사지는 일반적으로 배수가 잘 되므로 경사지에서 재배된 과실이 평지에서 재배된 과실보다 저장력이 강하다.
② 재배 중 질소의 과다 사용은 과실을 크게 하지만 맛이 떨어지고 고두병을 발생시키며 저장력을 떨어뜨린다.
③ 재배 중 충분한 칼슘의 섭취는 과실을 단단하게 하여 저장력을 높인다.
④ 일반적으로 만생종이 조생종에 비해 저장력이 강하다.
⑤ 장기 저장용 과일은 적정 수확시기보다 일찍 수확하는 것이 저장력을 높인다.

4. 저장방법

(1) 상온저장

가온이나 저온처리장치 없이 저장하는 것으로 움저장, 지하저장고, 환기저장 등이 있다.

① **움저장** : 배수가 잘 되는 곳에 땅을 파서 고구마나 배추 등의 작물을 넣고 그 위에 거적을 덮고 흙을 덮어서 저장하는 것이다.

② **지하저장고** : 동굴 같은 곳에 원예산물을 넣고 입구를 닫아 저장하는 것으로 여름에는 시원하고 겨울에는 따뜻하여 채소의 연중 저장에 편리하다.

③ **환기저장** : 지상부나 반지하부에 통풍설비를 갖춘 시설을 만들어 감자, 고구마 등의 원예산물을 보관하고 저온의 외부공기를 대류작용을 이용하여 환기하는 것이다.

(2) 저온저장(냉장)

① 저온저장이란 냉장시설을 이용해서 저장고 안의 온도를 동결점이상의 온도로 조절하여 원예산물을 저장하는 것이다. 실내온도를 균일하게 유지하기 위해 팬으로 공기를 순환시킨다.

② 브로콜리, 상추, 시금치, 당근, 사과 등은 동결점 이상 2℃ 이내의 저온저장이 적합하다. 그러나 저온장해에 민감한 원예산물은 저온저장의 경우 장해를 입기 쉽다. 따라서 바나나, 파인애플, 오이, 고구마, 생강 등은 대체로 7℃ 이상으로 저장하는 것이 적합하다.

③ 저온저장의 효과

㉠ 원예산물의 호흡, 대사작용을 감소시킨다.

㉡ 원예산물의 저장양분의 소모를 줄인다.

㉢ 미생물의 증식과 부패균의 활동을 억제한다.

㉣ 효소에 의한 산화작용과 갈변현상을 억제한다.

㉤ 증산작용을 감소시켜 수분손실을 줄인다.

5. 저온저장의 장치

① 저온저장시설의 장치에는 압축기, 응축기, 팽창밸브, 증발기가 있다. 냉매는 압축기 → 응축기 → 팽창밸브 → 증발기 → 압축기로 순환한다.

② 압축기는 고온, 저압의 상태인 냉매를 압축한다. 냉매는 압축기에서 압축되면 고온, 고압의 상태가 된다.

③ 압축기를 나온 고온, 고압의 냉매는 응축기가 차갑게 식혀주어 액체상태의 냉매가 된다.

④ 응축기에서 나온 냉매는 고압이므로 끓는점이 높아 기체로 변하기 어렵다. 팽창밸브를 통해 압력을 낮추어 주면 실온에서도 증발이 일어난다.

⑤ 팽창밸브를 나온 저온, 저압의 냉매는 증발기로 들어가 기화된다. 즉, 주변으로부터 열을 빼앗으며 증발하여 기체가 된다. 이에 따라 저장고 내부의 온도가 저온이 유지된다.

⑥ 기체가 된 냉매는 압축기로 되돌아간다.

6. CA저장(Controlled Atmosphere Storage, 공기조절저장)

(1) CA저장의 의의

① CA저장은 저온저장고 내부의 공기조성을 인위적으로 조절하여 저장된 원예산물의 호흡을 억제함으로써 원예산물의 신선도를 유지하고 저장성을 높이는 저장방법이다. 다시 말하면 저온저장방식에 저장고 내부의 가스농도 조성을 조절하는 기술을 추가한 것이라고 할 수 있다.

② 대기의 조성은 대체로 질소(N_2) 78%, 산소(O_2) 21%, 이산화탄소(CO_2) 0.03%인데 CA저장은 저장고 내의 공기조성을 산소(O_2) 8%이하, 이산화탄소(CO_2) 1% 이상으로 만들어 준다. 즉 CA저장은 산소의 농도를 낮추고 이산화탄소의 농도를 높여 원예산물의 호흡률을 감소시키고 미생물의 성장을 억제함으로써 원예산물의 신선도를 유지하고 저장성을 높이는 저장방법이다.

(2) 공기조절저장의 원리

① 식품의 품질저하는 호흡작용에 의한 영양분의 소모, 산화반응, 미생물의 작용 등에 의한 경우가 많다. 따라서 이들 작용을 제어하면 식품의 품질을 유지할 수 있다.

② 저장고 내부의 공기조성을 산소의 농도를 줄이고 이산화탄소의 농도를 늘림으로써 호흡작용, 산화반응, 미생물의 작용 등을 제어할 수 있다. 이를 통해 후숙 및 노화현상을 억제할 수 있어 에틸렌의 생성을 억제하고 장기저장이 가능해진다.

③ CA처리를 하면 채소류의 엽록소 분해가 억제되어 황변을 막아주고 당근의 풍미저하가 지연되며 감자의 당화 및 맹아가 억제된다. 또한 CA처리를 통해 저온장해를 예방할 수 있다.

④ 산소농도의 경우 저장고 내부의 산소농도가 낮아지면 호흡속도가 감소하지만 산소농도가 어느 수준 이하가 되면 오히려 혐기성 호흡에 의해 호흡량이 증가한다. 이를 파스퇴르 효과(Pasteur Effect)라고 하는데, 산소농도는 파스퇴르 효과(Pasteur Effect)를 유발하지 않는 선에서 조절되어야 한다.

(3) 산소농도 조절(감소) 방식

① **자연소모식** : 저장산물의 호흡작용에 의해 자연적으로 산소농도가 낮아지도록 저장고나 포장상자의 밀폐도를 조절하는 방식이다.

② **연소식** : 밀폐된 연소기내에서 프로판가스 등과 같은 연료를 태워 산소농도를 줄이고 이 공기를 저장고에 주입하는 방식이다.

③ **질소가스치환식**

저장고 내부로 질소가스를 주입하여 저장고 내의 공기를 밀어내는 방식이다.

㉠ 암모니아 가스를 분해하는 방식 : 암모니아가스를 고온하에서 분해시키면 질소와 수소가 발생하는데, 이때 발생한 수소는 산소와 결합하여 물(H_2O)로 방출된다.

㉡ 액체질소를 이용하는 방식 : 실린더나 탱크에 액체질소를 충전시킨 후 이를 기화시켜 저장고 내에 주입함으로써 질소농도를 높이고 산소농도를 낮추는 방식이다. 이때 주입되는 기화질소의 온도는 매우 낮기 때문에 주입구 부위의 과실이 저온장해를 입지 않도록 주의하여야 한다.

㉢ 질소발생기를 이용하는 방식 : 격막여과장치를 이용한 질소농축방식이다. 압축공기를 격막필터(Membrane Filter)로 제조된 여과관으로 통과시켜 투과력이 큰 산소와 수분을 먼저 배출시키고 뒤에 배출되는 질소를 CA저장고로 주입시키는 방식이다. 이 방식은 안전성이 높고 합리적인 방법으로 인정되고 있다.

(4) 이산화탄소 제어

CA저장고 내의 이산화탄소 농도는 일정 수준까지 증가시키다가 장해가 발생하는 수준에 이르면 이를 제거해주어야 한다.

① **수세 흡착식** : 저장고 내의 공기를 가는 물줄기 사이로 통과시켜 순환시키면 이산화탄소가 물에 녹아 제거된다.

② **생석회 흡착식** : 산화칼슘(CaO, 생석회)을 저장고에 투입하면 생석회가 이산화탄소를 흡수하여 탄산칼슘으로 변한다.

③ **활성탄 흡착식** : 저장고 외부에 활성탄여과층을 장치하여 저장고 내의 공기를 강제순환시키면 이산화탄소가 활성탄에 흡착된다. 흡착된 이산화탄소는 흡착후 용이하게 탈착되므로 재활용이 가능하여 장기간 교체하지 않고 사용할 수 있는 장점이 있다.

(5) 에틸렌 가스의 제거

CA저장고 내에서는 생화학적으로 에틸렌 가스의 발생량이 줄어들지만 CA저장만으로는 충분하지 못하므로 특수한 방식을 이용하여 에틸렌 가스를 제거한다. 에틸렌 가스의 제거방식으로는 흡착입자를 이용한 흡착식, 자외선파괴식, 촉매분해식 등이 있는데 촉매분해식이 가장 많이 이용된다.

① 6% 이하의 저농도의 산소는 에틸렌 합성을 차단하는 효과가 있다.
② STS, 1-MCP, NBD, 에탄올 등은 에틸렌의 작용을 억제한다.
③ AOA, AVG 는 ACC 합성효소의 활성을 방해하여 에틸렌의 합성을 억제한다.
④ 과망간산칼륨, 목탄, 활성탄, Zeolite 같은 흡착제는 공기 중의 에틸렌을 흡착한다.
⑤ 오존, 자외선은 에틸렌 제거에 이용된다.

(6) CA저장의 장점

① 산도, 당도 및 비타민 C의 손실이 적다.
② 과육의 연화가 억제된다.
③ 장기저장이 가능해진다.
④ 채소류의 엽록소 분해가 억제되어 황변을 막아준다.
⑤ 작물에 따라 저온장해와 같은 생리적 장해를 개선한다.
⑥ 곰팡이나 미생물의 번식을 줄일 수 있다.
⑦ 에틸렌의 생성을 억제한다.

(7) CA저장의 단점

① 공기조성이 부적절할 경우 원예산물이 여러 가지 장해를 받을 수 있다.
② 저장고를 자주 열 수 없어 저장물의 상태 파악이 쉽지 않다.
③ 시설비와 유지비가 많이 든다.

7. MA저장(Modified Atmosphere Storage)

(1) MA저장의 의의

① MA저장은 원예산물을 플라스틱 필름 백에 넣어 저장하는 것으로서 CA저장과 비슷한 효과를 얻을 수 있다. 단감을 폴리에틸렌 필름 백에 넣어 저장하는 것이 그 예이다.
③ MA저장은 원예산물의 종류, 호흡률, 에틸렌의 발생정도, 에틸렌 감응도, 필름의 종류와 가스투과도, 필름의 두께 등을 고려하여야 한다.

(2) MA저장의 장점
　① 증산작용을 억제하여 과채류의 표면위축현상을 줄인다.
　② 과육연화를 억제한다.
　③ 유통기간의 연장이 가능하다.

(3) MA저장의 단점
　① 포장 내 과습으로 인해 산물이 부패될 수 있다.
　② 부적합한 가스조성으로 갈변, 이취현상이 나타날 수 있다.

기출핵심문제

01 다음의 원예산물 중 예냉효과가 가장 적은 품목은?

① 에틸렌 발생을 많이 하는 품목
② 호흡활성이 높은 품목
③ 한낮 또는 여름철에 수확한 품목
④ 수분 증산이 비교적 적은 품목

해설 3회 기출 | 예냉의 대상
- 호흡작용이 왕성한 품목
- 기온이 높은 여름철에 수확되는 품목
- 인공적으로 높은 온도에서 수확되는 시설재배 채소류
- 신선도 저하가 빠른 품목
- 에틸렌 발생이 많은 품목
- 수분증산이 많은 품목

02 마늘이나 양파를 장기간 저온저장할 때 알맞은 상대습도 조건은?

① 90 ~ 95%
② 80 ~ 90%
③ 65 ~ 75%
④ 40 ~ 55%

해설 3회 기출 | 마늘과 양파는 수확 직후 수분함량이 85% 정도인데 예건을 통해 65% 정도까지 감소시킴으로써 부패를 막고 응애와 선충의 밀도를 낮추어 장기 저장이 가능하게 된다.

03 여름에 수확한 복숭아를 예냉과정을 거쳐 유통시키고자 한다. 0℃ 저온실에서 차압통풍식으로 예냉을 할 때 온도반감기가 1시간이라면 품온이 32℃인 과일을 4℃까지 낮추기 위한 이론적인 예냉소요시간은?

① 2시간
② 3시간
③ 4시간
④ 8시간

해설 3회 기출 | 32℃에서 1시간 지나면 16℃, 또 1시간 지나면 8℃, 또 1시간 지나면 4℃가 되므로 3시간이 소요된다.

04 수확 후 관리단계에서 농산물의 등급지정, 비상품과 제거, 그리고 규격화를 목적으로 하는 것은?

① 선별
② 포장
③ 수송
④ 저장

해설 8회 기출 | 객관적인 품질평가기준에 따라 등급을 분류하는 것을 선별이라고 한다.

| 정답 | 01 ④ 02 ③ 03 ② 04 ①

05 낙엽과수의 휴면에 관한 설명이 바르게 된 것은?

① 식물호르몬 중 ABA(Abscisic Acid)는 휴면개시와 함께 증가한다.
② 대사활동의 대표적인 지표인 호흡이 증가한다.
③ 휴면의 깊이와 내한성(耐寒性)의 정도는 반드시 일치한다.
④ 휴면이 완료되는 시기에 접어들면 전분함량이 증가한다.

해설 1회 기출 | 식물호르몬 ABA(Abscisic Acid)는 휴면개시와 함께 증가한다.

06 큐어링(Curing)이 필요한 원예작물로 옳게 짝지은 것은?

① 고구마 – 감자
② 마늘 – 수박
③ 당근 – 양파
④ 오이 – 무

해설 5회 기출 | 감자, 고구마, 양파, 마늘은 큐어링(curing)이 필요한 대표적인 원예작물이다.

07 후지 사과의 선별기 도입 시 고려될 수 없는 방식은?

① 전자식 중량선별기
② 드럼식 형상선별기
③ 색채선별기
④ X선 선별기

해설 2회 기출 | 드럼식 형상선별기는 방울토마토, 감귤, 매실 등과 같이 크기가 작은 과실의 선별에 이용된다.

08 다음 중 0℃ 부근의 저온에서 저장했을 때 저온장해를 입기 쉬운 작물은?

① 아스파라거스
② 셀러리
③ 양상추
④ 고구마

해설 3회 기출 | 저온장해에 민감한 원예산물은 저온저장의 경우 장해를 입기 쉽다. 따라서 바나나, 파인애플, 오이, 고구마, 생강 등은 대체로 7℃ 이상으로 저장하는 것이 적합하다.

09 CA저장의 설명으로 틀린 것은?

① CA저장은 산소와 이산화탄소의 농도를 조절하여 저장하는 방식이다.
② CA저장고 건축 시 가스 밀폐도는 중요한 요소로 고려되어야 한다.
③ CA저장고는 가스 조성방식에 따라 순환식, 밀폐식 등이 있다.
④ CA저장고 내의 산소와 이산화탄소 농도는 작물의 호흡으로 인해 자동적으로 맞추어진다.

해설 2회 기출 | CA저장은 저온저장고 내부의 공기조성을 인위적으로 조절하여 저장된 원예산물의 호흡을 억제함으로써 원예산물의 신선도를 유지하고 저장성을 높이는 저장방법이다.

| 정답 | 05 ① 06 ① 07 ② 08 ④ 09 ④

제5장 원예산물의 포장 및 물류

1 원예산물의 포장

1. 포장의 의의
① 포장은 적절한 용기나 자재를 사용하여 원예산물을 감싸는 것이다. 포장은 유통과정에서 발생할 수 있는 손상이나 부패로부터 원예산물을 보호하는 것을 목적으로 한다.
② 포장의 기능
 ㉠ 물리적 충격 방지
 ㉡ 해충, 미생물, 먼지에 의한 오염 방지
 ㉢ 광선, 온도, 습도에 의한 변질 방지
 ㉣ 내용물에 대한 정보 전달
 ㉤ 내용물에 대한 PR

2. 포장의 분류

(1) 외포장

외포장은 원예산물을 수송, 하역, 보관할 때 외부충격이나 부적합한 환경으로부터 보호하기 위해 포장하는 것을 말한다.

(2) 내포장

내포장은 원예산물 개개의 손상을 방지하기 위해 외포장 내부에 포장하는 것을 말하며, 내포장 자재로는 비닐이나 타원형 등의 칸막이 감이 많이 이용된다.

(3) 포장기법에 따른 분류
 ① 진공포장
 ② 압축포장
 ③ 수축포장

3. 포장재의 구비조건

(1) 지지력(支持力)

포장재는 수송 및 취급과정에서 내용물을 보호할 수 있어야 한다.

(2) 방수성과 방습성

포장재는 수분, 습기 등으로부터 내용물을 보호할 수 있어야 한다.

(3) 내용물의 비유동성

포장 내에서 내용물이 움직이지 않아야 한다.

(4) 무공해성과 호흡가스의 투과성

포장재는 무공해성과 호흡가스의 투과성이 충분한 소재를 사용하여야 하며 다음과 같은 사항이 고려되어야 한다.

① 원예산물의 성분과 반응하지 않을 것
② 노화에 의해 독성을 띄지 않을 것
③ 독성 첨가제를 포함하지 않을 것

(5) 차단성

포장재는 빛과 외부의 열을 차단할 수 있어야 한다.

(6) 취급의 용이성

취급이 용이하고 봉합과 개봉이 편리해야 한다.

(7) 빠른 예냉과 내열성

포장재는 내용물의 빠른 예냉이 가능하고 내열성을 가지고 있어야 한다.

(8) 처분 및 재활용의 용이성

포장재는 처분 및 재활용이 용이하여야 한다.

4. 포장재료

(1) 주재료와 부재료

① **주재료** : 수확물을 둘러싸거나 담는 재료로서 골판지, 플라스틱필름 등이 있다.
② **부재료** : 포장하는 데 보조적으로 사용되는 재료로서 접착제, 테이프, 끈 등이 있다.

(2) 골판지

① 물결모양으로 골이 파진 판지로서 사과, 배 등의 과일, 당근, 오이 등의 채소, 화훼류 등의 포장에 사용된다.
② 파열강도 및 압축강도가 강한 편이다. 파열강도는 파열되지 않고 견디는 정도이며,

압축강도는 압축을 견디는 정도이다.
③ 완충력이 뛰어나다.
④ 무공해이며 봉합과 개봉이 편리하다.
⑤ 수분을 흡수하면 강도가 떨어지므로 습한 조건에서 사용할 때에는 방습처리가 필요하다.

(3) 플라스틱
① 폴리에틸렌(PE)
  ㉠ 저밀도 폴리에틸렌(LDPE) : 가스투과도가 높다. 채소류와 과일의 포장재료, 하우스용 비닐 등으로 많이 사용된다.
  ㉡ 고밀도 폴리에틸렌(HDPE) : 저밀도 폴리에틸렌(LDPE)보다 감촉이 딱딱하다. 내열성이 강하고 질긴 성질이 있다. 채소봉투, 샴푸병, 우유병 등으로 사용된다.
② 폴리프로필렌(PP) : 방습성, 내열·내한성, 투명성이 좋아 투명포장과 채소류의 수축포장에 사용된다. 폴리프로필렌(PP)은 폴리에틸렌(PE)보다 유연해지는 온도가 높다.
③ 폴리염화비닐(PVC) : 빗물의 홈통, 목욕용품 지퍼백 등에 많이 사용되고 있으며 채소, 과일의 포장에도 사용된다. 폴리염화비닐(PVC)은 가스투과도가 낮은 단점이 있다.
④ 폴리스티렌(PS) : 냉장고 내장 채소 실용기, 투명그릇 등에 사용되며 휘발유에 녹는 특징이 있다.
⑤ 폴리에스터(PET) : 간장병, 음료수병, 식용유 병 등으로 많이 사용된다. 산소투과도가 아주 낮다는 단점이 있다.

(4) 기능성 포장재
기능성 포장재란 포장재가 포장기능뿐만 아니라 저장효과도 동시에 얻을 수 있도록 포장재를 만들 때 다양한 기능성 물질을 첨가하여 제조한 포장재를 말한다.
① 방담 필름(Anti-Fogging Film) : 결로현상(結露現象)을 방지하는 기능이 첨가된 것이다.
② 항균 필름 : 항균기능이 첨가된 포장재이다. 무독성 항균합성소재를 사용하여 만든다.
③ 고차단성 필름 : 수분, 산소, 질소, CO_2 등을 차단하는 기능이 첨가된 것으로 최근 식품포장분야에서 고형포장재인 캔을 대신하여 많이 사용하고 있다.
④ 키토산 필름 : 키토산의 항균성을 이용한 기능성 필름이다. 생분해성 비닐랩으로 이용된다.
⑤ 미세공 필름 : 포장 내부의 습도 유지를 위한 미세한 공기구멍이 있어 수증기 투과도를 높인 필름이다. 미세천공 포장재는 과육의 경도 유지에 효과적이다.

5. MA포장

(1) MA포장의 의의

① MA(Modified Atmosphere)포장은 수확 후 원예산물의 호흡에 의해 조성되는 포장 내부의 산소 농도 저하와 이산화탄소 농도 상승에 따른 품질 변화를 억제하기 위해 원예산물을 고밀도 필름으로 밀봉하는 포장단위를 말한다.

② MA(Modified Atmosphere)포장은 원예산물의 호흡속도에 따라 필름의 종류와 두께, 포장물량, 보관 및 유통온도, 에틸렌 발생량과 감응도 등을 고려하여야 한다.

③ 포장 내의 산소 농도가 낮으면 부패로 인한 이취가 발생하고, 이산화탄소 농도가 높으면 과육갈변 등 고이산화탄소 장해가 나타나게 되므로 MA(Modified Atmosphere)포장에 사용되는 필름은 이산화탄소 투과성이 산소 투과성보다 3 ~ 5배 높아야 한다.

(2) 능동적 MA포장과 수동적 MA포장

① **능동적 MA포장** : 포장을 하는 시점에서 인위적으로 포장 내의 산소 농도와 이산화탄소 농도를 일정한 수준으로 조성하는 포장으로서, 계면활성제를 처리하여 결로현상을 방지하고 방담필름과 항균필름 등을 이용한다.

② **수동적 MA포장** : 원예산물의 자연적 호흡으로 포장 내의 대기조성이 호흡의 억제수준이 되도록 하는 포장이다.

> **참고** 계면활성제
>
> 기체와 액체, 액체와 액체, 액체와 고체가 서로 맞닿는 경계면을 계면이라고 하며 계면활성제는 계면을 완화시키는 기능을 한다.

(3) MA포장용 필름

① 폴리에틸렌(PE), 폴리프로필렌(PP), 폴리염화비닐(PVC), 셀로판 등이 사용되며 특히 폴리에틸렌(PE)는 가스투과도가 높아 가장 널리 사용되고 있다.

② MA포장용 필름의 조건
  ㉠ 필름의 이산화탄소 투과도가 산소 투과도보다 높아야 한다.
  ㉡ 투습도가 있어야 한다.
  ㉢ 필름의 인장강도와 내열강도가 높아야 한다.
  ㉣ 포장 내에 유해물질을 방출하지 않아야 한다.

(4) MA포장의 효과
① 사과와 같은 호흡급등형 과실의 숙성 및 노화지연
② 엽채류와 과채류의 수분손실억제
③ 에틸렌 발생 억제
④ 저온장해 억제
⑤ 병충해 발생 억제

2 저온유통시스템(Cold Chain System)

1. 저온유통시스템(Cold Chain System)의 개념

저온유통시스템은 원예산물의 수확에서 소비자에게 도달하는 전 과정을 저온상태로 유지하는 유통체계이다. 예냉, 저온냉장수송, 저온냉장저장, 저온냉장진열, 매장에서의 저온관리를 포함한다.

2. 저온유통시스템(Cold Chain System)의 효과

(1) 원예산물의 신선도 유지

저온유통시스템은 원예산물의 호흡억제, 증산억제, 에틸렌 발생억제, 미생물의 생육억제 등을 가능하게 하여 산물의 신선도를 유지하고 상품가치를 높여준다.

(2) 유통의 안정화

저온유통시스템의 도입은 신선도를 유지하면서 유통 가능한 기간을 늘려준다. 따라서 수급조절이 가능하게 되어 원예산물의 안정적인 유통에 기여한다.

3 신선편이(Fresh Cut) 농산물

1. 신선편이(Fresh Cut) 농산물의 개념

신선편이 농산물은 구입하여 즉시 식용하거나 조리할 수 있도록 수확 후 절단, 세척, 포장 처리를 거친 농산물이다.

2. 신선편이(Fresh Cut) 농산물의 특징 및 유의할 점

① 요리시간을 줄일 수 있다.

② 산물의 영양과 향기를 유지할 수 있도록 하는 것이 중요하다.

③ 절단, 물리적 상처 등으로 에틸렌 발생이 많으며 호흡량도 증가한다. 따라서 유통기간이 짧아야 한다.

④ 폴리페놀산화효소에 의해 갈변현상이 나타날 수 있다.

⑤ 신선편이(Fresh Cut) 농산물의 취급온도가 높으면 에탄올, 아세트알데히드와 같은 물질이 축적되어 이취가 발생할 수 있다.

> **참고** GMO(Genetically Modified Organism)
>
> GMO(Genetically Modified Organism)는 우리말로 '유전자재조합생물체'라고 하며, 그 종류에 따라 유전자재조합농산물(GMO농산물), 유전자재조합동물(GMO동물), 유전자재조합미생물(GMO미생물)로 분류된다. 현재 개발된 GMO의 대부분이 식물이기 때문에 GMO는 통상 유전자재조합농산물(GMO농산물)을 의미하기도 한다.
>
> GMO는 유전자재조합기술을 이용하여 어떤 생물체의 유용한 유전자를 다른 생물체의 유전자와 결합시켜 특정한 목적에 맞도록 유전자 일부를 변형시켜 만든 것이다. 예를 들어, Bt 옥수수라는 GMO옥수수는 바실러스 튜린겐시스(Bacillus Thuringiensis)라는 토양미생물의 살충성 단백질 생산 유전자를 옥수수에 삽입시켜 만든다. 그 결과, 이 옥수수는 옥수수를 갉아 먹는 해충으로부터 자신을 보호할 수 있다.
>
> GMO는 정부의 안전성 평가를 거쳐야만 식품으로 사용될 수 있으며, 이러한 농산물 또는 이를 원료로 제조한 식품을 유전자재조합식품(GMO식품)이라고 한다.

기출핵심문제

01 MA포장시 고려할 사항과 관계가 먼 것은?
① 호흡량
② 저장고의 규모
③ 에틸렌 발생량과 감응도
④ 필름의 두께 및 재질

해설 3회 기출 | MA(Modified Atmosphere)포장은 원예산물의 호흡속도에 따라 필름의 종류와 두께, 포장물량, 보관 및 유통온도, 에틸렌 발생량과 감응도 등을 고려하여야 한다.

02 필름을 이용한 MA포장에서 관찰되는 현상으로 볼 수 없는 것은?
① 호흡을 억제한다.
② 경도변화가 적다.
③ 수분감소를 억제한다.
④ 에틸렌 발생이 증가한다.

해설 2회 기출 | 에틸렌 발생 억제한다.

03 수송 중 골판지 상자의 강도저하의 요인과 가장 관련이 적은 것은?
① 수분
② 적재하중
③ 통기공
④ 온도

해설 3회 기출 | 수분, 적재하중, 통기공 등은 골판지 상자의 강도저하의 요인이다.

04 농산물의 MA포장재 중 가스 투과도가 가장 높은 것은?
① 폴리에틸렌(PE)
② 염화비닐(PVC)
③ 폴리프로필렌(PP)
④ 나일론

해설 2회 기출 | 폴리에틸렌(PE)는 가스투과도가 높으며 폴리염화비닐(PVC)은 가스투과도가 낮다. 폴리에스터(PET)는 산소투과도가 아주 낮다.

| 정답 | 01 ② 02 ④ 03 ④ 04 ①

05 포장용 플라스틱필름에서 나일론과 비교했을 때 폴리에틸렌에 대한 설명으로 옳지 않은 것은?

① 열접착성이 좋다.
② 방습성이 좋다.
③ 가스투과성이 낮다.
④ 가격이 싸다.

> **해설** 7회 기출 | 폴리에틸렌(PE)는 가스투과도가 높다

06 다음 농산물 포장재 중 동일조건에서 산소투과도가 가장 낮은 것은?

① 폴리스티렌(PS)
② 폴리에스터(PET)
③ 폴리비닐클로라이드(PVC)
④ 저밀도 폴리에틸렌(LDPE)

> **해설** 7회 기출 | 폴리에스터(PET)는 산소투과도가 아주 낮다.

07 원예산물의 저온유통시스템(Cold Chain System)의 장점은?

① 연화촉진
② 호흡촉진
③ 착색 증진
④ 미생물 번식 억제

> **해설** 5회 기출 | 저온유통시스템은 원예산물의 호흡억제, 증산억제, 에틸렌 발생억제, 미생물의 생육억제 등을 가능하게 하여 산물의 신선도를 유지하고 상품가치를 높여준다.

| 정답 | 05 ③ 06 ② 07 ②

제6장 원예산물의 수확 후 안전성

1 우수농산물관리제도(GAP)

1. 우수농산물관리제도(GAP)의 개념
우수농산물관리제도(GAP)는 소비자에게 안전한 농산물을 공급하기 위하여 농산물의 생산에서 유통단계에 이르기까지의 농약, 중금속, 유해생물 등 식품안전성에 문제를 일으킬 수 있는 요인을 종합적으로 관리하는 제도이다.

2. 우수농산물관리제도(GAP)의 특징
우수농산물인증품에는 농산물이력추적관리를 의무화하고 있다.

2 이력추적관리

1. 정의
이력추적관리란 농산물의 생산에서 유통까지 각 단계별로 정보를 기록 관리하여 해당 농산물에 안전성 등의 문제가 발생할 경우 추적하여 원인규명 및 필요한 조치를 할 수 있도록 관리하는 것이다.

2. 이력추적관리의 기대효과
① 농산물의 안전성 확보
② 안전성 위해 농산물의 원인 규명 및 조치, 해당 농산물 회수 가능
③ 소비자의 알 권리 충족

3 위해요소 중점관리제도(HACCP)

1. 위해요소 중점관리제도(HACCP)의 개념
① 위해요소 중점관리제도(HACCP)는 식품의 화학적, 생물학적, 물리적 위해가 발생할 수 있는 요소를 분석, 규명하고 이를 중점적으로 관리하는 시스템이다.

국제식품규격위원회는 HACCP를 "식품안전에 중요한 위해요인을 확인, 평가, 관리하는 시스템"이라고 정의하고 있다.

② 위해요소 중점관리제도(HACCP)는 위해요소분석(HA)와 중점관리점(CCP)으로 구성되어 있다.

 ㉠ 위해요소분석(HA) : 원료 또는 공정에서 발생, 혼입 가능한 화학적, 생물학적, 물리적 위해요소를 파악하고 분석하는 과정이다.
  • 화학적 위해요소 : 농약, 다이옥신 등
  • 생물학적 위해요소 : 대장균 O157, 살모넬라, 리스테리아 등 병원성 미생물
  • 물리적 위해요소 : 쇠붙이, 주사바늘 등 이물질

 ㉡ 중점관리점(CCP) : 위해요소를 허용수준 이하로 감소시켜 안전을 확보할 수 있는 공정이다.
  • 생산 시 온도관리 등을 통한 병원성 미생물의 증식 억제
  • 금속검출기를 통한 금속 이물질 혼입 배제

2. 위해요소 중점관리제도(HACCP)의 특징

① 공정관리에 의한 위생관리
② 분석에 의한 위해요소 관리
③ 필요 시 신속한 조치

3. 위해요소 중점관리제도(HACCP)의 효과

(1) 생산자 측면

① 자율적이고 체계적인 위생관리 시스템의 확립이 가능하다.
② 안전성이 확보된 식품의 생산이 가능하다.
③ 위해가 발생할 수 있는 단계를 사전에 집중적으로 관리함으로써 위생관리시스템의 효율성을 높인다.
④ 소비자 불만, 반품, 폐기량의 감소로 경제적 이익을 도모할 수 있다.

(2) 소비자 측면

① 안전성과 위생이 보장된 식품을 제공 받을 수 있다.
② 제품에 표시된 HACCP 마크를 확인하여 소비자 스스로 안전한 식품을 선택할 수 있다.

기출핵심문제

01 농산물위해요소 중점관리제도(HACCP)의 효과와 거리가 먼 것은?

① 미생물 오염억제에 의한 부패저하
② 농식품의 안전성 제고
③ 생산량 증대에 의한 가격 안정성 확보
④ 수확 후 신선도 유지 기간 증대

> **해설** 1회 기출 | 미생물 오염억제에 의한 부패저하, 농식품의 안전성 제고, 수확 후 신선도 유지 기간 증대 등은 HACCP의 효과에 해당된다.

02 다음 중 농산물 관리 상 위해요소가 아닌 것은?

① 비소(As)
② 대장균 0157 : H7
③ 아스코르빈산(Ascorbic Acid)
④ 파라쿼트

> **해설** 2회 기출 | 아스코르빈산(Ascorbic Acid)은 항산화작용과 피부노화방지효과가 있는 수용성 비타민으로서 토마토, 딸기, 감귤, 채소 등에 많이 함유되어 있다.

03 원예작물의 안전성에 있어 생물학적 위해요소로 옳은 것은?

① 메틸브로마이드
② 살모넬라
③ 연소산나트륨
④ 다이옥신

> **해설** 7회 기출 | 대장균 0157, 살모넬라, 리스테리아 등 병원성 미생물은 생물학적 위해요소이다.

| 정답 | 01 ③ 02 ③ 03 ②

제 4 과목

농산물 유통론

제1장 농산물 유통론의 기초
제2장 유통환경
제3장 유통경로 및 마진
제4장 농산물 유통기구의 의의와 변화
제5장 산지시장 거래
제6장 도매시장 거래
제7장 소매시장 거래
제8장 협동조합을 통한 거래와 공동계산제
제9장 소유권 이전기능
제10장 물적 유통기능
제11장 유통조성기능
제12장 마케팅 조사
제13장 소비자 행동론과 마케팅 전략
제14장 제품관리
제15장 가격관리
제16장 촉진관리

제1장 농산물 유통론의 기초

1 유통의 개념

1. 유통의 의의와 발달과정

(1) 유통의 의의

① **유통의 정의** : 유통이란 교환을 통한 개인이나 조직의 제 목적 달성과 욕구 충족을 가능하게 하기 위하여 아이디어, 재화 및 서비스의 개념화, 제품화, 매가 책정, 판매촉진 및 유통을 계획하고 집행하는 과정이다.

② **유통활동** : 재화와 서비스의 물리적·사회적 흐름에 관한 경제활동으로서 상품과 서비스를 이전하는 가운데 사회 전체의 부가가치를 증대시키게 된다.

(2) 농산물 유통의 의의

① **협의의 농산물 유통** : 농산물이 생산자인 농업인으로부터 소비자나 사용자에게 이르기까지의 모든 경제활동을 의미한다.
  ㉠ 사회가 분화되고 비농업 인구의 비율이 높아짐에 따라 농산물의 유통량은 점차 증가하는 경향이 있다.
  ㉡ 농업인과 상인간의 관계는 경쟁적인 측면도 있는 반면, 동시에 보완적 관계이다. 상인이 농산물을 생산자에서 소비자에게 연결시켜주는 유통기능은 사회경제적 기능을 갖고 있으나, 판매기능을 수행하기 때문에 가격결정 및 품질유지에는 농민과 경쟁적 관계에 있다.
  ㉢ 농산물 유통은 이해상반되고 모순되는 요구를 조화시켜주는 과제를 갖고 있다. 소비자는 가장 최저가격으로 양질의 최대량의 농산물을 확보하려는 데 관심을 갖는 한편 농민은 그들 생산물을 통하여 가능한 최대의 보수를 원하며, 상인은 가능한 최대의 이윤을 얻으려 한다.

② **광의의 농산물 유통** : 농가에서 판매하는 농산물의 판매뿐만 아니라 판매 전 유통과 판매, 그리고 판매 후 유통을 포함한다.
  ㉠ 판매 전 유통 : 농산물을 생산하기 전에 해당 작목의 수요와 공급을 예측하고 그 작목에 대한 관측을 수행하여 생산과 생산량을 결정하는 의사결정 단계의 유통을 말한다.
  ㉡ 판매 : 생산된 생산물을 수요자에게 판매한다.

ⓒ 판매 후 유통 : 농산물을 판매하고 난 이후의 유통을 말한다. 애프터서비스나 리콜제도 같은 것이 여기에 해당된다.

2. 유통의 역할과 기능

(1) 유통의 역할
① 유통은 경제현상의 일부분이고 경제의 원활한 흐름을 위한 중요한 요소이다.
② 농산물 유통은 생산과 소비를 연결시켜 줌으로써 농산물의 사회적 순환을 통해 농업 발전에 기여한다.
③ 농산물 유통은 소비자의 편익을 증진시키는 역할을 한다.

(2) 유통의 기능
① 직접적 기능
  ㉠ 유통은 생산자와 소비자간의 물적 소유형태의 이전기능을 담당한다. 상품을 생산자에게서 소비자에게로 전달함으로써 소유형태의 변경이 이루어진다(소유권 이전).
  ㉡ 유통은 지역적, 장소적 불편을 해소시키므로 보관기능, 운송기능의 발달을 가져온다. 보관기능은 시간적 불일치를 해결하는 방법이고 운송기능은 장소적 불일치를 해결하는 방법이다.
  ㉢ 유통은 상품의 수요와 공급을 연결해주는 기능을 담당하기 때문에 이 과정에서 금융기관의 지원을 받을 수 있다. 시간적, 장소적 불편을 해소하기 위해서는 보관과 교통설비의 설치가 필요하므로 이에 대해서는 금융기관의 자금을 이용할 수 있다.

② 간접적 기능
  ㉠ 유통은 유통기능의 능률성을 위해 주문의 확보, 고정고객의 확보·관리가 중요하므로 고객에 대한 체계적 관리와 서비스가 이루어진다.
  ㉡ 유통은 물적 소유형태의 이전기능이 있으므로 취득세, 등록세, 부가가치세 등 각종 세금, 금융비용이 발생한다.
  ㉢ 유통은 상품의 특성상 파손·변질·멸실 등의 위험이 있는데, 이런 위험을 보관이나 운송으로 해결한다. 따라서 유통은 위험분산기능을 담당한다.
  ㉣ 유통은 생산자가 생산한 상품과 이를 필요로 하는 소비자 간의 의사통로 역할을 하므로 생산자에게는 소비정보, 소비자에게는 상품정보를 전달하는 의사전달기능을 담당한다.
  ㉤ 유통은 거래단위, 표준가격(판매가격, 구입가격) 등 거래상품의 표준화에 기여한다.

2 농산물 유통의 기능

1. 관측기능
농산물가격의 변동은 사회 전반에 여러 파장을 야기시킨다. 따라서 농산물의 가격안정과 농산물을 생산하는 생산자의 이익증대를 위하여 농산물 생산 이전에 농산물의 수요와 공급을 예측하여 농산물의 가격을 안정시킬 필요가 있다. 따라서 농산물가격 안정을 위한 정부의 인위적인 시장 개입을 줄이고, 관측의 정확성을 높이기 위한 다양한 방안이 검토되어야 한다.

2. 교환기능
농산물 유통은 생산자와 소비자간의 물적 소유형태의 교환기능을 담당한다. 농산물을 구매하고 판매하는 기능을 교환기능이라 한다.

3. 물리적 기능
농산물을 출하하여 장소적 불일치를 해결하기 위한 수송, 저장하는 기능과 지역적 장소적 불편을 해소하기 위한 보관기능, 농산물의 가치를 증대시키기 위한 가공기능 등을 물리적 기능이라 한다.

4. 위험분산기능
유통은 상품의 특정상 파손·변질·멸실 등의 위험이 있는데, 농수산물의 유통은 이런 위험을 보관이나 운송으로 해결하고 있다. 이러한 기능을 위험분산기능이라 한다.

5. 거래촉진기능
생산자에게는 소비정보, 소비자에게는 상품정보를 전달하며, 유통과정에서 시간적 장소적 불편을 해소하기 위해 보관과 교통설비의 설치가 필요하므로 이에 대해서는 금융기관의 자금을 이용함으로써 농산물의 등급화, 브랜드화를 통한 농산물의 거래를 촉진하는 기능을 수행한다.

3 농산물 유통의 특성과 과제

1. 농산물 유통의 특성

(1) 계절적 편재성

① 농산물은 생산, 수확시기가 일정하기 때문에 농산물을 생산하기 위한 자재의 공급이나, 농산물을 생산하기 위한 인력공급이 편재될 수밖에 없는 현상이 발생하며, 농산물의 수확물량의 일시출하 현상이 발생하여 농산물의 시장판매가 하락하는 일이 발생할 수 있다.

② 생산은 계절적이지만 소비는 연중 발생하기 때문에 보관의 중요성이 크다.

③ 농산물이 일정 계절에 집중 출하되는 편재성을 극복하기 위하여 농산물의 수확기를 조절하여 가격하락을 막고, 가공·저장기술을 개발하여 비수확기의 농산물의 수요와 가격상승에 대처할 필요가 있다.

(2) 부피와 중량성

① 농산물은 단위가격에 비해 부피가 크고 무거워 운반과 보관에 비용이 많이 발생한다. 따라서 농산물의 부피와 중량성을 가능한 한 감소시키기 위하여 농산물을 표준화하고, 등급화된 규격제품으로 포장하여 거래할 필요가 있다.

② 농산물을 표준화하고 규격제품으로 거래하는 경우, 농가의 물류비용을 저감하여 농가소득을 증대시킬 수 있고, 소비지에서는 쓰레기 처리비용을 줄이는 사회경제적 이익을 도모할 수 있다.

(3) 부패성

① 대부분의 농산물은 유기물이어서 비농산물과 비교하여 내구성이 약하고 부패·손상되기 쉬우며 유통 중 손실이 많이 발생한다. 따라서 농산물의 수송, 저장, 보관과정에서 그 신선도를 유지하기 어렵다.

② 농산물의 상품가치를 유지하기 위해서는 농산물의 신선도 유지가 중요한 과제로 대두된다. 여러 가지 수송·저장·보관·가공기능의 개선을 통하여 이를 극복하여야 한다.

③ 농산물의 신선도를 유지하기 위하여 콜드체인시스템이 체계화될 필요가 있다. 콜드체인시스템이란 냉동품을 저장, 수송하는 저온유통체계를 말한다. 부패·손상하기 쉬운 농산물의 물류·유통의 경우 농산물의 냉동·냉장의 체계적인 저온유통시스템의 확립은 중요한 문제일 수밖에 없다.

(4) 불균일성
① 농산물은 동일한 품종이라 하더라도 생산장소와 토양에 따라 생산량과 품질이 다르다.
② 공산물은 표준화·등급화가 쉽게 이루어지지만 농산물은 생산자의 생산기술과 생산방법에 따라서 크기·무게·부피와 품질이 다르므로 표준화·등급화가 어렵다.
③ 농산물은 그 양과 품질이 동일하지 않아 가격이 불안정한 요소가 있다.
④ 농산물의 브랜드화를 통하여 농산물의 표준화와 등급화를 이루도록 노력하여야 한다.

(5) 용도의 다양성
① 농산물은 용도가 다양할 뿐만 아니라 농산물간에는 대체이용이 가능한 품목이 많다. 따라서 그때 그때의 상황에 따라 용도가 변경되고 대체성이 크기 때문에 품목 간에 거래량을 예측하기 곤란하고 시장가격을 예측하기 어렵다.
② 농산물의 용도가 매우 다양하기 때문에 다른 제품으로 대체할 수 있는 대체성이 크다. 따라서 당해 작물의 수요량과 거래량을 예측하기 어렵고 농산물의 시장가격을 예측하기 어려운 문제가 발생한다.

(6) 수요·공급의 비탄력성
① 농산물은 생산을 시작하여 수확하기까지 일정한 시차가 존재할 뿐만 아니라, 그 생산량이 기후나 자연조건에 영향을 많이 받는 결과 농산물의 수요가 늘어나도 쉽게 산출량을 늘릴 수도 없고, 또한 농산물의 가격이 떨어져도 공급을 줄이는 것이 쉽지 않다.
② 농산물은 소득이 변화하여도 그에 따른 수요의 변화가 작고, 경지면적의 고정성으로 농산물의 공급을 조절하기 어렵다. 따라서 농산물의 가격이 오르거나 내려도 그에 대응하여 수요량이나 공급량의 변화가 매우 적다는 특성을 가진다. 즉 농산물은 공산품에 비하여 수요와 공급이 매우 비탄력적이다.
③ 농산물의 수요·공급을 예측하고 과잉공급이나 공급부족이 되지 않도록 조절하는 것이 농산물유통의 과제가 된다.

2. 농산물 유통의 과제

(1) 농산물 가격수준의 적정화
농산물의 생산자인 농업인에게는 생계를 유지하는 데 지장이 없을 정도의 최소한의 농업소득이 보장될 필요가 있으며, 소비자에게는 최소한의 생활안정을 할 수 있는 수준의 적정가격이 보장되어야 한다.

(2) 농산물 수급조절

농산물의 소비자의 수요가 과학적으로 파악되어 이를 생산자에게 적절하게 전달되어야 하며, 농산물의 종류와 수량의 적절한 생산동향이 소비자에게 전달되어 농산물의 수급조절이 원활히 유지될 수 있도록 하여야 한다.

(3) 농산물 가격의 안정

농산물의 가격변동은 불안정하기 때문에 생산자에게는 농업소득의 안정적 보장이, 소비자에게는 안정적 공급을 확보할 수 있도록 하여야 한다.

(4) 유통능력의 향상

유통능률을 위해서는 유통기능 수행에 필요한 유통비용을 절감하고, 유통효율을 극대화할 필요가 있다.

4 농산물 생산과 소비의 특성

1. 농업생산의 특성

① 농업생산은 자연조건에 영향을 많이 받는 1차 산업이므로 그 지역에 따라 생산물의 형태가 다르고, 출하시기를 인위적으로 조정하는 것이 쉽지 않다.
② 농업생산은 토지의 질과 양에 따라 생산되는 품질이 다르고 출하량이 다르기 때문에 농산물의 품질의 표준화 및 등급화가 어려운 편이다.
③ 공산품의 생산에는 기계화 및 분업화가 수월한 편이나, 농업생산은 공산품의 생산과 달리 상대적으로 기계화 및 분업화가 어려워 생산성의 저하기 발생할 수 있다.
④ 농산물의 생산에는 타 산업에 비하여 수확체감의 현상이 발생할 수 있다. 즉 농산물을 생산하는 데 필요로 하는 자본·노동·토지 등의 생산요소 가운데 자본과 토지의 투입량을 일정하게 하고 노동의 투입량을 증가시키면, 농산물 전체로서는 증대되지만 추가 투입량 1단위에 대한 농산물의 한계적 증가분은 차차 감소 경향을 나타나게 된다.
⑤ 농산물의 생산은 계절적으로 편재되어 있어 보관 및 저장의 중요성이 등장하게 된다.

2. 농산물 소비의 특징

일반적으로 농산물의 소비는 단순하게 보이지만 복합적인 요인에 의해서 결정된다. 경제적 요인으로는 부와 그 분배·소득과 그 분배·가격·경기변동·시장구조 등에 영향을 받으며,

자연적 요인으로는 지리적·풍토적·생물학적 요인에 영향을 받는다. 또한 인구구성과 분포·관습과 습성·인종별 차이·종교 등의 사회적 요인에도 영향을 받게 된다.

(1) 인구
총인구의 규모와 성격은 농산물 소비 규모와 성격에 영향을 미친다. 총인구의 변동은 소비변동에 영향을 미치며, 특히 식량용 농산물은 직접적인 관계를 갖는다. 일반적으로 인구의 도시집중현상은 소비구조에도 영향을 미치는 고가 상품 소비가 증가될 수 있으며, 농산물 수요의 도시집중현상을 가져온다.

(2) 소득
① 소득이 농산물 소비에 미치는 영향은 지대하다. 소득은 구매력을 제공하는 것이기 때문에 소득수준, 특히 가처분 개인소득은 소비를 결정하는 중요한 요인이 된다.
② 저소득 사회에서는 소득이 증가하는 만큼 농산물 소비증가분이 더욱 증가하지만, 고소득사회에서는 소득이 증가하는 만큼 농산물 소비증가분이 작게 나타난다.
③ 빈곤한 가족일수록 지출 전체에 대한 음식물비의 비율은 커지며, 소득이 증가함에 따라 음식물비의 지출비율은 감소한다.

(3) 식품소비구조의 변화
경제발전과 소득수준의 상승에 따른 국민의 식품소비 및 구매 형태가 다음과 같이 변화될 수 있다.
① 세팅, 커팅 등 전처리 농산물의 수요가 증가한다.
② 소포장, 친환경 농산물의 수요가 증가함에 따라 새로운 유통문제가 발생할 수 있다. 이에 따라 대형소매업체는 고품질 농산물을 소포장으로 판매하는 경향이 커진다.
③ 농산물 소비패턴의 고급화·다양화는 농산물유통 대상품목을 주곡인 쌀을 포함한 곡류의 소비는 감소시키고, 육류와 수산물의 소비는 증가하게 하고 있다.
④ 소득의 증가로 구내식당이나 음식점 등 식사를 제공하는 시장, 즉 외식시장이 번창하고 있다.
⑤ 도시화와 산업화가 진전되면서 인구의 도시집중현상이 이루어지고 있다. 도시인구의 집중화로 총농산물생산량 중 도시식품소비량은 크게 증가하고 있다. 특히 도시가구의 소득증가율은 전국평균 소득증가율보다 높고 소득 증대에 따르는 성장농산물 수요가 급증함에 따라 도시가구의 농산물 수요가 고도화되어가고 있다. 이에 따라 도시지향적 유통기능이 발달되고 농산물유통시설이 점차 대형화, 능률화되고 있다.

3. 유통시장의 개방

최근의 급변하는 시장경제질서는 농산물시장에서도 그 예외는 아니다. 각 종의 농산물 시장 및 유통시장의 개방화를 요구하고 있으며 그에 따른 국제환경의 변화는 농산물유통 부분에 많은 영향을 미치고 있다.

① 외국의 경쟁력이 있는 농산물의 수입이 증가 되므로 국내산 농산물의 가격하락의 현상이 지속적으로 나타나고 있다.

② 국내시장 진입장벽 뿐만 아니라 외국의 농산물 수입규제도 완화되므로 국내산 농산물의 수출가능성이 확대되고 있다.

③ 국내보조금이 감축됨으로써 해당 농산물의 가격변동이 커지게 된다.

④ 외국의 대형유통업체 및 청과메이저의 국내 진출로 인해 국내 농업 생산 및 유통부분의 축소가 될 수 있다.

기출핵심문제

01 생산자로부터 소비자에게 재화와 서비스를 이전하는 장소·시간·소유의 효용을 창조하는 것은?

① 판매
② 촉진
③ 유통
④ 소비

해설 유통의 정의는 생산자로부터 소비자에게 재화와 서비스를 이전하는 장소·시간·소유의 효용을 창조하는 활동을 말한다.

02 농산물의 특성에 관한 설명으로 옳은 것은?

① 표준화 및 등급화가 쉽다.
② 수요와 공급이 탄력적이다.
③ 용도가 다양하다.
④ 운반 및 보관비용이 적다.

해설 농산물의 주된 용도는 식품이지만 같은 농산물이라도 공업원료, 식품원료 또는 가공식품으로 이용되기도 하는 등 그 용도가 다양하다.
① 농산물은 생산장소와 토양에 따라 동일 품종이라도 크기와 품질이 동일하지 않아 표준화 및 등급화가 어렵다.
② 농산물은 다른 기타의 산물에 비하여 수용과 공급이 매우 비탄력적이다.
④ 농산물은 유기물이어서 부패하기 쉽고 운반 및 보관비용이 많이 든다.

03 농산물저장에 관한 설명으로 옳지 않은 것은?

① 부패성이 강하여 특수저장시설이 필요하다.
② 투기를 목적으로 저장하는 경우도 있다.
③ 유통금융기능을 수행할 수도 있다.
④ 소유적 효용을 창출한다.

해설 농산물의 저장은 생산품을 생산시기로부터 판매 시까지 보유하여 시간적 효용의 창조로 말미암아 수요와 공급을 조절할 수 있게 하는 기능을 담당한다.

04 유통의 직접적인 기능과 관련이 있는 것은?

① 소유권 이전
② 체계적 관리
③ 위험분산기능
④ 거래상품의 표준화

해설 유통은 생산자와 소비자 간의 물적 소유형태의 이전기능을 담당한다. 상품을 생산자에게서 소비자에게로 전달함으로써 소유형태의 변경이 이루어진다(소유권 이전).

| 정답 | 01 ③ 02 ③ 03 ④ 04 ①

제2장 유통환경

1 소비환경

1. 소비의 개념

① 가계 또는 소비자는 주어진 소득을 가지고 소비하여 그들의 욕망을 충족시키고자 한다.
② 인간의 식품소비 형태는 물량과 영양을 추구하는 양적인 소비에서 '맛', '멋', '예술'의 질적인 단계로 발전하였다.
③ 국민소득이 증가하고 경제가 발전하면서 공업화·도시화가 진전되고 주거생활, 문화생활, 식생활 등 국민의 생활수준이 향상됨에 따라 의식주 구조도 변하게 된다.
④ 경제발전의 소산으로 볼 수 있는 것은 식생활 구조, 소비구조의 변화이다.

2. 소비자의 권리와 구매요령

(1) 소비자의 권리

① 안전할 권리 : 생활용품 등 소비환경으로부터 안전할 권리
② 정보를 제공받을 권리 : 상품 등을 구입할 때 그에 관한 정확한 정보를 알 권리
③ 선택할 권리 : 소비자의 자유의사에 의해 스스로 선택할 권리
④ 의사를 반영할 권리 : 소비생활에 영향을 주는 정책 등에 소비자 의견 제시 권리
⑤ 보상을 받을 권리 : 소비생활로 인한 피해에 대하여 보상받을 권리
⑥ 교육을 받을 권리 : 소비환경의 빠른 변화에 대처할 능력을 기를 교육받을 권리
⑦ 단체를 조직하여 활동할 권리 : 소비자 주권을 지키기 위한 조직적 대응 권리

(2) 합리적인 소비생활을 위한 바람직한 구매요령

① 소비의 목적이 무엇인가를 분명히 하고 무계획적인 충동구매를 삼간다.
② 소비의 목적에 맞는 소비재의 종류를 파악하여 그 효용성을 비교함은 물론 부작용에 대한 판단을 해야 한다.
③ 구매시점에 대하여 심사숙고한 후에 실용성, 편의성, 내구성 등에 중점을 두어 구매한다.
④ 막연한 외제선호, 유명상표선호에서 탈피한다.
⑤ 규격표시, 중량표시, 성분표시 등을 정확히 하고 A/S를 철저히 하는 기업체의 상품을 구매한다.

⑥ 품질과 가격을 비교하여 구매한다.
⑦ 현품확인, 가격의 적정성 검토, 약관확인 등을 확실히 하기 전에는 방문판매상품을 구매하지 않는다.
⑧ 가능한 한 현금으로 구매하고 철저한 계획이 서지 않으면 신용카드를 이용한 구매나 할부구매는 하지 않는다.
⑨ 물품 구매 시에는 항상 거래조건을 확인하고 계약서, 영수증 등을 받아 보관한다.

3. 소비자 피해구제와 예방 및 변화

(1) 소비자의 피해구제
① 사업자에 의한 구제 : 제조, 공급한 사업자가 구제하는 방법
② 소비자단체에 의한 피해구제 : 소비자 권익을 보호하는 공동단체를 통한 구제
③ 행정기관에 의한 피해구제 : 사전의 정보제공과 교육, 보호정책의 시행, 피해 발생시 중재 및 행정지도 등
④ 한국소비자보호원을 통한 구제 : 소비자분쟁조정위원회의 조정결정, 소비자는 물론 소비자단체, 국가, 지방자치단체, 사업자 등의 소비자 구제요청 처리

(2) 소비자 피해구제의 예방
① 허위·과장광고에 속지 말아야 한다.
② 방문판매자에게 구입할 경우에는 판매자의 신분, 주소, 연락처를 확인하고 계약서를 받아둔다.

(3) 소비자들의 소비구조의 변화
① 소비자들의 소비구조의 변화는 농산물과 식품의 구매패턴에도 영향을 주어 구매장소, 구매단위, 구매형태 등에서 편의성 추구경향이 나타나고 있다.
② 농산물 소비는 고품질농산물, 친환경농산물, 선별·세척·소포장 농산물, 전처리 농산물, 가공농산물 등이 주된 거래품목이 될 것이다.

2 생산환경

1. 생산의 개념과 요소

(1) 생산의 개념
   ① 농산물유통은 생산형태의 변화에 영향을 받고 있으며, 동시에 생산에도 영향을 미치고 있다.
   ② 생산이란 인간의 욕망을 충족시켜 주는 재화와 용역을 만들어 내어 사회적 효용을 증대시키는 행위이다.

(2) 생산의 3요소
   생산요소란 재화를 생산하는 데 투입되는 모든 물자 및 서비스를 말한다.
   ① 노동 : 생산을 목적으로 하여 보수를 기대하면서 행하여지는 인간의 육체적·정신적 활동을 말한다.
   ② 토지(자연) : 하천·해양·대기·수력 등과 같은 자연자원을 말한다.
   ③ 자본 : 인간이 만들어 낸 생산요소이다.

2. 농산물 유통과 생산 측면의 변화

(1) 농산물 유통
   ① 수송기술의 변화 : 농산물 유통활동에서 농산물을 장소적으로 이동시킴으로써 장소효용을 제고시키는 기능을 수행한다.
   ② 예냉(Precooling) : 농산물 저장기술의 발전은 농산물유통에서 획기적인 변화를 가져오고 있다. 선진국의 경우 큐어링(Curing, 강제건조)이나 예냉과 같은 철저한 품질관리 기술로 상품성 저하와 수확 후 손실을 크게 줄이고 있다.

(2) 농산물 생산 측면의 변화
   ① 시설원예작물의 생산시설 현대화 및 첨단화와 재배기술의 발달로 만성적인 공급과잉의 가능성이 커지고 있다.
   ② 생산의 전문화·단지화가 불가피한 것은 판매를 위한 경쟁이 심화되기 때문이다.
   ③ 생산의 전문화는 상품가격 변화에 따른 생산농가의 위험부담을 가중시키며, 가격안정의 중요성을 증대시킬 것이다.

3 정보환경

1. 정보의 의의
① 어떤 상황에 관한 의사결정을 할 수 있게 하는 지식으로 데이터의 유효한 해석이나 데이터 상호 간의 관계를 말한다. 따라서 정보는 데이터를 처리, 가공한 결과라고 할 수 있다.
② 수신자가 이전에는 알지 못했던 지식을 말한다. 정보는 자료의 정확성, 적시성, 돌발성 및 고려중인 문제와의 관련성 정도에 따라 그만큼 얻어진다.
③ 정보란 어떤 행동을 취하기 위한 의사결정을 목적으로 하여 수집된 각종 자료를 처리하여 획득한 지식이다.
④ 정보란 인간이 판단하고, 의사결정을 내리고, 행동을 수행할 때 그 방향을 정하도록 도와주는 역할을 하는 것이다.

2. 정보개념의 구성요소
① **정보의 사용자** : 정보는 해당 정보를 필요로 하는 사용자가 있어야 한다.
② **고유의 가치** : 정보는 아무리 훌륭하다 하더라도 필요로 하지 않으면 아무런 가치가 없다.
③ **일정한 처리과정** : 정보는 일정한 형태의 처리과정을 거쳐야 한다.
④ **정보의 구성** : 정보는 자료나 정보원으로 구성되어 있다.

3. 정보의 특성
① **정확성** : 정보는 정확한 자료에 근거하여 실수나 오류가 개입되지 않아야 하며 데이터의 의미를 편견의 개입이나 왜곡 없이 정확하게 전달해야 한다.
② **적시성** : 양질의 정보라도 이용자에게 필요한 시간대에 전달되어야 한다.
③ **관련성** : 정보는 의사결정자와 관련성이 있어야 한다. 즉, 양질의 정보를 취사선택하는 기준은 관련성이다.
④ **신뢰성** : 신뢰할 수 있는 정보는 그 자료원과 수집방법에 관련이 있다.
⑤ **완전성** : 중요한 정보가 충분히 내포되어 있을 때 비로소 완전한 정보가 된다.
⑥ **단순성** : 정보는 단순해야 하고 지나치게 복잡해서는 안 된다.
⑦ **경제성** : 필요한 정보를 산출하기 위해서는 경제성이 있어야 한다.
⑧ **입증 가능성** : 정보는 입증 가능해야 한다. 입증 가능성은 같은 정보에 대해 다른 여러 정보원을 체크해 봄으로써 살펴볼 수 있다.

4. 정보의 유형

(1) 정보활동의 주체에 따른 분류

① **국가정보** : 국가가 주어진 목표를 추구하고, 운영하는 데 필요한 정보이다.

② **기업정보** : 기업이 사업을 기획, 경영하고 이윤을 추구하기 위해 필요한 정보이다.

③ **단체·법인정보** : 기업 외의 단체가 목적을 달성하기 위하여 필요한 정보이다.

④ **개인정보** : 개인이 보다 나은 생활을 영위하기 위해 필요로 하는 정보이다.

(2) 활용범주에 따른 분류

① **내용정보** : 고객의 주문내용이나 재고 수량 등 과거에 일어난 일에 대한 기록이다.

② **형식정보** : 대상물의 형태와 모양을 묘사하는 정보이다.

③ **형태정보** : 컴퓨터 시뮬레이션을 통해 얻어지는 정보이다.

④ **동작정보** : 정교한 동작으로 즉각 변형되는 정보이다.

(3) 정보내용의 형태별 유형

① **지역 및 지역별 정보** : 어느 국가나 지역에 관해 수집된 정보이다.

② **영역별 정보** : 해당 분야에 관해 수집된 정보이다.

③ **대상별 정보** : 고객정보, 경쟁사 정보 등과 같이 어떤 목적을 추구하는 데 관련되어 있거나, 입장이나 관계가 명료한 상태에 관한 정보이다.

④ **내용별 정보** : 사업 또는 업무에 필요한 정보이다.

⑤ **건명별 정보** : 중요한 사업 또는 사건에 관련된 정보이다.

(4) 정보의 효용

① **형태(형식)효용** : 정보의 형식이 의사결정자의 요구사항에 부응하는 형식으로 제공되어질 때 정보의 효용이 높아지게 된다.

② **시간효용** : 정보는 필요한 시기에 적절히 공급되어야 그 효과를 발휘할 수 있다. 따라서 필요한 시기에 적절한 정보가 공급되어야 한다.

③ **장소효용** : 정보는 습득하기 쉬운 곳에 있을 때 그 효용이 증대될 수 있다.

④ **소유효용** : 정보의 소유자는 자신이 소유하는 정보가 다른 사람들에게 공유되는 것을 제한함으로써 가치에 영향을 미치게 되며, 정보이용을 제한함으로써 자신이 소유하고 있는 정보에 대한 가치를 증가시키려고 한다. 즉, 정보의 소유효용은 의사결정자가 경쟁적으로 정보를 획득할 때 높아진다.

4 시장환경

1. 시장의 정의와 형태

(1) 시장의 정의

시장이란, 수요와 공급이 계속적으로 나타나서 상품의 가격이 형성되고, 상품의 구매가 규칙적으로 일어나는 추상적인 기구이다.

(2) 시장의 형태

① 완전경쟁시장 : 상품의 공급자와 수요자가 다수이며, 동질적인 상품이 거래되고 생산요소의 이동이 자유롭고 시장가격은 수요와 공급의 상호작용에 의하여 결정된다.

② 독점시장 : 독점이란 한 농산물을 하나의 농산물 생산업자가 독점적으로 지배하는 시장형태이다.

③ 과점시장 : 비교적 소수의 농산물 생산업자가 서로 유사한 농산물을 생산하여 하나의 시장에서 상호 경쟁하는 시장형태이다.

④ 독점적 경쟁시장 : 완전경쟁과 같이 소수의 농산물 생산업자들이 서로 유사한 농산물을 생산하여 하나의 시장에서 상호 경쟁하고 있는 시장형태이다.

2. 농산물 시장개방 가속화

(1) 세계농업의 국제화와 농산물 협상

① 우루과이 라운드(Uruguay Round, UR) 농산물협상 타결 이후 세계농업은 국제화가 진전되어 일부 농산물을 제외하고는 저율의 관세로 수입이 급격히 늘어나고 있다.

② 각국간의 농산물협상은 관세감축 수준이 훨씬 클 것으로 전망되고 있어 시장개방이 더욱 급물살을 탈 것으로 예상된다.

③ 시장개방의 확대로 우리나라는 중국의 채소, 미국·칠레·뉴질랜드의 과일 등 농산물의 수입증가로 외국산과의 가격경쟁에서 밀리면서 국산 농산물 가격이 생산비 이하로 하락하는 등 가격 불안정과 폭락현상이 빈발하였다.

(2) 농산물 수입증가가 국내 농업과 농산물 유통에 미치는 영향

① 저가 농산물 수입의 급증은 정부의 농산물 수급과 가격조정 등 시장개입 정책이 근본적으로 어렵게 되었다.

② 저가의 신선 농산물 수입이 급증할 경우에 국산 농산물의 과잉공급과 소비위축으로 가격하락이 지속될 것이다.

③ 냉동품과 가공품 수입으로 국산품의 판로가 위축되고 품목 간 가격차가 확대될 것이다.
④ 수입 농산물의 포장, 디자인, 등급, 브랜드가 양호하여 국산 농산물의 상품성 제고 노력이 절대적으로 중요하다.

기출핵심문제

01 개별 농산물 생산업자 간 경쟁적 행동이 전혀 나타나지 않는 시장은?

① 완전경쟁시장　　　　　　② 과점시장
③ 독점적 경쟁시장　　　　　④ 불완전 경쟁시장

해설　완전경쟁시장은 상품의 공급자와 수요자가 다수이고 동질적인 상품이 거래되는 시장으로 생산업자 간 경쟁적 행동이 전혀 나타나지 않는다.

02 중요한 정보가 충분히 내포되어 있을 때 정보로서 가치를 가진다는 요건은 유통정보의 특성 중 어디에 해당하는가?

① 정확성　　　　　　　　　② 완전성
③ 적시성　　　　　　　　　④ 관련성

해설　정보의 특성
1. 정확성 : 정보는 정확한 자료에 근거하여 실수나 오류가 개입되지 않아야 하며 데이터의 의미를 편견의 개입이나 왜곡 없이 정확하게 전달해야 한다.
2. 적시성 : 양질의 정보라도 이용자에게 필요한 시간대에 전달되어야 한다.
3. 관련성 : 정보는 의사결정자와 관련성이 있어야 한다. 즉, 양질의 정보를 취사선택하는 기준은 관련성이다.
4. 신뢰성 : 신뢰할 수 있는 정보는 그 자료원과 수집방법과 관련이 있다.
5. 완전성 : 중요한 정보가 충분히 내포되어 있을 때 비로소 완전한 정보가 된다.
6. 단순성 : 정보는 단순해야 하고 지나치게 복잡해서는 안 된다.
7. 경제성 : 필요한 정보를 산출하기 위해서는 경제성이 있어야 한다.
8. 입증 가능성 : 정보는 입증이 가능해야 한다. 입증 가능성은 같은 정보에 대해 다른 여러 정보원을 체크해 봄으로써 살펴볼 수 있다.

03 정보기술에 있어서 표준화의 필요성을 표현하는 것이 아닌 것은?

① 시장력 : 시스템 유지비용을 줄이기 위해 표준화가 필요
② 규모의 경제 : 정보시스템의 규모화는 비용을 절감
③ 비용감소 : 소프트웨어 구입, 개발과 관련된 비용의 감소를 추구
④ 상호연결성 : 다른 시스템과 연결하고 네트워크를 뛰어넘어 운영될 필요에 따라 표준화가 필요

해설　정보시스템의 규모를 크게 한다고 해서 반드시 비용이 절감되는 것은 아니며 오히려 비용을 증대시킬 수 있다.

04 다음 중 정보사회의 특징으로 옳은 것은?

① 분권화　　　　　　　　　② 동시화
③ 규격화　　　　　　　　　④ 전문화

해설　정보화 사회의 특징 : 다양화, 분권화, 다각화, 개방화

| 정답 | 01 ① 　02 ② 　03 ② 　04 ①

제3장 유통경로 및 마진

1 유통경로

1. 유통경로(Channel of Distribution)의 의의

(1) 유통경로의 개념

① 유통경로는 최종 생산자에서 중개기구를 거쳐 최종 소비자에게 상품이 전달되는 유통노선을 의미하며 이 과정에 생산자, 중개상인, 도매업자, 소매업자 등이 관여하고 있다.

② 유통경로는 상품의 다양성만큼이나 다양한 형태로 존재하며 유통경로를 촉진하기 위하여 운송, 창고, 보관, 금융 등 보조적 기능을 담당하는 기구들이 있다.

③ 농산물의 유통경로는 공산품에 비하여 복잡하다. 그 이유는 농산물이 지니는 상품적 특성 때문이다. 즉 농산물은 부패성이 강하고 저장하기 곤란하기 때문에 신속한 거래가 이루어져야 한다. 이러한 점에서 도매시장경로가 발달된 것은 하나의 특징이라고 할 수 있다.

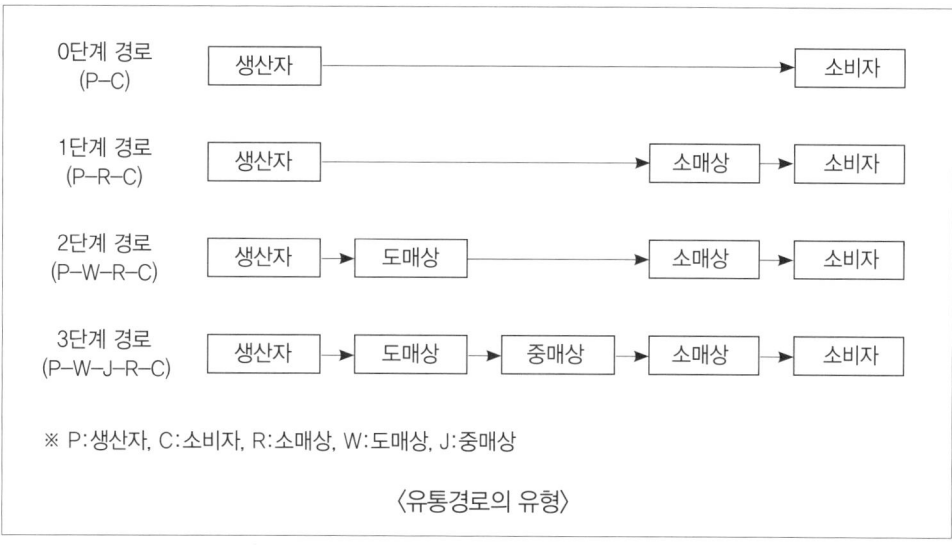

〈유통경로의 유형〉

(2) 농산물유통경로의 특성

① 경로가 길고 복잡하다. 이에 따라 유통기간이 길어지고 상품성이 떨어지며 비용이 많이 소요된다.

② 유통기관이 영세하여 규모의 경제성이 발휘되기 어려우며 유통비용이 증대된다. 이

러한 유통경로의 특성으로 인하여 농산물유통은 상대적으로 비효율적이고 유통마진이 높은 것이 일반적이다.

③ 시장 외 유통이란 도매기구를 거치지 않고 산지에서 소비지로 직접유통되는 것으로 거래 규격을 간략화할 수 있다.

(3) 유통경로의 발생 배경

① 유통경로가 발생하게 된 것은 생산자와 소비자 간에 시간적, 장소적 불일치를 해소시키기 위해서 발생되었다.

② 생산자가 생산한 상품을 직접 소비자를 찾아 나선다면 비용과 시간 그리고 상품의 위험(분실, 도난, 변질 등)에 직면하게 되어 효율성이 떨어진다. 그래서 자연스럽게 유통구조가 형성되고 유통구조에 따른 유통경로가 형태를 갖추게 되었다.

2. 유통경로의 필요성과 효과

(1) 유통경로의 필요성

① **효율성의 원리** : 자급자족과 물물교환시대에는 생산과 판매가 분리되지 않고 동시에 이루어져 생산량의 문제, 운송의 문제, 보관의 문제, 판매상의 문제들이 노출되었다. 이를 극복하기 위해서 중간상이 개입하여 분업화함으로써 각각의 구성원들이 필요로 하는 시간에 필요로 하는 수요를 공급해 줌으로써 생산자와 소비자 간 직접 거래하는 횟수가 최소화로 이루어져 효율성을 추구할 수 있다.

② **집중의 원리** : 생산자가 생산한 상품을 직접 소비자의 기호에 맞게 분류(Sorting Out), 분할(Allocation), 구색(Assorting)에 맞게 작업하는 것보다 중간상들이 소비자들의 다양한 소비욕구를 수집하여 분류, 분할, 구색 등을 하여 저장하므로 비용을 절감할 수 있다.

③ **분업의 원리** : 분업은 큰 범주로서 농업, 공업, 수산업, 서비스업 등 사회적 분업과 좁게는 동일 종류의 업종 내에서 각각의 역할을 분리하여 업무를 수행하는 것으로 나누어 볼 수 있는데 중간상들이 유통업종에 참여하여 각각의 다양한 역할을 수행하는 것을 말한다. 수급조정기능, 운반기능, 창고기능, 정보수집기능 등을 수행하여 능률적으로 분업의 원리를 추구함으로써 유통경로의 원활을 꾀할 수 있다.

④ **부수적 원리** : 생산에서 소비에 이르기까지 상품의 규격, 거래량, 거래대금 지불방법 등 다양한 형태의 유형을 수행하게 된다. 이런 다양성을 규격화, 정례화함으로써 비용을 절감할 수 있다. 기술의 발달, 정보산업의 향상 등으로 새로운 시장을 개척하거나 새로운 경영조직의 개발을 통하여 이윤의 확대를 추구할 수 있다.

(2) 유통경로의 효과

① 다양한 제품과 서비스를 수많은 소비자의 욕구에 맞게 제공해야 하므로 유통경로는 생산자와 소비자 간의 시간적 불편을 제거하는 효과(시간적 불일치 효과)가 있다.

② 생산되는 제품 등이 지역적으로 분산되어 있는 경우에 집중, 저장을 통하여 생산자와 소비자들의 장소적 불편을 제거하는 효과(장소적 불일치 제거 효과)가 있다.

③ 농산물유통에서는 도매시장의 역할과 기능이 전통적으로 컸다. 전국적으로 분산된 생산자와 소매상을 연결해 주기 위한 수집 · 분산 기능을 도매시장이 효율적으로 수행해 왔기 때문이다.

3. 유통환경의 분석 및 유통경로의 사회 · 경제적 기능

(1) 유통환경의 요소

유통활동을 하기 위해서는 경제 전반에 대한 거시적 · 미시적 유통환경을 분석하여 새로운 흐름에 대비해야 한다. 이런 유통환경의 요소들과 맞물려서 유통경로의 사회적 · 경제적 기능을 할 수 있다.

① 거시적 유통환경의 요소

㉠ 경제환경 : 경제는 장기적으로 변화하기도 하지만 단기적으로 기복을 가지고 순환적인 변동을 한다. 이러한 변동은 규칙적인 것이 아니라 하더라도 계속적으로 되풀이 된다. 이처럼 경제가 호황-후퇴-침체-회복이라는 어느 정도 규칙성을 가지고 연속적으로 이루어지는 것을 경기변동이라 한다. 호황의 국면에서는 소비와 투자가 증가하여 생산수준이 높아진다. 이러한 호황의 국면이 바뀌어 경기의 후퇴가 시작되면 소비 및 투자활동이 위축되고 고용수준이 줄어들며, 물가가 상승한다. 이러한 경향은 불황으로 이어지고 침체의 늪을 지나 다시 경제는 회복의 단계를 거치게 된다.

㉡ 사회, 문화환경 : 사회를 구성하는 개개인들의 특성 및 개별성들이 일정한 형태를 형성하면서 사회 · 문화환경을 조성한다. 물론 제도(법)적인 장치가 사회 · 문화환경에 영향을 주기도 한다. 예를 들어 주5일제 근무는 여가생활을 할 수 있는 시간이 주어지므로 레저에 관계되는 상품을 구매하게 된다. 또 여성의 사회참여가 증가하게 됨에 따라 여성의 구매력에도 변화를 가져왔다. 이런 사회 · 문화적 환경은 유통경로에도 상당한 영향을 미치게 되었다.

② 미시적 유통환경의 요소

㉠ 소비자(고객) : 미시적 유통환경을 결정하는 가장 중요한 요소이다. 소비자의 취향변화, 구매형태, 구매수준 등은 미시적 유통환경에 영향을 미친다. 유통업자들

은 이런 변화에 적절히 대응해야 한다.
ⓒ 경쟁자 : 유통경로 관여자로서 소매업자, 도매업자, 운송업자, 보관업자 등이 있다. 이러한 자들은 서로 경쟁하면서 서로 정보를 주고받는 등 상당한 영향을 미치고 있다. 이들은 상호영향을 미치면서 미시적 유통환경에 영향을 미치고 있다.

(2) 유통경로의 경제적 기능

① **거래과정 촉진기능** : 산업기술의 발전, 정보통신기술의 확대 등 제품생산과 소비자들의 욕구가 증가하면서 시장경제가 복잡해지고 거래과정 역시 다양화되면서 거래를 촉진시킨다.
② **거래의 상설화** : 거래의 표준화(제품의 가격, 지불방법, 거래형태 등)를 위해서는 거래가 상설화, 정례화되어 거래 당사자들 간에 협상·조정·합의라는 과정에서 비용을 절감할 수 있다.
③ **거래의 표준화** : 제품의 가격, 지불방법 등을 표준화하여 시장에서의 거래를 용이하게 하고 편리하게 해 준다.
④ **제품 구색 및 분류상의 불일치 완화** : 상이한 제품들을 중간상들이 수집하여 동일한 제품들로 분류하여 특정제품군들로 통합하여 생산자와 소량으로 구매하는 소비자들 사이의 불일치를 완화시켜 준다.
⑤ **정보제공기능** : 구매자와 판매자는 서로 원하는 것을 시장에서 탐색하는 과정을 거치게 되는데 이는 서로의 욕구를 정확하게 파악하지 못하면 이중으로 비용을 낭비하는 결과를 가져오게 된다. 거래의 상설화, 정례화는 거래의 표준화가 형성되고 거래시스템이 체계화되면서 거래에 참여하게 되는 참여자에게 상품정보, 서비스정보 등을 제공할 수 있다.

4. 유통경로의 제약요건과 형태

(1) 유통경로의 제약조건

① **환경적 요인** : 유통에 관련되는 법률의 제정 및 개정, 국가경제의 상황 등은 유통경로를 제약하는 요건이 될 수 있다. 유통경로 종사자들은 법률이나 자치단체의 조례에 위반하지 않도록 조심해야 하며 국가경제의 분위기를 거슬리지 않도록 행동해야 하는 제약이 따른다.
② **중간상들의 횡포** : 강력한 유통 중간상들의 단합으로 유통경로 과정을 제약하는 경우가 있다. 즉, 이익단체를 결성하여 정상적인 유통경로시스템을 왜곡시키는 상황이 발생할 수 있다.
③ **유통경로 구성원의 자질** : 유통경로 구성원은 높은 수련도와 전문성을 갖추어야 하는 경

우가 많으므로 구성원의 자질이 부족할 경우에는 최선의 유통경로를 구축하기가 곤란하다.

④ **조직의 경직성** : 기존조직의 경직성은 새로운 유통경로환경에 적응하기가 쉽지 않고 조직환경의 변화를 꾀하는 작업도 상당한 시간이 필요하므로 새로운 유통경로를 선택할 때 제약요인으로 작용할 수 있다.

(2) 유통경로의 형태(유형)

유통경로(Channel of Distribution)는 생산자로부터 중개기구를 거쳐 소비자에게 상품이 전달되는 유통노선을 의미한다. 즉, 수집과정, 중개과정, 판매과정(분산과정)을 거치게 되면서 유통경로의 형태(유형)가 나타나게 된다. 상품의 특성에 따라 중개상들이 달라지며 어떠한 유통경로를 선택하느냐에 따라 여러 형태로 나눌 수 있다.

① **재화(소비재, 산업재)와 용역(서비스)의 유통경로** : 생산자(기업)는 재화와 용역을 생산하는 조직이다. 여기서 생산이란 욕구의 충족을 위한 창조활동을 말하고, 자원을 이용하여 보다 쓸모 있는 재화와 용역을 만드는 행위가 생산활동이다. 이렇게 생산된 제품은 다양한 유통경로를 통해서 소비자에게 판매된다.

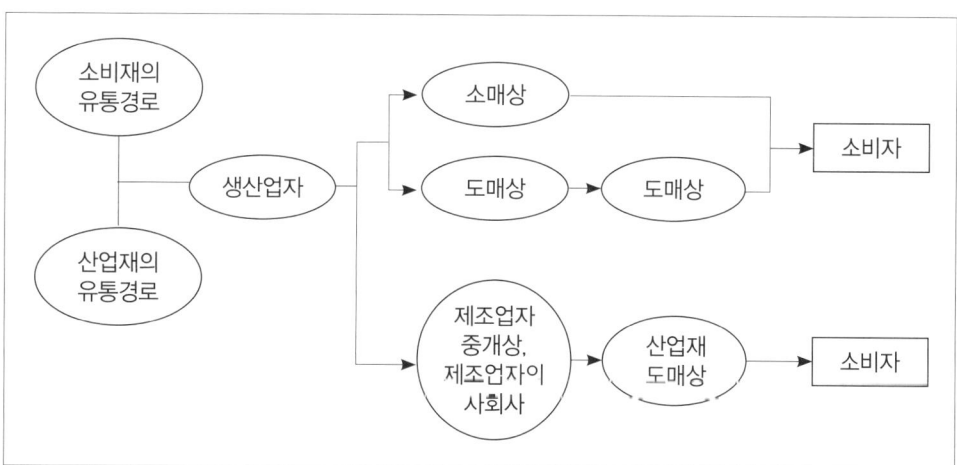

② **서비스의 유통경로** : 서비스는 일반 재화와 다른 개별성을 가지고 있다. 재화는 제조업자가 대량생산도 가능하지만 서비스는 무형의 재화이기 때문에 대량생산이 되지 못한다. 또한 서비스는 무형의 재화이기 때문에 시장거래에서 규격화, 정례화하기가 어렵고, 서비스에 드는 비용은 질과 양에 따라서 가격책정이 되기 때문에 중간상들이 개입할 여지가 거의 없고 직접 소비자와 대면하게 된다. 예컨대 숙박서비스는 숙박업자와 이용자가 직접적인 대면으로 유통경로를 밟게 된다. 이는 서비스가 무형의 재화이기 때문에 나타나는 특징이다. 다만, 여행사·항공사 등 다른 무형의 서비스가 등장하여 숙박업자와 고객 사이에 편리성을 제공하는 경우도 있다.

③ **다수의 유통경로** : 다수의 유통경로를 활용하여 생산된 제품의 판매 다각화를 추구한다. 예컨대, 의류제품을 백화점에서 판매하면서 일부는 개별적인 소매상을 통해서 판매하는 것이다. 또 패션쇼 등을 통하여 직접 소비자들과의 접촉을 통하여 소비자들의 취향, 소비형태 등을 알아보고 유통형태를 결정할 수 있다. 이러한 다수의 유통경로를 활용하고자 할 때에는 전략적으로 접근해야 한다.

5. 유통경로의 구조(시스템)

(1) 유통경로의 구조형태
① 유통경로의 구조형태는 자발적으로 생겨난 전통적 유통경로가 있다. 생산자, 도매상, 소비자로 이어지는 구조이다.
② 제품의 대량생산과 소비자가 다양화되면서 유통경로의 조직화·단순화의 필요성으로 인해 수직적 유통경로, 수평적 유통경로가 생겨나게 되었다.

(2) 전통적 유통경로 구조(시스템)
① 전통적 유통경로의 구조는 독자적, 독립적인 조직체가 유통경로에서 활동하는 형태이다. 이들은 자기의 영역에서만 효율적으로 조직을 운영·관리하며 정보를 수집하여 유통경로에서 역할을 수행한다.
② 전통적 유통구조는 새로운 제도의 정비, 통신기술의 발달, 사회·경제적 변화 등에 순응하지 못하는 한계를 지니고 있다.
③ 경영의 효율성이라든가 정보수집능력, 운반, 보관능력에서는 적합하지 못한 형태이다.

(3) 수직적 유통구조(시스템)
전통적인 유통구조에서 나타나는 비효율성의 부분을 극복하고 한계를 제거하기 위해서 효율적인 유통구조가 이용되고 있다. 수직적 유통구조는 대량으로 생산되는 제품을 판매하는 데 적합한 유통구조이고 전통적 유통구조에서 나타나는 비효율적인 부분을 통합함으로써 비용의 절감, 경쟁자에게 적절한 대응, 조직구성원들의 효과적인 분업을 통하여 전문화를 꾀할 수 있다. 다만 조직이 방대하다 보면 자금의 부담이 있고, 새로운 유통환경에 민첩하게 대응할 수 없는 단점이 있다.

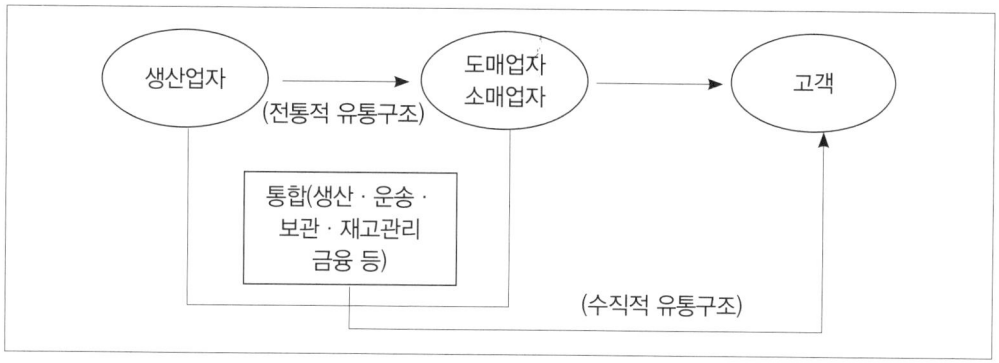

〈전통적 유통구조와 수직적 유통구조의 비교〉

구분	전통적 유통구조	수직적 유통구조
계약방법	각 제품마다 소량으로 협상을 하여 계약을 체결	일정 기간 동안 보다 상세하고 계획적으로 접근하여 계약체결
조직의 운영방법	각 조직원들의 결속력이 약하기 때문에 각자의 자유로운 의사에 따라 유통경로에 참여함	각 구성원들은 각자의 목적을 가지고 구성되었고 계획적인 프로그램에 의해 운영되므로 구성원 상호간에 협조체계가 잘 이루어짐
매입방법	각자의 구성원이 독자적으로 매입	조직화된 시스템에 의한 의사결정과정을 거쳐 매입
공급자의 태도	일회성 계약이므로 전부 매각하려 함	지속적인 계약관계이므로 적절한 수량으로 매각함

① 관리형 수직적 유통경로 구조(시스템)

　㉠ 전통적 유통구조에서 약간 발전한 단계이다. 유통경로 구성원들 간에 법적인 계약관계가 없기 때문에 통합의 정도가 낮고 구성원들의 의사결정 재량이 폭넓게 인정이된다(전통적 유통경로에서는 구성원들이 독립적이고, 자치적임). 다만, 이들은 비공식적으로 그들이 지향하는 목적을 위해 개발되어진 프로그램에 의해 구성원 상호 간에 긴밀한 협조관계를 요구하고 필요한 전략을 체계적으로 사용할 수 있다.

　㉡ 관리형 수직적 유통경로 구조의 특징
　　• 구성원 중에서 관리형 리더가 있어 주도적으로 업무를 수행한다.
　　• 구성원들의 재량권이 폭넓게 인정된다.

② 기업형 수직적 유통경로 구조(시스템)

　㉠ 시장에서 판매할 목적으로 생산되는 재화는 전적으로 다른 사람의 욕구에 대한 예측에 근거하여 생산이 되며 생산자는 자신의 욕구를 만족시키기 위해 생산하지는 않는다. 생산자는 소비자의 욕구를 예상하여 생산하여야 하는 부담을 가지게 된다. 따라서 소비량을 예측하여 운송, 보관, 판매에 이르기까지 전체 유통경로를 장악

하여 하나의 조직체로 운영, 관리하는 형태가 기업형 수직적 유통경로 구조(시스템)이다.

ⓒ 기업형 수직적 유통경로 구조의 도입배경
- 기술의 발달, 인구의 증가, 다양한 욕구로 인한 수요 급증
- 대량생산에 의한 대량판매로 이익창출 욕구
- 유통경로를 통제함으로써 효과적인 관리로 비용 절감

③ **계약형 수직적 유통경로 구조(시스템)** : 다수의 유통경로 구성원들이 유통활동을 체계화, 효율화하기 위해 대등한 입장에서 계약적 합의를 통해 결합하여 물품을 구입, 광고, 운송, 보관 등을 공동으로 하는 구조(시스템)가 계약형 수직적 유통경로 구조이다. 이들 구성원들은 계약에 의해 구속되지만 어느 정도 자율적인 참여가 보장되고 있다.

㉠ 소매상 협동조합 : 공동의 이익을 위해서 계약을 통해 자발적으로 조직된 조직체이다.

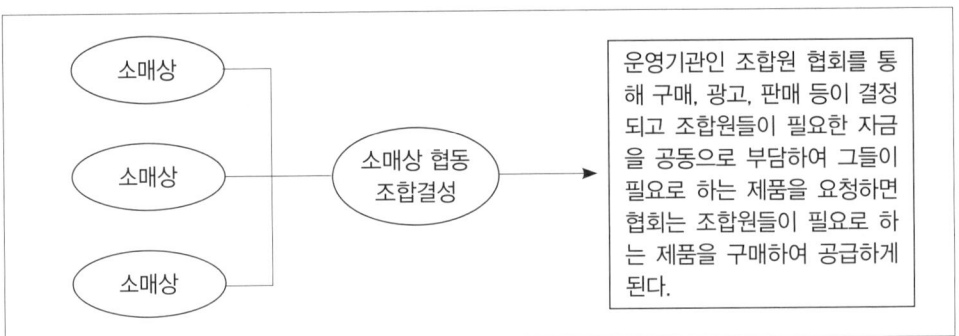

㉡ 도매상 중심의 연쇄점 : 도매상을 중심으로 다수의 소매상들이 계약을 통하여 연합체를 결성하여 운영되는 구조(시스템)이다. 연합체 구성 소매상들은 도매상이 갖고 있는 유통시장에서의 전문성을 이용한다.

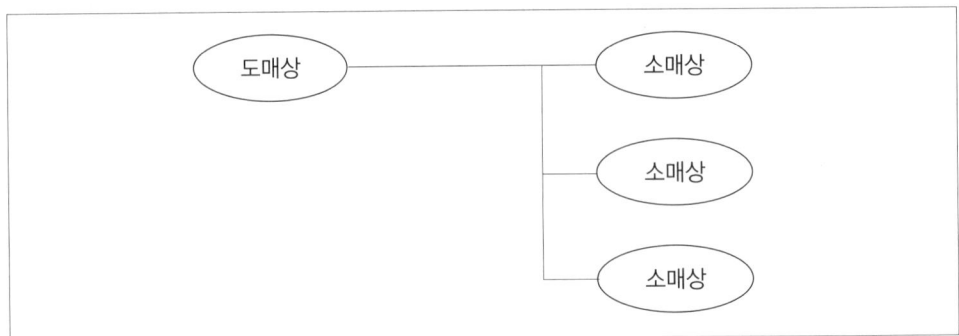

㉢ 프랜차이즈 시스템 : 본부(Franchisor)는 제품광고, 상호, 사업운영정보 등을 제공하고 가맹점은 자신이 투자한 지역 내에서 일정 기간 본부의 사업내용을 사용하

며, 그 대가로 가입비·로열티를 지부하는 형식으로 운영되는 조직체이다. 가맹점들은 점포의 투자와 사업내용의 사용료를 투자하지만 신상품 개발, 광고활동, 시장조사활동 등은 하지 않는다.

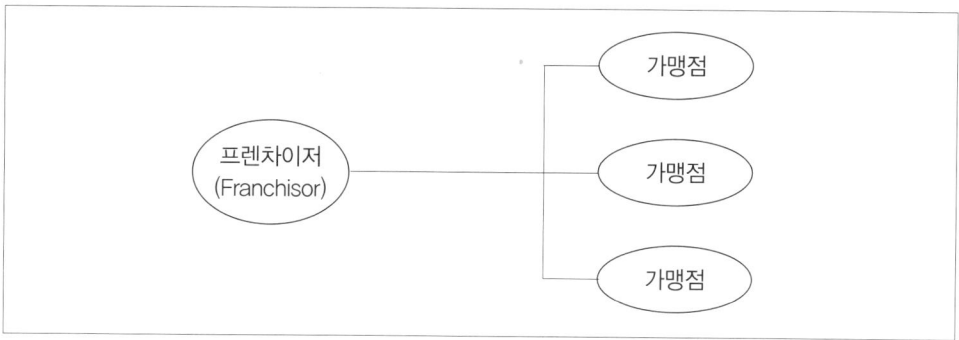

(4) 수평적 유통구조(시스템)

① 둘 이상의 경쟁적인 기업 혹은 이질적인 기업들이 서로 각자가 가지고 있는 유통경로 시스템을 결합시킴으로써 판매전략을 극대화시키는 시스템이다.

② 둘 이상의 각각의 기업들은 서로 독자성을 유지하면서 마케팅 자원을 결합하여 서로가 가지고 있는 장점을 제공하므로 효과를 얻을 수 있다(할인점에 현금지급기를 설치한 경우, 스포츠 구단과 광고회사가 제휴하는 경우).

6. 유통경로의 선택기준과 전략적 구축

(1) 유통경로의 선택기준

① 유통경로의 선택기준

㉠ 유통경로는 최초 생산자에서 중개기구를 거쳐 최종 소비자에게 상품이 전달되는 유통노선을 의미한다. 유통경로에 존재하는 어떤 구성원을 선택하느냐에 따라 제품에 대한 성공 여부가 결정될 수 있다.

㉡ 판매업자를 선택함에 있어서는 활동적이고 고객의 흐름을 잘 파악하는 자를 선택하여야 할 것이고, 고객이 편리하게 제품을 구입할 수 있도록 장소적 접근성이 뛰어난 곳을 선택해야 한다.

② 유통선택의 유의사항

㉠ 기업의 목표시장 : 생산된 제품이 어떤 고객을 목표로 하느냐에 따라 유통경로 선택이 달라지므로 고객의 숫자, 구매력, 지역적 분사 정도, 계층별 구매형태 등을 종합적으로 판단하여 유통경로를 선택하여야 한다.

㉡ 제품의 특징

- 농·수산물 : 생산 주기가 길고 신선도 유지 등이 중요하므로 제품의 운송, 보관에 중점을 두어서 유통경로를 선택하여야 한다.
- 공산품 : 대량생산, 대량소비가 가능하므로 마케팅 전략, 제품의 편리성, 고객의 구매 접근성을 중시해야 된다.
- 기술 집약적 제품 : 제조원가가 비싸고 고객층이 한정되어 있으므로 직접 판매 방식이 유리하다.
- 고객의 특징 : 고객의 유형은 다양하며 추구하는 욕구도 다양하다. 고객이 제품을 구입하고자 할 때에는 계층별, 소득별, 지역별에 따라서 차이가 난다. 다만 공통적으로 상품의 다양성, 구매의 편리성, 구매기간 등이 유통경로 선택 시 유의사항이다. 예컨대 젊은층이 많이 거주하는 지역은 상품의 다양성, 디자인의 차별화, 신상품의 개발 등이 중요 시 될 수 있다.

(2) 유통경로의 전략적 구축

① 개방적 유통(Intensive Distribution) : 다수의 소매점에서 취급되는 상품으로써 소비자가 최소의 노력으로 구입할 수 있는 제품이다. 일상적인 생활용품이 많으므로 소비자가 빈번히 원하는 경우에 개방적 유통이 이용된다.

② 선택적 유통(Selective Distribution) : 고객이 상품을 선택하는 데 깊이 있게 탐색하지는 않지만 약간의 노력과 주의를 기울이는 상품의 경우에 적절한 유통전략이다. 예를 들어 텔레비전 등 가전제품의 경우에는 선택적 유통전략을 선택한다. 즉 제조업체는 일정한 지역 안에서 소수의 점포를 선택하여 상품을 판매한다.

③ 전속적 유통(Exclusive Distribution) : 특정 지역 안에 하나의 점포에서만 상품을 판매하는 유통전략이다. 이는 고가의 의류나 가구 또는 자동차 등을 판매할 때 선택되는 유통전략이다. 이런 상품의 구입 시 고객은 많은 시간과 노력을 기울이고 상품선택의 기준도 상당히 까다롭다.

> **참고** 농산물유통과정에서 발생할 수 있는 위험
>
> - **시장위험(경제적 위험)** : 농산물의 가치 하락, 농산물의 수요 감소, 시장축소, 소비자의 기호변화
> - **물리적 위험** : 홍수피해, 과다적재에 의한 파손, 시장 하역작업 과정에서의 손실

2 유통마진과 비용

1. 유통마진과 마크업(Mark up)

(1) 유통마진

① 유통마진의 정의 : 유통과정에서 발생하는 모든 유통비용을 말한다.

② 유통마진율 : 일정 기간 내의 실제 판매액에서 구입액을 뺀 차이를 판매액으로 나누어서 구한다.

③ 유통마진율에 영향을 주는 요인 : 상품의 부패성 정도, 가공도, 저장 여부, 계절적 요인, 수송비용, 상품가치 대비 부피 등이다.

④ 농산물 유통마진이 작다고 해서 반드시 유통능률이 높다고 할 수 없다.

(2) 마크업

① 마크업의 정의 : 1단위에 대한 판매가격과 구입가격의 차이를 말한다.

② 마크업률 : 감모 등이 반영되지 않고 판매된 것에 대한 판매가격과 구입가격의 차이를 비율로 나타낸 것이다.

③ 최초 마크업률 : 당초 팔고자 한 가격을 중심으로 계산된 마크업률이다.

④ 실제 마크업률 : 원판매가에서 할인을 공제한 실제 판매가를 기준으로 마크업률을 계산한 것이다.

> **참고**
>
> - 일정 기간의 유통마진율 = (총판매액−총구입액) / 총판매액
> - 최초 마크업률 = (판관비+이익+할인액) / (판매가+할인액)
> - 실제 마크업률 = (판관비+이익) / 판매가

2. 유통비용

(1) 유통단계별 유통비용률

출하 · 도매단계보다 소매단계가 높다.

(2) 내용별 유통비용률

직접비용의 비중이 크다.

(3) 품목별 유통비용률
품목별로는 엽근채류, 서류, 조미채소류의 유통마진율이 높고 축산물, 곡류의 유통비용률이 낮은 편이다.

(4) 직거래 유통비용률
도매시장을 경유할 때보다 낮다.

> **참고**
> - **직접비용** : 수송비, 포장비, 하역비, 저장비, 가공비 등
> - **간접비용** : 점포임대료, 자본이자, 제세공과금, 감가상각비 등

기출핵심문제

01 유통마진에 대한 설명 중 관계가 먼 것은?

① 상품의 유통과정에서 수행되는 모든 경제활동에 수반되는 일체의 비용이다.
② 일반적으로 유통마진은 유통비용과 유통이윤으로 구성된다.
③ 유통비용에는 물류비, 인건비 등이 포함되나 감모비는 포함되지 않는다.
④ 상품의 유통마진은 소비자 지불가격과 생산자 수취가격의 차이이다.

해설 유통비용
• 직접비용 : 수송비, 포장비, 하역비, 저장비, 가공비 등
• 간접비용 : 점포임대료, 자본이자, 제세공과금, 감가상각비 등

02 농산물유통경로에 관한 설명으로 옳지 않은 것은?

① 일반적으로 농산물의 유통경로는 공산품에 비하여 단순하다.
② 농가의 수가 많고 분산될수록 유통경로가 길어지는 경향이 있다.
③ 일반적으로 수집, 중계, 분산 단계로 구분된다.
④ 최근 유통경로가 다원화되고 있다.

해설 농산물은 공산품에 비해 유통경로가 복잡하다.

03 농산물유통마진에 대한 설명으로 옳지 않은 것은?

① 소비자가 지불한 가격에서 농가가 수취한 가격을 뺀 금액이다.
② 유통비용과 유통이윤(상인이윤)의 합으로 구성된다.
③ 곡류보다 채소류의 유통마진이 상대적으로 더 높은 편이다.
④ 유통마진이 높다는 것은 곧 유통이 비효율적이라는 것을 의미한다.

해설 유통마진은 유통단계에서 종사하고 있는 모든 유통기관에 의해서 수행된 효용증대활동과 기능에 대한 대가이다. 유통마진이 높다고 유통이 비효율적이라 할 수 없으며, 유통마진이 작다고 해서 반드시 유통능률이 높다고 할 수 없다.

| 정답 | 01 ③ 02 ① 03 ④ |

제4장 농산물 유통기구의 의의와 변화

1 농산물 유통기구의 의의

1. 유통기구의 개념
① 농산물유통기구란 각종 유통기관이 그 사회 내에서 연관성을 가지고 활동하는 전체조직을 말한다.
② 농산물은 공산물과 달라서 생산자와 소비자 사이에 많은 단계의 유통경로가 있고, 이러한 복잡한 유통경로 때문에 각 경로마다 유통기관이 존재하게 되므로 유통기구 또는 조직은 복잡한 구조를 지닌다.
③ 유통기관이 존재할 수 있는 점은 생산자나 소비자가 할 수 없는 전문적인 경제적 기능을 수행할 수 있기 때문이다.

2. 유통기구의 특성
유통기구는 사회경제제도의 하나로서 정치적 · 사회적 여건에 따라서 나라마다 존재형태가 다르다. 자본주의 경제하에서 유통기구가 변혁되어 가는 과정을 보면 공통적인 경향이 나타나고 있다. 유통기관으로서 중간상이 담당하던 유통기능이 보다 전문화되어지기도 하고, 어떤 경우에는 전문화되었던 기능이 생산자나 소비자 또는 중간상에 의하여 통합되는 경향도 있다.

3. 직접유통과 간접유통

(1) 직접유통
유통기능을 담당하는 유통기관이 가능한 배제되면서 농산물이 유통되는 경우이다. 생산자와 소비자를 직접 연결하는 협동조합운동이나 산지직거래방식이 이에 해당한다.

(2) 간접유통
유통기능이 분업적으로 특화된 유통관계, 즉 중간상인에 의하여 수행되는 경우의 유통이다. 중간상을 통한 분업의 이점을 누리는 이점이 있다. 농산물유통은 간접유통이 지배적이다. 유통기구가 분화되어 수집 · 중계 · 분산과정을 일반적으로 필요로 하기 때문이다.

2 농산물 유통기구의 분류

농산물 유통기구는 일반 제조업과 달라서 유통단계별로 보면 수집단계·도매단계 및 분산단계로 나누어진다. 소비용 농산물은 수요가 도시집중적이고 비탄력적이며, 수요단위도 영세하기 때문에 여러 단계의 과정을 거치게 된다.

1. 수집기구

(1) 의의
여러 농가에 소량씩 흩어져 있는 농산물을 수집하여 상품성을 갖게 하는데 이러한 기구를 수집기구라 한다.

(2) 농산물의 수집시장
주로 지방시장, 즉 산지중심으로 시장이 형성된다. 수집시장은 생산자에서 처음으로 수집되는 산지수집시장과 수집된 농산물이 중계시장에 이송되기 위하여 중간지점에 모이는 집산지시장으로 분류된다.

(3) 농산물의 수집기구
농산물의 수집기구는 지역농협, 산지수집상, 5일 시장(정기시장) 등이 있다.

(4) 수집기구의 거래대상이 되는 상품의 특성
① 자연적 생산물이므로 생산변동에 대한 인위적 통제가 어렵다.
② 생산은 계절적이나 소비는 연중 필요하고 품질통일이 곤란하다.
③ 연중 수요를 충족시키기 위해서는 저장 및 보관기능이 필요하다.
④ 부패성이 강하기 때문에 신속한 수집이 필요하다.
⑤ 부피가 크고 중량이 무거우며 단위당 가격과 이윤이 적어 신속한 자본회전이 곤란한 상품이므로 수집기구를 거치게 된다.

2. 중계기구

(1) 의의
중계기구란 수집된 농산물을 분산시장(소매시장)에 이전하는 단계를 관장하는 기구를 말하며, 농산물의 수집시장과 분산시장을 연결해 줌으로써 농산물의 수급조절, 가격형성·분배 및 위험전가의 기능을 한다.

(2) 종류

우리나라에서 중계시장은 농산물유통 및 가격안정에 관한 법률에 의하여 개설된 도매시장·공판장과 유사도매시장인 위탁상이 여기에 해당한다.

(3) 특징

① 중계시장은 도매시장·중앙시장·중앙도매시장 혹은 종점시장(Terminal Market)이라고도 한다.
② 지방시장 또는 대규모 생산자로부터 직접 대량농산물이 집산·도매되며, 냉동시설·창고시설·하역시설 그리고 철도인입시설 등 종합적인 시설을 보유하고 상품가치를 유지 보관한다.
③ 도매시장의 판매방식은 경매방법을 사용하며, 경매사가 경매를 대행하는 방법에 의하고 있다.

3. 분산기구

(1) 의의

분산기구는 중계시장을 거쳐서 이전된 상품을 최종 소비자나 이용자에게 전달시켜주는 유통기구이다.

(2) 소매시장의 형태

① 대행소매기관 : 대량의 상품을 구비하고 저렴한 가격으로 판매하는 소매기관으로서 슈퍼마켓, 하이퍼마켓, 백화점 등이 이에 해당한다.
② 소매기관 : 편의점, 구멍가게, 일반식품점 등의 소규모적이고 생계위주의 영업활동을 하고 있다. 일반적으로 최종 소비자를 대상으로 배급기능을 수행하는 기관이다.

(3) 대형유통업체의 농산물 판매특성

① 전처리 및 소포장 농산물의 판매비율이 높아지고 있다.
② 신선식품의 품질 만족도를 높이기 위해 리콜제도를 운영하고 있다.
③ 소비자의 식품에 대한 불신을 해소하기 위해 리콜예산적제 적립과 같은 안정성관리를 강화하고 있다.
④ 다양한 소비자의 욕구를 충족시키기 위해 다양한 상품위주로 판매하고 있다.

3 농산물 유통기구의 변화

1. 유통기구의 전문화와 다변화

(1) 전문화(특화)

① 종래 하나의 유통기관이 수행해오던 여러 가지 기능을 하나 또는 약간의 기능만을 한정하여 담당함으로써 일정분야에 특화하는 것을 말하며, 주로 소규모자본투자시장에서 나타나는 현상이다.

② 농산물유통에 있어서 전문화현상은 주로 중계시장기구에서 볼 수 있다. 도매시장을 전문화하여 도매시장 본래의 기능을 수행하게 되면 수집 및 분산기능을 효율화할 수 있다.

③ 우리나라 농산물유통개선의 한 방편으로 도매시장을 육성하는 것도 전문화의 현상이라 볼 수 있다. 현재의 농산물 중계시장기구가 민간도매시장·농협공판장 그리고 유사도매시장으로 되어 있는 것을 기능적으로 통합하여 도매시장 본래의 기능을 수행할 수 있도록 한다면 전문화에서 얻는 이점이 클 것이다.

④ 전문화의 장점은 특정제품을 판매함으로써 효율성을 증대할 수 있으나, 풍흉에 따른 위험감소기능이 낮아짐으로써 위험발생 가능성이 높아진다.

(2) 다변화(다양화)

① 생산자나 소비자 또는 중간상 등의 단일유통기관이 여러 종류의 유통기능을 담당하는 것이며, 직접적인 관련이 없는 분야까지 사업을 확장하는 것을 말한다. 주로 대규모자본투자시장에서 나타나는 현상이다.

② 도소매상과 같이 여러 가지 유통기관이 혼합된 기관다변화, 잡화점, 식품도매점, 슈퍼마켓 등과 같이 여러 가지 기능을 함께 수행하는 기능다변화가 있다.

③ 다양화는 전문품목의 취급에서 발생될 수 있는 위험을 분산시키는 장점이 있으나 유통기관의 효율성은 낮아진다.

2. 유통기구의 집중화와 분산화

(1) 집중화

① 농산물이 도매시장의 시장에 수집되어 집중되고 그 곳에서 분산기관인 도매상이나 소매상 등이 집하된 농산물을 구입하게 되는 현상을 집중화라 한다.

② 집중화는 농산물이 도매시장을 중심으로 집중되기 때문에 가격효율성이 높아지는 장점이 있다.

③ 산지에서 생산된 농산물은 산지수집상, 반출상, 도매시장, 소매시장 등으로 형성된 유통경로를 거치게 된다.

④ 집중화의 원인은 농산물 자체가 부패하기 쉽고, 변질성이 높으며, 표준규격화가 되어 있지 않을 뿐만 아니라 농업생산의 규모가 영세하고 전문화가 되어 있지 않으며, 철도중심의 한정된 수송시설에 의존하기 때문이다.

(2) 분산화

① 농산물이 생산자로부터 중앙도매시장을 거치지 않고 도매상, 소매상 또는 가공업자 등의 실수요자 수중에 직접 거래되는 유통현상이다.

② 구매자와 판매자가 비교적 규모화 되기 때문에 직접거래가 가능해진다.

③ 도로 및 육로의 수송수단의 발달과 저온유통시설의 저장보관 기술의 발달, 농산물의 표준화·등급화로 견본거래와 통명거래가 가능하며, 농업생산의 전문화 및 대규모화 때문에 분산화가 가능하다.

3. 유통기구의 통합화

(1) 통합이란

특화에 의하여 분화된 기능을 자본력 또는 기능에 의해서 단일유통기관에 결합시키는 형태이다. 이윤의 증대와 운영의 효율성 제고, 재화 또는 원료의 안정적 조달 등을 목표로 하고 있다.

(2) 수직적 통합

① 보통 전·후방관계에 있는 유통기관간의 결합으로 유통경로를 단축시키는 효과를 가져온다.

② **통합의 형태** : 제조업자가 도매상이나 소매상을 소유하는 전방통합과 기업형소매상이 생산자와 도매상을 소유하여 유통경로 자체를 지배하는 후방통합이 있다.

③ 수직적 통합의 장점

㉠ 농산물유통기관의 각 단계가 단축되므로 비용절감이 가능하다.

㉡ 대량생산, 대량거래의 이점을 누릴 수 있어 농산물의 등급화가 가능하고 수송과정도 경제적이기 때문에 유통비용을 절감할 수 있다.

㉢ 안정적인 시장을 확보할 수 있어 안정적인 생산이 계속될 수 있다.

(3) 수평적 통합
　① 동일한 유통활동을 수행하는 유통기구간의 결합을 말하며, 대형기업형 슈퍼마켓의 인수합병을 그 예로 들 수 있다.
　② **수평적 통합의 장점** : 시장점유율을 높여서 가격선도자 역할을 수행할 수 있으며, 판매망을 강화하고 자금조달을 원활하게 할 수 있다.

기출핵심문제

01 농산물 시장구조의 변화추세로서 전문화와 다양화, 분산화, 통합화 등의 유형이 있다고 할 때 이에 대한 설명으로 적절하지 않은 것은?

① 전문화의 장점은 효율성의 향상을 유발할 수 있으나 풍흉에 따른 이윤상실의 위험도는 높아진다.
② 다양화는 전문품목의 취급에서 발생될 수 있는 위험을 분산시키는 장점이 있다.
③ 분산화는 농산물이 도매시장을 중심으로 하여 분산되므로 가격효율성이 높아지는 장점이 있다.
④ 통합화는 이윤의 증대와 운영의 효율성 제고, 재화 또는 원료의 안정적 조달 등을 목표로 하고 있다.

해설 분산화는 농산물이 생산자로부터 출발하여 중앙도매시장을 거치지 않고 도매상, 소매상 또는 가공업자 등의 실수요자에게 직접 들어가는 유통현상이다.

02 농산물유통기구의 통합의 형태 중 수직적 통합에 대한 경우가 아닌 것은?

① 제조업자 직매점과 같이 제조업체가 도소매기능을 통합하는 경우
② 산지수집상이 도매상이나 소매상을 소유하는 경우
③ 소비자 · 협동조합과 같이 소비자가 도소매기능을 통합하는 경우
④ 동일 단계상에 해당하는 유통기관들이 통합하는 형태의 경우

해설 수직적 통합이란 유통경로상의 일련의 유통기관이 자본력에 의하여 하나의 집배체제를 이루는 현상을 말한다. ④는 수평적 통합의 한 형태이다.

03 농산물유통기구 중 분산기구의 특징으로 맞는 것은?

① 도매시장, 공판장이 이에 속한다.
② 분산적 소규모생산이 이루어지는 경우에 발달하는 기구이다.
③ 주로 지방5일 시장 즉, 산지중심의 기구이다.
④ 중계시장을 거쳐서 이전된 상품을 최종 소비자에게 전달시켜주는 소매시장이다.

해설 ① 중계시장에 속한다. ②, ③ 수집기구에 맞는 설명이다.

| 정답 | 01 ③ 02 ④ 03 ④

04 농산물유통업체의 수평적 통합이란?

① 어느 주어진 단계와 소비자 간의 유통단계의 결합을 말한다.
② 생산자가 소매상을 소유하는 형태를 말한다.
③ 동종 라인 혹은 사업의 범주에 있는 소매상의 결합을 말한다.
④ 소매상이 생산자를 소유하는 형태이다.

해설 ① 수직적 통합 중 전방통합을 말한다.
② 수직적 통합의 경우이다.
④ 수직적 통합 중 후방통합을 의미한다.

| 정답 | 04 ③

제5장 산지시장 거래

1 산지유통

1. 산지유통의 개념

산지유통이란 생산농가와 생산자 조직, 생산농가와 산지유통인 사이에 수행되는 각종 유통기능을 의미한다. 생산자가 판매한 농산물이 도·소매단계로 이동되기 전 수집단계에서 수행되는 각종의 유통기능을 포괄하는 개념이다.

2. 농산물 산지유통의 방식

(1) 포전거래

① 농산물을 파종 직후부터 수확 전까지 미리 밭떼기로 매입하였다가 적당한 시기에 이를 수확하여 도매시장에 출하하는 형태의 거래이다. 이를 입도선매라고도 한다.

② 포전매매가 많이 이루어지는 이유
㉠ 농가의 생산량 및 가격을 예측하기 어렵기 때문에 미리 판매가격을 고정시키고자 한다.
㉡ 계약체결 시에 받는 계약보증금으로 영농자재 등의 구입에 필요한 현금수요를 충당할 수 있다.
㉢ 농가의 노동력 및 저장시설 부족으로 농작물 및 저장관리의 부담을 덜고자 한다.
㉣ 상품판매의 위험부담을 줄이고 일시에 판매대금을 회수할 수 있기 때문이다.
㉤ 포전매매는 다만 산지유통인에게 농산물을 직접 판매함으로써 계통출하보다 높은 가격을 받을 수 없다는 단점이 있다.

(2) 정전거래

농가에서 수확한 농산물을 창고에 보관한 후 방문한 수집상에게 판매하는 거래방식으로, 문전판매 또는 창고판매라고도 하며, 저장 보관이 가능한 고추, 마늘 등 채소와 사과, 배 등 과일에서 주로 이루어진다.

(3) 계약재배

파종 전 또는 파종 이후부터 수확 이전에 판로, 품질, 가격 등의 조건을 붙여 구두나 서면으로 계약하는 형태의 거래이며, 최근 대형유통업체들이 생산농가나 생산자 조직과 계약재배를 하는 경우가 증가하는 추세이다.

(4) 산지공판

농산물 출하기에 산지에서 중매인을 대상으로 주로 경매를 통해 공동판매가 이루어지는 것을 말한다.

2 산지유통의 기능

1. 효용창출기능
산지에서 다양한 물류기능으로 시간적·장소적·형태적 효용을 창출한다.

2. 수급조절기능
농산물 산지유통은 가격안정과 수급안정을 도모하기 위해서 생산 후의 공급과잉과 가격등락 수준에 따라 판매량과 판매시기, 판매지역, 판매시장 등을 조절하게 된다.

3. 상품화기능
출하농산물의 품질을 균일화하여 농산물의 표준규격화, 지역 농산물에 대한 공동브랜드화를 통하여 상품가치를 높이는 기능을 수행한다.

4. 위험전가기능
계약판매의 경우 농산물 생산에 따른 위험부담을 구매자에게 전가하는 기능을 수행한다.

3 산지시장의 구성

1. 산지수집상
① 산지수집상은 생산지를 순회하면서 자기책임하에 농산물을 수집하여 대량화한 후에 소비지의 도매시장이나 위탁상에게 출하를 전담하는 기능을 수행하는 상인이다.
② 일정한 시설도 없이 생산지를 순회하면서 수집하기도 하며, 때로는 산지시장의 위탁상에서 자기책임으로 농산물을 매집하기도 한다.
③ 수집상은 비교적 자금사정이 좋기 때문에 농가가 필요로 하는 자금을 일시에 지불하고 정전매매 또는 입목매매를 하는 경우도 있다. 채소류의 밭떼기 매매, 과실류의 경우 익기도 전에 나무에 과실이 달린 채 구입하는 입목매매가 그에 해당한다.
④ 일단 수집된 농산물을 중앙도매시장이나 공매장 또는 위탁상을 통해서 판매한다. 집산

시장을 중심으로 생산지와 중계시장을 왕래하면서 반출기능을 수행하는 반출상도 여기에 속한다.

2. 산지위탁상

청과물과 같은 지방시장중심의 시장기능을 수행하는 경우에 볼 수 있는 상인으로 지방시장에서 상업적 기반을 확보하고 있는 상인이다. 생산자로부터 위탁받아 위탁거래를 하거나 자기계산으로 매입하여 수집한 농산물을 중계시장이나 산지수집상에게 넘겨주는 역할을 한다.

3. 중계시장 상인의 대리인

중계시장에서 활약하는 상인 또는 상인 기능 중 일부 위임을 받은 자가 각 지방을 순회하면서 농산물을 매집하는 상인이다. 고정적 급료를 받고 지방시장에 주재하거나 농산물 수급상황을 예측하여 매집한 후 중계시장에 출하하거나 출하를 주선한다.

4. 협동조합

조합원이 생산한 농산물을 수집하여 공판장 또는 중앙도매시장에 출하한다.

5. 산지유통전문조직의 특성

① 유통의 전문화·규모화가 잘 이루어지고 있는 협동조합과 영농조합법인 등을 중심으로 산지유통전문조직이 육성되고 있다.
② 생산농가, 작목반, 영농회 등 거주지역 또는 경지집단별로 동일 작물 재배농가들이 모여 개별경영을 그대로 유지하면서 협동생산과 공동출하를 통하여 농가소득증대를 목적으로 한다.
③ 물류개선을 통한 유통비용을 절감하고 경쟁력 있는 상품개발을 통해 부가가치를 창출한다.
④ 대형유통업체 등의 시장지배력에 대응하기 위해 유통사업 규모를 대형화한다.
⑤ 농산물의 부가가치를 높일 뿐만 아니라 전체적인 농산물유통의 효율성을 향상시킨다.

4 산지유통전문조직

1. 기초생산자조직

① 작목반 : 거주지역 또는 경지집단별로 동일 작물 재배농가들이 모여 개별경영을 그대로 유지하면서 협동생산과 공동출하를 통한 농사소득증대를 목적으로 하는 조직을 말한다.
② 1990년 농어촌발전특별조치법에 근거를 두고 농업구조개선, 촉진을 목적으로 하는 생산

조직으로서 생산뿐만 아니라 농산물의 공동출하, 가공 및 수출까지 하고 있다.

2. 농산물 산지유통센터(Agricultural Product Processing Center)

① 농산물을 체계적으로 생산 또는 수집하여 세척, 선별, 포장가공, 예냉, 저온처리 등 철저한 수확 후 관리와 엄격한 품질관리를 한다.

② 엄격한 품질관리를 통해 표준, 규격화된 상품을 도매시장·대형유통업체 등에 출하·유통시킨다.

③ 농산물의 부가가치를 높일 뿐만 아니라 전체적인 농산물유통의 효율성을 향상시킨다.

④ 산지유통의 중심적 유통기구로서의 역할을 수행한다.

기출핵심문제

01 농가에서 수확한 농산물을 창고에 보관한 후 방문한 수집상에게 판매하는 거래방식은?

① 산지공판 ② 계약재배
③ 정전거래 ④ 포전거래

> **해설** 정전거래란 농가에서 수확한 저장성이 있는 곡물류, 고추, 마늘, 사과, 참깨 등을 창고에 보관한 후 방문한 수집상에게 판매하는 거래방식이다.

02 산지유통의 유형 가운데 흔히 '밭떼기 거래'로 불리는 포전매매(圃田賣買)가 많이 이루어지는 이유에 대한 설명으로 맞지 않는 것은?

① 농가가 생산량 및 가격을 예측하기 어렵기 때문에 미리 판매가격을 고정시키고자 한다.
② 계약체결 시 받은 계약보증금으로 영농자재 등의 구입에 필요한 현금수요를 충당할 수 있다.
③ 농가의 노동력 및 저장시설 부족으로 농작물 수확 및 저장관리의 부담을 덜고자 한다.
④ 산지유통인에게 농산물을 직접 판매함으로써 계통출하보다 안정적으로 높은 가격을 받을 수 있다.

> **해설** 채소의 거래에서 많이 이루어지고 있는 포전거래는 농가가 생산량 및 가격을 예측하기 어렵기 때문에 미리 판매가격을 정할 수 있지만, 계통출하보다 안정적으로 높은 가격을 받을 수 있는 것은 아니다.

03 농가의 농산물 판매형태에 대한 설명 중 관계가 먼 것은?

① 계약재배는 생산자가 농협, 도소매상 등 구매자와 파종에서 수확 전까지 구두로만 하는 거래계약이다.
② 포전거래는 밭떼기 또는 입도선매라고도 하며 무, 배추, 양배추, 당근, 대파, 양파 등 채소류가 많다.
③ 정전거래는 수확 후 저장이 가능한 고추, 마늘, 양파, 사과, 배 등에서 주로 이루어지고 있다.
④ 공동출하는 작목반, 영농조합법인, 농협 등 생산자 조직을 통하여 위탁이나 매취 판매하는 방식이다.

> **해설** 계약재배 : 상품 소유권 이전 계약으로 파종 전 또는 파종 이후부터 수확 이전에 판로, 품질, 가격 등의 조건을 붙여 구두나 서면으로 계약한다.

| 정답 | 01 ③ 02 ④ 03 ① |

농산물유통론

04 농산물 산지유통의 기능에 관한 설명으로 옳지 않은 것은?

① 생산자와 산지유통인 사이의 농산물 1차 교환기능
② 농산물의 가격변동에 대응한 공급량 조절기능
③ 생산자와 소매상에 대한 재고유지기능
④ 산지가공공장을 이용한 형태효용 창출기능

해설 생산자와 소매상에 대한 재고유지기능은 도매시장의 기능에 해당한다. 도매시장은 대량집하·대량분산을 통한 수급조절의 기능을 수행하고 있기 때문이다.

05 생산자조직을 통해 출하를 위탁 또는 매취하는 방법은?

① 개별출하　　　　　　　　② 공동출하
③ 직거래　　　　　　　　　④ 정부수매

해설 공동출하 : 소비지시장에 출하하는 방식으로 생산자조직을 통해 출하를 위탁 또는 매취하는 방법이다.

06 채소류의 포전거래가 성행하는 이유로 옳지 않은 것은?

① 채소농가가 위험선호적인 성향을 지니고 있다.
② 수확기에 많은 인력을 확보하기가 어렵다.
③ 저장시설의 부족으로 수확물의 저장이 어렵다.
④ 출하처, 출하방법 등에 대한 정보가 부족하다.

해설 **9회 기출** | 채소류에 대한 포전거래가 성행하는 이유로, 생산량과 가격에 대한 예측이 어렵고, 저장시설과 노동력이 부족하며, 판매의 위험부담을 줄여서 일시에 판매대금을 회수할 수 있기 때문이다.

정답 | 04 ③　05 ②　06 ①

제6장 도매시장 거래

1 도매시장 유통

1. 도매시장의 의의
① 도매시장이란 수집시장에서 수집된 농산물을 대량으로 보관하였다가 소매상, 다른 상인들, 기관사용자 등에게 판매하는 시장으로서 가격안정을 도모하며, 나아가서 수급불균형을 조절하는 시장을 말한다.
② 도매시장은 제품이 생산되어 소비되기까지의 긴 시간적인 과정의 불일치를 극복해 주는 기능을 수행함으로써 사회적 유통경비의 절감하는 기능을 갖고 있다. 이러한 유통비용 절감의 가능성은 거래총수 최소화의 원리와 대량준비의 원리에서 가능한 것이다.
③ 농산물 도매시장은 생산과 소비가 일반적으로 영세 분산적이므로 생산자와 소비자의 중간에서 수급의 조절, 상품의 집배, 판매대금의 결제 등을 위한 필수적인 기관이다.

2. 거래총수 최소화의 원리
생산업자와 최종 소비자 간의 거래횟수를 도매상이 있으므로 줄어든다는 원리를 말한다.

3. 대량보유의 원리
도매상이 제품의 일정수량을 보유하여 각 소매상이 보유하는 것보다 보유총량을 감소시킬 수 있다는 원리로서 최소의 보유량으로 수급조절을 꾀하려고 할 때 이 보유량을 소매상이 보유하는 것보다는 도매시장이 보유하는 것이 농산물의 수급변동에 적절하게 적응할 수 있다는 원리이다.

2 도매시장의 기능

1. 가격형성기능
출하된 농산물에 대한 가격을 형성하여 주는 기능이다. 경매제도에 의한 균형가격을 형성함으로써 적정가격이 형성될 수 있다. 신선 식료품은 선도의 변화가 심하고 표준화가 곤란한 상품적 특성을 갖고 있기 때문에 도매시장과 같은 특정장소에서 거래를 하는 것이 가격형성에 도움을 준다.

2. 수급조절기능

산지의 농산물을 대량으로 집하하여 대량으로 분산함으로써 농산품의 수급을 조절하는 기능을 담당한다.

3. 농산품의 시장확대기능

생산업자는 생산·제조한 상품을 판매하려면 직접 소비자를 찾아 가거나 전국적으로 넓게 분포되어 있는 소매상에게 판매하여야 하는데 이는 많은 시간과 비용이 소요된다. 도매시장은 광범위한 지역의 소매상에게 생산업자를 대신하여 농산품을 수집한 후 소매시장에 판매하는 기능을 수행함으로서 생산자를 위한 시장확대기능을 수행한다.

4. 유통경비 절약기능

대다수 판매자와 구매자가 한 장소에서 모여 여러 종류의 상품을 거래하게 함으로써 운임 및 기타 경비를 절감하게 하고 있다.

5. 유통정보제공기능

도매시장에서 수많은 소매상들이 접촉하기 때문에 소매상들이 요구하는 제품의 질, 적절한 가격책정 등에 대한 정보를 제공한다.

6. 금융편의 제공기능

도매시장은 제품을 구매하는 소매상을 위하여 신용을 바탕으로 한 외상거래를 해 주고, 소매상이 원할 때 소량으로 판매를 할 수 있기 때문에 소매상이 부담하여야 하는 재고관리 비용을 대신 부담한다.

3 도매시장의 현황 및 전망

1. 도매시장의 현황

(1) 법정도매시장

농수산물유통 및 가격안정에 관한 법률에 의거하여 시장의 개설 및 허가를 받아 영업하고 있는 법정도매시장과 도소매진흥법에 의해 시장허가를 받아 도매영업을 주로 하고 있는 일반도매시장이 있다.

(2) 농산물공판장

지역농업협동조합과 그 중앙회가 공익상 필요하다고 인정하는 법인으로서 시·도지사의 허가를 얻어서 개설한다.

(3) 유사도매시장
소매시장허가를 받아 개설한 시장이지만 도매시장 기능을 수행하고 있으므로 유사도매시장이라 부른다.

2. 도매시장 전망

(1) 도매시장 거래물량의 현황
공영·유사도매시장을 합한 도매시장 유통경로는 종합유통센터, 직거래, 전자상거래 등 대안적 유통경로가 발달함에 따라 점유율이 감소하고 있다.

(2) 거래량 전망
농산물유통에 있어서 중추적인 기능은 지속적으로 수행할 전망이지만 중·장기적으로 점유물량의 감소로 위상과 역할이 점차 위축될 수 있다.

3. 도매시장의 기구

(1) 도매시장관리공사(시장개설자)
업무의 허가 및 거래의 공정성을 감시하고 시설의 정비 및 유지관리를 한다.

(2) 도매시장법인(공판장)
① 농수산물도매시장 또는 민영농수산물도매시장의 개설자로부터 지정을 받고 농수산물을 매수 또는 위탁받아 도매하거나 매매를 중개하는 영업을 하는 법인이다.
② 우리나라에 최초로 도입된 시장은 서울 강서농산물도매시장법인으로 52개 법인이 입주하였다.

(3) 중도매인
농수산물도매시장·농수산물공판장 또는 민영농수산물도매 시장의 개설자의 허가 또는 지정을 받아 상장된 농수산물을 매수하여 도매하거나 매매를 중개를 영업으로 하는 자이다. 도매법인이 주관하는 경매에 참여하여 물품을 구입하고 마진을 붙여 소매상에게 판매한다.

(4) 매매참가인
① 매매참가인은 주로 소매상과 기타 요식업자 등의 구매업무를 대행하는 업자로서 시장에서 필요한 물품을 도매시장으로부터 직접 구입하여 일반소비자에게 신선식품을

판매하는 사람이다.
② 시장개설자의 허가를 받으면 경매나 입찰에 참가할 수 있어 매매참가인이라 한다.
③ 우리나라 농안법에 의하면 매매참가인은 법으로 정하고 있으며, 자격은 매매업자 · 가공 또는 조리판매업자 · 정기적 대량적으로 구입하는 대량실수요자로 되어 있다.

4 도매시장의 사용료

1. 사용량

도매시장의 개설자, 도매시장법인, 시장도매인 또는 중도매인은 다음 금액 외에는 어떠한 명목으로도 금전을 징수하여서는 아니 되며, 이 규정은 강행규정으로서 당사자의 특약으로도 배제할 수 없다.

① 도매시장의 사용료
② 시설사용료
③ 위탁수수료
④ 중개수수료
⑤ 쓰레기유발부담금

2. 위탁 수수료

도매시장의 개설자는 다음의 최고한도 내에서 업무규정으로 위탁수수료를 정할 수 있다.

① 양곡부류 : 거래금액의 1,000분의 20
② 청과부류 : 거래금액의 1,000분의 70
③ 수산부류 : 거래금액의 1,000분의 60
④ 축산부류 : 거래금액의 1,000분의 20
⑤ 화훼부류 : 거래금액의 1,000분의 70
⑥ 약용작물부류 : 거래금액의 1,000분의 50

3. 도매시장에서 징수하는 수수료

① 일정률의 위탁수수료를 징수하는 경우 소량출하자에게는 유리하나 대량출하자에게는 불리하다.
② 일정액의 위탁수수료를 징수하는 경우 대량출하자에게 유리한 반면 소량출하자에게는

불리하다.
③ 중도매인과 시장도매인은 중개수수료를 수취할 수 있다.
④ 위탁수수료는 도매시장법인 또는 시장도매인이 징수할 수 있다.

5 종합유통센터

1. 종합유통센터의 개념과 역할

(1) 종합유통센터의 개념
① 농산물 종합유통센터의 정의 : 농산물의 출하경로를 다원화하고 유통비용을 절감시키기 위해 농산물의 수집·포장·가공·보관·수송·판매 및 그 정보처리 등 농산물의 물류활동에 필요한 시설과 이와 관련된 업무시설을 갖춘 사업장을 말한다.
② 종합유통센터에서의 소매기능 : 유통단계 축소에 의한 직거래 형태라는 점에서 생산자와 소비자들에게 유통비용 절감의 혜택을 곧바로 환원하고 있다.

(2) 종합유통센터의 역할
① 경매제도의 불안정성을 극복하는 거래제도 및 가격결정 방식을 도입한다.
② 유통정보를 효과적으로 수집하여 생산자에게 전달한다.
③ 신상품을 개발하는 등 생산을 리드한다.
④ 물류체계 개선을 통한 물류합리화를 도모한다.
⑤ 가공 등 부가가치를 창출한다.

2. 종합유통센터의 기능과 유통체계

(1) 종합유통센터의 기능
① 수집기능 : 생산지로부터 예약수의거래에 의하여 수집한다.
② 분산기능 : 수요자에게 적정한 가격으로 물량을 분산시킨다.
③ 보관기능 : 종합유통센터는 수집된 상품을 배송하기 전까지 보관한다.
④ 저장기능 : 신선도의 유지가 필요한 상품은 판매 전까지 상품성이 유지되도록 저장한다.
⑤ 소포장 및 유통가공기능 : 고객의 편리성 지향 등 수요자의 다양한 기호에 맞춰 부분육 가공, 곡류의 정선, 배합 등의 기능을 수행한다.
⑥ 정보처리기능 : 생산자의 희망가격, 수급동향, 상황을 감안한 수의거래 방식을 도입하

여 안정적인 공급체계 구축에 기여한다.

⑦ **직판기능** : 종합유통센터가 도매 후 남는 잔품 등을 일반 소비자들에게 소매형태로 판매한다.

(2) 종합유통센터의 유통체계

① **주문** : 거래처에서 각종 정보시스템을 통하여 주문을 받는다.
② **발주** : 가맹점 및 주거래처에서 주문한 물량을 참조하여 필요한 물량을 발주한다.
③ **출하(입하)** : 주문받은 물량을 종합유통센터로 직송한다.
④ **배송 및 현장판매** : 종합유통센터에서 거래 소매점으로부터 주문받은 물량을 배송하거나 현장에서 상인들에게 판매한다.

3. 종합유통센터 운영상 문제점과 발전 방향

(1) 종합유통센터 운영상 문제점

① 소매위주의 운영으로 도매물류사업 부진
② 입지여건 등을 반영한 운영 차별화 미흡
③ 가격결정의 독자성 및 예약거래체계 미구축
④ 유통센터 간 통합 및 조정기능 취약
⑤ 정보시스템 활용 미흡

(2) 종합유통센터의 발전 방향

① 도매물류사업 활성화
② 유통센터 간 통합·조정기능 강화
③ 가격안정화 및 실질적인 예약 상대거래체계 구축
④ 산지형 종합유통센터의 활성화
⑤ 유통정보화 및 전자상거래 추진

기출핵심문제

01 도매시장 개설자에게 등록하고 경매에 참여하여 상장된 농수산물을 직접 매수하는 가공업자, 소매업자, 소비자단체 등의 유통주체는?

① 중도매인
② 소매상
③ 도매시장법인
④ 매매참가인

해설 매매참가인이란 농수산물도매시장·농수산물공판장 또는 민영농수산물도매시장에 상장된 농수산물을 직접 매수하는 자로서 중도매인이 아닌 가공업자, 소매업자, 수출업자 및 소비자단체 등 농수산물의 수요자를 말한다.

02 도매시장 개설자로부터 지정을 받고 농산물을 위탁받아 상장하여 도매하거나 이를 매수하여 도매하는 유통기구는 무엇인가?

① 도매시장법인(공판장)
② 중도매인
③ 매매참가인(매참인)
④ 경매사

해설 도매시장법인 : 도매시장 개설자로부터 지정을 받고 농산물을 위탁받아 상장하여 도매하거나 이를 매수하여 도매하는 유통기구를 말한다.

03 농산물 중계기구에 관한 설명으로 옳은 것은?

① 주로 도매시장의 형태로 나타난다.
② 농산물의 수집 및 반출기능을 수행한다.
③ 농산물 산지를 중심으로 형성된다.
④ 농산물을 최종소비자에게 분산하는 기능을 수행한다.

해설 9회 기출 | 중계기구는 농산물의 수집시장과 분산시장을 연결해주는 시장이다. 우리나라에서 중계시장은 농산물 유통 및 가격안전에 관한 법률에 의하여 개설된 도매시장, 공판장과 유사도매시시장인 위탁상이 있다. 중계시장은 도매시장, 중앙시장 혹은 종점시장이라고도 한다.

04 도매시장의 필요성에 해당되지 않는 것은?

① 도매시장은 소규모 분산적인 생산과 소비 간 농산물의 질적·양적 모순을 조절한다.
② 대량거래에 의해 유통비용을 절감할 수 있다.
③ 도매시장 조직에 의해 사회적 유통비용이 절감될 수 있는 근거 중 하나는 거래총수 최대화의 원리이다.
④ 매매 당사자가 받아들일 수 있는 적정가격을 형성하고 신속한 대금결제가 이루어질 수 있다.

해설 도매시장 조직에서 사회적 유통비용을 절감할 수 있는 근거가 되는 것은 대량준비의 원리와 거래총수 최소화의 원리가 있다.

| 정답 | 01 ④ 02 ① 03 ① 04 ③

05 다음 중에서 경매에 참여하여 물품을 구입하고 마진을 붙여 소매상에게 판매하는 자는?

① 직판장
② 도매시장법인
③ 시장개설자
④ 중도매인

해설 중도매인 : 도매법인이 주관하는 경매에 참여하여 물품을 구입하고 마진을 붙여 소매상에게 판매한다.

06 종합유통센터의 유통체계가 옳은 것은?

① 주문 → 발주 → 배송 및 현장판매 → 출하
② 주문 → 발주 → 출하 → 배송 및 현장판매
③ 발주 → 주문 → 배송 및 현장판매 → 출하
④ 발주 → 출하 → 주문 → 배송 및 현장판매

해설 종합유통센터의 유통체계 : 주문 → 발주 → 출하 → 배송 및 현장판매

07 농산물유통시장에서 도매시장이 차지하는 비중이 큰 이유가 아닌 것은?

① 농산물은 부패하기 쉽다.
② 농산물은 저장성이 약하다.
③ 농산물은 전처리를 주로 한다.
④ 농산물은 전국 각지에 산지가 분산되어 있다.

해설 농산물유통시장에서 도매시장이 차지하는 비중이 큰 이유는 채소, 과일 등이 부패하기 쉽고 저장성이 약하며, 전국 각지에 산지가 분산되어 있기 때문이다.

| 정답 | 05 ④ 06 ② 07 ③

제7장 소매시장 거래

1 소매시장 유통

1. 소매시장의 개념
① 유통경로상 최종 소비자와 가장 가깝게 있는 시장으로서 최종 소비자를 대상으로 하여 거래가 이루어지는 시장을 의미한다.
② 소매상은 제조업체 → 도매상 → 소매상 → 소비자로 구성되는 전통적인 유통경로의 마지막 단계에 해당하는 시장이다.
③ 소매시장은 비교적 거래 단위가 적은 편에 속한다.

2. 소매상의 특성
① 소매시장은 소비자와 직접 접촉을 하기 때문에 소비자와 가장 가까운 위치에 있어야 한다. 즉, 소비자가 편리한 시간에 이용할 수 있도록 점포의 개설이 필요하다. 다만 최근에는 교통시설의 발달로 주차시설의 유무와 교통시설의 이용의 편리성이 중요시되고 있다.
② 일정지역에 점포를 개설하는 경우 그 지역에 다수가 이용하는 고객의 분위기에 점포를 맞추어야 한다. 예컨대 신세대들이 많이 거주하는 지역에서는 실내조명, 내부장식, 실내음악, 상품진열방식 등은 이들의 취향에 맞게 운영되어야 할 것이다.
③ 소매상은 직접 소비자와 접촉하기 때문에 소비자들의 유형에 따라 제품의 설명이나 서비스의 양과 질에 차이가 있을 수 있다.

3. 소매시장의 기능
① 상품선택에 필요한 정보를 제공하고, 그에 맞는 적절한 배달을 통해 소비자의 비용과 시간을 절감시킨다.
② 상품관련정보를 제공하여 소비자들의 상품구매를 돕는다.
③ 자체의 신용정책을 통하여 소비자의 금융부담을 덜어주는 금융기능을 수행한다.

2 농산물 소매방법

1. 자동판매기 판매

24시간 판매가 가능한 소매방식으로 동전 또는 지폐로 작동되는 판매기계이다. 일상생활의 용품들 중에서 일회용 커피류, 화장지, 담배 등을 취급하지만 갈수록 다양한 품목을 취급하고 있다. 적은 인력으로 기계를 관리하는데 고장과 파손이 될 염려가 있기 때문에 보수에 드는 비용을 부담하여야 한다. 설치에 따르는 제약이 적다는 것이 장점이다.

2. 소매점 판매

소비자가 소매점을 방문하여 농산물을 선정하여 매입하는 방법이다. 특정지역의 주민들에게 농산품을 판매하는 방식이며, 주민들 생활의 일부분으로써 주거지역에 위치하고 있어 고객의 방문이 쉽다는 장점이 있다.

3. 통신판매

① 소비자가 통신수단을 이용하여 제품을 주문하면 판매자는 제품을 우편으로 전달하는 무점포방식이다.
② 통신판매는 제품광고를 위해 안내책자를 제작하여 발송하거나 카탈로그 광고방식을 채택하고 있다.
③ 근래에는 PC통신, 인터넷 등의 방식을 이용한 전자상거래가 활발하게 이용되고 있다.
④ PC통신, 인터넷 등의 방식은 저렴하게 제품을 공급할 수 있고 소비자들의 불만사항, 제품의 결함 등을 즉각적으로 알 수 있기 때문에 신속한 서비스가 가능하다.

4. 방문판매

방문판매는 호별방문을 통하여 소비자들과 개인적인 접촉을 한다. 주로 주방용품, 화상품 등과 같은 제품을 판매할 때 효과가 있다.

5. TV 홈쇼핑 판매

TV를 통해 상품구매를 유도하는 소매방식으로, 크게 직접반응광고를 이용한 주문방식과 홈쇼핑채널을 통한 주문방식으로 분류된다.
① **직접반응광고** : TV광고를 통해 간략한 상품소개와 주문전화번호가 제공되면 이를 시청한 소비자가 무료전화를 이용하여 상품을 주문하는 방식이다.
② **홈쇼핑 채널을 이용한 방식** : 홈쇼핑을 전문으로 하는 케이블 TV를 통해 매매가 이루어지는 방식이다.

6. 전자상거래

인터넷이라는 매체를 통하여 가상공간에서 이루어지는 모든 경제적 교환행위 및 이를 지원하는 활동으로 거래가 성사되는 거래이다.

① 저렴한 비용으로 상품의 전시, 판매가 가능하다.
① 저렴한 비용의 광고가 가능하다.
① 고객의 특성과 구매행위를 분석하여 개별 고객의 특성 및 욕구에 맞는 마케팅 전략이 가능하다.

3 소매상의 종류

1. 구멍가게

우리 주변에서 가장 흔히 볼 수 있는 점포소매상이다. 특정지역의 주민들에게 생활필수품을 판매하는 곳이다. 고객의 방문이 쉽고, 단골거래, 외상판매도 허용되고 있다. 슈퍼마켓, 할인점보다는 가격이 높고 교통시설의 발달로 인해 대형할인점에서 일괄구매로 소매형태가 변화하기 때문에 운영상의 한계가 있다.

2. 편의점

① 인구밀집지역에서 24시간 연중무휴로 영업을 한다. 다양한 구색의 제품을 공급해 줄 수 있는 시스템의 구축이 필요하며, 소비자가 쉽게 물건을 구입할 수 있도록 장소의 선점이 중요하다.
② 편의점은 24시간 연중무휴의 영업을 하고 있기 때문에 시간상의 편리성, 접근성에서 경쟁력이 있는 반면에 슈퍼마켓보다 약간 가격이 높다는 단점이 있다.

3. 할인점

미국에서 처음 발생하였으며, 표준적인 제품을 셀프서비스를 통해 인건비, 일반관리비, 광고비 등을 줄여 저가로 대량판매하는 소매점이다.

① 구매하여 저가로 정상적인 제품을 매일 할인판매한다.
② 저가의 가격으로 판매하므로 수익률이 저하되지만 제품의 판매 가능성, 즉 회전율이 높기 때문에 경영의 수지를 맞출 수 있다.

4. 슈퍼마켓

저가로 생활잡화나 식품류를 셀프서비스의 행태로 판매하는 소매상이다. 신선도가 중요시되는 제품을 배달서비스하므로 다른 소매점들과 비교우위에 있다.

5. 백화점

① 대형소매점으로 다양한 상품을 보유하여 분리된 부서의 조직에서 전문화된 인력들이 판매서비스를 제공하는 형태로 소매점 중에서 서비스수준이 가장 좋은 편이다.
② 도시의 중심가에 대규모 점포를 개설하여 다양한 형태의 품목을 판매하고 있다.
③ 상품의 다양화, 디자인의 고급화, 상품의 고품질화로 고객에게 다양한 선택의 폭을 준다.
④ 즐거운 쇼핑문화, 문화정보공간을 제공한다.
⑤ 신용판매, 정찰제판매 등으로 제품에 대한 신뢰를 줄 수 있다.

6. 회원제 창고형 도·소매업

일정한 회비를 정기적으로 내는 회원에게만 판매하는 것을 원칙으로 하는 할인업체이다.
① 회원제로 운영되므로 회원에게는 저렴한 가격으로 판매한다.
② 출하된 상태 그대로 진열하여 점포 내 작업비용을 절감할 수 있으며, 저가로 판매하기 때문에 현금판매를 통한 금융비용의 최소화와 회원들의 회비로 자금운영을 함으로써 금융비용을 줄일 수 있다.

7. 전문양판점(Category Killer)

백화점과 슈퍼마켓을 혼합한 형태로 상품의 다양성 측면에서는 가장 좁고, 상품의 구색 측면에서는 깊은 소매업 형태이다.

8. 하이퍼마켓

① 교외에 위치해 대형슈퍼마켓과 할인점을 혼합한 형태로 영업시간이 백화점이나 슈퍼마켓보다 긴 편인데 이는 먼 거리를 이동한 주간 근로자가 퇴근하면서 구매할 수 있도록 하기 위해서이다.
② 식품과 비식품을 한 점포에서 취급하는 유럽에서 발달된 할인점 형태이다.

4 시장 외 거래

1. 시장 외 거래의 의의
① 시장 외 유통이란 중계시장기구(도매시장, 농협공판장, 중간위탁상)를 통하지 않고 생산자와 소비자 또는 판매점이 직결된 형태로 시장기능을 통합하는 시장활동을 말한다.
② 생산자 단체에 의한 계획출하·직배송·슈퍼마켓 등의 산지직결이나 생산자 단체에 의한 소비자시장에의 직판점의 형태 등을 통한 거래로서 중계시장기구를 거치지 않음으로써 유통비가 절약되어 생산자 수취가격을 높이고 소비자 지불가격을 줄임으로써 경제적 효과를 추구한다.

> **참고** 무점포 소매상
>
> • 전자상거래   • TV홈쇼핑   • 자동판매기   • 카탈로그 판매

2. 시장 외 거래의 중요성

(1) 유통경비의 절감
중계시장은 그 기능면에서 수급조절·가격형성·위험전가의 기능을 수행하여 왔지만 만족스럽지 못한 경우도 있다. 유통비는 생산자가 지불하고 가격결정권은 구매자의 손에 달려 있었으며, 거래수수료가 일정하기 때문에 대량출하를 하더라도 거래상의 우대가 없고, 오히려 유통비용만 증가되고 있는 실정이다. 이러한 유통경비의 절감을 위해 생산자와 소비자가 직결거래를 하고 절약된 유통경비를 양자에게 환원시킬 수 있는 장점이 있다.

(2) 가격결정과정에 생산자의 참여
① 중계시장에서는 무조건적인 위탁경매가 이루어지고 있기 때문에 생산자는 가격결정에 참가할 수 없다. 따라서 산지직결방법에 의하여 가격형성에의 참가와 거래가격의 안정화를 추구하는 것이 산지직결방법이다.
② 산지직결방법이 진전되면 계약재배에 의한 가격결정이 이루어지기 때문에 거래가격이 안정될 수 있으며, 거래가격은 생산비를 기준으로 산정할 수 있다.

(3) 거래규격의 간략화
농산물의 표준화가 생산자·유통기관·소비자에게 공통적으로 통용되지 않고 특히 도매단계에서만 통용될 때 이는 거래단위가 소비과정과 유통과정에서는 가격에 반영되지 못

한다. 따라서 산지직결은 소비자의 판매규격에 맞추어 규격의 간략화를 할 수 있어 생산자의 이해가 반영된다.

3. 시장 외 거래의 형태

시장 외 유통은 산지직결방식과 계약생산방식으로 나뉜다.

(1) 산지직결방식

① 산지직결방식의 의의

㉠ 생산자와 소비자가 중간업자와 도매시장을 배제하여 직접적으로 거래하는 형태를 의미한다.

㉡ 시장기능을 생산자와 소비자 간의 연결을 통하여 수직적으로 통합하여 유통비용의 절감을 목적으로 한다.

② 산지직거래에 따른 가격설정

산지직거래에 따른 가격설정은 일반적으로 도매시장의 경락가격을 기준으로 한다. 따라서 도매시장에서 형성된 가격은 직거래 가격에도 영향을 미친다.

③ 산지거래의 거래방법

㉠ 생산자와 소비자 간의 직접적 거래형태로써 농가가 가가호호를 방문 판매하거나 관광농장과 같이 농장에서 직접판매하는 방식이 있다.

㉡ 생산자단체와 소비자단체의 거래로서 생산자단체와 슈퍼마켓·병원·학교 등의 대량수요자와의 거래방식이 있다.

㉢ 농업협동조합이 주문한 농산물을 조합원을 통하여 수집하여 도시협동조합에 보내서 판매하는 방식도 가능하다.

(2) 계약생산거래(작불거래)

계약거래방법에 의해 계약재배형태를 말하며, 가공원료농산물의 계약방법 등이 있다.

4. 산지유통의 개선방향

① 산지의 유통시설을 확충하고 공동출하를 확대한다.

② 유통체계의 광범위한 수집·분석과 분산을 확대한다.

③ 산지직거래 및 전자상거래를 활성화하여 생산자 선택 기회를 확대한다.

④ 산지유통시설의 표준규격화와 브랜드화를 촉진시킨다.

기출핵심문제

01 소비자들에게는 쇼핑시간을 절약해 주고, 소매업자에게는 점포비용 절감의 이점을 주는 소매업태는?

① 하이퍼마켓
② TV홈쇼핑
③ 할인점
④ 백화점

해설 | 9회 기출 |
① 교외에 위치해 대형슈퍼마켓과 할인점을 혼합한 형태로 프랑스에서 처음 등장하였으며, 일괄구매가 가능한 초대형 슈퍼마켓이다.
③ 셀프서비스에 의한 대량판매방식을 이용하여 시중가격보다 싸게 판매하는 유통업체이다.
④ 도시의 번화가에 대규모 점포를 가지고 선매품을 중심으로 생활용품을 취급하는 곳이다.

02 도매거래와 소매거래의 특징이 잘못 연결된 것은?

	도매		소매
①	대량판매 위주	–	소량판매 위주
②	낮은 마진율	–	높은 마진율
③	정찰제 보편화	–	다양한 할인정책
④	적재의 효율성 중시	–	점포 내 진열 중시

해설 도매거래는 다양한 할인정책을 시행하는데 반해 소매거래는 정찰제를 보편화한다.

03 농산물 전자상거래의 특성에 대한 설명으로 알맞지 않은 것은?

① 사이버공간을 활용함으로써 시간적, 공간적 제약을 극복할 수 있다.
② 전자 네트워크를 통해 생산자와 소비자가 직접 만나기 때문에 유통경로가 짧아지고 유통비용이 절감된다.
③ 컴퓨터 및 전산장비를 두루 갖추어야 하기 때문에 대규모 자본의 투자가 필요하다.
④ 생산자와 소비자 간 쌍방향 통신을 통해 1대 1 마케팅이 가능하고 실시간 고객서비스가 가능해진다.

해설 농산물 전자상거래는 저렴한 비용으로 광고를 할 수 있기 때문에 소규모의 자본으로도 할 수 있는 사업이다.

| 정답 | 01 ② 02 ③ 03 ③

농 산 물 유 통 론

04 다음 중에서 농산물 소매방법에 해당되지 않는 것은?

① 카탈로그 판매
② 중도매인 판매
③ TV홈쇼핑 판매
④ 자동판매기 판매

해설 농산물 소매방법 : 잡화점, 전문점, 백화점, 할인점, 슈퍼마켓, 카탈로그 판매, TV홈쇼핑 판매, 자동판매기 판매, 방문판매 등

05 다음은 어떠한 소매상을 설명한 것인가?

> 의류, 가정용 장식품(Home Furnishing) 및 가정용품(Household Goods)과 같은 여러 가지 다양한 상품 계열을 폭넓게 취급하는 상점으로 각각의 상품계열은 전문구매자(Specialist Buyers) 또는 상품화 담당자(Merchandisers)가 따로 있어서 독립적으로 관리한다.

① 백화점
② 연쇄점
③ 쇼핑몰
④ 전문할인점

해설 백화점은 대형소매점으로 다양한 상품을 보유하여 분리된 부서의 조직에서 전문화된 인력들이 판매서비스를 제공하는 형태로써 소매점 중에서 서비스 수준이 좋은 편이다. 또한 도시의 중심가에 위치하고 있어 다양한 형태의 고객에게 다수의 품목을 판매하고 있다.

| 정답 | 04 ② 05 ①

제8장 협동조합을 통한 거래와 공동계산제

1 협동조합 유통의 필요성과 종류

1. 협동조합 유통의 개념과 필요성

(1) 협동조합 유통의 개념

① 글로벌시대의 변화된 환경속에서 보다 규모화·전문화된 산지 마케팅 주체 육성이 시급한 과제로 대두되고 있다.

② 협동조합은 다양한 농민들의 개별경제 활동을 하나로 통합함으로써 규모의 경제를 실현하고 거래상황에서 교섭력을 높이는 데 있다.

③ 농산물이 시장의 불균형을 빈번하게 발생하게 된 원인으로는 농산물의 부패성, 구매 상인 및 가공업자의 취급 품목 제한, 시장정보의 왜곡과 상인집중, 지역적 상황 등을 들 수 있다.

(2) 협동조합 유통의 필요성

① **협동조합사업** : 불균형적인 시장력을 견제하고 시장에서 경쟁척도의 역할을 수행한다.

② **규모의 경제** : 협동조합을 통해 소규모의 개별사업을 확대하며, 시설당 비용을 절감하기 위해서 조합원들의 단위노력당 비용을 절감하고 저온저장고를 공동 설치한다.

③ **안정적인 판로의 확보** : 협동조합을 통해서 부패성 농산물의 안정적인 판매, 가공사업을 추진한다.

④ **위험분산** : 공동판매로부터 발생할 수 있는 손실비용을 조합원에게 분담함으로써 위험을 분산시킨다. 이 경우에는 도덕적 해이로 인해 전반적인 판매상품의 품질저하를 초래할 수 있다.

2. 협동조합 유통사업의 종류와 효과

(1) 협동조합 유통사업의 종류

① 산지 회원조합의 유통사업 종류

㉠ 수탁판매사업 : 저율의 수수료 또는 무료 서비스로 수탁 중심의 계통 출하를 한다.

㉡ 산지공판사업 : 농산물의 주산지 농협에서 계절적인 산지공판 또는 지역에서 소비하기 위한 농산물까지 판매하는 지역공판을 실시한다.

ⓒ 매취판매사업 : 조합원 농산물을 매취하여 조합 자체적으로 상품화 과정인 저장, 선별포장, 가공 등을 거쳐서 판매한다.
ⓔ 가공사업 : 지역 조합원들이 출하하는 농산물, 특산물을 원료로 하여 수행한다.
ⓜ 수확 후 상품화 : 공동선별, 표준규격화, 브랜드화, 저장 등을 통해 활동을 수행하고 부가가치를 제고한다.

② 중앙회의 유통사업 종류
㉠ 소비지 공판활동 : 공영도매시장 내에서 법인으로 도매유통을 수행한다.
㉡ 도매물류 활동 : 물류센터를 중심으로 한 현대적인 도매물류사업을 수행한다.
㉢ 소매활동 : 하나로클럽 · 하나로마트 · 신토불이창구 등 소매점포를 개설하여 소매활동을 수행한다.
㉣ 대형수요처 · 군납 : 대량직거래 납품사업을 수행한다.

(2) 협동조합 유통의 효과

① 유통마진의 절감 : 생산자가 유통부분을 수직적으로 통합함으로써 거래비용을 절감한다.
② 거래교섭력의 증대 : 규모화를 통해 거래교섭력을 증대시킨다.
③ 초과이윤 억제 : 협동조합이 유통사업에 참여함으로써 민간 유통업자의 시장지배력을 견제할 수 있다.
④ 시장확보와 위험분산 : 농업 생산자의 경영다각화를 위해서 가격안정화를 유도하고 안정적인 시장을 확보한다.
⑤ 농자재 공동구매 : 농자재 공동구매를 통해 농가생산비 절감에 기여한다.

2 공동판매

1. 공동판매의 개념과 장점

(1) 개념

① 2인 이상의 생산자가 공동의 이익을 위하여 공동으로 출하하는 것으로 판매를 계획적으로 실시하여 시장교섭력의 확대로 인한 농산물의 농가수취가격을 증대하고 저장시설의 활용으로 출하시기의 적절한 조정을 달성하기 위한 판매방식이다.
② 영세한 농가에 의해 개별출하를 하는 것보다는 농업협동조합이나 일정 조직을 통하여 공동출하, 공동선별, 공동판매, 공동계산을 통한 일련의 과정을 거침으로서 영세

농가의 한계를 극복하는 대안이 될 수 있다.

(2) 공동판매를 통한 공동출하의 장점
① 시장교섭력을 높여 농가의 수취가격을 올릴 수 있다.
② 농산물의 출하시기의 조절이 가능하다.
③ 수송비의 절감이 가능하다.
④ 개별농가의 노동력을 절감할 수 있다.

2. 공동판매의 유형

(1) 수송의 공동화
개별농가가 생산한 농산물을 집하하여 공동으로 수송하는 것이다. 생산된 농산물이 가격변동이 심한 상품이거나, 양이 적은 경우 그 효용성이 크다.

(2) 생산물의 규격 통일·포장과 선별의 공동화
생산물의 신용과 상품가치를 높이기 위해서는 생산물의 규격의 통일이 선행되어야 한다. 또한 출하시기의 조절을 위해서도 포장과 선별의 공동이 필요하며, 공동선별을 위해서는 품종의 공동선택과 재배 기술의 평준화가 전제되어야 한다.

(3) 시장대책을 위한 공동화
시장개척을 위한 공동의 홍보나 광고가 필요하고, 판매조직을 공동화할 필요가 있으며, 저장시설의 확보를 통한 수급조절을 위한 공동화의 노력이 필요하다.

3. 공동판매의 원칙

(1) 평균판매
평균판매는 판매를 계획적으로 실시하여 수취가의 지역적·시간적 차이를 평준화하고자 하는 원칙이다.

(2) 무조건 위탁
생산물을 공동조직에 위탁할 경우 신뢰를 바탕으로 판매처, 판매시기, 판매방법에 관계없이 판매를 협동조합에 위탁하는 원칙이다.

(3) 공동계산제의 정의
① 농산물 공동계산제란 개별농가에서 생산한 농산물을 농가별이 아닌 등급별로 구분해 공동관리, 판매한 후 판매대금과 비용을 평균해 정산해 주는 제도이다. 따라서 개별

농가의 위험을 분산하고 철저한 품질관리가 가능하다고 할 수 있으나 개별농가의 브랜드가 증가하지는 않는다.

② 공동계산제는 판매대금과 비용을 공동으로 계산함으로 개별농가의 개별성은 무시된다.

(4) 공동계산제의 장 · 단점

① 공동계산제의 장점
  ㉠ 출하자의 개별성을 무시하고 공동선별, 공동판매하기 때문에 개별농가의 위험분산이 가능하다.
  ㉡ 협동조합이나 작목반 단위로 공동출하 함으로써 거래교섭력을 높일 수 있다.
  ㉢ 농산물 판매 전문인력을 활용하여 전략적 마케팅을 구사함으로써 판로를 확대하고 생산자 수취가격을 제고한다.
  ㉣ 규모화로 수확한 후 처리비용의 단위당 비용을 절감할 수 있다.
  ㉤ 대량거래의 유리성을 확보하고 판매와 수송 등에서 규모의 경제를 실현할 수 있다.
  ㉥ 1회 거래물량이 많아지고 상품 분류 작업에 소요시간이 절약되기 때문에 상품성의 저하를 방지할 수 있다.
  ㉦ 공동계산제가 확대되면 판매독점 구조로 전환되어 구매자의 입장에서 안정적 구매가 가능하다.

② 공동계산제의 단점
  ㉠ 회원들은 공동계산이 끝날 때까지 완전한 지불을 받지 못하기 때문에 판매대금의 지불이 지연되는 단점이 있다.
  ㉡ 고품질 생산능력과 판매능력이 있는 농가의 경우 단기적으로 불리할 수 있다.
  ㉢ 판매적기를 놓치거나 저장 시 품질변화의 가능성이 있다.
  ㉣ 판매 전문가가 없을 경우에 상대적으로 손실을 볼 수 있다.

기출핵심문제

01 농산물 공동계산제의 장·단점을 설명한 것으로 알맞지 않은 것은?
① 출하자의 개별성을 무시하고 공동선별, 공동판매하기 때문에 개별농가의 위험 분산이 어렵다.
② 농산물 판매 전문 인력을 활용하여 전략적 마케팅을 구사함으로써 판로를 확대하고 생산자 수취가격을 제고한다.
③ 협동조합이나 작목반 단위로 공동 출하함으로써 거래교섭력이 제고 된다.
④ 대량거래의 유리성을 확보하고 판매와 수송 등에서 규모의 경제를 실현할 수 있다.

해설 농산물공동계산제는 개별성을 무시하고 공동으로 계산하여 등급에 따라 동일한 가격을 지불하는 것으로 개별농가의 위험을 분산할 수 있다.

02 지역농협이나 작목반 및 영농조합법인 등 생산자조직을 통한 공동출하 확대방법으로 적절한 것은?
① 공동수송을 한다고 해도 비용절감 효과는 크지 않으므로 굳이 추진할 필요는 없다.
② 선별은 공동으로 하고 상품검사는 개별적으로 하는 것이 효과적이다.
③ 공동선별을 위해서는 품종의 공동선택과 재배기술의 평준화가 전제되어야 한다.
④ 공동계산이 공동수송이나 공동선별보다 우선적으로 추진되어야 한다.

해설 ① 공동수송을 통해서 비용절감의 효과를 가져 올 수 있다.
② 선별과 상품검사는 공동으로 하는 것이 효과적이다.
④ 공동수송과 선별을 한 후에 공동계산을 추진한다.

03 농산물 공동계산제의 설명 중 가장 적합한 것은?
① 규모화로 수확 후 처리비용의 단위당 비용을 절감할 수 있다.
② 농산물 출하 시 개별농가의 위험을 분산하고, 철저한 품질관리로 개별농가의 브랜드가 증가한다.
③ 공동계산제는 판매대금과 비용을 공동으로 계산하여 생산자의 개별성을 부각시킨다.
④ 공동계산제가 확대되면 판매독점 구조로 전환되어 구매자의 입장에서 안정적 구매가 어렵다.

해설 농산물 공동계산제는 대량거래의 유리성과 판매와 수송 등에서 규모의 경제를 얻을 수 있고 개별적으로 힘든 품질관리를 공정하고 엄격하게 수행함으로써 품질을 높일 수 있다.

| 정답 | 01 ① 02 ③ 03 ①

04 농산물 공동계산제에 대한 설명으로 옳지 않은 것은?

① 수확한 농산물을 등급별로 공동선별한 후 개별농가의 명의로 출하한다.
② 공동판매를 통하여 개별농가의 위험을 분산할 수 있다.
③ 엄격한 품질관리로 상품성을 제고하여 시장의 신뢰를 얻을 수 있다.
④ 출하물량의 규모화로 시장에서 거래교섭력이 증대된다.

해설 공동판매란 2인 이상의 생산자가 공동의 이익을 위하여 공동으로 출하하는 것으로서 수송비 및 노동력 절감, 시장교섭력 확대로 농가수취가격 증가, 물량의 대량화와 저장시설의 활용으로 인한 출하조절 용이성 등을 달성하려는 것을 말한다.

| 정답 | 04 ①

제9장 소유권 이전기능

1 농산물 유통기능의 의의

1. 농산물 유통기능의 개념
유통기능이란 농산물이 생산자인 농업인으로부터 최종 소비자에게 이동하는 과정에서 이루어지는 특화된 활동을 의미한다. 유통기능을 수행하는 경영체를 마케팅 기관 혹은 마케팅 기능 담당자라고도 한다. 마케팅 기능은 중간상은 물론 경우에 따라서는 생산자와 소비자가 수행하는 경우도 있다.

2. 농산물유통의 주요기능

(1) 소유권 이전기능

교환기능이라고도 하며, 농산물을 구매하고 판매하는 기능을 말한다.

(2) 물적 유통기능

장소적 효용을 창출하는 수송기능과 시간적 효용을 창출하는 보관기능, 형태적 효용을 창출하는 가공기능이 이에 속한다.

(3) 유통조성기능

조성기능으로서 상품의 표준화, 시장금융, 시장정보, 위험부담기능이 이에 해당한다.

(4) 가격결정기능

농산물의 유통으로 수요와 공급의 균형에 의한 가격이 결정되는 기능을 가격결정기능이라 한다.

3. 농산물유통경로의 효용과 유통기능의 연관관계

(1) 시간효용

농산물의 생산과 소비간에는 그 시간적 간격이 있을 수 있다. 따라서 농산물의 적절한 저장을 통하여 농산물이 필요한 소비자에게 이용 가능하도록 할 필요가 있다. 이러한 저장기능을 통하여 발생하는 효용을 시간효용이라 한다.

(2) 장소효용

생산지에서 생산된 농산물이 소비자가 구매하기 편한 장소로 이전할 필요가 있다. 농산물의 수요자에게 편리한 장소로 농산물이 이전되는 효용을 장소효용이라 한다.

(3) 소유효용

농산물이 생산자에서 소비자에게 거래되어 농산물의 소유권이 생산자에서 소비자에 이전되는 효용을 소유효용이라 한다.

(4) 형태효용

농산물은 그 크기나 형태가 다양하다. 따라서 소비자가 원하는 형태나 크기로 농산물이 공급될 필요가 있다. 소비자가 원하는 형태와 크기로 농산물이 생산과정에서 가공되는 효용을 형태효용이라 한다.

4. 농산물유통의 문제점

① 상품이 유통되기 위해서는 인적관계에 있어서 소유권 이전이 있어야 거래가 성립될 것이며, 재화의 장소적, 시간적 조절을 위해서는 수송과 저장과정이 필요하다. 이러한 기능을 효과적으로 수행하기 위해서는 농산품의 등급화가 이루어져야 할 것이며, 시장정보의 수집과 유통자금이 조달되어야 한다.

② 농산물유통기능은 위와 같은 기능이 일반상품에 비하여 기능적으로 분화되지 못하고, 유통기능을 수행할 시설의 부족현상이 커다란 장애요인이 되고 있는 실정이다.

2 소유권 이전기능

1. 의의

소유권 이전기능이란 농산물이 구매기능과 판매기능을 혼합한 개념이며, 유통기능으로서 가장 본질적인 기능이다.

2. 구매기능

(1) 의의

구매기능이란 농산물을 사기 위하여 계약체결을 한 뒤 그 계약에 따라 농산물을 인도받고 대금을 지불하는 과정에 발생하는 농산물의 수집기능을 말한다.

(2) 재판매 목적 기능

① 구매기능은 최종 소비자가 소비를 목적으로 구매하는 경우도 있지만 오히려 재판매를 목적으로 구매하는 기능을 말한다.

② 구매기능은 적절한 장소와 조건으로 적절한 시간에 최적의 농산물과 서비스를 구입하는 것이므로 농가와 유통기관간에 상반되는 이해를 가질 수 있다.

(3) 구매의 단계

구매기능은 이를 세분화하면 구매필요 여부의 결정, 구매상품의 품종선정, 구매상품의 품질 및 수량결정, 가격 및 인도시기와 지불조건의 상담, 소유권의 이전으로 분류되지만 실제 단순한 상품구매에서는 위완 같은 단계들이 생략되기도 한다.

(4) 구매농산물의 적합성 판단

① 농산물의 구매행위는 구매결정을 하는 시기로부터 시작된다. 한편 구매농산물의 적합성을 판단하기 위해서는 농산물을 검사하여 보거나 견본을 검사하거나 혹은 설명서에 의해서 결정하게 된다. 특히 부패성이 강하고 표준화되지 않는 농산물은 실제 검사를 하거나 견본에 의해 구매 적합성을 판단하게 된다.

② 구매기능을 활성화하고 거래를 신속하게 하기 위하여 농산물의 표준화가 요구된다.

(5) 구매활동의 완료시점

구입상품의 인도와 동시에 구매대금을 결제하면 구매활동은 완료되게 된다.

3. 판매기능

(1) 의의

예상 또는 잠재고객이 상품이나 서비스를 구매하도록 하거나 혹은 판매자에게 고객이 원하는 행동을 하도록 설득하는 인적 내지 광고를 통한 판매인 비인적 과정을 말하며, 판매기능을 분배기능이라고 칭하는 견해도 있다.

(2) 판매기능의 세분화

판매기능은 농산품의 수요를 창조하는 행위, 예상고객의 발견행위, 판매조건에 대한 상담행위, 소유권의 이전행위로 세분화할 수 있다.

(3) 인적 판매의 중요성

① 농산물은 광고를 통한 비인적 판매가 어렵고 상품의 종류가 다양할 뿐만 아니라 같은 품목도 품질이 다양하기 때문에 인적 판매를 통하여서만 가능한 경우가 많다. 특히 부패성이 강하거나 취급이 곤란한 신선한 농산물은 전적으로 인적 판매를 통해서만 판매기능이 수행되어질 수 있다.

② 인적 판매는 예상구매자를 일일이 발견하여야 하고 조언을 하여야 하며, 고객의 의문

을 풀어주는 과정이 필요하기 때문에 많은 인원과 시간이 소요된다.
③ 다만 최근에 슈퍼마켓·체인스토어 같은 대량소매기관의 발달과 농산물의 표준화에 따라 점차 판매기능이 공산물과 같이 능률화되어 가는 추세이다.
④ 농산물 중에서도 특산품이나 표준화된 농산물은 대량소매기관의 발달과 광고기능의 발달로 비인적 판매가 점차 늘어가는 추세이다.
⑤ 인적 판매는 판매원에 의한 접촉이 주된 과정이기 때문에 판매준비, 구매자의 소재발견, 판매의 실행, 그리고 판매 후에도 구매자의 호의를 개발시키는 과정이 반복되어야 한다.

기출핵심문제

01 유통의 기능으로 소유효용과 관계가 있는 기능은?

① 거래
② 수송
③ 저장
④ 가공

> 해설 ① 소유권이전기능은 교환기능 또는 상거래기능이라고도 하며 구매자와 판매자가 사고파는 활동을 말한다. 소유권이전 기능은 거래를 창설하는 효용을 수행한다.
> ② 생산지에서 생산된 농산물을 소비자가 구매하기 용이한 장소로 전달될 때 창출되는 효용으로 수송은 장소효용을 창출한다.
> ③ 농산물의 생산과 소비 간의 시차를 극복하여 소비자가 농산물을 필요로 할 때 소비자가 이용가능 하도록 해 주는 효용으로 저장기능은 시간효용을 창출한다.
> ④ 농산물을 소비자가 요구하는 적절한 수량이나 형태로 변화시킴으로써 창출되는 효용으로 가공은 형태효용을 창출한다.

02 물적 유통기능으로서 형태효용을 창출하는 것은?

① 거래
② 수송
③ 저장
④ 가공

> 해설 농산물을 소비자가 요구하는 적절한 수량이나 형태로 변화시킴으로써 창출되는 효용으로 가공은 형태효용을 창출한다.

03 농산물 가공에 관한 설명으로 옳지 않은 것은?

① 농산물의 부가가치를 증대시킨다.
② 수송, 저장 등의 물적 기능과 연관이 있다.
③ 농산물의 형태효용을 창출한다.
④ 유통마진의 증가로 총수요를 감소시킨다.

> 해설 ④ 농산물 가공을 통하여 소비자의 소득증가와 식생활수준 향상에 따라 가공 식품에 대한 수요도 증가한다.

| 정답 | 01 ① 02 ④ 03 ④

제10장 물적 유통기능

농산물의 생산과 소비 사이에는 그 장소적 거리나 시간적 간격 또는 소비자가 원하는 형태나 크기에 불일치가 있을 수밖에 없다. 이러한 생산과 소비 사이에 장소적, 시간적, 형태적 불일치를 조절해주는 기능을 물적 유통기능이라 하며, 장소적 효용을 만드는 수송기능, 시간적 효용을 만드는 저장기능, 형태적 효용을 만드는 가공기능이 이에 해당한다.

1 수송기능

1. 수송의 개념

① 수송은 장소 효용(Place Utility)을 창조하는 마케팅 기능으로서 생산과 소비의 장소적 격리를 조절한다.
② 농산물유통에 있어서 운송기능은 농업 생산이 분산되어 출하되고 있지만 소비는 도시에 집중적으로 나타나기 때문에 중요한 역할을 한다.
③ 공업입지와 달리 농업입지는 자연적 조건에 의해서 결정된다. 농산물의 시장영역의 크기는 농산물의 수송여부에 따라 좌우된다고 볼 수 있다. 따라서 수송비용을 절감하면 유통의 효율이 증대된다.

2. 수송의 결정요인

(1) 농산물의 성질

수송은 중량과 부피, 파손될 가능성, 부패성의 정도와 관련해서 곡물은 비교적 운송이 쉬운 상품이지만 청과물 또는 축산물은 수송과정에 특별한 포장과 주의가 필요한 상품이다.

(2) 운송비

농업입지는 수송비에 의해서 결정되고 수송비가 적게 드는 작목은 소비지에서 먼 곳에 입지하지만 수송비가 많이 드는 품목은 소비지 근교에 입지한다.

(3) 수송방법

이용되는 수송수단이 철도 · 자동차 · 수상 수송 그리고 항공 수송에 따라서도 차이가 난다.

(4) 수송할 수 있는 상품량

농산물 수송량이 규모가 많으면 수송비용이 분담되기 때문에 단위당 비용은 감소하게 된다.

3. 수송방법과 수송비

(1) 수송방법

① 철도 수송 : 안전성·신속성·정확성이 있을 뿐만 아니라 장거리 수송에도 수송비가 적고 많은 농산물을 수송할 수 있는 특징이 있다. 하지만 융통성이 적고 제한된 통로에만 가능하며, 단거리 수송은 오히려 비용이 많이 들고 서비스도 부족하다.

② 자동차 수송 : 기동성이 있고 도로망이 어디서나 펼쳐있어 융통성이 있으며, 소량운송이 가능할 뿐만 아니라 가까운 거리를 수송할 때는 운송비가 적게 든다. 특히 농촌지역이나 농가 문전까지 접근할 수 있는 장점이 있어 널리 이용되고 있다. 다만 장거리 수송의 경우 철도수송보다 비용이 많이 들고, 도로시설의 정비에 따라 농산물의 품질이 손상될 수 있다는 단점이 있다.

③ 선박 수송 : 운송비가 저렴하고 대량 수송이 가능하며, 운송비가 적게 드는 장점이 있으나 융통성이 적고 제한된 통로에만 수송이 가능하다.

④ 비행기 수송 : 최근에 와서 일부 수출농산물 수송에 이용되고 있다. 비행기 수송은 신속하고 정확한 장점이 있으나 비용이 많이 들고 제한된 통로에만 가능할 뿐만 아니라 기다리는 시간이 길다는 단점을 갖고 있다.

> **참고**
>
> - **자동차 수송** : 최근에 와서 도로조건이 크게 개선되어 자동차수송은 농산물 수송의 수단으로 압도적 비중을 차지하고 있다.
> - **모자차량 수송서비스(Piggy Back Service)** : 일부 농산품의 수송에서 철도 수송의 장점과 자동차 수송의 기동성을 결합하여 새로운 수송방법이 채택되는 경우가 있다. 즉 화물을 적재한 트럭을 화차에 그대로 싣고 목적지에 도착하면 트럭을 그대로 운전하여 수송하는 방법이 등장하고 있다.

(2) 수송비

① 수송비는 거리에 관계없이 일정한 고정비가 필요하기 때문에 농산물 단위당 수송비를 기준으로 비교해 보는 것이 더 의의가 있다.

② 일반적으로 자동차 수송은 운송거리가 멀어짐에 따라 상대적으로 단위당 비용이 증가되고, 철도나 선박은 감소되는 경향이 있다.

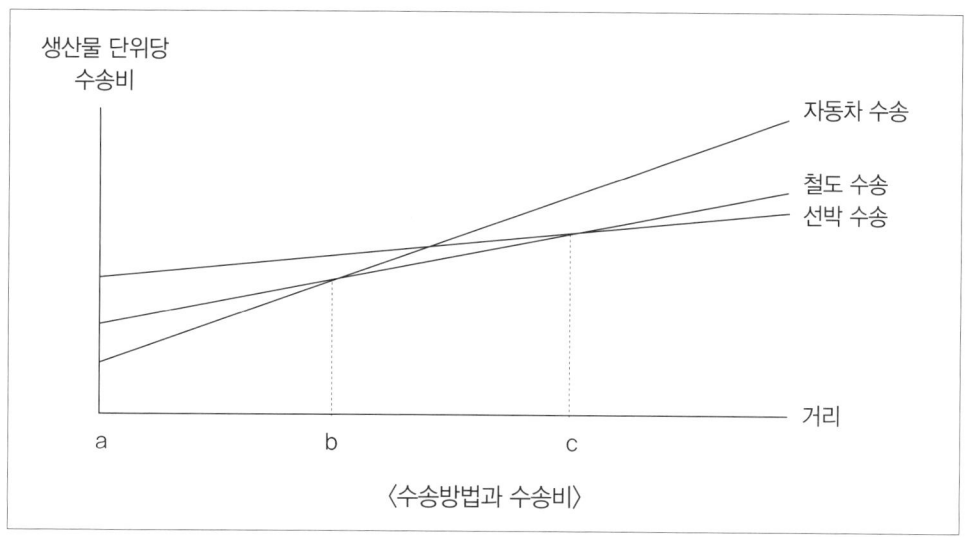

〈수송방법과 수송비〉

③ a와 b의 거리에서는 자동차 수송이 경제적이다. 그러나 b에서 c까지의 거리에서는 철도 수송이 더 유리하다. c 이상의 거리에서는 선박 수송이 더 경제적이다.
④ 일반적으로 자동차 수송은 운송거리가 멀어짐에 따라 상대적으로 단위당 비용이 증가되고, 철도나 선박은 감소되는 경향이 있다.
⑤ 교통수단과 시설의 발달, 시장정보의 발달은 유통기능을 변혁시키고 있다. 저렴한 수송비는 생산자 수취가격을 높여주고 소비자 지불가격을 줄여줄 수 있기 때문이다.
⑥ 농산물은 운송 시에 특수한 시설을 구비하여야만 품질을 보장할 수 있다. 여기에 전문수송기관이나 수송방법이 필요하게 된다. 특수한 냉동장치를 한 냉동화차나 냉동자동차가 필요한 농수산물은 추가적 수송비가 들기 때문에 결국 유통비용을 추가하게 된다.

(3) 수송비의 절감방법

수송비의 절감은 농산물유통체계의 운영능률을 개선하고 소비자 만족을 희생함이 없이 이루어져야 하며, 여러 가지 요인들을 종합적으로 개선할 때에 실효성이 있게 된다.

① **수송기술의 혁신** : 컨테이너화 시스템에 의한 수송방법이나 농수산물의 수송에 있어 저온유통시스템, 대량으로 수송을 할 수 있는 화차개발 등은 최근 도입되고 있는 수송기술의 혁신적 방법에 속한다.

　㉠ 단위수송방식 : 팰릿(Pallet)이나 여러 가지 종류의 짐들을 컨테이너에 실으면 수송도중에 내리거나 싣지 않고 최종 목적지까지 운반하는 방법이다. 이 방법 중에서 하태화 시스템은 하태에 짐을 실은 채로 수송하는 방법으로서 지게차나 하역작업을 기계화할 수 있다.

ⓒ 컨테이너화 시스템 : 여러 가지 짐꾸러미를 컨테이너에 넣고 일관 운송하는 방식으로 수송이 신속화될 수 있으므로 철도, 해상운송에 많이 이용된다.
　　　ⓒ 저온유통시스템 : 생선식료품을 냉동 또는 냉장하여 생산지에서 냉동트럭에 싣고 소매점의 냉동진열상자를 거쳐 가정의 냉장고에 넣으므로 일관적인 저온상태로 운송하는 방법이다. 일정품질을 유지하여 선도를 보장하고 수송비도 절약될 수 있다.
　② 수송수단 간의 경쟁의 유지 : 수송기관 간의 경쟁을 유지하는 것은 수송비를 절감시키고 수송서비스를 개선할 수 있다. 수송수단 중 경쟁관계에 있는 철도와 자동차의 경쟁은 비례적으로 수송비 절감과 서비스 개선에 기여하고 있다.
　③ 생산물의 변화 : 육종기술의 개발로 고급품질의 농산물을 부패성이 적은 품종으로 개발하거나 개발된 농산물을 등급화하여 분류해서 수송하면 수송비를 절감할 수 있다.
　④ 수송 수용능력의 증대 : 기존 수송시설의 수용능력을 개선하는 방법은 지나친 수송시설의 중복을 제거하고, 수송노선을 보다 개선 조정하여 수집능력을 높이는 방법이다. 동시에 수송할 수 있는 농산물을 적절하게 수송을 결합하거나 시기적 출하량을 조절하여 단위수용력을 높일 수 있다.
　⑤ 부패와 감모방지 : 수송 중에 부패와 손실을 방지하면 수송비용을 크게 감소시킬 수 있다. 수송 중에 부패와 감모방지는 수송시설에 차이가 있을 수 있다. 포장용기의 개발은 수송과정에서 생기는 감모량을 크게 줄일 수 있다. 따라서 출하규격에 대한 연구가 활성화될 필요성이 있다.

(4) 단위화물적재시스템(Unit Load System)
　① 단위적재란 수송, 보관, 하역 등의 물류 활동을 합리적으로 하기 위하여 여러 개의 물품 또는 포장 화물을 기계, 기구에 의한 취급에 적합하도록 하나의 단위로 정리한 화물을 말한다. 단위적재를 함으로써 하역을 기계화하고 수송, 보관 등을 일괄해서 합리화하는 체계를 단위적재시스템이라 하며, 단위적재시스템에는 팰릿(Pallet)을 이용하는 방법 및 컨테이너를 이용하는 방법이 있다.
　② 하역작업 시 파손과 오손, 분실 등을 방지하고, 포장이 간소화되어 포장비용이 절감되며, 물류관리의 시스템화가 용이하여 하역과 수송의 일관화를 가져올 수 있다.
　③ 저장 공간 및 운송의 효율성을 높일 수 있으나 최초의 투자비용이 많이 들어가는 단점이 있다.
　④ 팰릿(Pallet), 컨테이너 등을 이용하여 일정한 중량과 부피로 단위화할 수 있다는 장점이 있다.

2 저장

1. 저장의 정의와 필요성

(1) 저장의 정의와 목적

① 저장의 정의 : 상품을 생산시기로부터 판매시기까지 보유함으로써 시간효용을 창조한다.

② 저장의 목적 : 농산물은 계절적 상품이기 때문에 생산시기에는 가격이 폭락하여 농민에게 불이익을 주고 생산시기를 경과하면 가격이 폭등하여 소비자에게 불이익을 주기 때문에 시간적 격리를 통하여 이를 조절할 필요가 있다.

(2) 저장의 필요성

① 농산물은 생산시기와 소비시기가 일치하지 않으므로 소비시기까지 농산물을 보관할 필요가 있으며, 소비가 연중 계속적인 농산물은 안정적인 소비를 가능하게 하기 위해서도 보관이 필요하다.

② 부패성이 강한 상품을 먼 거리까지 수송하기 위해서도 특수한 저장시설이 필요하다.

③ 가격이 상승하거나 미래에 원료나 소비용으로 부족이 예상될 때 이를 대비하기 위해서 저장이 요구된다.

④ 미래의 호황을 예상하거나 투기를 목적으로 저장하는 경우도 있다.

⑤ 유통금융기능을 수행하기 위해서 전문적인 영업 창고에 저장하기도 한다. 예컨대 생산자가 곡물창고에 농산물을 보관하고 보관업자로부터 증서를 받아 이 증서를 금융기관에 제시하여 일정한 금액의 융자를 받을 수 있다.

2. 저장비용의 구성과 절감방법

(1) 저장비용의 구성

① 산업사회가 발전하면서 농산물의 저장기능은 더욱 정교해지고 과학화되고 있다.

② 저장비용은 저장활동을 감소시키고 저장능률을 증가시킴으로써 감소시킬 수 있다.

③ 보관을 위한 물적 시설의 유지나 제공을 위한 비용이 있어야 한다. 이와 같은 비용은 물적 보관시설의 수선, 감가상각, 그리고 손실에 대한 보험료 등을 의미한다.

④ 보관되는 동안 농산물의 질적 손상이나 양적 감소에 따른 비용도 보관비에 포함된다. 농산물이 저장되는 동안 양적 감소나 질적 손실은 상대적인 개념이다. 예를 들면 옥수수는 저장되는 동안 질적으로는 우수한 상품이 되지만 양적으로는 감소된다.

(2) 저장비용의 절감방법

① 저장시설의 효율성 증대
  ㉠ 생산력의 증대 : 저장시설을 근대화하여 능률을 높이거나 저장과정에서 취급방법을 개선하여 노동능률을 높임으로써 가능하다.
  ㉡ 저장은 정태적인 개념이 아니라, 항상 동태적이기 때문에 상품을 이동할 때 창고에 들어넣거나 들어낼 때 그 보관비용이 발생한다.
  ㉢ 보관비를 줄이기 위하여 다층식 창고를 사용하거나 입출고 절차를 컴퓨터로 하여금 기계화하여 수행하는 자동화창고 등은 근대에 와서 채택되고 있다.
  ㉣ 보관기술과 관리방법의 개선은 재고량과 생산조절기술을 개선하는 데 기여하고 있다. 생산물이 소매상이나 도매상에 신속 적절하게 유통됨에 따라 보관량은 감소되어지고, 따라서 보관에 따르는 투자가 감소됨에 따라 보관비용은 절감될 수 있다.

② 저장관리의 개선
  ㉠ 대부분의 농산물은 저장기간이 길수록 손실이 크고 양적으로 감소하는 경향이 있다.
  ㉡ 상품에 알맞게 온도를 조절하면 부패 · 변질을 예방할 수 있고 저장비용도 절감할 수 있다.
  ㉢ 저장한 농산물을 잘 정돈하는 것도 저장성을 높일 수 있으며, 농산물을 수확한 즉시 저장하면 변질을 줄일 수 있다.

3 가공

1. 가공의 개념

(1) 가공의 정의

① 가공이란 원료 농산물에 물리적 · 화학적 조작을 가해서 새로운 형태의 상품을 생산해 내는 것을 말한다.
② 농산물은 가공과정을 통해서 상품의 경제적 가치가 증대되고 소비자가 원하는 형태의 상품을 공급하게 됨으로써 형태효용이 창조된다.

(2) 가공물질의 포장과 저장

① 가공물질의 포장 : 제품의 수송과 소비유인을 제공하고 형태효용도 증가시킨다.
② 가공산물의 저장 : 기본적으로 소비자에 대한 분배를 위하여 재고를 유지한다.

2. 가공의 경제적 효과

농산물가공은 원료농산물의 형태와 질을 변화시킴으로써 소비자의 효용을 높여주며 가공식품에 대한 새로운 수요를 창출하여 해당 농산물의 총수요를 증가시킨다.

① 가공은 농산물의 부가가치를 증대시키고 농업소득증대에 기여한다.
② 소비자가격은 가공식품의 개발로 유통마진이 증가하거나 수요가 증가할 때 상승한다.
③ 식품가공기능은 농산물의 부가가치를 높여주기 때문에 가공식품개발에 따른 소비자 수요증가가 유통마진 증가를 상회하게 된다.
④ 원료농산물의 형태와 질을 변화시킴으로써 소비자의 효용을 높여준다.

3. 가공산업의 구조

① 소비자의 소득이 증가하고 높아진 식생활수준으로 인해서 가공식품에 대한 수요도 증가하게 된다.
② 우리나라 가공산업의 구조는 점진적으로 확대되고 있지만 아직도 다수의 소규모업체와 소수의 대규모업체가 공존하는 이중구조를 이루고 있다.
　㉠ 소수의 대규모업체 : 독과점형태의 기업으로 유명상표를 이용해서 전체 매출액의 상당한 부분을 차지한다.
　㉡ 다수의 소규모업체 : 경쟁형태의 기업으로 전체 매출액 중에서 상표를 이용한 것은 적은 편이다.
③ 식품가공 산업이 집중화되고 규모가 확대되는 경향을 보이고 있는 것은 여러 가지 요인에 기인하고 있으나 그 중에서 중요한 요인으로 규모의 경제를 들 수 있다. 규모의 경제란 장기적으로 산출량이 증가함에 따라 생산물 단위당 비용 즉, 평균비용이 감소하는 현상을 가리킨다.
④ 식품가공 산업은 시설투자가 다른 유통산업에 비해 상대적으로 많이 요구되기 때문에 규모의 경제를 실현하기 위해서 생산규모를 확대할 필요가 있다.

기출핵심문제

01 물적 유통기능으로서 형태효용을 창출하는 것은?

① 거래
② 수송
③ 저장
④ 가공

해설 ① 소유권이전기능을 교환기능이라고도 하며, 구매와 판매를 통한 거래효용을 창출한다.
② 수송기능은 장소적 효용을 창조하는 기능을 수행한다.
③ 저장기능은 시간적 효용을 창조하는 기능을 수행한다.

02 수송거리와 수송비용의 관계를 나타내는 수송비용함수의 여러 가지 형태에 대한 설명 중 가장 적합한 것은?

① 수송거리와 관계없이 수송비용이 일정한 수직선 형태의 수송비용함수
② 일정한 지대 내에서는 동일 요금을 적용하고 멀리 위치한 지대에 대해서는 높은 요율을 적용하는 수평선 형태의 수송비용함수
③ 수송거리가 멀수록 한계수송비가 체감적으로 증가하는 형태의 수송비용함수
④ 수송비 중 고정비용이 X축 절편에 표시되는 직선형의 수송비용함수

해설 ① 수송비용이 일정한 경우는 수평선 형태가 된다.
② 멀리 위치한 지대에 대해서 높은 요율을 적용하는 것은 계단 형태가 된다.
④ 고정비용은 Y축 절편에 표시된다.

03 농산물유통 과정에서 일어나는 유통기능 중 물적 기능에 해당되는 것은?

① 구매
② 표준화
③ 유통금융
④ 수송

해설 물적 유통기능에는 수송기능, 저장기능, 가공기능 등이 있다.

| 정답 | 01 ④ 02 ③ 03 ④

04 비행기 수송의 장점에 해당하는 것은?

① 신속하고 정확하다.
② 비용이 적게 든다.
③ 접근이 용이하다.
④ 기다리는 시간이 거의 없다.

해설 비행기 수송 : 최근에 와서 일부 수출농산물 수송에 이용되고 있다. 비행기 수송은 신속하고 정확한 장점이 있으나 비용이 많이 들고 제한된 통로에만 가능할 뿐만 아니라 기다리는 시간이 많다.

05 운송거리가 멀어짐에 따라서 상대적으로 단위당 비용이 증가하는 것은?

① 비행기 수송
② 철도 수송
③ 선박 수송
④ 자동차 수송

해설 일반적으로 자동차 수송은 운송거리가 멀어짐에 따라 상대적으로 단위당 비용이 증가되고, 철도나 선박은 감소되는 경향이 있다.

06 형태효용을 증가시키는 것은 다음 중 어느 것인가?

① 거래
② 수송
③ 저장
④ 가공

해설 가공이란 원료 농산물에 물리적·화학적 조작을 가해서 새로운 형태의 상품을 생산해 내는 것을 말한다.

| 정답 | 04 ① 05 ④ 06 ④

제11장 유통조성기능

1 의의

1. 개념
유통조성기능은 소유권 이전기능과 물적 유통조성기능이 원활히 수행되기 위한 농산물의 표준화, 등급화, 위험부담의 대처에 대한 기능 등을 의미한다.

2. 내용
수요와 공급의 품질의 불일치를 조절하는 표준화 및 등급화기능, 농산물을 유통시키는 데 필요한 자금을 융통하는 유통금융기능, 마케팅활동에 따른 위험에 대처하기 위한 위험부담기능, 유통과정 중에 유통활동을 원만하게 하기 위하여 필요한 정보의 수집, 분석에 필요한 시장정보기능 등이 이에 해당한다.

2 표준화

1. 의의
농산물은 그 속성상 크기가 균일하지 않고 품질이 동일하지 않은 경우가 많다. 이러한 농산물을 전국적으로 통일된 기준에 따라 등급을 매기고, 규격포장재에 담아 출하함으로써 농산물의 표준을 규격화할 필요가 있다.

2. 농산물의 표준을 규격화의 필요성
① 품질에 따른 가격차별화로 공정거래를 촉진할 수 있다.
② 수송 상하역 등 유통효용을 통한 유통비용의 절감이 가능하다.
③ 신용도 및 상품성 향상으로 농가소득이 증대되고, 유통효율성을 제고할 수 있다.

3. 표준규격의 정의

(1) 포장규격
포장규격은 상업표준화법에 의한 한국산업규격에 의한다. 다만, 한국산업규격이 제정되어 있지 아니하거나 한국산업규격과 다르게 정할 필요가 있다고 인정되는 경우 보관·

수송 등 유통과정의 편리성을 고려하여 그 규격을 다르게 정할 수 있다.

(2) 등급규격

등급규격은 품목 또는 품종별로 그 특성에 따라 형태·크기·수량·색깔·신선도·건조도·성분함량 또는 선별상태 등 품위구분에 필요한 항목을 설정하여 등급별 규격을 정한다.

4. 표준규격품의 표시방법

(1) 의무적 표시사항

① 품목
② 등급
③ 품종
④ 산지
⑤ 무게
⑥ 생산자의 이름 및 전화번호

(2) 권장 표시사항

① 당도
② 크기 구분에 따른 호칭

5. 팰릿규격

우리나라 표준으로 제정하여 사용하는 팰릿규격은 1,100㎜ × 1,100㎜이다.

6. 농산물 표준화로 얻어지는 이득

선별·포장출하로 소비지에서 쓰레기의 발생을 억제하며, 수송이나 적재비용을 감소시키고, 품질에 따른 정확한 가격을 형성하여 공정거래를 촉진시키며, 신용도와 상품성을 향상시켜 농가소득을 증대시킨다.

7. 표준규격화가 아직까지 미진한 이유

우리나라에서는 아직까지는 농산물 생산자의 자기 농산물에 대한 강한 주관적 의식이 작용하여 표준규격화가 큰 성과를 보이지 않는 실정이다.

3 등급화

1. 의의
① 이미 정해진 표준에 따라 상품을 적절히 구분 분류하는 과정을 말한다. 농산물은 품질이 서로 다르고 수요가 다양하기 때문에 가능한 동질적으로 분류하여 유통기관 및 소비자 기호에 맞게 가격형성 및 경영관리 능률을 개선할 수 있다.
② 최근 물적 유통시설이 확대되고, 도매시장기능이 강화됨에 따라 신용거래폭을 넓히기 위해 등급화에 의한 조성기능이 현실적으로 요구되어진다.

2. 등급화의 이점

(1) 정확한 가격형성기능
가격형성체계는 정확한 가격이 수립되고, 그것이 상대적으로 적은 비용으로 신속 정확하게 전달될 때에 능률적이다. 등급별 시장규격정보를 보도함으로써 생산자 및 소비자가 시장가격을 인용을 하게 하여 생산 및 마케팅에 대한의사결정을 가능하게 하고, 등급제도가 수급 및 가격에 대한 신뢰할 수 있는 정보수집을 가능하게 할 수 있으므로 시장정보를 판단하는 데 많은 시간 및 노력을 제거할 수 있다.

(2) 경영관리능률의 제고
저투입물로서 일정한 생산물을 얻거나 증가시킬 수 있는 어떤 것이든 이는 농산물시장의 경영관리 능률을 높이는 뜻으로서 이들 등급제도는 마케팅비용을 감소시킬 수 있다는 의미이다.

(3) 농산물 생산자의 총 수입 제고기능
특정기업이나 상인들은 등급화 계획에 보다 적응시켜 판매촉진계획을 수립할 수 있으며, 농산물의 등급·크기·성숙에 대한 기준은 총시장출하량을 규제할 뿐만 아니라 유통시기를 통한 생산물의 흐름을 용도별로 규제하여 출회기에 차별가격을 수취할 수 있어 기업의 총수익을 올릴 수 있다.

(4) 불공정거래행위 방지
농산물의 등급제도는 농산물의 거래에 있어 불공정한 거래행위를 줄일 수 있다.

3. 농산물등급화의 경제적 효과

(1) 물류기능의 효율적인 거래를 통한 유통비용의 절감

견본거래 또는 통명거래를 가능하게 함으로써 실물을 보지 않고도 견본이나 설명서만으로 거래가 가능하기 때문에 유통비용의 절감이 가능하다.

(2) 적정가격형성
시장경쟁구조를 개선하여 품지에 따른 가격차별화를 촉진하여 중간이윤을 줄임으로써 적정가격형성에 기여한다.

(3) 선물거래 또는 대량거래 가능
농산물의 매매가 표본이나 기술내용만으로도 가능할 수 있기 때문에 관념매매가 이룩될 수 있어 대량거래가 이룩될 수 있는 중계시장 거래나 선물거래가 가능하다.

(4) 농산물의 공동출하
농산물의 등급화는 농민들로 하여금 양질의 농산물을 생산하게 하는 계기를 주고, 따라서 공동출하를 가능하게 한다.

(5) 농산물의 수요증가
농산물을 등급화에 따라 적정한 가격표시는 소비자의 구매결정을 자극하는 효과가 있어, 최종적으로 농산물의 수요를 증가시킨다.

(6) 자원의 효율적인 배분
소비자의 욕구와 선호를 유통시스템을 통해 생산자에게 보다 정확하게 전달시켜 줌으로써 자원의 효율적인 배분을 촉진한다.

(7) 소비자만족 증대와 생산자 수익의 증가
소비자는 그들의 필요성과 소득수준에 맞는 특정한 품질의 상품을 선택하고 원하지 않는 것을 배제함으로써 민족을 증기시킬 수 있고, 생산자는 소비자의 품질선호를 반영함으로써 수익을 증대시킬 수 있다.

4. 농산물등급설정 시 문제점
실제로 농산물을 등급화한다는 것은 농산물을 소비자의 욕구에 맞추어 차별화하는 방법이며, 그들의 기호와 소득수준에 따라 맞는 농산물을 제공하는 것이다. 그러나 소비자에게 적절한 최적기준을 설정하는 것도 문제이며, 농산물별·품종별·지역별·시기별 차이도 다르다.

(1) 등급화의 한계
① 바람직한 등급 수는 각 등급특성에 맞추어 완전히 동질적인 생산물로 나타내는 것이다. 그러나 지나치게 세분화된 등급은 각 등급에 속하는 충분한 거래량이 없을 때에

는 의미가 없다.
② 적어도 농산물의 각 등급은 등급별 가격결정이 이루어질 수 있게 총공급량이 충분하여야 한다.
③ 농산물의 등급 수는 생산자·상인·소비자의 입장에 따라 상이한 등급 수를 적용하기도 한다. 농가나 소비자는 등급 수를 세분하나, 상인은 가급적 등급 수를 줄이려 한다.

(2) 등급설정의 기준문제
① 등급화 요소의 측정은 감각적·물리적·화학적·미생물학적 기준이나 경제적 기준에 의하여 이루어진다. 감각적이거나 가격차와 같은 기준 이외에는 객관적 기준이 어렵다. 따라서 주관적이기 쉽다.
② 등급간에는 구입자가 가격차이를 인정할 수 있도록 이질적이어야 하고 동일 등급 내에의 상품은 가능한 동질적이어야 한다.

(3) 농산물 등급설정의 주체문제
등급기준이 국가에 의해서 제정되는 경우, 생산자·소비자 그리고 상인들의 이해를 집약할 수 있는 점에서는 바람직스럽다. 그러나 소비자의 기호는 계속 변하고, 생산자도 생산계획을 수시로 변경하여야 하기 때문에 현실적 요구를 반영하지 못할 수 있다. 그러므로 소비자 기호는 생산자·소비자·상인의 일반적이고 공통적 욕구를 충족시켜 줄 수 있는 기준을 설정하기 위해서 이들 관련인들의 합의하에 어떤 기준이 설정되어야 할 것이다.

(4) 부패성문제
공산물은 생산통제가 가능하여 품질간에 차이가 적다. 그러나 농산물은 품질간의 차이가 크고, 또 출하시기와 실제 소비자가 구매하는 시기의 품질차와 지역간의 차도 달라진다. 따라서 유통과정에 따르는 품질의 감소문제를 최소하는 것이 필요하다.

(5) 등급별 명칭문제
등급별 명칭은 관계자들이 익숙해질 수 있고, 저항을 가져오지 않는 명칭이 적당하다.

4 유통금융기능

1. 의의
① 농산물유통금융이란 농산물을 유통시키는 데 필요한 자금을 빌려주거나 일정 기간 지원하는 기능을 의미한다.
② 오늘날 교환경제하에서는 재화의 이동과 반대방향으로 화폐 흐름이 있으며, 재화급부에 대한 화폐가 신용에 따른 반대급부가 없으면 교환이 성립될 수 없다.
③ 금융은 생산된 상품이 소비자나 사용자에게 이전되는 데 필요한 자금이나 신용조달을 관리하는 것으로 운전자금의 조달과 관리가 중심이 된다.

5 위험부담기능

1. 위험부담

(1) 위험부담의 개념

위험부담이란 농산물의 유통과정에서 발생할 가능성이 있는 손실을 부담하는 것이며, 여기에는 물적 위험과 경제적 위험이 있다.
① **물적 위험** : 농산물의 물적 유통기능을 수행하는 과정에서 직접적으로 받는 물리적 손해로 파손, 부패, 화재, 동해, 풍수해, 열해, 지진 등이 있다.
② **경제적 위험(시장위험)** : 농산물유통에서 농산물의 시장 가격하락에 따른 재고농산물의 가치하락, 소비자의 기호 및 유행의 변천에 따른 수요감소, 경제조건의 변화에 의한 시장축소 등에 의해 발생하게 된다.

(2) 위험부담의 대책
① 시장변동에 대한 시장조사와 경제예측을 시행한다.
② 정부의 경제관계법규와 경제정책으로 위험을 예방한다.
③ 개별위험은 예측이 어려우나, 다수 관찰을 통해 발생확률을 파악한다.
④ 위험의 자체발생을 피할 수 없어도 선물거래 등을 통해 위험을 전가할 수 있다.
⑤ 애프터서비스, 품질보증 등의 보증제도에 의한 위험을 전가할 수 있다.
⑥ 보험에 가입하여 위험을 전가할 수 있다.

6 시장정보기능

1. 시장정보의 의의와 중요성

(1) 시장정보의 의의

① 시장정보의 기능은 유통과정 중에 유통활동을 원만하게 하기 위해 필요한 정보의 수집, 분석 및 분배 활동 등이다.

② 오늘날 경영규모가 확대되고 많은 경쟁자가 시장점유율의 확보·유지·확대를 위한 경쟁이 치열함으로써 시장과 고객에 대한 정확한 시장정보를 수집·집계·분류·분석·해석·응용하는 유통정보관리제도를 확립해야 한다.

③ 유통에 필요한 정보는 유통활동의 기초 자료가 되므로 소비자의 욕구, 기호, 판매경로, 경쟁상황, 경기변동, 정부규제, 국제경제 환경구조, 사회적·문화적·경제적·법적·정치적 환경변화에 관련된 정보를 경영관리의 의사결정에 활용해야 한다.

(2) 시장정보의 효과

① 생산자, 소비자, 상인이 모두 접근할 수 있어야 한다.

② 유통활동의 불확실성을 감소시켜 위험부담 비용을 줄인다.

③ 상품의 등급화나 규격화와 연결되어 유통기간을 감소시킨다.

④ 시장정보는 유통에 참가하고 있는 사람들간에 경쟁력을 유지하게 함으로써 자원배분의 비효율성을 완화시킨다.

2. 시장정보의 기준과 종류

(1) 시장정보의 기준

① 전체 시장에 대하여 완전하고 종합적이어야 한다.

② 정확하고 신뢰성이 있어야 한다.

③ 실용성이 있어야 한다.

④ 생산자·소비자·상인 모두가 똑같이 접근할 수 있는 정보이어야 한다.

(2) 시장정보의 종류

① **사적 유통정보** : 상인이나 민간유통업체가 그들 자신의 유통활동에 이용할 목적으로 수집 분석한 정보를 말한다.

② **공적 유통정보** : 정부가 공공단체에 의해서 수집·분석·배포되는 공식정보로써 그 이

용이 모든 사람에게 개방되어 있다.
③ **시장정보** : 구매자와 판매자가 거래상품의 수량과 품질, 거래장소 및 시간, 거래방법 등에 관한 의사결정을 내리는 데 이용될 수 있는 단기적 정보를 의미한다.
④ **관측정보** : 농산물의 생산, 수요, 가격 및 그 밖에 농업과 관련되는 불확실한 미래상황을 과학적으로 예측하여 얻은 장기전망에 관한 정보를 말한다.

3. 시장정보의 구비조건

① **완전성** : 모든 이용자의 수요를 최대로 충족시킨다.
② **정확성** : 정확한 정보는 정확한 의사결정을 가능하게 한다.
③ **적시성** : 의사결정에 필요한 시점에서 적절한 시장정보가 요구된다.

기출핵심문제

01 단위화물적재시스템(Unit Load System)의 장점에 대한 설명 중 관계가 먼 것은?

① 하역작업 시 파손과 오손, 분실 등을 방지할 수 있다.
② 포장이 간소화 되고 포장비용이 절감된다.
③ 저장 공간 및 운송의 효율성을 높일 수 있다.
④ 소액의 자본 투자로 최대의 효율을 달성할 수 있다.

해설 유닛로드의 목적 : 화물취급단위에 대한 단순화와 표준화를 통하여 기계하역을 보다 용이하게 하고 하역능력향상과 비용절감을 꾀함과 동시에 수송 및 보관업무의 효율적인 운용과 수송포장의 간이화를 가능하게 하는 데 있다. 유닛로드를 도입하면 물류의 수많은 과정에서 발생할 수 있는 파손이나 실수를 감소시킬 수 있다.

02 농산물표준규격화에 대한 설명으로 옳지 않은 것은?

① 농산물의 상품성 제고, 유통능률의 향상 및 공정한 거래실현에 기여할 수 있다.
② 표준규격의 거래단위는 각종 포장용기의 무게를 포함한 내용물의 무게 또는 개수를 말한다.
③ 유닛로드시스템 중 컨테이너화 방식은 국제복합운송에 적합하다.
④ 우리나라의 표준으로 제정하여 사용하는 팰릿(Pallet)규격은 1,100mm × 1,100mm이다.

해설 표준규격의 거래단위는 각종 포장용기의 무게를 제외한 내용물의 무게 또는 개수를 말한다.

03 표준규격화가 아직까지 큰 성과를 보이지 않은 이유 중 가장 알맞은 것은?

① 농가 출하규모의 규모화 · 집합화
② 생산자의 자기 농산물에 대한 강한 주관적 의식 작용
③ 산지에 과잉 노동력의 존재
④ 소비자의 표준규격화 규정 완전 숙지

해설 생산자의 자기 농산물에 대한 주관적 의식이 강하게 작용할 때 표준규격화는 성과를 보지 못하게 된다.

| 정답 | 01 ④ 02 ② 03 ②

04 농산물 등급화의 효과가 아닌 것은?

① 품질에 따른 가격차별화를 촉진한다.
② 견본거래를 가능하게 한다.
③ 농산물의 공동출하를 용이하게 한다.
④ 영농다각화를 촉진한다.

해설 영농집약화를 촉진하게 한다.

05 선물시장에서 실물을 인도하거나 인수하지 않더라도 가격이 불리하게 움직일 가능성에 대비하여 거래자가 반드시 예치해야 할 부담금을 무엇이라고 하는가?

① 순거래(Net Position)
② 마진콜(Margin Calls)
③ 마진(Margin)
④ 베이시스(Basis)

해설 마진 : 선물거래는 미래에 대한 거래이기에 계약이행을 보장하기 위해서 거래자가 예치하여야 할 부담금을 의미한다.

06 유통조성기능 중 시장정보에 대한 설명으로 적절한 것은?

① 시장정보는 완전성 · 정확성 · 객관성 · 적시성 · 유용성 등이 충족되어야 된다.
② 생산자의 판매계획 의사결정에는 유용하지만, 투자계획과는 무관하다.
③ 유통활동의 불확실성을 감소시키는 대신 유통비용을 대폭 증가시킨다.
④ 시장정보는 생산자, 상인에게는 매우 유용하지만, 소비자의 구매에는 영향을 미치지 못한다.

해설 유통정보의 요건으로는 완전성, 정확성, 객관성, 적시성, 유용성 등이 충족되어야 된다.

정답 | 04 ④ 05 ③ 06 ①

제12장 마케팅 조사

1 전략과 환경분석

1. 전략의 개념과 수준

(1) 전략의 개념

'전략을 세운다'는 것은 분석적이고 의도적인 과정이며, 이 과정에서 분석도구와 기법의 적용을 통해 전략이 수립된다.

① 전략(Strategy)의 정의 : 전략은 환경의 제약 아래서 목표 달성을 위해 조직이 사용하는 주요 수단으로서 환경과 자원동원의 상호작용 유형이다.

② 전략의 구성 요소 : 목표와 상황 및 행위의 세 가지가 있다. 즉 전략은 정확한 조직의 목표를 세우고, 기업활동의 제약조건이 되는 환경을 분석하며, 환경에 대해 조직이 대응(행위)해 나가는 과정을 의미한다.

(2) 전략의 수준

① 전략의 계층별 구분

㉠ 전사적 전략 : 사업의 영역을 선택하고 여러 사업을 효과적으로 관리할 것인가라는 문제를 주로 다룬다.

㉡ 사업부 전략 : 특정 사업 영역 내에서 경쟁우위를 획득하고 유지해 나가는 방법에 관한 문제를 다룬다.

㉢ 기능 전략 : 사업부 전략으로부터 도출되며, 상위의 전략을 효과적으로 실행하기 위한 수단으로서 역할을 한다.

② 마케팅 전략은 경영층이 기업 전체의 주된 업종과 효율적인 경쟁 방법에 관한 의사결정이 이루어진 후 마케팅 부분의 목적을 수립하고, 시장, 경쟁 등에 관한 분석을 행하며, 자사 내의 마케팅 자원을 효율적으로 활용하는 방안에 관한 결정을 하게 된다.

2. 마케팅의 정의와 판매

(1) 마케팅의 정의

① 기업이 보다 많은 상품을 팔아서 이익을 올리기 위한 활동 전체를 마케팅이라고 한다.

② 마케팅은 개인이나 조직의 목표 달성을 위해 필요로 하는 교환을 창조하기 위해서 상품을 개발하고, 가격을 결정하며, 상품에 대한 촉진과 유통을 계획하고 수행하는 과

정이다.

(2) 마케팅과 판매

① 판매는 어떻게든 많이 팔기만 하면 된다는 생각이 앞서는 행위이지만, 마케팅은 좋은 상품을 소비자에게 제공하고자 하는 기업활동이다.

② 판매에서는 만든 것을 판다고 하는 생각이 우선이지만, 마케팅은 팔리는 것을 만든다는 입장에 바탕을 두고 있다.

③ 판매는 판매부서가 파는 일에 전념하고 인사, 제조, 구매, 재무 등 다른 부서는 자기 자신의 업무만 하면 된다는 생각이 지배적인 반면에, 마케팅에서는 기업 차원에서 파는 업무를 회사 전체적으로 효율화하는 것이다.

④ 과거에는 판매 후에 서비스를 실시하였지만, 마케팅 시대에는 만들기 전부터 사전 서비스를 실시하고 판매 중 서비스도 강화해 나간다.

3. 마케팅 환경분석

(1) 환경분석의 개념

① 마케팅 환경이란 마케팅 목표실현을 위해 수행되는 마케팅 관리활동에 영향을 미치는 여러 행위주체와 영향요인을 말한다.

② 환경이란 기업활동의 제약조건을 의미하며, 이는 기업이 어떤 노력을 통해서 환경을 변화시킬 수 없음을 의미한다.

③ **환경이 기업에 미치는 영향의 중요성** : 환경의 변화가 어떤 기업에는 기회로, 또 다른 기업에는 위협으로 작동할 수 있다는 데 기인한다.

④ **환경의 구분** : 거의 모든 기업에 동시에 영향을 미치는 거시환경과 해당 기업에 속해 있는 산업에 주로 영향을 미치는 미시환경으로 나누어 생각할 수 있다.

   ㉠ 거시환경 : 거시적 환경요인에는 인구통계학적 환경, 경제적 환경, 자연적 환경, 사회적·문화적 환경 등이 포함된다. 가처분소득도 농산물마케팅의 거시환경요인에 속한다는 점에 주의를 요한다.

   ㉡ 미시환경 : 미시환경은 마케팅 활동의 개별주체들 간의 관계로 구성되어 있다. 고객, 경쟁업자, 중간상인, 원료 공급업자 등이 미시환경에 포함된다. 미시적 환경은 유통업자 스스로의 노력에 의해 변경이나 개선이 가능하다는 점에서 거시환경과 비교된다.

(2) SWOT분석

SWOT분석이란 기업 내부의 강점과 약점을 파악하여 환경의 기회요인을 포착하고 위협요인을 회피하는 전략의 수립이 이루어져야 한다는 모형인데 강점(Strength), 약점(Weakness), 기회(Opportunity), 위협(Threat)의 머리글자로 만들어졌다.

① 시장 기회와 위협의 발견
  ㉠ 기업의 마케팅 기회란 경쟁자가 따라 하기 어려운 자사만의 강점을 발휘할 수 있는 마케팅 활동의 무대를 말한다.
  ㉡ 환경변화에 따라서 기회와 위협의 내용은 달라진다. 환경은 일반적인 수준의 일반환경과 기업의 활동과 직접 관련된 과업환경으로 분류된다.
    • 일반환경 : 정치, 경제, 문화, 자연 등과 같은 것으로서 사회 구성원 모두에게 폭넓게 영향을 미친다. 기업과 소비자도 이러한 일반환경의 변화에 영향을 받는다.
    • 과업환경 : 특정 기업이 특정 산업이나 시장에서 직접적으로 경험하게 되는 환경요인을 말한다.

② 기업의 강점과 약점 분석
  ㉠ 기업은 강점을 활용하고 약점을 보완할 수 있는 마케팅 활동을 수행해야 한다. 이를 위해서는 기업이 가지고 있는 마케팅 자원과 능력에 대한 분석이 우선적으로 이루어져야 한다.
  ㉡ 경쟁자와 차별화된 상품, 서비스 및 이미지를 제공하는 데 도움이 될 수 있는 자원을 찾아내서 더욱 강화할 필요가 있다.

(3) 농산물마케팅 환경을 분석할 때 직접적으로 고려해야 할 요인
  ① 소비자의 농산물 기호변화 등 소비구조의 변화
  ② 경쟁자의 생산량, 가격정책 등 경쟁환경의 변화
  ③ 농산물유통기구, 유통경로 등 시장구조의 변화

2 마케팅 조사

1. 마케팅 조사의 의의 및 영역

(1) 마케팅 조사의 의의
  ① 마케팅의 정의
    ㉠ 마케팅 조사는 관련이 있는 사실들을 찾아내고 분석하며 가능한 조치를 제시함으

로써 마케팅 의사결정을 돕는 역할을 한다.
    ⓒ 기업의 마케팅 활동을 효율적으로 수행하기 위해서는 객관적이고 체계적인 정보수집을 목적으로 하는 마케팅 조사가 선결되어야 한다.
② 마케팅 조사의 역할 및 절차
    ㉠ 마케팅 조사의 역할 : 여러 상황에 따라 여러 가지 해결방안을 제시하여 의사결정에 관련된 불확실성을 감소시켜 의사결정을 돕는 역할을 하는 것이다.
    ㉡ 마케팅 조사는 과학성과 전문성이 전제되어야 한다.
    ㉢ 마케팅 조사의 절차 : 문제의 정의, 조사설계, 표본설계와 자료수집, 그리고 결과를 해석하고 보고하는 단계를 거치면서 이루어진다.

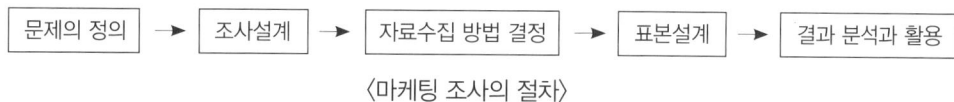

〈마케팅 조사의 절차〉

(2) 마케팅 조사의 유의점

① 마케팅 조사의 영역
    ㉠ 시장의 사정이나 소비자의 요구 또는 동업자의 실태 등을 면밀히 파악한다.
    ㉡ 상품의 공급 상황과 수요예측을 정확하게 파악하기 위한 시장조사이다.
    ㉢ 수요예측은 유효수요뿐만 아니라 잠재수요도 파악해야 한다.
    ㉣ 정확한 마케팅 조사가 있어야 판매목표 설정을 위한 정확한 판매예측이 가능하다.

② 마케팅 조사의 능력
    ㉠ 소비자와 경쟁자에 대한 적절한 정보수집 능력이다.
    ㉡ 수집된 정보를 의사결정에 활용될 수 있는 유용한 정보로 전환할 수 있는 분석시스템 능력이다.
    ㉢ 분석된 의사결정 정보를 기업의 각 하위조직 및 기능간에 공유하여 의사결정에 신속히 반영되게 하는 능력이 우선적으로 필요하다.

③ 마케팅 조사 시 유의점
    ㉠ 사전에 구체적이고 면밀한 조사계획이 수립되어야 한다.
    ㉡ 조사를 하는 당사자들의 편견, 특히 마케팅 관리자의 선입견이나 감정이 개입되지 않은 상태에서 조사가 진행되어야 한다.

2. 마케팅 시장조사의 기법

(1) 관찰법

질문과 답변을 통해서 정보를 수집하는 것이 아니라 응답자의 행동과 태도를 조사·관찰하고 기록하는 방법으로 정보를 수집한다.

① **관찰법의 정의** : 관련이 있는 사람들이나 그들의 행동 또는 상황 등을 직접 관찰하여 자료를 수집하는 방법이다.

② 관찰은 사람들이 제공할 수 없거나 제공하기를 꺼려하는 정보를 얻는 데 적합한 방법이지만, 느낌이나 태도, 동기 등은 관찰을 할 수 없고, 소비자들의 장기적인 행동도 관찰하기 어렵다.

③ **조사자가 가장 유의해야 할 점** : 피관찰자가 눈치를 채지 못하도록 자연스럽게 관찰해야 한다.

④ 관찰법의 장단점

장점	・자료를 수집하는 데 응답자의 협조의도나 응답능력이 문제가 되지 않는다. ・조사자에서 발생하는 오류를 제거할 수 있다. ・일반적으로 객관성과 정확성이 높다.
단점	・태도, 동기 등과 같은 심리적 현상은 관찰할 수 없다. ・장기간에 걸쳐서 발생하는 사건도 관찰하기 어렵다. ・사적인 활동(예: 양치질이나 TV시청 등)을 관찰하기 어렵다. ・설문지에 비해 비용이 많이 든다. ・관찰 대상자가 자신이 관찰되고 있다는 사실을 알면 평상시와 다른 행동을 할 수도 있다.

(2) 서베이법(질문조사법)

① **서베이법의 정의** : 일련의 질문사항에 대하여 대인조사, 전화조사, 우편조사, 등을 이용하여 피조사자가 대답을 기술하도록 하는 방법으로 많은 대상을 단시간에 일제히 조사할 수 있는 장점이 있다.

② **서베이법의 장점** : 응답자의 인구통계적 특징, 태도의 의견의도, 행동의 동기 등 광범위한 정보를 수집할 수 있고, 많은 정보를 짧은 시간에 저렴하게 수집할 수 있다.

③ **시행방법에 따른 구분** : 편지(우편)에 의한 방법, 전화로 하는 방법, 개인 인터뷰(면담)의 방법이 있다.

구분	면담	전화	우편
의사소통의 융통성	많다	보통	없다
수집 가능한 자료의 양	많다	보통	많다

조사자로 인한 오류 가능성	많다	많은 편	없다
질문순서 오류 가능성	없다	없다	많다
자료수집 속도	빠르다	아주 빠르다	늦다
응답률	높다	높다	낮다
비용	높다	보통	적다
복잡한 질문 가능 여부	가능	어느 정도 가능	불가능

④ 서베이방식의 문제점
  ㉠ 조사자의 오류 가능성 : 질문자의 인상이나 질문하는 방법, 태도 등에 따라 응답자들의 반응이 달라질 가능성을 의미한다.
  ㉡ 질문 순서의 오류 가능성 : 설문지를 순서대로 답하지 않음으로써 생길 수 있는 오류를 의미한다.
  ㉢ 비용 : 우편이 제일 적게 드는 것이 일반적이나, 응답률이 지나치게 낮은 경우에는 반드시 제일 저렴하다고 할 수 없다.
  ㉣ 수집 가능한 정보의 양 : 전화방법은 시간의 제약 등으로 한 번에 많은 질문을 할 수 없기 때문에 수집할 수 있는 정보의 양은 적은 편이다.

⑤ 최근에는 컴퓨터의 도움을 받는 방식(CADAC), 인터넷으로 조사하는 방식 등이 널리 사용되고 있다.
  ㉠ 전화로 조사자가 질문하면서 응답을 컴퓨터에 즉시 입력하는 방식 혹은 조사 대상자가 직접 컴퓨터에 응답을 입력하는 방식 등이 사용된다.
  ㉡ 인터넷을 통한 광범위한 조사 : 가장 단순한 형태는 e-mail로 회송하는 형식이다.

(3) 설문지 작성

① **설문지의 정의** : 응답자에게 물어볼 질문 문항의 목록이다. 여기서 각 질문 문항은 실제로 응답자에게 질문할 말을 그대로 기술해야 하고, 질문할 순서대로 배열해야 한다.
② **설문지 설계 전 확인사항** : 어떤 정보가 필요한가, 그 정보는 어떻게 측정되는가, 정보의 원천은 무엇인가, 그 정보는 어떠한 분석방법을 활용하는가, 그 정보는 어떤 결과를 유도하는 데 사용될 것인가
③ 질문 내용이 확정되면 설문지를 작성하게 된다.
④ **질문의 여러 가지 기법** : 질문 1(주관식 질문의 예), 질문 2("예"와 "아니오"를 답하면 되는 찬성-반대형 척도), 질문 3(의미차별화 척도의 예)

(4) 표적 집단 면접법

조사자가 응답자 집단을 대상으로 특정한 주제를 가지고 자유로운 토론을 벌여 필요한 정보를 획득하는 방법이다.

① 제품 개발에 대한 정보를 획득한다.
② 신제품에 대한 성공 가능성을 타진한다.
③ 조사의 가설설정을 위한 정보를 획득한다.
④ 조사도구 작성에 필요한 정보를 획득한다.
⑤ 조사에 대한 재검증을 하도록 한다.

(5) 소비자 패널 조사법

동일 표본의 응답자에게 일정 기간 동안 반복적으로 자료를 수집하여 특정구매나 소비행동의 변화를 추적하는 조사법이다.

(6) 실험조사

신제품에 대한 광고시안을 몇 개의 소비자 집단에 보여주고 그 중에서 소비자의 선호정도 및 기억정도가 가장 높은 광고를 선정하고자 할 때 적합한 조사방법이다.

(7) 모의시장 시험법

직접 시장시험을 통해서 신제품 수요를 예측하는 마케팅 조사 기법이다.

3. 마케팅 조사의 절차

(1) 문제의 정의

① 문제를 정확히 정의하는 것은 마케팅 조사에서 가장 먼저이자 중요한 단계이다.
② 문제란 조직의 목표를 달성하는 데 방해가 되는 장애라고 할 수 있는데, 문제를 정확히 정의해야지만 문제를 해결하는 데 필수적인 자료를 밝히고 수집할 수 있다.
③ 문제의 정의를 목적으로 행해지는 조사가 탐색조사이다.

(2) 조사설계

조사설계는 문제에 관해 구성된 사설을 검증하기 위한 포괄적인 계획을 의미하는 것으로, 문제의 해결을 위하여 필요한 정보가 무엇인가를 파악하고 그 정보를 효율적으로 수집하기 위한 과정이다.

(3) 자료수집 방법의 결정

지금 행하고 있는 조사가 아닌 다른 조사를 목적으로 이미 수집해 놓은 자료를 2차 자료(Secondary Data)라 하고, 현재의 문제를 해결하기 위한 조사를 목적으로 수집해야 하는 자료를 1차 자료(Primary Data)라 한다.

① 1차 자료 : 조사문제를 해결하기 위해 마케팅 조사자가 필요한 자료를 직접 수집한 자료를 말한다.

② 2차 자료
  - ㉠ 2차 자료(Secondary Data)의 정의 : 조사문제를 해결하기 위하여 마케팅 조사자가 아닌 다른 주체에 의해 이미 수집된 자료를 지칭한다. 정부자료나 기업정보자료가 이에 해당한다.
  - ㉡ 2차 자료의 장단점
    - 장점 : 의사결정 문제에 도움이 될 경우에 시간과 비용을 절감할 수 있다.
    - 단점 : 다른 목적을 위해 수집된 자료이기 때문에 의사결정에 필요한 정보를 제공하지 못하거나, 시간이 경과하여 가치가 별로 없는 경우도 있다.
  - ㉢ 2차 자료의 분류방법
    - 내부 자료 : 마케팅 활동 분석 자료, 입장권 판매 추이 분석, 관중 입장 변화 분석, 스폰서십, 방송중계권 계약 내용 등
    - 외부 자료 : 정부간행물, 정기간행물, 각종 유관협회 자료, 기업의 영업 보고서, 사설 연구 보고서, 프로 연맹, 방송국 등

(4) 표본설계

① 전수조사와 표본조사
  - ㉠ 전수조사 : 얻고자 하는 정보를 가지고 있는 조사대상을 모두 조사하는 방식이다. 인구조사 센서스가 그 예이다.
  - ㉡ 표본조사 : 대상자 중 일부만 대상으로 조사하는 방식이다.
    - 조사대상의 선정은 어떻게 표본을 추출할 것이냐의 문제로서, 잘못된 표본을 추출하면 조사 전체를 망쳐 버리게 되므로 매우 중요한 단계이다.
    - 표본추출의 핵심 : 어떻게 하면 모집단이 가지고 있는 특성을 그대로 가지고 있는 대표성 있는 표본을 추출하느냐에 있다.

② 표본추출을 하는 순서 : 모집단을 정확히 정의하고, 표본추출 방법을 결정하고, 표본의 크기를 정하는 순으로 진행된다.

③ 표본의 추출 방법
  ㉠ 확률표본추출법 : 통계적인 방법을 통해 객관적으로 표본을 추출하는 방법이다.
    - 단순임의추출 : 모든 표본의 요소들이 선정될 가능성이 똑같고 또 그 확률을 알 수 있고, 어떤 n개의 표본이 선정될 확률이 다른 n개의 표본이 선정될 확률과 똑같게 되게끔 추출하는 방법이다.
    - 층화추출법 : 모집단을 어떤 기준에 의해 중복되지 않고 빠지는 부분이 없도록 몇 개의 층으로 나누고, 모집단의 비율에 따라서 각 층 내에서 단순임의추출을 통해 추출하는 방법이다.
  ㉡ 비확률표본추출법 : 이름대로 통계학적 방법을 쓰지 않고 조사 목적에 맞을 것이라는 판단에 의해서 순전히 편의상 혹은 할당에 의해 표본을 추출하는 방법이다. 여기서 널리 사용되는 방법이 할당추출법인데, 이는 표본 중 어떤 특징을 가지는 비율이 모집단이 그 특징을 가지고 있는 비율과 비슷하게 되게끔 할당하여 표본을 추출하는 방법이다.

(5) 결과의 분석과 활용

① 자료를 수집하면, 자료 분석을 용이하게 하기 위해 관찰된 내용에 일정한 번호를 붙이는 과정인 코딩을 한 다음 컴퓨터에 입력하여 여러 통계적 기법을 써서 분석한다.
② 그 다음 단계는 분석한 결과를 마케팅 관리자의 의사결정에 도움이 되도록 문장과 도표로 정리한다.
③ 보고서에는 자료의 분석에 근거하여 마케팅 문제에 대한 대안이 제시되어야 한다.
④ 마케팅 조사의 결과는 사내에 축적되어야 하며, 이러한 결과들이 데이터베이스에 축적되고 계속 누적 수정됨으로써 계속 발생하는 마케팅 의사결정에 도움을 주어야 한다.

기출핵심문제

01 농산물마케팅에서 거시적 환경요인에 해당하는 것은?

① 금융회사
② 가처분소득
③ 농산물물류시설
④ 유통조직관리자

해설 마케팅 환경을 둘러싼 거시환경은 자연환경과 인문환경으로 나눌 수 있다. 인문환경은 경제적·기술적 환경, 정치적·행정적 환경, 사회적·문화적 환경 등이 있다. 가처분소득은 경제적 환경요인에 속하는 거시적 환경에 해당한다.

02 동일 표본의 응답자에게 일정 기간 동안 반복적으로 자료를 수집하여 특정구매나 소비행동의 변화를 추적하는 마케팅 조사법은?

① 소비자 패널조사법
② 심층 집단면접법
③ 초점집단조사
④ 실험조사법

해설 마케팅 조사의 한 방법으로 소비자 패널조사법은 동일표본의 응답자에게 일정 기간 동안 반복적으로 자료를 수집하여 소비자의 행동의 변화를 추적하는 조사법이다.

03 다음은 마케팅 전략수립을 위한 상황분석이다. ( ) 안의 용어로 옳은 것은?

| 기업 내부어건으로 ( )과(와) ( ), 기업 외부요인으로 ( )과(와) ( )을(를) 분석한다. |

① 기회 – 강점 – 약점 – 위협
② 강점 – 기회 – 위협 – 약점
③ 강점 – 약점 – 기회 – 위협
④ 기회 – 위협 – 강점 – 약점

해설 **8회 기출** | 농산물마케팅 전략수립을 위한 상황분석으로서 기업은 내부요건으로 강점과 약점을, 기업 외부요인으로 기회와 위협요인을 분석하는 SWOT분석이 자주 이용된다.

| 정답 | 01 ② 02 ① 03 ③

04 설문지를 통하여 정보를 수집하는 방법을 무엇이라 하는가?

① 관찰법
② 실험법
③ 서베이법
④ 면담법

해설 서베이법은 대상자에게 질문하여 자료를 얻는 방법. 즉 설문지를 통해 정보를 수집하는 방법이다.

05 소수의 응답자들을 한 장소에 모이도록 한 다음 자유스러운 분위기 속에서 사회자가 제시하는 주제와 관련된 정보를 대화를 통해 수집하는 마케팅 조사법은?

① 델파이법
② 표적집단면접법
③ 심층면접법
④ 실험조사법

해설 9회 기출

② 조사자가 전문적인 지식을 가진 6~12명 가량의 동일집단으로 하여금 신제품에 대하여 자유롭게 토론하게 한 다음 토론과정을 분석해서 필요한 정보를 추출하는 방법이다.
① 정리된 자료가 별로 없고, 통계모형을 통한 분석을 하기 어려울 때 관련 전문가들을 모아 의견을 구하고 종합적인 방향을 전망에 보는 기법이다.
③ 1명의 응답자와 일대일 면접을 통해 소비자의 심리를 파악하는 조사법이다.
④ 신제품에 대한 광고시안을 몇 개의 소비자 집단에 보여 주고 그 중에서 소비자의 선호정도가 가장 좋은 광고를 선정하는 등의 조사방법이다.

정답 | 04 ③ 05 ②

제13장 소비자 행동론과 마케팅 전략

1 소비자 행동분석

1. 소비자 행동분석의 의의와 과정

(1) 소비자 행동분석의 의의

① 소비자가 상품을 구매하는 바탕에는 욕구가 존재한다.

② 소비자의 의사결정은 일정한 단계를 거치게 된다.

③ 마케팅 관리자는 급변하는 시장환경 속에서 다양한 소비자 욕구를 만족시킬 수 있도록 소비자 행동을 체계적으로 이해할 필요가 있다.

(2) 소비자 구매 의사결정 과정

① **문제 인식** : 상태가 바람직한 상태가 아닌 경우에 발생하게 된다. 기업은 인위적으로 현재의 상태와 바람직한 상태 간에 간격을 만들기 위해 마케팅 활동을 통해 소비자들에게 문제가 있다는 것을 알려 인식하도록 만들 수도 있다.

② **정보의 탐색** : 소비자가 정보탐색을 시작하는 것은 문제를 인식하여 해결하기 위해 시작된다. 정보의 탐색에는 많은 시간과 노력이 소요되므로 소비자는 대체로 소수의 대안들에 대해서만 정보를 탐색하게 된다.

③ **대안의 평가**

   ㉠ 보완적 방식 : 평가기준에 따라 좋은 것과 나쁜 것이 있지만 속성의 감정이 약점을 보완하여 평가하는 방식이다.

   ㉡ 비보완적 방식 : 가장 중요 시 여기는 속성에서 가상 좋은 평가를 받은 상표를 선택하는 방식으로, 다른 속성들은 고려하지 않고 가장 경제적이라는 이유만으로 선택하는 경우가 이에 해당된다.

④ **구매 결정 및 구매** : 최선의 상표는 여러 대안을 평가한 후 선택하지만 구매가 결정된 상표가 항상 구매되는 것은 아니다. 제품의 품절, 타 상표의 세일, 다른 사람의 영향 등으로 인해 구매 결정된 상표를 구매하지 않을 수 있다.

⑤ **구매 후 평가** : 소비자는 구매 이후의 불안감 해소를 위해 자신의 행위를 합리화하게 되고, 긍정적인 만족으로 이어지지 않으면 불만족으로 이어지게 된다.

2. 소비자 구매행동의 유형

(1) 저관여 구매행동

① **습관적 구매행동** : 습관적 구매 시 소비자는 상표에 대해서 그다지 많은 정보를 얻으려 노력하지 않으며, 상표를 구매할 것인가에 대해 별로 신중하게 생각하지 않는다.

② **다양성 추구 구매행동** : 구매하는 상품에 대해 소비자의 관여도가 낮으면서도 상표 간 차이가 뚜렷한 경우 소비자는 다양성 추구 구매행동을 하는 경우가 많다. 소비자는 다양성을 추구하기 위해 브랜드 전환(Brand Switching)을 하게 된다.

③ 과일, 채소 등을 구입할 때 소비자는 경험이나 습관에 의해 쉽게 구매결정을 내리는 저관여 구매행동을 하게 된다.

(2) 고관여 구매행동

① 소비자가 어떤 상품의 구매에 있어서 높은 관심을 기울이는 것을 고관여 구매행동이라고 한다.

② 고관여 구매행동의 경우 소비자는 먼저 상품에 대한 지식을 근거로 하여 그 상품에 대해 주관적인 신념(Belief)을 가지게 된다.

③ 친환경농산물과 같이 소비자의 관심이 큰 상품은 신중하게 의사결정을 내리는 고관여 구매행동을 한다.

(3) 상품판매전략

저관여 상품의 판매를 확대하려면 친숙도를 높여야 하고, 고관여 상품은 다양한 상품정보를 제공하여야 한다.

3. 소비자 행동에 영향을 미치는 요인

(1) 사회적 요인

① **문화** : 가치관, 태도, 살아가는 방식 등을 특정 사회가 지니고 있는 것을 총칭한다.

② **사회계층** : 비슷한 수준의 경제력과 사회적 지위를 가진 사람들의 집합으로 볼 수 있다.

③ **준거집단** : 직접적으로 혹은 간접적으로 개인의 태도나 행동에 영향을 미치는 가족, 친지, 직장동료, 교회 등을 총칭하는 집단개념이다.

④ **가족** : 구매행동에 가장 큰 영향을 미치는 준거집단으로 핵가족사회의 특징이 나타나고 있다.

(2) 개인적 요인

① **인구통계적 특성** : 나이, 성별, 소득 등 개인적 특성을 의미하는데, 이는 나이와 관련

하여 가족생활주기에 따라 소비패턴이 달라진다.

② 인성 : 삶의 양식에 대한 태도, 관심분야, 자신과 주위 세계에 대한 생각이 반영된 특성이다.

③ 개성 : 심리적 특성, 사교성, 자율성, 사회성, 적극성, 과시성 등의 여러 가지 특성이 개인의 다양한 주위 환경에 대해 일관성을 가지고 지속적인 반응을 가져오는 것이라 볼 수 있다.

(3) 심리적 요인

① 태도 : 후천적으로 학습된 것으로 한 번 형성되면 오래 지속되는 태도는 어떤 대상이나 대상들의 집합에 대해 일관성 있게 호의적 또는 비호의적으로 반응하려는 학습된 선호 경향이다.

② 학습 : 소비자의 경험이나 외부 정보로 특정의 지식, 태도, 행동을 형성하거나 변경하는 것이다.

③ 동기 : 사람으로 하여금 행동하도록 충동시키는 데 충분한 압력을 가하는 욕구를 뜻한다. 매슬로는 인간에게는 다섯 종류의 욕구가 있고 이들은 서로 계층을 이루고 있다고 하였다. 생리적 욕구, 안전욕구, 사회적 욕구, 존경욕구, 자아실현 욕구가 그것이다.

④ 인터넷과 소비자 행동 : 인터넷은 익명성이라는 특징으로 인해 사회적 영향력이 줄어들며, 오프라인의 경우와는 다른 방식으로 소비자들은 제품의 품질에 대해 판단하게 된다.

(4) 문화적 요인

생활양식, 국적, 종교, 인종, 지역 등에 따라 소비자의 행동에 영향을 미치는 요인을 문화적 요인이라 한다.

4. 소비자의 구매동기

(1) 제품동기

소비자가 개인적 욕망을 충족시키기 위하여 특정제품을 구매하게 되는 동기로서 농산물 구매의 경우에는 합리성, 편의성, 농산물의 균일성, 가격의 저렴성 등을 들 수 있다.

(2) 애고동기(기업동기)

소비자가 제품을 구매 시 어느 기업제품을 선택하느냐의 동기로서 구매요인은 판매점의 명성과 신용, 가격, 품질 편리한 위치, 서비스, 광범위한 상품의 구비 등이다.

① 감정적 애고동기 : 특정 생산단지에 대한 친근감, 매력적인 점포와 진열장, 취급하는 농산물에 대한 친근감, 주위의 권유 등에 의해 구입하는 동기이다.

② 합리적 애고동기 : 적절한 가격, 좋은 품질, 디자인 등에 영향 받아 구입하게 되는 동기이다.
③ 사회지향 동기 : 소비자의 상품구매 특성이 건강 및 환경문제에 민감하고 기업의 윤리적 측면을 고려함에 따라 마케팅과제를 삶의 질 향상과 인간지향 및 사회적 책임을 중시하는 구입동기이다.

5. 소비자의 구매관습

(1) 구매관습의 유형
① 충동구매 : 소비자가 사전계획이나 준비 없이 상품을 보고 즉각적인 결심에 의해 구매하는 구매행위이다.
② 회상구매 : 소비자가 진열상품을 보는 순간 집에 재고가 없다거나 소량이 남아있음을 상기하고 구매하는 행위이다.
③ 암시구매 : 진열상품을 보고 이에 대한 필요성을 구체화되었을 경우에 나타나는 구매행위이다.
④ 일용구매 : 소비자가 어떤 상품 구매에 있어 최소의 노력으로 가장 편리한 지점에서 하는 구매이다.
⑤ 선정구매 : 소비자가 상품의 품질, 형상 및 가격 등의 조건에 대하여 여러 점포에서 구입대상 상품을 서로 비교·검토하여 가장 유리한 조건으로 구매하는 행위이다.

2 마케팅 전략

1. 마케팅의 전략

(1) 시장점유 마케팅 전략(공급자 중심의 전략)
① STP 전략(Segmentation-Targeting-Positioning) : 수요자집단을 인구·경제적 특성에 따라 세분화하고, 세분화된 시장에서 자신의 상품과 일치되는 수요집단을 선정하여 다양한 공급경쟁자들 사이에서 자신의 상품을 위치시키는 상품전략이다.
② 4P믹스 전략 : 제품, 가격, 유통경로, 홍보의 측면에서 차별화를 도모하는 전략이다.

(2) 고객점유 마케팅 전략(수요자 중심의 전략)
고객의 주의(Attention)를 모으고 관심(Interest)을 유발하며, 상품에 대한 욕구(Desire)를 자극하여 구매행동(Action)을 일으키는 고객점유 마케팅이다.

(3) 관계 마케팅 전략(공급자 수요자의 관계유지 마케팅)

생산자와 소비자의 장기간·지속적 관계유지를 주축으로 하는 마케팅 전략이다.

2. STP 전략(Segmentation-Targeting-Positioning)

마케팅 프로세스는 시장 세분화(Segmentation), 표적시장의 선정(Targeting), 제품포지셔닝(Positioning)의 단계로 구성된다. 시장 세분화는 제품시장을 어떤 기준에 의하여 여러 개의 소시장으로 세분화하는 과정이며, 표적시장 선정은 이들 세분시장들 중 그 기업에 가장 적절하다고 판단되는 세분시장을 표적시장으로 선정하는 과정이다. 제품포지셔닝은 표적시장으로 선정된 세분시장에 공급할 자사제품의 특징을 구체화하고 경쟁적 위치를 정립하는 과정이다.

(1) 시장 세분화

① 시장 세분화의 의의

  ㉠ 시장 세분화(Market Segmentation)의 정의 : 제한된 자원으로 전체 시장에 진출하기 보다는 욕구와 선호가 비슷한 소비자 집단으로 나누어 진출하는 전략이다.

  ㉡ 소비자의 개별적 욕구를 충족하기 보다는 시장을 세분화하여 비용을 절감하고 고 관리하는 전략이다.

  ㉢ 세분화 마케팅 : 시장을 몇 개의 세분시장으로 나누고 마케팅 전략을 구사하는 마케팅을 말한다. 세분시장이 더욱 나누어져 개개인을 대상으로 차별화된 마케팅 전략을 구사한다면 고객 만족은 극대화될 것이다.

  ㉣ 소비자들이 인식하고 있는 취향과 선호에 따라 전체를 세분화하여 소비자들의 구매욕구, 구매동기의 변화 등을 조사하여 마케팅기회를 포착하는 전략이다.

② 시장 세분화의 요건

  ㉠ 세부시장 내부적으로 동질적이고 세부시장 간에 이질적이어야 한다. 마케팅 변수에 대해 각 세분시장은 상이한 반응을 보일 만큼 이질적이어야 하고 세분시장내의 소비자들은 동일한 반응 보여야 한다.

  ㉡ 측정 가능해야 한다. 세분시장의 특성, 구매력, 크기 등이 측정 가능해야 적절한 전략을 수립할 수 있다. 예를 들어 가격민감도를 기준으로 소비자집단을 구분할 경우 가격민감도 자체의 측정이 어렵다면 시장 세분화는 수행 불가능하다.

  ㉢ 세부시장은 상당한 이익이 실현될 수 있는 규모가 되어야 한다. 세분시장은 충분히 커서 세분시장별로 상이한 마케팅 전략을 구사하는데 들어가는 비용을 보전할 수 있어야 한다.

  ㉣ 근접 가능해야 한다. 세분시장 내의 소비자들에게 효과적으로 근접할 수 있어야

한다. 그들이 현재의 유통수단이나 광고가 접근하지 못하는 세분시장은 마케팅 입장에서 의미가 없다.

③ **시장 세분화 마케팅 전략** : 시장 세분화는 시장 세분화 변수에 따라 행해지는데 어떤 변수가 적합한가는 회사의 상황에 달려 있다.

㉠ 지리적 변수 : 지역, 인구밀도, 도시의 크기, 기후 등이 지리적 변수이다.
- 기업의 관리적인 편의에 따라 구분한 것이다.
- 지역에 따라 소비자들의 욕구가 상이할 때에만 의미가 있다.

㉡ 인구통계적 변수 : 나이, 성별, 가족규모, 가족수명주기, 소득, 직업, 교육수준, 종교 등으로 소비자의 욕구, 선호, 사용량 등과 밀접한 관계를 가지고 측정이 용이하다.
- 나이 : 나이에 따라 욕구, 선호, 구매능력, 제품으로부터 추구하는 편익이 차이를 보인다. 상당히 의미 있는 변수이지만 추구하는 편익이나 사용상황을 무시하고 사용할 경우는 위험하다.
- 성별 : 미용, 의복, 잡지, 화장품 등이 영향을 많이 받으며, 보통 나이와 함께 기준변수로 작용한다.
- 소득 : 비교적 가격폭이 넓고 상징성이 강한 제품시장의 경우 효과적인 기준이 된다. 학력과 함께 사회계층을 결정하는 중요한 변수이기에 지위를 나타내는 상징성이 강한 제품은 고가로 책정되는 경우가 많다.

④ **세분시장의 평가** : 시장 세분화를 하고 나면 각 세분시장 중 어느 시장을 목표로 할 것인가에 대한 의사결정을 해야 한다. 세분시장의 평가는 시장 규모, 시장 성장률 등 시장 요인과 자사의 자원, 마케팅 믹스 등과의 적합성 면에서 이루어져야 한다.

㉠ 세분시장 요인
- 세분시장의 규모 : 단지 큰 시장이 높은 수익을 보장해 주는 것은 아니기에 기업의 규모를 고려하는 것이 중요하다.

소규모 기업의 경우	큰 규모의 시장보다는 진입이 쉽고, 경쟁이 적고, 차별적 우위를 가질 수 있는 소규모 시장을 공략하는 편이 낫다.
대규모 기업의 경우	자원이나 능력에 비해 규모가 작은 시장을 선택하는 것은 어리석은 결정이다.

- 세분시장 성장률 : 성장률이 높은 시장은 매출과 이윤의 지속적인 성장을 가져다 주기에 바람직한 특성이나 경쟁이 격화되어 이윤율이 악화될 가능성이 있다.
- 경쟁요인 : 세분시장에서의 성공 여부는 현재의 경쟁자와 잠재적 경쟁자를 고려해야 한다.

ⓒ 자사와의 적합성
- 기업의 목표와 일치해야 한다.
- 기업이 가지고 있는 자원이나 능력에 맞아야 한다.
- 기존제품과 품질의 조화를 이루어야 한다.
- 기존 이미지와 신 세분시장에서 가격과의 조화여부를 검토해야 한다.
- 기존 유통경로의 활용 가능 여부를 검토해야 한다.

(2) 표적시장의 선정과 마케팅 전략

세분시장의 매력도 평가를 마친 후 어느 세분시장에 그리고 얼마나 많은 세분시장에 어떤 제품을 가지고 진출할 것인가를 결정해야 한다.

① 비차별화 마케팅 전략
   ⊙ 기업이 하나의 제품 또는 서비스를 갖고 시장 전체에 진출하여 가능한 다수의 고객을 유치하는 전략이다.
   ⓒ 제품의 품질이 균일한 경우 비차별적 마케팅이 적합하다.

② 차별화 마케팅 전략
   ⊙ 두 개 혹은 그 이상의 시장부문의 진출을 결정하고 각 세분시장을 대상으로 적합한 제품과 마케팅 믹스를 투입하는 전략을 의미한다.
   ⓒ 자원이 풍부한 기업이 선택할 수 있는 전략으로 판매량을 증대시킬 수 있으나 다수의 마케팅프로그램의 사용으로 비용이 많이 드는 단점이 있다.
   ⓒ 소비자들에게 해당 제품과 회사의 이미지를 강화하려고 하는 전략이다.
   ⓔ 제품구색이 복잡한 경우 차별적 마케팅이나 집중 마케팅 전략이 적합하다.
   ⓜ 차별적 마케팅 전략은 다양한 마케팅 믹스를 바탕으로 다양한 세분시장을 표적으로 한다.

(3) 집중적 마케팅

① 단일제품으로 단일세분시장을 공략하는 전략으로 기업의 지원이나 능력이 한정되어 있을 때 하나의 세분시장만을 공략하여 강력한 지위를 확보할 수 있는 전략이다.
② 표적세분시장의 소비자 욕구가 변화하거나 강력한 경쟁자가 생기는 경우 다른 대안이 없어서 위험이 분산되지 않는 단점이 있으며, 중소기업에 적합한 전략이다.
③ 보유한 자원이 매우 제한적일 경우 집중적 마케팅 전략을 구사하는 것이 적합하다.
④ 소규모시장에서 신제품을 출시하는 경우 집중적 마케팅 전략이 바람직하다.
⑤ 집중적 마케팅 전략은 동일한 마케팅 믹스로 접근 가능한 1~2개의 세분시장을 표적

으로 한다.

⑥ 집중적 마케팅 전략은 제품을 생산하고 판매촉진을 하는데 필요한 자원이 제한적일 때 효율적이다.

3. 포지셔닝

(1) 포지셔닝의 개념

① **제품 포지션** : 특정 제품이 경쟁제품에 비하여 소비자의 마음속에 차지하는 상대적 위치를 의미한다.

② **포지셔닝** : 목표시장에서 고객의 욕구를 파악하여 경쟁제품에 비하여 차별적 특징을 갖도록 제품개념을 정하고 소비자들의 지각 속에 적절히 위치시키는 노력을 말한다. 시장 세분화와 제품 차별화의 두 개념이 잘 조화되어 제품 이미지를 창조함으로써 시장에서의 위치를 확고하게 한다.

③ **재포지셔닝(Repositioning)** : 포지션이 잘못되었다고 판단된 경우 제품의 변경에 의하거나 또는 제품의 변경 없이 광고나 다른 마케팅 변수의 변경에 의해 포지셔닝의 위치를 변경하는 것이다.

(2) 포지셔닝의 유형

① **속성에 의한 포지셔닝** : 가장 널리 사용되는 방법으로 제품의 속성을 기준으로 포지셔닝하는 방법이다.

② **이미지 포지셔닝** : 제품의 추상적인 편익을 강조하여 포지셔닝하는 경우이다.

③ **사용상황이나 목적에 의한 포지셔닝** : 제품이 사용될 수 있는 상황을 묘사하여 포지셔닝 할 수 있다.

④ **제품 사용자에 의한 포지셔닝** : 제품의 사용자나 사용 계층을 이용하여 포지셔닝 할 수 있다.

⑤ **경쟁제품에 의한 포지셔닝** : 소비자의 지각 속에 위치하고 있는 경쟁제품과 명시적 혹은 묵시적으로 비교하여 포지셔닝하는 방법이다.

> **참고** 친환경농산물의 STP 전략(Segmentation-Targeting-Positioning)
>
> - 친환경농산물의 가격을 낮출 수 있는 유통과정 효율화 및 구매편의성 제고가 필요하다.
> - 친환경농산물의 소비확대를 위해 안전성에 대한 신뢰도를 높여야 한다.
> - 친환경농산물의 판매확대를 위해 생산기술개발이 필요하다.
> - 친환경농산물의 판매확대를 위해 학교급식과 연계하여 대량소비처를 확보할 필요가 있다.

3 마케팅 믹스(Marketing Mix)전략

1. 4P MIX전략

제품(Product), 가격(Price), 유통경로(Place), 홍보(Promotion)의 측면에서 기업이 소비자의 욕구와 선호를 효과적으로 충족시키기 위하여 4P를 활용한 마케팅 전략을 말한다.

2. 마케팅 믹스의 구성요소

(1) 유통경로

기업이 기업활동을 하기 위해 가장 먼저 하여야 할 사업부지의 확보, 즉 입지선정을 의미한다.

(2) 상품전략

상품계획 시 고려할 사항으로 입지조건, 상표, 품질 등이 있다. 상품개발전략으로는 규격표준화, 상품의 차별화, 시장의 세분화, 상품의 다양화, 상품의 고급화 등이 있다.

(3) 가격전략

마케팅의 성공요인으로는 적절한 가격의 책정이 중요하다. 어떠한 가격수준으로 할 것인가, 어떠한 할인 정책을 사용할 것인가 등이 이에 해당한다.

(4) 커뮤니케이션전략

적절한 홍보와 광고 및 인적 판매와 판매촉진을 통하여 고객과의 의사소통이 필요하다.

3. 기업의 입장에서는 마케팅 믹스의 4P이지만 고객의 입장에서는 4C가 된다.

4P(기업관점)		4C(고객관점)
유통전략(Place)	↔	편리성(Convenience)
상품전략(Product)	↔	고객가치(Customer value)
가격전략(Price)	↔	고객측 비용(Cost to the Customer)
촉진전략(Promotion)	↔	의사소통(Communication)

기출핵심문제

01 표적시장의 선정과 마케팅 전략의 선택에 대한 설명으로 옳지 않은 것은?

① 집중적 마케팅 전략은 동일한 마케팅 믹스로 접근 가능한 1~2개의 세분시장을 표적으로 한다.
② 집중적 마케팅 전략은 제품을 생산하고 판매촉진을 하는데 필요한 자원이 제한적일 때 효율적이다.
③ 차별적 마케팅 전략은 다양한 마케팅 믹스를 바탕으로 다양한 세분시장을 표적으로 한다.
④ 차별적 마케팅 전략은 총 매출액이나 수익을 증대시킬 뿐만 아니라 마케팅 비용도 절감한다.

해설 차별적 마케팅 전략은 각 시장부문을 통해 더 많은 판매고를 달성하고자 하며 소비자들에게 해당제품과 회사의 이미지를 강화하려는 전략으로서 회사의 수익도 증대하나, 그에 비례하여 비용도 증대되는 전략이다.

02 각각의 세분시장에 서로 다른 마케팅 믹스(Marketing Mix)를 적용하는 마케팅전략은?

① 차별적 마케팅(Differentiated Marketing)
② 무차별적 마케팅(Undifferentiated Marketing)
③ 집중적 마케팅(Cocentrated Marketing)
④ 대중적 마케팅(Mass Marketing)

해설 차별적 마케팅이란 두 개 혹은 그 이상의 시장 부분의 진출을 결정하고 각 시장부문별로 별개의 제품 또는 마케팅 프로그램을 세우는 경우이다. 각 시장부문을 통해 더 많은 판매고를 달성하고자 하며 소비자들에게 해당제품과 회사의 이미지를 강화하려는 전략이다.

03 마케팅 믹스 요소 중 촉진의 기능과 관련이 없는 것은?

① 기업의 새로운 상품에 대하여 정보를 제공한다.
② 소비자의 구매와 관련된 행동의 변화를 유도한다.
③ 소비자의 브랜드에 대한 이미지를 제고시킨다.
④ 소비자가 원하는 가격으로 제품을 생산한다.

해설 마케팅의 기법상 소비자가 원하는 가격으로 제품을 생산할 수는 없다. 생산자나 유통업자에게 적절한 이윤이 보장되어야 하기 때문이다.

| 정답 | 01 ④　02 ①　03 ④

04 표적시장의 선정에서 고려되는 전략이 아닌 것은?

① 비차별화 마케팅 전략
② 차별화 마케팅 전략
③ 단일시장 집중화 전략
④ 원가우위 전략

해설 세분시장의 매력도 평가 후 표적시장을 선정하는 전략에는 비차별화 마케팅 전략, 차별화마케팅 전략, 단일시장 집중화 전략 등이 있다.

05 포지셔닝의 기준 변수가 아닌 것은?

① 경쟁제품
② 이미지
③ 속성
④ 거리

해설 포지셔닝을 결정하는 기준 변수에는 속성, 이미지, 사용상황이나 목적, 제품사용자, 경쟁제품 등이 있다.

| 정답 | 04 ④ 05 ④

제14장 제품관리

1 제품과 품질

1. 제품

(1) 제품의 개념
① 다차원적 제품의 개념 : 제품은 눈에 보이는 물리적인 부분만을 생각하기 쉬우나 눈에 보이지 않는 부분까지 생각해야 한다.
② 유형제품과 서비스
㉠ 광의의 제품 : 유형의 제품과 무형의 서비스를 포괄하는 용어이다.
㉡ 협의의 제품 : 단순히 유형의 제품만을 말한다.
㉢ 유형의 제품과 무형의 서비스를 구분하는 것은 쉽지 않기에 그냥 제품이라는 용어로 양자를 다 포함하는 의미로 사용하는 것이 타당하다.

(2) 제품의 분류
마케팅에서는 최종 소비자가 소비를 목적으로 구매하는 제품인 소비재와 최종 소비가 목적이 아니라 다른 제품을 생산하기 위해 구매하는 제품인 산업재로 구분한다.
① 소비재의 분류
㉠ 편의품
- 구매빈도가 높은 저가격의 제품으로 습관적 구매를 하는 경향이 강한 제품이다.
- 특성상 저가격을 유지해야 하며 가능한 많은 소매상이 취급하여 소비자가 쉽게 구매할 수 있어야 한다.
- 최초 상기상표가 될 수 있게 많은 광고비를 지출하고 판매촉진도 널리 사용한다.
㉡ 선매품
- 관여도가 대체로 높고 제품을 비교 평가한 후 구매하는 비교적 고가격대의 제품이다.
- 제품의 차별성을 강조하는 광고를 하며 점포의 이미지가 중요하다.
㉢ 전문품
- 매우 높은 관여도를 보이며 구매자의 지위와 연관이 깊은 매우 높은 가격대의 제품을 의미한다.

예 : 최고급 시계, 전문가용 카메라, 고급의류 및 장신구류 등
- 소비자의 상표충성도가 매우 높고 높은 가격을 지불하는데 주저하지 않으므로 구매자의 지위를 강조하는 광고가 효과를 발휘한다.
- 소수의 점포만으로도 충분하고 이미지 관리가 중요하며 점포의 위치는 중요하지 않지만 위치를 널리 알릴 필요가 있다.

〈소비재의 분류〉

	편의품	선매품	전문품
구매빈도	높다	중간	낮다
관여자 수준	낮다	비교적 높다	매우 높다
문제해결방식	일상적 문제해결과정	포괄적 문제해결과정	상표충성도에 의한 구매
제품 종류	치약, 세제, 비누, 껌, 과자류	패션의류, 승용차, 가구, 가전	고급시계, 고급 오디오, 보석류
가격	저가	고가	매우 높은 가격
유통	집중적 유통	선택적 유통	전속적 유통
프로모션	높은 광고 지출, 빈번한 판매 촉진	제품의 차별성 강조	구매자의 지위 강조

② 산업재의 분류

㉠ 자본재
- 설비 : 고정자산적 성격이 강하고 매우 비싸며, 건물, 공장의 부분으로 부착되어 있는 제품을 뜻한다. 기업 생산활동의 기반이 되며 기계, 엘리베이터, 기계제어 시스템 등이 있다.
- 노구 : 최종 제품의 부분을 구성하지 않고 생산과정을 돕는 제품으로 책상, 컴퓨터, 건설장비 등이 이에 속한다.

㉡ 원자재와 부품
- 원료 : 제품의 제작에 필요한 모든 자연생산물을 의미한다.
- 가공재 : 원료를 가공처리하여 제조된 제품으로서 다른 제품의 부분으로 사용되는데 그러한 경우는 원형을 잃게 되는 제품이다.
- 부품 : 생산과정을 거쳐 제조되었지만 그 자체로는 사용가치를 지니지 않는 완제품으로 더 이상의 변화 없이 최종제품의 부분이 된다. 예: 베어링, 소형모터, 타이어 등

㉢ 소모품 : 제품의 완성에는 필요하나 최종 제품의 일부가 되지 않는 제품으로 윤활유, 타이프 용지, 페인트 등이 이에 속한다.

〈산업재의 분류〉

원자재의 부품	원료	생산에 필요한 모든 자연생산물
	가공제	원료를 가공한 제품, 완성품의 일부가 된다.
	부품	생산과정을 돕는 제품
자본재	기자재	생산과정을 돕는 제품
	설비	건물의 부분으로 부착되어 생산을 돕는 제품
	도구	제품의 제조에는 필요하나 완성품의 부분을 형성하지 않는 제품

(3) 제품 계열 관리

① 제품 계열 길이의 결정

㉠ 계열의 길이를 늘이는 전략을 계열 길이 확대전략이라 하고, 줄이는 경우를 계열 길이 축소전략이라고 한다.

㉡ 계열 길이 확대 전략의 장·단점 : 품목을 추가하여 길이를 늘임으로써 소비자의 다양한 욕구를 만족시킬 수 있고 이윤도 늘어날 수 있으나 품목이 너무 많아지면 관리비용만 많이 들고 하나하나의 품목이 이윤에 기여하는 정도가 작아지게 된다.

㉢ 제품의 길이가 늘어나는 이유

- 욕구의 이질성을 채워주어야 한다는 필요성이 있다.
- 소비자들의 다양성 추구 성향을 자사제품 내에서 충족시키게 할 필요가 있다.
- 제품 계열을 빈틈없이 채움으로써 경쟁자의 진입을 막는 효과가 있다.

㉣ 제품의 변형이 비교적 쉽고 소비자의 욕구가 매우 다양한 생활용품이나 식품류의 제품은 계열의 길이가 길어지는 경우가 많이 발생한다.

㉤ 제품의 길이가 길어지면 발생하는 문제점

- 소매상이 취급할 공간을 확보하기 어려워진다.
- 선택의 폭이 너무 많아져 소비자의 혼란이 야기된다.
- 생산의 효율성이 떨어진다.
- 품목의 공헌이익이 줄어든다.
- 새로 추가된 품목이 자사의 다른 품목들의 고객을 빼앗아 오는 자기잠식 현상이 일어나기도 한다.

② 제품 계열 넓이의 결정 : 계열의 넓이를 현재의 품목보가 저가격, 낮은 품질의 제품을 추가하여 연장하는 전략을 하향 연장이라고 하고 고가격, 고품질의 제품을 추가하여 연장하는 전략을 상향 연장이라고 한다.

㉠ 상향 연장을 할 경우 : 소비자에게 고급제품을 생산한다는 회사의 이미지가 흐려질 위험이 있다는 것을 유의해야 한다.

㉡ 하향 연장을 할 경우 : 기존 고급제품을 생산한다는 회사의 이미지가 흐려질 위험이 있다는 것을 유의해야 한다.

2. 품질

(1) 품질의 개념

① **품질의 어원** : 라틴어의 'Qualitas'에서 유래한 것으로 어떤 품질을 구성하고 있는 기본적인 속성, 내용, 종류, 정도 등을 말한다.

② **품질의 원래 의미** : 품질 자체가 지니는 원래의 성질, 특성, 개성을 뜻한다.

③ **품질의 정의** : 품질이란 내구성이나 고유 기능과 같은 단순한 자연적 속성이나 실질적 유용성뿐만 아니라 외관이나 색감, 또는 상표나 포장과 같은 후천적인 속성도 포함된다.

(2) 품질의 이원성

① **협의의 품질** : 상품의 사용에 있어 직접적으로 유용한 실체적 효용이나 실용적 성능의 주체가 되는 것으로, 1차적 품질, 자연적 품질, 기본적 품질, 실용적 품질 등이 여기에 속한다.

② **광의의 품질** : 사회적·시장적 내지 심리적 조건이 반영된 것으로, 1차적 품질, 사회적 품질, 부가적 품질, 장식적 품질 등이 여기에 속한다.

(3) 품질관리

① 제품의 품질을 유지 또는 향상시키기 위한 관리를 말한다.
② 소비자는 품질의 최종 판정자이기 때문에 품질표준에 소비자의 동향을 반영해야 한다.
③ 우리나라는 식품의 안전성을 규제하기 위하여 「식품위생법」이 제정되었다.
④ 가공식품의 제조연월일, 유통기한은 임의로 바꾸지 못한다.

(4) 상품감정

상품감정의 대상이 되는 것은 상품이 지닌 형태적·물리적 요소와 실질적·화학적 요소들로서 상품의 생산, 유통, 소비의 전 과정을 통하여 상품 연구와 응용에 있어서 중요한 부분을 차지한다.

① **상용 감정법** : 경험적 감정법 또는 감각적 감정법이라고도 하는 것으로 오랜 세월의 취급경험에서 체득한 숙련에 의해서 감별한다.

㉠ 장점 : 우열, 진위를 빠르고 정확하게 판단할 수 있다.
㉡ 단점 : 정밀성이 부족하고 주관성이 개입할 수 있다.
② 과학적 감정법 : 기계 또는 기구를 사용하여 상품의 본질과 품위를 감정한다.
㉠ 장점 : 감정결과를 신뢰할 수 있고 객관적이다.
㉡ 단점 : 비용이 많이 들고 복잡한 조작과정을 거쳐야 한다.
③ 감정 대상 : 가짜, 복제품, 모조품, 대체품, 인조품 등이다.

2 제품수명주기와 신제품 개발

1. 제품수명주기

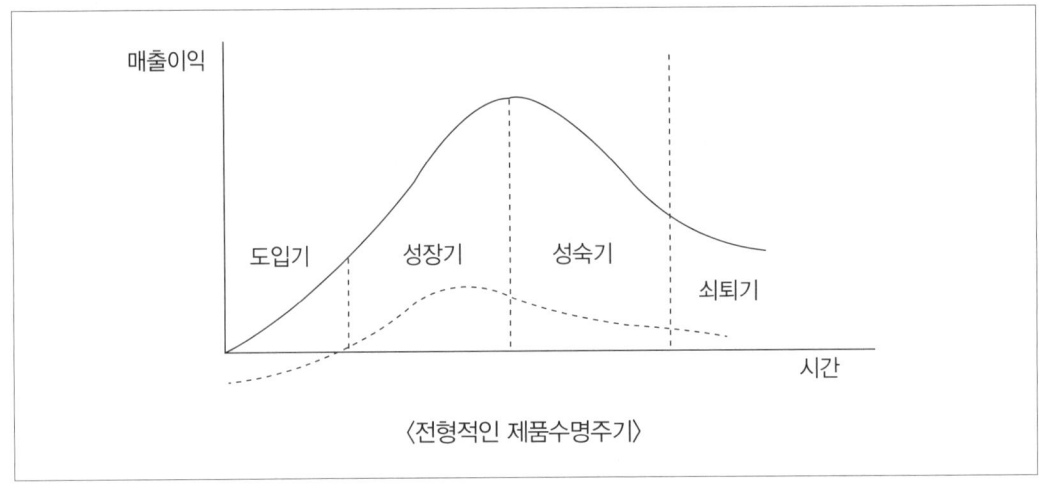

〈전형적인 제품수명주기〉

제품이 출시되는 도입기, 매출이 급히 성장하는 성장기, 성장률이 둔화되는 성숙기, 매출이 감소하는 쇠퇴기를 거쳐서 시장에서 사라지게 되는 과정을 제품수명주기(Product Life Cycle : PLC)라고 한다.

(1) 제품수명주기의 형태

① 주기 – 재주기형 : 쇠퇴기에 접어들다가 촉진활동 강화 혹은 재포지셔닝에 의해 다시 한번 성장기를 맞는 경우로서 대부분의 제품이 속한다.

② 연속성장형 : 새로운 제품 특성, 용도, 사용자를 발견 혹은 개발하여 PLC가 연속적으로 이어지는 경우이다.

③ 패션형 : 일정주기를 타고 성장, 쇠퇴를 반복하는 제품의 수명주기이다.

④ Fad형 : 도입기가 거의 없이 바로 성장기에 접어들었다가 성숙기가 거의 없이 바로 쇠퇴기로 접어드는 형태를 말한다.

(2) 제품수명주기의 특징

① 도입기

  ㉠ 기본적 형태의 제품이 생산되며 판매가 완만히 일어나나 초기 비용이 많이 들어가 적자이다.
  ㉡ 수요가 적기에 생산량도 적고 제품의 원가도 높고 경쟁도 적다.
  ㉢ 제품을 널리 인지시키고 판매를 늘리는 것이 마케팅의 전략적 목표가 된다.
  ㉣ 광고의 주된 대상은 혁신 소비자이며 이들을 통한 구전효과를 기대한다.
  ㉤ 제품에 관한 정보를 주어 상표 인지도를 높이는 광고와 수량할인, 소매상 광고지원 등 중간상 대상 판매촉진을 실시한다.
  ㉥ 경쟁이 적은 경우는 초기 투자비용을 회수할 수 있는 초기 고가격전략을 사용하고 경쟁사의 진입이나 경험곡선 효과를 볼 가능성이 클 때에는 침투가격 전략을 사용하여 시장점유율을 높이는 데 주력해야 한다.

② 성장기

  ㉠ 수요가 급속히 늘어나 이익이 발생하기 시작하고 성장기 말에 최대 이익이 실현되는 경우가 많다.
  ㉡ 경쟁제품이 나타나고 모방제품, 신기능이 추가된 개량제품이 나타난다.
  ㉢ 마케팅 목표는 상표를 강화하고 차별화를 통해 시장점유율을 확대하는 것이다.
  ㉣ 제품성능에 대한 구체적 정보를 소비자에게 제공하여 다른 제품과의 차이점을 알게 하여 일반 소비자의 인지도와 관심을 높이는 광고가 필요하다.
  ㉤ 취급 점포를 대폭 확대하여 소비지가 쉽게 구할 수 있게 하는 집중적 유통전략을 사용하게 된다.
  ㉥ 제품의 품질을 향상시키고 새로운 특성과 서비스를 추가한 변형제품, 개량제품을 출시해서 경쟁제품과 차별화한다.

③ 성숙기

  ㉠ 수요의 신장이 멈추게 된다.
  ㉡ 생산능력은 포화상태가 되고 이익은 절정을 지나 감소하게 된다.
  ㉢ 마케팅 목표는 경쟁우위를 유지하고 상표 재활성화를 통하여 수요를 늘리는 것이다.

ⓔ 이미지 광고를 통해 제품 차별화 시도 및 제품의 존재를 확인시키는 광고가 필요하다.
ⓜ 신규 소비자 창출보다 경쟁사의 고객을 빼앗아 오기 위한 가격할인, 쿠폰 등의 판매촉진 전략을 사용한다.
ⓗ 가격이 하락하는 경향을 보이며 기존의 유통망을 유지 보호하는데 힘써야 한다.

④ 쇠퇴기
ⓐ 매출과 경쟁자의 수가 감소한다.
ⓑ 마케팅 목표는 단기 수익을 극대화하는 방안을 찾는 것이다.
ⓒ 비용을 줄이고 매출을 유지하여 수익을 극대화시킨다.
ⓓ 제품을 상기시키는 수준의 최소한의 광고를 한다.
ⓔ 기여도가 높은 품목만 남기고 과잉설비를 제거하고 하청을 늘인다.
ⓗ 우량 중간상만 유지하여도 저가격정책을 사용한다. 반면 충성도가 높은 고객만을 대상으로 고가격정책을 사용하는 경우도 있다.

2. 신제품 개발

신제품의 개발은 기업의 본질적 과제이며, 이러한 신제품 개발에 성공하기 위해서는 개발 초기에 철저한 마케팅 개념의 적용과 체계적인 신제품 개발과정의 계획과 관리가 필요하다.

(1) 신제품의 개념
① 혁신제품 : 소비자와 기업에 모두 새로운 신제품을 말하는데, 좁은 의미의 신제품은 혁신제품만을 말한다.
② 모방제품 : 소비자에게는 이미 알려진 제품이지만 기업의 입장에서 처음 생산하는 제품이 여기에 속한다.
③ 확장제품 : 기업에는 새로운 것이 아니지만 소비자에게는 새롭게 받아들여지는 경우인데 제품 수정, 제품 추가, 제품 재포지셔닝을 통하여 제품을 확장하는 경우로 볼 수 있다.

(2) 신제품의 개발과정
신제품은 신제품 마케팅 전략 수립 → 아이디어 창출 → 아이디어 선별 → 제품의 개발 및 테스트 → 사업성 분석 → 시험마케팅 → 상업화의 과정을 거치게 된다.

(3) 신제품 수용과정
① 인지 : 신제품의 정보를 처음으로 접한다.

② 관심 : 반복 노출됨에 따라 관심을 보이게 되고, 추가적인 정보를 탐색한다.

③ 사용구매 : 첫 구매를 한다.

④ 평가 : 신제품이 자신의 욕구를 충족시키는 정도를 판단하여 태도를 형성한다.

⑤ 수용 : 사용 경험을 토대로 재평가하여 수용 여부를 결정한다.

(4) 신제품의 확산과정

① 혁신자의 초기 수용자들의 경우 주로 남에게 사용 경험을 이야기 하는 구전효과를 통해 영향을 미치기에 이들의 특징을 파악하는 것이 중요하다.

② 수용자들이 제품을 수용하는 시기가 다르기 때문에 신제품 시장에서 확산되는 모습은 S자형을 가지게 된다.

3 브랜드 및 포장개발

1. 브랜드

(1) 브랜드의 정의

① 브랜드(Brand, 상표)란 '판매자 또는 판매자 집단의 상품 또는 서비스인 것을 명시하며, 다른 경쟁자의 상품과 구별하기 위해서 사용되는 명칭, 용어, 기호, 상징, 디자인 또는 그 결합'을 뜻한다.

② 상품의 표지로서의 브랜드는 자기의 상품을 타인의 상품과 구별하기 위한 표지이기 때문에 '식별표'라고도 한다.

(2) 브랜드의 기능

① 상징기능 : 상품의 이미지나 개성을 상징화한다.

② 출처표시 기능 : 다수의 다른 경쟁상품과 구별할 수 있게 책임의 소재를 분명히 한다.

③ 품질보증 기능 : 품질수준이 향상·유지되고 있음을 소비자에게 인식시킨다.

④ 광고기능 : 브랜드 이미지가 형성되면 광고로서의 기능을 수행하게 된다.

⑤ 재산보호기능 : 등록된 상표는 개인이나 기업의 무형자산이 된다.

(3) 브랜드의 결정

① 브랜드명은 경쟁사의 브랜드와 뚜렷이 구별되고, 기억하기 쉬우면 좋다. 또한 제품의 편익 암시, 법의 보호를 받을 수 있으면 더욱 좋다.

② 기업명과 도메인명이 다른 경우도 있고, Amazon.com처럼 기업명이 브랜드명인 기업 브랜드의 경우도 있다.

③ 도메인명 결정 시 고려사항

㉠ golf.com이나 playboy.com과 같이 웹사이트의 성격이나 취급하는 제품의 특성, 고객에게 편익을 잘 전달되면 좋다.

㉡ amazon.com이나 eBay.com과 같이 짧고 쉽게 기억할 수 있는 것이 좋다.

㉢ google.com과 같이 발음하기 쉽고 재미있으면 좋다.

(4) 브랜드에 관한 의사결정

① **무브랜드품** : 제품의 내용만 표시하고 브랜드를 붙이지 않은 상품으로, 가격이 저렴하고 제품의 질이 비슷하다고 인식되는 제품에 많이 사용되며, 한국에서는 의류, 식료품류, 잡화류에 많이 있다.

② **제조업자 브랜드** : 삼성, 마이크로소프트, LG, 오뚜기, 신라면 등과 같이 제조업자가 브랜드명을 소유하고 마케팅활동을 하는 경우이다.

③ **중간상 브랜드** : E-마트, 킴스클럽, 신세계 등과 같이 도소매업자가 하청을 주어 생산, 판매하는 제품에 도소매업자의 상표를 부착하는 경우로, 소매상의 파워가 커질수록 널리 사용되는데, 미국의 경우 중간상 상표가 차지하는 비율이 매우 높다.

④ **개별브랜드** : 생산된 제품에 모두 다른 브랜드를 사용하는 경우이다.

⑤ **복수브랜드** : 수퍼타이, 하모니, 한스푼(LG가 생산하는 세탁세제), 이랜드, 브렌따노, 언더우드, 헌트(이랜드의 의류상표) 등은 같은 제품군 내에서도 개별브랜드를 사용하는 경우이다.

⑥ **공동브랜드** : 오뚜기, BMW, SONY 등은 생산되어 판매되는 모든 제품에 하나의 상표를 붙는 경우로, 신제품 출시 때에는 마케팅 비용의 절감이 가능하나 제품 간에 관련이 떨어질 경우 혼란과 신뢰성의 상실 등이 예상된다.

(5) 브랜드 자산의 원천

① **브랜드 인지도** : 브랜드 인지도의 향상은 브랜드 자산의 가치로 이어지게 된다.

㉠ 보조인지 : 특정 브랜드를 알아보는 정도의 약한 인지도 수준이다.

㉡ 비보조상기 : 기억할 수 있을 정도의 인지도 수준이다.

㉢ 최초상기 : 가장 강한 수준의 인지도로, 구매욕구가 발생하였을 때 가장 먼저 떠올리는 인지도 수준이다.

② **브랜드 이미지** : 어떤 브랜드를 접할 때 떠오르는 여러 가지 이미지들과 브랜드의 연결을 연상이라고 하는데, 브랜드 자산의 형성에 도움이 되려면 유리한 연상이 많이

떠오르고, 상표와 강력하게 연결되어 있어 그 연상들이 빨리 떠올라야 하고 독특해야 한다.

③ 브랜드 인지도는 브랜드가 알려진 정도를 나타내는데, 브랜드 친숙도에 영향을 미치게 되어, 친숙한 브랜드는 호감과 좋은 태도를 형성하여 구매로 이어지게 된다.

2. 포장개발

(1) 포장의 정의
① 포장이란 판매촉진을 위해서 적절한 용기와 재료를 물품위에 꾸미는 기술적 작업과 상태를 말한다.
② 생산·유통·판매·소비분야에서 포장은 상품을 보호하고 판매를 촉진하는 기능을 한다.

(2) 포장의 종류
① 개장 : 하나하나의 농산물을 포장하는 것으로 내용물을 보호하고 물품의 가치를 높인다.
② 내장(내부포장) : 농산물의 운반, 보관 시 충격, 진동, 습기, 온도에 의한 변화방지를 위한 것이다.
③ 외장 : 농산물을 수송할 때 파손, 변질, 도난, 분실 등을 방지하기 위하여 포장하는 것을 말한다. 농산물 포장의 목적이 주로 취급을 용이하게 하거나 상품을 보호하는 데에 있다.

(3) 포장의 중요성이 증대되는 이유
① 소비자는 같은 가격이라면 외관이 수려하게 포장된 제품을 선호하기 때문이다.
② 혁신적인 포장은 제품 차별화를 통해 경쟁우위 확보의 기회를 제공한다.
③ 셀프서비스제로 운영되고 있는 많은 소매점에서 상품의 포장은 순간 광고의 기능을 수행하기 때문이다.
④ 유통업자의 입장에서 보면 포장을 하는 것이 유용하며 수익을 증대하기 때문이다.

(4) 포장의 원칙과 그 기능
① 농산물의 손상 및 파손으로부터 보호한다.
② 농산물의 수송, 저장, 전시 등을 용이하게 한다.
③ 포장은 판매부성의 노동력을 감소시켜 비용을 감소시키는 측면이 있으나, 유통비용 중 포장비용은 날로 증가하는 경향이 있다.
④ 소비자의 안전 및 환경을 고려하여야 한다.

⑤ 광고면에 나타낸 호소와 인상을 현물포장과 일치되도록 계획할 필요가 있다.

(5) 포장재료
① 포장재료의 분류
  ㉠ 포장기술 혹은 재질의 발달은 목재, 종이 등 비교적 자연적인 소재에서 유리, 철 가공 기술을 이용한 제1신세대와 이후 플라스틱 중합기술을 바탕으로 플라스틱 고분자 화합물을 이용하는 제2신세대로 구분한다.
  ㉡ 가공품은 유리, 철재 등 다양한 포장재질의 용기가 여전히 이용되면서 플라스틱 포장기술이 병행되는 과정을 거친 반면 원예작물과 같은 신선농산물의 포장은 종이와 플라스틱 필름이 주로 이용된다.

② 포장재의 일반조건
  ㉠ 포장하고자 하는 상품의 물리적·생리적 특성이나 형태, 출하, 수송, 유통 작업의 특성에 따라 포장재의 기능이 다르고 이에 알맞은 포장 재질의 선택이 필요하다.
  ㉡ 포장재가 갖추어야할 조건으로는 위생적이고 안전해야 하고 내용물의 부패를 방지하는 기능을 가져야 하며 내용물과 반응하여 유해한 물질이 생기지 않는 재질이어야 한다.
  ㉢ 포장재는 사용이 쉽고 경제적이며 포장 작업이 쉽게 이루어지는 재질이어야 한다.

기출핵심문제

01 제품수명주기(PLC)의 단계별 특성과 그에 대응한 농산물 마케팅 전략에 대한 설명으로 맞는 것은?

① 새로운 농산물이 개발·보급되는 도입기에는 홍보보다 판매촉진활동이 우선시 된다.
② 농산물의 매출액이 늘어나고 시장이 확대되는 성장기에는 공급을 확대하는 한편 상품 및 가격차별화를 도모한다.
③ 시장이 포화단계에 이르는 성숙기에는 가격탄력성이 크기 때문에 가격을 인하하면 총수익이 큰 폭으로 줄어든다.
④ 해당 농산물에 대한 시장수요가 줄어드는 쇠퇴기에는 광고를 비롯한 판매촉진활동을 과감하게 시행하여야 한다.

해설 성장기에 매출액이 늘어나면 공급을 확대하여 상품 및 가격차별화를 도모한다.

02 제품수명주기(PLC)상 제품의 매출성장률이 둔화되기 시작하고, 재구매 고객에 의한 구매가 판매의 대부분을 차지하는 시기는?

① 도입기
② 성장기
③ 성숙기
④ 쇠퇴기

해설 9회 기출 | 성숙기(포화기)에는 시장이 포화단계에 이르고 대량생산이 본 궤도에 오르며 원가가 크게 내림에 따라 상품 단위별 이익은 최고조에 달한다. 매출성장률이 둔화되기 시작하고, 재구매 고객에 의한 구매가 판매의 대부분을 차지한다.

정답 | 01 ② 02 ③

03 다음에 제시된 사례에 해당하는 제품수명주기단계(A~D)는?

> 딸기잼을 생산·유통하고 있는 K 영농조합법인은 경쟁업체들의 유사상품출시에 대응하여 연구소에 기능성 잼의 개발을 의뢰하였다.

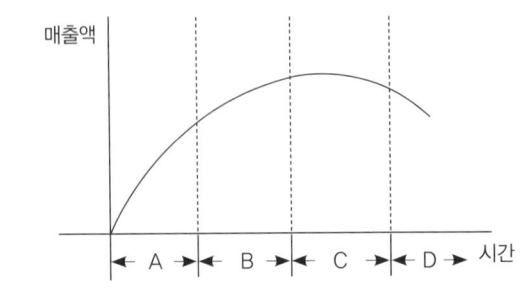

① A
② B
③ C
④ D

 ① A(도입기) : 제품이 시장에 도입되고 제품홍보가 우선시 되는 단계로서 매출액의 성장이 느리고 과다한 도입비용의 지출로 이익이 나지 않는 단계이다. 제조 메이커는 대규모 광고와 샘플을 제공하는 적극적인 판매촉진활동이 필요한 시기이다.
② B(성장기) : 매출액이 늘어나고 시장이 확대되는 단계로 공급을 확대하는 한편 상품 및 가격차별화를 도모하는 단계이다.
③ C(성숙기 또는 포화기) : 시장이 포화단계에 이르고 대량생산의 궤도에 오르며 원가가 크게 내림으로써 상품단위별 이익은 최고조에 달한다. 따라서 신제품의 개발 전략이 요구되는 단계로서 딸기잼을 생산·유통하고 있는 K 영농조합법인이 경쟁업체들의 유사상품출시에 대응하여 연구소에 기능성 잼의 개발을 의뢰하였다면 이는 성숙단계에 있다고 있는 기업이다.
④ D(쇠퇴기) : 매출액이 급격하게 감소하여 비용통제·광고활동의 축소·제품폐기의 특징이 나타나는 단계이다.

04 치열한 경쟁으로 가격이 하락하며 가격촉진(세일)이나 쿠폰 등의 사용이 빈번하고 이익이 서서히 하락하는 시기는?

① 도입기
② 성장기
③ 성숙기
④ 쇠퇴기

성숙기는 수요의 신장이 멈추고 수요가 멈춤에 따라 생산능력은 포화상태가 되고 이익은 절정을 지나 감소하기 시작하는 시기로 신규 소비자 창출보다 경쟁사의 고객을 빼앗아 오기 위한 가격 할인, 쿠폰 등 판매촉진의 사용이 증가한다.

| 정답 | 03 ③ 04 ③

제15장 가격관리

1 가격관리의 기초

1. 가격의 의미와 역할

(1) 가격의 의미

가격이란 제품이나 서비스를 소유 또는 사용하는 대가로 지불해야 하는 금전적 가치로 가격의 결정은 제품이나 서비스의 가치를 평가하는 것이다.

(2) 가격의 역할

① **제품의 품질에 대한 정보 제공** : 가격이 높을수록 품질도 높다는 생각, 즉 가격 – 품질 연상현상이 있다. 같은 제품이라도 가격이 싼 소매상보다 비싼 소매상에서 더 팔리는 현상이 일어나기도 하는데 가격이 높으면 수요가 줄어든다는 경제학의 수요법칙이 현실에서 성립되지 않는 경우이다.

② **기업의 수익을 결정하는 유일한 변수** : 고객의 요구에 적합한 제품이나 서비스를 판매함으로써 수익을 실현하게 된다.

③ **중요한 경쟁 도구** : 가격은 결정한 즉시 실행 가능하기에 경쟁전략적 도구로 쉽게 이용 가능하나 이외의 마케팅 변수들은 단기간에 변화시키기가 어렵다. 단, 가격에서의 경쟁우위는 차별적 우위가 뒷받침 되어야 지속가능하다.

2. 가격결정 시 고려 사항

(1) 마케팅 전략의 검토

① **제품의 포지셔닝** : 소비자에게 자사의 제품이 경쟁사와 비교해 어떻게 지각되고 있는가에 따라 가격의 책정이 달라진다.

② **제품라인** : 동일제품 라인상의 다른 제품과 조화를 이루어야 한다. 즉 신제품이 경쟁사로 갈 소비자를 끌어오지 못하고 자신의 기존제품의 고객이 기존제품 대신 신제품을 구매하는 자기 잠식현상이 일어나지 않게 유의해야 한다.

③ **제품수명주기** : 제품수명주기상 어느 단계에 위치하는지를 검토해야 한다. 경쟁이 적은 도입기에는 높은 가격을 책정하고 성장기에는 경쟁에 대비 가격을 내리는 경우가 일반적이나 반대의 경우도 있다.

(2) 기업전략 목표의 검토

① 시장 점유율을 목표로 하는 기업은 저가격에 의한 시장침투 전략을 사용하고 이러한 가격전략을 침투가격 전략이라고 한다. 이는 경험곡선 효과가 크게 나타나는 산업인 경우 쉽게 사용할 수 있으며, 경쟁자의 진입이 예상되는 경우에 시장을 선점하려는 목적으로 사용된다.

② 초기에 저가정책을 사용하면 수익은 적으나 매출이 빠른 속도로 증가함에 따라 규모의 경제, 경험곡선 효과가 나타나게 되어 원가가 하락하고 수익도 올라가게 된다.

③ 시장을 빠른 속도로 잠식함에 따라 경쟁자의 시장진입도 어려워진다.

(3) 소비자의 반응

가격과 구매량과의 관계를 나타내는 수요곡선의 가격탄력성을 검토하고, 가격에 대해서는 매우 복잡한 심리적 반응이 있기 때문에 가격결정 시 소비자의 심리적 요인을 철저히 검토하여야 한다.

(4) 제품의 원가구조

① 제품의 정확한 원가구조를 아는 것은 가격결정에 필수적이다.
② 제품의 원가는 가격의 하한선이 되고 상한선은 소비자의 지각된 가치이다.

(5) 경쟁제품의 가격

경쟁제품과의 비교를 통해 고가격 또는 저가격을 결정하는 것은 현실적으로 매우 중요한데, 유인가격을 잘 활용한다.

(6) 기타 고려 사항

정부의 규제, 여론, 소비자 단체 등의 반응을 고려하는데, 특히 오늘날에는 정보통신과 매스미디어의 발달, 인터넷을 통한 네티즌 간의 비평의 확대, 재생산으로 여론의 힘이 점차 커지고 있음을 고려하여 가격책정을 해야 한다.

3. 가격의 결정

(1) 원가중심 가격결정

제품의 원가에 일정 마진을 넘거나 목표판매량과 목표이익을 정해 놓고 가격을 결정하는 방법이다.

① **원가가산법** : 제품의 단위원가에 일정비율의 금액을 가산하여 가격을 결정하는 방법이다.
② **목표이익 가산법** : 예측된 표준생산량을 전제로 한 총원가에 대하여 목표이익률을 실현

시켜 줄 수 있도록 가격을 결정하는 방법이다.

(2) 경쟁제품 중심 가격결정

① 빠른 기간 내에 시장 점유율을 확보해야 하는 경우나 후발 주자로서 시장 리더의 시장을 잠식하려는 경우에 저가격정책을 사용한다.

② 인지도가 높거나 차별적인 우위가 있는 경우는 고가격정책을 사용한다.

③ 과점적 상황 등 각 제품의 가격에 소비자들이 민감하게 반응하는 상황에서는 경쟁사와 비슷한 가격으로 책정한다.

4. 인터넷 상의 가격결정 전략

(1) 온라인 경매

① 소비자가 제품을 선호하는 만큼의 가격을 제시하고 최고가에 가격이 결정된다. 단, 최고가로 입찰된 금액이 판매자가 제시한 최저입찰가격에 미치지 못하면 유찰된다.

② 소비자(구매자)끼리의 경쟁에 의해서 가격이 결정된다.

(2) 역경매

① 경매와 반대로 판매자들 간의 경쟁에 의해 가격이 결정된다.

② 소비자가 원하는 제품의 수량, 최고가격 등을 제시하면 판매자들이 자신들의 가격을 제시하고 최저가격을 제시한 제품이 판매된다.

(3) 온라인 공동구매

① 정해진 수의 소비자들이 모이면 저렴한 가격에 제품을 구입할 수 있는 제도이다.

② 고객은 대량구매로 인한 할인혜택을 누리고 제조업체는 박리다매로 안정된 수익을 올릴 수 있다.

③ 커뮤니티 사이트의 회원들이 공동으로 구매할 경우 상당한 교섭력 발휘가 가능하다.

(4) 앞으로의 전망

① 가격정보의 공개와 고객정보의 확보는 가격정책 형식에 변화를 일으키고 있다. 종전에는 수요와 공급에 따라 가격이 사전에 결정되었기에 소비자는 가격협상력이 없었다.

② 기업과 소비자의 협상에 의해 구매상황에 따라 가격이 수시로 결정되어 가는 양상을 보인다.

③ 가격결정의 개별화가 진행되고 있다.

2 가격전략의 유형

1. 심리적 가격전략

(1) 단수가격전략

① 단수가격전략은 경제성의 이미지를 제공하여 구매를 자극하기 위해 단수의 가격을 구사하는 것을 말한다. 예컨대 만원대의 가격을 책정하는 것이 아니라 9,900원의 가격을 책정하는 것을 말한다.
② 가격의 차이는 소비자가 받아들이는 인상을 크게 달라지게 할 수 있다.

(2) 관습가격전략

① '상품'하면 자동적으로 '얼마'하는 식으로 가격이 연상되도록 하는 것을 말한다.
② 관습가격보다 가격을 인상하는 경우 오히려 매출이 감소하고 가격을 설혹 낮게 설정하더라도 매출은 크게 증가하지 않는 경향을 나타낸다.
③ 생산원가가 늘어나게 되면 관습가격이 형성되어 있는 상품은 용량을 줄여서 가격을 일정하게 유지하려는 경향이 있다.

(3) 명성가격전략

① 상품의 가격을 높게 책정하여 품질의 고급화와 상품의 차별화를 나타내는 전략이다.
② 가격을 낮추는 경우 초기에는 수요량이 증가하지만 나중에는 오히려 수요가 감소하는 경향이 나타난다.

(4) 개수가격전략

① 고급품질의 이미지를 제공하여 구매를 자극하기 위해 '하나에 얼마'하는 식의 가격을 정하는 것을 말한다.
② 소비자의 의식이 변하면서 이제는 가격이 싸도 자신에게 필요 없는 상품은 사지 않는다.

2. 고가전략과 저가전략

(1) 고가전략

① 구매력이 있는 일부 소비자층에게만 판매하기 위해서 원가와는 상관없이 가격을 높게 설정하게 된다.
② 초기에 상품을 개발하는 데 들어간 비용을 빨리 회수할 수 있는 방법이 고가전략이다.
③ 높은 가격은 수요를 위축시켜서 전체 매출액을 떨어지게 할 수 있기 때문에 수요가

일정 수준 이상으로 늘어나면 가격을 점차 내려서 일반화하는 것이 필요하다.

(2) 저가전략

① 저가전략이란 상품을 처음 판매할 때부터 낮은 가격으로 단기간에 그 상품을 다수의 소비자에게 알려서 상품을 사도록 하는 전략이다.

② 이 방법은 큰 시장을 차지할 수는 있지만 많은 이익을 얻을 수 없다.

③ 초기에 낮은 가격에 의한 가격경쟁력을 바탕으로 조기에 시장침투를 할 수 있는 것이 저가전략이다.

(3) 유인가격전략

소비자를 유인할 때 사용하는 방식으로 특정제품의 가격을 낮게 책정하여 소비자들이 그 제품을 구매하도록 유인하고 한편 다른 제품가격이 저렴하다는 인상을 주어 다른 제품을 판매까지 유도하는 방식이다.

(4) 특별가격전략

일정기간 동안 제품을 할인해서 판매하는 세일을 말한다. 단기적으로 매출증대와 재고를 감소시키는 효과가 있으나, 가격혼돈, 구매연기, 품질의심 등의 역효과 등을 고려해야 한다.

3 가격차별

1. 가격차별의 의의

동일한 상품에 대해 생산비용이 같음에도 불구하고 기업의 이윤을 극대화하기 위해 상이한 고객에게 서로 다른 가격으로 판매하는 것을 가격차별이라 한다.

2. 가격차별의 조건

① 시장지배력을 판매자가 보유해야 한다.

② 가격탄력성이 서로 다른 두 개 이상의 시장이 존재하여야 한다.

③ 유통주체가 어떤 농산물에 대해 독점적 위치를 확보할 수 있는 여건이 구비될 때 실시한다.

④ 시장분리비용이 가격차별의 이익보다 작아야 한다.

⑤ 서로 다른 시장에서 매매된 상품이 시장 간에 서로 이동될 수 없어야 한다.

3. 가격차별의 유형(A. C. Pigou의 분류법)

(1) 제1차 가격차별(개인별 가격차별)

정가표가 없는 상품들을 고객의 인상과 기분에 따라 적절한 방법으로 판매하는 유형으로 판매자가 각 단위의 재화에 대해 소비자가 지불할 용의가 있는 최대가격수준으로 계속 다른 가격으로 판매하는 방법이다.

(2) 제2차 가격차별(집단별 가격차별)

① 판매자가 각 단위의 재화에 대해 서로 다른 각 소비자 그룹이 지불할 용의가 있는 가격수준을 서로 다르게 판매하는 방법이다.

② 단체손님이 30명까지는 얼마로 할인하고, 60명까지는 얼마까지 할인하는 경우가 이에 속한다.

(3) 제3차 가격차별(시장별 가격차별)

① 판매자의 수요의 가격탄력성이 다른 각 시장에서의 가격과 판매량을 서로 다르게 결정하는 방법이다.

② 수요의 가격탄력성이 비교적 탄력적인 시장에 대해서는 낮은 가격을 설정하며, 수요의 가격탄력성이 비탄력적인 시장에서는 높은 가격을 설정한다.

③ 덤핑가격수출과 국내판매가격, 산업용 전력요금과 가정용 전력요금, 학생할인요금과 일반요금 등에서 그 예를 볼 수 있다.

기출핵심문제

01 상품가격이 1,000원에 비해 990원이 매우 싸다고 느끼는 소비자 심리를 이용한 가격전략은?

① 단수가격전략
② 유보가격전략
③ 관습가격전략
④ 계수가격전략

해설 가격이 최선의 선에서 결정되었다는 인상을 구매자에게 주기 위하여 고의로 단수를 붙여 가격을 결정하는 방법을 단수가격전략이라 한다.

02 가격전략의 유형별 설명으로 옳지 않은 것은?

① 유인가격전략은 특정제품의 가격을 낮게 책정하여 자사의 다른 제품판매까지 유도하는 것이다.
② 특별가격전략은 현금 또는 신용카드 등 결제수단에 따라 가격을 다르게 책정하는 것이다.
③ 저가전략은 단기간에 대량판매를 하기 위해 처음부터 가격을 낮게 책정하는 것이다.
④ 개수가격전략은 구매동기를 자극하기 위해 한 개당가격을 설정하는 것이다.

해설 현금 또는 신용카드 등 결제수단에 따라 가격을 다르게 책정하는 전략은 구매조건가격전략에 해당한다.

03 신제품 도입 초기에 짧은 기간 동안 시장점유율을 높이기 위해 상대적으로 낮은 가격을 책정하여 총 시장수요를 자극하는 전략은?

① 탄력가격전략
② 명성가격전략
③ 침투가격전략
④ 단수가격전략

해설 9회 기출 | ③ 신제품을 도입하는 초기에 저가격을 설정함으로써 신속하게 시장에 침투하여 시장을 확보하고자 하는 가격정책을 말한다. ① 동종·동량의 제품일지라도 고객에 따라 상이한 가격으로 판매하는 가격정책을 말한다. ② 구매자가 가격에 대하여 품질을 평가하는 경향이 강한 비교적 고급품목에 대하여 가격을 결정하는 방법이다. ④ 동일한 량의 제품을 동일한 조건으로 구매하는 고객에게 동일한 가격으로 판매하는 가격정책을 말한다.

04 마케팅 믹스 중 가격관리에 관한 설명으로 옳지 않은 것은?

① 업체들은 혁신 소비자층에 대해 초기저가전략을 사용한다.
② 업체 간 경쟁이 치열할수록 개별업체는 가격을 독자적으로 결정하기 어렵다.
③ 일반적으로 소비자는 농산물의 품질이 가격과 직접적인 관련이 있다고 본다.
④ 가격관리는 마케팅 믹스 중 수익을 창출하는 유일한 요소이다.

해설 신제품을 시장에 도입하는 초기에 있어서 가격에 민감한 반응을 보이지 않는 혁신 소비자층에 대하여는 고가격 전략을 사용하는 것이 적절하다.

| 정답 | 01 ① 02 ② 03 ③ 04 ①

제16장 촉진관리

1 판매촉진관리의 기초

1. 판매촉진의 의의와 기초

(1) 판매촉진의 의의

① 판매촉진의 정의 : 광고, 홍보 및 인적판매와 같은 범주에 포함되지 않은 모든 촉진활동을 말한다.

② 촉진의 방법 : 가격할인, 경품제공, 무료 샘플제공, 환불, 견본(샘플)이나 선물제공 등이 있다.

③ 판매촉진수단

  ㉠ 제조업자가 직접 소비자를 대상으로 실시하는 판매촉진수단으로는 리베이트제공이나 보상판매 등이 있다.

  ㉡ 사은품제공, 판매원훈련, 진열공제 등은 판매업자의 판매촉진수단이다.

④ 소비자가 농산물의 구매결정을 내리기 이전단계에서는 홍보 및 광고가 판매촉진보다 효과가 높다.

(2) 촉진의 기능

① 정보전달 : 정보를 널리 유포하는 것이 촉진활동의 주요 목적이다. 이와 같은 촉진활동은 커뮤니케이션의 기본적인 원리에 따라 수행하게 된다.

② 구매행동 강화를 위한 설득 : 소비자가 현재의 행동을 더욱 강화하도록 설득하는 것이 촉진활동이다. 상품수명주기상의 성장기에 들어갈 때 기본적인 촉진목적이 되는 것이 설득이다.

③ 상표에 대한 기억유지 : 소비자의 마음속에 자사 브랜드에 대한 기억을 되살리도록 유지시키기 위한 것으로, 주로 성숙기 동안에 실시된다.

2. 판매촉진전략

(1) 풀(Pull)전략

① 제조업자 또는 생산자가 최종 소비자를 대상으로 하여 주로 하는 판매촉진수단이다.

② 지방자치단체가 여름휴양지에서 휴양객에게 지역특산물을 나누어 주는 무료행사가 이에 해당한다.

(2) 푸쉬(Push)전략

① 제조업자 또는 생산자가 유통업자를 대상으로 하여 주로 인적 판매와 중간상 판매촉진의 수단을 사용하는 촉진전략이다.

② RPC(미곡종합처리장)가 대형할인점에 납품하는 쌀가격을 인하하여 판매를 확대하는 것이 이에 해당한다.

(3) 피알(PR)전략

① 기업이 소비자와의 우호적 관계를 형성하기 위하여 우호적 이미지를 구축하는 활동을 말한다.

② 공산품과 달리 차별화하기 어려운 농산물의 경우는 일반 대중을 상대로 한 피알전략의 효과가 크다.

2 광고와 홍보

1. 광고

(1) 광고의 의의

① 광고란 특정한 광고주에 의하여 비용이 지불되는 모든 형태의 비인적 판매활동을 의미한다.

② 광고주의 의도에 따라 고객의 농산물 구입의사결정을 도와주는 정보전달 및 설득과정이다.

(2) 농산물 광고의 역할

① 새로운 수요를 창출하고 유통혁신을 자극한다.

② 유통업체간의 경쟁을 촉진한다.

③ 비인적 판매 방식에 주로 의존한다.

(3) 농산물 광고의 분류

① 신문광고

㉠ 안내광고 : 신문지면 중에서 동종업종 광고란의 공간을 활용하여 약어 등을 사용하여 광고하는 경우이다.

        ⓒ 전시광고 : 사진이나 상세한 설명 등을 나열하여 신문 지면 중 넓은 공간을 활용하는 광고기법이다.
    ② 다이렉트 메일광고(DM)
        ㉠ 광고대상자에게 엽서 등을 우송하는 광고로서 광고주가 희망하는 대상을 선택하여 광고할 수 있다는 장점이 있다.
        ⓒ 상대방의 명부 작성과 우송에 따른 비용이 많이 드는 단점이 있다.
    ③ 점두광고 : 점포의 간판이나 색상 등에 의하여 광고하는 기법이다. 지하철역의 입구나 고객의 이동이 많은 장소를 선정하여 임시사업장을 설치한 후 각종의 상담을 받으며 판촉활동을 전개한다.
    ④ 퍼블리시티(Publicty)
        ㉠ 기업등이 자신에 대한 유익한 정보 등을 공정한 제3자의 보도기관에 제공하여 신문기사나 TV, 뉴스 등으로 전달되도록 하여 고객들에게 자연스럽게 받아들이게 하는 광고전략의 일종이다.
        ⓒ 기업의 입장에서는 무료광고라고 볼 수 있으며 그 효과가 매우 크다고 할 수 있으나 이를 성사시키기 위한 과정에 많은 시간과 노력이 필요하다.
    ⑤ 노벨티광고(Novelty) : 개인 또는 가정에서 많이 이용되는 작고 실용적인 물건을 광고매체로 이용하는 것을 노벨티광고라 한다.
    ⑥ TV · 라디오 광고 : TV · 라디오를 통한 광고이다. 많은 고객에게 순간적으로 알릴 수 있으며, 신뢰성이 크다는 장점이 있으나, 광고비 부담이 크다는 단점이 있다.

(4) 인터넷 광고
    ① 인터넷 광고의 특징
        ㉠ 시청각적인 면 : 적극적인 정보처리를 하는 경우에만 자세한 정보의 제공이 이루어지고, 화면의 질과 크기에 한계가 있다.
        ⓒ 커뮤니케이션의 쌍방향성 : 고객의 욕구에 적절히 대응이 가능하므로 특정 고객들을 상대로 맞춤형 광고를 행할 수 있다.
        ⓒ 가격면 : 정확한 표적이 가능하다는 면에서 볼 때 비용이 저렴하고, 광고의 내용을 쉽게 바꿀 수 있다.
        ㉣ 효과측정면 : 정확하게 효과를 측정할 수 있어 광고의 수정이나 재신수입이 용이하다.
    ② 인터넷 광고의 유형
        ㉠ 배너광고 : 인터넷 화면에 띠 모양으로 한 구석에 형성된 광고를 말하는데, 그 자

체로도 광고효과가 있어 현재는 애니메이션형 배너광고가 일반적이다.
- ⓒ 삽입형 광고 : 인터넷 페이지를 넘기는 중간에 나타나는 광고로 사용자가 쉽게 노출되지만 강제성으로 인한 반감을 살 수 있다.
- ⓒ 후원형 광고 : 웹사이트의 특정 콘텐츠나 이벤트의 후원자가 되는 형태로 다른 매체의 협찬광고와 유사한데, 상업적 광고라는 느낌을 완화시키면서 광고를 할 수 있는 형태이다.
- ⓔ 기타 : 이메일광고, 채팅광고 등이 있다.

③ 인터넷 광고의 장단점
- ⓐ 장점 : 뛰어난 선택성, 고객정보의 수집 및 활용이 가능, 광고의 수정 및 변경이 용이, 비용의 저렴
- ⓑ 단점 : 광고의 복잡성, 짧은 생명, 낮은 클릭률, 광고의 적합성 여부

(5) 광고매체의 선택 – 에드믹스(Ad Mix)
에드믹스란 잠재고객에게 광고주가 당해 기업의 메시지를 전달하는 수단으로 여러 광고매체를 적절히 잘 혼합하여 활용하는 것을 말한다.

2. 홍보

(1) 홍보에 대한 정의
홍보란 '널리 알리기'이고 공중과의 관계 맺기에 비해서는 의미가 크게 축소된 것으로 볼 수 있다.

① 홍보와 관련된 정의
- ⓐ 공중의 이익에 입각해 조직체의 정책 및 절차를 밝힘으로써 공중의 이해와 수락을 얻을 수 있도록 계획을 세우고 실시하는 관리기능
- ⓑ 한 조직체가 공중들의 신뢰 및 호의를 얻고자 이익이 되도록 자기의 정책서비스활동 등을 설명하는 것
- ⓒ 공중의 이익을 위해 할 수 있는 방향으로 회사나 단체의 방침을 전달해 공중의 이해와 호의를 얻기 위한 관리 철학 및 기능
- ⓓ 공중의 흥미를 분석하고 그들의 태도를 결정하면 한 단체의 정책과 계획을 밝혀주고 풀이해 주며, 공중적 호감과 호응을 얻기 위한 행동계획을 수행해 가는 관리면에서의 책임과 기능
- ⓔ 공중의 태도를 평가한 후 조직체의 정책과 처지를 공중의 이익에 부합시켜 공중의 이해와 신뢰를 얻을 수 있도록 활동계획을 수행하는 관리기능

② 홍보와 관련된 용어
　㉠ 조직체 : 과거에는 홍보의 주체를 개인과 조직체 모두로 했으나 현대 홍보론에서는 개인에 대한 것은 대부분 배제하고 있다.
　㉡ 공중 : 사회적 쟁점에 대해서 관심을 가지고 있고 거기에 대해 의식적인 자기주장과 사고를 할 수 있는 사람들을 의미한다.
　㉢ 이해 : 조직체가 하고 있거나, 하고자 하는 일에 대한 공중들의 바르고 정확한 인식을 의미한다.
　㉣ 호의 : 단순한 선호와는 달리 조직체에 대한 신뢰를 바탕으로 한 호감이다. 이는 공중들이 장기적으로 한 조직체를 신뢰하고 지지해 주려는 태도와 의지이다.
　㉤ 관리 : 경영적인 개념으로, 일시적인 처방이나 전략과 구별된다. 홍보가 전략이 아니고 관리라는 것은 항시적인 경영 노력의 일환으로서 인사, 기획, 재무, 회계 등과 같은 경영적 요소 중 하나임을 말해 준다.

(2) 홍보와 유사한 개념들

홍보란 말은 현대사회에 있어서 기업뿐만 아니라 정부나 정당, 병원, 학교, 군대, 국가등 대부분의 조직체에서 널리 사용되고 있다. 홍보와 유사한 개념으로 사용되고 있는 용어들은 다음과 같다.

① 선전(Propaganda)
　㉠ 선전은 원래 종교개혁 이후 가톨릭교회에서 복음을 바르게 전파한다는 의미의 용어로 사용하기 시작했다.
　㉡ 현대사회에서 선전의 의미는 '어떤 확실하지 않은 가치나 주장을 특정한 지역이나 시기에 인간의 감정적인 면에 호소하여 많은 사람들을 설득하려는 노력'이다.
　㉢ 선전이란 용어는 현대사회 조직에서는 잘 사용하지 않는 것이 현실이다. 이는 선전이란 말의 부정적인 의미가 드러나는 것을 꺼리기 때문이다.

② 광고(Advertising)
　㉠ 광고에 대해서 여러 가지 정의가 있겠으나 가장 보편적으로 인용되는 미국 마케팅협회(American Marketing Association, AMA)의 정의를 빌리면 '알려진 광고주가 상품이나 서비스, 아이디어를 유료로 비개인적인(非個人的)매체, 즉 대중매체를 이용하여 제시하거나 팔리도록 하는 것'이다.
　㉡ 광고는 TV나 신문 등에서 소비자들이 흔히 접하게 된다.

③ 교화(Indoctrination)
　㉠ 교화는 사상이나 신념 등을 지속적인 반복에 의해 상대에게 주입시키는 노력이며

세뇌적인 작용에 의해 그 가치체계를 바꾸는 노력이기도 하다.

ⓒ 사상 단체의 주입 교육도 같은 맥락에서 교화라고 할 수 있다.

④ 퍼블리시티(Publicity)

㉠ 퍼블리시티는 홍보의 한 수단이다. 즉 신문이나 TV, 잡지 등에 기사가 실리도록 해 조직체나 개인에 관한 어떤 사실을 알리도록 하는 전략적인 노력이다.

ⓒ 현대적인 홍보는 퍼블리시티에 대한 의존에서 벗어나 광고나 이벤트, 지역관계 개선 다양한 전략들이 개발되고 있다.

(3) 홍보의 유형

홍보의 형태는 이를 행하는 조직체가 어느 것인가, 홍보의 대상이 조직체의 내부인가 외부인가, 혹은 국내적인가 국제적인가, 어떤 일을 주로 하고 그 목표는 무엇인가에 따라 자유롭게 분류할 수 있다.

① CPR(Corporate PR)

㉠ 전통적인 개념의 홍보이다.

ⓒ CPR은 언론인들과의 교류, 최고 경영자의 연설문 작성, 사보나 사내방송 담당, 지역 홍보, 투자자 관리, 공공주제에 대한 회사의 주창 광고, 사회적 쟁점 관리, 로비, CIP(Corporate Identity Profile) 등의 활동을 의미한다.

② MPR(Marketing PR)

㉠ 회사의 마케팅을 돕는 데 주력하는 현대적인 개념의 홍보이다.

ⓒ MPR은 홍보의 목표를 주로 회사의 제품이나 서비스를 팔기 위한 마케팅을 지원하는 것에 두는데, 방법면에서 유료광고나 판촉과 같은 수단을 피하고 퍼블리시티나 소비자의 관심을 직접 끌 수 있는 대규모 이벤트나 스폰서십(Sponsorship) 등 대중 커뮤니케이션 채널을 이용하는 홍보이다.

③ 대외 홍보 : 소비자, 지역인, 투자자, 여론 선도자, 정부인사, 정치권 등을 대상으로 하면서 퍼블리시티를 중심으로 PR광고, 주창광고, 캠페인, 이벤트 등의 전략을 사용한다.

④ 대내 홍보 : 경영진, 직원, 은퇴자, 납품업자, 대리점 등 조직체와 직·간접적으로 관련된 사람들을 대상으로 하는 것이며, 사보, 사내 방송, 게시판, 비공식 모임, 인트라넷 등 사내 채널을 이용하여 행한다.

⑤ 기업의 홍보

㉠ 기업 홍보는 역동적이고 다양한 전략이 이용되며 기술적으로 가장 많은 발전이 이루어진 분야이다.

ⓒ 기업의 홍보 대상 : 소비자, 종업원, 언론, 거래인들, 정부 인사, 지역사회 인사 등

ⓒ 기업 홍보의 특징
- 홍보의 목적이 단순한 이미지의 개선이나 언론관계의 개선만이 아니라 장기적으로 그 효과를 제품이나 서비스의 판매를 촉진시킬 수 있는 방향으로 연계시키는 것에 있다.
- 기업 홍보의 목표는 회사의 경영목표와 일치되어 이루어진다.
- 경쟁적인 상황에서 기업의 적합한 정체성과 이미지가 설정되도록 하는 데 홍보의 노력이 집중된다. 기업의 정체성도 경쟁적이고 전략적인 관점에서 정해진다.
- 기업의 홍보는 이윤추구와 기업의 공공성을 동시에 강조해야 하는 이중적인 특성이 있다.
- 기업의 홍보는 마케팅, 제품, 일반광고, 판촉 등 다른 분야의 커뮤니케이션과 연계되어 이루어진다. 홍보 담당자는 광고, CIP, 마케팅, 판촉 등 다른 부서의 일들까지도 같이 고려해서 운용해야 하는 어려움을 가지고 있다.

⑥ 사회 공공단체의 홍보
ⓐ 사회 공공단체의 홍보는 병원, 학교, 교회, 언론기관, 사회 복지단체(적십자사 등), 협회(소비자보호협회) 등에서 행하는 홍보를 말한다.
ⓑ 공익사업에 영리적인 측면이 있을 수도 있으나 대부분 공공적인 성격을 많이 포함하고 있다.
ⓒ 사회 공공단체들이 홍보에서 유의할 사항
- 단체들의 사회적 존립 당연성과 사업 확대의 필요성에 역점을 둔다.
- 영리기관이 아닌 만큼 재정 확보와 지출의 투명성에 역점을 둔다.
- 홍보의 규모와 방법 자체도 사회적 규제와 감시의 대상이 되기 때문에 홍보의 비용과 메시지의 선택이나 전달방법에 매우 신중하여야 한다.
- 사회적 지지와 받는 일이 매우 중요하기 때문에 공익 캠페인적인 성격의 홍보가 많다.
- 자원봉사자의 참여를 유발하는 홍보가 매우 중요하다.

3 판매촉진

1. 판매촉진의 개념과 분류

(1) 판매촉진의 개념
  ① 판매촉진이란 광고, 홍보, 인적 판매와 같은 세 가지 범주에 포함되지 않는 모든 촉진 활동을 의미한다.
  ② 판매촉진은 즉시 구매하고 행동하도록 촉구하는 데 효과적이다.
  ③ 소비자와 중간상에 무엇을 얻는다는 느낌을 제공함으로써 추가적인 만족을 제공하는 것이 판매촉진이다.

(2) 판매촉진의 대상에 따른 분류
  ① 소비자 판촉 : 소비자가 판촉의 대상인 경우를 말한다. 미국의 경우 프로모션 예산의 약 25%를 차지한다.
  ② 업계 판촉 : 중간상인이 판촉의 대상인 경우를 말한다. 프로모션에서 차지하는 비중이 가장 크다. 수량할인 등 각종 할인혜택과 광고비, 교육훈련비 등을 지원해 준다.
  ③ 판매원 판촉 : 판매원이 판촉의 대상이 되는 경우이다. 목표 초과달성 시 특별 지원을 해주는 경우 등이 이에 해당된다.

(3) 판촉을 행하는 주체에 따른 분류
  ① 소매상 판촉 : 소매상이 주체가 되어 판촉을 시행하는 경우로 한국의 경우 소매상 판촉이 많은 비중을 차지하고 있다.
  ② 제조회사 판촉 : 제조회사가 판촉을 행하는 경우이다. 미국의 경우 소매상보다 제조회사판촉이 증가하는 추세이다.

2. 소비자 대상 판촉

(1) 쿠폰
  ① 쿠폰은 가격할인을 보장하는 증서라고 할 수 있다.
  ② 단기적인 매출의 증대에는 효과가 있으나 장기적인 효과를 기대하기는 어렵다.
  ③ 인터넷 쿠폰의 경우 사용한 사람의 정보를 알 수 있어 고객의 분석이 용이하다.

(2) 컨티뉴어티
  ① 마일리지와 같은 개념으로 단골 고객 보상이라고도 한다.

② 자사의 제품을 구매해 주는 충성도가 높은 고객에게 배상을 해준다는 성격이 강하다.
③ 고객의 정보를 얻을 수 있으므로 데이터베이스에 저장되고 분석되는 것이 이점이다.

(3) 리베이트 혹은 리펀드
① 특정 제품을 구입하고 구입증명을 보내면 일정 기간 후 일정액을 환불해 주는 제도를 말한다.
② 주로 자동차 같은 고가제품을 중심으로 미국에서 성행하고 있다.

(4) 샘플링
① 시음, 시용을 의미하는 것으로 제품을 고객에게 알리는 가장 확실한 방법이다.
② 많은 비용이 수반되는 관계로 효과가 없을 때에는 큰 문제에 봉착한다.
③ 제품의 질에 대해 자신이 있고 샘플제작에 많은 비용이 들지 않는 제품에 사용한다.

(5) 경연, 추첨 및 이벤트
① 경연과 추첨은 비슷하나 엄밀히 말하면 경연은 자신의 노력, 기지, 지식을 동원하여 어떤 문제를 해결하여야 보상이 주어지며 추첨은 순전히 운에 의해 결정된다는 점이 다르다.
② 웹상에서 다양한 이벤트가 진행되나 실제로는 경연인 경우가 많다.
③ 웹사이트에 대한 관심을 높이기 위해 사용되거나 관심이 상금이나 상품에만 쏠릴 가능성이 높다.
④ 이벤트를 독자적인 영역으로 보는 사람도 있으나 아직까지는 판매촉진의 일종으로 본다.

(6) 가격할인
① 제품의 가격을 일시적으로 인하시키는 형태의 판촉을 의미한다.
② 포장에 할인액을 인쇄하여 할인판매하는 경우와 진열대의 가격표시란에 표시하는 경우가 있다.

3. 중간상 대상 판매촉진

제조업자가 자사의 제품을 구매하기를 권할 목적으로 도매상이나 소매상을 대상으로 시행하는 판촉이다.

(1) 중간상 할인

제조업자가 중간상에게 해주는 각종 지원이다.

① 일정량 이상을 구매한 중간상에게 할인을 해주는 경우

② 일정액을 지원하면서 소매상이 소비자를 대상으로 가격 할인을 하게 하는 경우

③ 제품을 소매상이 취급해 주는 대가로 일정액을 지급하는 경우

(2) 협동광고

각 지역의 소매상이 제품의 광고를 지역 특성에 맞게 시행하는 대가로 광고비를 지원하는 경우이다.

(3) 기타

제조업자가 제품을 취급하는 방법 혹은 일반적인 판매방식에 대하여 교육, 훈련을 시켜주는 판매 촉진의 형태도 있다.

기출핵심문제

01 선별된 잠재 구매자에게 광고물을 발송하여 제품구매를 유도하는 판매방식은?

① 텔레마케팅
② 다이렉트 메일 마케팅
③ 다단계 마케팅
④ 인터넷 마케팅

해설 다이렉트 메일 마케팅은 선별된 잠재 구매자에게 엽서 등을 우송하여 제품구매를 유도하는 직접광고방식이다. 광고주가 희망하는 대상을 선택하여 광고를 할 수 있다는 장점이 있다.

02 농산물 산지유통에 관한 설명으로 옳지 않은 것은?

① 산지에서 다양한 물류기능으로 시간적·장소적·형태적 효용을 창출한다.
② 판매계약(Marketing Contract)의 경우 농산물 생산에 따른 위험을 생산자와 구매자가 분담한다.
③ 정전거래는 저장, 보관이 가능한 고추, 마늘 등 채소와 사과, 배 등 과일에서 주로 이루어진다.
④ 최근 대형유통업체들이 생산농가나 생산자 조직과 계약재배를 하는 경우가 증가하고 있다.

해설 ① 산지유통의 물적 유통기능에 해당한다.
② 판매계약의 경우 농산물생산에 따른 위험을 구매자에게 전가하게 된다.
③ 집 앞거래 형태로서 저장성이 있는 곡물류, 고추, 마늘, 채소류와 사과 등에 널리 성행하고 있다.
④ 기업화된 대형슈퍼마켓 등이 생산농가나 생산자 조직과 계약재배를 하는 후방수직적 통합의 형태가 증가하고 있다.

03 촉진(Promotion)의 기능으로 옳지 않은 것은?

① 제품에 대한 정보제공
② 구매활동을 변화시키기 위한 설득
③ 제품에 대한 기억의 상기
④ 소비자의 관심을 끄는 신제품 개발

해설 판매촉진기능은 상품에 관련된 정보의 전달, 구매행동강화를 위한 설득, 상품에 대한 유지 등이 촉진의 기능이다.

| 정답 | 01 ② 02 ② 03 ④

04 마케팅 전략에서 촉진의 기능이 아닌 것은?

① 운영비용의 절감
② 상품정보의 전달
③ 상표에 대한 기억유지
④ 구매행동강화를 위한 설득

해설 마케팅 전략에서 촉진의 기능으로 상품에 관련된 정보의 전달, 구매행동강화를 위한 기억유지, 구매행동강화를 위한 설득 등이 있다.

05 농산물 판매확대를 위한 촉진전략에 대한 설명으로 알맞지 않은 것은?

① 소비자가 농산물의 구매결정을 내리기 이전단계에서는 홍보 및 광고가 판매촉진보다 효과가 높다.
② 지방자치단체가 여름휴양지에서 휴양객에게 지역 특산물을 나누어 주는 무료행사는 풀(Pull) 전략에 해당한다.
③ RPC(미곡종합처리장)가 대형할인점에 납품하는 쌀가격을 인하하여 판매를 확대하는 것은 푸쉬(Push) 전략에 속한다.
④ 공산품과 달리 차별화하기 어려운 농산물의 경우는 일반 대중을 상대로 한 PR(공중관계) 전략의 효과가 미미하다.

| 정답 | 04 ① 05 ④